INSTAND-Schriftenreihe Band 4

Institut für Standardisierung und Dokumentation
im Medizinischen Laboratorium e. V. (INSTAND)
Düsseldorf

Methoden-, Reagenzien- und Geräte-Evaluation in der Laboratoriumsmedizin

Herausgegeben von

R. Merten K.-G. von Boroviczény R. Haeckel

Mit 65 Abbildungen und 100 Tabellen

Springer-Verlag
Berlin Heidelberg New York Tokyo

Reihenherausgeber

INSTAND, Institut für Standardisierung und Dokumentation im Medizinischen Laboratorium e.V.
Johannes-Weyer-Straße 1, 4000 Düsseldorf 1

Bandherausgeber

Prof. Dr. Richard Merten
Brinkmannstr. 21, 4000 Düsseldorf 1

Dr. Karl-Georg von Boroviczény
Zentrallabor-Nord, Lynarstr. 12
1000 Berlin 20

Prof. Dr. Rainer Haeckel
Institut für Labormedizin, Zentralkrankenhaus
St. Jürgenstraße, 2800 Bremen 1

ISBN-13: 978-3-642-69799-9 e-ISBN-13: 978-3-642-69798-2
DOI: 10.100/978-3-642-69798-2

CIP-Kurztitelaufnahme der Deutschen Bibliothek

Methoden-, Reagenzien- und Geräte-Evaluation in der Laboratoriumsmedizin /
hrsg. von R. Merten...
Berlin; Heidelberg; New York; Tokyo: Springer, 1985
(INSTAND-Schriftenreihe; Bd. 4)

NE: Merten, Richard [Hrsg.] ; Institut für Standardisierung und Dokumentation:
INSTAND-Schriftenreihe

Softcover reprint of the hardcover 1st edition 1985

Vorwort

Die Entwicklung mechanisierter Analysensysteme wird in den letzten 20 Jahren durch die steigende Nachfrage nach medizinischen Laboranalysen gefördert. Diese mechanisierten Analysensyteme haben die Leistungsfähigkeit des bedienenden Personals hinsichtlich der Analysenzahlen vervielfältigt und hierdurch zur Rationalisierung im medizinischen Laboratorium beigetragen. Die Frage nach Richtigkeit und Präzision der Analysen ist aktueller als zuvor geworden. Am Ende des ungeplanten Wachstums angekommen, stellt sich die Frage, wie die noch verfügbaren Mittel zwischen Lohn- und Investitionsausgaben aufgeteilt werden müssen. In einzelnen Bereichen ist bereits der Trend vorhanden, den übertriebenen Mechanisierungsaufwand zu reduzieren; in anderen Bereichen setzt sich immer noch die Tendenz fort, hochmechanisierte Geräte zu entwickeln und zur Bewältigung der im medizinischen Laboratorium anstehenden Aufgaben heranzuziehen. Die Konstruktionsprinzipien dieser Analysensysteme sind sehr verschieden und werden aus Wettbewerbsgründen nur zögernd in allen Details enthüllt. Der Anwender steht somit vor der Frage, welches Gerät sich bei der Vielzahl der angebotenen Varianten für seinen individuellen Bedarf am besten eignet. Aus diesem Wunsch der Anwender, verstärkt durch die Resonanz in den wissenschaftlichen Fachgesellschaften, sind Verfahren entwickelt worden, die die Eignung der Geräte für den vorgesehenen Zweck prüfen, gleichartige Geräte miteinander vergleichen und so dem Anwender durchschaubarer machen.

Parallel mit der Entwicklung mechanisierter Analysensyteme ist die Entwicklung von Methoden und Reagenziensätzen verbunden. Die Hersteller machen es sich zunehmend zur Marktstrategie, für ihre Geräte geeignete Methoden und Reagenziensätze als komplette Problemlösungen anzubieten. Bedauerlicherweise ist damit die Versatilität der Geräte und auch der Reagenziensätze sehr stark eingeschränkt, zumal die Hersteller für ihre kombinierten Syteme nur dann eine Gewähr für das Erreichen bestimmer Richtigkeitskriterien übernehmen, wenn die vorgegebene Kombination von Gerät, Methode und Reagenziensatz gesichert ist. Diese enge Anbindung bestimmter Methoden und Reagenziensätze an ein spezielles Gerät engt jedoch nicht nur die allgemeine Anwendung der Reagenziensätze ein, sondern hemmt auch die Weiterentwicklung der entsprechenden methodischen Arbeiten. Zudem sollte die Verantwortlichkeit und Gewähr für die durchgeführten Analysen nicht an den Hersteller abgetreten, sondern beim zuständigen Arzt für Laboratoriumsmedizin oder Naturwissenschaftler verbleiben.

Angesichts dieser Entwicklung sind wissenschaftliche Fachgesellschaften und Institutionen aufgerufen, Fehlentwicklungen entgegenzutreten und die Verantwortung für die Qualität der Analysen wieder dem Analytiker zuzuführen.
Die Fülle der anstehenden Aspekte und Probleme hat INSTAND bewogen, in seiner Tätigkeit als Mittler zwischen Anwender und Hersteller eine Reihe von Symposien zum Thema der Methoden-, Reagenzien- und Geräteevaluation zu veranstalten. Die dabei mitgeteilten Meinungen, insbesondere auch in Bezug auf die Neufassung der Eichordnung und anderer einschlägiger Verordnungen sind in diesem Band zusammengefaßt.

Dem Leser soll damit ein informativer Querschnitt durch den heutigen Stand der Diskussion zusammen mit einer bis zum heutigen Zeitpunkt ausführlichen Bibliographie zu den angeschnittenen Themen zur Verfügung gestellt werden.

Ausdrücklich danken möchte ich an dieser Stelle unserem Ehrenvorsitzenden, Herrn Prof. Dr. med. R. Merten, dem ehemaligen 1. Vorsitzenden, Herrn Dr. med. K.-G. v. Boroviczény und Herrn Prof. Dr. med. Dr. rer. nat. H. Haeckel, die an der Idee und Planung dieses Buches wesentlichen Anteil haben und in deren Händen die Herstellung dieses Bandes gelegen hat.

Prof. Dr. med. H. Reinauer
- Vorsitzender von INSTAND -

Inhaltsverzeichnis

Teilnehmerverzeichnis zum Thema Evaluation

Albers, Dr.D.	7000	Stuttgart 75
L'Allemand, S.	1000	Berlin 30, Lette-Verein
Angyal, Dr.G.	CH-1211	Genf 18, Galenopharm SA
Ansorge, Dr.U.	6800	Mannheim 31, Boehringer Mannheim GmbH
Appel, Prof.Dr.W.	7500	Karlsruhe 1, St. Vinzentius Krhs., Zentrallabor
Aschir, H.	1000	Berlin 20, Krhs. Spandau, Zentrallabor-Nord
Ausländer, Dr.W.	1000	Berlin 20, Nervenklinik Spandau, Zentrallabor
Bading, H.	8000	München 40, Beckman Instruments GmbH
Banausch, Dr.D.	6800	Mannheim 31, Boehringer Mannheim GmbH
Bardorff, Dr.W.	6100	Darmstadt 11, E. Merck
Bauer, Prof.Dr.St.	USA	Villanova PA 19085, National Institut for Clinical Laboratory Standards
Becker, M.	1000	Berlin 31, Bundesversicherungs-anstalt
Beeser, Prof.Dr.H.	7800	Freiburg, Inst.f.Transfusionsmedizin Univ.-Klinik
Benozzi, A.	8122	Penzberg, Boehringer Mannheim GmbH
Bergner, Dr.D.	8520	Erlangen, Univ.-Krankenhaus, Zentrallabor
Born, A.J.	2000	Hamburg 62, TOA Medical Electronics Deutschland GmbH
Boroviczény, Dr.K.-G.v.	1000	Berlin 20, Krhs. Spandau, Zentrallabor-Nord
Boßlet, Dr.F.	6800	Mannheim 31, Boehringer Mannheim GmbH
Bottesch, Dr.A.	7889	Grenzach-Wyhlen, Hoffmann-La Roche AG
Bourvé, Dr.H.	6800	Mannheim 31, Boehringer Mannheim GmbH
Bräuer, Dr.B.	4300	Essen 1, Ev. Krhs. Huyssen-Stiftung

Brauer, B.	1000	Berlin, Kodack AG
Brodwolf, Dr.H.	8131	Traubing
Broers, Dr.H.	2300	Kiel, 1.Med.Univ.Klinik, Hauptlabor
Byczynski, M.	2000	Hamburg 63, Eppendorf Gerätebau GmbH
Carl, Dr.B.	1000	Berlin 37, Dr. Lange GmbH
Depner, W.	6100	Darmstadt 11, GIT-Verlag
Dormeier, D.	7800	Freiburg, Gödecke AG Labordiagnostica
Düren, Ch.	6100	Darmstadt 11, Syva-Merck GmbH
Egger, Prof.Dr.E.	DDR-1040	Berlin, Charité, Inst.f.Pathol.u. Klin.Biochemie
Eichert, F.	8000	München 40, Beckman Instruments GmbH
Engl, W.	2000	Hamburg 1, Olympus Optical Co. (Europa) GmbH
Englhardt-Rösler,Prof.Dr.A.	1000	Berlin 65, Rudolf-Virchow-Krhs.
Erzfeld, J.	7000	Stuttgart 80, Electro-Nucleonics International Ltd.
Eßer, Dr.F.	1000	Berlin 28,
Eßer, Dr.F.	1000	Berlin 65, Rudolf-Virchow-Krhs.
Fischer, Dr.J.,Dipl.-Chem.	8034	Germering
Fonseca-Wollheim, Dr.F.	1000	Berlin 37, Behring-Krhs., Zentrallabor
Friz, Dr.R.	6100	Darmstadt 11, E. Merck
Gaal, Dr.J.	5300	Bonn 1
Gabl, Prof.Dr.F.	A-1090	Wien, Inst.f.Klin.Chem. und Labordiagnostik
Gallien, Dr.R.	7889	Grenzach-Wyhlen, Hoffmann-La Roche AG
Gentilini, Prof.Dr.I.L.	F-5900	Lille, Institut Pasteur
Graham, D.	6200	Wiesbaden, Abbott Diagnostics
Grenner, Dr.G.	3550	Marburg, Behringwerke AG
Gruber, Dr.W.	8132	Tutzing, Boehringer Mannheim GmbH
Häbich, H.-J.	7440	Nürtingen, CA Greiner und Söhne GmbH & Co. KG
Häusler, Dr.H.	8046	Garching/München, Boehringer Ingelheim Diagnostika GmbH

Haeckel, Prof.Dr.R.	2800 Bremen 1, Zentralkrankenhaus, Zentrallabor
Hajdu, Dr.P.	6230 Frankfurt 80, Hoechst AG
Haker, R.	5309 Bonn-Meckenheim, Flow Laboratories GmbH
Harnoth, Ch.	1000 Berlin 20, Krhs. Spandau, Zentrallabor-Nord
Hauck, Dr.W.	7500 Karlsruhe 1
Haucke, H.	4300 Essen 1, dvta - Deutscher Verband Technischer Assistenten in der Medizin e.V.
Haydt, H.	2000 Hamburg 1, Olympus Optical Co. (Europa) GmbH
Helger, Dr.R.	6100 Darmstadt 1, E. Merck
Heller, Dr.S.	1000 Berlin 31, St. Gertrauden-Krhs. Zentrallabor
Hengst, Prof.M.	1000 Berlin 12, Pädagogische Hochschule
Heuschmann, Dipl.-Ing.F.	8000 München 70, Compur Electronic
Hofmann, Dr.G.	6100 Darmstadt 1, E. Merck
Holtz, Dr.A.H.	NL-3720 Bilthoven, Rijks Institut voor de Volksgezondheid
Horne, T.	4150 Krefeld, Coulter Electronics GmbH
Hornscheidt, Dr.M.	1000 Berlin 41, Auguste-Viktoria-Krhs.
Hussels, Dr.H.	1000 Berlin 37
Jennings, Prof.R.D.	UK-London WC1B 5EP, Department of Health and Social Security
Jesdinsky, Prof.Dr.H.J.	4000 Düsseldorf 1, Inst.f.Med.Statistik u. Biomathematik d. Univ.
Jessen, Dipl.-Phys. K	1000 Berlin 10, PTB, Physikalisch-Technische Bundesanstalt
Kaehler, Prof.Dr.H.	1000 Berlin 47, Krhs. Neukölln, Zentrallabor
Karow, Dr.J.	1000 Berlin 45, Klinikum Steglitz
Keller, Prof.Dr.H.E.	6650 Homburg/Saar, Zentrallabor des Klinikums
Keller, Prof.Dr.Dr.H.	CH-9000 St. Gallen, Inst.f.Klin.Chemie und Hämatologie
Kißling, W.F.	4600 Dortmund 1
Kleinhammer, Dr.G.	8132 Tutzing, Boehringer Mannheim GmbH

Klein-Wisenberg, Dr.A.v.	7800	Freiburg, Med.Univ.Klinik
Kloß, Dr.G.	8700	Würzburg
Knedel, Prof.Dr.M.	8022	München 70, Inst.f.Klin.Chemie am Klinikum Großhadern
Kos, Dr.H.-J.	1000	Berlin 10, PTB, Physikalisch-Technische Bundesanstalt
Kowarik, K.	8000	München 70, Bayer Diagnostik
Kraft, Dr.V.	6350	Bad Nauheim 1, DuPont de Nemours (Deutschland) GmbH
Krause, Dr.W.	1000	Berlin 44
Kröpke, H.	1000	Berlin 37, Gilford Instruments GmbH
Kropp, E.	1000	Berlin 30, DIN, Deutsches Institut für Normung
Lange, Dipl.-Chem.R.	1000	Berlin 37, Dr. Lange GmbH
Lehmann, Dr.P.	8132	Tutzing, Boehringer Mannheim GmbH
Lehr, v.	6000	Frankfurt 70, Paul-Ehrlich-Institut
Leuvering	NL-OSS	Ir.B.C. Goverde, Organon Int. BV
Liebich, Dr.H.	7400	Tübingen, Med. Univ. Klinik., Abt. Klin.Chemie
Linke, Dr.R.	6800	Mannheim 31, Boehringer Mannheim GmbH
Lommel, Dr.H.	5090	Leverkusen 1
Lomsky, Dr.K.	1000	Berlin 37, Behring-Krhs.
Markowetz, Dr.D.	6800	Mannheim 31, Boehringer Mannheim GmbH
Matthes, Dr.M. Akad. Dir.	7800	Freiburg-Metzhausen
Maurer, Dr.J.	1000	Berlin 31
Merten, Prof.Dr.R.	4000	Düsseldorf 1, INSTAND
Mielke, Dr.St.	1000	Berlin 10, PTB, Physikalisch-Technische Bundesanstalt
Möller, Dr.G.	8132	Tutzing, Boehringer Mannheim GmbH
Morii, S.	2000	Hamburg 1, Olympus Optical Co. (Europa) GmbH
Müller, Dr.Ch.	1000	Berlin 21, Krhs. Moabit
Nazahn, H.	6300	Gießen/Lahn, Vogel GmbH & Co. KG
Nägele, U.	8132	Tutzing, Boehringer Mannheim GmbH
Neudörffer, W.	2000	Hamburg 65, Eppendorf Gerätebau GmbH
Nies, Dr.D.	4650	Gelsenkirchen, Hygiene-Institut

Nink, Prof.R.	1000	Berlin 10, PTB, Physikalisch-Technische Bundesanstalt
Okuda, Prof.Dr.K.	J- 545	Osaka, Osaka-City University
Ostwald, N.	8000	München, RE
Osburg, Dr.K.	2100	Hamburg-Harburg 90, Allgem. Krhs., Zentrallabor
Otto, Dr.E.	3550	Marburg 1, Behringwerke AG
Pangritz, Dr.H.	1000	Berlin 30, GSD - Gesellschaft f. Systemforschung
Piel, M.	6700	Ludwigshafen
Plischke, Dr.W.	8000	München 70, Miles GmbH
Poppy, Dr.U.	1000	Berlin 19, LVA, Landesversicherungs-anstalt
Porkert, H.	4150	Krefeld, Coulter Electronics GmbH
Portenhauser, Dr.R.	8132	Tutzing, Boehringer Mannheim GmbH
Prüsse, Dipl.-Volksw.A.	1000	Berlin 40
Queck, H.	8000	München 40, Beckman Instruments GmbH
Ratajczak, W.E.	8000	München, American Monitor GmbH
Reinauer, Prof.Dr.H.	4000	Düsseldorf 1, INSTAND
Richling, G.	6900	Heidelberg 1, Ortho Diagnostic Systems GmbH
Richter, H.	6350	Bad Nauheim, DuPont de Nemours GmbH
Rossmanneck, F.	8000	München 60, Lancer Medical GmbH
Rumney, G.		Haifa, Israel
Scharf, U.	2100	Harburg, Allgem.Krhs., Zentrallabor
Schlesing, Dr.H.	8046	Ingelheim, Bioscientia
Schlicht, Dr.G.	6800	Mannheim 31, Boehringer Mannheim GmbH
Schmidt, G.	4300	Essen 1, dvta, Deutscher Verband Technischer Assistenten in der Medizin e.V.
Schmitt, H.	6368	Bad Vilbel, Technicon GmbH
Schnorr, Dr.	6230	Frankfurt 80, Hoechst AG
Schopfen, G.	8000	München 40, Beckman Instruments GmbH

Schott, Dr.F.-J.	7000 Stuttgart 1, Katharinen-Hospital, Klin.Chem.Inst.
Schrappe, Dipl.-Ing.	8132 Tutzing, Boehringer Mannheim GmbH
Schütz, Dr.W.	1000 Berlin 41, Auguste-Viktoria-Krhs. Zentrallabor
Selle, I.	1000 Berlin 30, Senat f. Gesundheit, Soziales und Familie
Seyerlein, Dipl.-Ing.A	1000 Berlin 27, GFC
Sonnenberg, B.	1000 Berlin 20, INSTAND
Späthe, Dr.R.	8000 München 50, AHS Deutschland GmbH
Staber, G.	8132 Tutzing, Boehringer Mannheim GmbH
Steffen, Dr.J.	1000 Berlin 20, Krhs. Spandau-Süd, Zentrallabor
Stinshoff, Dr.K.	CH-1211 Genf 24, DuPont de Nemours SA, Clinical Systems Division
Störiko, Dr.K.	3550 Marburg 1, Behringwerke AG
Storz, Dr.G.	8000 München 70, Miles GmbH
Suhr, Dr.N.	6100 Darmstadt 1, E. Merck
Tatschek, Dr.B.	6100 Darmstadt 11, Syva-Merck GmbH
Thefeld, Prof.Dr.W.	1000 Berlin 33, BGA, Bundesgesundheitsamt
Thom, Prof.Dr.G.	1000 Berlin 19, Klinikum Charlottenburg
Thomas, Prof.Dr.L.	6000 Frankfurt 90, Krhs. Nordwest, Zentrallabor
Thomas, H.	1000 Berlin 21, Krhs. Moabit
Träxler, Dr.G.	8000 München 40, Beckman Instruments GmbH
Traxler, H.H.	6100 Darmstadt, Hamilton Deutschland GmbH
Trettin, H.	7000 Stuttgart 80, Electro Nucleonics International Ltd.
Ulbrecht, Prof.Dr.G.	8000 München 70, Compur Electronic
Vavra, Z.	CH-3186 Düdingen, Merz + Dade GmbH
Vogel, W.	6800 Mannheim 31, Boehringer Mannheim GmbH
Weber, W.	3550 Marburg 1, Behringwerke AG
Wehrle, Dr.H.	7889 Grenzach-Wyhlen, Hoffmann-La Roche AG
Weyer, Dr.F.G.	3000 Hannover 1

Witt, Dr.P.	7800 Freiburg, Gödecke AG
Wittmann, Dr.W.	6100 Darmstadt, E. Merck
Wittmann, Dr.F.	8000 München 40, Beckman Instruments GmbH
Wolf, I.	1000 Berlin 20, Krhs. Spandau, Zentrallabor
Wood, Ph.D.W.G.	2400 Lübeck 1, Med. Hochschule, Klinik für Innere Medizin
Wulff, Dr.K.	8132 Tutzing, Boehringer Mannheim GmbH
Zentgraf, K.	8000 München 40, Beckman Instruments GmbH
Ziemann, Dr.W.	7800 Freiburg, Serono Diagnostika GmbH

Einleitung

K.-G. v. Boroviczény, R. Haeckel, R. Merten

1. Allgemeines

Eine Geräte-Evaluation ist eine sorgfältig geplante, exakt durchgeführte und statistisch ausgewertete Erprobung eines Gerätes oder einer Gerätekombination unter Verwendung einer oder mehrerer Methoden und eines oder mehrerer Reagenzien-Kits. Sie ist eine außerordentlich wichtige Präventivmaßnahme. Zur Evaluation gibt es mehrere Empfehlungen wissenschaftlicher Gesellschaften sowie nationale und internationale Normen bzw. Protokolle.

Methoden, Geräte und Reagenzien sind schon immer, meist in Vergleichsversuchen, erprobt worden, bevor sie in ein Laboratorium eingeführt worden sind. Bis Mitte der 50er Jahre sind solche Studien nach eigenen Auffassungen und Versuchsplänen verändert, adaptiert und modifiziert worden.

Analysengeräte, z.T. selbstentwickelt, haben einen Wochen- bis zu einem Monatslohn einer MTA gekostet. Die Reagenzien sind z.T. aus selbstsynthetisierten oder zumindest durch Umkristallisierung gereinigten Substanzen hergestellt worden, da Reagenzien (p.a.) nicht überall und nicht für alle Untersuchungsmethoden zur Verfügung standen.

Ende der 50er Jahre hat eine stürmische Entwicklung eingesetzt, in der Analysen mit immer teureren, teil- und sogar vollmechanisierten Geräten durchgeführt wurden. Nationale und internationale Standardisierungsmaßnahmen von Methoden sind eingeführt worden, neue Gruppen von Analysenbestandteilen (Enzyme, Hormone, Tumormarker und neuerdings zunehmend Pharmaka) entstanden. Der Einsatz elektronischer Bauelemente hat zu einer weitergeführten Automation der Analytik und damit insgesamt zu einer enormen Verteuerung der Geräte geführt, die heute die Kosten bis zum 40fachen, manchmal sogar 50fachen eines Jahresgehaltes einer MTA erhöht hat.

Anstelle der selbsthergestellten Reagenzien werden heute überwiegend Reagenzienkits angeboten und sogar in geschlossenen Systemen eingesetzt, bei denen der Hersteller Analysengerät, Reagenzien und Verbrauchsmaterial, manchmal ohne Ausweichmöglichkeit auf Reagenzien und Einwegmaterial anderer Hersteller, liefert. Diese Entwicklung hat dazu geführt, daß die Beschaffung eines Analysengerätes sorgfältig überlegt werden muß.
Der Besteller muß sicher sein, daß das Gerät den von ihm gestellten Anforderungen an die Meßgenauigkeit entspricht, bedienungsfreundlich ist und eine ausreichende Lebensdauer verspricht. Fehlinvestitionen kann sich kein Laboratorium mehr leisten. Deshalb ist es notwendig geworden, vor den immer noch im eigenen Labor geübten Kurzerprobungen möglichst Multicenter-Evaluationen durchzuführen, auf deren kritisches Ergebnis der Laborleiter seine Entscheidung stützen kann. Die Evaluationen werden von interessierten Wissenschaftlern, Reagenzien- und Geräteherstellern vorgenommen.

2. Methoden- und Reagenzien-Evaluation

Vor jeder Methodenevaluation sollte eine komplette Methodenbeschreibung nach DIN 58 936, Teil 4 stehen. Dieser Forderung stehen oft wirtschaftliche Überlegungen einzelner Reagenzienhersteller entgegen, die wesentliche Punkte der Methode so lange wie möglich geheimhalten möchten. Es handelt sich dabei meist um patentfähige oder auch nichtpatentfähige Bestandteile der Reagenzien, die zur Durchführung der beschriebenen Methode benötigt werden. Hier muß ein Weg gefunden werden, der einerseits die berechtigten wirtschaftlichen Forderungen der Hersteller, andererseits aber die ebenso berechtigten Forderungen der Anwender nach völliger Transparenz berücksichtigt.
Da Reagenzien überwiegend als Reagenziensätze verwendet werden, erfolgt die Evaluation der Ausgangsmaterialien, aber auch der Reagenziensätze durch die Hersteller, die die einwandfreie Funktion desselben bis zum Verfallsdatum garantieren müssen. Bei verschiedenen immunologischen Reagenzien werden von staatlichen Institutionen (z.B. Paul-Ehrlich-Institut) zusätzliche Evaluationen vorgenommen. Da Reagenzien humanen oder tierischen Ursprungs oft von Charge zu Charge starken Schwankungen unterliegen, werden regelmäßige Überprüfungen auch vom Benutzer selbst durchgeführt.

3. Geräteevaluation

Die heute auf dem Markt befindlichen Analysengeräte werden meist mehrfach evaluiert. Vor diesen Evaluationen kann eine Bauartzulassung stehen, die möglicherweise im neuen Eichgesetz, dem Gerätesicherungsgesetz und der DIN-Norm für elektrische Geräte verankert sein wird.

Die Evaluation im Stadium I wird vom Hersteller im eigenen Laboratorium und unter Einbeziehung der von ihm beauftragten Routinelaboratorien mit dem Ziel durchgeführt, die grundlegenden Geräteparameter (Präzision, Richtigkeit usw.) zu bestimmen und Gerätemängel aufzudecken.

Die vom Hersteller unabhängige Evaluation im Stadium II ist aufgrund vorhandener Erfahrungen in den 70er Jahren entwickelt worden und dient der objektiven Überprüfung von Herstellerangaben sowie einer möglichst zuverlässigen Beurteilung des Gebrauchswertes durch Experten. Beim Kauf hochwertiger und teurer Geräte ist diese Prüfungsart unentbehrlich. Sie wird als Multicenter-Evaluation parallel in mehreren in der Geräte-Evaluation erfahrenen Laboratorien vorgenommen. Je nach Notwendigkeit und Möglichkeiten kann auch die Physikalisch-Technische Bundesanstalt (PTB) eingeschaltet werden. Diese Langzeit-Evaluation erfolgt aufgrund eines genau festgelegten Prüfplans über Wochen oder Monate und wird nach Vorliegen der Zielwerte statistisch ausgewertet. Für die Multicenter-Evaluation klinisch-chemischer Analysensysteme gibt es bereits Protokolle des "European Committee for Clinical Laboratory Standards" (ECCLS) und des "International Committee for Standardization in Hematology" (ICSH).

Eine individuelle Eignungstestung (Kurzprüfung) wird durch den Verwender, in den meisten Fällen vor dem Kauf, in unterschiedlicher Form vorgenommen. In einzelnen Fällen wird das Gerät im Laboratorium des potentiellen Kunden für einige Stunden oder Tage zur Prüfung bereitgestellt, oder der Kunde besichtigt und erprobt das Gerät in einer Ausstellung oder in einem anderen Laboratorium, in dem es verwendet wird. Oft wird dabei leider planlos vorgegangen und unter Berücksichtigung aller zur Verfügung stehenden Informationen die Entscheidung getroffen, ob das Gerät für das eigene Labor geeignet ist oder nicht. Es werden meist nur einige mitgebrachte Proben analysiert und deren Ergebnisse interpretiert, um sich mit der Bedienung und Funktion des Gerätes einigermaßen vertraut zu machen. Richtiger wäre es, sich vorher anhand von Prospekten und Bedienungsanleitungen sachkundig zu machen, einen Kurzprüfplan aufzustellen, diesen durchzuführen und die Ergebnisse statistisch auszuwerten.

Der tatsächliche Gebrauchswert der auf dem Markt befindlichen und in die Routine bereits eingeführten Geräte kann auch in Feldstudien, z.B. in Zielwertermittlungen, in Ringversuchen oder Ringstudien, untersucht werden. Solche Gerätevergleiche sind nur sinnvoll, wenn eine ausreichende Zahl von Daten zur Evaluation zur Verfügung stehen.

Eine subjektive Prüfung kann so erfolgen, daß man vom Hersteller die sogenannte Referenzliste anfordert und die Leiter von Laboratorien, die man kennt, über ihre Ansicht und Ergebnisse befragt. Um solche Gebrauchswertbeurteilungen zu objektivieren und vergleichbar zu gestalten, und auch, um die so gewonnenen Ergebnisse sowohl potentiellen Käufern als auch den Herstellern zugänglich zu machen, sind von uns Gerätefragebogen entwickelt und Umfragen bei möglichst vielen Benutzern veranstaltet worden.

Die durchschnittliche Lebensdauer der Laborgeräte ist bisher ungenügend untersucht worden, obwohl diese Angaben für die Abschreibungskalkulation wichtig sind. Hersteller und Vertriebsfirma verfügen aufgrund ihrer Verkaufslisten und Kundendienstberichte über die notwendigen Daten. Wenn - wie beabsichtigt - der Wartungsdienst der Laborgeräte im neuen Eichgesetz vorgeschrieben wird, werden damit vollständigere Angaben zur Verfügung stehen. Es ist zu hoffen, daß der Verband der Diagnostika und Diagnostikageräte-Hersteller (VDGH) die Initiative ergreift und vergleichbare Angaben über die durchschnittliche Lebensdauer verschiedener Laborgeräte mitteilt. Im Idealfall entspricht die mittlere Lebensdauer eines Gerätes der geplanten Beanspruchung unter Routinebedingungen für denjenigen Zweck, für den es angeschafft worden ist. Während dieser Zeit sollte das Gerät auch voll abgeschrieben werden können. Danach kann es, meist als

Ausfallgerät, weiter bereitgestellt, gewartet und gelegentlich auch benutzt werden. Da verschiedene Typen der Laborgeräte bereits nach einigen Jahren durch Neukonstruktionen abgelöst werden, werden lange Lebensdauern dieser Gerätetypen nicht gefordert.

4. Danksagung

In Erkenntnis der Bedeutung solcher Evaluationsmaßnahmen hat INSTAND 1980 während der MEDICA in Düsseldorf und 1981 während des Laborärztekongresses in Berlin Symposia über Methoden-, Geräte- und Reagenzienevaluation abgehalten. Die Herausgeber sind dabei als Moderator (B) bzw. als Vorsitzende und Diskussionsleiter (H,M) zusammen mit Prof. Jesdinsky, Düsseldorf, Dr. v. Klein-Wisenberg, Freiburg, Prof. Reinauer, Düsseldorf, tätig gewesen. Referenten und Diskussionsredner haben ihre Manuskripte überarbeitet. Diese werden in dem vorliegenden Band, zusammen mit einer ausführlichen Diskussion zu den angesprochenen Themen und einem Anhang, der Ergebnisse der von 1982 bis 1984 durchgeführten Evaluations-Ringstudien enthält, veröffentlicht.

Ergänzend zu den Literaturhinweisen der Referenten, die sich jeweils am Ende jedes Vortrages befinden, findet sich im Anschluß an die Diskussion eine umfangreiche Bibliographie, geordnet nach den verschiedenen Evaluationsthemen (bis Ende 1984), die es ermöglicht, die berichteten Erfahrungen zu vertiefen.

Die Herausgeber danken an dieser Stelle allen Vorsitzenden, Referenten und Diskussionsrednern sowie den Sponsoren der beiden Symposia:
Behringwerke, Beckman, Boehringer Mannheim, Coulter, Dr. Lange, Hoffmann-La Roche, Sarstedt und Technicon, sowie dem Springer-Verlag, der das Erscheinen dieses Bandes im Rahmen der INSTAND-Schriftenreihe ermöglicht hat.

Prof. Dr. R. Merten, Düsseldorf
Dr. K.-G. v. Boroviczény, Berlin
Prof. Dr. R. Haeckel, Bremen

I Methoden- und Reagenzien-Evaluation

1.1 H. KELLER (ST. GALLEN, SCHWEIZ): ANFORDERUNGEN AN METHODEN UND METHODENBESCHREIBUNGEN

Vorbemerkungen

Die Auswahl und Einführung neuer analytischer Verfahren ist eine der wichtigsten Aufgaben des Leiters eines klinischen Laboratoriums. Dabei können zwei Grenzsituationen vorliegen: Für den oder die zu bestimmende Komponente kann eine Vielzahl unterschiedlicher analytischer Verfahren beschrieben sein, und zahlreiche vorgefertigte Reagenz-Kombinationen werden kommerziell angeboten. Aus einer verwirrenden Vielfalt gilt es dann, eine optimale Auswahl zu treffen. Aber auch die gegenteilige Situation ist nicht ganz selten: In der Literatur wird nur ein Verfahren gefunden, das möglicherweise nicht einmal im Original zugänglich ist, weil es in japanischer Sprache vorliegt und nur ein englisches Abstrakt zur Verfügung steht. Nun muß geprüft werden, ob die "Nachentwicklung" möglich und aussichtsreich ist.

In beiden Fällen wird vom Leiter des Laboratoriums die Entscheidung erwartet, ob und unter welchen Prämissen ein neues Verfahren übernommen werden kann. Diese Entscheidung soll nicht intuitiv, sondern rational getroffen werden. Drei wesentliche Entscheidungskriterien sind zu berücksichtigen:

- Das Verfahren muß zur Lösung einer dem Labor gestellten Aufgabe nützlich sein.

  Diese Aufgabe kann im Bereich von Diagnose, Therapiekontrolle oder Prävention liegen oder andere wissenschaftliche Probleme berühren, zu deren Lösung Laboratoriumsanalysen notwendig sind. In jedem Fall muß der Laboratoriumsleiter die eigentliche Problemstellung kennen und sich mit ihr identifizieren, um eine verantwortliche Auswahl treffen zu können.

- Dies bedeutet, daß die Zuverlässigkeitskriterien, aber auch der notwendige zeitliche Aufwand so beschaffen sind, daß die unter Punkt 1 genannten Aufgaben erfüllt werden können.
  Es genügt also nicht, wenn der Laboratoriumsleiter lediglich den Parameter kennt, der zu bestimmen ist, ohne zu wissen, welche Fragestellung damit gelöst werden soll. Die Fragestellung kann geringe oder hohe Anforderungen an Richtigkeit und Präzision stellen; sie kann erfordern, daß ein Resultat in kürzester Frist nach der Auftragserteilung zur Verfügung steht, oder es kann sein, daß Tage oder Wochen als Untersuchungsfrist tolerabel sind.

- Schließlich muß das Verfahren für das Laboratorium durchführbar sein, d.h. es muß in instrumenteller, personeller und ökonomischer Hinsicht den gegebenen Möglichkeiten entsprechen.

Um diese Punkte beurteilen zu können, bedarf der Laboratoriumsleiter einer Methodenbeschreibung, aus der alle wichtigen Charakteristika entnommen werden können. Die Erfahrung lehrt, daß in vielen Fällen die vorliegenden Methodenbeschreibungen dazu nicht ausreichen. Dann muß eine Evaluation durchgeführt werden, ein Prozeß, der stets aufwendig, im Prinzip aber überflüssig ist. Denn von den Methodenbeschreibern, respektive von den Editoren wissenschaftlicher Zeitschriften, ist zu fordern, daß nur einwandfreie Methodenbeschreibungen publiziert werden.
Über die korrekte Beschreibung klinischer Laboratoriums-Methoden hat Stamm (1979) Empfehlungen formuliert, die für die folgenden Überlegungen als Grundlage dienen. Weiter soll die "Systematik der Deviationsursachen klinisch-chemischer Analysen", die in unserem Labor erarbeitet worden ist, als Leitfaden benutzt werden (Keller u. Gessner 1980).

Eine einwandfreie Methodenbeschreibung umfaßt die folgenden 8 Abschnitte:

1. Prinzip
2. Proben-Gewinnung und Vorverarbeitung
3. Methodologisches Vorgehen (Reagenzien, Instrumentation etc.)
4. Leistungsfähigkeit

5. Referenzbereiche
6. Vergleiche mit anderen Verfahren
7. Biologische Bedeutung
8. Zusammenfassende Darstellung als Arbeitsvorschrift

Methoden-Prinzip

Die Beschreibung des Prinzips muß alle chemischen und physikalischen Grundlagen darstellen, auf denen das Verfahren basiert. Soweit als möglich sollte von der chemischen Formelsprache Gebrauch gemacht werden. Bei der Darstellung des Meßprinzips ist auszuführen, welche Gesichtspunkte zur Entwicklung dieser Methoden geführt haben.

Proben-Gewinnung und Vorverarbeitung

In diesem Abschnitt muß dargelegt sein, welches Untersuchungsmaterial grundsätzlich in Frage kommt. Dies ist die Definition der "Kenngröße", d.h., die Definition des Analyts in einer bestimmten Matrix.

> Unklare und fehlende Definitionen führen hier, wie die Praxis zeigt, immer wieder zu kontroversen Diskussionen: der "Blut-Kaliumspiegel", oder der "Blutzucker" sind keine "Kenngrößen", auch wenn sie im Sprachgebrauch des ärztlichen Alltags gängig sind. Richtig wäre "Kalium-Konzentration im Heparin-Plasma" (z.B. bestimmt mit dem Flammenphotometer und bezogen auf ein bestimmtes Plasmavolumen) oder "Kalium-Aktivität im Plasma-Wasser" (z.B. bestimmt mit einer Ionen-selektiven Elektrode) oder "Glucose im hämolysierten Kapillarblut", im Gegensatz zur "Glucose im venösen Serum".

Besonders wichtig sind Angaben über die unmittelbaren Abnahme- und Aufnahmebedingungen. So muß beispielsweise die Art der Blutentnahme, das geeignete Spezimengefäß (Glas, Kunststoff mit oder ohne Zusätze, steril oder unsteril usw.) explizit beschrieben werden.

Für die Praxis sind auch Angaben über die zulässigen Lagerbedingungen der Proben, d.h. exakte Temperaturangaben, Einfluß von Licht,

Luft, Sauerstoff usw., und eine belegte Aussage über die Stabilität des Analyts unter den beschriebenen Lagerbedingungen wichtig.
Auch die Vorverarbeitung muß exakt beschrieben werden.

So genügt nicht die Angabe, "einige Minuten bei 3000 U/min." zu zentrifugieren, sondern es muß die exakte G-Zahl, die erlaubte Temperatur und die Dauer der Zentrifugation mitgeteilt werden.

Methodenbeschreibung

Die eigentliche Methoden-Beschreibung sollte so detailliert wie möglich sein. Beginnend bei den Reagenzien und dem Kalibrationsmaterial ist zu fordern, daß der notwendige Reinheitsgrad exakt definiert wird und die Bezugsquellen genannt werden.
Nicht selten ist in der Praxis die Spezifikation der Reagenzien ungenügend.

Als Beispiel aus jüngster Zeit sei an die unterschiedliche Qualität von α-Naphthyl-phosphat erinnert, dessen Brauchbarkeit für die Bestimmung der Aktivität der sauren Phosphatase überprüft worden sind. Von 10 kommerziellen Präparaten sind 2 völlig unbrauchbar gewesen und nur 4 haben uneingeschränkt die Anforderungen für die enzymatische Analyse erfüllt (Bowens & Bowens 1982).

Besonders sorgfältig müssen die primären und/oder sekundären Standards beschrieben sein. Bei den sekundären Standards ist zu berücksichtigen, daß viele Inhaltsstoffe schlecht definiert und/oder mangelhaft lagerfähig sind, worauf besonders hingewiesen sein sollte. Dies gilt z.B. für immunologische Komponenten (Antigen/Antikörper), von denen z.B. mögliche Kreuzreaktionen ausdrücklich vermerkt werden müssen. Auch ihre Stabilität bei optimalen und nicht optimalen Lagerbedingungen muß genau angegeben sein.

Hilfsinstrumente, d.h. alle im analytischen Prozeß benutzten Einrichtungen, die zur Vorbereitung des eigentlichen Meßvorganges benötigt werden, beeinflussen in unterschiedlicher Weise den analytischen Prozeß auf allen Stufen und haben damit Einfluß auf das Meßsignal. Hilfsinstrumente in diesem Sinn sind alle Einrichtungen zur Aufbewahrung des analytischen Materials, zur analytischen Trennung, zur

Mischung, zur Temperierung und zur Aliquotierung. Alle diese Hilfsinstrumente produzieren zufällige und systematische Abweichungen, deren Toleranzgrenzen spezifiziert werden müssen, d.h., die für das Verfahren erforderlichen Leistungsfähigkeiten müssen exakt genannt werden.

Als typisches Beispiel für stochastische Abweichungen von Hilfsinstrumenten sei an die funktionelle Inkonstanz von Einrichtungen zur Thermostatisierung erinnert. Thermostaten sind nicht in der Lage, die "Soll"-temperatur exakt einzuhalten, sondern sie produzieren Oszillationen um oder in der Nähe der Solltemperatur. Die Methoden-Beschreibung muß definieren, wo die Toleranzgrenzen liegen, d.h. welche systematischen und/oder zufälligen Temperatur-Abweichungen den Ablauf des Verfahrens nicht (wesentlich) stören.

Häufig werden an ein Meßinstrument besonders hohe Anforderungen gestellt; dabei ist jedoch zu bedenken, daß mindestens zufällige Abweichungen bei jedem Meßinstrument unvermeidbar sind, durch die sein absolutes Auflösungsvermögen begrenzt wird.

Zu erinnern sei hier an die "Unschärfe" eines Photometers durch das Verstärkerrauschen, an die Unruhe eines Flammenphotometers, an die Oszillationen einer Analysenwaage und an die Koinzidenzphänomene bei Proportionalzählern.
Ein Spezialfall der zufälligen Schwankungen ist der Diskretisationsfehler, der jedesmal entsteht, wenn ein analoges Signal in einen numerischen Wert überführt wird. Dabei ist es gleichgültig, ob eine analoge Anzeige abgelesen oder vom Meßinstrument die Signale digital angezeigt werden. In jedem Fall resultiert durch die Diskretisation eine Unschärfe, da die letzte Stelle des Resultats auf- oder abgerundet oder unterdrückt wird.
Aber auch systematische Abweichungen des Meßinstruments schränken seine Meßgenauigkeit ein: Zu denken ist an die "base-linedrift" von Photomultipliern, das thermisch bedingte Driften integrierter elektronischer Bauteile und andere Einflußfaktoren. Da die Temperaturkonstanz von Meßinstrumenten in vielen Fällen mit Hilfsinstrumenten gewährleistet werden soll, überschneiden sich die Driftabweichungen von Meßinstrumenten mit denen der Hilfsinstrumente. Es genügt also beispielsweise nicht die Mitteilung, daß

"...die Messung bei der Wellenlänge XY und 1 cm Schichtdicke.." erfolgen soll, sondern es müssen die erforderlichen optischen und elektronischen Qualitäten des Photometers exakt genannt sein.

Methodologie

Das methodologische Vorgehen selbst sollte so beschrieben sein, daß jeder kompetente Analytiker das Verfahren nachvollziehen kann, auch wenn er keine speziellen Erfahrungen auf diesem Gebiet hat.

Ein besonders wichtiges Kapitel stellt die Berechnung des Resultats dar. So sollte explizit dargestellt sein, wie Kalibrationskurven gewonnen werden, oder welche sonstigen Verfahren für die Berechnung des Resultats einzusetzen sind. Nur am Rande sei erwähnt, daß alle Maßeinheiten formal dem SI-System und/oder anderen internationalen Empfehlungen entsprechen sollten. Wenn arbiträre Einheiten verwendet werden, so sind die Gründe zu nennen, die zu den gewählten Einheiten geführt haben.

Leistungsfähigkeit

Die Leistungsfähigkeit eines analytischen Verfahrens kann mit folgenden Kriterien beschrieben werden:

- dynamischer Bereich
- Präzision
- Richtigkeit
- Fehleranfälligkeit

Unter dynamischem Bereich wird das Konzentrations-Intervall des Analyts verstanden, das von der beschriebenen Methoden mit ausreichender analytischer Präzision und Richtigkeit erfaßt werden kann. Dabei ist zu beachten, daß die "Nachweisgrenze" nicht notwendigerweise mit dem Beginn des dynamischen Bereichs identisch ist. Die Nachweisgrenze entspricht der niedrigsten Konzentration des Analyts, der statistisch verschieden vom analytischen Leerwert ist. Je nachdem wie der Ausdruck "statistisch" interpretiert wird, werden unterschiedliche Nachweisgrenzen definiert. Eine sehr lesenswerte zusammenfassende Darstellung dieser schwierigen Problematik ist kürzlich publiziert worden (Long & Winefordner 1983).

Wenn durch Verdünnung oder Konzentrierung des Untersuchungsgutes dieser Bereich erweitert werden soll, so ist anzugeben, wie die Verdünnung oder Konzentrierung durchzuführen ist, und welche neuen Aspekte sich dadurch ergeben. In diesem Zusammenhang sei daran erinnert, daß die Volumen-Fraktion, besonders bei Bestimmung von Enzym-Aktivitäten, eine entscheidende Rolle spielt: Die Verdoppelung des Serum-Volumens muß keineswegs zur Verdoppelung der Reaktionsgeschwindigkeit führen, oder umgekehrt, die Halbierung des Serum-Volumens muß nicht die Reaktionsgeschwindigkeit um den Faktor 0,5 verkleinern.

Die mit dem Verfahren erreichbare Präzision sollte in folgender Form beschrieben werden:

- Präzision in der Serie (intra-assay Präzision)

- Präzision von Tag zu Tag (inter-assay Präzision)

- Präzision verschiedener Laboratorien mit dem gleichen Material und der gleichen Methode

  Wichtig ist die Angabe, mit welchem Material die Präzisionskontrollen durchzuführen sind, und auf welchem statistischen Verfahren die Berechnung der Präzision erfolgen soll. Auf keinen Fall ist es ausreichend, zu behaupten "...die Präzision des Verfahrens beträgt $\pm$ 5 %...".

Besonders problematisch sind die Angaben über die Richtigkeit eines analytischen Verfahrens. Exakte Definitionen des Analyts sind unverzichtbar. Es muß aus der Methodenbeschreibung unzweideutig hervorgehen, welche Partikel oder Verbindungen oder Klasse von Verbindungen, Elemente oder Ionen-Aktivitäten mit dem analytischen Prinzip tatsächlich erfaßt werden, und welche Voraussetzungen seitens der Matrix gegeben sein müssen. Bei vielen Verfahren wird die Richtigkeit durch einen oder mehreren "Kalibranden" bestimmt. Darunter sind alle Arten von Referenzmaterialien, natürlichen oder synthetischen, die zur Kalibration benutzt werden zu verstehen (Kennedy 1983).

Klassische Beispiele für unkorrekte Definitionen des Analyts finden sich z.B. bei vielen Beschreibungen von Methoden zur Bestimmung des "Total Proteins" (im Serum, Plasma, Liquor, Urin etc.) mittels der Biuret-Reaktion. Je nachdem aus welchem Gemisch (aus Hunderten von Protein-Individuen) der Kalibrand zusammengesetzt ist, werden unterschiedliche Resultate im Patientenmaterial erhalten. Die korrekte Beschreibung des Analyts könnte hier z.B. heißen: "Biuret-reaktives Material, bezogen auf einen Albumin-Standard des NBS".
Bei der enzymatischen Bestimmung der Triglyceride wird tatsächlich Glycerol bestimmt (mit oder ohne Substraktion des freien Glycerols). Der Analyt müßte somit bezeichnet werden als "enzymatisch aus Triglyceriden abspaltbares Glycerol nach Abzug des freien Glycerols".

Die immunologischen Präzipitationsmethoden zur spezifischen Bestimmung eines Immunglobulins bestimmen tatsächlich antigene Determinanten einer bestimmten Struktur, von denen angenommen wird, sie seien für das Immunglobulin qualitativ charakteristisch und quantitativ konstant erfaßbar. Dies trifft jedoch keineswegs in jedem Fall zu. Die immunologische Bestimmung des Immunglobulin M bei einer Makroglobulinämie führt z.B. zu höchst unterschiedlichen Resultaten, abhängig von vielen prä-instrumentellen Faktoren.

Die Fehleranfälligkeit einer Methode charakterisiert ebenfalls ihre Leistungsfähigkeit:

Zunächst soll die analytische Spezifität des Verfahrens und ihre Einschränkungen - soweit bekannt - beschrieben werden. Sie ist eingeschränkt, wenn das physikalische oder chemische Analysenprinzip nicht ausschließlich den gesuchten Analyt, sondern auch andere (ähnliche) Komponenten erfaßt. Wenn Analyt und Störfaktor ein gemeinsames additives Signal produzieren, so resultiert ein falsch hoher Meßwert. Wenn der Störfaktor aber die gewünschte Reaktion verzögert, unterdrückt oder in eine falsche Richtung lenkt, so resultiert ein falsch-niedriges Meßsignal.

Die klassischen chemischen Verfahren, z.B. die Jaffé-Reaktion für Creatinin, die Folin-Reaktion für Harnsäure usw. sind Beispiele für mangelhafte Spezifität. Aber auch viele moderne enzymatische Verfahren haben Einschränkungen hinsichtlich ihrer Spezifität, besonders, wenn Zwischen- und Indikatorreaktionen eingeschaltet sind. Dabei kann es sich um körpereigene Störfaktoren handeln, die das analytische Verfahren spezifisch beeinflussen (z.B. CK-BB bei der Bestimmung der CK-MB durch Immuninhibition, hohe GLDH-Aktivität bei der Bestimmung der ASAT). Oder es sind Faktoren, die das Verfahren unspezifisch stören, z.B. höhere Konzentrationen von Hämoglobin, Bilirubin oder Lipoproteinen im Serum. Vielfältige Störungen des Analysenablaufs resultieren aus der Anwesenheit von körperfremden Faktoren, z.B. Arzneimitteln und deren Metaboliten. Hier kann nur auf die Literatur (Tryding & Lindblad, 1981) verwiesen werden. Aber auch physikalische Meßprinzipien schließen mangelhafte analytische Spezifität nicht aus. Erinnert sei an die Querempfindlichkeit Ionen-selektiver Elektroden, an die unterschiedlichen Selektivitäts-Charakteristika des Trägermaterials für elektrophoretische Trennungen und vieles andere mehr.

Schließlich ist die Matrix, die den Analyt umgibt, Ursache vielerlei Störungen. Sie wirken sich besonders bei Verfahren aus, bei denen das biologische Material unmittelbar dem (physikalisch-chemischen) analytischen Prozeß unterworfen wird.

In der klinischen Chemie gilt dies für alle Methoden ohne Enteiweißung. Jede Probe hat im Vergleich zu anderen unterschiedliche physikalische und chemische Eigenschaften; zu denken ist hier z.B. an die Oberflächenspannung, die Viskosität, die Kolloidstabilität usw..

Störungen können auch eine direkte Funktion der Konzentration oder Aktivität des Analyts selbst sein. Dieser "relative Konzentrationsfehler" ist besonders bei den Radio-Immuno-Assays von großer Bedeutung (Uebersicht bei Besch, 1975).

Referenz-Intervalle

In einer kompletten Methodenbeschreibung werden verschiedene Referenz-Intervalle genannt. Dabei wird primär meist an eine Population von "Gesunden" gedacht, wobei jedoch die Definition des "Gesundheitszustands" entsprechend internationalen Empfehlungen erfolgen sollte (Gräsbeck 1978).

Die für die Pädiatrie so wichtigen Referenz-Intervalle von Neugeborenen, Säuglingen und Kleinkindern werden bei vielen Methodenbeschreibungen vermißt, ebenso die Einflüsse von Alter und Geschlecht, das Vorhandensein oder Fehlen biologischer Rhythmen, ökologischer Einflußfaktoren, z.B. Nahrungsaufnahme, allgemeine Lebensbedingungen, physikalische, chemische und biologische Einwirkungen usw..

Nicht minder wichtig für den Benutzer ist auch die Kenntnis von Referenz-Intervallen von "Kranken"-Kollektiven, wobei die Selektions-Charakteristika exakt aufgezählt sein sollten.

Methoden-Vergleich

Von einer seriösen Methodenbeschreibung wird erwartet, daß alle in der Literatur mitgeteilten einschlägigen Vergleichsuntersuchungen zitiert sind.

Validität für ärztliche Tätigkeiten

Der vermutlich heikelste Punkt einer Methodenbeschreibung ist die Darstellung, welche Bedeutung das Verfahren für ärztliche Tätigkeiten hat, z.B. für die medizinische Diagnostik, Therapiekontrolle oder Prävention. Auch hier ist die vollständige Zitaten-Sammlung der vorliegenden wissenschaftlichen Literatur ein Qualitätskriterium der Methodenbeschreibung.

Zusammenfassung

Schließlich sollte die Methodenbeschreibung mit einer Zusammenfassung aller wichtigen Punkte in kurzer aber klarer Form enden. Diese Zusammenfassung sollte so sein, daß sie innerhalb des Labors als unmittelbare Arbeitsvorschrift dienen kann. Hat in den Punkten 1 - 7 das Schwergewicht auf der vollständigen Darlegung gelegen, so liegt hier das Gewicht auf Kürze und Eindeutigkeit.

Schlußbemerkungen

Die Qualität einer Methodenbeschreibung charakterisiert den oder die Autoren in besonders prägnanter Weise. Die Verfasser von Methodenbeschreibungen sollten sich darüber im klaren sein, daß auch ein geniales Meßverfahren bis zur Wertlosigkeit eingeschränkt wird, wenn es unseriös, unklar oder unkomplett beschrieben ist.

Eine perfekte Methodenbeschreibung erlaubt dem kompetenten Laborleiter zu entscheiden:

- ob eine Methode zusätzlich neu einzuführen ist, weil sie das Untersuchungsprogramm des Labors bereichert (nicht nur erweitert);

- ob eine vorhandene Methode ersetzt werden soll, da die neue in einem oder mehreren Punkten überlegen ist;

- ob die vorhandenen personellen, instrumentellen und räumlichen Gegebenheiten für das Beschriebene ausreichen;

- welche Kosten und Folgekosten (oder Einsparungen) für das Laboratorium resultieren werden und

- welcher Gewinn für die ärztliche Diagnostik, Therapiekontrolle oder Prävention zu erwarten ist.

Literatur

Besch PK (ed) (1975) Clinical radioassay procedures: A compendium. Am Ass Clin Chem, Washington

Bowers JJ, Bowers GN (1982) 1-Naphtylphosphate: Specifications for high-quality substrate for measuring prostatic acid phosphatase activity. Clin chem 28:212

Gräsbeck R (1978) Terminology and biological aspects of reference values. In: Benson ES, Rubin M (eds) Logic and economics of clinical laboratory use. Elsevier-North Holland Inc.

Keller H, Gessner U (1980) Systematik der Deviationsursachen klinisch-chemischer Analysen. Med Lab 33:139

Kennedy WR (1983) Calibrant. Analyt Chem 55:704 A

Long GD, Winefordner JD (1983) Limit of detection. Analyt Chem 55:712 A

Stamm D (1979) Recommendations for the discription of a selected method in clinical chemistry. J Clin Chem Clin Biochem 17:280

Tryding N, Lindblad CG (1981) Drug effects in clinical chemistry. Apoteksbolaget, Stockholm

1.2 W. GRUBER (TUTZING): PRÜFUNG AUF KÖRPEREIGENE UND KÖRPERFREMDE STÖRFAKTOREN

Die Prüfung auf körpereigene und körperfremde Störfaktoren muß

- in der Probe (also nicht Störfaktoren im Reagenz, welche die Methode an sich stören) und
- zum Zeitpunkt der Analyse (also nicht Störfaktoren bei der Probenentnahme und nicht beim Probenversand, z.B. durch Wärme oder bakterielle Kontamination) erfolgen.

Körpereigene Störfaktoren

Man unterscheidet zwischen definierten allgemeinen, definierten speziellen und nicht definierten Störfaktoren.

Unter definierten allgemeinen Störfaktoren versteht man insbesondere

- lipämische Trübungen:
  Bei der Beseitigung dieser Störungen sind in den letzten Jahren durch spezielle Detergentien-Kombinationen als "aufhellende Systeme" wesentliche Fortschritte erzielt worden. Dies wird am Beispiel Monotest® Cholesterin erklärt. Hier wirkt der "Verseifungs-Cocktail" (Siedel, Schlumberger, Klose, Ziegenhorn u. Wahlefeld 1981) aus verschiedenen Esterasen zur Hydrolyse von Cholesterin-Estern in Verbindung mit speziellen Detergentien trübungsauflösend. Als artifizielle Probe für die Trübungsaufhellung lipämischer Seren hat sich bei uns Kuhmilch in verschiedenen Verdünnungen bewährt.

- Hämolyse:
  Hämolytische Proben werden leicht an der Rotfärbung durch Hämoglobin erkannt. Hämoglobin in geringen Konzentrationen stört aber die meisten Bestimmungen nicht (Ausnahme z.B. Enzymtest mit Peroxydase als Enzym-Label wegen pseudo-peroxydatischer Aktivität des Hämoglobins). Andere Inhaltsstoffe der Erythrocyten, z.B. Lactat-Dehydrogenase und Kalium-Ionen, verfälschen Bestimmungen gegenüber hämolysefreien Seren zum Teil erheblicher.

- Bilirubin:
  In höheren Konzentrationen stört Bilirubin wegen Gelbfärbung und Begleitreaktionen eine Reihe von Bestimmungen, insbesondere mit klassischen chemischen Methoden; z.B. wird die Creatinin-Bestimmung nach der Jaffé-Methode, auch in der Fuller-Erde-Modifikation, durch Bilirubin-Gehalte der Probe über 10 mg/dl gestört. Oft hilft der Übergang auf spezifischere enzymatische Methoden, wie beim Creatinin die vollenzymatische Bestimmung (Staber, Busch u. Koller 1982).

- Harnsäure:
  In höherer Konzentration in der Probe enthaltene Harnsäure stört Bestimmungen auf der Basis von Redox-Reaktionen aller Art, insbesondere verschiedene Methoden mit Peroxydase-gekoppelter Detektion. Dies gilt z.B. für Glucose-Bestimmungen mittels Glucose-Oxidase. Auch hier werden mit Vorteil Bestimmungsmethoden angewendet, welche durch Harnsäure nicht gestört werden, z.B. die Hexokinase-Methode für Glucose.

Generell lassen sich Störungen durch definierte allgemeine Störfaktoren bei der Methoden-Entwicklung durch entsprechende Aufstockversuche leicht erkennen. Ihre Ausschaltung durch Methodenverbesserung ist meist schwieriger.

Definierte spezielle Störfaktoren:

Diese interferieren nur mit einzelnen Bestimmungsmethoden. Ihre Erkennung ist wesentlich schwieriger. Oft erfolgt sie erst nach jahrelangem Gebrauch einer Methode.

Spezielle Methoden-Störungen werden gefunden durch definierte Substrate und Enzyme:

- Substrate:
  So stören erhöhte Pyruvat-Gehalte in der Probe die Bestimmung der Glutamat-Pyruvat-Transaminase (ALAT) im Serum bei vereinfachten Modifikationen der IFCC-Methode. So wird z.B. bei einem Pyruvatgehalt von 3,5 mg/dl Serum bei Start mit Probe und Auswertung in der 2. bis 5. Minute die wahre GPT-Aktivität erst bei einer Hilfsenzym-Aktivität an L-LDH von 1,2 U/ml gefunden. Dies erklärt sich aus der langsameren Vorreaktion der Pyruvat-Hydrierung in TRIS im Vergleich zum früher verwendeten Phosphat-Puffer (Bergmeyer, Scheibe u. Wahlefeld 1978). Eine erhebliche Überdosierung an L-LDH verbietet sich andererseits wegen der Leerwerterhöhung durch die α-Hydroxyglutarat-Dehydrogenase-Nebenaktivität der L-LDH.

Erhöhte Pyruvat-Gehalte können auch vollenzymatische Substrat-Bestimmungen stören, wenn suboptimale NADH-Konzentrationen verwendet werden.

- Enzyme:
  Ein bekanntes Beispiel ist die von Weidemann (1973) erkannte Störung der seinerzeitigen deutschen Standard-Methode zur Creatin-Kinase-Bestimmung durch Glutathion-Reduktase im Serum. Diese Störung ist durch Übergang vom damals als Aktivator verwendeten Glutathion auf N-Acetylcystein behoben worden (Standardmethode 1977).

<u>Nicht definierte Störfaktoren:</u>

Hierunter versteht man Störungen bei Stoffwechselkrankheiten, z.B. Leberschäden, Diabetes oder Niereninsuffizienz. Zu ihrer Erkennung im Rahmen der Methodenentwicklung und -evaluation wird von uns die Überprüfung von Serum-Panels entsprechender Patienten-Kollektive empfohlen.

Erhebliche Störungen mehrerer Methoden sind insbesondere mit dem Nieren-Panel auf Dialyse-Stationen gefunden und in den meisten Fällen durch entsprechende Methoden-Verbesserung behoben worden.

Dies führt aber schon zum zweiten Thema dieses Berichtes:

Prüfung auf körperfremde Störfaktoren

Hierunter verstehen wir insbesondere Störungen durch Arzneimittel und deren Metaboliten. Derartige Störungen sind in den letzten Jahren von zahlreichen Arbeitskreisen untersucht (Stähler 1975, Siest, u. Appel 1976) und zusammengestellt worden. Davor sind Methodenüberprüfungen auf Arzneimittelstörungen eher selten und in den Auswahlkriterien zufällig erfolgt. Beispielsweise sind von uns bei Überprüfung mit einer 1971 entwickelten Harnsäure-Bestimmungsmethode mit ABTS so massive Störungen durch Ascorbinsäure und Novamin-Sulfon gefunden worden, so daß die Einführung der Methode verworfen worden ist. Seitdem wird von uns jeder neue Test systematisch auf Pharmaka-Störungen untersucht. Zunächst ist eine Überprüfung in vitro mit entsprechend aufgestockten Seren erfolgt. In diesem Programm werden routinemäßig 43 Substanzen (Staber u. Busch 1982) überprüft.

Diese sind nach folgenden Kriterien ausgewählt worden:

- häufig verwendete Pharmaka
- in hoher Dosierung
- mit verschiedensten chemisch reaktiven Gruppen

In der Regel werden 3 verschiedene Substanz-Konzentrationen geprüft und mit dem Humanserumpool ohne Zusatz verglichen: es werden dabei therapeutische, einfach toxische und doppelt toxische Konzentrationen jedes Pharmakons unterschieden.

Mit diesem Panel ist eine Störung des Harnsäure-Acino-Farbtests Peridochrom® Harnsäure durch erhöhte Konzentrationen an Tanderil® (Oxyphenbutazon), das als Kupplungskomponente in der POD-katalysierten Reaktion interferiert, gefunden worden (Haeckel 1976).

Ein weiteres Beispiel ist die Störung der Jaffé-Bestimmung von Creatinin in der Fuller-Erde-Modifikation durch Novalgin®, das sich hier substratgleich verhält, also an Fuller-Erde absorbiert wird und mit dem Carbanion reagiert. Dagegen zeigt die vollenzymatische Creatinin-Bestimmung keine Störung durch Novalgin (Staber u. Busch, 1982).

Ähnlich wird von uns bei neuen Harntesten vorgegangen. So ist eine Störung des Cytur-Tests bei höheren Ascorbat-Zusätzen im Urin, insbesondere bei niedrigen Leukozyten-Zahlen erkannt. Diese Störung ist im neuen Leukozyten-Test durch Vorwegoxidation von Reduktionsmitteln beseitigt worden.

Nach Erkennung von Arzneimittelstörungen im in-vitro-System empfiehlt sich zur Abschätzung der tatsächlich zu befürchtenden Störung gelegentlich der in-vivo-Versuch mit entsprechender Arzneimittel-Einnahme durch freiwillige Probanden (Staber u. Busch 1982). Hierdurch hat z.B. gezeigt werden können, daß die in-vitro beobachtete Störung von Glucose-Bestimmungen mit der Trinder-Methode durch α-Methyldopa in vivo keine Rolle spielt, da störende Konzentrationen des Arzneimittels im Serum der Probanden nicht erreicht werden.

Ein weiteres weites Feld der Notwendigkeit zur Überprüfung von Störfaktoren eröffnet sich bei den Immuntesten insbesondere in der Spezifitäts-Untersuchung der eingesetzten Antikörper gegenüber den zu bestimmenden substanzähnlichen, kreuzreagierenden Stoffen.

Eine zusammenfassende Darstellung bisher bekannt gewordener Einflüsse ist in der Firmenschrift Boehringer Mannheim: 'Qualitätssicherung/Medikamenteneinflüsse' (1980) gegeben.

Zusammenfassend ist darauf hinzuweisen, daß die Prüfung auf körpereigene und körperfremde Störfaktoren eine wesentliche Aufgabe bei der Entwicklung neuer Bestimmungsmethoden ist. Sie bleibt speziellen Untersuchungen vorbehalten. Eine Erkennung dieser Störfaktoren durch die Routine-Qualitätskontrolle gelingt nur in Ausnahmefällen.

Literatur

Bergmeyer HU, Scheibe P, Wahlefeld AW (1978) Clin Chem 24:58
Optimization of methods for aspartat-amino-transferase and alanin-amino-transferase.

Qualitätssicherung/Medikamenteneinflüsse: Firmenschrift Boehringer Mannheim 1980

Deutsche Gesellschaft für Klinische Chemie (1977) Standard-Methode CK. J Clin Chem Clin Biochem 15:249

Haeckel R (1976) J Clin Chem Clin Biochem 14:165
The reability of a mechanized procedure (Perkin-Elmer C4) for the enzymatic determination of uric acid according to Kageyama.

Siedel J, Schlumberger H, Klose S, Ziegenhorn J, Wahlefeld A (1981) J Clin Chem Clin Biochem 19:838
Improved reagent for the enzymatic determination of serum cholesterol.

Siest G, Appel W (1976) Drug interference in clinical chemistry. Vortrag "Biochemische Analytik", München

Staber G, Busch EW, Koller P (1982) Med Lab 35:10
Systematische Prüfung von Pharmakaeinflüssen auf neu entwickelte Test-Kits.

Stähler F (1975) Drug interference. Vortrag Int Congr Clin Chem Toronto
Systematische Prüfung von Pharmakaeinflüssen auf neu entwickelte Test-Kits-Reduktase.

Weidemann G (1973) J Clin Chem Clin Biochem 11:134
Störung der mit GSH aktivierten Creatin-Kinase. Bestimmung durch Glutathion-Reduktase.

1.3 R. HELGER (DARMSTADT): ANFORDERUNGEN AN ANALYTISCHE REAGENZIEN UND DEREN PRÜFUNG

Schon früh haben Ärzte erkannt, daß es wichtig ist, die an Arzneimittel zu stellenden Anforderungen und deren Prüfungsvorschriften schriftlich und verbindlich darzustellen. Die erste Pharmokopoe ist 1498 in Florenz, eine entsprechende Schrift 1546 in Nürnberg erschienen. Es handelt sich hier um ein amtliches Vorschriftenbuch für die Prüfung, z.T. auch über die Beschaffenheit, Bereitung, Aufbewahrung und Dosierung von Arzneimitteln oder für die Arzneimittelherstellung verwendeten Substanzen. Inzwischen gibt es kaum ein Land, das nicht eine eigene Pharmakopoe erlassen hat; bei uns gilt z.Z. das DAB 8 und die Europäische Pharmokopoe. Bis vor etwa 100 Jahren hat kein Apotheker oder Chemiker die Substanzen ohne eigene Vorprüfung und ohne umständliche Gehalts- und Reinheitsprüfungen für Synthese, Zubereitungen oder insbesondere für die Analyse einsetzen können. Die im Handel erhältlichen Substanzen sind nur unscharf charakterisiert und hinsichtlich Reinheit und Eignung nur unzuverlässig beschrieben worden.

Im Jahre 1888 hat deshalb Dr. Krauch, ein Chemiker unseres Hauses auf der Hauptverwaltung der Deutschen Gesellschaft für angewandte Chemie in Hannover vorgeschlagen, die Untersuchung käuflicher Reagenzien nach einheitlichen Methoden durchzuführen. Die im Handel üblichen Begriffe 'purissimum, purum oder depuratum' seien nicht geeignet, den Reinheitsgrad der Reagenzien genügend zu beschreiben. Noch im selben Jahr sind erstmals Prüfungsvorschriften für Chemikalien 'zur Analyse' zusammengestellt und in dem Buch: "Die Prüfung der chemischen Reagenzien auf Reinheit" veröffentlicht worden. Der Verfasser des Buches und der Hersteller der Präparate haben hier völliges Neuland betreten. Der für jene Zeit neuartige Gedanke, die Reagenzien in ihrem Reinheitsgrad festzulegen und dem Anwender Unterlagen zu geben, die ihm jederzeit eine Nachprüfung der von der Herstellerfirma zugesicherten Reinheitsgarantien ermöglichen, hat sich als außerordentlich fruchtbar erwiesen. Im folgenden werden die Probleme anhand von Beispielen dargestellt.

An einem bewußt einfachen Beispiel sei in Tab. 1 gezeigt, wie solche Prüfungsvorschriften formuliert sind. Zur Sulfatbestimmung wird eine

Impflösung mit der Prüfung versetzt und die entstehende Trübung mit der einer gleich behandelten Stammlösung verglichen.

Sulfat	Konz. max. 0,0005 %; 0,25 ml K_2SO_4-Lösung (0,02 %ig in Äthanol 30 %) und 1 ml $BaCl_2 \cdot 2\ H_2O$-Lösung (25 %) mischen (Impflösung) und 20 ml mit 0,5 ml Salzsäure (25 %) angesäuerte Prüflösung zufügen. (1 ml = 0,0005 %)

Tab. 1: Prüfungsmethoden, z.B. für Sulfat in Tris(hydroxmethyl)aminomethan p.a.

Diese Standard-Prüfungsvorschriften haben inzwischen auch eine Reihe von Nachfolgern in den verschiedenen Ländern gefunden. Es seien hier nur die 'Analar® Standards for Laboratory Chemical' in England, die Normen der American Chemical Society (ACS) und die Spezifikationen für Reagenzien der 'International Organization for Standardisation' (ISO) erwähnt. Leider haben diese im Ansatz richtigen Bemühungen bis heute nicht zu einer Vereinheitlichung oder wenigstens zu einer Definition der Begriffe geführt. Ein Blick in die Kataloge verschiedener Formen zeigt dies deutlich. Einige Prädikate, wie sie zur Charakterisierung der Reinheit von Chemikalien verwendet werden, sind in Tab. 2 aufgeführt.

Prädikat	Gehaltsangaben
zur Synthese, technisch	60 - 99 %
praktisch	75 - 99 %
pharmakologisch	95 - 99 %
rein, purum, Grade 2	95 - 99 %
reinst, purissimum, Grade 1	97 - 99 %
zur Analyse, Analar®, ISO, ACS	98 - 100 %
ultrarein, Urtitersubst., Suprapur®	99 - 100 %
Aristar®, SRM	99 - 100 %

Tab. 2: Prädikate zur Charakterisierung der Reinheit von Chemikalien

Aus dem Begriff p.a., purum etc. allein kann man keine verläßlichen Gehalts- und Reinheitsangaben ableiten, man muß die Erläuterungen der Hersteller kennen.

Für analytische Arbeiten sind besonders Substanzen von definiertem Reinheitsgrad und in der Regel mit einem Gehalt von mehr als 98 %, d.h. sog. 'Substanzen pro Analyse' unerläßlich. Ursprünglich hat bei uns das Prädikat p.a. die reinste von mehreren handelsüblichen Substanzen erhalten. Unter Hinzuziehung der entsprechenden Prüfungsvorschrift hat der Analytiker sich ein Bild davon machen können, ob die Substanz für die vorgesehene Aufgabe geeignet gewesen ist. Hierbei muß berücksichtigt werden, daß gegebenenfalls nur die in der Spezifikation aufgeführten Verunreinigungen geprüft worden sind.

Zur Überprüfung der p.a. Substanzen auf Verunreinigungen wird das gesamte Spektrum der zur Verfügung stehenden Methoden eingesetzt. Beispielsweise wird beim Aceton neben modernsten elektroanalytischen, photometrischen und chromatographischen Verfahren auch die Titration verwendet (Tab. 3).

Aussehen	visuell
Gehaltsbestimmung	GC
freie Säure, freies Alkali	Titration (Bromthymolblau)
Blei, Kupfer, Zink	Inversvoltammetrisch
Nickel, Kobalt	Kathodenstrahl-polarographisch
Eisen	2,2'-Bipyriden-Reaktion mit Fe , Farbvergleich
Mangan, Magnesium	Absorptionsflammenphotometrisch
Methanol, Äthanol	GC
Wasser	Absorptionsspektralphotometrisch (1910nm)
UV- und IR-Durchlässigkeit	Vergleichsspektrum

Tab. 3: Prüfungsmethode, z.B. für Aceton p.a.

Heute enthält unsere Liste von analytischen Reagenzien auch Substanzen der höchsten Reinheitsstufe, die nach aufwendigen Verfahren hergestellt und unter besonderen Vorsichtsmaßnahmen abgepackt werden. Während des gesamten Herstellungsprozesses, vor allem jedoch bei der Endkontrolle unterliegen derartige Reagenzien einer sehr sorgfältigen analytischen Überprüfung.

Es werden im Vergleich zu 'p.a.' Substanzen auch deutlich mehr Fremdstoffe analytisch überprüft und die Gehalte garantiert.
Die Fremdstoffgehalte liegen z.T. mehrere Zehnerpotenzen niedriger als bei den garantiert reinen Reagenzien. Dies geht aus einer Gegenüberstellung der Werte für NaCl hervor (Tab. 4). Die Garantiezahlen werden in vielen Fällen durch die Nachweisgrenzen der angewandten Analysenverfahren bestimmt, so daß die tatsächlichen Fremdstoffgehalte häufig noch deutlich unter der Nachweisgrenze liegen dürften.

Natriumchlorid	Suprapur®	Urtitersubstanz	krist. p.a. ASC, ISO	reinst, PhEur USP XX
Gehalt in (%)	min. 99,5	99,95 - 100,05	min. 99,5	min. 99,5
Blei max.	$5x10^{-6}$	$5x10^{-4}$	$5x10^{-4}$	$5x10^{-4}$
Eisen max.	$5x10^{-6}$	$5x10^{-4}$	$1x10^{-3}$	$5x10^{-5}$
Arsen max.	-	-	-	$1x10^{-4}$
Kalium max.	$1x10^{-2}$	$5x10^{-4}$	$1x10^{-2}$	$1x10^{-2}$

Tab. 4: Fremdstoffgehalte in Natriumchlorid verschiedenen Reinheitsgrades

Mehr und mehr geht man dazu über, Chemikalien im Hinblick auf den speziellen Anwendungszweck zu überprüfen. Die Eignung hierfür wird garantiert, wenn hauptsächlich solche Verunreinigungen fehlen oder minimal vorhanden sind, welche die Anwendung stören.

Aufgrund dieser Überlegungen enthalten die Kataloge einiger Hersteller heute viele Hinweise auf den Verwendungszweck. So gibt es bei uns neben Analysenreagenzien höchstmöglicher Reinheit und zur Analyse allgemein auch solche für Spezialanwendungen, wie z.B. Rückstandsanalyse, Extraktionsanalyse, Spektroskopie, Chromatographie (Tab. 5).

Beispielsweise ist Chloroform p.a. trotz eines Gehaltes von 99% nicht geeignet für die Rückstandsanalyse. Hier ist heute die Gaschromatographie mit Elektroneneinfangdetektor die wichtigste und empfindlichste Nachweismethode für Chlorkohlenwasserstoff-Pestizide.

Einhaltung der Höchstmengenverordnung kann nur garantiert werden, wenn im entscheidenden Bereich des Chromatogramms kein Störsignal auftritt, das mehr als je 5 ng/l HCH oder DDT vortäuscht. Dies erfordert die Verwendung spezieller Lösungsmittel (z.B. Chloroform, Art.-Nr. 2432). Für die Spurenanalyse von Cadmium, Blei, Quecksilber, Zink u.a. wird zur Extraktion der Dithizonkomplexe ein speziell gereinigtes Chloroform (Art.-Nr. 2442) benötigt.

Reine Reagenzien (mit Garantieschein)	Beispiele
1. von höchstmöglicher Reinheit	Suprapur® -Reagenzien
2. zur Analyse allgemein	Chloroform p.a. 99 - 99,4%
3. für Spezialanwendungen, z.B.	
Rückstandsanalyse	Chloroform min. 99%
Extraktionsanalyse	Chloroform 99 - 99,4%
Spektroskopie	Chloroform Uvasol® min.99%
Chromatographie	Chloroform LiChrosolv® min.99%

Tab. 5: Einteilung der Reagenzien für die Analyse

Für die UV- und IR-Spektroskopie ist optisch hochreines Chloroform (Art.-Nr. 2447) mit bestmöglicher Durchlässigkeit erforderlich. Bei Lösungsmitteln für diesen Zweck werden auch Mindest-Durchlässigkeitswerte garantiert.

Die Flüssigkeitschromatographie erfordert ebenfalls ausgewählte Lösungsmittel. Chloroform stabilisiert mit Amylen ($(CH_3)_2CH{=}CH{-}CH_3$) (Art.-Nr. 2444) ist hierfür optimal geeignet. Die anderen Sorten sind mit Ethanol stabilisiert, wodurch die Polarität unzulässig verändert wird.

Ein weiteres Beispiel für speziell zubereitete Reagenzien ist Ethanol für die Fluoreszenzspektroskopie (Tab. 6). Hier wird neben dem Gehalt garantiert, daß die Blindfluoreszenz maximal derjenigen von 2×10^{-7} g Chinin in 100 ml Schwefelsäure entspricht.

Gehalt (GC) min. 95 %
Fluoreszenz entspr. max. 2×10^{-7} g Chinin in 100 ml 0,1 N H_2SO_4

Durchlässigkeitswerte:

Wellenlänge (nm)	210	220	230	250	ab 270
Durchlässigkeit (%)	35	55	72	90	98

Tab. 6: Qualitätsmerkmale bei Ethanol für die Fluoreszenzspektroskopie

Ein weiteres Beispiel für die Verwendung speziell geeigneter Substanzen ist die Elementaranalyse (Tab. 7).

	Beispiel
Substanzen für die Analyse	Benzoesäure p.a. 99,9 %
Testsubstanzen	Benzoesäure C 68,8 %, H 5,0 %, O 26,2%
Urtitersubstanzen	Benzoesäure 99,95 % - 100,05 %
Aufschlußmittel	Bortrioxid zur Silikatanalyse

Tab. 7: Reagenzien für die Elementaranalyse

Benzoesäure ist erhältlich als p.a.-Reagenz mit 99,9 % Gehalt, als Urtitersubstanz mit einem Gehalt von 99,95 % - 100,05 % und als Testsubstanz für die C,H,O-Bestimmung mit garantiertem C,H,O-Gehalt.
Neben den Reagenzien mit garantierter Reinheit gibt es insbesondere bei den Biochemika und bei Synthetika solche, deren standardisierte Reinheit durch sog. Typanalysen dokumentiert wird (Tab. 8). Die Gehaltsangaben sind keine garantierten Werte, sondern Richtwerte zur Charakterisierung des Reinheitsgrades. Merck toleriert bei Biochemika nur ausnahmsweise Schwankungen um ± 1 % oder mehr, wenn sie ohne Einfluß auf die Verwendbarkeit sind. Im Gegensatz hierzu sind Aktivitätsangaben bei Enzymen bei uns garantierte Mindestwerte, die die Enzyme bei Verlassen des Werkes aufweisen. Die übrigen Angaben, z.B. auch Fremdaktivitäten sind typische Werte, Die um ± 1 % schwanken könnnen.

Reagenzien - für biochemische Zwecke (Enzyme, Substrate, Kohlenhydrate) - zur Synthese - für Tensiduntersuchungen

Tab. 8: Beispiele von Reagenzien mit Typanalysen

Bei vielen Reagenzien ist es üblich, die Funktionsfähigkeit zu garantieren. Dies gilt beispielsweise für Reagenzien und Testsätze für klinisch-chemische Untersuchungen, für die Mikrobiologie und für Wasseruntersuchungen (Tab. 9). Häufig handelt es sich hierbei um Zusammenstellungen mehrerer Einzelreagenzien oder Zubereitungen.

Testsätze für klin. chem. Untersuchungen Testsätze für Wasseruntersuchungen Präparate für die Mikrobiologie Präparate für die Mikroskopie

Tab. 9: Beispiele für Reagenzien mit Funktionsgarantie

Ein hohes Maß an Zuverlässigkeit und geringste Störanfälligkeit erreichen wir bei den entsprechenden Präparaten durch konsequente Verwendung nur garantiert reiner, d.h. vorgeprüfter Reagenzien. Bei sorgfältiger Fabrikation gelten damit auch hierfür die für Einzelsubstanzen ermittelten Analysenwerte.

Abschließend muß noch kurz auf die statistische Sicherheit der Gehaltsangaben bei p.a.-Reagenzien eingegangen werden. Es ist einsichtig, daß der zur Sicherung der Ergebnisse getriebene Analysenaufwand begrenzt bleiben muß. Um mit einer überschaubaren Anzahl von Kontrollmessungen auszukommen, müssen Prüfmethoden höchstmöglicher Präzision verwendet werden.

Im Prinzip verfahren wir bei den Kontrolluntersuchungen unserer Substanzen ähnlich wie das Labor bei der Ermittlung und Sicherung von Patientendaten. Grundlage aller Produktbeurteilungen ist deshalb die Vergleichsstandardabweichung der angewandten Methode, die in sinnvollen zeitlichen Abständen überprüft bzw. neu erarbeitet wird. Durch entsprechende Qualitätskontrolle unter Verwendung von Kontrollproben und Standards wird sichergestellt, daß die Methode hinsichtlich Präzision und Richtigkeit unter Kontrolle ist. Für die Dokumentation werden die bekannten Qualitätskontrollkarten verwendet.

Wie stark die Präzision der Ergebnisse von den zur Verfügung stehenden Methoden abhängt geht aus Tab. 10 hervor. Die Präzision photometrischer Verfahren ist deutlich schlechter als die von titrimetrischen Methoden.

Element	Verfahren	Gehalt %	S %
Al	Titration des Oxinats	8	0,4
As	jodometrische Titration	0,001	1,5
Cu	" "	0,2	0,9
	photometrisch	0,02	2,5
Fe	"	0,005	2
K	flammenphotometrisch	0,005	3
Mn	photometrisch	0,005	10
Na	flammenphotometrisch	0,05	5
Ni	photometrisch	0,005	2
P	"	0,01	5
Zn	"	0,02	5

Tab.10: Standardabweichungen in Prozent (S%) bei der Analyse von Chemikalien

Eine Vergleichsstandardabweichung von ± 2 % bei der photometrischen Eisenbestimmung ist aber ausreichend, um z.B. eine Verunreinigung von mehr als 0,0005 % im Titriplex sicher auszuschließen. Bei Anwendung der Tripyridyl-triazin-Reaktion darf die Extinktion einer Lösung, die 5 g/dl Titriplex III enthält, 0,094 bei 595 nm und d = 1 cm nicht überschreiten (Tab. 11).

Eisengehalt:	max. 0,0005 %, d.h. 5 ug/g
Prüfungsmethode:	2,4,6-Tripyridyl-(2)-1,2,5-triazin-Reaktion
Anforderung:	E_{595}, 1 cm, ≐ 0,100 ± 0,002 (± 2 %)

Tab. 11: Prüfungsmethoden, z.B. für Eisen in Titriplex III Ethylendinitrilotetraessigsäure Dinatriumsalz (Dihydrat)

Trotz aller Anstrengungen bei Herstellung, Aufreinigung und Kontrolle von Reagenzien bleibt ein Rest an Unsicherheit hinsichtlich der Gehaltsangaben. Am Beispiel einiger Standard-Referenzmaterialien der NBS kann dies gezeigt werden (Tab. 12). Während der Glucosegehalt mit 99 % Wahrscheinlichkeit nicht unter 99,8 % liegt, kann der Albumingehalt in der BSA-Referenzlösung zwischen 71,6 und 69,3 g/l betragen.

Substanz	Konzentration		S %
Glucose 912	99,9	%	0,1
Cholesterin 911 a	99,8	%	0,1
Albumin (% BSA-Lsg.) 927	70,45	g/l	1,3
Albumin (BSA) 926			17
Asche	0,0006	g/l	
Kohlenhydrate	0,00034	g/l	9
Nitrat + Pyruvat + Laktat	0,00015	g/l	13
Lipide	0,0003	g/l	100
Nicht-Protein-Stickstoffverbindung	0,00002	g/l	100
Andere Proteine	0,05	g/l	6
Wasser	0,048	g/l	4

Tab. 12: Reinheitsangaben bei Standard-Referenz-Materialien (SRM) des National Bureau of Standards (NBS)

Man müßte sicher noch viel mehr Einzelheiten und praktische Beispiele diskutieren, um überzeugend darzustellen, welchen hohen Stand hinsichtlich Qualität und Sicherheit die heute angebotenen Reagenzien für die Analyse erreicht haben. Ziel des kurzen Referates ist es gewesen, zu zeigen, daß von der Herstellung bis zum Vertrieb solcher Reagenzien mit der gleichen Akribie gearbeitet wird, die der Anwender aufwendet, um gute Analysen-Resultate zu erhalten.

Literatur

Boroviczény KG von, Merten R (1971) Systematik der Qualitätskontrolle im medizinischen Laboratorium. 4. Präzisions- und Richtigkeitskontrollen, Standardsubstanzen, Standardlösungen und Kontrollproben, Bezugskurven und Bezugskurvenfaktoren, Eichen, Justieren und Kalibrieren. Ärztl Lab 17:416

Büttner J, Borth R, Boutwell JH, Broughton PMG, Bowyer RC (1981) Approved recomendation (1979) on quality control in clinical chemistry. Part 3. Calibration and control materials. Clin Chim Acta 109:105, reprinted in: J Clin Chem Clin Biochem 18:855

Bucknell DJ (ed) (1984) "Analad®" Standards for laboratory chemicals Publ. for Analad® Standards Ltd. by BDH Chemicals LTD Poole, Dorset (GB)

Cali JP (1975) International criteria for reference materials. P 369 in: Quality control in clinical chemistry, Transaction of the 6th International Symposium Geneva (Anido G, van Kampen EJ, Rosalki SB Rubin M, eds) W. de Gruyter, Berlin

Deutsches Arzneibuch (1978) 8. Ausgabe und Europäische Pharmacopoe, deutsche Ausgabe Band 1 - 3, 1. Nachtrag 1980, 2. Nachtrag 1983. Deutscher Apotheker Verlag, Stuttgart

International Standard ISO 6353 (1983) Reagents for chemical analysis. Part 1: General test methods, Part 2: Specifications Geneva, International Organization for Standardization

ISO Guide 6 (1977) Mention of reference materials in international standards, Geneva, International Organization for Standardization

ISO Guide 30 (1981) Terms and definitions used in connection with reference materials, Geneva, International Organization for Standardization

ISO Guide 31 (1981) The contents of certificates of reference materials, Geneva, International Organization for Standardization

ISO Directory of certified reference materials (1982) Geneva, International Organization for Standardization

Kaiser R, Gottschalk G (1972) Elementare Tests zur Beurteilung von Meßdaten. Bibliographisches Institut Wissenschaftsverlag, Mannheim

Keilges PW, Mohrbacher RJ (1982) Reagents, specimen collection, calibrators, reference materials and standards. P 289 in: Werner M, Seligson C (eds) (1982) CRC Handbook of clinical chemistry. Vol 1. CRC Press inc. Boca Raton Florida USA

Krauch C (1988) Hauptversammlung der Deutschen Gesellschaft für angewandte Chemie, Hannover, 21.-24. Mai 1988. Zeitschrift für angewandte Chemie 1:373

Krauch C (1988) Die Prüfung der chemischen Reagentien auf Reinheit. L Brill, Darmstadt

Merck-Schuchardt (1982) Reagenzien Diagnostika Chemikalien Katalog. E. Merck, Darmstadt

Merck Standards (1971) Herausgeber E. Merck, Darmstadt

Merck: Die Prüfung der chemischen Reagenzien auf Reinheit

NBS Standard Reference Materials Catalog (1984) National Bureau of Standards (US) Spec publ 260-1984. US Government Printing Office, Washington DC (USA)

Pharmacopöen (1972) Sonderausgabe. Chem Rdsch 18:25

Reagent Chemicals (1981) American Chemical Society Specifications. American Chemical Society, Washington DC (USA)

Stamm D (1974) Calibration and quality control materials. Z Klin Chem Klin Biochem 12:137

Uriano GA, Gravatt CC (1977) The role of reference materials and reference methods in chemical analysis. Crit Revs in Anal Chem 6:361

1.4 W.G. WOOD (LÜBECK): BEGRENZUNG DER EIGENHERSTELLUNG VON REAGENZIEN IM IMMUNOASSAYBEREICH

Die Eigenherstellung von Reagenzien gehört, was das klinisch-chemische Routine-Labor betrifft, fast der Vergangenheit an. Die Qualität der angebotenen Testpackungen (z.B. für die Messung von Enzymaktivitäten und anderer Blut- bzw. Urinbestandteile) ist hervorragend und wird durch den Hersteller einer Qualitätskontrolle unterzogen, die im eigenen Laboratorium nicht mehr möglich ist. Nicht nur die Methode, sondern jede einzelne Komponente wird sorgfältig geprüft, um zu garantieren, daß "richtige" Ergebnisse geliefert werden, vorausgesetzt, daß der Test richtig durchgeführt wird. Auch im Immunoassaybereich gibt es für die meisten Bestimmungen eine ausreichende Auswahl von Testbestecken, die die Bedingungen des Labors (z.B. Kosten, Assaydauer, Automatisierbarkeit, Präzision) erfüllen. So könnte man für die Thyroxinbestimmung nicht weniger als 40 kommerzielle Kits ausprobieren.

Es gibt nur wenige Bereiche in denen "Eigenbauassays" immer noch benötigt werden, und dies meist nur zur Beantwortung spezieller Fragestellungen. Beispiele für diese Seltenheiten sind einige Steroide (17-α-Progesteron, Catecholöstrogene), Secosteroide (25-OH Vitamin D_3) und Peptidhormone wie ACTH und Somatostatin, obwohl neuerdings Testbestecke auch für solche Komponenten angeboten werden.

Die Eigenherstellung von Reagenzien begrenzt sich hauptsächlich auf den Forschungssektor, und man muß eigene Synthesen nicht unbedingt durchführen. Die entscheidenden Fragen sind hier mit Antworten, soweit sie das Laboratorium des Verfassers betreffen, gestellt:

- Gibt es die gewünschten Chemikalien zu kaufen? Wenn ja, ist der Kauf rentabel

  Eine Überprüfung der Rentabilität ist leicht durchzuführen, um zu sehen, ob man Geld durch das Einkaufen von Chemikalien bzw. Reagenzien (z.B. Antikörper, Enzyme) sparen kann.

- Ist die vorgesehene Synthese im eigenen Labor durchführbar?

  Hier braucht man nicht nur die Apparaturausstattung und Räumlichkeit, sondern auch die gesetzliche Genehmigung (z.B. für Radiomarkierung eine Umgangsgenehmigung), wenn dies zutrifft.
  Bei "durchführbar" muß auch kompetentes Personal (Chemiker, Biochemiker) vorhanden sein. Es hat keinen Sinn, etwas nach "Kochrezepten" nachzubauen, in der Hoffnung, daß "es klappt"!

Manche publizierte Synthese ist nicht optimal, was die Beschreibung der Einzelschritte angeht. Letzteres betrifft besonders Synthesen, wo Patentvorschriften vorliegen. Man muß jemanden haben, der die "fast funktionierenden" Synthesen wirklich "rettet", um das erwünschte Endprodukt herbeizuzaubern.

Wenn die zweite Frage mit nein beantwortet wird, muß eine andere Möglichkeit in Betracht gezogen werden, nämlich:

- Lohnt es sich, eine "Customsynthese" durchführen zu lassen? D.h. sollte man an einen Hersteller von Chemikalien bzw. Reagenzien herantreten und fragen, ob er in der Lage oder bereit ist, die erwünschte Synthese durchzuführen?

  Die Antwort ist mit obiger Frage 1 auch verknüpft. Wenn ein "nein" zu hören ist, gibt es eine zweite Möglichkeit.

- Kenne ich irgendjemanden, der den gewünschten "Artikel" schon hat, und mir etwas abgeben würde?

- Sind "Teile" für mein Projekt vielleicht zu kaufen, die ich mit minimalem Aufwand zusammensetzen kann, um die gewünschte Verbindung bzw. das gewünschte Assaysystem zu erreichen?

Manche dieser Fragen sind oft mit "jein" zu beantworten, lassen sich aber mit einem bißchen Umdenken doch beantworten! Für letzteres ist ein Beispiel aus unserem Labor zu nennen, wo die ursprüngliche Frage eine unerwartete, aber ebenso erfreuliche Antwort gefunden hat. Dies wird jetzt in einem "Frage und Antwort"-Spiel erläutert.

Frage 1: An welcher Alternative zu Radioimmunoassay soll gearbeitet werden ?
Antwort: Nach Literaturstellen des Biolumineszenz-Immunoassay.

Frage 2: Könnten die nötigen Synthesen selber durchgeführt werden ?
Antwort: Nein, weil sie viel zu kompliziert sind!

Frage 3: Was nun ?
Antwort: Den Biolumineszenz-Immunoassay untersuchen!

Frage 4: Was gibt es in der Literatur darüber ?
Antwort: Keinen Assay, aber alle "Teile" - Nachweissysteme, Komponenten, Kopplungsreaktionen - dafür.

Frage 5: Kann daraus etwas von uns zusammengestrickt werden ? Wenn ja, was ?
Antwort: Mit der 'Enzyme Enhanced Luminescence Immunoassay' (EELIA) und der 'SPALT' oder 'Solid Phase Antigen-Lumineszenz-Technique'.

Obwohl diese Assays noch nicht optimiert sind, ist gezeigt worden, was möglich ist, wenn man bei Erkennung der Grenzen der Möglichkeit über ein bißchen Geduld und Phantasie verfügt. Es gibt fast immer Alternativen, die ab und zu auch Fortschritt bedeuten.

a. <u>EELIA</u> (Fricke, Strasburger u. Wood, 1982)

i. Prinzip - analog zu RIA

ii. Komponenten - 1. Antikörper, Antigen (z.B. Transferrin), 2. Antikörper an mikrokristalline Cellulose gekoppelt,
"Tracer": Pyruvatkinase-Antigen Konjugat mit einer einfachen Reaktion hergestellt (Kitagawa u. Aikawa, 1970)

iii. Meßsignal - Lichtsignal von ATP erzeugt durch gebundene Pyruvatkinase (ADP + Phosphoenolpyruvat, ATP + Pyruvat) nach Oxidierung des Luciferin durch Luciferase (ATP-monitoring Reagent von LKB Düsseldorf)

iv. Ergebnisse - Der Transferrin-Assay läuft seit 10 Monaten in der Routine.

b. <u>SPALT</u> (Wood u. Sokolowsky, 1982)

i. Prinzip - Antigen an eine feste Phase gebunden - sonst ähnlich wie der RAST-Test (Pharmacia Uppsala)

ii. Anwendbarkeit - Für Proteohormone, Haptene und Proteine - z.Z. Insulin, Gentamycin, Tobramycin, Thyroxin, Thyroxin-bindendes Globulin und Thyreoglobulin.

iii. Komponenten - 1. Antikörper, Solid-phase-Antigen, Antigen, Pyruvatkinase-markierter 2. Antikörper

iv. Meßsignal - wie beim EELIA

v. Performance - Empfindlichkeit für Insulin unter 5 mE/l, für Gentamycin unter 0,1 mg/l, für Thyreoglobulin unter 5 ug/l.

Literatur

Fricke H, Strasburger CJ, Wood WG (1982) Enzyme enhanced luminescence immunoassay for the determination of transferrin concentration in serum. J Clin Chem Clin Biochem 20:91

Kitagawa T, Aikawa T (1976) J Biochem 79:233
In: Wood WG, Sokolowski G (eds) (1982) Radioimmunoassay in theory and practice, a handbook for laboratory personnel. Chapter 10, Schnetztor Verlag Konstanz

Strasburger CJ, Fricke H, Wood WG (1982
In: Radioimmunoassay and related procedures in medicine 1982. IAEA, Vienna, p 757

Strasburger CJ, Fricke H, Gadow A, Klingler W, Wood WG (1983) Lumineszenz Immunoassays - Alternativen zum Radioimmunoassay. Ärztl Lab 29:75

Wood WG, Fricke H, Klitzing L von, Strasburger CJ, Scriba PC (1982) Solid phase antigen luminescenz immunoassay technique (SPALT) for the determination of insulin, insulin antibodies and gentamicin levels in human serum. J Clin Chem Clin Biochem 20:825

1.5 K. STORIKO (MARBURG): REAGENZIEN FÜR IMMUNCHEMISCHE METHODEN

Immunchemische Methoden haben in neuerer Zeit stürmischen Einzug in das medizinische Laboratorium gehalten. Diese Entwicklung basiert vor allem auf zwei Eigenschaften der Antigen-Antikörper-Reaktion: Einmal auf ihrer großen Spezifität und zum anderen auf der im Vergleich zu vielen chemischen oder biochemischen Reaktionen hohen Empfindlichkeit, die besonders ausgeprägt ist, wenn man einen Reaktionspartner durch eine Kupplungskomponente - z.B. fluoreszenzoptisch oder radioaktiv - markiert oder das Reaktionsprodukt durch eine Verstärker-Reaktion (z.B. Komplement-Hämolyse oder Enzym-katalysierte Farbreaktion) meßbar macht. In Tab. 1 ist die Vielzahl der heute verwendeten immunchemischen Methoden aufgeführt.

Die Kompliziertheit der Analysen-Systeme nimmt von der einfachen Immunpräzipitations-Reaktion, an der nur Antigen und Antikörper beteiligt sind, bis zu den Konjugat-Immunoassays erheblich zu; allerdings beträgt auch die Nachweisempfindlichkeit eines Enzym- oder Radioimmunoassays bis zum 10^6-fachen einer einfachen Immunpräzipitation (Schwick 1968). Grundsätzlich kann man mit einem methodischen Prinzip entweder das Antigen oder den Antikörper analysieren.

Das von einer Immunreaktion erwartete Analysenergebnis kann hinsichtlich der Aussagekraft des Meßwertes recht unterschiedlich sein. Bei manchen Methoden geht es um die Ermittlung eines rein qualitativen Merkmals, z.B. bei der Blutgruppen- oder Leukozytenantigen-Bestimmung oder bei der Typisierung von Salmonella-Stämmen. Mit einigen Suchreaktionen läßt sich feststellen, ob ein Antigen oder Antikörper unterhalb oder oberhalb einer bestimmten Grenzkonzentration liegt, z.B. das Chorion-Gonadotropin beim Schwangerschaftsnachweis oder der Streptokokken-Antikörper-Titer beim Latex-Antistreptolysin-Test. Mit Hilfe von Verdünnungsreihen kann man halbquantitativ die Konzentration von Antigenen oder Antikörpern, z.B. den Antikörper-Titer bei Virus-Infektionen, ermitteln. Schließlich gibt es exakt messende

Immunpräzipitation	Photometrie	Nephelometrie Turbidimetrie
	Immundiffusion	Linear (Oudin) Radial (Mancini) Doppeldiffusion (Ouchterlony)
	Immunelektrophorese	Eindimensional (Grabar) Zweidimensional (Laurell) Elektro-Immunoassay (") Gegenstrom-Elektrophorese
Immunagglutination	Direkt	z.B.Blutgruppen,Bakterien
	Indirekt	Hämagglutination Latex-Agglutination
	Hemmtest	Hämagglutinations-Hemmung
Komplement-Aktivierung	Komplementbindung Zytotoxizitätstest	
Konjugat-Immunoassay	Immunfluoreszenz	Direkt Indirekt ("Sandwich")
	Enzymimmunoassay	Homogen (EMIT) Heterogen (ELISA) Kompetitiv Proportional
	Radioimmunoassay	Kompetitiv (RIA) Immunoradiometrisch(IRMA)

Tab. 1: Immunchemische Methoden

<u>quantitative Systeme</u>, die den genauen Gehalt z.B. von Plasmaproteinen oder Hormonen zu analysieren gestatten.

Hin und wieder geraten Anwender immunchemischer Methoden in die Versuchung, Analysenergebnisse zu überinterpretieren. So ist es z.B. nicht zulässig, aus der beobachteten Stärke einer Agglutinationsreaktion mit Ja/Nein-Aussage auf den quantitativen Gehalt des untersuchten Antigens oder Antikörpers zu schließen oder bei Analysen von Verdünnungsreihen Zwischenwerte zwischen einzelnen Verdünnungsstufen durch Interpolation zu ermitteln.

Wesentliche <u>Komponenten</u> immunchemischer Analysensysteme (<u>Tab. 2</u>) sind Antigen und Antikörper, letzterer meist in Form eines Antiserums. <u>Antigene</u> können von Natur aus in wässrigen Systemen gelöst oder an Partikel gebunden vorliegen (Beispiel: Plasmaproteine, Erythrozyten- oder Bakterien-Antigene). Man kann auch lösliche Antigene künstlich an Partikel binden (z.B. Latex-Reagenzien, indirekte Hämagglutinations-Reagenzien). Bei fast allen üblichen immunchemischen Analysensystemen sind mehrere antigene Determinanten eines

Reagenz:	Test-Antigen Antikörper-haltiges Testserum (=Antiserum)
Medium:	Lösungsmittel (Puffer) Gel
Träger:	Erythrozyten Polystyrol-Latex-Suspension Polystyrol-Röhrchen u.a.
Indikator:	Fluoreszenz-Farbstoff Radioaktives Isotop Komplement-Hämolyse Enzym-Substrat-Reaktion
Meßgerät:	Photometer Meßlupe Fluoreszenzmikroskop (Radioaktivitäts-)Zählgerät
Referenzpräparat	(Standard)
Kontrollprobe	mit Zielwerten (Richtigkeit) ohne Zielwerte (Präzision)

<u>Tab. 2:</u> Komponenten immunchemischer Analysensysteme

Antigens an der Reaktion beteiligt; diese Tatsache muß kein Nachteil für die hohe Spezifität immunchemischer Reaktionen sein, man muß sie jedoch bei der Beurteilung bestimmter Phänomene berücksichtigen.

So können verschiedene Proteine gemeinsame Determinaten besitzen, z.B. die verschiedenen Immunglobulin-Klassen einer Spezies in den L-Ketten oder das Albumin des Menschen und eines anderen Säugers. Man spricht dann von immunologischen Kreuzreaktionen. Wenn man sie ausschalten will, muß der kreuzreagierende Antikörper durch Abbindung (Absorption) mit geeignetem Antigen-Material aus dem Antiserum entfernt werden. Die zurückbleibenden Antikörper sind dann zwar spezifisch, haben aber an Menge eine Verminderung erfahren und zeigen daher häufig eine relativ schwach ausgeprägte Reaktion.

Man hat herausgefunden, daß z.B. menschliches Albumin mindestens 11 Antigen-Determinanten besitzt (Roulet, Gugler, Rosin, Renaud u. Hässig 1960). Ein Antiserum enthält dementsprechend ein Gemisch von Antikörpern gegen die einzelnen Determinanten. Der Hersteller eines Antiserums muß daher darauf achten, daß er von einer Herstellungscharge zur anderen stets identische Antigene zur Immunisierung verwendet und gleichwertige Absorptionsschritte bei der Einstellung der Spezifität durchführt. Neuerdings kann man gezielt hochspezifische Antikörper durch Erzeugung von Lymphozyten-Hybridomen in Mäusen gewinnen; derartige monoklonale Antikörper können in der Zukunft für spezielle Analysensysteme, z.B. in der Gewebetypisierung oder in der Tumor-Immunologie, Bedeutung erlangen. Für viele der heute gebräuchlichen Methoden kommen sie jedoch gerade wegen ihrer hohen Spezifität und der dadurch bedingten selektiven Bindung an nur einzelne Antigen-Determinanten bisher nicht in Frage.

Bei der Gewinnung von Antisera spielt die Wahl der zur Immunisierung verwendeten Tierart eine wichtige Rolle, da sich die Antikörper-Globuline der einzelnen Spezies recht unterschiedlich verhalten. Charakteristisch sind hier vor allem die sog. Heidelberger-Kurven, d.h. die Menge gebildeten Immunpräzipitats in Abhängigkeit von der Antigen-Konzentration. Extreme Unterschiede zeigen z.B. Antisera vom Kaninchen und vom Pferd: Kaninchen-Antisera präzipitieren in einem weiten Antigen-Konzentrationsbereich und bilden bei der Geldiffusion starke, aber relativ diffuse Präzipitatbanden. Pferde-Antisera dagegen haben einen schmalen Präzipitationsbereich (Haurowitz 1968) und zeigen dementsprechend feine, aber scharf umrissene Präzipitationslinien. Für photometrische Methoden mit weitem Meßbereich eignen sich daher Kaninchen-Antisera besser als Pferde-Antisera.

Als quantitative Meßgröße wird für Antisera die Antikörper-Konzentration verwendet, die meist als Titer bezeichnet wird.

Die meisten immunchemischen Analysensysteme bestehen aus mehr als zwei Komponenten. Das bedeutet, daß eine Vielzahl von Faktoren das Analysenergebnis beeinflussen kann, wenn nicht darauf geachtet wird, daß die konstant zu haltenden Faktoren wirklich konstant bleiben. Es darf z.B. das vorgeschriebene Reaktionsmedium, also das Lösungsmittel, nicht durch Hinzufügen oder Weglassen eines Bestandteils verändert werden; durch Veränderung des Salzgehaltes in einer Pufferlösung kann man z.B. die Löslichkeit von Proteinen kritisch verschieben. Bei Geldiffusionsmethoden lassen sich durch Einsatz verschiedener Agar-Sorten die Diffusionseigenschaften von Antigen und Antikörper deutlich beeinflussen; die gelbildenden Substanzen müssen daher durch Kenndaten, wie chemische Zusammensetzung und Molekülgröße, spezifiziert werden.

Durch Bindung von Antigenen oder Antikörpern an die Oberfläche von Trägern kann man Antigen-Antikörper-Reaktionen nach dem Verstärker-Prinzip empfindlicher machen oder die Trennung der ungebundenen Komponenten von entstandenen Antigen-Antikörper-Komplexen erleichtern. Bei Agglutinationsreaktionen mit Erythrozyten oder Polystyrol-Latex-Suspensionen müssen unspezifische Reaktionen durch Kontroll-Ansätze mit den einzelnen Komponenten des Testsystems ausgeschlossen werden. Ebenso ist die Spezifität der Bindungsreaktion an die Feststoff-Oberfläche bei Enzym- und Radioimmunoassays zu prüfen; z.B. können beim Enzymimmunoassay auf virusspezifische IgM-Antikörper Rheumafaktoren zusammen mit virusspezifischen IgG-Antikörpern ein falsch-positives Ergebnis verursachen (Shirodaria, Fraser u. Standford 1973).

Bei den hochempfindlichen immunchemischen Methoden benutzt man Indikator-Substanzen oder Indikator-Reaktionen zur Verstärkung der wegen geringer Konzentrationen nicht mehr meßbaren Immunreaktion. Als Indikator-Substanzen (Marker, Tracer) kommen fluoreszierende Farbstoffe (z.B. Fluorescein, Rhodamin) oder radioaktive Isotope (meist Jod-125) zur Anwendung; die Indikator-Substanzen werden durch eine chemische Konjugationsreaktion an den Antikörper oder an das Antigen gebunden.

Die Auswertung erfolgt durch physikalische Methoden mit entsprechenden Meßgeräten (z.B. Fluoreszenzmikroskop oder Radioaktivitäts-Zählgerät). Hierbei dürfen keine unspezifischen Nebeneffekte auftreten, also z.B. eine Hintergrund-Fluoreszenz oder ein starkes Rauschen beim Zählgerät; es müssen demnach geeignete Kontrollen mitgeführt werden.

Beim Einsatz von Indikator-Reaktionen wird durch die Antigen-Antikörper-Reaktion eine Starter-Komponente für einen leicht meßbaren Reaktionsablauf gebunden und damit eine Reaktionshemmung verursacht. Beispiele hierfür sind die Komplement-Bindungs-Reaktion, der die sichtbare Hämolyse durch Komplementfaktoren des Serums zugrunde liegt, und die Enzym-Substrat-Reaktion beim Enzymimmunoassay. Die am meisten verwendeten Enzym-Substrat-Systeme sind die Spaltung von farblosem p-Nitrophenyl-phosphat in gelbes p-Nitrophenol durch alkalische Phosphatase und die Oxidation von o-Phenylen-diamin zu einem gelb-orange gefärbten Phenazin-Derivat durch Wasserstoffperoxid unter dem Einfluß von Meerrettich-Peroxidase.

Bei allen Konjugat-Immunoassays wird zur Herstellung des Konjugates die Protein-Substanz von Antigen oder Antikörper durch die Kopplung mit dem Indikator chemisch und physikalisch verändert. Diese Veränderung ist nicht unerheblich und wird verständlich, wenn man sich klar macht, daß z.B. ein IgG-Antikörper mit dem Molekulargewicht von etwa 150.000 mit Peroxidase, einem Protein vom Molekulargewicht 40.000, chemisch verknüpft wird. Es muß sichergestellt sein, daß die Herstellung von Konjugaten unter gut reproduzierbaren Bedingungen, unter möglichst weitgehender Schonung der Proteinstruktur und damit Erhaltung der Spezifität von Antigen oder Antikörper sowie unter möglichst vollständiger Entfernung unerwünschter Nebenprodukte verläuft. Der Hersteller des Konjugates hat die Einhaltung der notwendigen Qualitätsanforderungen durch geeignete Kontroll-Ansätze zu prüfen.

Außer den Analysensystemen und ihren Bestandteilen haben noch zwei wichtige Fragen ganz zentrale Bedeutung für die immunchemischen Methoden, die Standardisierung (z.B. durch Verwendung von Referenzpräparaten) und der Einsatz von Kontrollproben.

Die wünschenswerte und unproblematischste Form der Standardisierung liegt dann vor, wenn man mit Hilfe der angewendeten Analysenmethode unmittelbar einen Absolutwert erhalten kann. Solche sog. definitiven Methoden, z.B. die Calcium-Bestimmung durch Isotopenverdünnung und Massenspektrometrie, sind - soweit sie überhaupt existieren - wegen ihres Aufwandes routinemäßig nicht anwendbar. Man muß daher in der Praxis mit abgeleiteten Methoden arbeiten und Referenzpräparate (auch Standards genannt) einsetzen. In der Immunchemie muß man grundsätzlich den Weg über den Einsatz von Referenzpräparaten gehen.

Diese können primäre Standards sein, z.B. hochgereinigtes Albumin; die Probleme der Hochreinigung von Standardsubstanzen bestehen jedoch oft darin, daß durch die komplizierte Anreicherung die physikalisch-chemischen und damit auch immunologischen Eigenschaften deutlich verändert werden und damit die Identität gar nicht mehr gegeben ist. Außerdem verhält sich isoliertes Albumin in wässriger Lösung ganz anders als Albumin im Verbund mit anderen Proteinen und Substanzen in nativem Serum. Schließlich ist auch der Aufwand für die Zubereitung hochgereinigter Standards meist so groß, daß ihr Einsatz schon aus Kostengründen nicht in Frage kommt. Deshalb werden in der Praxis fast nur sekundäre Standards verwendet, das sind z.B. stabilisierte Sera, in denen die Konzentration der gewünschten Komponente entweder einmal durch Bestimmung an einem primären Standard ermittelt oder per definitionem als Ur-Einheit erklärt wird, wie z.B. das Ur-Meter für die Längenmessung. Von solchen sekundären Standardsubstanzen, die vor allem von nationalen und internationalen Organisationen erstellt werden, können dann in größeren Mengen Substandards hergestellt werden, die dem breiten Einsatz zur Verfügung stehen.

Wegen der praktischen Bedeutung soll noch auf das Problem der Referenzpräparate am Beispiel der Immunglobuline des menschlichen Serums eingegangen werden: verschiedene Reagenzien-Hersteller haben von Anfang an für diese Bestimmungen Standards zur Verfügung gestellt und Konzentrationsangaben in Masseneinheiten (also z.B. mg/dl oder g/l) gemacht; je nach Hersteller sind aber die benutzten primären Standards unterschiedlich, so daß die angegebenen Milligramm des Herstellers A nicht mit denen des Herstellers B übereinstimmen. Solange ein Anwender nur mit Methode und Standard eines Herstellers gearbeitet hat, kann daraus kein Nachteil entstehen; wenn er aber Reagenzien der verschiedenen Hersteller im Vergleich eingesetzt hat, muß er unterschiedliche Ergebnisse erhalten (Rowe, Anderson u. Grab 1970). In Erkenntnis dieses Dilemmas hat die Weltgesundheitsorganisation ein internationales Referenz-Serum erstellt und die Konzentration in internationalen Einheiten deklariert, die seitdem auch von den meisten Herstellern angegeben werden (Rowe, Grab u. Anderson 1972). Vergleiche oder parallele Verwendung von Standards verschiedener Hersteller sind daher nur möglich, wenn die Konzentrationsangaben in internationalen Einheiten erfolgen. Dies ist natürlich auch bei der Durchführung von Ringversuchen zu berücksichtigen.

Die gleichen Gesichtspunkte wie für die Referenzpräparate gelten auch für die Kontrollproben. Kontrollproben, mit deren Hilfe Präzision und Richtigkeit in der Anwendung von Laboratoriumsmethoden überprüft werden, sollen den zu untersuchenden Materialien möglichst ähnlich sein; d.h. zur Untersuchung von Serumproben wird man als Kontrollproben am zweckmäßigsten flüssige Kontrollsera verwenden. Hier stellt sich, wie übrigens bei fast allen immunchemischen Reagenzien, zunächst die Frage der Haltbarkeit solcher Sera; dabei bestimmt die kritischste der enthaltenen Komponenten die maximale Haltbarkeitsdauer. Die Ermittlung der Sollwerte muß so erfolgen, daß eine klare Zuordnung und Abgrenzung der Verwendbarkeit der jeweiligen Kontrollprobe für die verfügbaren Reagenzien und Methoden möglich ist; stehen Reagenzien verschiedener Hersteller und mehrere Methoden zur Verfügung, so müssen alle Variationsmöglichkeiten berücksichtigt werden.

Schließlich sei noch auf das Problem der Normal- oder besser Referenzwerte hingewiesen. Im Gegensatz zu den Angaben für die Standard-Präparate, die vom Hersteller kommen sollten, müssen die Normalwerte und selbstverständlich auch die pathologischen Bereiche von ärztlicher Seite ermittelt werden. Hier ist eine frühzeitige Zusammenarbeit zwischen Anwender und Hersteller der Reagenzien wünschenswert, damit die Referenzwerte unter Verwendung solcher Materialien und Daten erarbeitet werden, wie sie auch bei späterer routinemäßiger Anwendung verfügbar sind. Es hat sicher keinen großen praktischen

Nutzen, Normalwerte an einem speziellen Kollektiv unter Verwendung eines unter großem Aufwand hergestellten Primärstandards zu ermitteln, die in keinem anderen Labor reproduzierbar sind.

Es sollte noch erwähnt werden, daß ein Teil der immunchemischen Diagnostika in der Bundesrepublik Deutschland seit einigen Jahren der staatlichen Zulassung und Chargenprüfung (Bundesgesetzblatt 1978) unterliegt.
Da alle Möglichkeiten für eine optimale Qualitätskontrolle sowohl beim Anwender als auch beim Hersteller vorhanden sind, erscheint eine Ausweitung der staatlichen Kontrolle, auch wegen der kostenmäßigen Belastung, nicht erforderlich.

Literatur

Haurowitz F (1968) Immunochemistry and the biosynthesis of antibodies. J Wiley, New York, London, Syndey, p 114

Roulet DLA, Gugler E, Rosin S, Renaud NM, Hässig A (1960) Untersuchungen über die Antigenstruktur menschlicher Serumproteine. Vox Sanguinis 5:479

Rowe DS, Anderson SG, Grab B (1970) A research standard for human serum immunoglobuline IgG, IgA and IgM. Bull Wld Hlth Org 42:535

Rowe DS, Grab B, Anderson SG (1972) An international reference preparation for human serum immunoglobulins G, A and M: Content of immunoglobulins by weight. Bull Wld Hlth Org 46:67

Schwick HG (1968) Immunological methods in clinical chemistry. 6th Int Congr Clin Chem, Karger, Vol 1:93

Shirodaria PV, Fraser KB, Standford F (1973) Secondary fluorescent staining of virus antigens by rheumatoid factor and fluorescein conjugated anti-IgM. Annal Rheumatic Dis 32:53

Verordnung zur Ausdehnung der Vorschriften über die Zulassung und staatliche Chargenprüfung auf Testsera und Testantigene. Bundesgesetzblatt 1978, (I), 1720

DISKUSSION*

zu 1.1 Keller (Methoden und Methodenbeschreibung)

v. Boroviczény
Eine Methodennorm sei immer noch anzustreben; der Methodenvergleich müsse kritisch erfolgen. Bei der Angabe von Analysenwerten sollten stets so viele Ziffern angegeben werden, wie es die Genauigkeit der Methode erfordere.

Markowetz
Zur Charakterisierung einer Methode sei der Begriff des "dynamischen Bereichs" benutzt worden. Ob diese Begriffsbildung wirklich benötigt werde ? Was heiße: ein Bereich sei dynamisch ? Ist der "dynamische Bereich" mit dem Meßbereich identisch ? Wenn nein, welches mehr an Information gegenüber der Angabe des Meßbereichs werde dadurch über eine Methode mitgeteilt ? Bei der Charakterisierung einer Methode sei wünschenswert, im Zusammenhang mit der Nachweisgrenze den Begriff des Diskriminationsvermögens eines Testes zu diskutieren. Dieser Begriff sei aber nicht erwähnt worden.

Möller
Der Verdacht, daß sich die Industrie bei der Weitergabe von Information zur Methodik und Performance von Reagenziensätzen auf die Darstellung beschränke, die dem anwendenden Techniker im Labor ausreiche, müsse aus seiner Sicht korrigiert werden. Bevor ihre Reagenzien in den endgültigen Verkauf kommen würden, würden sie firmenintern einer intensiven externen Erprobung unterzogen. Dies geschehe parallel in verschiedenen Laboratorien. Die Erkenntnisse aus diesen Erprobungen würden zusammen mit den Ergebnissen der Reagenzienentwicklung selbst auf Workshops diskutiert, in Form von Reports ausführlich dokumentiert, sowie in gekürzter Form als Multi-Centerstudie in Fachjournalen publiziert. Damit liege eine recht umfassende Information über den Großteil der von Prof. Keller geforderten Daten dem Interessierten vor.
Bei der Diskussion der Fehleranfälligkeit einer Methode sei die Matrix erwähnt worden. An diesem Begriff störe, daß er zur Interpretation unplausibler Werte herangezogen werde.

Keller (Schlusswort)
Die Forderung nach einer einheitlichen Methodologie lässt sich naturgemäß für die Routinemethoden nur schwer durchsetzen. Ziel sollte sein, daß befriedigende Vergleichbarkeit der Resultate zwischen den einzelnen Laboratorien gewährleistet ist, auch wenn sie unterschiedliche Methodologie einsetzen.
Der Begriff "dynamischer Bereich" ersetzt in der Weltliteratur zunehmend den Begriff "Meßbereich". Die untere Grenze des Meßbereichs ist - wie gesagt - nicht identisch mit der Nachweisgrenze. Beide Begriffe charakterisieren ein analytisches Verfahren an sich.

*In dem Symposium in München im Mai 1982 ist es leider nicht möglich gewesen, die Diskussion auf Band aufzunehmen. So war es notwendig, sie nach einer Umfrage bei den Vortragenden und an Hand von Notizen über die Namen der beteiligten Diskussionsredner zu formulieren. Die verbindenden und erläuternden Bemerkungen der Diskussionsleiter sind aus redaktionellen Gründen herausgenommen worden.

Das Diskriminationsvermögen eines Tests wird zwar von den analytisch-technischen Charakteristika entscheidend beeinflußt, ist aber prinzipiell ein anderer Aspekt. Ob und in wieweit in einer Methodenbeschreibung auch die diagnostischen Charakteristika aufgeführt werden sollen, ist eine schwierige Frage. Eine kompetente und erschöpfende Beschreibung der diagnostischen Validität eines Tests muß häufig so umfangreich sein, daß sie den Rahmen einer Methodenbeschreibung sprengt.
Schließlich ist Herrn Möller zuzustimmen, daß die Firma Boehringer ihre Neuentwicklungen einer umfangreichen externen Evaluation unterzieht und deren Ergebnisse entweder in wissenschaftlichen Fachzeitschriften oder in hauseigenen Firmenschriften publiziert. Es wäre zu wünschen, daß dieses gute Beispiel allgemein Schule macht.
Der zu bestimmende Analyt ist in die Matrix eingebettet. Ihre physikalischen Eigenschaften und/oder chemischen Inhaltsstoffe können den Ablauf der Analyse und damit das Analysenresultat beeinflussen. Bei der Interpretation unplausibler Werte müssen deshalb Matrixeinflüsse besonders berücksichtigt werden.

<u>zu 1.2 Gruber</u> (Prüfung auf körpereigene und körperfremde Störfaktoren)

Albers, Appel, v. Boroviczény, Helger, v. Klein-Wisenberg, Knedel, Müller, Nies, Reinauer, Thefeld
Eingehend wird auf die in-vitro- und in-vivo-Einflüsse von Arzneimitteln hingewiesen, deren Umfang von Jahr zu Jahr zunehme und zu der eine umfangreiche Literatur vorliege.

Staber
Das Programm zur Evaluierung neuer diagnostischer Testpackungen oder Teststreifen beinhalte die in-vitro-Prüfung auf mögliche Störeinflüsse, die hierdurch ausgeschlossen werden könnten.
Staber G, Busch EW, Koller PU (1985) Med Lab (Stuttg) 35:10

Wirkstoffliste (BM) zur Prüfung auf Medikamenteneinfluß

Wirkstoff	Prüfkonzentration I (mg/l)	II (mg/l)	Wirkstoff	Prüfkonzentration I (mg/l)	II(mg/l)
Acetylsalicylsäure	1000	200	Nicotinsäure	400	40
Ampicillin	1000	200	Nitrofurantoin	18	2,0
Angiografin			Noramidopyrin (Metamicol)	200	20
Ascorbinsäure	300	30			
Bezafibrat	100	10	Oxacepan	10	2
Biligrafin			Oxytetracyclin	160	16
Carbochromen	30	3,0	Paracetamol	200	20
Chinidin	60	6,0	Phenobarbital	250	20
Chloramphenicol	200	20	Phenprocumon	20	2
Chlordiazepoxid	30	3,0	Phenazopyridin	25	2,5
Coffein	200	40	Phenytoin	200	20
Dextran			Probenecid	1000	100
Ethaverin	1,6 (2)		Procain	2	
Furosemid	1750	400	Pyridamol	100	30
Gelatine			Pyritinol (Pyrithiazin)	20	2,0
Glibenclamid	1	0,1			
Indometacin	100	20	Sulfamethoxazol	600	80
Methaqualon	50	5,0	Theophyllin (Afonilum,Minden)	200	20
Methyldopa	100	1,0			
			Trimethoprim	18	2

zu 1.3 Helger (Anforderungen an p.a.-Reagenzien und deren Prüfung)

Reinauer
Es sollte besonders darauf hingewiesen werden, daß noch wesentlich mehr Informationen im Detail, beispielsweise bei Zubereitungen wie den Reagenziensätzen, für die Diagnostik zur Verfügung gestellt werden. Für die Beurteilung von Fehlerergebnissen sei mitunter wichtig, die Nebenaktivitäten der in Testpackungen enthaltenen Hilfsenzyme zu kennen. Dasselbe gelte für die in Arbeitsanleitungen gemachten Angaben über mögliche Störquellen.

v. Klein-Wisenberg
In den Angaben der Hersteller fänden sich, je nach Herkunft der Reagenzien, Unterschiede. Es sollte angegeben werden, ob die in Reagenzienkits enthaltenen Reagenzien eingekauft oder selbst hergestellt worden seien. Bei Stabilisierungsmitteln und Störsubstanzen in den Reagenzien seien ausführliche Konzentrationsangaben für Spezialanwendungen erwünscht.

Appel
Farbstoffe für die Elektrophorese, z.B. Amidoschwarz und Ponceau-Rot seien in ihrer Zusammensetzung nicht genügend charakterisiert und würden starke Chargenschwankungen zeigen, damit zu nicht reproduzierbaren Ergebnissen führen.

Albers
Für die praktische Arbeit seien Haltbarkeitsangaben, insbesondere bei empfindlichen Reagenzien wertvoll, obwohl Verantwortung für Schäden auf Grund wechselnder und mitunter ungeeigneter Lagerungsbedingungen beim Anwender sicher nicht auf den Hersteller übertragen werden könnten.

Eßer
Angesichts des sehr umfangreichen Reagenzienkatalogs stelle sich die Frage, ob man zur Ermittlung der Qualität eines zur Analyse einzusetzenden Reagenz die Hersteller nicht dazu zwingen könne oder aus Kostengründen dazu zwingen müsse, derartige Reagenzien nur noch im Verbund herzustellen, um sie dann für den Betrieb beim Mitbewerber zertifiziert einzukaufen. Ob dieser Weg bereits beschritten werde ?

v. Boroviczény
Die Hersteller sollten in den ausführlichen Unterlagen zu den Reagenzienkits die Absorptionsspektra sowohl der einzelnen Bestandteile als auch der fertigen Reagenziensätze angeben, da der Anwender dann bei einer Fehlersuche die Unversehrtheit seiner Reagenzien rasch und einfach prüfen könne.

Helger
Seitens der Hersteller werde bereits sehr viel Public Relation betrieben. Sicher gebe es aber noch Möglichkeiten zur weiteren Verbesserung auf dem Gebiet der Produktinformation.
Häufig erreichten leider breitgestreute Detailangaben zum Einzelartikel den interessierten Anwender nicht oder zum falschen Zeitpunkt. Immer empfehle sich deshalb im Problemfall eine Rückfrage beim Außendienst oder Vertrieb des Herstellers. Auf Anforderung würden auch wichtige Literaturstellen oder veröffentlichte Empfehlungen genannt und ausgehändigt, in welchen weitere interessierende Details abgehandelt seien. Auch Garantiescheine, Typanalysen, Kataloge und selbst Etiketten und Banderolen der Abpackungen enthielten mitunter zusätzliche Angaben, wie Konzentrationen von Stabilisierungsmitteln oder Störsubstanzen, Gefahrenhinweise und Sicherheitsratschläge. Um ein

möglichst breit gefächertes und stets aktuelles Sortiment an Reagenzien anbieten zu können, würden alle Möglichkeiten der Beschaffung genützt. Viele Substanzen würden im eigenen Hause nach Verfahren hergestellt, die bereits auf den Verwendungszweck ausgerichtet seien. Ein weiterer Schwerpunkt liege auf der Auswahl von Rohstoffen, die aufgereinigt und/oder charakterisiert oder speziell zubereitet würden, um für die Analyse eingesetzt werden zu können. Nicht alle Probleme seien bisher optimal gelöst; ein Beispiel seien die angesprochenen Farbstoffe für die Identifikation der Elektrophorese. Hier seien Bemühungen im Gange, durch hochauflösende Trennprozesse, ausgehend von wechselnden Rohstoffen für analytische Zwecke, gleichmäßig gut geeignete Reinsubstanzen zu gewinnen.

zu 1.4 Wood (Möglichkeiten und Grenzen der Reagenzien-Eigenherstellung)

v. Boroviczény
würde gerne mehr zur Herstellung der verwendeten Lösungen wissen. Es gebe einfache Methoden, zu denen man die Reagenzien auch selbst herstellen könne. Wieweit könne man bei den recht anspruchsvollen Analysen auf dem Hormongebiet dies dem Benutzer selbst überlassen ? Und solle man nicht besser versuchen, die wesentlich höheren technischen Möglichkeiten der Industrie in Anspruch zu nehmen.

Wood
Die eigene Herstellung von Lösungen sei billiger, wenn man die Zeit und apparative bzw. personelle Ausstattung dafür habe. Es könne sehr teuer sein, wenn durch unsachgemäße Ansätze falsche Werte zustandekommen würden. Deshalb könne es nur von Vorteil sein, fertige Lösungen von der Industrie zu kaufen, wenn das Labor nicht im Stande sei, eine optimale Qualitätssicherung eigenhergestellter Reagenzien durchzuführen. Er müsse dazu erwähnen, daß bei dem Versuch, eigene Antikörper z.B. Immunoassays mit kommerziell erhältlichen Standards zu kombinieren, Vorsicht sei geboten, da speziell im Bereich der Proteohormone eine solche Anpassung oft nicht funktioniere, was wiederum zu falschen Ergebnissen führe. Die optimale Lösung sei entweder, einen Test vollständig selbst zu entwickeln oder kommerzielle Testbestecke zu benutzen, da diese voll aufeinander abgestimmte Komponenten enthalte.
In den eigenen Chemalumineszenzimmunoassays verwende er standardisierte Lösungen, die für alle etwa 60 Assays gleich seien. Insofern habe er keine Probleme, die Stammlösungen von der Krankenhaus-Apotheke zu erhalten und die Stammsubstanzen (Rinder-Albumin, Tween 20 und Kochsalz) bei kommerziellen Herstellern zu bestellen.

Eßer
Eingangs sei die Prüfung der Rentabilität erwähnt worden. Wie 'rentabel', also wie wirtschaftlich seien die beiden aufgezeigten Testkombinationen und wie lasse sich die Wirtschaftlichkeit eines Testes prüfen ?

Wood
Die Wirtschaftlichkeit eines nicht am Markt erhältlichen Tests lasse sich nur aus eigener Erfahrung abschätzen, leider gebe es noch keine kommerziellen Lumineszenzimmunoassays (LIA), so daß die Frage von Herrn Eßer nicht beantwortet werden könne. Zum jetzigen Zeitpunkt (1985) könne er dazu jedoch mehr sagen, nachdem einige LIA seit über 3 Jahren in der Routine von ihnen verwendet würden. Die jetzigen LIA kosten pro Doppelbestimmung zwischen 18 und 35 Pfennige, je nach dem, ob man eigene oder gekaufte Antikörper benutze. Die markierten

Verbindungen seien über 18 Monate bei - 20 °C stabil, d.h. die Markierung finde nur einmal im Jahr statt. Die Biolumineszenzassays und einige Radioimmunoassays seien u.a. wegen der Wirtschaftlichkeit fallen gelassen worden, da sie keine praktischen Vorteile gegenüber den Chemie-LIA zeigen würden und um etwa das 3 bis 10-fache teurer seien.

Strasburger CJ, Fricke H, Gadow A, Klingler E, Wood WG (1983) Lumineszenzimmunoassay - Alternative zum Radioimmunoassay. Ärztl Lab 29:75
Wood WG, Keller C, Wießmann KJ, Krausz HS, Haritz J, Handke U (1984) Lumineszenzimmunoassay - 1 Jahr voran. Ärztl Lab 30:336

zu 1.5 Störiko (Reagenzien für immunologische Methoden: Probleme, Prüfungen)

v. Boroviczény
Könne heute eine Aussage gemacht werden, ob sich monoklonale Antikörper in absehbarer Zeit kostengünstig, z.B. auf dem Gebiet der ABO-Gruppen herstellen und einsetzen lassen würden, und sei die Relevanz der heute verwendeten Referenzwerte für Plasmaproteinkonzentrationen gegeben ?

Störiko
Dies könne er positiv beantworten. Von den Herstellern würden monoklonale Antikörper nach den bisherigen Erfahrungen, z.B. auf dem Gebiet der ABO-Blutgruppen, mit befriedigendem Ergebnis angewendet. Allerdings sei eine Kostensenkung gegenüber herkömmlichen Systemen nicht erkennbar. Bei der Plasmaproteinbestimmung würden meist Referenzwerte aus der umfangreichen Literatur angegeben. Es sei wünschenswert, daß sich vor allem große medizinische Laboratorien mit repräsentativen Kollektiven an der Ermittlung von Referenzwerten beteiligen würden.

Reinauer
In welchen Einheiten sollten Konzentrationsangaben bei Plasmaproteinen gemacht werden ?

Störiko
Soweit internationale Präparate existierten, sollten Angaben unbedingt in IU/ml gemacht werden. Für den internen Gebrauch könne in Masseneinheiten umgerechnet werden, wobei Art und Herkunft des verwendeten Standards angegeben werden müsse.

II Geräte-Systeme, -Beschaffung, -Bewilligungsverfahren

2.1 G. TRÄXLER (MÜNCHEN): OFFENE UND GESCHLOSSENE SYSTEME, VOR- UND NACHTEILE

Die Diskussion über offene und noch mehr über geschlossene Systeme im klinisch-chemischen Labor ist ein sehr emotionell geführtes Thema. Es ist allerdings festzustellen, daß die Vorstellungen darüber, was ein offenes bzw. ein geschlossenes System ist, sehr unterschiedlich sein können. Um diese Definition zu erleichtern, möchte ich mit einer leichten Überzeichnung beide Systeme vorstellen.
Zunächst das offene System.

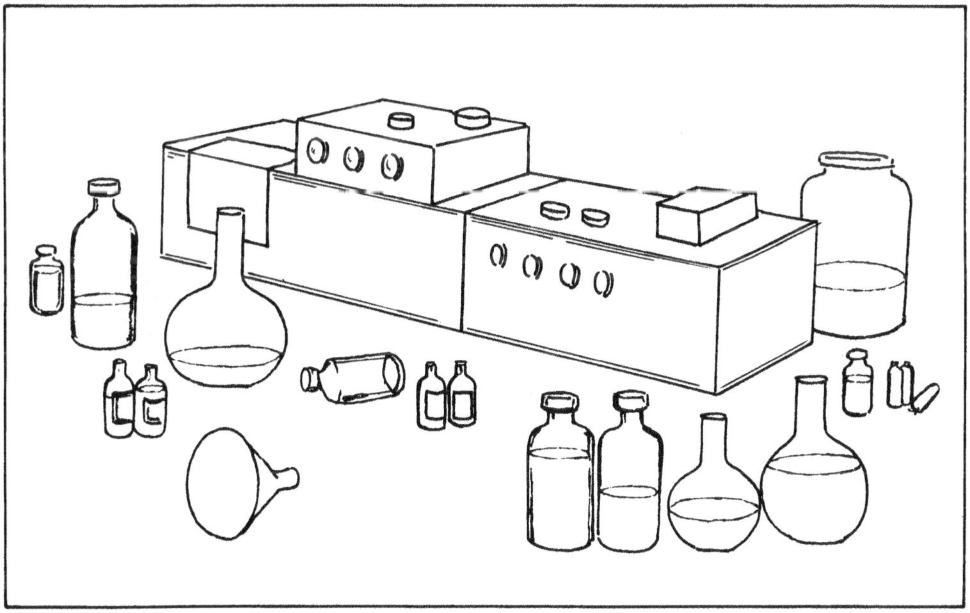

Abb. 1: Ein typisches Spektralphotometer

Die Reagenzien werden aus der Apotheke geholt oder vom Laborhändler gekauft, eingewogen, erforderliche Konzentrationen eingestellt, filtriert, Standards festgelegt, die Wellenlänge eingestellt, pipettiert und die benötigte Analyse durchgeführt. Dieses System kann durch Pipettierstationen, Inkubationsstraßen etc. ergänzt werden, mit anderen Worten, es kann voll mechanisiert werden. Jedes beliebige Verfahren, das der Absorptionsspektralphotometrie zugänglich ist, kann damit durchgeführt werden. Man kann unschwer erkennen, daß, allein vom Aufwand der Reagenzienzubereitung gesehen, ein solches System den heutigen Anforderungen eines klinisch-chemischen Labors nicht gewachsen ist. In der Praxis wird es mit industriell konfektionierten Reagenzienzusätzen betrieben, die bereits erhebliche Einschränkungen bezüglich zu wählender Volumina, Meßbereiche, Standards und vieles mehr beinhalten. Ein System, das nicht mehr ganz offen ist.

Betrachtet man das geschlossene System als das andere System unserer Überlegungen, so ist ein geschlossener Schrank mit Probenteller und

Abb. 2: Ein geschlossenes System

Ergebnisausgabe, dazu eine geheimnisvolle Apparatur mit viel Datenverarbeitung, ausschließlich mit den "top secret"-Chemikalien des Herstellers betreibbar. In anderen Worten, die "black box" in Perfektion, eine Horrorvision für jeden Laborleiter. Deshalb ist auch diese Anordnung in einem klinisch-chemischen Labor nicht so verwendbar.

Diese Ausführungen sollten zeigen, daß es das offene System oder das geschlossene System schlecnthin für die Routine des Labors kaum gibt. Die Wirklichkeit liegt zwischen diesen beiden Extremen. Deshalb sollte in unseren Überlegungen von mehr geschlossenen, mehr offenen Systemen, vom Öffnen und Schließen bzw. der Möglichkeit des Öffnen und Schließen eines gegebenen Systems gesprochen werden.

Bevor detaillierter über Vor- und Nachteile solcher Systeme gesprochen werden soll, sei gestattet, etwas von diesem Thema abzuweichen, da diese Gedanken auch für die klinische Problematik zutreffen. Das erste geschlossene System, mit dem Gerätehersteller konfrontiert gewesen sind, ist nicht in der klinischen Chemie, sondern in der Biochemie im Jahre 1967 verwendet worden, als die ersten Edman-Sequenatoren durch schrittweisen Abbau einzelner Aminosäuren von Proteinen zu ihrer Strukturaufklärung in Betrieb gehen sollten. Die dazu nötige aufwendige Gerätetechnik für diese Dünnfilmreaktion ist beherrschbar gewesen; aber die Chemie hat nicht funktioniert. Die besten Reagenzienhersteller haben es mit ihren besten Produkten versucht. Aber einfache Chemikalien, wie Benzol, leicht hochrein herstellbar, sind zum Problem geworden. Die bis dahin bewährten Reinheitskriterien, wie reinst, haben von Lot zu Lot bessere oder schlechtere Ergebnisse, meist jedoch unkontrollierbar schlechtere Ergebnisse geliefert. Dieses Problem ist nur dadurch gelöst worden, daß die Reagenzien nach jedem Reinigungsschritt auf dem Sequenator auf ihre Funktionsfähigkeit getestet und die Reinigung bis zur optimalen Analysierfähigkeit des Systems betrieben worden sind. Damit ist neben den bisher bekannten Reinheitskriterien für Reagenzien ein neues wichtiges Kriterium entstanden, das man als 'System-optimiert' oder 'System-getestet' bezeichnen kann.

Zurück zur klinischen Chemie. Man kann davon ausgehen, daß für alle Verbrauchsmaterialien, die vom Hersteller des Gerätes angeboten werden, die optimale Systemtauglichkeit getestet worden ist. Man muß darüberhinaus jedoch in vielen Fällen davon ausgehen, daß nicht nur Reinheitskriterien optimiert worden sind, sondern auch Konzentrationen, Viskosität und andere Parameter so gewählt werden, daß höchstmögliche Reproduzierbarkeit von Tag zu Tag und von Gerät zu Gerät verwirklicht werden können. Durch solche exakten Festlegungen der Reagenzien-Parameter ist es möglich, eventuelle Abweichungen von der Linearität der Kalibrationskurve, "out of range" Bedingungen vollautomatisch mit dem Gerät zu erfassen. Die heutige Mikroprozessortechnik in den Geräten eröffnet ein weites Feld der vom Operator unabhängigen Qualitätskontrolle im Meßablauf. Durch Festlegung und Abstimmung von Grenzparametern zwischen Meßsystem und Reagenz können drohende Meßfehler durch beschädigte Reagenzien ohne externe Kontrolle erkannt und damit ausgeschlossen werden. Dieser Systemoptimierung - Gerät, Reagenz, Verbrauchsmaterial und EDV - geht oft eine jahrelange Entwicklung durch den Hersteller voraus. Ein solches System wird dadurch in der Qualität der Ergebnisse optimiert und in hohem Maße gegen Fehlbedienung geschützt.

Trotz solcher augenscheinlicher Vorteile sollte man Vor- und Nachteile von offenen und geschlossenen Systemen in ihrer Gesamtheit einander gegenüberstellen. (Tab. 1)

Dies ist hier willkürlich in Richtung des geschlossenen Systems geschehen. Bei der Betrachtung des offenen Systems würde sich letztlich nur das Vorzeichen umkehren, d.h. die Vorteilspalte wäre die Nachteilspalte und umgekehrt.

Zunächst die Spalte Nachteile:
Die Monopolisierung eines Herstellers, eines Verfahrens, einer Apparatur führt immer wieder zur grundsätzlichen emotionellen Ablehnung geschlossener Systeme, ohne daß die Vorteile wieder berücksichtigt werden.

Deshalb soll auch einmal in die Vorteilspalte gesehen werden.

Zu 1: Jeder erfahrene Laborleiter weiß, daß es im Falle von Fehlern in einem System immer wieder zu Auseinandersetzungen der Fehlerursache zwischen Gerätehersteller und Supply-Hersteller kommt. Dies ist sehr häufig mit einem nicht unerheblichen Zeitaufwand verbunden.

Die Erfahrungen des Herstellers mit dem kompletten System ergeben meist eine sehr schnelle Feststellung der Fehlerursache, in anderen Worten, die "down"-Zeit des Gerätes ist geringer.

Zu 2: Bei der Umkehrung des Punktes 2 findet man den größten Nachteil offener Systeme. Die Vergleichbarkeit der Werte eines Patienten, die in der Vergangenheit ermittelt worden sind, ist häufig nicht gegeben, was die diagnostische Bewertung des Krankheitsverlaufs zweifellos erschwert. Die Standardisierung geschlossener Systeme mit fest gefügten Normalwerten lassen hier wesentlich bessere Aussagen zu.

NACHTEILE	VORTEILE
1. Abhängigkeit von nur einem Hersteller (evtl. Monopolstellung) - Preis - Lieferbereitschaft - Servicebereitschaft	1. Garantie der Ergebnisse durch einen Hersteller (Bei Ergebnisfehlern nur ein Ansprechpartner, kürzere "Down"-Zeit des Systems)
2. Keine oder geringe Flexibilität der Apparatur und des Verfahrens (festgelegte Investition für bestimmte Parameter)	2. Gleichmäßige Qualität der Ergebnisse bei vielen Benutzern mit gleichen Normalwerten (leichte Standardisierung; Aussagekraft von Ringversuchsergebnissen)
3. Schlecht anpassbar an neuere methodische Entwicklungen	3. Geringe Abhängigkeit der Ergebnisqualität von Bedienenden, durch System optimierte Reagenziensätze.
	4. Einsatzmöglichkeit anderer Meßmethoden als Photometrie
	5. Kürzere und einfachere Umrüstmöglichkeit bzw. Umrüstzeiten
	6. Qualitätskontrolle des Systems durch eingebaute EDV (z.B. Erkennung eines defekten Reagenzes durch das System)
	7. Administrative Vereinfachung

Tab. 1: Ein geschlossenes System

Zu den Punkten 3, 5 und 6: Auf diese Punkte soll man bei der Beschaffung eines neuen Systems besondere Aufmerksamkeit legen. Hierbei ist zu prüfen, inwieweit durch herstellereigene Reagenzien zusätzliche Überwachungsmöglichkeiten für Qualität der Ergebnisse, Zustand des Gerätes etc. erzielt und neue EDV-Techniken genutzt werden, um menschliche Fehler zu minimieren, in anderen Worten, die Ergebnisse sicherer zu machen. Diese Forderungen sind bei verschiedenen Herstellern noch unterschiedlich erfüllt.

Zu 4: Viele Parameter in der klinischen Chemie werden photometrisch bestimmt, obwohl andere Meßverfahren wesentlich geeigneter wären und bessere Ergebnisse produzieren würden. Dabei soll an Verfahren, wie Leitfähigkeitsmessung, Potentiometrie und Nephelometrie als Beispiele erinnert werden.

Die Vielfältigkeit dieser Punkte läßt sich auf wenige Faktoren kondensieren. (Tab. 2)

NACHTEILE	VORTEILE
1. Eventuell höhere Reagenzienkosten	1. Geringerer Personalaufwand
2. Geringere Flexibilität	2. Niedrigere Forderungen an die Qualifikation des Personals
3. Höhere Investition	3. Bessere Qualitätssicherung
	4. Geringerer personeller Zeitaufwand (bei Umrüstung)

Tab. 2: Nachteile - Vorteile

Hier steht ein geringer Personalaufwand den Verbrauchsmaterialkosten und der Investition gegenüber. Bei der Gerätebeschaffung müssen diese Punkte heute besondere Beachtung finden. Bis zu 70 % der Gesamtkosten eines Labors können auf Personalkosten entfallen. Selbst bei gezielterer Indikation als bisher wird durch den Fortschritt wissenschaftlicher Erkenntnisse in der klinischen Chemie und Biochemie die Anzahl der Analysenanforderungen in Zukunft steigen. Dem steht gegenüber, daß in den meisten Instituten eine Erhöhung der Planstellenzahl nicht mehr durchsetzbar ist.

Verschärfend für viele Labors kommt hinzu, daß hochqualifiziertes Personal an manchen Orten im unzureichendem Maße zur Verfügung steht und in dieser Hinsicht Kompromisse geschlossen werden müssen. Um die Funktionsfähigkeit der Labors und vor allem die Qualität der Ergebnisse auch in Zukunft zu erhalten, werden vollmechanisierte, weitgehend geschlossene Systeme eine entscheidende Bedeutung haben.

Dies gilt insbesondere für die häufig zu bestimmenden Parameter. Die dafür nötigen einmaligen Investitionen für moderne Gerätesysteme mit hoher Analysenqualität und weitgehender Operatorunabhängigkeit wirken in Zukunft kostendämpfend. Ein etwas teureres, gebrauchsfertiges, vom Gerät gesichertes Reagenz ist dann unter den gleichen Gesichtspunkten ebenfalls zu rechtfertigen.

Selbstverständlich werden diese Überlegungen bei Parametern ihre Grenze finden, die nur sehr selten oder in geringer Serienlänge anfallen. Hochflexibel anwendbare Geräte, meist Photometer, werden auch in Zukunft ihren Platz im Labor für diese Bestimmungen haben. Aber auch hier ist, wenn man die zurückliegenden ANALYTICA-Kongresse betrachtet, bereits eine gewisse Entwicklung erkennbar. Photometer der neuen Generation werden mit Einrichtungen unter Zuhilfenahme der Mikroprozessortechnik ausgerüstet, die auf Wunsch eine Festlegung von Parametern bei Wellenlänge, Temperatur etc. mittels Programmeinheiten ermöglichen, also auch diese Systeme mehr schließbar machen. Das erkennbare Ziel dieser Maßnahmen ist Arbeitszeitersparnis und Ausschluß menschlicher Fehler durch Bedienungsfehler zur Qualitätssicherung.

Geschlossene Systeme werden demnach in Zukunft eine zunehmende Bedeutung in unseren Labors haben. Welche Forderungen müssen von uns an sie gestellt werden, um mit ihnen leben zu können, um zu verhindern, daß daraus unkontrollierbare Monster werden, wie sie unser Karikaturist vorher dargestellt hat ? (Tab. 3)

1: Durchschaubarkeit der Methode bezüglich: - Nebenreaktionen - Vergleichbarkeit mit anderen Verfahren bei Normalwerten - Vergleichbarkeit mit anderen Verfahren bei pathologischen Werten - Grenzen der Methode 2: Ein geschlosseneres System muß "geöffnet" werden können, auch wenn damit Nachteile verbunden sind, wie beispielsweise - negative Beeinträchtigung der Qualität der Ergebnisse - erhöhte Anforderungen an die Qualifikation des Personals

Tab. 3: Forderungen an ein geschlossenes System

Zu Punkt 1: Die Durchschaubarkeit der Methode sollte eine Selbstverständlichkeit für jedes neue System sein. Welche chemische Methode wird verwendet, welche apparativen Kompromisse sind geschlossen worden? Es ist nicht selbstverständlich, daß bei Kranken und Normalpatienten dieselben Korrelationen gelten müssen. Eine völlige Aufklärung dieser Fragen ist die wichtigste Forderung, die an die Hersteller von Systemen gerichtet werden muß.

Zu Punkt 2: Wenn in einem geschlossenen System auch die exakte Zusammensetzung der Reagenzien und detaillierte Beschreibungen des Verbrauchsmaterials nicht unbedingt bekanntgemacht werden müssen, so darf der Inhalt keine völlig geheimnisvolle Mischung sein, die zum völligen Ausfall des Systems bei Versorgungslücken mit Verbrauchsmaterial führt.

Bedenkt man nur, daß in Krisenfällen die ärztliche Versorgung und damit auch die Arbeit des klinischen Labors bestmöglich aufrecht erhalten werden muß, so sind unter solchen extremen Fällen selbstverständlich erhöhte Anforderungen an die Qualifikation des Personals zu stellen und unter Umständen gewisse Qualitätseinbußen in ertragbarem Umfange hinzuzunehmen. Keinesfalls ist es akzeptabel, daß Systeme nur mit bestimmten exotischen Packungsformen arbeiten können, oder andere derartige willkürliche Sperrmaßnahmen des Herstellers gegen Fremdreagenzien vorhanden sind.

Zusammenfassend läßt sich sagen, daß geschlossene Systeme durch die Personalsituation einerseits und durch erhöhte Qualitätsanforderungen andererseits große Bedeutung im klinischen Labor haben werden. Auch den Vorstellungen des Gesetzgebers, die im neuen Eichgesetz und dessen Verordnungen ihren Niederschlag finden werden, kann mit geschlossenen Systemen wesentlich besser entsprochen werden.

Ähnliches gilt für die Evaluationsmodelle, wie z.B. die "Multicenterevaluation". Die Vergleichbarkeit der Ergebnisse eines Systems innerhalb verschiedener Labors kann nur bei Identität des Gerätes und des Verbrauchsmaterials sinnvoll interpretiert werden, um dann daraus für die gleichen Parameter die Vergleichbarkeit mit anderen Systemen ermittelbar zu machen.

Bei Neuanschaffung und Neuplanungen müssen alle diese Gedanken emotionslos bedacht werden, um die Leistungsfähigkeit unserer Labors auch in Zukunft zu gewährleisten.

2.2 J. STEFFEN (BERLIN): MASSNAHMEN BEI DER BESCHAFFUNG VON GERÄTEN DURCH DEN ANWENDER

Die medizinischen Abteilungen haben zur Zeit noch das Glück, bei der Beschaffung von medizinischen Geräten nur den medizinischen Nutzen aufführen zu müssen. Sie haben andererseits das Pech, bei der Neubeschaffung von Geräten Kosten und Nutzung in einer ausführlichen Relation darstellen zu müssen.

Auch in den kommunalen Krankenhäusern des Landes Berlin - hierüber wird hauptsächlich berichtet - herrscht das duale Finanzierungssystem. In den anderen Ländern ändert sich im wesentlichen nur die jeweilige Landeshaushaltsordnung. Das heißt für die Laboratorien: Reagenzien, Verbrauchsmaterialien und Servicekosten - also Folgekosten - werden aus dem Pflegesatz durch die Krankenhäuser bezahlt. Für die Beschaffung von Geräten, also Investitionen, kommt das Geld dafür nach dem Krankenhausfinanzierungsgesetz (KHG) § 9 und § 10 mit seinen Unterabsätzen von der öffentlichen Hand, also aus dem Landeshaushaltstopf.

Nach dem KHG erhält jedes Krankenhaus eine bestimmte Summe, die sich nach den zugelassenen und zu belegenden Krankenhausbetten richtet.
In der Landeshaushaltsordnung sind die Formalitäten, die zur Beantragung eines Gerätes notwendig sind, vorgeschrieben, das heißt, welche Senatsdienststellen bzw. welche Ministerien noch zusätzlich über die Beschaffung ein Mitentscheidungsrecht haben.

Die <u>Anträge</u> auf Neubeschaffung oder Ersatzbeschaffung der einzelnen med.-techn. Abteilungen müssen 2 Jahre im voraus gestellt werden, d.h. die Abteilungen bzw. Abteilungsleiter müssen in jedem Falle als Voraussetzung ihrer Tätigkeit prophetische Gaben aufweisen. Von den übrigen Dienststellen, die bei der Beschaffung von Geräten mitzureden haben,wie Krankenhausleitungen, Bezirksverordnetenversammlungen, Finanzsenator etc., wird die prophetische Gabe in keinem Fall verlangt. Es kann hier nur jedem Abteilungsleiter angeraten werden, bei der Beantragung von Geräten immer den schriftlichen Zusatz zu verwenden: "Entgültige Entscheidung erst im Jahr der Beschaffung nach dem dann auf dem Markt befindlichen technisch erprobten Gerätestand."

Bei dem Antrag auf neue Geräte ist zu unterscheiden, ob es sich um eine <u>Ersatzbeschaffung</u> eines bereits vorhandenen Gerätes oder um eine <u>Erweiterungsbeschaffung</u> eines neuen zusätzlichen Gerätes handelt.

Bei der <u>Ersatzbeschaffung</u> ist darauf zu achten, daß das Gerät, das ersetzt werden soll, entweder so hohe Reparaturkosten aufweist, daß sich der Weiterbetrieb dieses Gerätes nicht lohnt oder daß es nach § 10 des Krankenhausfinanzierungsgesetzes mindestens 5 - 7 Jahre alt und technisch überholt ist. Bei der <u>Neubeantragung</u> von Geräten - sogenannte Erweiterungsbeschaffung - kommen nun detaillierte Berechnungen zur Anwendung.

Nach dem neuesten Referentenentwurf für das KHG bestehen die Kassen darauf, daß die Ausnutzung der zu beschaffenden Geräte wesentlich größer als bisher sein muß. Das heißt, daß insbesondere bei Beschaffung von Mittel- bis Großgeräten dieses Gerät zur Nutzung für mehrere Krankenhausbereiche oder eventuell mehrere Krankenhäuser in der Umgebung mit in die Betrachtung einbezogen werden muß. Über das Geld, das aus dem Landeshaushalt kommt, haben meiner Meinung nach die Kassen keinerlei Mitspracherecht. Aber wer hat heute schon ein Mitspracherecht.

Hier sind Laboratoriumsmedizin und klinische Chemie aufgefordert, eindeutige Aussagen darüber zu machen, wie weit welches Material transportiert werden kann, um den allwissenden Politikern nicht Vorschub zu leisten.

Ein ganz wesentlicher Punkt in dieser Diskussion scheint der Hinweis auf die Ausfallsicherheit eines Gerätes zu sein. Deswegen sind seit einigen Jahren Bemühungen im Gange, in einem Großkrankenhaus mit 2 Zentrallaboratorien, die transportmäßig 20 Minuten auseinanderliegen, in etwa den gleichen Gerätepark anzuschaffen, um eine gemeinsame Geräteausfallsicherung zu haben.

Diese Überlegungen treffen nicht nur für Großgeräte zu. Hier stehen medizinische und wirtschaftliche Gesichtspunkte im Vordergrund. Kollegiale Hemmungen müssen entfallen.

Nun zur Kosten-Nutzen-Betrachtung:

Der weitaus teuerste Anteil auch in einer medizinisch-technischen Abteilung sind die Personalkosten. Man kann es sich in Deutschland kaum leisten, bei der Höhe der Personalkosten einen Personalbestand aufzustocken, wenn es möglich ist, mit mechanisierten Geräten die für einen gesamten Klinikbereich erforderlichen Analysen mit dem gleichen oder geringeren Personalbestand zu erbringen. Eine MTA kostet heute den Staat bzw. den Arbeitgeber im Krankenhaus zur Zeit rund DM 42.000 pro Jahr oder DM 0,54 pro Minute. Da Geräte im Schnitt für 5 - 7 Jahre angeschafft werden, ist, im Grunde genommen, fast jedes Gerät zu amortisieren, sofern nicht eine Personalvermehrung mit der Beschaffung des Gerätes verbunden wird. Das soll nicht heißen, daß bei einem Beschaffungsantrag für ein Gerät grundsätzlich aus dem Personaletat Mittel für Personal mitangeboten werden. Ein Antrag auf Personalvermehrung ist nach den heutigen gesetzlichen Unterlagen nur noch möglich, wenn eine wesentlich erhöhte Analysenzahl nachgewiesen oder wenn mit Unterstützung der klinischen Abteilungen neue Arbeitsgebiete aufgebaut werden können. Der Gesichtspunkt der Personalkostenkalkulation ist also bei den Kostennutzenausführungen einer der wichtigeren Faktoren.

Zu den Kosten müssen also bei der Beantragung folgende Positionen berücksichtigt werden. Diese betreffen:

- Geräte und Zusatzteile,

- Einbau, Umbauten oder sonstige technische Veränderungen in den Räumen, in denen das Gerät betrieben wird; allein bei der Demineralisierungs- und Abwasseranlage entstehen, im Grunde genommen, bei jedem Gerät zusätzliche Baukosten bei der Neubeschaffung

- Verbrauchsartikel für jedes Gerät und

- Reagenzien:
  Obwohl Verbrauchsartikel und Reagenzienkosten eines Gerätes aus dem Pflegesatz gedeckt werden, ist dieser Posten für die Krankenhausleitung sehr wichtig, da bei der Neubeschaffung eines Gerätes diese Kosten unterschiedlich zu den bisher verwendeten Geräten sein können

- Wartung und Ausfallservice:
  Da der Techniker, der von den Firmen geschickt wird, heute im Schnitt schon für die Stunde DM 60,- und mehr bekommt, schlägt dieser Posten sehr zu Buche. Ebenso ist zu berücksichtigen, daß bei Neubeschaffung von Geräten und der Absicht, die alten Geräte als Back-up-Geräte zu erhalten, deren

- Service
  mit einzurechnen ist, um sie betriebsfähig zu halten.

Was sonst an Kosten noch hinzukommen kann, weiß der Laborleiter aus Erfahrung am besten.

Bei den Evaluationsberichten über neue Geräte muß also auch ausführlich über die Ausfall- und Servicekosten sowie über die Reagenz-, Bau- und sonstigen Verbrauchskosten berichtet werden.

Bei der Nutzenberechnung müssen zu allererst die Anzahl der angeforderten Analysen, die auf dem anzuschaffenden Gerät gemacht werden sollen, zahlenmäßig angeführt werden (Ist-Soll-Konzept). Nun ist die Zahl der angeforderten Analysen nicht gleich der Zahl der ausgeführten Analysen. Im Schnitt ist diese das 1,6fache der angeforderten Analysen. Hinzu kommt die effektive Zeit, die das neue Gerät für die Erbringung der zu erarbeitenden Analysenzahl pro Stunde und Tag benötigt. Jede Verwaltung wird schon ein Positivum darin sehen, wenn die Analysen, die auf dem alten Gerät bisher nur mit Hilfe von Überstunden erbracht worden sind, mit dem neuen Gerät ohne diese erarbeitet werden können.

Der Nutzen eines neu zu beschaffenden Gerätes scheint besonders dann gegeben, wenn dieses Gerät in der Lage ist, auch einen großen Teil der Schreibarbeit mit einem sogenannten Blockgerät zu übernehmen. Wer bisher keine eigene EDV hat - sie kostet für ein Bettenkrankenhaus bzw. ein Zentrallaboratorium eines Bettenkrankenhauses heute noch rund 1,5 Mio. DM - sollte für die Zukunft darauf bedacht sein, Geräte anzuschaffen, die nicht nur die anfallenden Analysen mit weniger Personal in kurzer Zeit erstellen können, sondern auch in der Lage sind, einen Großteil der Dokumentation für das Personal mit zu erledigen. Die Schreibarbeiten dürfen in Zukunft nicht so viel Zeit in Anspruch nehmen, daß die Analysen- und Plausibilitätskontrollen unterbleiben müssen, um nur ja die Analysenergebnisse rechtzeitig zum Dienstschluß dokumentiert zu haben.

Die medizinisch-technischen Radiologie-Abteilungen haben gegenüber den Laboratorien bei der Beantragung von neuen Geräten den Vorteil, daß sie bei der Kostennutzenbetrachtung die Strahlenschutzbestimmungen in den Vordergrund stellen können.

Die Laborabteilungen müssen demgegenüber den Ausnutzungsgrad neu zu beschaffender Geräte rechnerisch in den Vordergrund stellen, da bisher die meisten Angriffe auf diesem Sektor erfolgt sind und dieser Gesichtspunkt auch bei der Novellierung des Krankenhausfinanzierungsgesetzes wesentlich mit einbezogen worden ist.

2.3 I. SELLE (BERLIN):
DURCHFÜHRUNG UND AUSWERTUNG VON GERÄTEERPROBUNGEN AUS DER SICHT DER BEWILLIGUNGSBEHÖRDE SOWIE GERÄTEBESCHAFFUNG UNTER BERÜCKSICHTIGUNG DER WIRTSCHAFTLICHKEIT

1. Einführung

Moderne Analysengeräte in den klinischen Laboratorien bedienen sich - wie Geräte in anderen Bereichen der Technik gleichermaßen - eingebauter Prozessoren und Mikrorechner.
Nicht zuletzt dadurch sind die Gerätehersteller in der Lage, bei neuen Analysengeräten das Einsatzspektrum zu verbreitern; dies hat

jedoch zur Folge, daß die Investitionskosten pro Beschaffungsmaßnahme immer mehr ansteigen.

Während in früheren Jahren eine Einzelbeschaffung darauf hinausgelaufen ist, z.B. ein Photometer dahingehend zu beurteilen, ob es an einem bestimmten Arbeitsplatz eines Laboratoriums einsetzbar und erforderlich gewesen ist, greift heute insbesondere der Einsatz moderner Großgeräte in den organisatorischen Ablauf eines Laboratoriums entscheidend ein, und ist somit bei der Beurteilung von Beschaffungsmaßnahmen, ebenso wie die Wirtschaftlichkeit, in bezug auf die Aufgabenstellung des Laboratoriums zu berücksichtigen.

Aus dieser Erkenntnis heraus ist in Berlin bereits zu Beginn der 70er Jahre die Notwendigkeit gesehen worden, bei größeren Beschaffungen und Entwicklungsvorhaben in den klinischen Laboratorien vor einer Beschaffungsentscheidung bei den Senatsverwaltungen, ausreichend zu erproben und ihre Einsatzmöglichkeiten und Anwendungsbereiche zu testen.

Zur Durchführung solcher Geräteerprobungen sind in Berlin zentral beim Senator für Gesundheit, Soziales und Familie Haushaltsmittel zur Verfügung gestellt worden, die es ermöglicht haben, pro Jahr 1 bis 2 Analysengeräte für 4 bis 6 Monate auf Mietbasis zu erproben und damit sicherzustellen, daß die Erprobung in Gleichbehandlung aller Hersteller, unabhängig durchgeführt worden ist.
Die Erprobungen sind parallel zu den laufenden Routineverfahren durchzuführen gewesen und haben durch die zentrale Finanzierung von Miete, Reagenzien und sonstigen Sachmitteln für den Erprober - Zentrallaboratorien der Krankenhäuser oder Universitätskliniken - keine zusätzlichen Kosten verursacht.

2. Geräteerprobungen

2.1 Durchführung einer Erprobung

Anhand eines Beispiels soll der Ablauf einer solchen Erprobung geschildert werden:

Es ist u.a. ein Großgerät zur gezielten Analyse von klinisch-chemischen Parametern in einem Universitätsklinikum erprobt worden.

Nach den Informationen des Herstellers hat es den Anschein gehabt, daß das Gerät zunächst viele Vorteile für den Routineeinsatz bringen würde.

Die Anschaffungskosten für das Gerät haben bei ca. 950000.-- DM gelegen.

Das Erprobungsergebnis hat gezeigt, daß beim technischen Entwicklungsstand zum Zeitpunkt der Erprobung nicht empfohlen werden konnte, eine langfristige Bindung durch den Kauf eines solchen Gerätes einzugehen, so daß potentiellen Kunden im Bereich der Berliner Krankenhäuser empfohlen worden ist, das Gerät nur unter Entrichtung leistungsbezogener Miete, d.h. bei Haftung des Herstellers für Ausfallzeiten, zu übernehmen.

2.2 Grundlage für eine Erprobung

Die Erprobungen, mit denen 1974 begonnen worden ist, sind erforderlich gewesen, damit vor Einstellung entsprechender Mittel in den jeweiligen Haushalt prüffähige Unterlagen, insbesondere über Anwendungsbereich, Leistung, organisatorische Auswirkungen, Wirtschaftlichkeit und Folgekosten zur Beurteilung für Krankenhaus und Bewilligungsbehörde vorgelegen haben. Die Forderung zur Erstellung derartiger fachlicher Stellungnahmen hat dazu geführt, entsprechende Fachleute in ein Beratungsgremium zu berufen, um die Senatsverwaltung bei der Lösung dieser Aufgaben zu beraten.

Die Diskussionen in diesem Beratergremium haben gezeigt, daß fundierte Stellungnahmen zur Beschaffung neu auf den Markt kommender Analysengeräte nur auf der Grundlage fachlicher Erprobungsberichte nach einem realen Geräteeinsatz möglich sind. Aufgrund dieser Erfahrungen ist - sobald sich bei der kontinuierlichen Marktbeobachtung herausgestellt hat, daß neue Analysengeräte entweder eine erforderliche Aufgabenerweiterung der Laboratorien abdecken oder vorhandene konventionelle Verfahren zweckmäßiger und kostengünstiger ablösen könnten, eine Geräteerprobung durch die Senatsverwaltung oder auf Vorschlag der Berliner Laborleiter eingeleitet worden.

Der Erprober ist durch eine formlose Ausschreibung unter den Berliner Laboratoriumsleitern ermittelt, sodann von der Senatsverwaltung mit der Durchführung der Erprobung beauftragt und verpflichtet worden, das Vorhaben gemäß dem vom Beratergremium erarbeiteten "Rahmen für Erprobungsberichte über Analysengeräte" durchzuführen.

Dieser Erprobungsrahmen enthält folgende Elemente:

1. Beschreibung des technischen Aufbaues des Gerätes
2. zeitlicher Ablauf der Erprobung und Betriebssicherheit
3. experimentelle Ergebnisse und Anwendungsbereich des Gerätes
4. Ablauforganisation bei Einsatz des Gerätes
5. laufender Bedarf an Betriebsmitteln, Hinweise auf Betriebskosten
6. Zusammenfassung der Ergebnisse, Empfehlungen des Erprobers
7. Erklärung des Erprobers über wirtschaftliche oder andere Bindungen an den Hersteller.

Unter diesen Punkten werden die in Tab.1. im einzelnen aufgeführten Aussagen verlangt.

2.3 Auswertung einer Erprobung

Vor Beendigung einer Erprobung ist eine praktische Demonstration im Laboratorium des Erprobers durchgeführt worden, bei der der Erprober die Handhabung des Gerätes und die von ihm erzielten Ergebnisse der Erprobung vorgestellt hat.
Nach Abschluß des Vorhabens ist der schriftliche Bericht durch das Fachberater-Gremium ausgewertet und diese Auswertung in einer Empfehlung zusammengefaßt worden, die dann die Grundlage für die Genehmigung oder ggf. Ablehnung von Beschaffungsanträgen gebildet hat.

Aus der vorliegenden Situation ist ein Verfahren entwickelt worden, das keinen Anspruch auf Anerkennung als wissenschaftlich exakte Methode erheben kann oder will. Für die gegebene praktische Aufgabenstellung hat sich das geschilderte Verfahren jedoch bewährt. Selbstverständlich sind Erprobungsvorhaben nur durchgeführt worden, wenn

1. Technischer Aufbau

1.1 Kurze Beschreibung der wichtigsten technischen Bausteine; Installations-Erfordernisse

1.2 Kritische Beurteilung des prinzipiellen Geräte-Aufbaues

2. Zeitlicher Ablauf der Erprobung und Betriebssicherheit

2.1 Kalendarisches Protokoll der Betriebszeiten, Ausfälle, Ausfallursachen und die Reparaturdauer

2.2 Kundendienst: Ort, Verfügbarkeit, Kosten, Umfang von Wartungsverträgen

2.3 Bewertung der Betriebssicherheit des Gerätes

3. Experimentelle Ergebnisse und Anwendungsbereich des Gerätes

3.1 Physikalische Messungen zum Überprüfen der technischen Daten des Gerätes (Dosiervorrichtungen, Temperatureinheiten, Meßwertdetektor)

3.2 Erprobte Methoden: Zuverlässigkeit, Vergleich mit Referenzmethoden, aufgetretene Störungen

3.3 Bewertung der Angaben des Herstellers über den Anwendungsbereich, Richtlinienkompatibilität

3.4 Bewertung der Zuverlässigkeit der untersuchten Methoden 1. Richtigkeit, 2. Präzision, 3. Empfindlichkeit (Nachweisgrenze)

3.5 Bewertung von Vergleichsmessungen an Patientenuntersuchungsmaterial, aufgetretene Störungen

3.6 Empfohlene Anwendungen einschließlich einer Modellrechnung für ein größeres Krankenhaus

4. Organisation (Zeitabläufe, Dokumentation)

4.1 Probenvorbereitung und -identifikation

4.2 Verfahrenstechnik und Bedienung (Dosieren von Reagenzien, Transport- und Transfervorgänge); Rüstzeit bei Beginn und Methodenwechsel

4.3 Reagenzienherstellung und -verbrauch
4.4 Meßwerterfassung und -verarbeitung, Absolut- oder Relativmessungen, Arten von Bezugskurven
4.5 Befundausgabe, Datensicherung
4.6 EDV-Anschluß
4.7 Probendurchsatz, Datenausstoß, Selektivität, nomineller und effektiver Datenausstoß
4.8 Personalbedarf bei voller Auslastung des Gerätes
4.9 Umfang und Sprache der Handbücher
4.10 Bewertung der Organisation

5. Laufender Bedarf an Betriebsmitteln, Hinweise auf Betriebskosten
5.1 Reagenzien: Herkunft, Bindung an Hersteller, Ort des Lieferanten
5.2 Einweg-Artikel
5.3 Besondere Verbrauchsgüter (z.B. Spezialpapiere)
5.4 Allgemeine Kosten (Strom, Wasser, Gas)

6. Zusammenfassung der Ergebnisse, Empfehlungen des/der Erprober
6.1 Anwendungsbereich
6.2 Zuverlässigkeit und Standardisierbarkeit der Methoden
6.3 Leistung und Personalbedarf
6.4 Kundendienstleistung
6.5 Empfehlungen zur Verbesserung des Gerätes (1. obligatorische, 2. fakultative)

7. Erklärung des Erprobers über wirtschaftliche oder andere Bindungen an den Hersteller

Tab. 1: Rahmen für Erprobungsberichte über Analysengeräte

Berichte anderer Erprober oder die von Prof. Haeckel nach den Vorschlägen des "European Committee for Clinical Laboratory Standards (ECCLS)" vorgeschlagenen internationalen Multi-Center-Evaluationen nicht vorgelegen haben.

3. Gerätebeschaffung

3.1 Finanzierungsgrundlagen

Grundlage für die Beschaffungen (Investitionen) in den Krankenhäusern ist das Krankenhausfinanzierungsgesetz (KHG) vom 29. Juni 1972 (BGBl. I, S. 1009) zuletzt geändert durch das Krankenhaus-Kostendämpfungsgesetz vom 22. Dezember 1981 (BGBl. I, S. 1568).

Das Gesetz findet keine Anwendung auf Krankenhäuser, deren Träger der Bund ist, Krankenhäuser im Straf- oder Maßregelvollzug, Polizeikrankenhäuser sowie Krankenhäuser, deren Träger die gesetzlichen Rentenversicherungen oder Unfallversicherungen sind.

Nach diesem Gesetz (§ 8) werden Krankenhäuser mit Ausnahme der in § 4 des Hochschulbauförderungsgesetzes (Tbc-Krankenhäuser, Versorgungskrankenhäuser, Kur-Krankenhäuser) genannten gefördert, soweit und solange sie in den Krankenhausbedarfsplan eines Landes aufgenommen sind und die zuständige Landesbehörde ihre Aufnahme in den Krankenhausbedarfsplan festgestellt hat. Als pauschale Förderung werden nach § 10 des Gesetzes Fördermittel auf Antrag bewilligt, und zwar nach Absatz 1, Satz 1:
" für die Wiederbeschaffung von Anlagegütern mit einer durchschnittlichen Nutzungsdauer von mehr als drei bis zu fünfzehn Jahren (kurzfristige Anlagegüter)......".
Hierunter fällt u.a. die Beschaffung medizinisch-technischer Geräte (Analysengeräte, Röntgengeräte etc.), deren Nutzungsdauer entspr. der Abgrenzungsverordnung zum KHG mit 5 bis 10 Jahren angesetzt wird.

Eine besondere Beachtung bei der Aufstellung von Beschaffungen erfordert nach § 11 a KHG die Anschaffung oder Nutzung medizinisch-technischer Großgeräte.

Begründung zu 11 a KHG:

Die Vorschrift soll sicherstellen, daß die Anschaffung oder Nutzung von medizinisch-technischen Großgeräten zwischen benachbarten Krankenhäusern abgestimmt wird. Hierdurch soll einmal die Anschaffung überflüssiger Geräte verhindert und zum anderen ein möglichst wirtschaftlicher Einsatz der Geräte erreicht werden. Die Abstimmungspflicht erstreckt sich daher in erster Linie auf solche Geräte, die das Krankenhaus allein nicht voll auslasten kann. Soweit im Bedarfsplan bereits über die Notwendigkeit derartiger Geräte eine Regelung getroffen ist, bedarf es der Abstimmung nicht.

Der Abstimmungspflicht wird dann in § 17 noch einmal Rechnung getragen, indem festgelegt wird, daß bei Nichtabstimmung und dadurch bedingtem unwirtschaftlichen Einsatz oder Beschaffung entgegen der Zuordnung im Krankenhausbedarfsplan die Folgekosten im Pflegesatz nicht berücksichtigt werden.

Der Bund-Länder-Ausschuß nach § 7 KHG hat eine vorläufige Liste von Geräten, die der Abstimmung unterliegen, verabschiedet.

Liste der medizinisch-technischen Großgeräte, die nach § 368 Abs. 8 RVO der Abstimmung mit der Krankenhausbedarfsplanung unterliegen (Beschluß des Vorstandes der KBV vom 14.10.1983)

1. Computer-Tomographen
2. Szintigraphische Großfeld-Kameras
3. Emissions-Computer-Tomographen
4. Kreisbeschleuniger
5. Linearbeschleuniger
6. Tele-Kobalt-Therapiegeräte
7. Lithotripter
8. (Kernspin-Tomographen)

Es empfiehlt sich, bei Geräten mit Folgekosten, die den Pflegesatz zusätzlich belasten, eine Abstimmung auch dann herbeizuführen, wenn diese in der bisherigen Liste nicht enthalten sind.

3.2 Wirtschaftlichkeitsbetrachtungen

Investitionen kosten Geld, Geld, das immer knapper wird; deshalb ist zu fordern, daß der Einsatz dieses Geldes vom Antragsteller (der Fachabteilung des Krankenhauses) vernünftig und sinnvoll geplant und für den Wirtschafter in einem transparenten und nachvollziehbaren Verfahren aufbereitet wird. Es ist daher notwendig - und die Haushaltsordnungen des Bundes und der Länder schreiben dies für die öffentliche Verwaltung vor - bei größeren Beschaffungen, d.h. in jedem Fall bei Investitionen über 100.000,-- DM, Wirtschaftlichkeitsberechnungen anzustellen. (Abb. 1)

Schema für eine Wirtschaftlichkeitsberechnung (Kostenvergleichsrechnung)

Projekt: Gross-Gerätebeschaffung Krankenhaus ....

Mittlerer Zinssatz	Altes Verfahren	Neues Verfahren
5,63 %	[x]	[ ]

1. **Berechnungsgrundlagen** (Einmalige Ausgaben und deren jährliche Verteilung)

Ausgaben für 1.1. Maschinen 1.2. Bauliche Maßnahmen 1.3. Ausstattungen 1.4. Sonstiges	Nur volle DM-Beträge eintragen			Nutzungsdauer in Jahren
	Anschaffungswert	Abschreibungsbetrag pro Jahr	Zinsbetrag pro Jahr	
1.1.				
Analysengerät A	230 000,-	28 750,-	12 949,-	8
Analysengerät B	460 000,-	57 500,-	25 898,-	8
Analysengerät C	147 965,-	18 495,-	8 330,-	8
Summe	837 965,-	104 745,-	47 177,-	X

Abb. 1: Wirtschaftlichkeitsberechnung bei der Großgerätebeschaffung

Diese Berechnungen zwingen den Antragsteller zur Berücksichtigung wesentlicher Einflußfaktoren und helfen damit, die Gefahr von Fehlinvestitionen zu mindern, insbesondere dann, wenn unterschiedliche Alternativen verglichen werden. Sie können außerdem - eine sorgfältige Durchführung vorausgesetzt - der Fachabteilung helfen, berechtigte Beschaffungswünsche zu beweisen und durchzusetzen. Von den unterschiedlichen Verfahren der Wirtschaftlichkeitsberechnung erweist sich die Kostenvergleichsrechnung als statisches Verfahren der Investitionsrechnung als die am häufigsten angewandte Wirtschaftlichkeitsbetrachtung, und zwar bei

- Erstinvestitionen (Einführung einer Maßnahme),
- Ersatzinvestitionen (Ein Gerät wird durch ein anderes ersetzt),
- Rationalisierungsinvestitionen (Zusammenfassung mehrerer Arbeitsplätze),
- Erweiterungsinvestitionen (teilmechanisierte Geräte werden ausgebaut oder vorhandene Teile ausgetauscht zur Änderung eines Verfahrens).

Jede Investitionsrechnung muß mindestens 2 Arbeitsverfahren vergleichen und besteht daher aus 2 Abschnitten:

- der Zusammenstellung der Kosten für das alte Verfahren

  und
- der Zusammenstellung der Kosten für das neue Verfahren.

Dies führt zu dem Ergebnis

- Einsparungen

  oder
- Kostengleichheit von altem und neuem Verfahren

  oder
- Mehrkosten des neuen Verfahrens.

Weist das Ergebnis der vergleichenden Kostenrechnungen rechnerische Einsparungen auf und ist die Amortisationszeit kleiner als die Nutzungsdauer des zu beschaffenden Gerätes, so kann im allgemeinen davon ausgegangen werden, daß das neue Verfahren wirtschaftlich ist.

Jede Kostenvergleichsrechnung sollte folgende Kostenarten enthalten:

3.2.1 Abschreibungen

Die Abschreibung stellt den Betrag der Wertminderung dar, der durch Abnutzung entsteht.

Der Anschaffungswert (Investition einschl. Verpackung, Fracht, Transportversicherung, Zoll, Aufstellungskosten) ist gleichmäßig auf die voraussichtliche Nutzungsdauer des Gerätes zu verteilen; der auf ein Jahr entfallende Bruchteil geht als Abschreibungsbetrag in die jährliche Kostenrechnung ein.

Die Nutzungsdauer beträgt für medizinische Geräte und Instrumente fünf bis zehn Jahre, der Abschreibungssatz 10 bis 20 % (Abgrenzungsverordnung vom 5.12.1977, DKJ-Gutachten, veröffentlicht in "Das Krankenhaus" Nr. 9/1971).

3.2.2 Zinsen

Hier sind Zinsen für langfristig aufgenommene Kredite anzusetzen, der jeweils übliche Zinssatz kann bei Banken erfragt werden. Grundlagen für die Ermittlung der Zinsen sind Anschaffungswert und Nutzungsdauer des Gerätes. Zur Vereinfachung der Zinsberechnung wird einn mittlerer Zinssatz verwendet.

Zur Aufstellung der Berechnung müssen zunächst exakt alle Ausgaben erfaßt werden:

- Maschinen
  Gerät und erforderliches Zubehör, jedoch kein Verbrauchsmaterial
- Bauliche Maßnahmen
  Sämtliche Baumaßnahmen, die durch die Gerätebeschaffung erforderlich werden (Stromleitungen, Be- und Entwässerung, Klimaanlagen etc.)
- Ausstattungen
  Schränke, Tische, Leuchten, sowie alle Geräte und Einrichtungen, die mit der Beschaffung notwendig werden
- Sonstiges
  Ausgaben für Aus- und Weiterbildung, Entwicklung und Beratung

3.2.3 Sachkosten (Abb. 2)

Dazu gehören die jährlichen Kosten für die Raumnutzung, Instandhaltung (Wartung), Versicherungen und Verbrauchsmaterial.

- Die Raumkosten einschl. Miete, Reinigung, Beleuchtung, Heizung sind anzusetzen für die Netto-Nutzfläche; bei den Verwaltungen werden im allgemeinen pauschalierte Beträge eingesetzt, die in Dienstblättern o.ä. veröffentlicht werden. In Berlin gilt derzeit ein Satz von 162 DM/qm/Jahr.

- Instandhaltung
  Laufende Wartung und Serviceleistungen. Außerdem sind Kosten für kleine Reparaturen (ca. 3 % des Anschaffungswertes) und Ersatzteile zu berücksichtigen.

- Betriebsstoffe
  Produkte, die unmittelbar für den Betrieb des Gerätes benötigt werden, z.B. Elektrizität, Gas, Schmieröle.

- Versicherungen
  z.B. Schwachstromversicherung. Bei Analysengeräten fallen hier im allgemeinen keine Kosten an.

- Verbrauchsmaterial
  Registrierpapier, Farbbänder, Reagenzien, Kontrollseren, Sekundärgefäße, Einwegmaterial, Schläuche etc.
  Hier ist ein durchschnittlicher Jahresbedarf anzusetzen.

3.2.4 Personalkosten

Hierzu gehören die Durchschnittskosten pro Stelle; dafür gibt es bei kommunalen Krankenhäusern und Universitätskliniken jährlich neue Aufstellungsrichtlinien.
Für Beihilfen und Unterstützungen ist je Stelle ein einheitlicher Jahresbetrag von 100 DM zu verwenden. Zu berücksichtigen sind außerdem die Versorgungslasten, die ebenfalls aus den Aufstellungsrichtlinien zu entnehmen sind, sie betragen in 1983 z.B. für Angestellte 8,6 % der jeweiligen Durchschnittskosten, für Beamte 40,7 %, für Lohnempfänger 11,2 %.

2. Jährliche Betriebskosten

[x] Altes Verfahren | [ ] Neues Verfahren

Kostenarten	Nur volle DM-Beträge einsetzen: Einzelbetrag	Gesamtbetrag
2.1. Abschreibung		104 745,-
2.2. Verzinsung		47 177,-
2.3. Sachkosten		
2.3.1. Raumnutzung qm ..... entfällt		
2.3.2. Instandhaltung .... Wartung, Reparatur	58 657,- 12 000,-	
2.3.3. Betriebsstoffe	2 700,-	
2.3.4. Versicherungen ....:/.:		
2.3.5. Verbrauchsmaterial	234 000,-	307 357,-
2.4. Personalkosten		
2.4.1. Durchschnittkosten gemäß AR nach Vergütungs- und Lohngruppen .. ..AR 83		
5 MTA Vgr. V c BAT	226 700,-	
Versorgungslasten 8,6%	19 496,-	
2.4.2. Beihilfen und Unterstützungen	500,-	246 696,-
2.5. Gemeinkosten 10%		24 669,-
2.6. Sonstige Kosten ..../.		
Summe der jährlichen Betriebskosten		730 644,-
[ ] Minderkosten / [ ] Mehrkosten gegenüber dem alten Verfahren		184 565,-

Abb. 2: Jährliche Betriebskosten

3.2.5 Gemeinkosten

Der Summe der ermittelten Personalkosten ist ein Zuschlag von 10 % für allgemeine Verwaltungskosten hinzuzurechnen.

3.2.6 Sonstige Kosten

Alle Kosten, die sich keiner der vorherigen Kostenarten zuordnen lassen, sind hier anzusetzen und detailliert zu erläutern. Diese Kostenzusammenstellung wird, wie eingangs bereits erläutert - getrennt für das alte und das neue Gerät bzw. Verfahren durchgeführt (Abb.3 u.4).

Dabei ist bei der Zusammenstellung der Kosten des neuen Verfahrens der quantifizierbare Nutzen detailliert und gesondert zu erläutern. Dieser Nutzen wird sich bei Gerätebeschaffungen, neben meist erheblich geringeren Kosten für Verbrauchsmaterial, hauptsächlich auf die Personalkosten auswirken. Dabei muß dies nicht zwangsläufig zu einer Personalminderung führen, sondern kann auch eine Umsetzung innerhalb des Laboratoriums bzw. der Fachabteilung bedeuten. Der jährliche Anstieg der Untersuchungen ohne Personalvermehrung wird hierdurch aufgefangen; neue Untersuchungsverfahren - z.B. auch bisher extern vergebene Untersuchungen - sowie sonstige erforderliche Aufgaben können übernommen werden.

Der Vergleich der Summe der jährlichen Betriebskosten beim alten und beim neuen Verfahren führt nunmehr zu dem Ergebnis:

	Altes Verfahren	Neues Verfahren
1. Anschaffungswert	837 965.--	917 000.--
2.1. Abschreibung	104 745.--	114 625.--
2.2. Verzinsung	47 177.--	51 626.--
2.3. Sachkosten	307 357.--	217 010.--
2.4. Personalkosten	246 696.--	148 017.--
2.5. Gemeinkosten	24 669.--	14 801.--
Summe der jährlichen Betriebskosten	730 644.--	546 079.--

Tab. 2.: Ergebnis der Kostenvergleichsrechnung

2\. Jährliche Betriebskosten

Altes Verfahren	Neues Verfahren
☐	☒

Kostenarten	Nur volle DM-Beträge einsetzen: Einzelbetrag	Gesamtbetrag
2.1. Abschreibung		114 625,-
2.2. Verzinsung		51 626,-
2.3. Sachkosten		
2.3.1. Raumnutzung qm entfällt		
2.3.2. Instandhaltung Wartung,	74 000,-	
Reparatur 3%	27 510,-	
2.3.3. Betriebsstoffe	2 500,-	
2.3.4. Versicherungen ./.		
2.3.5. Verbrauchsmaterial s.Aufstellung	113 000,-	217 010,-
2.4. Personalkosten		
2.4.1. Durchschnittkosten gemäß AR nach Vergütungs- und Lohngruppen AR 83		
3 MTA Vgr. V c BAT	136 020,-	
Versorgungslasten 8,6%	11 697,-	
2.4.2. Beihilfen und Unterstützungen	300,-	148 017,-
2.5. Gemeinkosten 10%		14 801,-
2.6. Sonstige Kosten		
Summe der jährlichen Betriebskosten		546 079,-
☐ Minderkosten ☐ Mehrkosten gegenüber dem alten Verfahren		

Abb. 3: Jährliche Betriebskosten (Neues Verfahren: s.Tab. 2)

Schema für eine Wirtschaftlichkeitsberechnung
(Kostenvergleichsrechnung)

Projekt		
Gross-Gerätebeschaffung für Krankenhaus		
Mittlerer Zinssatz 5,63 %	[ ] Altes Verfahren	[x] Neues Verfahren

1. Berechnungsgrundlagen (Einmalige Ausgaben und deren jährliche Verteilung)

Ausgaben für 1.1. Maschinen 1.2. Bauliche Maßnahmen 1.3. Ausstattungen 1.4. Sonstiges	Nur volle DM-Beträge eintragen			Nutzungsdauer in Jahren
	Anschaffungswert	Abschreibungsbetrag pro Jahr	Zinsbetrag pro Jahr	
1.1. Gerät S beigef.Angebot	898 000,-	112 250,-	50 557,-	8
1.11. Interface " "	17 000,-	2 125,-	957,-	8
1.2. Umbau s. Anlage	2 000,-	250,-	112,-	8
Summe	917 000,-	114 625,-	51 626,-	X

Abb. 4 : Kostenvergleichsrechnung

Damit ergeben sich Minderkosten beim neuen Verfahren von 184 565 DM.
Amortisationszeit: 4 1/2 Jahre.

Bei Kostengleichheit kann u.U. der nicht quantifizierbare Nutzen eine Gerätebeschaffung vertretbar machen, wenn z.B. entscheidende Qualitätsverbesserungen durch umfassende Kontrollen, eine Verbesserung und Beschleunigung des Arbeitsablaufs oder die Aufhebung der Limitierung von Untersuchungsanträgen erreicht werden können.

Die bisher erläuterte Wirtschaftlichkeitsberechnung ist eine Einjahresrechnung. Investitionen sollen in der Regel jedoch über längere Zeiträume hinweg Nutzen bringen. Deshalb kann es wichtig sein, zur Beurteilung der Wirtschaftlichkeit eines Gerätes oder Verfahrens auch noch eine Amortisationsrechnung durchzuführen. Sie gibt den Zeitraum an, in dem eine Investition sich bezahlt macht. Nur wenn die Amortisationszeit kürzer ist als die Nutzungsdauer des Gerätes, ist die Investition im allgemeinen wirtschaftlich.

Amortisationsrechnung

$$\text{Amortisationszeit in Jahren} = \frac{\text{Ausgabensumme des neuen Verfahrens}}{\text{Summe der jährlichen Minderkosten}}$$

Damit ergeben sich Minderkosten beim neuen Verfahren von DM 184.565 bei einer Amortisationszeit von 4 1/2 Jahren.

Zusammenfassend ist festzuhalten, daß Wirtschaftlichkeitsberechnungen zwar ein wesentliches Hilfsmittel sind, um rationale Investitionsentscheidungen treffen zu können, daß sie aber dem Investierenden die eigentliche Entscheidung nicht abnehmen können, da nicht alle Einflußfaktoren berechenbar sind und dennoch bei der Auswahl eine entscheidende Rolle spielen können. Mit der Realisierung der Entscheidung ist zwar der eigentliche Investitionsprozeß beendet, nicht hingegen die laufende Auseinandersetzung mit der Beschaffung. Das bedeutet, daß spätestens ein Jahr nach der Routineeinführung geprüft wird (Nachkalkulation), ob das angestrebte Ziel erreicht worden ist und die tatsächlich anfallenden Kosten (Folgekosten) die Wirtschaftlichkeit der Maßnahme bestätigen. Andernfalls ist zu prüfen, ob eine Änderung des Verfahrens möglich bzw. zweckmäßig ist.

3.3 Einleitung der Beschaffung

3.3.1 Entwicklung von Zielvorstellungen

Grundlage für die Beschaffung ist die Festlegung von Zielen, die mit der Maßnahme erreicht werden sollen. Folgende Beispiele seien dafür genannt:

- Festlegung von Art und Anzahl der durchzuführenden Untersuchungen
  Bei Ersatzbeschaffungen ist zu prüfen, ob das mit dem zu ersetzenden Gerät durchgeführte Untersuchungsprogramm beizubehalten ist, oder ob aus fachlicher, organisatorischer oder wirtschaftlicher Sicht eine Änderung (Erweiterung, Einschränkung) angezeigt ist.

Des weiteren sind zu ermitteln:

- Erforderliche Durchsatzgeschwindigkeit zur zeitgerechten Abarbeitung der Proben
- Freie Methoden/-Reagenzienwahl
- Bedienungsfreundlichkeit
- Geringer Probenmengenbedarf (insbesondere bei Kinderkliniken)
- Minderung der Folgekosten gegenüber dem konventionellen Verfahren
- Anschlußmöglichkeiten an eine Labordatenverarbeitung
- Kundendienst / Ersatzteillager am Ort
- Aufstellungsbegrenzungen (Raumgröße, Deckenbelastbarkeit)

3.3.2 Geräteauswahl

Aufgrund der entwickelten Zielvorstellungen ist eine möglichst umfassende Marktübersicht anzustreben, bevor Geräte oder ein Gerät in die engere Wahl genommen werden. Für die infrage kommenden Geräte sollten sodann bei den Herstellerfirmen Referenzlisten angefordert, entsprechende Installationen besichtigt, Erprobungsberichte (Anwenderberichte) ausgewertet sowie Informationsangebote eingeholt werden; sofern mehrere Geräte für die vorgegebenen Aufgaben auf dem Markt angeboten werden, kann auch eine beschränkte Ausschreibung erforderlich sein, so daß ein kritischer Vergleich der Leistungen der einzelnen Geräte unter den Aspekten der technischen Qualifikation, analytischen Zuverlässigkeit und Wirschaftlichkeit durchgeführt werden kann.

3.3.3 Antragsverfahren

Die formale Antragsabwicklung richtet sich nach den vom jeweiligen Krankenhausträger erlassenen Vorschriften. Hier soll beispielhaft die bei den landeseigenen Berliner Krankenhäusern vorgeschriebene Abwicklung besprochen werden. Nach Prüfung der Angebote im Hinblick auf die Erfüllung der aufgestellten Ziele und der Erstellung einer Wirtschaftlichkeitsbetrachtung ist von der Fachabteilung ein Beschaffungsantrag für das ausgewählte Gerät unter Beifügung des Angebotes und der Wirtschaftlichkeitsbetrachtung an die Krankenhausverwaltung zu stellen.

Bei Beschaffungen unter 100000 DM kann der Beschaffungsantrag ein formloses Schreiben sein, in dem die Gerätebeschaffung erläutert und ihre Notwendigkeit dargelegt wird. Größere Beschaffungen (über 100000 DM) haben einen wesentlich längeren verwaltungsmäßigen Vorlauf und erfordern nach den Landeshaushaltsordnungen die Erstellung von Planungsunterlagen durch die fachlich zuständigen Stellen. Sie müssen die Maßnahme (Beschaffung) unter Berücksichtigung sämtlicher erkennbarer Folgerungen umfassen. Dies bedeutet, daß eine Beschreibung der Beschaffung, ihre Dringlichkeit und Notwendigkeit, die Kosten der Beschaffung und ihre Folgekosten - die dann Auswirkungen auf den Pflegesatz haben - und die Art der Finanzierung darzulegen sind.

Bei der Ausarbeitung der Planungsunterlagen sind die erforderlichen Angaben so sorgfältig und genau zu ermitteln, daß bei der Ausführung keine Abweichungen erforderlich werden. Diese Planungsunterlagen werden von der Krankenhausverwaltung über die Haushaltsämter der Kommunalverwaltungen den Finanzministerien (Senatsverwaltungen) und Fachministerien der Bundesländer bzw. der Stadtstaaten zur Prüfung und Anerkennung zugeleitet.

Erst nach erfolgter Anerkennung kann bei den größeren Beschaffungen die Bestellung (Auftragsvergabe) durch den Wirtschafter - Verwaltungsleiter - erfolgen. Bei kleineren Beschaffungen wird von der Abteilung Einkauf des Krankenhauses der Antrag geprüft, festgestellt ob die erforderlichen Mittel vorhanden sind und die Bestellung getätigt. Nach Lieferung, Installation und Funktionsprüfung ist für die abschließende verwaltungsmäßige Abwicklung keine weitere Aktivität der Fachabteilung erforderlich. Diese kann sich nunmehr mit vollen Engagement der Neuerwerbung widmen.

2.4 R. NINK (BERLIN): DIE BAUARTZULASSUNG MEDIZINISCHER MESSGERÄTE IM RAHMEN DES EICHGESETZES

Nach der Neufassung des Gesetzes über das Meß- und Eichwesen im Jahre 1969 hat sich gezeigt, daß dieses Eichgesetz geeignet ist, auch in der Heilkunde zu einer Verbesserung der Meßsicherheit beizutragen. Andererseits offenbart aber die sehr unvollständige Erfassung medizinischer Meßgeräte durch das Eichgesetz in seiner derzeit gültigen Fassung besonders in Anbetracht der rapiden Entwicklung der Medizintechnik erhebliche Mängel. Deshalb sind Vorstellungen entwickelt worden, nach denen das Eichgesetz bezüglich der Meßgeräte für die Heilkunde novelliert werden soll. Diese sollen hier kurz erläutert werden.

Die bisher typische Kopplung von Bauartzulassung und Eichung ist für viele Meßgerätearten nicht praktikabel oder zumindest unzweckmäßig. Die Heilkunde erfordert eine nach Konstruktion, Lebensdauer und Art des Einsatzes so große Vielfalt von Meßgeräten, daß der Kontrolle der Meßsicherheit auch eine entsprechende Vielfalt von Maßnahmen zur Verfügung stehen muß, aus der für eine Geräteart jeweils die geeignete Kombination auszuwählen ist. Die Eichung ist daher nur ein Spezialfall unter den Maßnahmen zur Erhaltung der meßtechnischen Funktionssicherheit. Sie wird eher bei den einfachen Geräten in den Praxen niedergelassener Ärzte als bei den komplexeren Meßgeräten und -systemen in den Kliniken anwendbar sein.

Ziele eichgesetzlicher Regelungen, insbesondere der Zulassungsprüfung, sind:
- nur geeignete Meßverfahren zur Anwendung kommen zu lassen,
- konstruktive Mängel vor der Anwendung eines Meßgerätetyps weitgehend zu eliminieren,
- eine angemessen einfache Bedienbarkeit bei der erforderlichen Meßgenauigkeit zu gewährleisten,
- die Industrie zu veranlassen, den Ärzten genaue Kontrollvorschriften sowie Kalibrieranleitungen und -einrichtungen mit den Meßgeräten zu liefern,
- die Dauerzuverlässigkeit eines Meßgerätes unter speziell vorgegebenen Bedingungen abzuschätzen.

Bauartprüfungen setzen in der Regel die Festlegung von Bauartanforderungen voraus. Sie sollen sichern, daß die Geräte bei der vorgesehenen Art des Einsatzes ihre Funktion erfüllen. Um dies zu beurteilen, werden zusätzlich zu den physikalisch-technischen Prüfungen oft auch klinische Erprobungen durch Fachleute aus dem Bereich der Heilkunde gefordert werden müssen.

Die Festlegung von Bauartanforderungen muß darüber hinaus im Einvernehmen mit den Anwendern und in dem engen Kontakt mit den Herstellern erfolgen. Außerdem müssen Methoden und Organisationsformen der externen technischen Überwachung entwickelt werden, welche die Funktionssicherheit eines Meßgerätes während des Dauereinsatzes oder z.B. nach Reparaturen gewährleisten. In die Überwachungsmaßnahmen können die Eichbehörden oder unter deren Aufsicht industrieeigener Service, technische Stellen in den Kliniken oder ähnliche Institutionen einbezogen werden. Dazu gehören auch die von den Ärzten selbst installierten und im Bereich der klinischen Chemie und der Laboratoriumsmedizin schon üblichen internen und externen Qualitätskontrollen.

Die enge Zusammenarbeit mit den Herstellern und Anwendern von Meßgeräten in Arbeitskreisen ist auf dem Gebiet der Heilkunde von besonderer Bedeutung, wenn vom Gesetzgeber und den Prüf- und Aufsichtsbehörden ein sinnvolles und effektives System der Gerätekontrolle aufgebaut wird.

Die im gesetzlichen Rahmen an die Geräte gestellten Anforderungen können nicht ohne Rücksicht auf die aus dem Produktionsprozeß und dem Stand der Herstellertechnik folgenden Gerätespezifikationen festgelegt werden. Außerdem sind die Auswirkungen auf die Kosten beim Hersteller und Verwender zu bedenken. Ein billiges Gerät, das nicht meßsicher ist, darf jedoch nicht auf den Markt kommen.

Die Weiterentwicklung vorhandener Geräte und die Einführung neuer Methoden der medizinischen Meßtechnik dürfen durch neue Gesetze nicht behindert werden. Die Organe des Eichwesens bemühen sich im ständigen Kontakt mit der Industrie in anderen technischen Bereichen seit langem mit gutem Erfolg, die Vorschriften des Eichrechts nicht zu Hemmnissen für den technischen Fortschritt werden zu lassen. Dies ist im Bereich der medizinischen Meßtechnik von besonderer Bedeutung.

Die seitens der Hersteller durchgeführte Qualitätssicherung sollte berücksichtigt werden. Beispielsweise können die von den Herstellern etwa im Rahmen der eigenen Serviceleistungen erbrachten Beiträge in das gesetzliche Meßwesen eingebracht werden.

Die Anforderungen im nationalen Bereich sollen möglichst gut mit schon in internationalen Bereichen bestehenden abgestimmt werden, um eine wirtschaftliche Produktion zu ermöglichen und den internationalen Warenaustausch zu erleichtern.

Soweit einige grundsätzliche Überlegungen, welche zu den Vorbereitungen für eine Novellierung des Eichgesetzes geführt haben, bzw. welche entsprechende Arbeiten bisher begleiteten.

Die Arbeiten an einem Entwurf zur Änderung des Eichgesetzes und an einer entsprechenden ersten Verordnung zum Eichgesetz, sofern es die Meßgeräte für die Heilkunde betrifft, sind nun so weit entwickelt, daß sie auch außerhalb des schon erwähnten Arbeitskreises diskutiert werden müssen. Der zuständige Arbeitskreis wendet sich nun an Herstellerverbände und Hersteller, Anwenderverbände und Anwender, an die Bundesärztekammer sowie an alle anderen interessierten Kreise, um den bisher vorliegenden Entwurf zur Diskussion zu stellen. Aus diesem Grunde wird hier der Entwurf vorgestellt und an einigen Stellen kommentiert.

Der <u>§ 3 des Eichgesetzes</u>, der die Eichung von Meßgeräten im Bereich der Heilkunde und der Herstellung und Prüfung von Arzneimitteln betrifft, erhält einen völlig neuen Text, nämlich:

Absatz 1: Meßgeräte, die bei der Ausübung der Heilkunde und Zahnheilkunde verwendet oder bereitgehalten werden, bedürfen der Zulassung. (Dies ist grundsätzlich neu, weil nämlich im Eichgesetz nicht mehr einzelne Meßgerätearten für die Heilkunde stehen werden, sondern alle Meßgeräte als zulassungspflichtig ausgewiesen sind.)

Auf die Zulassung finden bestimmte Vorschriften Anwendung, die auch bis jetzt schon im Eichgesetz stehen.

Dabei handelt es sich u.a. um folgende Aussagen:

- Die Bauart eines Meßgerätes ist zur Eichung zuzulassen, wenn die Bauart richtige Meßergebnisse und eine ausreichende Meßbeständigkeit erwarten läßt.
  Über die Zulassung der Bauart eines Meßgerätes ist ein Zulassungsschein zu erteilen. Bei der Zulassung sind die Anforderungen an die Meßgeräte festzulegen.

- Der Bundesminister für Wirtschaft wird ermächtigt, durch Rechtsverordnung mit Zustimmung des Bundesrates Vorschriften zu erlassen über den Umfang und das Verfahren der Zulassung.

Absatz 2. des neuen § 3 des Eichgesetzes nennt nun die Möglichkeiten von Verpflichtungen, die z.T. von der bisherigen strengen Form des Eichens abweichen. Der Text lautet:

Für Meßgeräte, deren Meßsicherheit durch die Zulassung allein nicht gewährleistet werden kann, kann der Bundesminister für Wirtschaft durch Rechtsverordnung mit Zustimmung des Bundesrates ferner bestimmen, daß sie

1. nur in den Verkehr gebracht werden dürfen, wenn
   a) sie geeicht sind,
   b) eine von der zuständigen Behörde anerkannte Stelle, die auch der Hersteller sein kann, ihre Übereinstimmung mit der Zulassung bescheinigt hat,
   c) eine Wartungs- und Gebrauchsanweisung in deutscher Sprache mitgeliefert wird,

2. nur bereitgehalten oder verwendet werden dürfen, wenn
   a) sie geeicht sind,
   b) sie gewartet werden,
   c) der Meßgerätebesitzer Kontrolluntersuchungen vornimmt oder an Vergleichsmessungen teilnimmt.

Der Bundesminister für Wirtschaft kann dabei Vorschriften zur Durchführung dieser Maßnahmen, insbesondere über ihren Umfang, ihre Häufigkeit und ihren Nachweis erlassen und die Durchführung von Wartungsarbeiten durch einen Wartungsdienst vorschreiben. Er kann ferner Anforderungen an Prüf- und Wartungsdienste festlegen. Maßnahmen wie die Bescheinigung des Herstellers über die Übereinstimmung mit der Zulassung oder die Wartung oder die Kontrolluntersuchungen und Vergleichsmessungen können auch von der Physikalisch-Technischen Bundesanstalt in einer Bauartzulassung festgelegt werden. Werden Wartung oder Kontrolluntersuchungen in der Bauartzulassung festgelegt, so darf das Meßgerät nur in den Verkehr gebracht werden, wenn in der Wartungs- und Gebrauchsanweisung auf diese Maßnahmen und die sich daraus für den Meßgerätebesitzer ergebenden Pflichten hingewiesen wird; die festgelegten Maßnahmen sind im Amts- und Mitteilungsblatt der Physikalisch-Technischen Bundesanstalt zu veröffentlichen. Alle erwähnten Maßnahmen können nebeneinander angeordnet werden.

Absatz 3: Der Bundesminister für Wirtschaft wird ermächtigt, durch Rechtsverordnung mit Zustimmung des Bundesrates bestimmte Meßgeräte von der Zulassungspflicht auszunehmen, wenn die Meßsicherheit der Meßgeräte für den Bereich, in dem sie verwendet werden, von geringer Bedeutung ist oder ein richtiges Meßergebnis auch ohne Zulassung gewährleistet ist. Er kann dabei Maßnahmen vorschreiben, die eine ausreichende Meßsicherheit erwarten lassen.

Absatz 4: Rechtsverordnungen nach Absatz 1 bis 3 erläßt der Bundesminister für Wirtschaft nach Anhörung der beteiligten Kreise von Wissenschaft und Wirtschaft im Einvernehmen mit dem Bundesminister für Jugend, Familie und Gesundheit und dem Bundesminister für Arbeit und Sozialordnung.

Die Neuformulierung des § 3 des Eichgesetzes macht eine Reihe von mehr redaktionellen Änderungen im übrigen Gesetzestext erforderlich, auf die nicht eingegangen werden soll. Es wird vielmehr nur auf die vorgesehene Übergangsvorschrift hingewiesen. Sie lautet im Entwurf:

1. § 3 gilt nicht für Meßgerätearten, die bei Inkrafttreten dieses Gesetzes nicht zur Eichung zugelassen sind

2. Der Bundesminister für Wirtschaft wird ermächtigt, nach Anhörung der beteiligten Kreise von Wissenschaft und Wirtschaft im Einvernehmen mit dem Bundesminister für Jugend, Familie und Gesundheit und dem Bundesminister für Arbeit und Sozialordnung mit Zustimmung des Bundesrates den Zeitpunkt zu bestimmen, von dem an § 3 auch für die in Absatz 1 bezeichneten Meßgerätearten gilt.

Soweit also der derzeitige Stand des Entwurfs zu einer Novellierung des Eichgesetzes bezüglich der medizinischen Meßgeräte. Vom gleichen Arbeitskreis, der sich über das neue Eichgesetz Gedanken gemacht hat, sind auch Überlegungen zu einer ersten Verordnung zum novellierten Eichgesetz angestellt worden. Eine erste Verordnung ist schon deswegen notwendig, weil gewisse Gerätearten, deren Einbeziehung in die Eichpflicht sich bisher bewährt hat, auch weiter eichpflichtig bleiben sollen und weil einige andere Geräte von vorneherein mit neuen Kontrollmaßnahmen in die Überwachung einbezogen werden sollen. Daher wird im Folgenden der Entwurf zu einer ersten Verordnung zur Änderung der Eichordnung referiert, und zwar betreffend den Teil:

"Allgemeine Vorschriften", 8. Abschnitt "Meßgeräte in der Heilkunde"

Dort soll es heißen in

§ 47: Zulassungspflichtige Meßgeräte

Absatz 1. Der Zulassung nach § 3 Abs. 1 des Eichgesetzes bedürfen

1. Meßgeräte zur Bestimmung
   der Masse,
   des Volumens von Flüssigkeiten,
   der Dichte von Flüssigkeiten,
   der Temperatur,
   des Blutdrucks,
   des Blutdrucks am Auge (Ophthalmodynamometer),
   des Augeninnendrucks (Tonometer),
   der Hörfähigkeit (Audiometer),
   der physikalischen Leistung von Personen (Ergometer).

2. Druckmeßgeräte an medizinisch-technischen Geräten der Klassen I und II entsprechend dem Konzept einer Verordnung über medizinisch-technische Geräte (BMA)

3. Zellzählkammern

(Hier steht also eine Reihe von Meßgeräten, die bisher direkt im Eichgesetz aufgeführt sind, dazu einige neue Geräte in der Eichordnung).

Absatz 2. Der Zulassung nach § 3 Abs. 1 des Eichgesetzes bedürfen ab 1. Januar 1985 ferner

1. Meßgeräte zur Bestimmung von Konzentrationen durch Messung des spektralen Transmissionsgrades (Photometer = Messung E+T) oder des spektralen Reflexionsgrades (Reflexionsphotometer), Meßgeräte zur Bestimmung der Anzahldichte (oder Konzentration) von Blutzellen (Blutzellen-Zählgeräte)

2. Elektrokardiographen

<u>§ 48: Zusätzliche Anforderungen an zulassungspflichtige Meßgeräte</u>

Absatz 1. Vor dem Inverkehrbringen und bei ihrer Verwendung oder Bereithaltung müssen folgende Meßgeräte geeicht sein:

a) Meßgeräte zur Bestimmung der Körpertemperatur mit Ausnahme von Thermographiegeräten
b) Nicht-invasive Blutdruckmeßgeräte
c) Blutmischpipetten
d) Zellenzählkammern
e) Augentonometer
f) Ophthalmodynamometer

Absatz 2. Bei ihrer Verwendung oder ihrer Bereithaltung müssen geeicht sein:

a) Sonstige Thermometer
b) Laborwaagen, Bettenwaagen, Säuglingswaagen
c) Dichtemeßgeräte
d) Audiometer

Absatz 3. Bei ihrer Verwendung oder ihrer Bereithaltung müssen Meßgeräte vom Hersteller mit einem Zeichen versehen sein, das ihre Übereinstimmung mit der Zulassung bescheinigt:

a) Meßkolben
b) Meßzylinder
c) Meßbüretten
d) Meßpipetten
e) Thermometer an Geräten zum Verdunsten, Trocknen, Sterilisieren oder Wärmen sowie zur Überwachung des Klimas, soweit es sich nicht um Inkubatoren handelt.

Absatz 4. Bei ihrer Verwendung oder Bereithaltung müssen Meßgeräte vom Hersteller mit einem Zeichen versehen sein, das ihre Übereinstimmung mit der Zulassung bescheinigt. Diese Meßgeräte dürfen nur verwendet werden, wenn sie gemäß den Zulassungsanforderungen meßtechnisch gewartet werden:

a) Meßgeräte zur Bestimmung von Konzentrationen durch Messung des spektralen Transmissionsgrades oder des spektralen Reflexionsphotometers
b) Blutzellen-Zählgeräte
c) Elektrokardiographen
d) Ergometer

§ 49: Prüfung von Meßgeräten durch den Hersteller

Absatz 1. Der Hersteller hat die von ihm auf Übereinstimmung mit der Zulassung geprüften Meßgeräte mit einem Prüfzeichen zu kennzeichnen. Stellen, die einen Eingriff in meßtechnische Funktionen des Gerätes ermöglichen, sind - soweit die Zulassung dies vorsieht - nach der Prüfung durch Plomben oder Klebemarken zu sichern.

Absatz 2. Der Hersteller hat über die von ihm durchgeführten Prüfungen jederzeit nachprüfbare Unterlagen zu fertigen und mindestens 2 Jahre aufzubewahren. Die zuständige Behörde ist befugt, die Prüfarbeiten zu überwachen, Stichproben geprüfter Meßgeräte zu entnehmen und in die Unterlagen Einsicht zu nehmen.

§ 50: Meßtechnische Wartung von Meßgeräten

Absatz 1. Bei der Zulassung von Meßgeräten kann eine Wartung vorgeschrieben werden. Die Wartung kann bestehen:

1. in einer technischen Überwachung durch besonders qualifiziertes Personal des Herstellers oder eines Wartungsdienstes,
2. in einer laufenden Überprüfung durch das Bedienungspersonal (laufende Wartung).

Absatz 2. Einen Wartungsdienst darf nur betreiben, wem die Befugnis hierfür von der für den Ort seiner gewerblichen Niederlassung oder für seinen Wohnsitz zuständigen Behörde erteilt worden ist. Die Befugnis ist zu erteilen, wenn der Antragsteller über die erforderliche Sachkunde und Ausstattung verfügt und Gewähr für verläßliche Wartungsarbeiten bietet. Die zuständige Behörde kann Angaben und Unterlagen zum Nachweis dieser Voraussetzungen verlangen, soweit es für die Beurteilung des Antrages erforderlich ist. Der Antragsteller hat die Meßgerätearten, für die die Befugnis beantragt wird, zu benennen. Für Hersteller gilt die Wartungsbefugnis generell als erteilt.

Absatz 3. Die erteilte Befugnis kann widerrufen werden, wenn die Voraussetzungen für ihre Erteilung nicht mehr vorliegen.

Absatz 4. Hersteller und Wartungsdienste haben Meßgeräte nach der Wartung mit einem Zeichen zu kennzeichnen; das Zeichen hat die Anschrift des Herstellers oder des Wartungsdienstes, das Datum der Wartung und den Namen des Ausführenden zu enthalten. Stellen, die einen Eingriff in meßtechnische Funktionen des Gerätes ermöglichen, sind nach der Wartung mit Plomben oder Klebemarken zu sichern.

Absatz 5. Wer Meßgeräte besitzt, die gewartet werden müssen, hat übersichtliche Aufzeichnungen über die von ihm verwendeten Meßgeräte zu führen, aus denen die vorgeschriebenen und durchgeführten Wartungsmaßnahmen hervorgehen. Diese Aufzeichnungen sind mindestens 5 Jahre aufzuheben.

§ 51: Kontrolluntersuchungen und Vergleichsmessungen in medizinischen Laboratorien

Absatz 1. Wer für Zwecke der Heilkunde in einem medizinischen Laboratorium quantitative Analysen durchführt, hat die Meßergebnisse durch Kontrolluntersuchungen (Präzisions- und Richtigkeitskontrollen) und Teilnahme an Vergleichsmessungen (Ringversuche) gemäß dem von der Bundesärztekammer im Benehmen mit der Physikalisch-Technischen Bundesanstalt aufgestellten Richtlinien zu überwachen. Die Häufigkeit dieser Überwachungsmaßnahmen bestimmt sich nach den Richtlinien. Eine Pflicht zur Teilnahme an Vergleichsmessungen besteht nur, soweit für einzelne Untersuchungsverfahren Ringversuche angeboten werden.

Absatz 2. Die Unterlagen über die durchgeführten Kontrolluntersuchungen und Nachweise über die Teilnahme an Vergleichsmessungen müssen mindestens 3 Jahre aufbewahrt werden.

Damit ist in aller Kürze der derzeitige Stand der Überlegungen zur Novellierung des Eichgesetzes bezüglich der Meßgeräte in der Heilkunde mitgeteilt worden.

Anmerkungen des Autors (September 1984)

Inzwischen sind die Vorarbeiten zur Novellierung des Eichgesetzes weitergegangen; dabei ist der im Vortrag angenommene Rahmen der zeitlichen Entwicklung überschritten worden. Der Gesetzentwurf ist inzwischen fertiggestellt, von der Bundesregierung und dem Bundesrat beraten und an den Bundestag weitergeleitet worden. Der die medizinischen Meßgeräte betreffende Gesetzestext ist modifiziert worden, ohne daß dadurch der sachliche Inhalt geändert worden ist. Der jetzt relevante § 4 hat folgenden Wortlaut:

" § 4 Medizinische Meßgeräte

(1) Medizinische Meßgeräte im Sinne dieses Gesetzes sind
1. Geräte, mit denen bei der Ausübung der Heilkunde,

Zahnheilkunde oder Tierheilkunde Messungen zur Untersuchung oder Behandlung von Menschen oder Tieren vorgenommen werden,

2. Meßgeräte, die der Selbstkontrolle des Gesundheitszustandes von Menschen dienen.

(2) Der Bundesminister für Wirtschaft wird ermächtigt, zur Gewährleistung der Meßsicherheit medizinischer Meßgeräte im Interesse des Gesundheitsschutzes oder zur Durchführung von Rechtsakten der Europäischen Gemeinschaften durch Rechtsverordnung nach Anhörung von Sachverständigen vorzuschreiben, daß medizinische Meßgeräte nur dann in den Verkehr gebracht, bereitgehalten oder verwendet werden dürfen, wenn sie zugelassen sind. Zu den gleichen Zwecken kann der Bundesminister für Wirtschaft ferner durch Rechtsverordnung vorschreiben,

1. diese Meßgeräte nur geeicht in den Verkehr zu bringen, bereitzuhalten oder zu verwenden,
2. diese Meßgeräte nur in den Verkehr zu bringen, bereitzuhalten oder zu verwenden, wenn der Hersteller oder eine andere Stelle ihre Übereinstimmung mit der Zulassung bescheinigt hat,
3. diese Meßgeräte nur in den Verkehr zu bringen, wenn ihnen eine Wartungs- und Gebrauchsanweisung beigefügt ist,
4. diese Meßgeräte zu warten oder warten zu lassen,
5. Kontrolluntersuchungen vorzunehmen und an Vergleichsmessungen teilzunehmen.

(3) In Rechtsverordnungen nach Absatz 2 kann der Bundesminister für Wirtschaft Vorschriften zur Durchführung der dort bezeichneten Maßnahmen erlassen. Er kann ferner Anforderungen an Stellen nach Absatz 2 Satz 2 Nr. 2 und an Wartungsdienste festlegen, ihre Anerkennung und Überwachung durch die zuständige Behörde vorschreiben und die Voraussetzungen der Anerkennung und Überwachung regeln. Maßnahmen nach Absatz 2 Satz 2 Nr. 4 und 5 können auch an Stelle einer Zulassung vorgeschrieben werden.

(4) Der Zulassung nach Absatz 2 Satz 1 steht die Zulassung zur Eichung gleich.

(5) Im übrigen sind auf die Zulassung die Vorschriften des § 9 über die Zulassung zur Eichung entsprechend anzuwenden.

(6) Sofern die Physikalisch-Technische Bundesanstalt dies in einer Bauartzulassung festgelegt hat, dürfen Meßgeräte, die nach Absatz 2 Satz 1 zugelassen sein müssen, nur in den Verkehr gebracht werden,

1. wenn der Hersteller oder eine von der Physikalisch-Technischen Bundesanstalt bestimmte Stelle ihre Übereinstimmung mit der Bauartzulassung bescheinigt hat,
2. wenn ihnen eine Wartungs- und Gebrauchsanweisung beigefügt ist, deren Inhalt von der Physikalisch-Technischen Bundesanstalt festgelegt werden kann; insbesondere können Hinweise auf Maßnahmen nach Absatz 2 Satz 2 Nr. 4 und 5 vorgeschrieben werden.

(7) Rechtsverordnungen nach den Absätzen 2 und 3 ergehen im Einvernehmen mit dem Bundesminister für Arbeit und Sozialordnung und dem Bundesminister für Jugend, Familie und Gesundheit. Sie bedürfen der Zustimmung des Bundesrates."

Die im Vortrag skizzierte 1. Verordnung, wie sie sich nach damaliger Sicht aus dem novellierten Eichgesetz ergeben haben könnte, wird noch diskutiert; ein wesentlicher Punkt sind die Überwachungsmaßnahmen, welche auf die genannten medizinischen Meßgeräte anzuwenden sind.

Bei der Physikalisch-Technischen Bundesanstalt soll nunmehr ein Beirat errichtet werden, der die PTB in medizinisch-technischen Fragen bei der Entwicklung und Anwendung des Eichwesens im Bereich der Heilkunde berät und der der PTB und dem Bundesminister für Wirtschaft die dem Stande von Wissenschaft und Technik entsprechenden Vorschriften vorschlägt. Dieser Beirat soll aus Vertretern der Anwender und der Hersteller medizinischer Meßgeräte, Vertretern der einschlägigen Wissenschaften und je einem Vertreter des Bundesgesundheitsamtes und der Länder bestehen.

DISKUSSION

zu 2.1 Träxler (Offene und geschlossene Systeme, Vor- und Nachteile)

v. Boroviczény, Eßer, Knedel, Reinauer
weisen mit Nachdruck darauf hin, daß es keine 'idiotensicheren' Systeme gibt, die unabhängig vom bedienenden Personal gleichmäßig gut arbeiten. Offene wie geschlossene Systeme dürfen nur von ausreichend geschultem Personal, z.B. medizinisch-technischen Assistentinnen, bedient werden. Dies gilt auch für so geschlossene Systeme wie den aca der Firma DuPont. Bei geschlossenen Systemen kann die Wirtschaftlichkeitsberechnung sogar günstiger werden, wenn alle vor und eventuell nachgelagerten Schritte, die das System übernimmt, in die Berechnung einbezogen werden.

Träxler
Die Forderung der Medizin nach sicheren Laborbefunden wird den Trend zu geschlossenen Systemen verstärken. Dabei werden in zunehmendem Maße Mikroprozessoren menschliche Fehler bei der Kalibration und Qualitätskontrolle ausschließen.
Betrachtet man die Situation aus heutiger Sicht (1985), so zeigt sich, daß anstelle emotioneller Diskussion über Pro und Contra bereits praktische Entscheidungen gefallen sind. Man findet weitgehend geschlossene Systeme neben Geräten ohne festgelegte Reagenzienbindung einträchtig nebeneinander im gleichen Labor. Bemerkenswert ist jedoch, daß die sogenannten offenen Systeme nahezu ausschließlich mit Reagenzien des Herstellers betrieben werden, der die Geräte geliefert hat. Diese Entwicklung hat offensichtlich einen namhaften deutschen Hersteller für klinische Laborgeräte zur Kooperation mit einer kompetenten Reagenzienfirma veranlaßt.
Hohe Ergebnisqualität, verbunden mit möglichst unproblematischer Handhabung der Analysensysteme, hat im Routinebetrieb des klinischen Labors einen hohen Stellenwert. Dies zeigt sich auch darin, daß die Zahl der Labors, die Reagenzien selbst herstellen oder Reagenziensätze an Geräte adaptieren, in den letzten Jahren merklich geringer geworden ist.

zu 2.2 Steffen (Maßnahmen bei der Beschaffung durch den Anwender)

Eßer
Beschaffungen bei der BfA (Bundesversicherungsanstalt für Angestellte) gehen in drei Schritten vor sich:
Beantragung: Die Beantragung von Geräten, also der Haushaltsantrag, der ca. 1 Jahr vor der Beschaffung erfolgen muß, arbeitet nur mit dem Pauschalbegriff, z.B. "klinisch-chemisches mechanisiertes Analysensystem".
Beschaffungsantrag: Dieser Antrag wird bei wirklichem Bedarf im allgemeinen in dem auf die Beantragung folgenden Haushaltsjahr, gezielt auf ein bestimmtes Produkt eines bestimmten Herstellers hin gestellt und begründet.
Beschaffung: Ggf. nach Diskussionen mit dem Beantragenden und nach Aushandlung der Konditionen erteilt die Beschaffungsstelle den Auftrag.
Dem Beschaffungsantrag ist erst die eindeutige, aktuelle fachliche und technische Begründung beizufügen. Ich würde vorschlagen, daß Sie versuchen sollten, diesen Weg auch bei den Krankenhäusern einzuführen.
Zu den Kosten: Sind bei Ihnen die Abschreibungen für die Geräteinvestitionen nicht mitenthalten ? Wir schreiben grundsätzlich inner-

halb der steuerrechtlich zulässigen Zeitspannen (z.Zt. 7 Jahre) ab; wir bemühen uns außerdem, eine Abschreibung auf Wiederbeschaffung einzubringen, d.h., mindestens der Gerätepreis, der bei einer Neubeschaffung vorzubringen ist, plus einem Aufschlag für den zu erwartenden Geldwertverlust, werden als Abschreibung für Wiederbeschaffung eingesetzt. Nur so läßt sich der Laborbetrieb kaufmännisch richtig kalkulieren.

Steffen
Herr Eßer, ich habe absichtlich gesagt: "des Anwenders". Die Abschreibung, Wiederbeschaffung usw. läuft bei uns natürlich auch. Gehen Sie nicht davon aus, daß wir schon eine wirtschaftliche Kontenführung haben. Wir machen, wenn ich das richtig sehe, sicher eine erweiterte Kameralistik. Das andere steht in den Büchern, aber das hatte ich nicht gesagt. Die Schwierigkeit ist, "schon zwei Jahre im voraus" läuft das Beantragungswesen von Seiten der Verwaltung bereits an. Die Verwaltung beantragt das von Ihnen vielleicht vorgesehene Gerät. Sie müssen manchmal sogar irgendein Gerät angeben, damit diese ihren Text fabrizieren kann. Dann geht der Antrag weiter und wird sogar bearbeitet. Das Schlimme dabei ist nur, daß dieser Zusatz da hinein muß; das ist die einzige Möglichkeit, daß man nach zwei Jahren dann einen neuen Ablauf für das Gerät hat, das man wirklich haben will. Deswegen sind wir von der Landeshaushaltsordnung nun wirklich gezwungen, bei uns - die BfA hat es offensichtlich ein bißchen leichter - so zu verfahren.

Knedel
Ich habe zum Vortrag von Herrn Steffen eine ganz spezielle Frage: Sie haben von der Auslastung eines Gerätes gesprochen. Darüber habe ich in unserer Fachliteratur noch kaum etwas gefunden. Soweit ich weiß, setzen unsere Bewilligungsbehörden die Auslastung eines Gerätes gleich Arbeitszeit, d.h. gleich Acht-Stunden-Tag. Aus unserer Analyse, die vielleicht nur für die Universität und sogar nur für München zutrifft, ergibt sich die Notwendigkeit, die Basisdaten bis zum Mittag für die Station zur Verfügung zu haben. Außerdem trifft das Material erst bis 9 Uhr bei uns ein, so daß wir also eine kurze, aber effektive Auslastung des Gerätes haben. Deshalb fordern wir Geräte mit hohem Durchsatz in kurzen Zeiten. Das ist ein neuer Aspekt. Wie stehen Sie dazu ?

Steffen
Die Ausnutzung und Auslastung von Geräten ist hochgespielt worden und in die Politik durch die Betriebswirte gekommen, und dort sind auch die Arbeiten erschienen. Das ist aufgegriffen worden, und damit kommt nun die Ausnutzung und Auslastung durch die Gremien, die hier mehr hinein haben wollen, ins KHG hinein. Aber was die Gremien vorhaben, will ich noch nicht sagen; aber was sie im Auge haben, das ist eben das Heranziehen solcher Geräte in einen Krankenhausbetrieb, d.h., wenn mehrere Krankenhäuser aus der Umgebung mit herangeholt werden. Wir haben hier, um noch ein Beispiel zu nennen, ein Blutbilddifferenzierungsgerät für beide Häuser - mit dem Hin und Her auch der Befunde - gekauft, aber wir haben dadurch die Auslastung des Gerätes auch zeitlich verlängert. Bei klinisch-chemischen Geräten muß für das Haus eine sehr große Anzahl von Analysen durchlaufen.
Vielleicht noch ein Hinweis: eine zweite stationäre Untersuchung oder eine ambulante oder Notfalluntersuchung auch auf dem Gerät zu fahren, würde zumindest für die Politiker und für die Verwaltung den Ausnutzungsgrad optisch besser darstellen.

Gabl
Zur Ausnutzung der Geräte: es wird in Deutschland und auch hier in Berlin überhaupt nicht darüber diskutiert, ob schichtweise oder nicht schichtweise gearbeitet werden soll. Das ist bei uns in Wien sehr wichtig, z.B. für den Nachtdienst.

v. Boroviczény (in Vertretung von Herrn Steffen)
Was Herr Steffen vorgetragen hat, ist selbstverständlich das Ergebnis von Diskussionen, die seit acht Jahren im Arbeitsausschuß C 2.8 des Normenausschuß Medizin: Personalbedarf und Analysenkosten, sowie in einzelnen Enquêtes und Kleinkonferenzen geführt worden sind. Wir haben in diesen Jahren die Personalbelastung bei der Routineanalytik gut in den Griff bekommen. Für den Schichtdienst, der bei uns allen vorkommt, haben wir eine statistische Führung, und je nach Anfall der Arbeit ist eine doppelte oder dreifache Besetzung der Schicht notwendig. Eine Dreischichtversorgung muß primär dem Krankenhaus vorbehalten bleiben, wenn z.B. eine Intensivstation und/oder ein Unfall-OP und/oder eine Erste-Hilfe-Station und/oder ein Kreißsaal vorhanden ist. Die Auslastung dieses Schichtdienstes kann sehr verschieden sein, ebenso die Verdopplung. Wir haben dafür kein vernünftiges statistisches Modell gefunden. Es wird in Krankenhäusern zur Zeit sehr oft so gehandhabt, daß man einen einfach besetzten Schichtdienst und zusätzlich eine Rufbereitschaft und sogar eine doppelte Rufbereitschaft oder auch einen Bereitschaftsdienst hat, der einspringt, wenn es notwendig ist. Ein Bereitschaftsdienst ist in Deutschland zu mehr als 50 % ausgelastet, so daß dieser zwangsläufig erforderlich ist. Es kommt also sehr auf die Beanspruchung an. Es kann aber auch so sein, daß Stoßzeitbeanspruchungen eine Verdopplung notwendig machen, und daß diese bei der statistischen Erfassung der Schicht nicht in Erscheinung tritt.

Gabl
Könnte man nicht in einem Krankenhaus, in dem das Personal vielleicht mehr belastet ist als anderswo, auf dem Standpunkt stehen,daß ein Nachtdienst und Feiertagsdienst durchaus gerechtfertigt ist und daß dieser vom Personal verlangt werden kann, wenn es um Patienten geht. Wenn es dagegen um ökonomische Gesichtspunkte, Geräteauslastung usw. geht, ist dies nicht zu verlangen.

v. Boroviczény
Das würden wir, glaube ich, alle bedingungslos bejahen, und das ist auch ein bißchen meine Antwort mit dem Hinweis auf die Intensivstation. Es kann in der Statistik so erscheinen. Die Erfahrung zeigt allerdings, daß in größeren Krankenhäusern und Kliniken 10 bis 15 % aller Analysen im Notdienst anfallen. Das habe ich von Herrn Haeckel und auch von Herrn Knedel gehört. Bei uns ist es jedenfalls so, wir haben jährlich 1,1 Millionen Analysen, davon 120000 im Notdienst.

Knedel
Zur Kosten-Nutzen-Analyse möchte ich sagen: in den klinischen Laboratorien haben wir bisher aus unseren Erfahrungen keine Möglichkeit einer normalen Kosten-Nutzen-Analyse und verfügen dafür auch nicht über die Daten, zum Teil verfügen wir auch nicht über die Daten der Verwaltungskosten, über die Beschaffung und ähnliches. Es gibt eine Reihe von ganz klaren Systemvorgängen, die man heute einführen kann, z.B. die Bilanz-Gewinn- und Verlustrechnung und schließlich Netzplantechnik, Simulationen, Kosten-Nutzungs-Analysen mit Computerunterstützung. Das sind moderne Methoden, unter denen heute Kosten-Nutzen-Analysen in der Industrie gemacht werden. Wie immer müssen wir uns an dem orientieren, was die 'Könner' machen. Wir sind selbst nicht in der Lage, diese Methoden zu übernehmen. Es gibt also

ganz klare Formeln, nach denen man erkennen kann, ob man in die Gewinnzone kommt, d.h., wo man nicht mehr unter gewissen vorgenommenen Verlustkriterien, sondern optimiert arbeitet. Eine andere Methode ist die Methode des Entscheidungsbaums: ob man am entscheidenden Punkt den Kauf von Analysengeräten oder eine Überstundenbezahlung bei geringem zu erwartenden Analysenzuwachs wählt. Man muß also erkennen, wie man den Trend eines Verfahrens in der Anwendung, in der Klinik, aus dem Krankheitsgut, aus dem Verhalten der Kliniker usw. erfassen und sich im Voraus entscheiden kann. Das nächste, was wir jetzt machen: Wir haben sämtliche Analysengeräte zur Zeit an unserem Computersytem. Die Kosten entstehen immer als Teilkosten am Gerät; sie sind aber Kosten eines Gesamtbereiches. Nur wenn eine derartige Aufgliederung erfolgen kann, kann man in die Tiefen der Analysenkosten gehen, Herr Gabl, und die Entscheidung richtig treffen, welches Gerät, dazu in Beziehung gesetzt, dann in der Lage ist, optimal zu arbeiten. Solange wir das nicht können, sind wir noch immer bei der Faustregel: Wir meinen und Sie fragen, wer kann mir sagen ? Und ich sage Ihnen, Sie glauben es und Sie entscheiden sich. Und je nach dem, wie gut ich es Ihnen gesagt habe und wie sehr Sie es mir geglaubt haben, wird Ihre Entscheidung ausfallen.

v. Boroviczény
Es ist für mich immer eine ganz große Erleichterung, wenn selbst Knedel sagt, er sei noch nicht so weit. Ich bin natürlich auch ein bißchen stolz, daß wir zu Fuß einiges weiter gekommen sind. Wir haben seit dem 1.1.77 sämtliche Rechnungsunterlagen gesammelt und zumindest die direkten Laborkosten auf Arbeitsplatzebene, z.T. sogar auf Geräteebene voll aufgeschlüsselt. 1977 haben wir sogar die Gesamtkosten berechnet, weil damals noch die krankenhauseigene EDV den Betriebsabrechnungsbogen machte und uns, wenn auch nicht ganz richtig, vergröberte indirekte Kosten mitteilen konnte. Seither hat sich leider der Senator für Finanzen eingemischt, und eine Organisation hat den Krankenhausverwaltungs-Computer übernommen; aber seither bekommen wir keine Betriebsabrechnungsbögen mehr, weil die damit überhaupt nicht fertig werden. Wir sind dabei, für 1978, 79 und 80 und im Laufe dieses Jahres die direkten Laborkosten schrittweise, zumindest auf Geräteebene, auszurechnen. In vielen Fällen werden wir auch für den einzelnen Analysenbestandteile die Kosten ausrechnen können. Wir können zumindest eine Methode anbieten, mit der man zu seinen Analysenkosten kommen kann.

Knedel
Ich möchte noch einen Punkt anschneiden. Die Frage ist ja auch vielseitig: Reparaturen, Wartung und Ähnliches. Bei der Investition von Geräten müssen wir heute, insbesondere, wenn es sich um Großgeräte handelt, die ständige Verfügbarkeit im Auge haben. Und es ergibt sich das Problem des back up's, d.h., wenn wir das Personal massiv zugunsten eines Großgerätes reduzieren, weil das immer die günstigere auf Zeit berechnete Investitionsart und auch die sicherste ist; dann sind wir aber unsicher, wenn das Gerät total ausfällt. Das heißt, wir müssen in diesen Situationen entweder zwei Großgeräte oder ein leistungsfähiges back up System haben, um uns voll funktionsfähig zu erhalten. Und da ergibt sich auch gleich die Frage: müssen wir, wenn wir Großgeräte kaufen, unterscheiden zwischen Herstellern, die Produzenten sind und sich den Bedingungen des deutschen Marktes fügen, d.h. 10 Jahre Garantie für Reparaturen geben, und Herstellern, die sich durch einen Vertrag mit ausländischen Herstellern binden und die Vertragsbedingungen aus eigener Machtvollkommenheit, unter Umständen im Rahmen der Konzernentscheidung, ab morgen nicht mehr ausführen. Dann ist derjenige, der ein Großgerät gekauft hat und sich auf dieses voll verläßt, von

einem Tag zum anderen ohne Sicherheit. Das ist ein ganz entscheidender Gesichtspunkt, auf den ich hinweisen möchte. Dem hat übrigens auch der Wissenschaftsrat Rechnung getragen, indem er erstmals bei einigen Geräten ausländischer Produzenten, bei denen eine deutsche Firma nur der Vertreibende ist, die Rechtsverpflichtung des Vertreibers von 10 Jahren nach deutschen Normen für volle Kosten und Schadensersatzleistungen verlangt. Da dies nicht allgemein bekannt ist, erscheint es mir wichtig, hierauf hinzuweisen.

Eßer
Wir haben folgendes Problem: zwar ist das deutsche Handels- und Haftungsrecht so, daß es 10 Jahre nach Einstellung des Produktes noch Wartung und Pflege fordert. Trotzdem haben wir die Erfahrung gemacht, daß Firmen, die in Deutschland entwickelt haben und produzieren, nicht mehr voll in der Lage sind, die Wartung und Reparatur für eingestellte Produkte durchzuführen. Ich will bewußt hier keine Namen nennen. Aber es sind mehrere Firmen dieser Branche, die nicht mehr in der Lage sind, die ihnen gesetzlich auferlegten Pflichten auch zu übernehmen bzw. nicht mehr beherrschen, was vorher einmal gepflegt worden ist, weil ihre Wartungstechniker entweder zu anderen Firmen gegangen sind, oder diese nach Einstellung eines Bereichs mit anderen Aufgaben betraut worden sind.

Nink
Wenn ich vorhin 'Hersteller' gesagt habe, dann meinte ich den inländischen Hersteller oder den inländischen Vertreiber eines ausländischen Gerätes. Und wenn rechtliche Konsequenzen erwachsen, wird immer der inländische Vertreiber eines Gerätes derjenige sein, der u.U. auch zur Rechenschaft gezogen werden kann. Uns ist natürlich bewußt, daß man auf manchen Geräten ein Etikett von dem anderen in mehreren Schichten abtrennen kann, und zum Schluß steht dann ein Name darauf, der inzwischen längst nicht mehr der Hersteller ist; es ist immer der Vertreiber genannt, der für ausländische Geräte in Frage kommt.

Gabl
Eine Bitte an die Hersteller bzw. Vertreiber, wenigstens für teurere Geräte ordentliche Gebrauchsanleitungen zu geben; was ist täglich zu tun, was ist wöchentlich zu tun: das an die Wand hängen, so daß man es wirklich lesen kann. Das ist bei fast keinem Gerät der Fall. Man muß es entweder selber machen oder darum bitten.
Zum zweiten: Ein Logbuch dazugeben, damit man mit dem technischen Assistenten nicht die Schwierigkeit hat, wenn man ihn bitten muß: Schreib es täglich ein, was passiert, wann was ausfällt. Wenn uns die Hersteller dabei helfen, dann geht das auch leichter. Sie müssen ja daran interessiert sein, zu erfahren, was passiert mit diesem Gerät.

NN
Man muß vielleicht einen Mittelweg zwischen Ihrer Auffassung und einer anderen finden. Die andere existiert nämlich m.E. zu Recht. Diese sähe dann so aus, daß derjenige, der ein Gerät kaufen will und dann ja auch gewöhnlich eines kauft, an den Hersteller vielleicht noch einige Zusatzfragen im Rahmen des Zumutbaren hat. Beispielsweise würde - wie ich heute gehört habe -, der Senat von Berlin für mehrere Monate ein Gerät auf Mietbasis in die einzelnen Krankenhäuser stellen; das wäre dann wahrscheinlich eine reelle Sache, oder, wie wir es machen, nachdem wir uns theoretisch über die Geräte informiert haben, bitten wir, uns das Gerät, auch ein Vergleichsgerät acht Tage lang hinzustellen, und dann entscheiden wir uns für eines von beiden oder für beide. Hinzukommen andere Probleme, die

Herr Gabl angeschnitten hat, beispielsweise die Lieferzeiten. Ich kenne eine deutsche Firma, die überschreitet grundsätzlich Lieferzeiten um ein Jahr. Das geht nicht. Dann Kundendienst, Wartungsdienst, Anschließbarkeit an die Datenverarbeitung, ob im Kreiselsystem oder in der Serie; oder ob man in der eingebauten Datenverarbeitung auch selbst einige Methoden, ob das eine mehr kinetisch, das andere mehr nach der Konzentrationsbestimmung usw. orientiert ist. Ich glaube, man sollte bei solchen Beurteilungen endlich dazu kommen, nicht gerade zu sagen: das Gerät hat die und die Nachteile, sondern doch auch zu sagen: nach unserer Meinung hat es die und die Vorteile, damit man für die praktische Anwendung zusätzlich etwas mehr erfährt.

<u>zu 2.3 Selle</u> (Durchführung und Auswertung von Geräteerprobungen aus der Sicht der Bewilligungsbehörde)

Eßer
Werden alle Großgeräte vor der Beschaffung erprobt, und wie wollen Sie dann mit dem beschränkten finanziellen Rahmen auskommen ?

Selle
Es können natürlich nicht alle Geräte erprobt werden; unsere Mittel sind beschränkt. Es werden die Geräte erprobt, über die noch keine Routineerfahrungen vorliegen und deren Einsatz in Berlin interessant erscheint.

Gabl
Meist geht es in der Praxis doch darum, nicht ein Gerät, sondern mehrere Geräte, drei oder vier, die zur Verfügung stehen, zu erproben. Da ist zu entscheiden, welches soll man nun beschaffen, abhängig von den Servicemöglichkeiten und auch von der Einführung der Lieferfirma in der Stadtverwaltung, ob die vorher viel oder wenig Steuern gezahlt hat; die erstere wird dann bevorzugt. Was tun Sie in solchen Fällen ?

Selle
Wir haben uns eine Grenze gesetzt: diese liegt bei DM 200.000 Investitionskosten. D.h., Geräte, die über dieser Grenze liegen, werden erprobt, und da gibt es keine große Auswahl.

Haeckel
Was gibt denn den Anstoß? Kommt dieser vom Senat oder von den Anwendern? Und gleich eine Zusatzfrage: Wenn jetzt die Evaluation gezeigt hat, daß ein Gerät gut geeignet ist, sollen dann auch andere Laboratorien dieses Gerät beschaffen? Oder, wenn ein anderes Labor ein anderes Gerät haben will, fangen Sie dann wieder an, zu evaluieren ?

Selle
Der Anstoß kommt zwar vom Anwender. Es ist aber so, daß nicht erst, wenn der Anstoß kommt, erprobt wird, sondern der Kontakt zwischen der Senatsverwaltung und den Anwendern ist in Berlin so gut, daß die Absprachen zur Erprobung so rechtzeitig stattfinden, daß man wirklich noch sinnvoll erproben kann und nicht erst dann, wenn die Anträge auf den Tisch flattern. Der Erprober - das sagte ich ja schon vorher - wird im Rahmen einer formlosen Ausschreibung, d.h. einer Abstimmung unter den Berliner Laborleitern, gesucht, und die Erprobung bzw. der Abschluß der Erprobung findet dann so statt, daß alle Berliner Laborleiter die Möglichkeit haben, beim Erprober das Gerät zu sehen und mit dem Gerät auch zu arbeiten, so daß dann auch die Abstimmung beim Vorliegen des Erprobungsberichtes im Rahmen der Berliner Krankenhäuser abgeschlossen ist.

v. Boroviczény
Ich möchte meinerseits hier noch hinzufügen, daß die Usancen in den verschiedenen Ländern der Bundesrepublik und erst recht in den verschiedenen europäischen und Überseeländern natürlich verschieden sind. Man kann nicht alles zeigen. In Berlin haben wir ein Verfahren, mit dem wir einigermaßen zufrieden sind. Auf der anderen Seite sind wir eine Insel. Die Berliner Laborleiter kennen einander. Wir kommen so sechs bis sieben Mal im Jahr zusammen. Wir sind in einem ständigen guten kollegialen Kontakt, dies eben auch zu unseren Bewilligungsbehörden, und deshalb haben wir Ihnen einmal dieses Modell vorführen wollen.

zu 2.4 Nink (Die Bauartzulassung medizinischer Geräte im Rahmen des Eichgesetzes)

Haeckel
Was Sie gesagt haben, klingt sicher alles plausibel. Wenn ich die allgemeinen Formulierungen auf mich einwirken lasse, befällt mich jedoch ein gewisses Unbehagen über die potentiellen Möglichkeiten in diesen Formulierungen. Ich möchte Ihnen persönlich nicht unterstellen, daß Sie so restriktiv sein wollen, wie das theoretisch denkbar wäre. Ich hoffe, daß sich der Gesetzgeber über die Kosten klar wird, die er der Allgemeinheit mit diesen Maßnahmen aufbürdet. Wir Anwender müssen heute Kosten-Nutzen-Analysen vorlegen, wenn wir Geld haben wollen. Der Gesetzgeber sollte umgekehrt dem Anwender in der Öffentlichkeit sagen, was solche Maßnahmen kosten werden. Auch er sollte eine Kosten-Nutzen-Analyse durchführen. Nun eine konkrete Frage: Meinen Sie mit Photometer auch diejenigen, die in sogenannte geschlossene Systeme integriert sind, bei denen eine Bauartprüfung eigentlich nicht notwendig ist ?

Nink
Zunächst zu den Analysensystemen, die Photometer beinhalten. Sie sind in die Geräte einbezogen, die ab 1985 überwacht werden sollen. Zu der zweiten Frage: sind Photometer in geschlossenen Systemen nach dem heutigen Stand der Diskussion - und nur darum geht es uns - dazu vorgesehen, daß sie nicht geeicht sind ? Das ist völlig absurd. Es geht nicht, daß sie zulassungspflichtig werden; das habe ich erläutert. Daß sie über die Zulassung hinaus gewartet werden müssen, darüber hat man noch Zeit, sich zu unterhalten. Ich meine: ja.

Eßer
Die Frage - Sie erwähnten es schon kurz - daß es sich einerseits um ein Ermächtigungsgesetz handeln soll. Dieser Begriff ist ja für einige von uns noch anrüchig. Ist die Abstimmung mit dem Bundesministerium für Arbeit bezüglich des Gerätesicherungsgesetzes schon soweit gekommen, daß die Industrie keine Befürchtungen haben muß, daß von zweierlei Seite jetzt eventuell widersprechende Dinge auf sie einstürmen ? Sie erwähnten ja, daß beide betroffenen Ministerien miteinander arbeiten müssen. Ich bin nicht ganz sicher, ob nicht gerade im Augenblick über die technischen Überwachungsvereine oder andere Institutionen schon gewisse Vorentscheidungen fallen werden.

Nink
Die erste Frage betrifft wohl die Überschneidungsmöglichkeiten zwischen dem Gerätesicherungsgesetz und dem Eichgesetz. Diese Überschneidungsmöglichkeiten sind formal tatsächlich gegeben, denn Sicherheit bedeutet auch Funktionssicherheit, und die Funktion eines Meßgerätes ist auch die Meßsicherheit. Das kann man ganz klar so ableiten. Wenn nun aber auch Überschneidungen bei den Personen, die an dem Gesetz mitarbeiten, vorhanden sind, lassen sich diese vermutlich

recht gut trennen, indem das Gerätesicherheitsgesetz vordringliche, lebensgefährliche Unsicherheit betrifft, während das Eichgesetz die Meßsicherheit meint. Natürlich wird es von Fall zu Fall Überschneidungen geben, und man sollte u.U. auch überlegen, ob bestimmte Fragen der Meßsicherheit, z.B. von solchen Prüfstellen mit überwacht werden, die schon aus Kostengründen im Rahmen des Gerätesicherheitsgesetzes arbeiten. Es ist natürlich naheliegend, daß man da zu Übereinkommen kommt. Wenn Sie sagen, daß der TÜV bereits Dinge fixiert, die nicht ganz so gedacht sind, so kann ich nur sagen: der TÜV ist keine Legislative, und der TÜV kann zunächst noch alles mögliche machen, solange es keine entsprechenden Gesetze gibt, auf die sich alle, wie ich hoffe, mit Einvernehmlichkeit einigen werden. Wenn dem TÜV ein Antrag vorliegt auf GS-Zeichen, und er hat ein Meßgerät, um die Meßsicherheit ein bißchen zu kontrollieren, dann kann er das. Aber ich möchte darauf hinweisen, und das scheint mir doch wichtig zu sein: daß es notwendig ist, daß sich eine staatliche Stelle und nicht viele Stellen um die Einheitlichkeit des Messens kümmert. Denn in der medizinischen Meßtechnik sind viele Meßverfahren verfahrensabhängig; das ist hier in Ihrem speziellen Bereich ganz eklatant, aber in anderen technischen Bereichen längst nicht mehr so. Die Schwierigkeiten der Laboratoriumswissenschaften bringen das so mit sich. Dies erfordert natürlich, daß, wenn der Staat mitmacht und versucht, hier kooperativ eine gewisse Richtung mitzubestimmen, es doch nur eine Richtung sein kann, die versucht, die vielen verfahrensabhängigen Ergebnisse allmählich konvergent zu machen. Das kann man nur an einer Stelle. Das kann man nicht, indem der TÜV Rheinland oder der TÜV München nun Meßgeräte zulassen, und zwar in ganz verschiedener Weise, mit ganz verschiedenen Philosophien, was das Messen anbetrifft. Es ist verfassungsmäßig Auftrag der Physikalisch-Technischen Bundesanstalt, für die Einheitlichkeit des Messens zu sorgen. Wir wollen nun auch diesem Auftrag etwas verstärkt nachkommen. Ich kann nur noch einmal daran appellieren, möglichst viele Kooperationen aufzubauen und auch ein paar Vorurteile in dieser Richtung abzubauen. Wir fangen jetzt an, uns mit Dingen zu beschäftigen, die u.U. erst in vier Jahren aktuell werden; aber wir hoffen natürlich, diese Zeit mit Ihnen so sinnvoll auszunützen, daß hinterher etwas Sinnvoll-Praktikables zustandekommt.

Englhardt-Rösler
So wie das Projekt gedacht ist, zeigt es deutlich zwei Teile, von denen der eine bezweckt, daß das Gerät gesichert und vom Hersteller qualifiziert zum Anwender kommt. Das ist der Herstellerteil. Hier sehe ich keine Bedenken. Ich sehe Probleme im zweiten Teil, der sich deutlich unterscheidet: nämlich in der Überwachung von Wartungsaktivitäten - das ist wörtlich gesagt worden - in dem Zwang zur Führung von Wartungsprotokollen, der gesetzlichen Auflage zur Führung von Wartungen. Hier wird in die Verantwortlichkeit der Laborleiter eingegriffen, in die Wartung von Geräten, die an sich eine Selbstverständlichkeit ist. Ich frage mich, wie soll diese Auflage erfüllt werden? Soll jemand kommen und in unsere Wartungsprotokolle einsehen, oder soll es neue Ringversuche geben, in denen wir zur Qualitätskontrolle auch noch Geräte-Ringversuche machen müssen ? Und welche Gesellschaften werden zu diesen Aktivitäten gehört werden, bevor ein solches Gesetz herausgeht ?

Nink
Natürlich sollen die Wartungsbücher so geführt werden, daß sie kontrollierbar sind. Dies sollte eine Selbstverständlichkeit sein; aber leider ist auch klar, daß es nicht überall so gemacht wird. Nur das hat uns dazu geführt, daß Wartungen, die protokolliert und nachvollziehbar sind, in ein solches System eingeführt werden.

Matthäus
Wir haben hier eine ganze Reihe von Aspekten gehört, die auch die Hersteller sehr stark betreffen. Zunächst eine klare Aussage an Herrn Nink: Im Rahmen der Zulassungspflicht ist selbstverständlich auch das Gesamtthema der Wartung zu sehen. Es kann aber nicht angehen, daß die Wartung allein den Benutzern überlassen bleibt. Die Hersteller sehen in den nächsten Jahren im Rahmen ihrer Herstellerhaftung in zunehmendem Maße erhebliche finanzielle Probleme auf sich zukommen, wenn irgendetwas mit ihren Geräten schief geht. Dies ist besonders krass in Amerika. Es dauert bekanntermaßen nur kurze Zeit, und wir haben das gleiche in Europa und auch in Deutschland. Sie werden kaum einen Hersteller finden, der unter diesen Gesichtspunkten die Wartung so ohne weiteres dem Benutzer selbst überläßt. Dann müssen wir wohl noch den Zeitaspekt sehen. Sie sagen, am 1.1.1985 stellen Sie sich die Einführung dieser Zulassung vor. Sie haben im Moment noch ein Papier, über das Sie diskutieren, das wir ja auch bereits gemeinsam diskutiert haben. Wir müssen aber auch über Zeiten nachdenken. Die Entwicklung moderner Gerätesysteme erfordert heute Jahre und setzt Millionen DM als Kapital ein. Wie sollen wir uns also auf eine Zulassung für 1985 einstellen, wenn wir möglicherweise frühestens Ende 1982 über deren Ausführung Bescheid wissen ? Wir haben ja dann nur noch zwei Jahre. Daß es notwendig ist, etwas zu tun, beweisen letzten Endes Ihre Zulassungsvorstellungen, das ECCLS-Papier und all die Dinge, die damit verbunden sind. Auch Aussagen, die wir hier in Bezug auf Genauigkeiten hören, deuten doch darauf hin, daß sich die Industrie diesen Dingen stellen muß und zum Teil grundlegend neue Überlegungen anzustellen hat. Alles ist mit Sicherheit nicht in einem Zeitraum von zwei Jahren zu schaffen. Ich will dies als Anmerkung verstanden wissen und sozusagen ein Ausrufungszeichen machen.

Nink
Zu Ihren Stichworten: erstens zu der Zeit. 1985 ist bald, aber noch nicht morgen, und ich kann nur an alle Beteiligten appellieren, sich so früh wie möglich zusammenzufinden und gemeinsam ein vernünftiges Konzept zu entwickeln, das dann auch praktikabel ist. Von der PTB sind wir jedenfalls schon jetzt dabei, erste Erfahrungen zu sammeln, sodaß wir später nicht ganz vom grünen Tisch her irgend etwas Unsinniges fabrizieren, sondern dann doch mit viel Kenntnis an die Dinge herangehen. Wir haben noch eine Weile Zeit; doch machen Sie bitte von jetzt an schon mit. Was die Wartung betrifft, so habe ich mich vielleicht etwas mißverständlich ausgedrückt. Die Wartung soll natürlich nicht nur vom Anwender durchgeführt werden, sondern durch den industrieeigenen Service oder durch dafür legitimierte Servicestellen. Es ist aber doch wohl sinnvoll, darüber nachzudenken, ob man die Wartungsintervalle vielleicht dadurch verlängern kann und auch die Kosten für solche Wartungen reduzieren kann, wenn man dem Anwender selbst bestimmte Dinge zumutet und darüber auch den Nachweis verlangt, Dinge, die zur Pflege und Kalibrierung und Wartung des Gerätes notwendig sind, die aber oft unterlassen werden, weil sie z.B. vergessen werden. Dadurch können der Service der Firma oder ähnliche Maßnahmen später einsetzen. Wir finden, jeder, der etwas dazu beitragen kann, die Qualität einer Messung zu verbessern, sollte dafür auch herangezogen werden, und die Behörde sollte eigentlich die letzte sein, die eingreift.

Bergner
Ich möchte noch fragen, wie es mit der Wartungspflicht in dem neuen Eichgesetz steht. Sie hatten ja gesagt, daß die Novellierung des Eichgesetzes den Anwender zu Wartungszeiten verpflichten würde. Wie ist es da mit den Laboratorien, die eine eigene Werkstatt besitzen ?

Würde die dann zugelassen, die Wartung selbst zu übernehmen und sich damit kostspielige Wartungsverträge zu ersparen ? Wie wäre hier das Zulassungsverfahren ? Muß das für jedes Gerät gesondert gegeben werden, das man sich neu anschafft, oder würde die generell erteilt werden ?

Nink
Zunächst muß man sagen, daß die Wartungsverpflichtung nicht für alle Geräte als sinnvoll anzusehen ist. Sie ist vielmehr eine Möglichkeit, bestimmte Geräte zu überwachen. Was nun diejenigen anbetrifft, die die Wartungen durchführen können, so sollen in erster Linie die Firmen in Frage kommen, die mit dem besten Know-How am ehesten geeignet sind, Wartungen durchzuführen. Aber auch solche Institutionen kommen in Frage, die sich jetzt zunehmend etablieren, und dazu gehören beispielsweise die Service-Zentren in den Krankenhäusern, wie sie jetzt versuchsweise laufen. Wir haben einige Hoffnung, daß solche Service-Zentren geeignet sein werden, ebenfalls vorgeschriebene Wartungen vorzunehmen. Ihre Frage war weiter: was ist, wenn jemand im Laboratorium eine eigene Werkstat hat ? Dann ist es natürlich notwendig, daß eine gewisse Legitimation vorliegt. Eine Schwierigkeit, die wir diskutiert haben und für die wir noch keine Lösung gefunden haben, ist tatsächlich die, ob diese Legitimation für spezielle Gerätetypen ausgesprochen werden kann, oder ob man eine generelle Genehmigung aussprechen soll. Eine andere Schwierigkeit besteht darin, ob die Hersteller hochqualifizierter Geräte sich darauf einlassen wollen, und ob sie dann noch Garantien für ihre Geräte übernehmen.

v. Boroviczény
Wir haben uns im Arbeitsausschuß Qualitätskontrolle des Normenausschusses Medizin in einem Arbeitskreis mit der Definition und überhaupt mit der Vorbereitung einer Betriebsnorm zur Frage der externen Qualitätssicherung zu befassen gehabt und sind bei der Diskussion übereingekommen, daß die Gerätewartung, die Geräteinstandhaltung einerseits zur internen, andererseits durchaus zur externen Qualitätssicherung hinzugehört, je nachdem, was man selbst macht und was der vom Hersteller Beauftragte macht. Wir sind der Meinung, daß man Gerätekarten führen soll, und daß man auch dokumentiert, in welchem Rhythmus sich dieses extern machen läßt. Zum Teil gibt es ja von den Herstellern Vorschriften über Kalibrierung und auch über Reinigung, und, in welchem Rhythmus man das extern machen kann. Im Übrigen, auch die Eichung durch das Eichamt haben wir zur externen Qualitätssicherung gerechnet. Bestimmte Geräte werden extern durch das Eichamt kalibriert, ich glaube, daß das legitim ist. Es wird nur die Frage sein, mit welcher Frequenz und was und wie vorgetragen wird. Ich darf sagen, daß das, was ich von Herrn Nink in seinem Vortrag gehört habe, zumindest auf Anhieb recht zufriedenstellend ist. Der Teufel steckt im Detail, und es werden noch viele Detailprobleme kommen; aber die traurige Wahrheit ist sicherlich, daß die regelmäßige Wartung von Geräten vorgeschrieben werden muß.

Weyer
Ich möchte noch etwas zum Thema Wartung beitragen. Ich bin sehr froh, daß dieses wichtige Gebiet hier behandelt worden ist. Wir als niedergelassene Laborärzte haben damit, je komplizierter die Geräte geworden sind, ja große Probleme, so daß man selbst nicht viel daran machen kann. Je abhängiger man von diesen sehr leistungsfähigen Geräten mit großem Programm wird, umso mehr macht deren Ausfall einem zu schaffen. Ich glaube, man sollte aber zwei Dinge sauber trennen: die Wartung, das also, was einige Male im Jahr von einem qualifizierten befugten Mann im Zuge einer Rundreise, also auch zu vernünftigen Kosten geliefert werden kann, und das zweite, was uns mehr zu schaf-

fen macht, daß der Ausfall dadurch in Grenzen gehalten wird. Das ist unser wirkliches Problem, das sollte man nicht mit der Wartung verwechseln. Denn wir haben den üblichen Wartungsvertrag, nach dem ein Servicemann - wie dort so schön steht - innerhalb von 24 Stunden kommen soll. Wenn dies der Fall ist, dann bedeutet das für uns, daß der Tag, an dem das Programm ausfällt, des weiteren der Tag, an dem der Servicemann kommt, für unsere Arbeit ausfallen und wir erst am dritten Tag wieder in der Lage sind, aufzuarbeiten. Hier sollten wir uns mit dem Verband der Diagnostika und Diagnostikagerätehersteller (VDGH) unterhalten, ob man da außer der Telefonseelsorge nicht bestimmte Dinge durch einen Austausch von Erfahrungen machen kann. Kein Service-Monteur sagt einem, was in den letzten ein bis zwei Jahren an anderen Stellen ausgefallen ist, und es gibt doch Schwerpunkte der Versager. Das könnte einem doch mitgeteilt werden. Auch könnte man sich für kritische Situationen ein Päckchen als Leihgabe oder in anderer Form hinlegen, so wie man ja auch in seinem Wagen einen Keilriemen oder einen Zündkopfverteiler mitnimmt. Damit könnte man sich helfen. Und dazu wäre es allerdings auch vom Gesetzgeber wünschenswert, daß dies nicht unbedingt auf die Befugten beschränkt bleibt. Dann sind wir wieder abhängig und in unseren oft ganz wichtigen Schnellrepariermethoden eingeschränkt.

v. Boroviczény
Ich bin immer bemüht, den Herstellern zu sagen, ihre Geräte sind manchmal besser als sie es selbst meinen; z.B. haben wir einen SMA 12/60, der seit neun Jahren in hartem Betrieb steht, und frühestens im nächsten Jahr bekommen wir Geld, um ein neues Gerät zu kaufen; dann wird das Gerät im elften Jahr arbeiten. Unser Coultermodell S, das wir neben einem S Plus benutzen, ist schon im zehnten Jahr, und ich kenne zahlreiche Laboratorien, in denen Autoanalyser der ersten Generation seit 15 bis 20 Jahren in Betrieb sind. Meine Bitte an Herrn Nink, daß hier eine Möglichkeit gefunden wird, es immer weiterzuwarten, weil es eben so gut ist, auch wenn der Hersteller meint, das Gerät müsse schon abgeschrieben sein. Mikroskope, auch Zentrifugen halten viel, viel länger als 5 bis 7 Jahre.

III Geräte-Evaluation

3.1 M. BYCZYNSKI (HAMBURG): HERSTELLERINTERNE UND KLINISCHE PROTOTYPENPRÜFUNG

Für den Hersteller medizinischer Analysengeräte ist die interne und klinische Prototypenprüfung ein bedeutender Bestandteil seiner gesamten Entwicklungs- und Konstruktionsarbeit. Das Ziel, ein anwendergerechtes Gerät auf den Markt zu bringen, erfordert auf dem Weg von den ersten Ideen über eine Konzeptfindungsphase bis zur endgültigen Serienreife umfangreiche Maßnahmen auf Seiten des Herstellers, darunter auch alle technischen und methodischen Fragenstellungen im Zusammenhang mit der Prototypenprüfung, auf die sich die folgenden Ausführungen beschränken.

Für die eigentliche Prototypenprüfung sind schon einige davorliegende Phasen von besonderer Bedeutung.

In einer Konzeptfindungsphase werden alle Ideen, Erkenntnisse und Marktanforderungen gesammelt und analysiert. Dies geschieht unter Beteiligung aller internen Stellen, um jederzeit die benötigen Daten zur Verfügung zu haben. Eingeschlossen in diese Überlegungen sind alle Gesetze, Vorschriften und Richtlinien auf nationaler und internationaler Grundlage, die für einen weltweiten Vertrieb von Bedeutung sein können. Sie beziehen sich sowohl auf gerätetechnische als auch auf methodische Details.

Die Notwendigkeit des rechtzeitigen Einbeziehens dieser vielfältigen, teilweise sogar gegensätzlichen Vorschriften in die Planung wird am Beispiel der Vorschriften zur elektrischen Sicherheit besonders deutlich:

Ein Gerät ist für den weltweiten Vertrieb vorgesehen. Für bestimmte Länder sind nationale Prüfzeichen vorgeschrieben. Sie werden nur bei exakter Ausführung der Geräte gemäß den nationalen Vorschriften erteilt. Die den nationalen Prüfzeichen zugrunde liegenden Vorschriften können untereinander solche Differenzen aufweisen, daß von einzelnen Baugruppen verschiedene Varianten entwickelt, gebaut und geprüft werden müssen. Die fehlende Standardisierung auf internationaler Ebene führt in diesem Fall zu einem Mehraufwand des Herstellers, wenn er nicht auf einen der Märkte verzichten will.

Die Konzeptfindungsphase wird mit dem Festschreiben aller technischen und methodischen Anforderungen an das Gerät in einem Pflichtenkatalog abgeschlossen. Dieser Katalog bildet die Grundlage für die eigentliche Entwicklungs- und Konstruktionsphase, in der alle festgeschriebenen Anforderungen in eine, möglichst optimale, technische Lösung umgesetzt und zu einem Gerät zusammengesetzt werden. Dafür werden Lösungen einzelner Detailfragen an Versuchsaufbauten oder Labormustern erprobt und optimiert. Den Abschluß dieser Phase bildet der Bau einer Serie von Prototypen.

Die Prototypen werden dann einem umfangreichen und intensiven Prüfprogramm unterzogen. Dieses gliedert sich in einen internen und einen klinischen Teil. Dabei wird das Gerät auf die sichere und exakte Einhaltung aller im Pflichtenkatalog geforderten Daten, auch unter verschiedensten Bedingungen, geprüft. Darüberhinaus werden auch alle nicht explizit im Pflichtenkatalog formulierten Anforderungen geprüft, wie sie sich aus Gesetzen, Verordnungen und Ausführungsvorschriften ergeben.

Im internen Teil werden in verschiedenen Abteilungen (u.a. Technisches Labor, Anwendungstechnik, Qualitätskontrolle und Prüffeld) jeweils spezifische Prüfvorschriften und -verfahren ausgewählt und durchgeführt.

Für ein mechanisiertes Analysensystem werden folgende Prüfungsschwerpunkte unterschieden:

- Einhaltung allgemeiner gesetzlicher Vorschriften, Verordnungen und Bestimmungen, die beim Bau bzw. Betrieb medizinisch-technischer Geräte zu beachten sind. Für den Bereich der klinisch-chemischen Analysengeräte können dies u.a. Unfallverhütungsvorschriften, Eichgesetz, Gerätesicherheitsgesetz oder Gewerbeordnungen mit ihren jeweiligen Ausführungsverordnungen sein.

- Prüfung des gesamten technischen Geräteaufbaus, insbesondere aller elektrischen und elektro-magnetischen Bauteile und -gruppen, auf einwandfreies Funktionieren unter verschiedenen Bedingungen.

Die weitere Unterteilung in die einzelnen Prüfpunkte zeigt die folgende, stichwortartige Übersicht:

- Prüfung der gesamten Spannungs- und Stromversorgung unter Beachtung der nationalen oder internationalen Vorschriften.

  Besondere Einzelprüfungen erfolgen zu den Komplexen
    Dimensionierung aller Bauteile
    Über- und Unterspannungen
    Eigen- und Fremdstörungen (Netz)
    Zulässige Erwärmung

- Prüfung der mechanischen und elektro-mechanischen Bauteile und Baugruppen unter folgenden Fragestellungen:
    Dauerfestigkeit bewegter Teile
    Toleranzänderungen durch Verschleiß
    Dauerteste und Lebenszeitprüfungen
    Materialbeständigkeit, -abnutzung und -alterung
    Wärmekammerteste

- Auswirkungen verschiedener Umwelteinflüsse
    Temperatur für die Festlegung der zulässigen Umgebungstemperaturen
    Luftfeuchtigkeit
    Radiowellen und andere magnetische Felder
    Staub
    Netzstörungen
    Vibration und Stoß

- Prüfung der Wirksamkeit eventuell vorgesehener Schutzmaßnahmen
    Schutz vor Verletzungen durch elektrische und mechanische Bauteile
    Schutz vor Infektion durch Probenmaterial
    Chemikalien- und Reagenzienbeständigkeit
    Beständigkeit gegen alle routineüblichen Chemikalien, Reagenzien und Reinigungsmittel
    Dichtigkeit des Geräteinneren und aller Bedienungs- und Funktionselemente vor verschütteter Flüssigkeit

- Prüfung wesentlicher Regelsysteme oder Gerätefunktionen
  - Temperierung
  - Einlauf- bzw. Einbrennverhalten
  - Dosierung
  - Mischung

Alle Prüfungen basieren im wesentlichen auf nationalen und internationalen Vorschriften zur elektrischen und mechanischen Sicherheit bzw. Ausführung für Geräte, Baugruppen oder Bauteile, wie DIN, VDE, BS, UL, SEV, EEC.(s. Seite 114)

Darüberhinaus kommen auch spezielle Ausführungsverordnungen verschiedener Gesetze zur Anwendung, z.B. die Lärmschutzverordnung.

Für den Einsatz des Gerätes im Klinischen Labor ist natürlich auch die Prüfung aller methodenabhängigen Funktionen notwendig.
Als Grundlage werden die nationalen und internationalen Richtlinien zur Durchführung klinisch-chemischer Analysen und Geräteevaluationen der einzelnen Fachgesellschaften, u.a. IFCC, NCCLS, ECCLS, INSTAND, DGKC, DGLM, NAMed herangezogen.(s. Seite 114)

Bei der Methodenadaption werden alle Methoden nach folgenden Kriterien geprüft:

- Optimierung von Probe- und Reagenzvolumen
- Präzision und Richtigkeit
- Verdünnungsgrenzen
- Methodenvergleich zu Referenzmethoden
- Verschleppung

Parallel zu den Methodeneinzelprüfungen werden auch die Funktionen des Meßsystems (z.B. Photometer) anhand der einschlägigen Vorschriften auf Einhaltung der geforderten Daten geprüft.

Neben dem einwandfreien technischen und methodischen Funktionieren ist für ein anwendergerechtes Gerät die problemlose Bedienung und Handhabung von großer Wichtigkeit.

Im Rahmen der Prototypenprüfung wird auf eine arbeitsgerechte Gestaltung und Anordnung aller Bedienungs- und Funktionselemente geachtet.

Ebenso werden die Maßnahmen zur <u>Vermeidung von Bedienungsfehlern</u>, wie Markierung aller Art, nicht vertauschbare Steckverbindungen oder integrierte Fehlerindikationssysteme, auf ihre Funktionalität geprüft.

Trotz Einsatz ausreichend dimensionierter Bauteile und Materialien, strenger Wareneingangskontrollen und umfangreicher Qualitätssicherungsmaßnahmen kann ein <u>Ausfall einzelner Bauteile</u> nicht ausgeschlossen werden. Aus diesem Grunde werden die Prototypen auch auf ihren <u>servicefreundlichen Aufbau</u> geprüft, um notwendige Reparaturen schnell und einfach durchführen zu können. Das gleiche gilt für alle <u>Wartungs- und Reparaturarbeiten</u>, die <u>vom Kunden</u> durchgeführt werden können, z.B. Lampenwechsel oder Sicherungstausch.

Haben die Prototypen alle Stationen der internen Prüfung erfolgreich durchlaufen, schließt sich ein <u>klinischer Feldtest</u> ein. Dabei wird das Gerät von einigen Anwendern unter Routinebedingungen sowohl auf Handhabung und Bedienung, als auch auf Vergleichbarkeit zu laborerprobten Methoden getestet. Folgende Fragenkomplexe stehen dabei im Vordergrund:

- Bedienerführung anhand der vorliegenden Unterlagen
- Durchführung von Routineanalysen und Methodenwechsel
- Vergleich der Ergebnisse zu laborerprobten oder Referenzmethoden
- Allgemeine Beurteilung

Dieser Test ist eine wichtige <u>Ergänzung zum internen Teil</u>. Besonders das sachkundige und kompetente Urteil des erfahrenen Praktikers bedeutet für den Hersteller eine erste, direkte Überprüfung des gesamten Gerätekonzeptes durch den Anwender. Aus den gewonnenen Erkenntnissen und Anregungen können noch wichtige Geräte- oder Bedienungsänderungen resultieren, die dann in den Seriengeräten bereits integriert sind. Mit dem Abschluß der klinischen Feldteste ist auch die gesamte Prototypenprüfung abgeschlossen. Alle Ergebnisse, Erkenntnisse und Anregungen aus beiden Teilprüfungen werden ausgewertet, erforderliche Detailänderungen durchgeführt und einer erneuten Prüfung unterzogen, bevor die Freigabe für den Bau der Seriengeräte erteilt wird.
Der Einführung eines marktgerechten Gerätes dürfte nun nichts mehr im Wege stehen.

Verwendete Abkürzungen:

DIN:	Deutsches Institut für Normung
VDE:	Verband Deutscher Elektrotechniker
SEV:	Schweizerischer Elektrotechnischer Verein
UL:	Underwriter Laboratories, USA
IEC:	International Electrotechnical Commission
IFCC:	International Federation of Clinical Chemists
NCCLS:	National Committee for Clinical Laboratory Standards
ECCLS:	European Committee for Clinical Laboratory Standards
INSTAND:	Institut für Standardisierung und Dokumentation im medizinischen Laboratorium
DGKC:	Deutsche Gesellschaft für Klinische Chemie
NAMed:	Normenausschuß Medizin (im DIN)

3.2 A. v.KLEIN-WISENBERG (FREIBURG): PFLICHTENKATALOG FÜR HERSTELLERANGABEN

Die Erwartungshaltungen sachkundiger Anwender/Verbraucher und die Erfüllungsbereitschaft vom Vertreiber/Hersteller sind gemäß unterschiedlicher Interessenlage gegensätzlicher Natur. Von jenen wird vielfach eine vollständige Offenlegung aller Konstruktionsmerkmale und interner Prüfungsergebnisse gefordert, während diese - schon aus Konkurrenzschutzgründen - lediglich erklären wollen, daß ihr "schwarzer Kasten" zur Erfüllung der ihm zugemessenen Aufgaben nach bestem Wissen geeignet sei. Zum Ausgleich der Positionen können mehrere Wege beschritten werden:

Der triviale Weg:
Durch Einsicht oder gesetzlichen Eichzwang besteht allgemeine Übereinkunft über bestimmungsgemäße Anwendung und höchstzulässige Fehler der verwendeten Maßstäbe, Waagen, volumetrischen Geräte, Kompensationsschreiber u.a..

Der elitäre Weg:
Die angewendete Meßprozedur ist so hochgradig spezialisiert oder apparativ aufwendig, daß das Einzelgerät in ständiger Zusammenarbeit zwischen Hersteller und Anwender entwickelt und betrieben wird. Dies

dürfte für neutronenaktivierungsanalytische oder massenspektrometrische Verfahren u.a. der Fall sein.

Der autoritäre Weg:
Offenlegung aller Details eines Prototypen gegenüber einer - möglicherweise staatlichen - Prüfstelle, die kraft ihrer Autorität die Eignung dekretiert, ggf. nach Erfüllung einiger Auflagen.

Der informative Weg:
Publikation oder Kennzeichnung der anwendungstechnisch vor allem relevanten Daten (z.B. bei Mikroskopen mechanische Tubuslänge, numerische Apertur, Vergrößerung, Immersions- und Deckglasanforderungen des Objektivs, Typ, Bildfeldehnung und Vergrößerung des Okulars u.a.) und Unterrichtung des sachverständigen Kunden über Abbildungsfehlerkurven auf Anfrage und Diskretionsverpflichtung.

Der normative Weg:
Weitgehende Übereinstimmung und Austauschbarkeit von Baugruppen, -teilen oder -elementen durch Standardisierung weniger Ausführungsvarianten mit gemeinsamen Bauprinzip. Für die westliche Wirtschaft mögen das Fahrrad oder im Labor Normschliffgeräte als unverfängliche Beispiele dienen.

Der empirische Weg:
Der Kunde unterwirft sich den überlegten und erprobten Herstelleranweisungen, ggf. nach einem Schulungskurs und erwirbt dadurch die Verpflichtung des Herstellers, bei erkannten oder vermuteten Störungen das Gerät in den früheren Stand zu versetzen.

Bei der Vielzahl physikalisch-chemischer Meßprinzipien, die die instrumentelle Analytik heute auch für die Laboratoriumsmedizin bereit hält, ist die Entscheidung, welcher Weg im Einzelfall der zweckmäßigste sei, wie weit demnach der Hersteller zur Offenlegung interner Details verpflichtet werden solle, noch offen. Gemeinsam ist allen Zugängen, daß Qualitätssicherungsmaßnahmen am besten geeignet sind, eine gleichmäßige Funktion auf Dauer sicherzustellen und gegensätzliche Standpunkte zu objektivieren.

3.3 R. HAECKEL (BREMEN): VORSCHLAG FÜR EIN INTERNATIONALES KONZEPT ZUR GERÄTEEVALUATION

Unter dem Druck der weltweiten Restriktion ökonomischer Ressourcen hat der Entscheidungsprozeß für die Anschaffung neuer Geräte im klinischen Labor eine größere Bedeutung und Priorität für das Management gewonnen. Dieser Prozeß erfordert nicht nur sorgfältige Wirtschaftlichkeitsbetrachtungen, sondern insbesondere vergleichbare Daten über die Zuverlässigkeit und Verläßlichkeit der jeweiligen Geräte.

Zur Zeit ist es oft schwierig, solche vergleichbaren, d.h. objektiven Daten zu erhalten. Wenn ein neues Gerät auf dem Markt eingeführt wird, ist es für den prospektiven Käufer meist schwierig, Angaben über die Zuverlässigkeit entweder vom Hersteller oder evtl. von einem bekannten Kollegen zu erhalten. Keiner von beiden ist ausreichend unabhängig, um eine objektive Evaluation durchzuführen. Im allgemeinen wird kein international akzeptiertes Protokoll verwendet. Deshalb führen viele Laboratorien vor einer endgültigen Kaufentscheidung selbst mehr oder weniger ausführliche Evaluationsstudien durch.

Die Standardisierung von Evaluationsstudien ist dringend erforderlich, um die Vergleichbarkeit der berichteten Ergebnisse zu verbessern. Mehrere nationale und internationale Organisationen sind zur Zeit mit dieser Standardisierung befaßt (Tab. 1). Die bisher publizierten Vorschläge sind sehr ähnlich. Deshalb hat das Expert Panel on Instrumentation (EPI) der IFCC angeregt, die Protokolle in einer international akzeptablen Empfehlung zu kombinieren. Dabei hat sich sehr bald gezeigt, daß es schwierig ist, ein Dokument auszuarbeiten, das für alle Zwecke gleichermaßen verwendet werden kann.

Wenn ein neues Gerät auf dem Markt eingeführt wird, durchläuft es im allgemeinen wenigstens drei Stadien, in denen es entweder vom Hersteller oder von Anwendern mit unterschiedlichen Interessen getestet wird. Da jedes Stadium einem eigenen Zweck dient, werden unterschiedliche Protokolle erforderlich (Tab. 2).

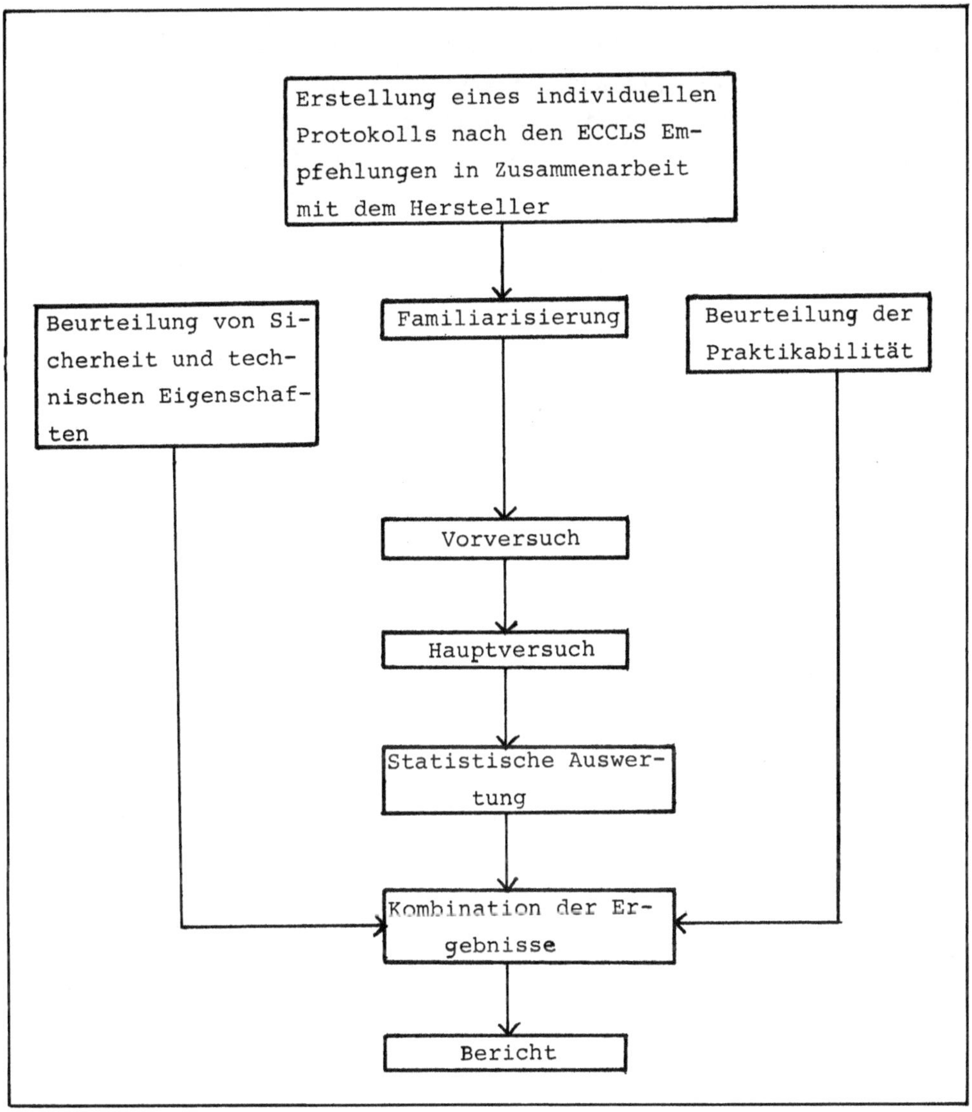

Abb. 1: Multi-Center Konzept zur Evaluation von Analysengeräten nach dem ECCLS-Vorschlag

Die Empfehlungen enthalten auch Anweisungen über die Abfassung des Abschlußberichtes sowie einen statistischen Teil. Zur Zeit scheint ein Trend zu bestehen, die klassische Regressionsanalyse entweder zugunsten der standardisierten Hauptkomponentenanalyse (Feldmann, Schneiders, Klinkers u. Haeckel 1981) oder eines anderen, nichtparametrischen Verfahrens (Passing u. Bablock 1983) zu verlassen.

Recommended scheme for the evaluation on instruments for automatic analysis in the clinical biochemistry laboratory	British Society for Clinical Chemistry (1969) (J. Clin. Path. 22, 278; revision: J. Clin. Biochem. 11, 1974, 207)
Protocol for establishing performance claims for clinical chemical methods	NCCLS (1979)
Recommendations for multi-centre evaluations of analytical instruments in clinical chemistry	German Society for Clinical Chemistry (1980) (Mitteilungen 5 p. 184)
Protocol for the evaluation of analytical instruments	ECCLS (1982)
Protocol for evaluation of automatic blood cell counters	ICSH (Draft document, 1982)
Provisional guidelines for a short term assessment for interlaboratory acceptance of clinical laboratory instrumentation	IFCC (1983)

Tab. 1: Von verschiedenen Organisationen vorgeschlagene Protokolle zur Evaluation von Analysengeräten

Stadium	Verantwortlichkeit
I. Ausführliche Evaluation	Hersteller
II. Ausführliche Evaluation	einige Anwender
III. Kurze Evaluation	alle Anwender

Tab. 2: Drei Stadien zur Evaluation von Analysengeräten

Das erste Stadium (Tab. 3) liegt in der alleinigen Verantwortung des Herstellers. Die Experimente können entweder in Laboratorien des Herstellers oder von externen Anwendern durchgeführt werden. Im allgemeinen bittet der Hersteller ein oder mehrere Routine-Laboratorien, Evaluationsversuche durchzuführen; dabei werden verschiedene Ziele verfolgt:

- um Schwachstellen aufzudecken, da Routinebedingungen in fabrikeigenen Laboratorien kaum zu simulieren sind,

- um mögliche Probleme beim Proben- und Datenhandling zu lösen,

- um eine externe Publikation zu erhalten, die als eine nützliche Reklame betrachtet werden kann, und

- um Leistungskriterien für die Zuverlässigkeit aufzustellen.

Das National Committee for Clinical Laboratory Standards (NCCLS), USA hat für dieses Stadium drei Protokolle entwickelt.

Primäres Ziel:	Aufstellung von Zuverlässigkeitskriterien
Verantwortlichkeit:	Hersteller
Produktionsserie:	Prototyp, Nullserien, erste Serie
Ort:	keine Empfehlung
Erforderliche Zeit:	keine Empfehlung
Protokoll:	NCCLS

Tab. 3: Evaluation im Stadium 1

Solche vom Hersteller geplanten und stimulierten Evaluationen werden allgemein als ein obligatorischer Teil einer verantwortlichen Qualitätskontrolle während des Produktionsprozesses betrachtet. Vermutlich sind externe Evaluationen weniger kosteneffektiv als interne

Versuche bei vergleichbarem Aufwand. Ein zeitlicher Rahmen läßt sich für dieses Stadium nicht angeben, da sehr oft noch Modifikationen durch den Hersteller vorgenommen werden.

Eine Zusammenstellung von Spezifikationen, die vom Hersteller bereit gehalten werden sollten, sind vom Expert Panel on Instrumentation (EPI) für Analysengeräte ausgearbeitet und publiziert (Tab. 4). Es wird von der IFCC empfohlen, daß Gerätespezifikationen nach diesen Richtlinien erfolgen sollten.

Provisional Guidelines for Listing Specifications of

- Spectrometers
  Clin. Chim. Acta 103, (1980), 249 F - 258 F
  J. Clin. Chem. Clin. Biochem. 18, (1980), 445 - 449
  Clin. Chem. 27, (1981), 187 - 191
  J. Clin. Chem. Clin. Biochem. 22, (1984), 565

- Analyzers
  J. Clin. Chem. Clin. Biochem. 18, (1980), 947 - 951
  Clin. Chim. Acta 119, (1982), 351 F - 362 F

- Flame Emission Spectrometers
  J. Clin. Chem. Clin. Biochem. 20, (1982), 259 - 261
  Clin. Chim. Acta 122, (1982), 109 F - 115 F

- Atomic Absorption Spectrometers
  J. Clin. Chem. Clin. Biochem. 20, (1982), 263 - 266
  Clin. Chim. Acta 122, (1982), 117 F - 123 F

- Nephelometers
  in preparation

- Blood Gas Analyzers
  in preparation

- Ion Selectiv Electrodes
  in preparation

Tab. 4: Empfehlungen des Expert Panel on Instrumentation der IFCC zur Auflistung von Gerätespezifikationen in Firmen-Mitteilungen (Broschüren)

Das primäre Ziel des zweiten Stadiums ist, die Spezifikationen, die während Stadium 1 aufgestellt wurden, zu verifizieren. Dabei sollen einige derselben durch die alleinige Anhörung (Auditing) des Herstellers, andere durch die Durchführung von Experimenten in Klinischen Laboratorien verifiziert werden (Tab. 5).

Primäres Ziel:	Verifikation (Bestätigung) der im Stadium 1 erstellten Zuverlässigkeitskriterien
Verantwortlichkeit:	Einige Anwender in Kooperation mit dem Hersteller
Produktionsserie:	Geräte der ersten, bzw. einer späteren Serie
Ort:	einige Anwenderlaboratorien
Erforderliche Zeit:	3 - 6 Monate
Protokoll:	ECCLS

Tab. 5: Evaluation im Stadium 2

Während eines Workshops, der 1978 von der 'Commission of European Communities' unter dem Titel 'A plan for the use of national resources for evaluating instruments employed in clinical laboratory sciences' organisiert worden ist, ist die Idee von Multi-Center-Evaluationen entstanden, um die Vergleichbarkeit der Ergebnisse von verschiedenen Laboratorien zu gewährleisten. Multi-Center-Evaluationen sollten nicht länger als 3 - 6 Monate dauern.

Dieses Konzept ist von einer Arbeitsgruppe der Deutschen Gesellschaft für Klinische Chemie aufgegriffen und zu Empfehlungen ausgearbeitet worden, die an anderer Stelle publiziert worden sind (Haeckel, Keller u. Knedel, 1980). Inzwischen ist dieser Vorschlag von dem Ad-hoc 'Committee for Instrument Testing' bei ECCLS (European Committee for Clinical Laboratory Standards) mehrfach überarbeitet worden. Das Konzept ist in Abb. 1 zusammengefaßt (Haeckel, Busch, Christiansen, Gentilini, Jennings, 1982).

Aufmerksamkeit ist ferner der Präsentation und Reduktion der zahlreichen während einer Multicenter-Evaluation anfallenden Daten gewidmet worden.

Im Stadium 1 können die Spezifikationen (performance claims) entweder nach NCCLS-Protokollen experimentell oder nach Teilen des Multicenter-Protokolls (zur Ermittlung von Präzision, Richtigkeit, Verschleppung etc.) bestimmt werden. Diese Versuche können entweder in herstellereigenen und/oder externen Laboratorien durchgeführt werden. Allerdings sollte Aufstellung und Verifikation der Spezifikation in unterschiedlichen Laboratorien erfolgen.

Das dritte und letzte Stadium (Tab. 6) ist für alle Geräte unabhängig von der Produktionslinie bestimmt. Diese Evaluation sollte in allen Laboratorien durchgeführt werden, bevor ein bestimmtes Gerät für die Analytik mit Patientenproben verwendet wird, um zu prüfen, ob die in Stadium 1 und 2 aufgestellten und verifizierten Spezifikationen auch für dieses Gerät gelten. Evaluationsversuche im Stadium 3 erfordern etwa 2 Wochen.

Primäres Ziel:	Prüfen der im Stadium 1 ermittelten und im Stadium 2 verifizierten Zuverlässigkeitskriterien
Verantwortlichkeit:	alle Anwender
Produktionsserie:	jede
Ort:	Laboratorium des (potentiellen) Käufers
Erforderliche Zeit:	etwa 2 Wochen
Protokoll:	EPI der IFCC

Tab. 6: Evaluation im Stadium 3

Diese Situation könnte als 'Multiple Ein-Center-Evaluationen' bezeichnet werden. Deren Nachteile sind, daß

- die Zeit bis zur Erstellung der Abschlußberichte von verschiedenen Laboratorien als zu lang erachtet wird,

- die Ergebnisse zwischen verschiedenen Laboratorien meistens wegen der unterschiedlichen Versuchsanordnungen nicht vergleichbar sind,

- die Anzahl der in Europa erforderlichen Evaluationen von den Herstellern als zu hoch betrachtet wird, und

- sie eine unnötige Vergeudung von Geld, Personalkapazitäten und wissenschaftlichen Ressourcen bedeuten.

Daher erscheint es konsequent, mehrere Versuche in einer Multi-Center-Evaluation zu koordinieren. Die wesentlichen Vorteile dieses Konzeptes sind:

1. Gewinnung vergleichbarer Daten über die Zuverlässigkeit neuer Geräte von verschiedenen Laboratorien,

2. bessere Verfügbarkeit von Informationen über neue Geräte,

3. höhere Objektivität, da die Unabhängigkeit vom Hersteller gefördert wird und der Grad an Objektivität, der durch eine Multi-Center-Studie erreicht wird, kaum von Einzellaboratorien zu erzielen ist,

4. Vermeidung unnötiger Wiederholung zahlreicher Evaluationen, die mehr oder weniger umfangreich sind,

5. optimaler Einsatz vorhandener Ressourcen,

6. Stimulierung von relevanten Geräteverbesserungen.

Vorteil: 1, 2 und 3 verbessern die Basis für den Entscheidungsprozeß, 4 und 5 bedeuten weniger manpower und weniger Kosten für den Hersteller. Insgesamt kann mit einer Ersparnis ökonomischer Ressourcen gerechnet werden; 6 bedeutet eine intensivere Rückkopplung vom Labor zum Hersteller.

Die erzielten Ergebnisse haben ein höheres Gewicht, wenn sie in verschiedenen Laboratorien unter vergleichbaren Bedingungen erhalten werden.

Das Dreistadien-Konzept reflektiert mehr oder weniger das derzeitige Vorgehen größerer Firmen bei der Einführung neu entwickelter Analysengeräte. Obwohl dieses Verfahren schon in vielen Fällen befolgt wird, sollte das Konzept allgemein akzeptiert werden, bevor die Standardisierung weiter verfolgt wird. Es ist besonders wichtig, zwischen Stadium 2 und 3 zu differenzieren. Da freiwillige Versuche vorgeschlagen werden, handelt es sich bei dem Konzept nicht um ein 'premarket approval'.

Erfahrungen mit der derzeitigen Situation haben gezeigt, daß

1. single-centre Evaluationen nicht immer, besonders außerhalb des jeweiligen Landes akzeptiert werden, und
2. die Hersteller selbst selten nur ein einzelnes Laboratorium für umfangreiche Evaluationsstudien aussuchen.

Falls das Dreistadien-Konzept akzeptiert wird, sollte der nächste Schritt in der Harmonisierung der verschiedenen, bereits ausgearbeiteten Protokolle bestehen.

Diese Harmonisierung ist bereits zwischen der jetzigen Version des Stadium 2-Dokumentes von ECCLS und dem Stadium 3-Dokument des EPI der IFCC vollzogen. Die Erfahrungen mit den jetzigen Evaluationsprotokollen haben gezeigt, daß für jede Geräteklasse ein spezifisches Dokument, z.B. für Spektrometer, chemische Analysengeräte, Blutgasgeräte usw., erforderlich ist.

Literatur

Haeckel R, Keller H, Knedel M (1980) Recommendations for multicentre evaluations of analytical instruments in clinical chemistry. Dt. Ges. f. Klin. Chem. Mitt. 5:184; J Clin Chem Clin Biochem 18:693

Haeckel R, Busch EW, Christiansen FF, Gentilini JL, Jennings JD (1982) ECCLS document Vol 2, No 4

Feldmann U, Schneider B, Klinkers H, Haeckel R (1981) A multivariate approach for the biometric comparison of analytical methods in clinical chemistry. J Clin Chem Clin Biochem 19:121

Passing H, Bablock W (1983) A new biometrical procedure for testing the equality of measurements from two different analytical methods. J Clin Chem Clin Biochem 21:709

Weitere Arbeiten siehe Bibliographie zur Geräte-Evaluation.

3.4 R.D. JENNINGS (LONDON): DAS DHSS EVALUATIONSSCHEMA FÜR KLINISCH-CHEMISCHE GERÄTE UND REAGENZIEN

Im Vereinigten Königreich ist der nationale Gesundheitsdienst staatlich organisiert. Etwa 400 Laboratorien bieten in allen Disziplinen der Pathologie (Biochemie, Hämatologie, Histopathologie, Immunologie und Mikrobiologie) ihre Dienste an. Das Ministerium für Gesundheit und Sozialversicherung ist über den wissenschaftlichen und technischen Zweig für den zufriedenstellenden Betrieb und Leistung aller Geräte und Betriebsmittel, die im nationalen Gesundheitsdienst gekauft werden, verantwortlich. Hierunter sind auch alle Aspekte der Geräte und Verbrauchsmaterialien eingeschlossen. 1960 ist klar geworden, daß zu wenig Informationen über die Leistung von Geräten vorliegen, die für den Einsatz im Labor gekauft worden sind. Es ist damals ein Programm und ein Protokoll für die Evaluation von automatischen Analysengeräten in klinisch-chemischen Laboratorien entworfen und 1969 veröffentlicht worden. Seitdem ist dieses Protokoll zweimal überarbeitet worden. Die letzte Revision ist bereits abgeschlossen und wird in diesem Jahr veröffentlicht (Broughton et al. 1969, 1974; Percy Robb, Broughton, Jennings et al. 1983).

Ende der sechziger und Anfang der siebziger Jahre haben Analysatoren noch nicht den Zuverlässigkeitsgrad gehabt, den sie heute haben. Es ist damals notwendig gewesen, sehr weit gefaßte Zuverlässigkeitstests als Teil einer jeden Evaluation bei Geräten durchzuführen. So sind bei einer Reihe von Geräten Dauertests mit einhunderttausend Zyklen durchgeführt worden, um die Abnutzung bestimmter Teile festzustellen. Die Entwicklung zuverlässiger Apparate, besonders elektronischer, zum Ersatz elektromechanischer Geräte und der allgemeine Fortschritt haben dazu geführt, daß sich der Schwerpunkt von den Prüfungen der mechanischen Aspekte eines Gerätes auf Prüfungen seiner klinischen Leistungen verlagert hat. Zum Beispiel kann schon heute davon ausgegangen werden, daß Hersteller Präzisions-, Genauigkeits- und Linearitätstest selbst durchführen und uns auch die entsprechenden Unterlagen darüber zur Verfügung stellen.

Ein weiterer wichtiger Aspekt in bezug auf die Prüfung von Analysatoren ist die Betriebssicherheit. Dabei wird erwartet, daß die Hersteller solcher Geräte sich an die nationalen und internationalen

Sicherheitsvorschriften halten (Tab. 1). Im Vereinigten Königreich gibt es einen: 'Electrical Safety Code for Hospital Laboratory Equipment'. Dieser deckt alle Aspekte der elektrischen Sicherheit und der damit verbundenen Gefahren, wie z.B. die elektrische Interferenz ab. Es wird auch davon ausgegangen, daß der Hersteller die entsprechenden mikrobiologischen Sicherheitstest durchführt, z.B. daß er garantieren kann, daß keine Aerosole vorhanden sind und die umgebenden Oberflächen nicht kontaminiert werden.

1. Elektrische Sicherheit (Electrical Safety Code for Hospital Laboratory Equipment)
2. Mikrobiologische Sicherheit
3. Mechanische Sicherheit (Health and Safety at Work etc. Act)

Tab. 1: Sicherheit von Geräten

Im Augenblick gibt es keine Vorschriften in bezug auf die mechanische Sicherheit von Laborgeräten; aber das Gesetz über Gesundheit und Sicherheit am Arbeitsplatz verlangt z.B., daß der Hersteller sichere Geräte produziert.

Ein typischer Verlaufsplan für eine Evaluation wird in Tab. 2 gezeigt. Entweder kommen die Hersteller auf uns oder wir auf die Hersteller zu, wenn ein neues Produkt auf den Markt kommt. Der künftige Absatz eines solchen Gerätes muß ungefähr abgeschätzt werden können.

Damit kann entschieden werden, ob es gerechtfertigt ist, eine Evaluation durchzuführen oder nicht. Wenn entschieden wird, daß eine Evaluation erforderlich ist, müssen drei Dinge mit dem Hersteller abgesprochen werden: erstens, ob der Hersteller das Gerät in Miete zur Verfügung stellt, oder ob es gekauft werden muß; zweitens, wer die Evaluation durchführen soll; drittens, welches Protokoll benutzt wird.

1. Notwendigkeit einer Evaluation diskutieren
2. Ort und Protokoll bestimmen
3. Sicherheit und mechanische Daten mit dem Hersteller diskutieren
4. Analytische Untersuchung
5. Bericht über die Ergebnisse der Evaluation
6. Bericht wird vom Hersteller kommentiert
7. Bericht wird dem UK National Health Service zugestellt

Tab. 2: Verlauf einer typischen Evaluation

Im allgemeinen werden die Geräte von den Herstellern gemietet. Wenn Geräte gekauft werden, geschieht das aus drei Gründen:

1. Das Gerät ist so klein oder billig, daß es gekauft werden kann.
2. Das Gerät muß an verschiedenen Stellen evaluiert werden z.B. in einem Labor oder auch in einer Intensivstation.
3. Das im Labor des Evaluators installierte Geräte ist so in den Routinebetrieb des Labors integriert worden, daß es unzumutbar wäre, wenn am Ende des Versuchs das Gerät wieder entfernt werden müßte.

Das Protokoll, das von uns benutzt wird, stützt sich auf publizierte Dokumente mit speziellen Modifikationen für das jeweilig betroffene Instrument. Es wird immer versucht, sicherzustellen, daß der Hersteller mit dem Standort der Evaluation und dem Protokoll einverstanden ist und das Recht behält, selbst die letzte Entscheidung darüber zu treffen. Wenn man sich über ein Protokoll geeinigt hat, muß man sich hinsichtlich des Zeitablaufs, der erforderlichen Menge und Kosten aller Reagenzien und Verbrauchsmaterialien während des ganzen Versuchs einigen. Es muß auch dafür gesorgt werden, daß möglicherweise notwendige spezielle Referenzmaterialien vorhanden sind. Man muß damit rechnen, daß eine Evaluation etwa 8 - 10 Wochen dauert, und hoffen, daß vier Wochen später der Evaluationsbereicht vorliegt.

Die zu untersuchenden Kriterien sind in Tab. 3 aufgelistet.

1. Präzision in der Serie und zwischen den Serien
2. Richtigkeit (oder Vergleichbarkeit mit Vergleichmethode)
3. Linearität
4. Verschleppung
5. Datenverarbeitung
6. Kostenrechnung
7. Subjektive Beurteilung

Tab. 3: Analytisches Protokoll

Zuerst sollten mit dem Hersteller die erwähnten Sicherheitsaspekte und technischen Daten besprochen werden. Dann ist vorgesehen, die Evaluation, Präzision der Serie und zwischen den Serien, sowie Richtigkeit, Linearität, Verschleppung, Effekte computerisierter Kalkulationen und Kosten zu untersuchen, um dann eine subjektive Beurteilung darüber abzugeben.

Die Präzision beinhaltet Aspekte der Verschleppung, Sensitivitätsänderungen, Drift und Kalibrationsänderungen. Eine entsprechende Folge von Proben muß benutzt werden, um alle Aspekte sichtbar zu machen: je 20 Kontrollmaterialien mit hohen, mittleren und niedrigen Konzentrationen. Diese Sequenz läuft dann an 20 aufeinanderfolgenden Arbeitstagen. Die Präzision in der Serie wird wie die Präzision von Tag zu Tag berechnet.

Die Richtigkeit wird durch Vergleich mit Resultaten aus Proben mit Sollwerten aus nationalen Ringversuchen oder mit Werten, die den Kontrollmaterialien vom Hersteller beigelegt werden, bzw. von Materialien, deren Werte mit Referenz- oder definitiven Methoden ermittelt worden sind, festgestellt. Ferner werden etwa hundert Patientenproben mit Routinemethoden untersucht. Außerdem werden Proben mit eingewogenen Interferenzsubstanzen (Bilirubin, Hämoglobin, gerinnungsverhütenden Substanzen usw.) in diese Untersuchung einbezogen. Vor kurzem sind Routinemethoden beurteilt worden, indem ihre Zuverlässigkeit bei nationalen und internationalen Ringversuchen verglichen worden ist.

Die Linearität wird durch wiederholten Einsatz abgestufter, weniger oder stärker konzentrierter Serumproben beurteilt. Ein wichtiger Aspekt dieser Experimente ist, daß die Resultate unmittelbar nach Erhalt graphisch dargestellt werden. Dadurch werden mögliche Fehler frühzeitig erkannt. Wo erforderlich, werden auch Messungen über die Verschleppung durchgeführt (Tab. 4).

$$\text{Verschleppung (K)} = \frac{b_1 - b_3}{a_3 - b_3},$$

wobei a_1, a_2 und a_3 bzw. b_1, b_2 und b_3 Sequenzen von drei hohen bzw. niedrigen Probenwerten sind.

Tab. 4: Verschleppung

Dies erfolgt dort, wo die Methode einen breiten analytischen Bereich abdeckt, z.B. bei Glukose. Das Verfahren, nach dem gearbeitet wird, ist von Broughton 1969 festgelegt und bereits von Gentilini erwähnt worden.

Die Betriebskosten für ein Gerät sind ein wichtiger Aspekt, der der Evaluation bedarf, aber beträchtlichen Meßfehlern unterliegen kann (Tab. 5).

1.	Kapital - Abschreibung während 7 Jahren
2.	Wartung
3.	Reagenzien
4.	Verbrauchsmaterialien
5.	Belegschaft

Tab. 5: Kosten

Die Kosten enthalten ja nicht nur Reagenzien und andere Betriebsmittel, sondern auch den Abschreibungsfaktor der Geräte, die Lebenszeit, Wartung des Gerätes und das benötigte Bedienungspersonal. Es ist ein Plan für solche Kostenschätzungen entworfen und bereits veröffentlicht worden; er ist sehr komplex; die erhaltenen Resultate können nicht einmal innerhalb eines Landes von einem Labor auf ein anderes Labor, auf keinen Fall auf andere Länder übertragen werden. Es gibt also noch keine ideale Beantwortung dieses Problems. Es müssen z.B. Schätzungen in Bezug auf die Kosten der Betriebsmittel, Auswertung und Wartung auf der Basis von einem und zwei Dritteln der Totalkapazität mit zusätzlichen Hinweisen auf Bedienungspersonal usw. erfolgen.

Bei der subjektiven Beurteilung müssen die in Tab. 6 zusammengestellten Aspekte bedacht werden. Alle Laboratorien haben unterschiedliche Ansichten in Bezug auf die Nützlichkeit von Geräten. Eine solche Beurteilung bedeutet daher, daß diese nur die Ansicht eines einzelnen Laboratoriums wiedergibt, ausgenommen quantifizierbare Dinge wie die Zuverlässigkeit (bei Führung eines Tagebuches über alle Schäden und Reaktionen des Herstellers auf solche Schäden). Außerdem werden die Trainingskurse des Herstellers, die Bedienungsanleitung und falls vorhanden, die Wartungsanleitung beurteilt.

1. Effektiver Probendurchsatz
2. Probenvolumen
3. Verfügbare Methoden
4. Notfall-Analytica
5. Leichte Bedienbarkeit
6. Trainingskurs und Manual
7. Zuverlässigkeit
8. Service

Tab. 6: Subjektive Beurteilung

Noch einmal zurück zum Ablauf einer Evaluation (Tab. 2): Wenn die Evaluation abgeschlossen ist, bereiten die Tester ihren Bericht vor, der so kurz und objektiv wie möglich abgefaßt werden soll. Einige Berichte, die vorgelegt worden sind, erstrecken sich auf 350 und mehr Seiten; das ist zu lang, um gelesen zu werden. Sobald ein Bericht vorliegt, wird er dem Hersteller vorgelegt, und dieser hat das Recht, seine eigenen Anmerkungen und Kommentare hinzuzufügen. Erst dann wird ein Bericht auf vertraulicher Basis zusammengestellt und den Laboratorien des nationalen Gesundheitsdienstes vorgelegt. Es ist manchmal möglich, daß eine solche Evaluation auch außerhalb des Vereinigten Königreiches zur Verfügung gestellt werden kann.

In Tab. 7 sind einige der Analysatoren aufgeführt, die in den letzten 5 - 6 Jahren evaluiert worden sind. Diese enthält ein weites Spektrum nicht nur von Analysengeräten, sondern auch von verschiedenen Techniken. In den letzten 4 Jahren sind von uns auch Reagenzien untersucht und vor kurzem ein entsprechendes Evaluationsprotokoll veröffentlicht worden (Percy-Robb, Broughton, Jennings, McCormack, Saunders u. Warner 1980). Die angetroffenen Probleme sind denen bei Geräten sehr ähnlich; aber es gibt sehr viel größere Unterschiede zwischen verschiedenen Analysatoren oder Analysengeräten. Es

Multichannel Analysers	SMAC SMA II Greiner GSA 300 Hycel M Coulter Kem-O-Lab Du Pont ACA	IL Multistat I Rank Chemispek Vickers SP 120 Bemas Econoflo Beckman Astra 8 Chemlab Chemilyser IL 508
Multitest Analysers	Technicon Quantachem (KDA) Technicon RA 1000 Ultrolab Aurora	Hitachi 706D Hitachi 705
Discrete Analysers	Abbott VP50 Coulter Kem-O-Mat	Vitatron PA800 Kone CD
Centrifugal Analysers	Centrifichem Gemsaec Roche Cobas Bio	Gemini IL Multistat II Rotochem IIa
Blood Gas Analysers	Radiometer ABL 2 IL 613	Corning 175 Technicon BG II
Ria Analysers	Centria Aria	Technicon Star Gilson Analymat
Flame Photometers	Corning 435	Corning 460
Ion-Selective Sodium/ Potassium Analysers	Orion SS30 IL 501 Beckman Electrolyte 2 Kone Microlyte	Nova 1 IL 502 Corning 902
Nephelometers	Beckman Hyland	Hoechst Kallestad

Tab. 7: seit 1975 getestete Geräte

ist daher wichtig, daß stets mehr als eine Materialcharge evaluiert oder dies zumindest versucht wird. Es ist auch besser, wenn mehrere Laboratorien in Bezug auf die Evaluationsarbeit bei Reagenzienkits in diese Arbeiten einbezogen werden. Man kann dabei vergleichende Evaluationen über alle Produkte, die auf dem Markt vorhanden sind, durchführen; dies ist bei Geräten nicht möglich.

In Tab. 8 wird noch einmal der Versuch gezeigt, die Unterschiede zwischen den einzelnen Chargen innerhalb einer Charge usw. aufzulisten.

1. Präzision in der Serie zwischen den Serien zwischen den Chargen
2. Vergleichbarkeit (Richtigkeit)
3. Linearität
4. Empfindlichkeit
5. Stabilität
6. Interferenzen
7. Kosten
8. Subjektive Beurteilung

Tab. 8: Evaluationsschema für Reagenzien

Die Unterschiede im Produktionsverfahren können auch zu Unterschieden in der Präzision führen. Dies drückt sich dadurch aus, daß verschiedene Chargen von Material betrachtet werden. Weitere Tests werden in bezug auf Linearität und Sensitivität, besonders bei Hormonanalysen, Interferenzsubstanzen, die Kosten und die subjektive Einschätzung in bezug auf die verschiedenen Reagenzienkits durchgeführt.

In der letzten Tab. 9 sind einige der Reagenzienkits aufgeführt, die bereits auf vergleichender Basis evaluiert worden sind, sowie einige von denen, die zur Zeit evaluiert werden.

FERTIG	Alpha-Fetoprotein Neonatal TSH Creatin Kinase Creatin Kinase-MB Testosteron
LAUFEND	Freies Thyroxin Paracetamol

Tab. 9: DHSS Evaluation von Reagenzien

Zusammenfassend kann festgestellt werden, die die Evaluation sehr viel Zeit, Geld und vor allem den Einsatz aller Betroffenen fordert. Die Evaluation von Geräten und Reagenzien in einem solchen Maßstab kann prinzipiell nur durch staatliche Institutionen unternommen werden. Diese sind dann auch in der Lage, vertrauliche Diskussionen mit den Herstellern über die von diesen benutzten Qualitätssicherungsverfahren zu führen, damit es einige Sicherheit gibt, daß die anschließend an die Evaluation hergestellten Produkte denen, die evaluiert worden sind, entsprechen, und die Herstellungsstandards ständig verbessert werden.

Literatur

Broughton PMG (1969) Association of clinical biochemists, scientifics and technical committee study group on automation in clinical chemistry. A guide for automation in clinical chemistry. Techn Bull No. 16

Percy-Robb IW, Broughton PMG, Jennings RD, et al (1980) Recommended scheme for evaluation of kits in the clinical chemistry laboratory. Ann Clin Biochem 17:217

3.5 A. TRUCHAUD* (MEAUX, FRANCE) BERICHT ÜBER STUDIEN ZUR GERÄTE- UND REAGENZIENEVALUATION IN FRANKREICH

IN ZUSAMMENARBEIT MIT D. GRAFMEYER (LYON), C. NAUDIN (BLIGNY) UND A. VASSAULT (PARIS)

Literaturstudien (A. Truchaud, J.M. Boigne, 1982) und eine zehnjährige Erfahrung zeigen eindeutig, daß der Auswerter auf folgende Schwierigkeiten stößt:

- Identifikation der Fehlerquellen von Gerät oder Reagenz, insbesondere bei geschlossenen Systemen,
- ständige Diskussionen zur Auswahl der Vergleichstechniken (Geräte, Reagenzien und Methoden),
- praktische Durchführung einer Multicenter-Evaluation, die ohne einen täglichen Vergleich der Ergebnisse erschwert ist, da Fehler sonst nur nach Abschluß der Arbeiten erkennbar werden,
- schlechte Verteilung der Punkte in Vergleichsstudien, wodurch die Repräsentativität der Parameter der Regressionsgerade in Frage gestellt wird und ein Mißbrauch der Korrelationskoeffizienten erfolgt,
- Annehmbarkeit falsch festgelegter Streuungsgrenzen mit nachfolgenden Diskussionen über den Variationskoeffizienten,
- schlechte Adaptation des klassischen Protokolls an die neuen Technologien.

Deshalb sind in Frankreich parallel zu der aktiven Teilnahme an der Ausarbeitung des Protokolls, das durch ein Ad-hoc-Komitee der ECCLS - vertreten durch J.L. GENTILINI - vorgeschlagen worden ist, auch verschiedene andere Aktivitäten unternommen worden.

Eine Gruppe hat sich mit dem modulären Protokoll befaßt, welches der Überprüfung der grundlegenden Funktionen der Analysenautomaten, der Proben- und Reagenziendosierung (Genauigkeit des Volumens und des Verschleppungsfehlers) sowie der Konstanthaltung der Temperatur und der Meßgenauigkeit (Photometerprüfung) dient. Eine andere Gruppe

---

* Vorsitzender der Gerätekommission der französischen Gesellschaft für klinische Biochemie, Laboratoire de Biochimie, 8, rue Saint Fiacre. 77108 MEAUX

hat sich mit der Ausarbeitung eines Protokolls zur Überprüfung der Techniken beschäftigt, worunter der gesamte Analysenprozeß (Reagenzien- und Geräte-Benutzung, -Justierung bzw. -Kalibrierung, Meßmethoden, Kontrollmöglichkeiten u.a.m.) verstanden wird.

Das Grundkonzept, die Ausarbeitung, Auswertung und Präsentation des genormten Protokolls zur Durchführung der Evaluation kann bei der Bewertung bekannter Techniken, insbesondere bei Neueinführung von Reagenzien oder Geräten vereinfacht werden, um am Ende verschiedene Auswertungen vergleichen zu können. Zu diesem Zweck soll demnächst ein abgekürztes Protokoll veröffentlicht werden.

Das Originelle des Protokolls ist die Wiedergabe objektiver Kriterien zur Beurteilung der Annehmbarkeit der erhaltenen Ergebnisse, die auf der Zusammenarbeit der Biologen und Biochemiker mit den Herstellern und Vertriebsfirmen für Labormaterialien begründet ist. Dieses Protokoll ist unter bestimmten Aspekten mit Anlagen zur Parameterspezifizierung und unter dynamischem Aspekt zur Vereinfachung der Benutzung zusammengestellt worden. Es würde zu weit führen, das gesamte Protokoll hier wiederzugeben, weshalb eine Beschränkung auf das, was gegenüber dem IFCC-Protokoll wichtig ist, erfolgt:

Multicenter-Evaluation

Es wird versucht, die Multicenter-Evaluation gleichzeitig und sich ergänzend, eher als komplementär und in Zeitverschiebung, durchzuführen. Es sind unterschiedliche Phasen der Evaluation als wichtig anzusehen: Einarbeitungsphase, Vorphase und Evaluationsphase (Abb.1):

Einarbeitungsphase

Diese Phase soll ermöglichen, den Versuch bei wesentlichen Fehlern abzubrechen. Als Grundlage dient die Prüfung der Wiederholbarkeit. Eine besondere Bedeutung hat die graphische Darstellung der Ergebnisse von Tag zu Tag erhalten. Die Kriterien der Annahme oder Ablehnung sind genau definiert (Tab. 1). Diese Ergebnisse sind nicht Teil der Schlußauswertung.

Vorphase

In dieser Phase werden Streuung und Vergleichbarkeit der Analysen beurteilt. Diese dienen als Grundlage zur letzten Protokollphase

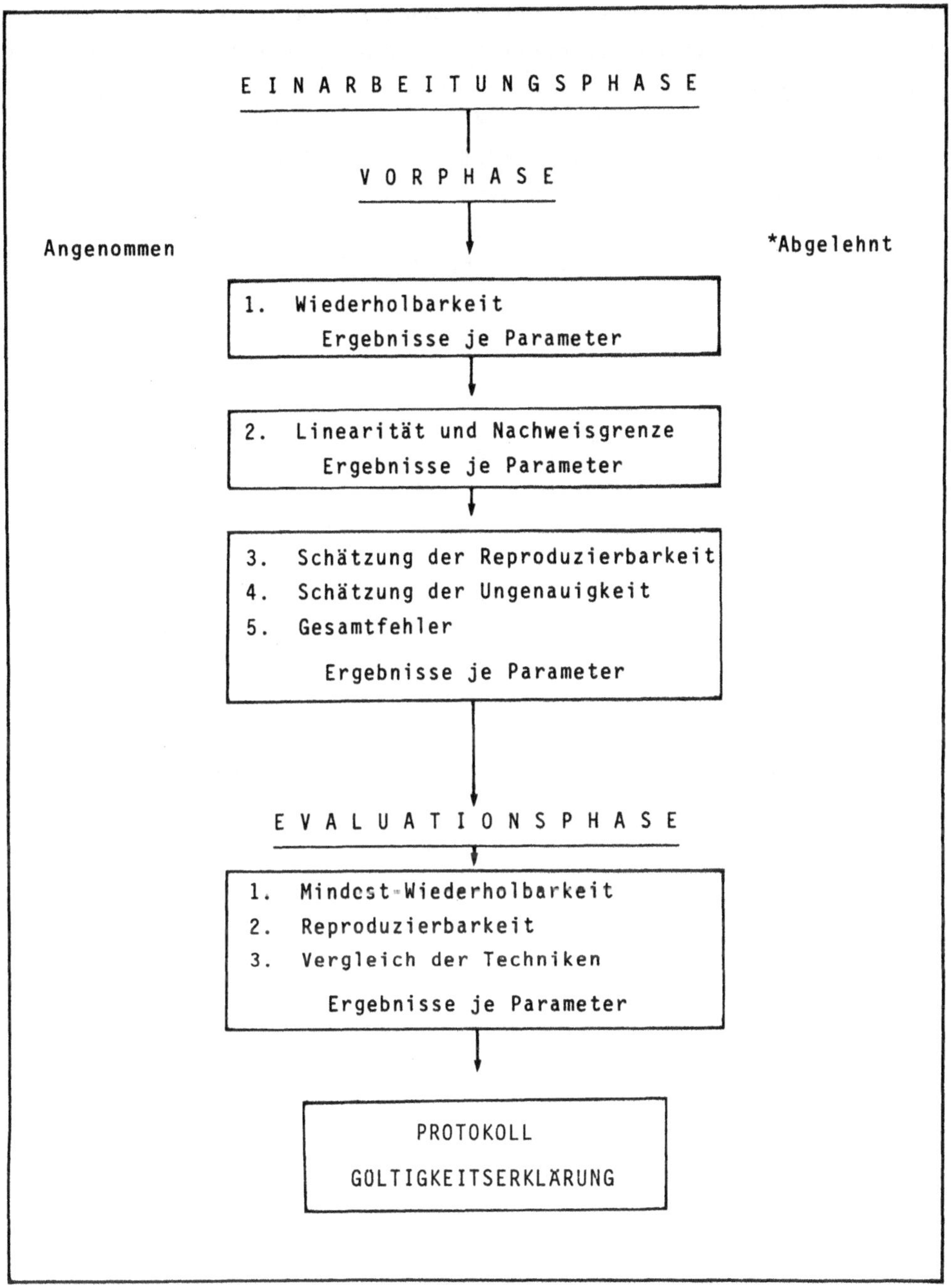

Abb. 1: Einarbeitungsphase, Vorphase, Evaluationsphase

*'Abgelehnt' schließt nicht zwangsläufig die Zurückziehung des Versuchs ein. Der Versuch kann nach Änderung der Versuchsbedingungen zur Verbesserung der Ergebnisse fortgesetzt werden.

und zum Vergleich der benutzten Proben mit Evaluationstechniken. Die Wahl der Kontrollprobe als Funktion ihrer Konzentration ist genau anzugeben (Tab. 2).

Evaluationsphase (ECCLS: main trial)
Eine besondere Bedeutung ist der Auswahl der Proben zuzumessen. Für jeden Parameter werden verschiedene Konzentrationen, die nach Klassen definiert sind, vorgeschrieben (Tab. 3). Die Probleme der Probenvorbereitung (Probennahme, Spezimenvorbereitung und -aufbewahrung) werden präzisiert (Tab. 4 und 5).

Diese beiden Protokolltypen ermöglichen sowohl einen globalen Zugriff als auch die Untersuchung einzelner Komponenten von Systemen und den Vergleich der benutzten Systeme miteinander.
Eine andere Gruppe hat einige Protokolle zu Analysensystemen überprüft, für die sich die herkömmlichen Protokolle schlecht eignen, z.B. die Dosierung von Natrium und Kalium bei Untersuchungen mit ionenselektiven Elektroden (Truchaud, Gourmelin, Sachs, Gouget, Manceaux, Grafmeyer, Dingeon, Boigne 1983; Bazin 1983).

Die verschiedenen Protokolle, allein oder kombiniert verwendet, erlauben nicht nur, bereits im Handel erhältliche Analysengeräte und Reagenzien zu prüfen, sondern auch sich an der Prüfung von Geräteprototypen oder Erstproduktionen von Reagenzien in Zusammenarbeit mit den Herstellern zu beteiligen.

Literatur

Truchaud A, Boigne JM (1982) Evaluation coordonnée des analyseurs de sodium et de potassium. Photomètres de flamme et électrodes sélectives. Cahier n° 23 du C.N.E.H., disponible auprès des auteurs.

Truchaud A, Gourmelin Y, Sachs C, Gouget B, Manceaux JC, Grafmeyer D Dingeon B, Boigne JM (1983) Seconde évaluation coordonnée des analyseurs de sodium et de potassium. Rapport C.E.R.M.A.B. 1983, disponible auprès des auteurs.

Bazin JP (1983) Analyse bibliographique des évaluations d'appareils parues entre 1972 et 1980. Thèse de doctorat en Sciences.
CHU H. Mondor, Créteil 1983

Substrat	Einheit	Probe B	Probe T	Probe E
Harnsäure		100 - 200	300 - 400	450 - 550
Bilirubin	"	10 - 20	35 - 45	80 - 100
Calcium	mmol/l	1,50 - 1,80	2,30 - 2,50	2,80 - 3,00
Chloride	"	75 - 85	100 - 105	115 - 120
Creatinin	µmol/l	50 - 80	180 - 220	650 - 750
Eisen	"	8 - 12	20 - 25	30 - 35
Glucose	mmol/l	2,5 - 3,5	5,5 - 6,5	16 - 20
Magnesium	"	0,40 - 0,55	0,85 - 1,00	1,50 - 1,70
Phosphor	"	0,80 - 1,00	1,50 - 1,80	2,60 - 3,00
Kalium	"	2,5 - 3,0	4,2 - 4,8	5,8 - 6,5
Protein-Gesamt	g/l	35 - 40	62 - 70	85 - 90
Natrium	mmol/l	120 - 125	135 - 143	152 - 158
Harnstoff	mmol/l	3,0 - 4,0	8,0 - 10,0	30 - 35
Cholesterin	"	2,5 - 3,0	5,0 - 6,0	7,5 - 8,5
Triglyzeride	"	0,50 - 0,80	1,40 - 1,80	2,80 - 3,50
Amylase				
y-GT				
CK	SFBC UI/l 30°C	30 - 80	180 - 220	400 - 500
LDH	"	150 - 250	400 - 500	1 000 - 1 200
AP	"	50 -100	120 - 150	400 - 450
GOT/GPT	"	20 - 40	80 - 100	200 - 250

Beispiele der Konzentrationsauswahl von Kontrollproben zur Durchführung der Analysen in Serum oder Plasma. Die Werte sind entsprechend den verfügbaren Proben auf dem Markt ausgewählt worden.

Tab. 1: Auswahl der Kontrollproben

Substrate / Enzyme	Einarbeitungsperiode in Tagen	Vorphase: Wiederholbarkeit des VK in ±%	Vorphase: Reproduzierbarkeit des VK in ±%			Vorphase: Ungenauigkeit des VK in ±%	Vorphase: Grenzen des Gesamtfehlers des VK in ±%	Evaluationsphase: Wiederholbarkeit des VK in ±%		Evaluationsphase: Reproduzierbarkeit des VK in ±%	
			B	T	E			B	E	B	E
Harnsäure	10	2,5	4,5	4.0	3,5	4,0	12,0	2,5	2,0	4,5	3,5
Bilirubin	20	3.0	8,5	7.0	5,2	6,0	20,0	5,0	3,0	8,5	5,2
Calcium	5	1,5	2,0	2,0	2,0	2,5	6,5	1,5	1,5	2,0	2,0
Chloride	5	1,5	2,0	2,0	2,0	2,0	6,0	1,5	1,5	2,0	2,0
Cholesterin	8	2,5	5,0	5,0	5,0	4,0	14,0	3,0	2,0	5,0	5,0
Creatinin	10	3,0	5,0	3,0	3,0	5,0	11,0	3,5	2,0	5,0	3,0
Eisen	10	3,5	6,0	5,5	5,0	5,0	16,0	4,5	3,0	6,0	5,0
Glucose	8	2,0	4,0	2,5	2,0	4,0	9,0	2,5	1,0	4,0	2,0
Magnesium	10	3,5	5,0	4,0	4,0	5,0	13,0	3,5	3,0	5,0	4,0
Phosphor	10	2,5	5,0	3,5	3,0	5,0	12,0	3,0	1,5	5,0	3,0
Kalium	8	1,5	2,5	2,0	2,0	2,0	6,0	2,0	1,5	2,5	2,0
Protein, Ges.	8	2,0	4,0	3,0	3,0	3,0	9,0	3,0	2,0	4,0	3,0
Natrium	5	1,0	1,5	1,2	1,2	1,5	3,9	1,0	1,0	1,5	1,2
Triglyzeride	12	4,0	7,0	6,0	6,0	7,0	19,0	5,0	3,0	7,0	6,0
Harnstoff	12	3,0	6,0	3,5	3,0	4,0	11,0	4,0	2,0	6,0	3,0
Amylase	15		6,0	6,0	5,0	12	24	5,0	4,0	6,0	5,0
CK	15		6,0	6,0	5,0	10	22	5,0	4,0	6,0	5,0
y-GT	15		6,0	6,0	5,0	10	22	5,0	4,0	6,0	5,0
LDH	15		6,0	6,0	5,0	10	22	5,0	4,0	6,0	5,0
AP	15		6,0	6,0	5,0	10	22	5,0	4,0	6,0	5,0
GOT	15		6,0	6.0	5,0	8	20	5,0	4,0	6,0	5,0
GPT	15		6,0	6,0	5,0	8	20	5,0	4,0	6,0	5,0

Tab. 2: Kriterien der Annehmbarkeit

Substrate	Einheit	Gruppe A	in %	Gruppe B	in %	Gruppe C	in %	Gruppe D	in %
Harnsäure	µmol/l	80 - 250	20	251 - 350	30	351 - 500	40	501 - 800	20
Bilirubin	µmol/l	4 - 20	35	20 - 40	25	40 - 100	20	100 - 200	20
Calcium	mmol/l	1,70 - 2,00	20	200 - 2,40	30	2,40 - 2,80	30	2,80 - 3,50	20
Creatinin	µmol/l	20 - 70	10	71 - 120	30	212 - 200	30	201 - 1 000	30
Eisen	µmol/l	2,0 - 9,0	20	9,1 - 14	30	14,1 - 26,0	30	26,1 - 40,00	20
Glucose	mmol/l	1,5 - 3,0	10	3,1 - 6,1	40	6,1 - 10,0	30	10,1 - 24,00	20
Magnesium	mmol/l	0,20 - 0,50	10	0,51 - 0,90	40	0,91 - 1,20	40	1,21 - 2,00	10
Phosphat	mmol/l	0,10 - 0,80	20	0,81 - 1,40	30	1,41 - 2,00	30	2,01 - 4,00	20
Kalium	mmol/l	2,00 - 3,00	10	3,10 - 4,00	40	4,10 - 5,00	40	5,10 - 7,00	10
Protein	g/l	30 - 50	10	51,00 - 62,00	40	63,00 - 80	40	81 - 100	10
Natrium	mmol/l	115 - 130	20	131 - 140	30	141 - 150	30	151 - 160	20
Harnstoff	mmol/l	2,0 - 5,0	20	5,1 - 10,0	30	10,1 - 15,0	30	15,1 - 50,0	20
Cholesterin	mmol/l	2,0 - 3,5	20	3,6 - 5,0	30	5,1 - 7,0	30	7,1 - 10,0	20
Triglyzeride	mmol/l	0,25 - 0,80	20	0,81 - 1,40	30	1,41 - 2,00	30	2,01 - 6,0	20
CK - SFBC	UI/l	50 - 100	20	101 - 200	30	201 - 500	30	501 - 1 500	20
y-GT - IFCC	UI/l	5 - 30	20	31 - 80	30	81 - 150	30	151 - 500	20
LDH - SFBC	UI/l	50 - 250	20	251 - 500	30	501 - 1 000	30	1 001 - 1 500	20
AP - SFBC	UI/l	20 - 80	20	81 - 160	30	161 - 300	30	301 - 600	20
GOT - SFBC									
GPT - SFBC	UI/l	5 - 20	20	21 - 50	30	51 - 100	30	101 - 400	20

Tab. 3: Verteilung der Patientenproben entsprechend der Konzentration ihrer Analysenwerte

Substrate	Lithium Heparinat 12-18 UI/ml	Natrium Heparinat 12-18 UI/mg ml	EDTA 1 mg/ml	Natrium Fluorid 2 mg/ml	Jodacetat-Na Heparinat-Na 10 UI/ml 0.5 mg/ml
Bilirubin	ja	ja	ja	ja	NE
Calcium	ja	ja	nein	nein	NE
Cholesterin	ja	ja	ja	ja	NE
Creatinin	ja	ja	? NE	nein	NE
Eisen	ja	ja	nein	ja	NE
Albumin	ja	ja	ja	ja	-
Glucose	ja	ja	ja	ja	ja
Harnsäure	ja	ja	? NE	? NE	NE
Harnstoff	ja	ja	ja	ja	ja
Triglyzeride	ja	ja	ja	nein	NE
Phosphate	ja	ja	ja	nein	NE
NE = nicht empfohlen					

Enzyme	Lithium Heparinat 12-18 UI/ml	Natrium Heparinat 12-18 UI/mg ml	EDTA 1 mg/ml	Natrium Fluorid 2 mg/ml	Jodacetat-Na Heparinat-Na 10 UI/ml 0.5 mg/ml
Cholinesterase (Butyrylthio-cholin)	ja	ja	ja	nein	NE
CK (NAC aktiv.)	ja	ja	ja	nein	NE
CK (immunol)	ja	ja	ja	nein	NE
GOT (ASAT)	ja	ja	ja	NE	NE
GPT (ALAT)	ja	ja	ja	NE	NE
y-GT	ja	ja	ja	nein	NE
Amylase	ja	ja	? NE	? NE	NE
Lipase	ja	ja	nein	ja	NE
SP (Methode Hillmann)	ja	ja	ja	nein	NE
AP	ja	ja	nein	nein	NE
NE = nicht empfohlen					

Tab. 4: Brauchbare Antikoagulantien zur Bestimmung der häufigsten Substrate und Enzyme

Substrate	+ 4 °C	+ 20-25 °C	- 25 °C
Bilirubin	ja	ja	ja ±
Cholesterin	≤ 6 Tage	≤ 6 Tage	mindestens 6 Monate
Creatinin	24 Std.	24 Std.	mindestens 6 Monate
Eisen	≤ 7 Tage	≤ 4 Tage	?
Albumin	≤ 6 Tage	≤ 6 Tage	mindestens 6 Monate
Glucose	≤ 7 Tage	≤24 Std.	±
Harnsäure	5 Tage	5 Tage	mindestens 6 Monate
Harnstoff	≤ 3 Tage	≤24 Std.	mindestens 6 Monate
Triglyzeride	≤ 3 Tage	nein	-
Phosphate	≤ 7 Tage	≤ 2 Tage	-

* Unter Bedingungen, bei denen die Proben immer vor Licht geschützt sind

Enzyme	+ 4 °C	+ 20-25 °C	- 25 °C
Aldolase	≤ 5 Tage	≤ 3 Tage	-
Alpha-Amylase	≤ 5 Tage	≤ 5 Tage	-
Cholinesterase	≤ 7 Tage	≤ 7 Tage	1 Woche
CK (NAC aktiviert)	≤ 7 Tage	≤ 2 Tage	1 Monat
CK-MB (NAC)	≤24 Std.	≤ 1 Std.	-
GOT (ASAT)	≤ 3 Tage	≤ 3 Tage	1 Monat
GPT (ALAT)	≤ 3 Tage	≤ 3 Tage	instabil
y-GT	7 Tage	7 Tage	1 Monat
LDH	3 Tage	3 Tage	instabil
Lipase	5 Tage	24 Std.	-
SP	3 Tage*	3 Tage*	-
AP	≤ 7 Tage	≤ 2-3 Tage	1 Monat

* In saurem Millieu von pH 5.6 (unter Zugabe von 5 mg/ml $NaHSO_4$)

Zeitraum , innerhalb dessen der Aktivitätsverlust unter 10% liegt

Tab. 5: Haltbarkeit von Substraten und Enzymen

3.6 ST. BAUER (TERRYTOWN) DAS GERÄTE-EVALUATIONSSCHEMA DES NCCLS

Die Aufstellung eines Protokolls zur Geräteevaluation ist erfolgt, um der Industrie eine Richtlinie an die Hand zu geben, die zur Bewertung der Angaben über die Leistung analytischer Methoden benutzt werden kann. Gleichzeitig soll der künftige Käufer die verschiedenen Angaben der einzelnen Hersteller vergleichen können.

Von Anfang an ist davon ausgegangen worden, daß automatisierte klinisch-chemische Geräte sehr viel Analysen in sehr kurzer Zeit ermitteln. Von Anfang an ist das Protokoll in seinem Umfang so erweitert worden, daß auch Laborgeräte evaluiert werden können, die im Durchgang langsamer sind, und daß auch halbautomatisierte Geräte und manuelle Tests einbezogen werden können.

Das veröffentlichte Protokoll besteht aus 3 Teilen:

Der erste Teil (Proposed Standard PSEP-1: Protocol for establishing the precision and accuracy of automated analytices systems) befaßt sich mit der Definition eines geeigneten Qualitätskontrollschemas für die gesamte Testzeit.

Der zweite Teil ist der erste von drei Teilen des Protokolls zur Leistungsbewertung klinisch-chemischer Methoden (PSEP-2: Protocol for establishing performance claims for clinical chemical methods) und heißt: Introduction and performance check experiment, replication experiment and comparison of methods experiment.
Dieser Teil enthält im Einzelnen:
- daß die gesamten Daten zur Leistungsbewertung sowohl hinsichtlich ihrer Genauigkeit wie ihrer Ungenauigkeit analysiert werden,
- daß das Gerät in Betrieb ist und
- auch die Mitarbeiter mit der Methode vertraut gemacht werden.

Erst dann darf das Qualitätsuntersuchungsprogramm durchgeführt werden. Es wird eine 21-tägige Einlaufzeit mit zwei analytischen Durchgängen, jeden Tag einer am Morgen und einer am Nachmittag, vorgeschrieben. Jeder Durchgang muß mit Kontrollproben und zufallsgewählten Patientenproben eines Krankenhauses erfolgen. Fehler können korrigiert und Leistungscharakteristika mit einem üblichen Diagramm aufgezeichnet werden. Während eines analytischen Durchgangs sollten ein oder zwei Kontrollmaterialien geprüft werden. Das Mittel von drei Untersuchern wird bei jedem Qualitätskontrollmaterial in jedem Durchgang berechnet und auf ein X-Strichprogramm aufgetragen, sobald jede Gruppe der fünf Beobachtungen verfügbar ist. An Tagen, an denen das Gerät nicht unter Kontrolle ist, werden keine Daten gesammelt und die Kontrollen erst wieder durchgeführt, wenn das Gerät in Ordnung ist. Die Bereiche der Dreifachanalysen werden berechnet und auf dem R-Diagramm eingetragen. Das R-Diagramm gibt nur die Ungenauigkeiten innerhalb eines Tages wieder. Dieses Qualitätskontrollprogramm wird kontinuierlich während des gesamten Versuchs fortgesetzt.

Als nächstes folgen die Replikationsversuche (PSEP-3: Replication experiment). Diese bestehen aus einem Satzkonzept, in dem k Beobachtungen während zweier Durchgänge von jedem der 21 Tage verwandt werden. Die Beobachtungen werden mit drei verschiedenen Konzentrationen durchgeführt. Aus diesen Beobachtungen können verschiedene Ungenauigkeitskomponenten berechnet werden. Das Protokoll gibt Anleitungen zur Berechnung der Unpräzision innerhalb eines Durchgangs ohne oder mit einer Probeninteraktion. Die Ungenauigkeit zwischen den Durchgängen und die Gesamtungenauigkeit werden als Summe der Ungenauigkeitsfaktoren berechnet. Der Versuch kann in drei verschiedenen Versionen erfolgen: der Mini-, Midi- und Maxi-Version. Diese bezieht sich auf die Zahl der erforderlichen Proben für jede Version. Jede Version des Versuchs gestattet eine Verbesserung der Präzisionskomponenten, die - je nach Umfang des Versuchs - zu schätzen sind. Der Mini-Versuch gestattet also nur, die Ungenauigkeit innerhalb der Durchgänge einschließlich der Verschleppung mit wenigen Freiheitsgraden zu bestimmen. Die Midi- und Maxi-Versuche ermöglichen die Berechnung aller Ungenauigkeiten mit verschiedenen und steigenden Freiheitsgraden. Der Mini-Versuch besteht im Durchlauf von 9 Proben an jedem der 21 Tage. Die zufallsgewählten Proben können aus einer Tabelle erhalten werden, die im Standard geliefert wird. Nach jeder Zufallsnotation werden sie ausgestrichen und ein zweites Mal nicht mehr benutzt. Die Folge der Proben sollte entweder mit zufallsgewählten Patientenproben oder mit zufallsgewählten Proben aus den 'Performance checks experiments' gemischt werden. Bei der Mischung dieser Proben kann die Zufallsverschleppung in die Rechnung eingeführt werden. Sie gestattet die Berechnung der Ungenauigkeit einschließlich der Auswirkungen der Verschleppung. Das Mini-Experiment wird für die manuellen und halbautomatischen Methoden empfohlen, bei denen der Durchgang relativ gering ist. Das Midi-Experiment ist für automatisierte Methoden mit mittlerem Durchgang gedacht. Die einzelnen Doppelwerte sollten nicht getrennt werden, sondern in sofortiger Folge durchlaufen. Vor jedem ersten Versuch sollte entweder ein Zufallspatientenserum oder eine zufallsgewählte 'Performance check experiment'-Probe eingegeben werden, in dem eine Verschleppung vor dem ersten 'power paar' eingeführt wird.

Der dritte Protokollteil (PSEP-4: Comparison of methods experiment) ist ein Korrelationsexperiment, in dem man sehr sorgfältig die Variablen, die das Experiment beeinflussen, definiert hat, sodaß eine gültige Regressionsstatistik berechnet werden kann. Die Testproben sollen vom kranken Menschen stammen, frisch entnommen sein und von erfahrenem Personal gehandhabt und gelagert werden, und zwar von Patienten, die an Krankheiten leiden, von denen man weiß, daß sie die bestimmten Versuchskonstituenten beeinflussen. Die Vergleichsmethode sollte von einer wissenschaftlichen oder gesetzlichen Körperschaft offiziell anerkannt sein. Wenn eine solche Referenzmethode nicht vorliegt, sollte eine Vergleichsmethode, die weit im klinisch-chemischen Meßbereich Anwendung findet, verwendet werden. Der Meßbereich, über den die Korrelation der Methode bewertet werden muß, muß den wichtigsten klinischen Entscheidungsbereich umfassen. Die Verteilung der Proben soll sich von dem unterhalb des erwarteten normalen Referenzintervalls bis zu den erheblich darüber liegenden Intervallen erstrecken. Es wird empfohlen, ungefähr 20% der Daten unterhalb des niedrigsten klinischen Entscheidungspunktes, 20% im unteren Meßbereich des Instrumentes, 20% im oberen Meßbereich des Instrumentes und 20% im obersten Entscheidungsbereich zu verwenden. Es ist nicht annehmbar, nur Daten innerhalb eines begrenzten Teiles des Meßbereichs zu verwenden. Hundert Proben sollten in Doppelbestimmungen untersucht werden, um sowohl die Testmethode als auch die Vergleichsmethode zu überprüfen. Die Proben der ersten und zweiten Doppelmessungen für die Test- und Vergleichsmethode sollten in getrennter Zufallsreihenfolge untersucht und die Analysen innerhalb von 12 Stunden abgeschlossen werden. Für jedes Beobachtungspaar, sowohl für die Vergleichsmethode wie für die Testmethode, sollten die Unterschiede und daraus die mittleren Differenzen berechnet werden. Jedes Paar, das einen größeren Unterschied als die 3,3-fache mittlere Differenz aufweist, sollte als das Paar identifiziert werden, das eine exzessive analytische Ungenauigkeit aufweist. Die gewöhnliche Regression der kleinsten Quadrate von Y und X wird auf einem Streuungsdiagramm eingetragen. Wenn die Präzision der Y-Messung am oberen Ende größer als ein Faktor 5 - als beim niedrigen Analytkonzentrationsspiegel liegt, ist es notwendig, die Regression zu wichten oder die Daten zu transformieren. Das Protokoll hat diese Komplikation nicht diskutiert. Wenn die Vergleichsmethode einen großen Zufallsfehler hat, wird die Neigung der Kurve beeinflußt; wenn die Daten über einen weiten Bereich entnommen werden, wie im Protokoll empfohlen, ist die Größe dieser Beeinflussung sehr gering. Beträgt die Beeinflussung mehr als 1%, muß eine statistische Entzerrungstechnik notwendig werden. Deutliche Nicht-Linearität der Daten kann visuell am Streuungsdiagramm beurteilt werden. Ein Computerprogramm dient zur Berechnung der Regressionsanalyse, und dieses Rechenprogramm paßt für ein Polynom zweiten Grades auf die Daten und bewertet die Signifikanz des Koeffizienten des quadratischen Gliedes. Wenn der Koeffizient statistisch signifikant ist, wird eine Nicht-Linearität bewiesen. Da die Datenbeschaffung oft sehr teuer und nur schwer zu bekommen ist, ist es gestattet, die Zahl der Daten einzugrenzen und die Gleichung unter dem Gesichtspunkt der Eingrenzung neu anzupassen, um zu beweisen, daß dieser Teil der Daten linear ist. Neue Rechnungen über den begrenzten Meßbereich werden dann benutzt, um nur für diesen Bereich Leistungsspezifikationen aufzustellen. Die Daten werden als Ausreißer nach der preliminaren Regressionsanalyse geprüft. Ein Ausreißer wird als ein Punkt definiert, der einen Restwert von besser als das 3,5fache des Standardfehlers hat. Wenn die endgültige Regressionsstatistik zur Verfügung steht, kann die Leistungsspezifikation auch die Bias bei so vielen medizinischen Entscheidungen angeben. Der Bias ist als der Unterschied zwischen dem gemessenen Wert für ein gegebenes x und dem x-Wert definiert. Addition, Toleranzgrenzen und Gesamtfehler sollen für den Entscheidungspunkt, der dem Mittel der Vergleichsmethode am nächsten liegt, angegeben werden. Der Gesamtfehler wird durch die Berechnung der absoluten Unterschiede zwischen dem oberen Toleranzbereich und X und der unteren Toleranzgrenze und X berechnet. Diese Protokolle dürften dem Fachmann für die Organisation von Nutzen in der Vorbereitung ihrer Kriterien zur Gerätebewertung sein. Ich danke den Organisatoren in meinem eigenen Namen und im Namen der NCCLS, daß ich an diesem Symposium teilnehmen darf.

3.7 G. SCHLICHT (MANNHEIM): PROBLEMATIK DER GERÄTEÜBERNAHME VON ANDEREN MÄRKTEN

Es kann davon ausgegangen werden, daß in der Routine anzuwendende diagnostische Methoden - und dazu gehören Reagenzien und Geräte - vor dem Routineeinsatz einer kritischen Evaluierung unterzogen werden. Dabei erfolgt die Prüfung sicher nach den im jeweiligen Land üblichen Kriterien, die sich wiederum an den - falls vorhandenen - Standardisierungsempfehlungen der nationalen Fachgesellschaften orientieren.

Demnach stellt die Geräteübernahme von anderen Märkten kein gerätespezifisches Problem dar; es taucht vielmehr die Frage auf, welche methodischen Variationen erforderlich sind, um attraktive Geräte anderer Märkte auch im inländischen Markt unter den hier gegebenen Standardisierungs- und Qualitätskriterien zufriedenstellend einzusetzen. An einzelnen Beispielen wird erläutert, wie derartige Probleme gelöst und gleichzeitig eine höhere Convenience im Labor erzielt werden kann. Dabei stehen Modifikationen verfügbarer Reagenzien-Kits im Mittelpunkt der Ausführungen. Insofern ist diese Problematik auch unabhängig von einer Prototypen-Evaluierung.

Schließlich muß zumindest zu dem heutigen Zeitpunkt davon ausgegangen werden, daß es von Land zu Land unterschiedliche Qualitäts- und Standardisierungskriterien gibt. Ein Gerät, das den Kriterien in einem Land A absolut gerecht wird, kann u.U. die in einem Land B geforderten Spezifikationen nicht erfüllen.

Grundsätzlich kann davon ausgegangen werden, daß eine Geräte-Entwicklung noch aufwendiger ist und eine noch längere Vorlaufzeit hat als die Entwicklung diagnostischer Methoden auf der Reagenzienseite.

Wenn man also beim Blick über den nationalen Zaun feststellt, daß in einem anderen Land ein Gerät fertig entwickelt worden ist und angeboten wird, das vom Bedienungskomfort, von der Konzeption, Geschwindigkeit oder einem anderen Kriterium her für den eigenen Markt wünschenswert wäre, so ist es sicher nicht der richtige Weg, zu überlegen, wie das Gerät modifiziert werden kann, damit es den Bedürfnissen des nationalen Marktes gerecht wird.

Vielmehr ist von uns schon seit geraumer Zeit dazu übergegangen worden, in all diesen Fällen Modifikationen unserer angebotenen Testpackungen vorzunehmen, die auch bei Übernahme von Geräten von fremden Märkten die Beibehaltung unserer nationalen Standardisierungs- und Qualitätskriterien gewährleisten. Selbstverständlich müssen geräteseits einige Minimalanforderungen erfüllt werden.

Konsequenterweise beschränken sich diese Überlegungen nicht nur auf Modifikationen bestehender Testpackungen; vielmehr werden auch in zunehmendem Maße auf dieses Ziel gerichtete Reagenzienentwicklungen eingeleitet. Dabei stehen hohe Flexibilität, gute Lagerfähigkeit sowie gute Transportfähigkeit bei geringem Raumbedarf im Zentrum der Bemühungen.

1982 hat Boehringer Mannheim auf ein 25-jähriges Bestehen der Testkombinationen zurückblicken können. Bereits 1956 sind von uns die vielfältigen biochemischen Reagenzien in der Packung zusammengefaßt worden. Als es im Laufe der Zeit gelungen war, Mono-Reagenzien herzustellen, ist von uns angenommen worden, daß ein nicht zu überbieten - der Stand der Technik erreicht worden sei.

Allein unterschiedliche Standardisierungen in verschiedenen Ländern und die Gerätevielfalt haben uns gezwungen und zwingen und auch weiterhin dazu, neue Wege zu gehen, sofern wir nicht bereit sind, eine Packungsinflation größten Ausmaßes in Kauf zu nehmen. Diese Lösungswege bestehen darin, daß dem Verbraucher die Möglichkeit gegeben wird, Reaktionslösungen entsprechend den Anforderungen seines Landes flexibel herzustellen. Für uns bedeutet dies, im Sinne des aus der Mathematik bekannten größten gemeinsamen Teilers Reagenzpräparationen zu finden, die in allen Märkten gleichermaßen einsetzbar sind.

Als jüngstes Kind dieser Entwicklungsbemühungen sei die Peridochrom-Linie angesprochen. Das erste Produkt dieser Reihe, der Triglycerid-Test, ist im Mai 1982 beim Laborärztekongreß Berlin vorgestellt worden.

Kern der Peridochrom-Reihe ist ein Reagenzträger; auf diesem Reagenzträger sind alle Reagenzien stabilisiert und leicht eluierbar aufgebracht, so daß eine Lagerfähigkeit bei Raumtemperatur von mindestens einem Jahr gegeben ist.

Prinzipiell kann man diese Reagenzträger nun in vorbereiteten Lösungen unterschiedlicher Konzentrationen und Zusammensetzungen eluieren und erhält auf diese Weise ein Reaktionsgemisch, das den jeweiligen nationalen Bestimmungen entspricht und selbstverständlich die bei Reagenz-Neuentwicklungen üblichen Qualitätskriterien bestens erfüllt. Es versteht sich fast von selbst, daß das aus solchen Zubereitungen hergestellte Reaktionsgemisch an Analysengeräten breit einsetzbar ist und somit die gewünschte Flexibilität weitgehend gewährleistet.

Ein besonderes Problem, das durch die nationalen Standardisierungsbemühungen hervorgerufen wird, stellt die Meßtemperatur bei Enzymaktivitätsmessungen dar. Je nach Meßtemperatur, auf die sich die nationale Gesellschaft geeinigt hat, werden Analysengeräte in dem betreffenden Land primär auf diese Temperatur ausgerichtet. Nach den Ergebnissen von STÄHLER et al. (Persönliche Mitteilung) sollte dies jedoch kein limitierendes Problem mehr darstellen, da die Umrechenbarkeit mittels Faktor zwischen 25°, 30° und 37° C für die gängigsten Enzymaktivitätsmessungen möglich erscheint.

Abschließend läßt sich feststellen, daß, solange es keine weltweite Geräte-Standardisierung gibt - Voraussetzung dafür wäre eine weltweite Methoden-Standardisierung - eine hohe Flexibilität auf seiten des Reagenz-Anbieters gefordert wird, um so die Problematik der Geräteübernahme von fremden Märkten ohne Qualitätseinbußen zu minimieren.

DISKUSSION

zu 3.1 Byczynski (Prototypenprüfung) und
zu 3.2 v. Klein-Wisenberg (Pflichtenheft)

Eßer
Zum Pflichtenheft: Diese Forderung möchte ich nicht in die Geburtsphase, sondern in die pränatale Phase legen. Wer erstellt was ? Erstellt das nur die Firma oder erst nach eingehenden Diskussionen mit den Anwendern ? Ich kann mir nicht vorstellen, daß der Pflichtenkatalog für ein neues Gerät oder eine ganze Produktlinie nur vom Hersteller kommt. Eine andere Frage: Wie lange dauern die aus Feldversuchen vom Anwender zurücklaufenden Ergebnisse, bis sie tatsächlich realisiert werden oder bis entschieden wird, ob sie in der nächsten Produktserie berücksichtigt werden ? Ich bin daher der Meinung, daß das keine Prototypfrage ist: Ich würde auch noch zwischen Prototyp und Nullserie unterscheiden - der Prototyp ist ja nur ein einziges Gerät - und die Nullserie geht dann schon mehr ins Feld hinaus.

Byczynski
Die Frage zu den Pflichten: Das Pflichtenheft wird intern in der Firma erstellt, aber selbstverständlich bedienen wir uns dabei der umfangreichen Möglichkeiten und Maßnahmen, um Informationen zu erhalten, und das heißt natürlich, daß die Anwender in ihrer Gesamtheit einbezogen werden. Denn Anregungen kommen ja auch von bereits bestehenden Geräten. Wir fragen bewußt auch Anwender, wie sie den Trend ansehen, was erwartet werden kann. Wir achten auf technische Innovation. Haben wir die Möglichkeit, eventuell neue Nachweisverfahren einzuführen, dann machen wir uns schon Überlegungen. Das heißt, das Pflichtenheft wird intern geschrieben, aber unter Einbeziehung der Meinungen, die auch direkt vom Anwender kommen. Wir verzichten also nicht auf die Meinungen und Anregungen der Anwender, das können wir uns gar nicht leisten.
Zu Ihrer zweiten Frage, wie lange es dauert, bis diese Rückäußerung aus dem klinischen Test bei uns mit einfließen kann. Das ist natürlich ganz davon abhängig, welchen Umfang diese haben. Ob das nun mehr oder weniger Kleinigkeiten sind, die teilweise durch eine Softwareänderung behoben werden können, oder ob gegebenenfalls umfangreiche konsultative Maßnahmen erforderlich sind. Das dauert dann natürlich länger. Ein Zeitraum läßt sich da nicht abstecken. Es wird auch erst zu prüfen sein, ob dies wirklich erforderlich ist; denn mitunter sind es ja Bedienungsforderungen, die sich aus der einseitigen Laborstruktur ergeben. Für das Labor wäre es z.B. besonders günstig, wenn diese nicht links, sondern rechts stehen würden, und da muß man dann prüfen, ob das für alle Laboratorien gilt, oder ob das ein Sonderfall ist.
Zu Ihrer Anmerkung, daß ich sagte, das würde mehr in die Nullserie gehen: das ist natürlich richtig, das ist in der Industrie wahrscheinlich unterschiedlich. Bei uns ist das nun so, daß eine Nullserie mehr in die Richtung der ersten Geräte geht, die anhand der aktuellen Fertigungsunterlagen gebaut werden; d.h., die Fertigungsunterlagen werden noch einmal überprüft, um das dann für die Serienproduktion zur Verfügung zu haben. Prototyp und Nullseriengerät liegen eben sehr nahe beieinander, und je nach Komplexität des Gerätes kann das identisch sein oder nochmals unterschieden werden.

zu 3.3 Haeckel (Vorschlag für ein internationales Konzept zur Geräteevaluation)

Steffen
Nach unseren Erfahrungen über Evaluationsberichte haben wir die dringende Bitte, daß in die Erprobergruppen auch allgemeine Krankenhäuser mit hineingenommen werden. Die allgemeinen Krankenhäuser haben andere Gesichtspunkte und Aufgabenstellungen als die Universitätskliniken. Die allgemeinen Krankenhäuser stehen unter dem Zwang, ausführliche und intensive Kosten-Nutzen-Analysen zu erstellen, die bei den bisherigen Evaluationen meines Erachtens nach nicht ausreichend berücksichtigt wurden. Deswegen meine Bitte, in die Erprobergruppen allgemeine Krankenhäuser mit hineinzunehmen.

Haeckel
Herr Steffen, erstens wählen wir nicht aus, sondern es sind bisher Evaluationen von Kollegen gewesen, die sich mehr oder weniger zufälligerweise zusammengefunden haben. Ich gehöre zu denjenigen, die so etwas nicht institutionalisieren wollen. Ich hätte am liebsten, wenn das alles im freiwilligen Rahmen bleiben würde. Ich glaube aber und befürchte, daß wir doch früher oder später zur Institutionalisierung gezwungen werden, und würde mir dann allerdings wünschen, daß es uns gelingt - wenn ich 'wir' sage, meine ich jetzt die Anwender - wenigstens eine sinnvolle Rolle spielen zu dürfen. Zum zweiten werden Sie in den Evaluationen, die wir durchgeführt haben, bereits eine Mischung aus Hochschulen und städtischen Häusern finden. Das, was Sie sich gewünscht haben, ist bei den Multi-Center-Evaluationen, die wir durchgeführt haben, schon erfüllt. Andererseits geht es doch lediglich bei dem Konzept darum, die Spezifikationen der Hersteller zu überprüfen. Ich glaube nicht, daß Hochschulinstitute mit besserer Präzision arbeiten als gut geführte und geleitete andere Laboratorien. Insofern ist Ihre Befürchtung nicht ganz gerechtfertigt. Ich glaube aber, was Ihnen vorschwebt, ist letzten Endes etwas ganz anderes, nämlich mehr die Frage der Praktikabilität, die Einsatzfähigkeit in der Klinik. Aber das ist nicht primär die Aufgabe dieser Evaluation. Denn hier geht es ja in erster Linie um die Verifikation der Spezifikation des Herstellers. Die Praktikabilität im Labor sollte, glaube ich, jeder Anwender später selbst prüfen. Dafür genügt m.E. eine kurze Zeit von einer Woche.

Gabl
Die Schwierigkeit, warum der Anwender mit den Angaben, die Herr Haeckel gerade erwähnt hat, nichts anfangen kann, während der Franzose oder der Engländer Berichte ausgeben, die sagen: das Gerät ist gut oder es ist schlecht. Und dazu ist die IFCC - ich habe mit Herrn Haeckel schon ein paar mal darüber diskutiert - nicht bereit. Sie geben nämlich Spezifikationen für die Hersteller aus, und das andere soll der Anwender selber machen, und das ist für die meisten Anwender recht schwierig. Ich glaube, die deutsche Gruppe sollte doch auch bereit sein, zu sagen: das Gerät ist besser als das andere, damit der Anwender nicht wieder evaluieren muß. Mit einer Woche ist das sicher nicht getan. Ich nehme kein Gerät mehr unter einem Monat an. Ich habe das schon mit vielen Geräten probiert.

Haeckel
Das Konzept mit den drei Stadien ist ja Zukunftsvision. Was die Franzosen machen, ist ja im Grunde eine Multi-Center-Evaluation, nur daß sie ein Gerät in zwei Laboratorien vergleichen. Uns schweben mindestens drei Laboratorien vor. Dann setzen sie jetzt daneben gleichzeitig eine zweite Multi-Center-Evaluation mit einem anderen Gerät. Das ist aber im Aufwand kompliziert. Ich glaube, daß wir größere Chancen

haben, zu der gewünschten Objektivität zu kommen, wenn wir mindestens drei Geräte nehmen.

Gabl
Wir sind uns da völlig einig, daß die Sache so viel sauberer ist. Aber was wir in der Praxis brauchen, ist eben der Vergleich von Geräten. Wir müssen das täglich oder monatlich machen oder, wie Sie wollen. Da wäre Hilfe notwendig.

Jesdinsky
Ich habe eine kurze methodische Bemerkung zu dem Vortrag von Herrn Haeckel. Ich bin ja ein Mensch, der gerne anschaulich ist, und es ergibt sich gerade die Möglichkeit, an einer Toleranzellipse die vier Linien anschaulich zu zeigen:

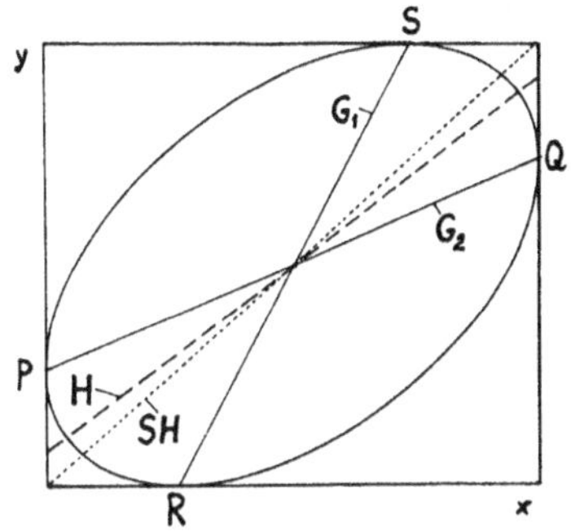

Die eine Gerade, G_1, - wenn ich jetzt hier ein berührendes Rechteck mit Seiten parallel zu den Achsen male - ist die Regressionsgerade von y auf x, welche die Berührungspunkte P und Q verbindet; die andere Gerade, G_2, liegt so, daß sie durch die Punkte R und S geht. Die Hauptachse liegt so, daß sie die Achse der Ellipse ist. Die sogenannte standardisierte Hauptkomponente ist die Diagonale in diesem Rechteck.
Das war aber nicht der Hauptgrund, weshalb ich hier eine Bemerkung machen möchte. In dem Vortrag von Herrn Haeckel ist angedeutet worden, daß er diese Multi-Center-Studie mit der Methode der strukturellen Zusammenhänge, der structural relationships, ausgewertet hat. Mit dieser Methode gewinne man auch Anhaltspunkte für die Präzision. Ich möchte hinzufügen, daß es doch sehr wichtig ist, auch mit den herkömmlichen Verfahren aus Wiederholungen die Präzision zu schätzen.

Haeckel
Ich bin nicht ins Detail gegangen, da alles ohnehin schon publiziert worden ist. Allerdings unterscheidet sich unser Konzept von dem des NCCLS in einem ganz entscheidenden Punkt: wir nehmen in die Präzisionsrechnung keine systematischen Fehler hinein.

Englhardt-Rösler
Haben Sie sich darüber Gedanken gemacht, wie die Zukunft dieses Projektes sein soll ? Wird es irgendwann im Rahmen gesetzlicher Auflagen zur Pflicht gemacht oder wird es sozusagen eine moralische Pflicht der Hersteller sein, sodaß ein Gerät nur dann kaufbar sein wird, wenn es freiwillige Prüfgänge durchlaufen hat ? Wieviele Laboratorien wird es geben, die überhaupt in der Lage sind, solche Prüfungen durchzuführen ? Werden es z.B. nur die Käufer sein ? Oder wird es Laboratorien geben, die freiwillig die Geräte zur Prüfung übernehmen ? Ich muß von meiner Warte sagen, ich wäre nicht in der Lage, ein Gerät zu prüfen, das ich nicht auch kaufen möchte. Es würde Schwierigkeiten geben, dieses Gerät neben der Routine laufen zu

lassen. Es würden Engpässe für den Hersteller entstehen, mit seinen Geräten auf den Markt zu kommen. Und wer würde denn die Prüfberichte noch einmal überprüfen ? Es muß dann Kriterien geben: ist der Bericht ausreichend oder ist er nicht ausreichend ? Das sind eine ganze Menge Fragen.

Haeckel
Das sind sicher ganz entscheidende Fragen, und ich will gleich vorausschicken, daß ich auf die meisten Fragen passen muß. Ich glaube, wenn man die Sache europäisch sieht, dürfte es nicht schwierig sein, genügend freiwillige Laboratorien, zumindest jetzt in der Anfangsphase, zu finden. Wie das später aussehen wird, weiß ich nicht. Ich versuche, etwas restriktiv zu wirken, weil ich gerne sehen würde, daß wir noch einige Jahre mit diesen Modellen experimentieren, sie weiterentwickeln, vielleicht zusammen mit den staatlichen Organisationen. Und wenn wir dann sehen, daß die Dinge wirklich funktionieren, auch mit komplexeren Geräten gut funktionieren, dann ist eine eventuelle Institutionalisierung nicht mehr so problematisch. Zu Ihrer Frage, wer schreibt die Protokolle ? Selbstverständlich die Gruppe, die evaluiert. Wir sind allerdings dabei, Richtlinien für die Beurteilungskriterien, die erreicht werden sollen, zu entwerfen. Bevor eine Evaluation begonnen wird, müssen diese aber bereits festgelegt werden. Wenn die Gruppe sie nicht erreicht, muß dazu Stellung genommen werden. Sehr wesentlich ist m.E., daß das vorher festgesetzt wird.

Hengst
Herr Haeckel, Sie haben zu Recht betont, daß Präzisionsangaben für Geräte- oder Methodenbeurteilungen nur brauchbar sind, wenn die Versuchsbedingungen, unter denen sie gewonnen wurden, genau eingehalten werden und auch bekannt sind. Diese Voraussetzungen sind aber auch erfüllt, wenn man nach dem von Ihnen erwähnten NCCLS-Plan arbeitet und die in ihm steckenden Möglichkeiten voll ausschöpft. Sie können mit ihm Wiederholvarianzen, Verschleppungseffekte schätzen und systematische Meßabweichungen erkennen. Die wichtigsten Kenngrößen einer Methode oder eines Gerätes sind doch Wiederholvarianz und systematische Meßabweichung und deren Stabilität. Mir ist überhaupt nicht recht klar geworden, was Sie mit Ihrem Evaluationskonzept erreichen wollen. Um die Genauigkeit, d.h. Richtigkeit und Präzision von Geräten oder Methoden, beurteilen zu können, benötigt man Mehrfachbestimmungen, also mindestens zwei Messungen unter Wiederholbedingungen und ein Normal, dessen Wert von einem anderen Gerät bestimmt worden ist, dessen Präzision und systematische Meßabweichung bereits bekannt sind.

Gallien
Ich möchte Sie vielleicht von der Herstellerseite noch einmal sehr eindringlich auf die im Zusammenhang mit Evaluationen und mit gehäuften und vielleicht noch nicht koordinierten Evaluationen entstehenden Kosten aufmerksam machen, die auf uns zukommen. Auch wenn es freiwillig gemacht wird: die Kosten fallen irgendwo an, sei es, sie werden dem Hersteller oder sie werden der Staatskasse zugeordnet. In jedem Fall werden wir alle, die wir hier sitzen, früher oder später einmal mit einem dieser Geräte und seinen Funktionen konfrontiert sein, nämlich als Patient, und hoffen, daß dann richtig mit den Geräten gearbeitet wird. Her Byczynski hat für meine Begriffe heute doch sehr sorgfältig und sehr profunde dargestellt, mit welcher Sorgalt und mit welchem Verantwortungsbewußtsein die seriösen Hersteller heute an die Entwicklung und auch an die Evaluation eines Gerätes gehen. Im Prinzip ist ja die Evaluation und Entwicklung schon heute mit mehr oder minder, vielleicht noch zu verbessernden

multizentrischen und multinationalen Studien verbunden. Ohne die können wir ja gar nicht die entsprechenden Märkte mit Erfolg angehen. Deshalb möchte ich Sie bei allen Erwägungen darauf aufmerksam machen: wie weit wollen wir in allen diesen Dingen gehen, wenn man sich letztendlich noch gar nicht darüber im Klaren ist ? Welche Anforderungen stelle ich denn an einen Befund ? Da rechnet man möglicherweise irgendwelche Ergebnisse auf vier Stellen hinter dem Komma aus, und hinterher gibt man ± 50 % als Spanne drauf. Dann ist doch die ganze Sache witzlos. Dann werden zunächst Evaluationen in Angriff genommen und durchgeführt - das soll kein Angriff sein, sondern nur eine Vision, die mir da vorschwebt - und abschließend beginnt jede größere Stadt, jedes Land, die Sache noch einmal zu machen, weil sie dem anderen nicht über den Weg traut oder glaubt, andere Applikationsweisen zu sehen oder nötig zu haben. Deshalb bitte ich Sie, realistisch zu bleiben bei allem, was auf uns zukommt, gerade wo heute sogar gelegentlich in Laboratorien der Trend zu einer verminderten Qualität bei günstigeren Preisen toleriert wird.

Stinshoff
Meine Frage ist im Sinne dessen, was Herr Gallien eben gesagt hat, zu verstehen: bevor multizentrische Evaluationen in Europa durchgeführt werden, sind bei vielen Geräten schon Erprobungen in anderen Ländern, vornehmlich in den Vereinigten Staaten, durchgeführt worden. Wäre es mit der multizentrischen Evaluierung vereinbar, wenn bestimmte Abschnitte dieser Erprobungen übernommen würden und nicht noch einmal durchgeführt würden ? Man könnte so vielleicht zu einer Kostenreduzierung kommen.

Haeckel
Darf ich mit den Fragen, die Herr Hengst gestellt hat, anfangen ? Ich akzeptiere voll, wie Sie argumentiert haben. Nur eines können Sie z.B. aus dem NCCLS-Protokoll nicht entnehmen, und das sind die Fluktuationen in der Serie. Bei unserem Ansatz erkennen Sie die Fluktuation.
Bei Ihren anderen Fragen stimme ich Ihnen auch völlig zu. Die Richtigkeit kann natürlich nicht nur an einem Patienten geprüft werden, sondern wir müssen hier einfach verschiedene Wege gehen. In unserem Evaluationsprotokoll ist das so vorgesehen, daß wir mindestens fünf Kontrollseren für die Richtigkeit verwenden. Wenn das nicht geht, muß man Zusatzversuche usw. machen. Zum zweiten: unerläßlich sind die Patientenproben, weil wir die Interferenzen nicht imitieren können. Die Vielzahl der Interferenzen ist einfach mit Kontrollproben nicht möglich, und nur deswegen ist die hohe Zahl von hundert Patientenproben vorgeschlagen worden.
Zu Herrn Gallien: Ich stimme Ihnen selbstverständlich zu. Die Kosten sind sogar der Ausgangspunkt. Wenn wir die Kosten für die Multi-Center-Evaluation nicht senken können, dann ist das Konzept gescheitert. Wir wollen ja gerade davon weg, daß in jedem Staat fünf Evaluationen oder noch mehr durchgeführt werden.

Matthäus
Zum Haeckel-Papier, das wir im VDGH sehr intensiv diskutieren - denn alles, was darin steht, kostet sehr viel Geld - und was wir da hineinstecken müssen, muß ja letzten Endes von den Anwendern wieder bezahlt werden; sonst setzt kein Hersteller sein Kapital ein, wenn er es nicht irgendwoher wieder herausbekommt. Wir haben uns im VDGH in vielen Besprechungen und ernsthaften Unterhaltungen damit auseinandergesetzt. Wir haben ernste Bedenken. Wir sagen aber unter bestimmten Voraussetzungen 'Ja' dazu. Und ich will Ihnen diese Voraussetzung ganz offen nennen, weil sie hier vorhin schon in Frage gestellt

wurde: wir sagen, wenn diese Art der Geräteevaluation durchgeführt wird, so setzt dies voraus, daß nicht weiter evaluiert wird, wenn wir sie anerkennen. Wir können es nicht bezahlen, wenn in jedem Krankenhaus, in jeder Klinik monatelang Erprobungen durchgeführt werden. Wenn dies nicht vorher von den Fachgesellschaften geklärt wird und hier eine deutliche, von uns akzeptierte Aussage steht, werden wir zu diesem Papier nicht 'Ja' sagen. Ich möchte das einmal ganz deutlich machen, denn wir sitzen hier in einem Boot.

Nink
Noch eine Bemerkung zu Herrn Haeckels Evaluationspapier. Wir haben gesehen, daß sich die PTB an einer solchen Evaluierung schon beteiligt hat und auch weiter beteiligen wird. Der Sinn ist folgender: natürlich sind solche Aktivitäten außerordentlich erwünscht, denn es sind Aktivitäten, die den Staat von der Notwendigkeit befreien, massiv in ein System einzugreifen, weil es nämlich von selbst funktioniert.

Englhardt-Rösler
Man muß zugeben, daß auf dem Gerätesektor zur Zeit zum Teil für die Anwender unzumutbare Verhältnisse herrschen. Wenn man ein teures Gerät kauft, muß man selbst in Deutschland Auskünfte einholen. Man muß von dem Hersteller mühsam die Adressen derer erfragen, die es bereits gekauft haben, und man muß versuchen, herauszufinden, was mit dem Gerät los ist. Deswegen befinden wir uns auf dem Gerätesektor auf dem Weg, diese Verhältnisse zu verbessern. Ganz ähnliche Diskussionen wie hier gibt es auch auf dem Methodensektor. Dort sind die Gegensätze dieselben. Die Hersteller von Reagenzien haben das freie Spiel der Kräfte gefordert. Das heißt, das qualifizierte Gerät wird auch verkauft, das weniger qualifizierte nicht. Also kann man es der Marktwirtschaft überlassen, daß nicht qualifizierte Geräte eliminiert werden. Unsere Erfahrungen zeigen, daß dies nicht der Fall ist. Deshalb ist man wohl überschießend nach der anderen Richtung gegangen. Von Institutionen und Fachgesellschaften wird eine kontrollierte und gezielte und ganz bewußt gesteuerte und fixierte Überprüfung nach einem ganz bestimmten Schema verlangt. Das ist das andere Extrem, das mit Sicherheit zu Schwierigkeiten führt. Deshalb hat unsere Fachgesellschaft auf dem Methodensektor versucht, einen Kompromiß vorzuschlagen, und dies auch in einem Papier zum Ausdruck gebracht. In diesem wird auf das NCCLS-Beispiel hingewiesen. Dieses besagt nämlich, daß man das Prüfverfahren schaffen muß, so wie es von Herrn Haeckel vorgeschlagen worden ist. Wenn man dieses ausarbeitet und optimale Kriterien schafft, so wird mit Sicherheit nach dem freien Spiel der Kräfte dieses Optimalziel erreicht werden. Das sieht man auf dem Methodenprüfsektor, und man hat es auf dem Qualitätssektor gesehen. Nirgends sind staatliche Zwänge notwendig geworden. Es hat sich eingespielt. Diesen Weg schlägt auch Herr Haeckel vor, und man sollte es den Fachgesellschaften überlassen, die Optimierung zu versuchen, und ich glaube, daß diese Aufgabe dort in der richtigen Hand ist.

Merten
Vieles klärt sich auch durch die Untersucher. Wir stellen immer wieder fest, daß Methoden, die eine bessere Präzision zeigen, sehr schnell von den Referenzlaboratorien, aber auch von den anderen Laboratorien übernommen werden, und daß Methoden, die diese Präzision nicht aufweisen, sehr schnell nicht mehr bzw. nur von einigen wenigen Laboratorien angewandt werden. Oft vergeht aber eine ganze Weile, bis solche Methoden nicht mehr angewandt bzw. die dazu im Handel erhältlichen Reagenziensätze nicht mehr hergestellt werden. Um die Ergebnisse von Ringversuchsteilnehmern noch bewerten zu können,

die solche Methoden noch anwenden, für die jedoch keine Referenzwerte mehr erhalten werden können, werden die Lagebereiche verwendet, die mit 'ausgewählten' Methoden ermittelt worden sind.

Weyer
Kurz möchte ich gerne etwas zur Bewertung sagen. Ich verstehe nicht, weshalb immer von Evaluation gesprochen wird. Bewertung ist doch wohl fast dasselbe. Wertung, Auswertung könnte man sagen. Es steckt doch nichts anderes als 'value' in dem Wort.

Gabl
Nicht einverstanden. Unter Bewertung meinen wir Deutschen den Text, den wir nachher schreiben: was das Gerät wert ist. Unter Evaluation meinen wir die ganze Arbeit, die darin steckt. Das ist nicht ganz dasselbe.

Lommel
In der Zeitschrift 'Das Laboratorium' habe ich in Band 5(A+B):1 versucht, das Wort 'Evaluation' zu erläutern und damals im Duden und in anderen Büchern nachgesehen. Evaluation ist doch ein wenig anders als Bewertung. Deswegen muß man diesen Begriff leider im Raum stehen lassen. Es ist offensichtlich auch als Fremdwort im deutschen Duden und im deutschen Wortschatz schon länger im Gebrauch.

Hengst
Vorweg eine Bemerkung zum Wort 'Evaluation', das umgangssprachlich soviel wie 'Bewertung' bedeutet, hier aber als terminus technicus gebraucht wird, ohne ihn jedoch klar und deutlich zu definieren! Damit komme ich zum Thema meiner Wortmeldung. Die hier mehrfach geäußerte Skepsis an der Zweckmäßigkeit des vorgeschlagenen - und zweifellos sehr aufwendigen - Evaluationsverfahrens beruht nicht zuletzt darauf, daß weder der Begriff Evaluation klar definiert ist, noch die Aufgaben, die man lösen will, deutlich formuliert werden. Man vermißt klare Versuchspläne und auch Angaben, welche Anforderungen von den Anwendern eines Gerätes üblicherweise an das Gerät und damit auch an den Hersteller gestellt werden. Es wurde hier die Frage aufgeworfen, worauf sich schließlich die Evaluation eines Gerätes beziehen soll. Nach meiner Überzeugung kann eine solche Bewertung nur relativ zum Versuchsplan und den bei seiner Realisierung herrschenden Nebenbedingungen wie Reagenzien usw. gelten. Dazu gehört auch die Genauigkeit, mit der die Werte der benutzten Normale bestimmt worden sind. Diese Genauigkeit muß höher sein als die der laborintern benutzten Kontrollseren.

Reinauer
Ein Problem, das sich aus dem Bergmeyer-Papier ableitet, und das bei einer VDGH-Tagung diskutiert wurde:
Die Industrie geht zunehmend dazu über, Problemlösungen zu verkaufen, d.h., sie verkauft ein Gerät mit den dazu passenden Reagenzien. Wenn wir nun Geräte evaluieren wollen, dann müßten wir das Gerät unabhängig von den adaptierten Reagenzien des Herstellers beurteilen. Hier sind die Prüflaboratorien überfragt, denn sie müßten neue Reagenziensätze zusammenstellen, um das Gerät beurteilen zu können.
Eine andere Frage betrifft die Evaluierung eines Prototyps, bevor dieser auf den Markt kommt. Mich würde interessieren, ob auch in Japan vergleichbare Evaluierungen von Geräten erfolgen. Mich hat diese große Serie von japanischen Geräten etwas erschreckt und ich frage mich, ob wir unseren Herstellern im Inland nicht Schranken aufbauen, die die ausländischen Hersteller umgehen können.

Bauer, New York
Die Laufzeit eines großen Gerätes beträgt etwa sieben Jahre. Die Kosten für die Entwicklung können Millionen Dollar betragen, ehe das erste Stück überhaupt verkauft wird. Wir sind am meisten daran interessiert, zu sehen, daß das Gerät erfolgreich ist, wenn es auf den Markt kommt. Denn wir wollen ja schließlich für unsere Aktionäre einen Gewinn erzielen, und wir machen keinen Gewinn, wenn wir Geräte verkaufen, die nicht funktionieren. Der Comment über unsere FDA - ich habe das Gefühl, daß die neue Gesetzgebung, die in Deutschland ansteht, etwas Ähnliches wie unsere FDA-Gesetzgebung wird - bedeutet eine erhebliche Belastung für die Hersteller medizinischer Geräte. Von uns wird verlangt, daß wir sehr viele Versuche durchführen, die wir für überflüssig halten und die wir nur als Wiederholung betrachten. Das hat die Kosten für die Geräte auf dem Markt wesentlich erhöht, nicht nur durch die Prüfungsdurchführung, sondern auch durch die Zeit, die hierfür erforderlich ist. Das Gerät kommt später auf den Markt. Der frühere Leiter der FDA hat, nachdem er ausgeschieden ist, in einer Erklärung wörtlich gesagt: die größte Abschreckung gegen die Einführung neuer Medikamente und Geräte in den Vereinigten Staaten ist die FDA. Unsere FDA fordert, daß wir eine Garantie über die Wirksamkeit und Sicherheit eines Gerätes, das wir verkaufen, abgeben. Wenn also eine große Firma ein Gerät verkauft, dann verkaufen wir das Gerät meist mit den Reagenzien. Um uns nun auch rechtlich zu schützen, geben wir eine Erklärung ab, wenn wir die Anwendungsrichtlinien schreiben, indem wir garantieren, daß das Gerät nur dann sicher und wirksam ist, wenn es anwendungsgemäß, also mit denjenigen Reagenzien angewandt wird, die wir im Handbuch, das eine Firma liefert, aufführen. Wir garantieren nicht für das Gerät, wenn Reagenzien verwendet werden, die eine Firma vielleicht in der Garage herstellt. Wir haben Logbücher, wir haben Anwendungsbücher, und ich stimme mit dem Vorredner überein, der über notwendige Anwendungsrichtlinien gesprochen hat. Ich hoffe, daß jeder Hersteller versucht, vollständige Anleitungen mitzuliefern; denn eine vollständige Anleitung spart uns Zeit. Wir brauchen das Telefon nicht in Anspruch zu nehmen, wenn wir das Gerät in Gang setzen. Es erspart uns, einen Außenmitarbeiter ins Labor zu schicken, der dann feststellt, daß das Gerät gar nicht an den Stecker angeschlossen ist. Des weiteren betrachten wir auch die Führung eines Logbuches als professionelle Aufgabe. Wir wollen nicht, daß die Regierung uns sagt, wie unsere Labors zu leiten sind, um hohe Qualität zu liefern. Solche Forderungen sind immer wieder sehr lebhaft abgelehnt worden. Wir empfehlen, daß der Benutzer sein professionelles Urteil fällt, daß er entsprechende Berichte und interne und externe Qualitätskontrollen für sein Labor durchführt. NCCLS hat eine Richtlinie über Benutzerhandbücher herausgegeben. Diese Richtlinie ist vor eineinhalb Jahren revidiert worden und recht vollständig. Wir haben eine Richtlinie für Wartungsdienste der Hersteller. Auch das ist eher eine Warnung für Benutzer, daß er sich im Klaren ist, wenn er mit einem Hersteller ins Geschäft kommt, der wirklich das liefert, was er auch in 10 Jahren noch an Ersatzteilen bekommen kann. Es gibt neue Richtlinien, d.h. Handhabungsbücher, die der Benutzer nach dem Handbuch des Herstellers selbst schreibt.

Kloß
Eine Bemerkung zu Herrn Prof. Bauer bezüglich Geräte und Reagenzien. Eigentlich sollte die Antwort von einem Hersteller kommen. Ich wehre mich dagegen, wenn die Garantie für ein gutes Funktionieren an die Reagenzien des Herstellers geknüpft ist. Es sollte dann zumindest die Auflage gemacht werden, daß dieser drei, vier oder auch fünf verschiedene Reagenziensätze vorher adaptiert hat, wie dies bei den Reagenzienfirmen üblich ist. Dazu ist nebenbei noch zu sagen, daß in

Deutschland meines Wissens keine Reagenzien einer Zulassungspflicht unterliegen. Jedenfalls sollte das Funktionieren nicht nur an die Reagenzien des Geräteherstellers geknüpft werden.

Schlicht
Ich möchte anknüpfen an das, was Professor Reinauer in die Diskussion gebracht hat. Das waren einerseits das Bergmeyer-Papier, andererseits die Bestrebungen der Hersteller, Problemlösungen für Laboratorien anzubieten. Daraus wird abgeleitet, daß es dem Prüfer nicht so ohne weiteres möglich ist, in die angebotenen Problemlösungen einzugreifen. Ich glaube, der Kern des Bergmeyer-Papiers ist an und für sich der, daß man bemüht ist, im analytischen System einen aus medizinischer Sicht tolerablen Bereich zu definieren, von dem ein System nicht abweichen darf, ohne daß es medizinische Konsequenzen mit sich bringt. Wenn man diese Primärdefinition akzeptiert, muß man auch akzeptieren, daß Problemlösungen in Laboratorien angeboten werden, die im Extremfall ein klares System darstellen. Ich glaube, dann bringt es keinen Sinn, wenn der Auswerter versucht, einen Teil dieses Systems aufzubrechen und zu imitieren. Das würde dem Sinn einer solchen generellen Definition zuwider sein.

Reinauer
Ich kann Ihre Antwort, Herr Schlicht, nicht unbeantwortet lassen. Das sogenannte "Bergmeyer-Papier" hat die wissenschaftlichen Fachgesellschaften mehr beschäftigt, als es hier zum Ausdruck kommt. Ich kann die Problematik am Beispiel der Aktivitätsmessung der Glutamatdehydrogenase erläutern. Die Aktivitätsmessung der Glutamatdehydrogenase ergab bei der Sollwertermittlung sehr hohe Streuungen, die nach Aufzeichnen der Enzymkinetik auf einem Schreiber erklärbar wurden. Die Enzymautomaten messen häufig im nicht-linearen Bereich, d.h. ohne Berücksichtigung einer Vorreaktion. Dieser Einblick in den Reaktionsablauf der Kompaktgeräte muß möglich sein, um bei evtl. Störungen die Ursachen aufklären zu können. Auf keinen Fall sollten die wissenschaftlichen Fachgesellschaften sich aus der Verantwortung drängen lassen durch Automaten, für deren Bedienung - wie die Industrie betont- auch fachunkundiges Personal herangezogen werden kann. Mit dieser Argumentation übernimmt die Industrie automatisch die Verantwortung für die Analyse. Diese Verlagerung der Verantwortung vom Laborarzt oder vom klinischen Chemiker auf den Hersteller eines Kompaktgerätes darf nicht erfolgen.
Ich bin der Meinung, daß wir beim Kauf von Problemlösungen immer noch den Durchblick haben müssen, weil wir sonst nicht in der Lage sind, tatsächlich eine Plausibilität zu beurteilen.

Eßer
Herr Reinauer, Sie haben zum Haeckel-Modell einen mich sehr erfreuenden Kommentar abgegeben, nämlich zur Okologie, dem Umwelteinfluß und dort die Umweltbelastung der Geräte erwähnt, und nicht nur zum Haeckel-Modell, sondern ganz allgemein. Es ist so, daß in dem Gesamtprotokoll, das ja im Grunde vom NCCLS abstammt und von Herrn Haeckel modifiziert worden ist, in jedem Fall Umwelteinflüsse vom Erprober zu berücksichtigen sind. Darunter ist z.B. auf die bakteriologische oder virologische Verseuchung durch die Probe hinzuweisen. Dazu sind Versuche zu machen. Es sind aber auch Fragen nach der Umweltbelastung durch das System selbst, z.B. den Zusatz von Lösungsmitteln zur Spülung des Systems zu stellen. Wo bleiben diese ? Inwieweit hier Konsequenzen gezogen werden müssen, dazu kann ich jetzt keine Stellung nehmen. Ich kann Ihnen aber sagen, wie wir verfahren: wir werden, wenn irgend möglich und auch, wenn wir unwirtschaftlichere Systeme kaufen, die dem Stand der Technik entsprechen, die aber mit Mehrwegmaterial, z.B. aus Glas - das ist ja das von uns am meisten

benutzte Mehrwegmaterial, statt mit Einwegmaterial arbeiten. Und wenn Sie es langzeitig hochrechnen, werden wir dabei auch Kosten sparen, denn die Kosten zur Müllbeseitigung und die Preissteigerungen bei Kunststoffartikeln sind ja im Prinzip vorauszuberechnen.

Jennings
Ich möchte zur Umweltverschmutzung etwas sagen. Ich habe vor kurzem die Enteiweißung eines Labors in Bezug auf die Jaffé-Reaktion untersucht. Die Entsorgung würde über 50.000 DM kosten. Ich glaube, das ist ein Punkt, den wir gar nicht ernst genug überlegt haben, welche Methoden wir da anwenden sollten, ob unsere Dinge einen Einfluß auf die Umwelt haben, ob es einen möglichen Gefahreneinfluß gibt, ob wir andere Methoden anwenden sollen, die vielleicht von den Kosten her aufwendiger sind, aber weniger Einfluß auf die Umwelt haben.

v. Klein-Wisenberg
Zu den ökologischen Gesichtspunkten habe ich eine kleine Anekdote zu berichten. Die Freiburger Medizin wurde verdächtigt, mit großen Mengen Radionukleitiden herumzustreuen. Daraufhin sind Umweltschützer, mit weißen Kitteln behangen, aufgeregt durch die Klinik gegangen. Durch den etwas dilettantischen Umgang mit Dosiergeräten und Monitoren und durch ihre Rauschebärte, wie sie noch nicht einmal unsere Assistenzärzte tragen, haben sie sich eben doch zu erkennen gegeben. Wir müssen mit solchen Entwicklungen laufend rechnen, und wer das Bundeschemikaliengesetz gelesen hat, weiß, daß es potentiell auch den Labormediziner treffen kann, wenn er mit bekannt bedenklichen Chemikalien umgeht. Und wenn bei der jetzt politisch aufgehetzten Atmosphäre irgend ein Böswilliger erfährt, man arbeitet mit Kaliumcyanid oder mit Explosivstoffen wie Natriumazid, wenn auch nur in winzigen Mengen, man arbeitet mit Lebernoxen: dieser Aspekt ist interessanterweise bei der Geräteevaluation nicht angesprochen worden. Es scheint mir doch wichtig zu sein, daß, wenn man die Ökologie ernst nimmt, jenen Geräten den Vorzug zu geben, die mit geringeren Reagenzienmengen und mit geringeren Mengen bedenklicher Reagenzien auskommen, selbst wenn sich dieser Umstand nicht unmittelbar in der Kosten-Nutzen-Analyse niederschlägt.

<u>zu 3.7 Schlicht</u> (Problematik der Geräteübernahme von anderen Märkten)

Eßer
Herrn Schlicht möchte ich fragen: haben Sie sich schon einmal die Meinung der Anwender für die Übernahme überlegt ? Z.B. sind wir Benutzer eines japanischen Systems, und meiner Meinung nach haben alle japanischen Hersteller bei allen von uns benutzten Systemen nicht berücksichtigt, daß im Weltmarkt die japanische Körpergröße nicht mit der mittleren Körpergröße in unseren Breiten identisch ist und daß die Akzeleration nicht berücksichtigt wird. Wir kommen dadurch in nahezu gesetzliche Probleme. Das Gerätesystem eines Herstellers ist so aufgebaut, daß wesentliche zu pflegende Teile für unsere Begriffe auf dem Fußboden liegen, d.h. also, meine Mitarbeiter liegen mit ihrer ganzen Körpergröße 'auf dem Fußboden', um Ventile zu pflegen. Und dies ist berufsgenossenschaftlich verboten. Ich bin also als Sicherheitsbeauftragter ständig mit den eigenen Bestimmungen gegenüber der Überwachung der Qualität der anderen in Konflikt.

Schlicht
Zur Frage der Anwendermeinung: in der allgemeinen Praxis werden Evaluierungen sowohl bei Geräten als auch bei Reagenzien in einem dreigeteilten Prozeß vorgenommen: Zunächst wird in frühestmöglichem Stadium eine kritische interne Erprobung durchgeführt. Wenn diese Erprobung positiv verläuft, wird eine externe Erprobung - immer noch unter der Überschrift 'Erprobung = Prüfung, ob geeignet' - durchgeführt. Daran schließt sich eine sogenannte Feldprüfung unter Routinebedingungen an. Hier wird geprüft, wie sich die Methode oder das Gerät unter Routinebedingungen im Routineeinsatz verhält. In allen drei Stufen ist es noch möglich, das Produkt als Ganzes oder in Teilen an die Entwicklung zurückzuverweisen. Zum zweiten Problem: da rennen Sie bei mir natürlich offene Türen ein, wenn Sie das akzellerierende Größenwachstum ansprechen. Hierzu kann ich nur sagen, daß der gesamte öffentliche Bereich insuffizient ist. Denn weder Türen noch Bussitze noch Flugzeugsitze entsprechen einer Norm, die mir entsprechen würde - Dr. Schlicht ist über 2 m groß -. Insofern ist das ein Problemkreis, den zu normieren sehr schwer fallen wird.

IV Evaluation in Ringversuchen

4.1 R. MERTEN (Düsseldorf)
ÜBER UNTERSUCHUNGEN VON GERÄTEABHÄNGIGKEITEN IN ZIELWERTERMITTLUNGEN, RINGSTUDIEN UND RINGVERSUCHEN

Zielwertermittlungen, Ringstudien und Ringversuche fordern bei der großen Zahl von Analysendaten, die dabei anfallen, nicht nur einen Vergleich der verschiedenen Teilnehmergruppen, sondern auch eine Trennung der Ergebnisse nach Methoden, Reagenzien und Geräten. Gleichzeitig geben sie einen Einblick in die Fortschritte, die von Jahr zu Jahr hinsichtlich der Güte derselben gemacht werden. So haben sich bei den Ringversuchsteilnehmern in den letzten 10 Jahren bei fast allen Bestandteilen Verbesserungen der Präzision und Genauigkeit, Methoden, Reagenzien und Geräten, sondern auch deutliche Unterschiede zwischen Methoden, Geräten und Reagenzien bzw. Methoden/Geräte/Reagenzienkombinationen gezeigt. Hierüber ist im Zusammenhang mit der Bewertung der Ringversuchsteilnehmer von uns (v. Boroviczény und Merten 1983) in Band 3 der INSTAND-Schriftenreihe ausführlich berichtet worden.

Bei allen Verfahrensweisen gehen die Tätigkeiten der Untersucher bzw. der Bediener von Geräten einschließlich der Pflege und Wartung derselben in die Berechnung der Werte ein. Auch bei den vollmechanisierten und sog. 'Black box'-Automaten spielt dies zweifellos eine wichtige Rolle. Jede Evaluation von Methoden und Geräten setzt bei einem Vergleich manueller und mechanisierter Verfahren voraus, daß der Untersucher bzw. Gerätebediener mit den Verfahrensweisen vertraut und in der Routine geübt ist. Dies ist bei denjenigen Zielwertermittlungen und Ringstudien anzunehmen, in denen genaue Versuchsvorschriften gegeben worden sind.

Als Bewertungskriterien sind die Abweichungen der Teilnehmer-Mittelwerte von den Zielwerten sowie die Lagebereiche (Grenzen zwischen Teilnehmer-Mittelwert abzüglich und zuzüglich eines bestimmten Vielfachen der Standardabweichung), bei den Ringstudien neben den Abweichungen vom Zielwert die relativen Standardabweichungen (Variationskoeffizienten) zugrunde gelegt worden. In den Abbildungen sind die Lagebereiche jeweils schraffiert hervorgehoben.

Die Ergebnisse, über die im folgenden berichtet wird, sind in den Jahren 1974 bis 1980 gewonnen worden. Sie haben zwar mehr historischen Wert, da die in dem genannten Zeitraum benutzten Geräte z.T. nicht mehr hergestellt werden bzw. in anderer Form auf den Markt gekommen sind; vielfach werden aber auch heute noch dieselben Verfahrensweisen und Bewertungskriterien verwendet. Diese Studien gewinnen an Bedeutung, wenn sie den Untersuchungsergebnissen, wie dies in einem Nachtrag, z.B. von 1984 geschehen ist, gegenübergestellt werden.

Gerätevergleich in Ringstudien

In der ersten Ringstudie (1974) handelt es sich um einen Langzeitversuch mit Zentrifugalanalysatoren desselben Typs (GEMSAEC), der mit 6 Laboratorien über 16 Tage durchgeführt worden ist. Dabei sind, wie in allen Ringstudien, über die berichtet wird, jeweils 2 Proben verschiedener Konzentration in einem leicht oder stärker erhöhten Bereich verwandt worden. Diese sind gleichzeitig in Zielwertermittlungen und Ringversuchen eingesetzt worden. Die Abb. 1 und 2 geben die Abweichungen der Mittelwerte der 6 Laboratorien vom Zielwert und die Lagebereiche im ± 1s-Bereich wieder. Während bei der GOT-Standardmethode und bei Gesamt-Eiweiß (mit 1 Ausnahme) die Mittelwerte innerhalb des ± 1s-Bereichs liegen, finden sich bei der GPT-Standardmethode und der Glukose in drei Fällen die Mittelwerte außerhalb desselben; auch die Lagebereiche sind erheblich breiter. Dies dürfte z.T. durch die damals noch festgestellten Temperaturinstabilitäten der Geräte bedingt sein, die inzwischen jedoch behoben worden sind. Jedoch erfüllen alle Laboratorien das vorgegebene Kriterium.

In einer weiteren Ringstudie (1975) sind neben 2 Zentrifugalanalysatoren (CE, GE) 5 Substrat-Enzym-Analysatoren (ACA, BE, EP, GI und LKB) eingesetzt und 6 Enzymaktivitäten (AP, CK, γ-GT, GPT, LDH und LDH 1-Isoenzym) unter gleichen Versuchsbedingungen in Mehrfachbestimmungen analysiert worden (Abb. 3, 4, 5). Bei einigen Enzymen sind die genannten Geräte nur in 1 oder 2 Laboratorien eingesetzt worden, andere in 7 bis 15 Laboratorien. In den genannten Abb. sind erstere durch einfache Linien, letztere durch dickere Linien gekennzeichnet.

GOT-Standardmethode

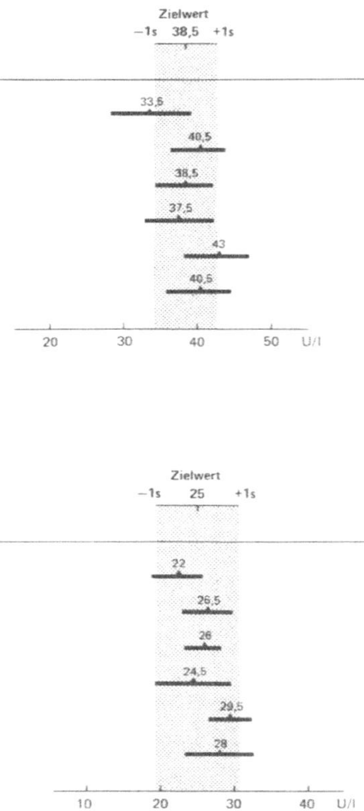

Abweichungen vom Zielwert in

%	Nr.	%
− 13,0	1	− 3,4
+ 5,2	6	+ 0,8
+ 0,0	339	+ 8,6
− 2,6	236	− 1,7
+ 11,7	998	+ 12,9
+ 5,2	999	− 4,3
− 12,0	1	− 3,8
+ 6,0	6	− 5,8
+ 4,0	339	+ 7,9
− 2,0	236	− 7,7
+ 16,0	998	+ 9,6
+ 12,0	999	− 2,0

GPT-Standardmethode

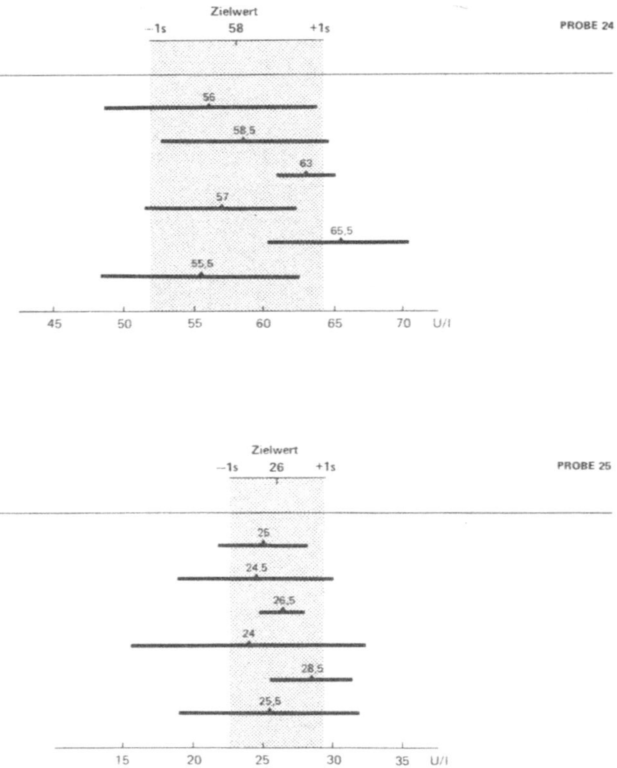

Abb. 1 und 2: Langzeit-Ringstudie mit Gemsaec-Zentrifugal-Analysatoren mit 6 Laboratorien (1974).
Analysen von Gesamt-Eiweiß und Glucose, GOT/ASAT und GPT/ALAT mit Standardmethoden über 16 Tage. Vergleich der Mittelwerte ($\bar{x}$) und Grenzen der ± 1s-Bereiche mit den Zielwerten und Grenzen der ± 1s-Bereiche der Referenzlaboratorien in einem mit denselben Proben durchgeführten Ringversuch:
Abb. 1: Analysenwerte von GOT/GPT. Abweichungen vom Zielwert in %.

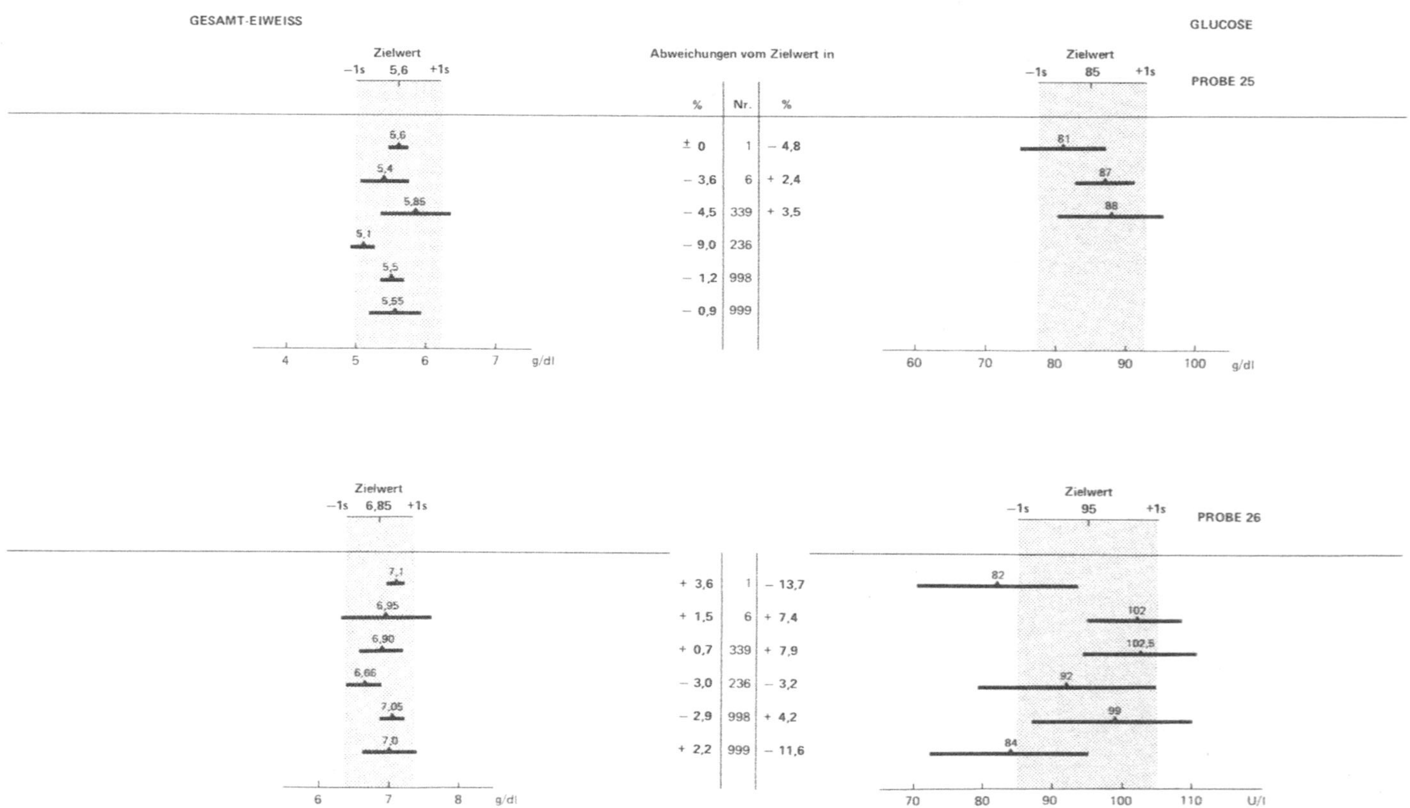

Abb. 2: Wie in Abb. 1, Analysenwerte von Gesamteiweiß und Glucose

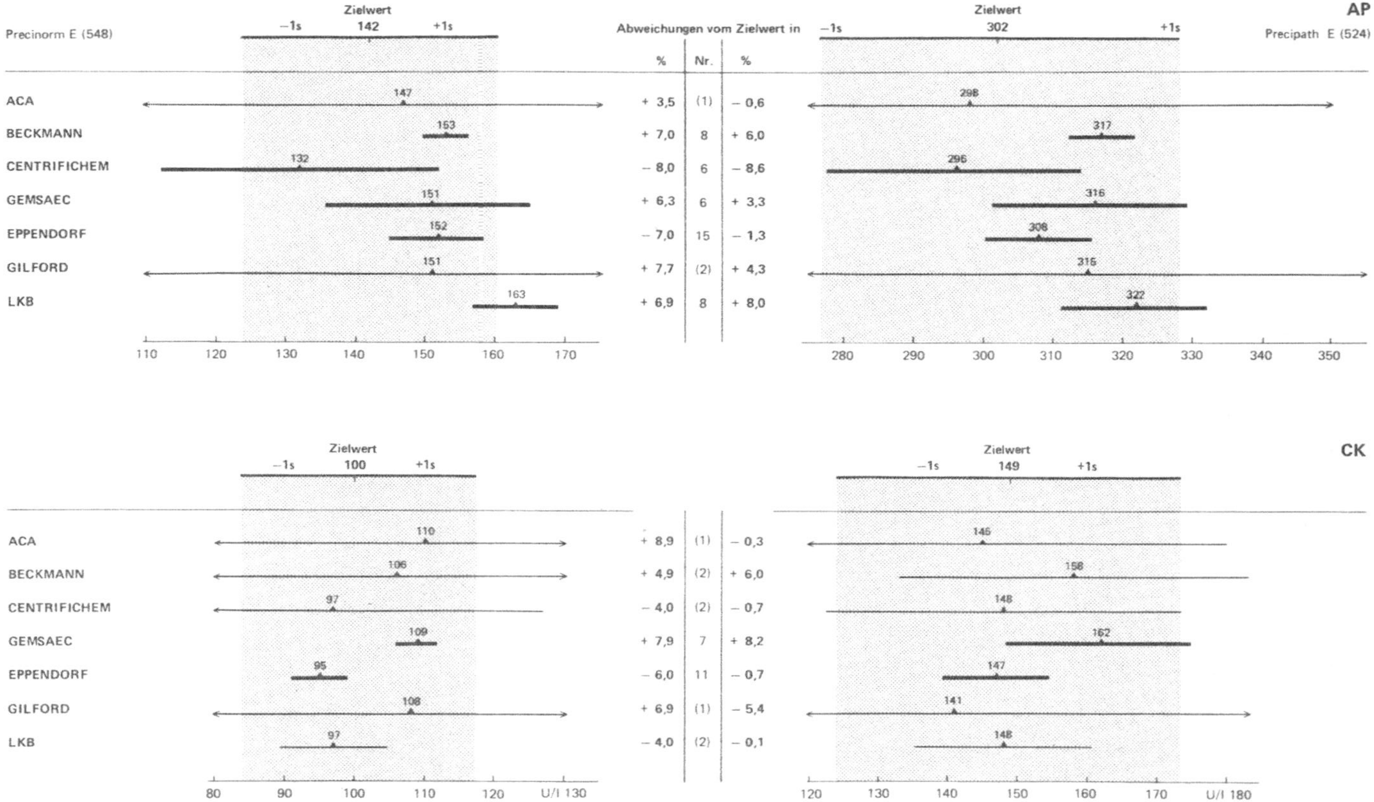

Abweichungen vom Zielwert in

	%	Nr.	%
AP			
ACA	+ 3,5	(1)	− 0,6
BECKMANN	+ 7,0	8	+ 6,0
CENTRIFICHEM	− 8,0	6	− 8,6
GEMSAEC	+ 6,3	6	+ 3,3
EPPENDORF	− 7,0	15	− 1,3
GILFORD	+ 7,7	(2)	+ 4,3
LKB	+ 6,9	8	+ 8,0
CK			
ACA	+ 8,9	(1)	− 0,3
BECKMANN	+ 4,9	(2)	+ 6,0
CENTRIFICHEM	− 4,0	(2)	− 0,7
GEMSAEC	+ 7,9	7	+ 8,2
EPPENDORF	− 6,0	11	− 0,7
GILFORD	+ 6,9	(1)	− 5,4
LKB	− 4,0	(2)	− 0,1

Abb. 3, 4 und 5: Ringstudie (1975) mit 2 mechanisierten Zentrifugalanalysatoren und 5 Substrat-Enzymanalysatoren (ACA, Beckman, Centrifichem, Gemsaec, Eppendorf, Gilford und LKB) unter gleichen Versuchsbedingungen und mit den gleichen Reagenziensätzen. Vergleich der Abweichungen der Teilnehmermittelwerte vom Zielwert und der ± 1s-Bereiche.

Abb. 3: Analysenwerte von AP und CK

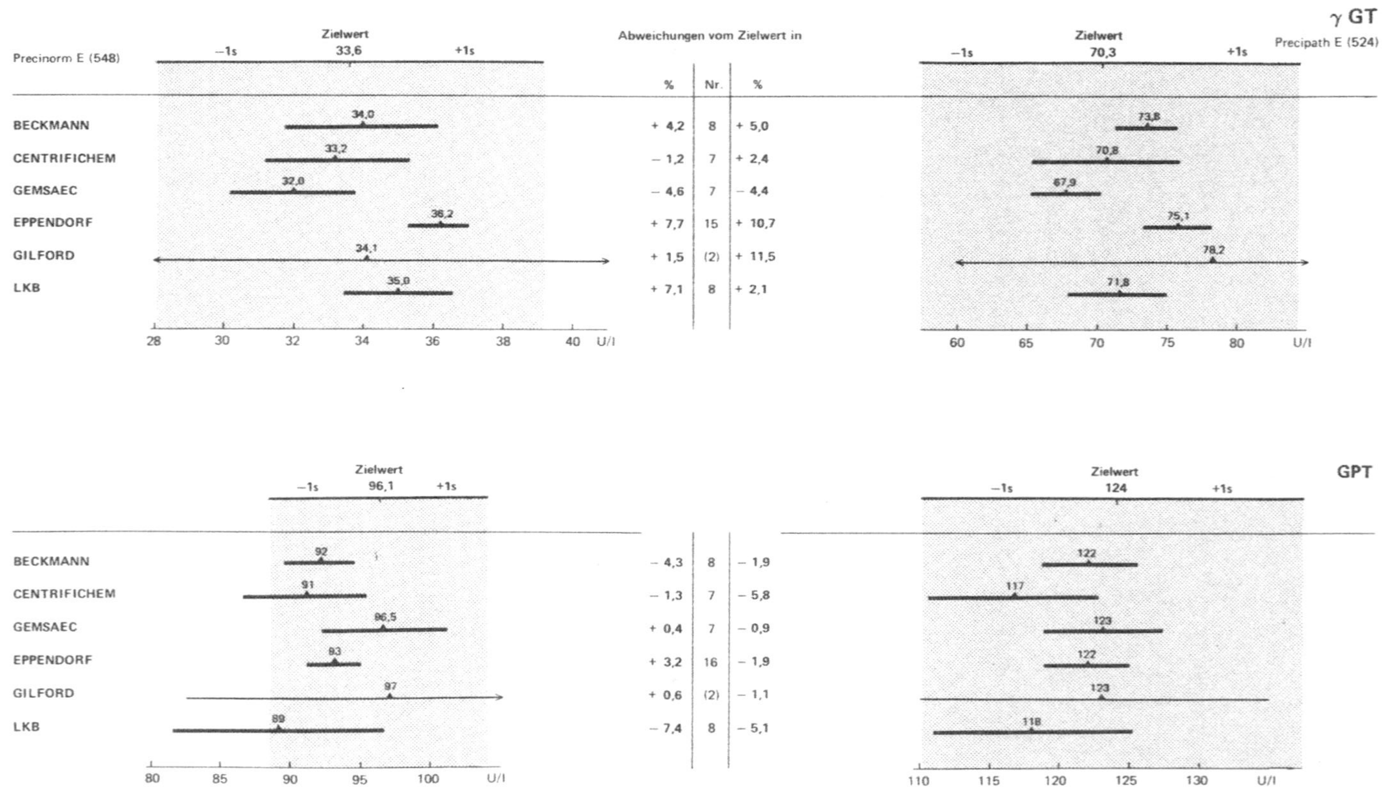

Abb. 4: Wie in Abb. 3, Analysenwerte von γ-GT und CK.

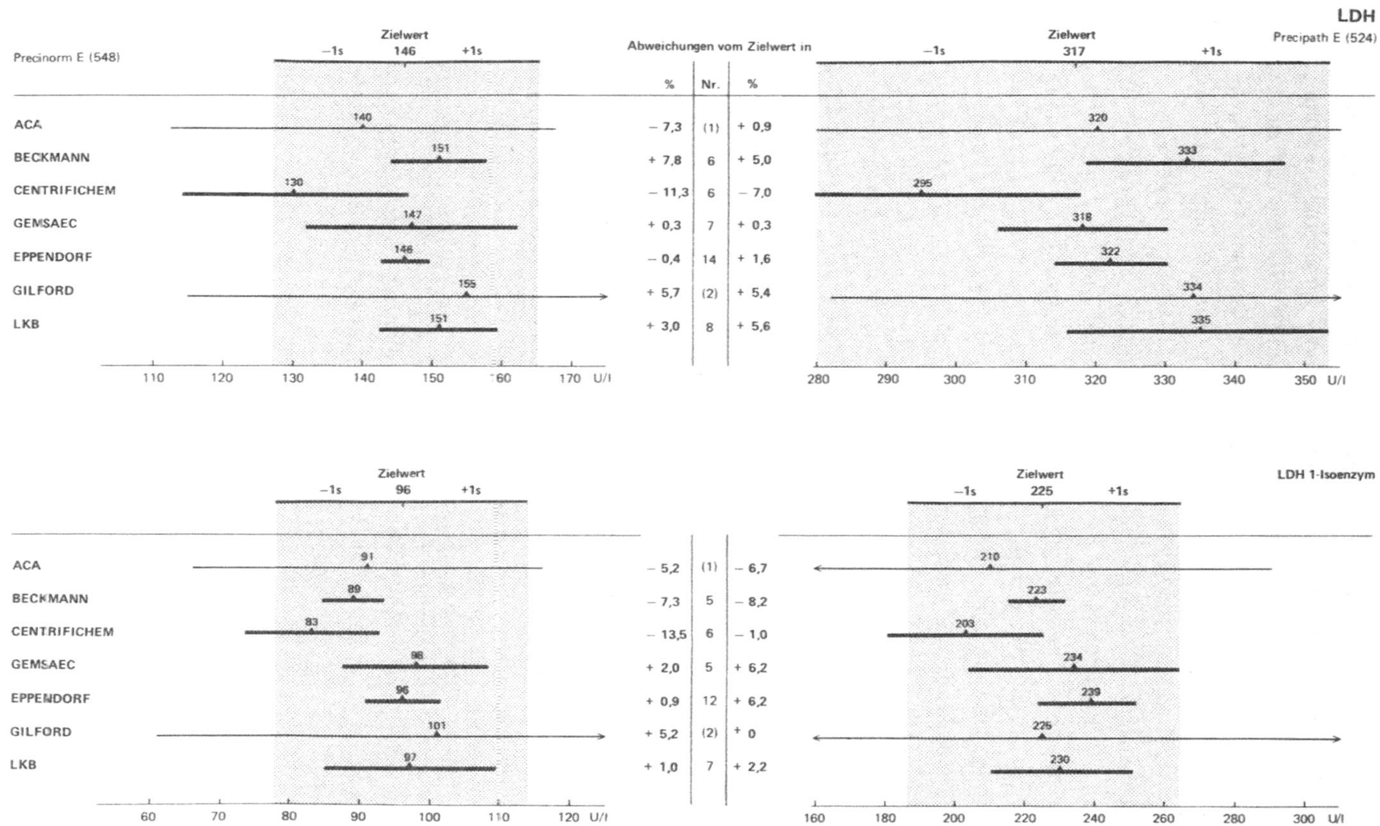

Abb. 5: Wie bei Abb. 3 mit Analysenwerten von LDH und LDH 1-Isoenzym

Von v. Klein-Wisenberg, Merten und Schumann ist mit den in dieser Studie erhaltenen Werten ein 'rangvarianzanalytisches' Verfahren zur Gütebeurteilung von Methoden und Geräten angewandt worden, über das im 'Anhang' im einzelnen berichtet wird. In diesem multiplen Vergleich von Wilcoxon und Wilcox ist die Gesamtvarianz gegenüber dem besten Gerät (BE) und den ranggleichen zweit- und drittbesten Geräten (GE und LK) gesichert höher. In der Gesamtwertung ergibt die Rangfolge: BE, EP, GE, LK, CE. Die zum Vergleich herangezogenen manuellen Verfahren sind bezüglich der Varianz und ihrer Komponenten weder ausgeprägt besser noch auffallend schwächer. Auch hat sich gezeigt, daß die Präzision der Eiweißbestimmung besser als die der Kreatininbestimmung ist, während bei den Enzymen kein Unterschied besteht. Entsprechende Untersuchungen der Präzision jedes Bestandteils haben gezeigt, daß diese, ausgenommen GOT und LDH opt. für beide Proben zwischen den Proben korrelieren. Ein entsprechender Vergleich der Laboratorien ergab hier die Rangfolge: Gut 339 und 1, befriedigend 236, 998, 999, ausreichend 6 und 40.

In einer dritten Ringstudie (1977) sind von Referenzlaboratorien beide Transaminasen mit einem Linienphotometer (EP 5014), 4 Zentrifugalanalysatoren (GE, IL, Multistat III, Cobas-Bio und CE) und 4 Substrat-Enzym-Analysatoren (SEA, ABA 100, EP 5010, 5020 und ACP 5040, LK 8600) analysiert und die Abweichungen vom Zielwert in die Abb. 6 eingetragen worden. Die Abweichungen sind zum Teil erheblich, jedoch liegen sie mit 2 Ausnahmen in dem 3s-Bereich.

In diesen Ringstudien der Jahre 1974 bis 1977 ist der Eindruck entstanden, daß die mechanisierten Verfahren im Vergleich zu den manuellen (die mit besonderer Sorgfalt ermittelt worden sind) nicht den erwarteten Fortschritt gebracht haben.

Gerätevergleich in Ringversuchen

Aus den Ergebnissen eines Ringversuchs 1978 sind die Ergebnisse der Teilnehmer, die mit nicht mechanisierten und mechanisierten Verfahren erhalten worden sind, bei der Analyse von Natrium und Kalium, Gesamt-Eiweiß, Harnsäure, AP und GOT mit den Abweichungen vom Zielwert und den prozentualen Standardabweichungen (VK%, s%) mitgeteilt worden. Bei Natrium und Kalium werden Störeinflüsse, z.B. durch die Matrix bei der Analyse weitgehend zerstört, und bei den

GOT

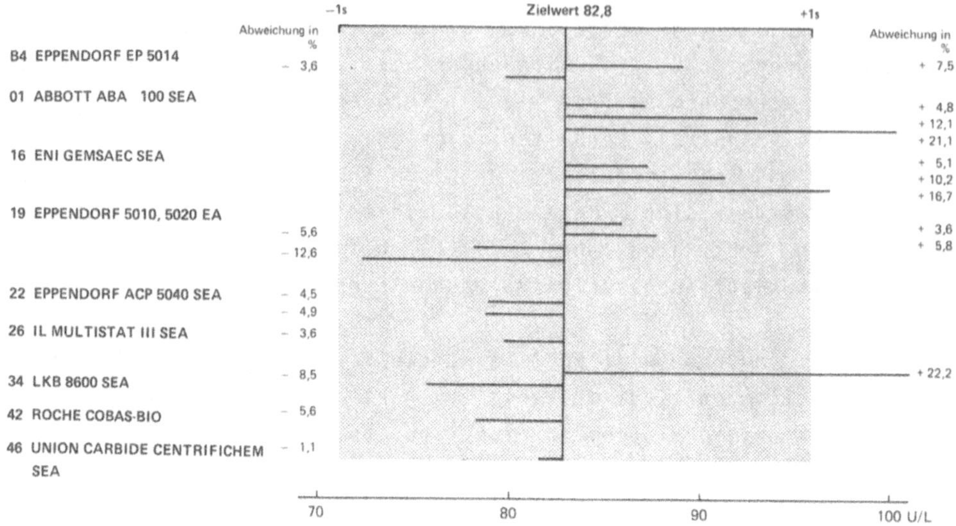

GPT

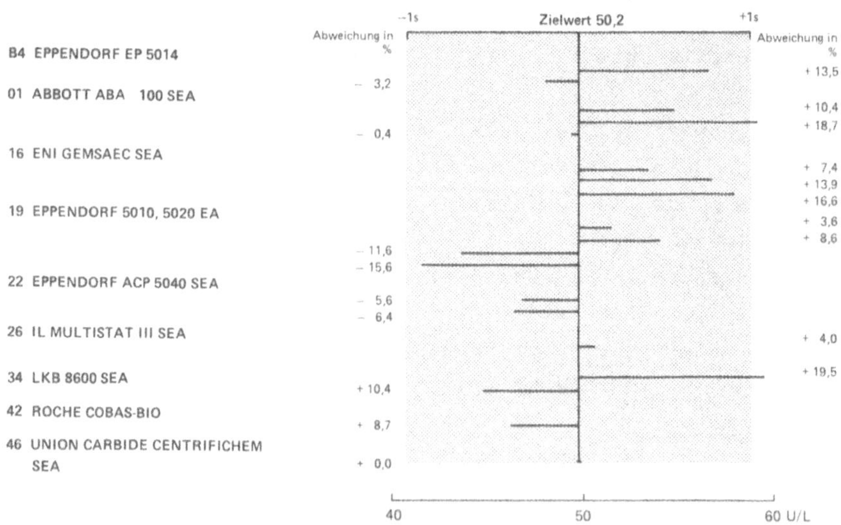

Abb. 6: Ringstudie (1977) mit verschiedenen Zentrifugal-Analysatoren (Gemsaec, IL Multistat III, Cobas Bio Centrifichem) **und Substrat/Enzym-Analysatoren** (Abba 100, EP 5010/5020, EP ACP, LK 6800). Abweichungen der Teilnehmer-Mittelwerte und ± 3s-Bereiche von den Zielwerten und Lagebereichen der Referenzlaboratorien, die mit derselben Probe in einem Ringversuch ermittelt worden sind.

mechanisierten Geräten auch die Einflüsse des Untersuchers eingeengt, z.T. weitgehend ausgeschlossen. Die Zahl der Geräteverwender ist hier wesentlich höher. Am eindrucksvollsten läßt sich beim Natrium zeigen, daß die Streuungen bei Verwendung mechanisierter Geräte nur etwa halb so groß wie bei Verwendung nicht mechanisierter Geräte sind. Ähnlich verhalten sich die Analysenwerte, die mit Atomabsorptions-Spektrophotometern und ionenselektiven Elektroden erhalten worden sind. Keine Unterschiede finden sich bei den analysierten Substraten und Enzymen, bei denen der Einfluß des Untersuchers nicht ausgeschlossen werden kann (Abb. 7 und 8).

Aus einem Ringversuch (1980) sind die Werte einzelner Teilnehmer, die mit bestimmten nicht mechanisierten bzw. mechanisierten Flammen- bzw. Atomabsorptions-Spektrophotometern bei Natrium und Kalium ermittelt worden waren, in ihren Abweichungen vom Zielwert graphisch in der Abb. 9 aufgezeichnet worden. Hier sind überzeugende Unterschiede auf den ersten Blick nicht erkennbar. Allerdings sind die Abweichungen vom Zielwert betragsmäßig klein, so daß fast alle Teilnehmer die Ringversuchskriterien erfüllt haben. Infolgedessen schien es von Interesse, die Ergebnisse zeitlich aufeinander folgender Ringversuche auf gütespezifische Unterschiede von Präzision und Richtigkeit zu durchleuchten.

Um sich zum gegenwärtigen Zeitpunkt, 4 Jahre nach der letzten Ringstudie ein Bild über die weitere Entwicklung der in Ringversuchen verwendeten Geräte zu machen, sind aus den 4 Ringversuchen des Jahres 1984 Teilnehmerergebnisse ausgewertet worden, die bei Natrium mit vollmechanisierten, teilmechanisierten und manuell zu bedienenden Flammenphotometern ermittelt worden sind. Als Bewertungskriterien sind auch hier die Abweichungen vom Zielwert - in Tab. 1 die gemittelten Werte - und die relativen Standardabweichungen in Prozent, sowie in Abb. 10 die Abweichungen vom Zielwert in Prozent, getrennt nach den einzelnen Ringversuchen und Proben gewählt worden. Es sind 4 Proben in je 2 Ringversuchen eingesetzt worden, die Abweichungen von den Zielwerten dieser Proben jedoch entsprechend den Konzentrationen (131, 136, 163 und 166 mmol/l) in je einer Abbildungssparte vereinigt worden. Außerdem sind getrennt dargestellt worden: a) die vollmechanisierten Flammenspektrophotometer (CO FL, IL FL, TE 6/60, 12/60, TE SMA II und TE SMAC II), b) Geräte mit ionenselektiven Photometern (BE EA 2 und 4, CO ISE 2, EP ISA 6611, KO Microlyte und TE RA 1000), c) teilmechanisierte Geräte und

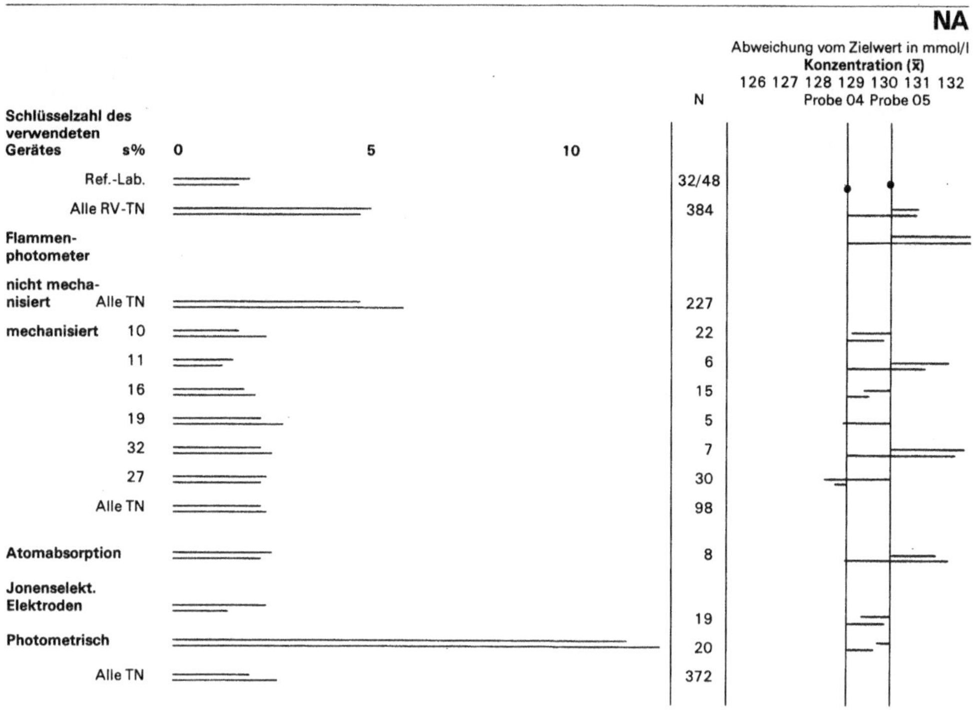

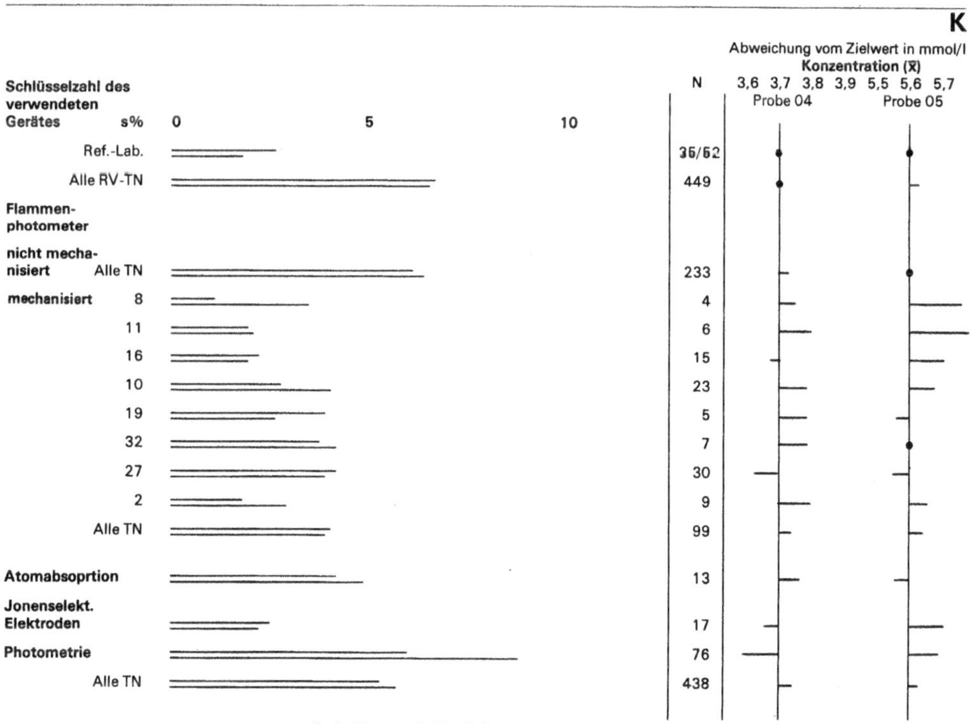

Abb. 7 (Text siehe Abb. 8)

Code Nr.: 2 BE KliNa 8 Ortho Acuchem 10 CO FL 450 11 CO FL 460
16 EP ELA 5050 19 IL FL 27 TE FL 32 ZE FL 6,7

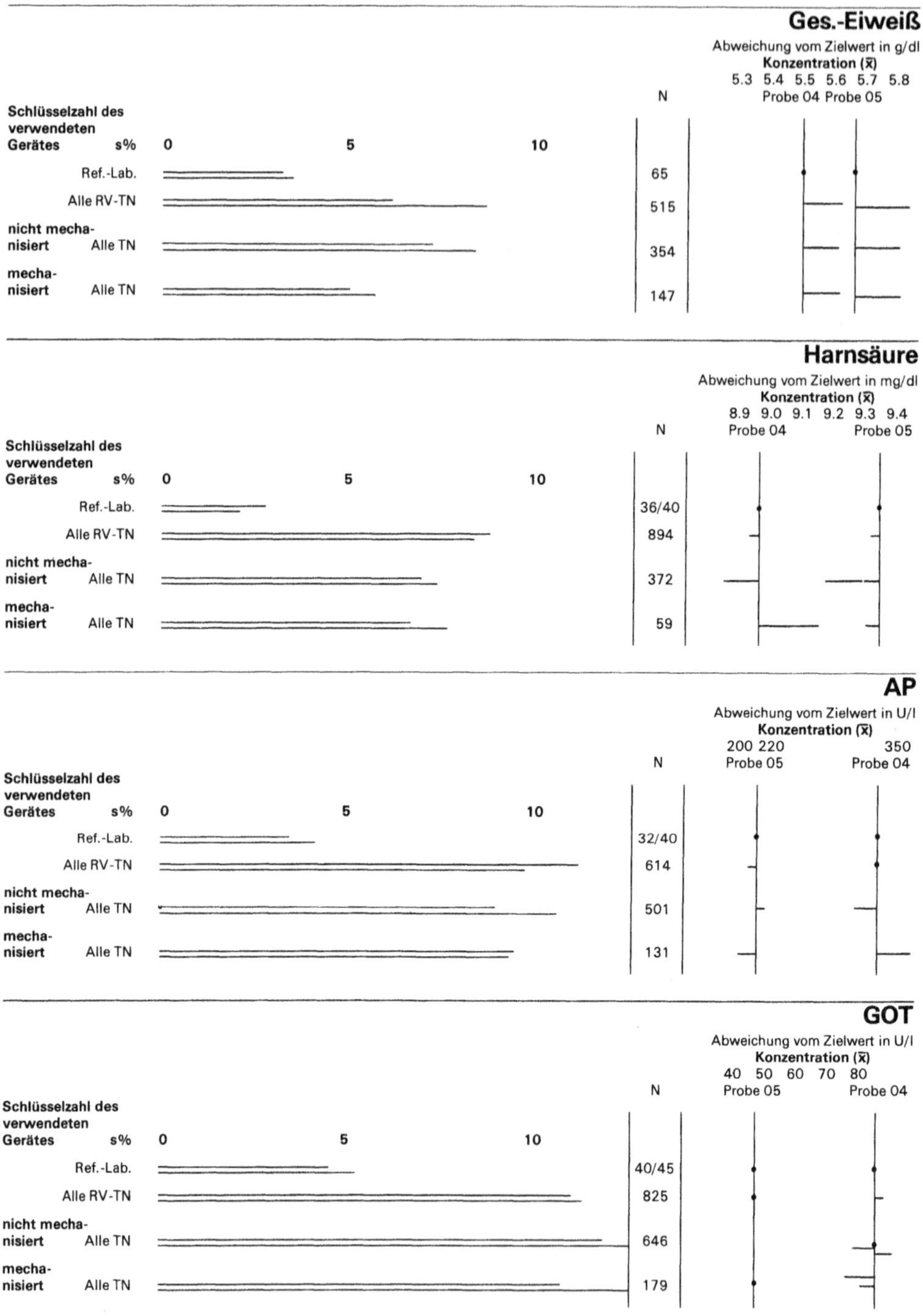

Abb. 7 bzw. 8: Ringstudien innerhalb eines Ringversuchs (1978) – Natrium, Kalium-, Gesamt-Eiweiß, Harnsäure, GOT/GPT-Analysen mit nichtmechanisierten und vollmechanisierten Geräten. Schlüsselzahlen siehe Text. Bewertungskriterien: Prozentuale Standardabweichungen (VK %, s%) und Abweichungen der Mittelwerte von den Zielwerten der Referenzlaboratorien.

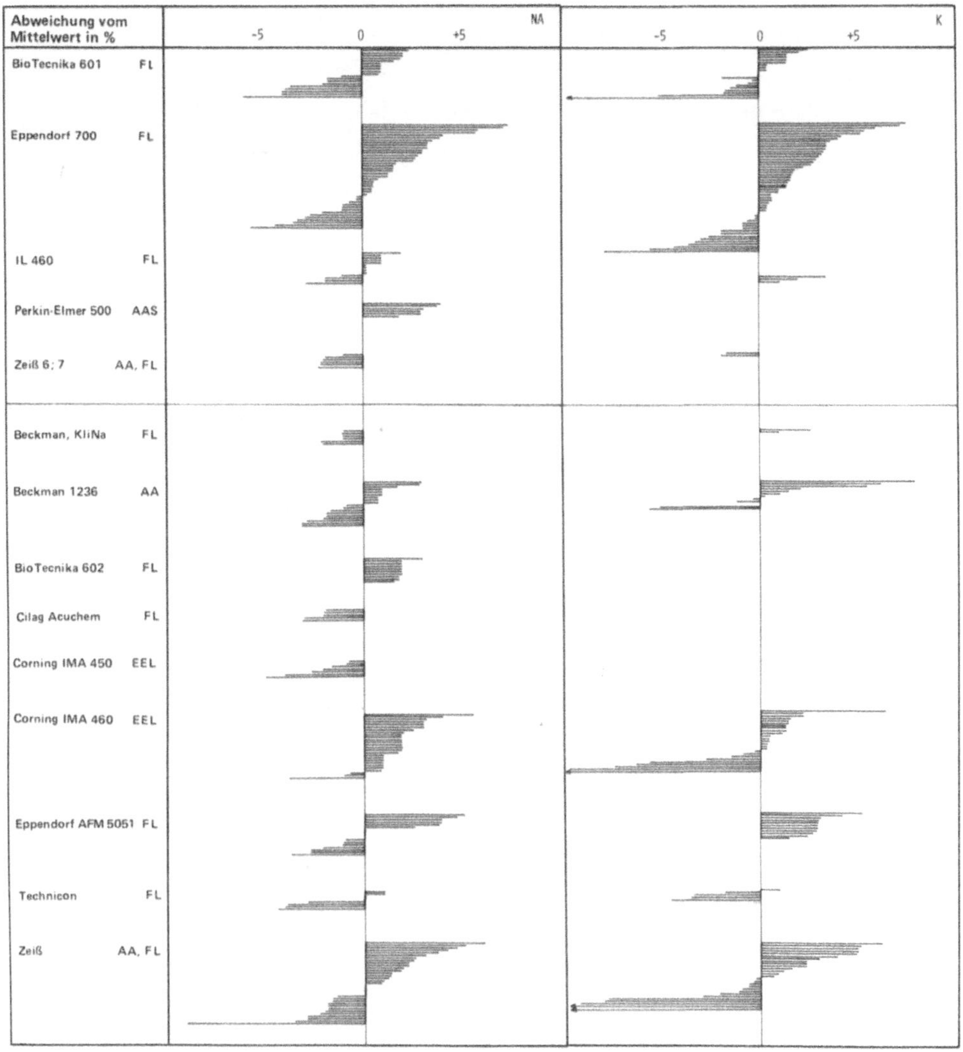

Abb. 9: Teilergebnisse aus einem Ringversuch. Analysen von Natrium und Kalium mit nicht-mechanisierten und vollmechanisierten Geräten
Bewertungskriterien: Prozentuale Standardabweichungen (VK %, s%) und Abweichungen der Teilnehmer-Mittelwerte von den Zielwerten der Referenzlaboratorien.

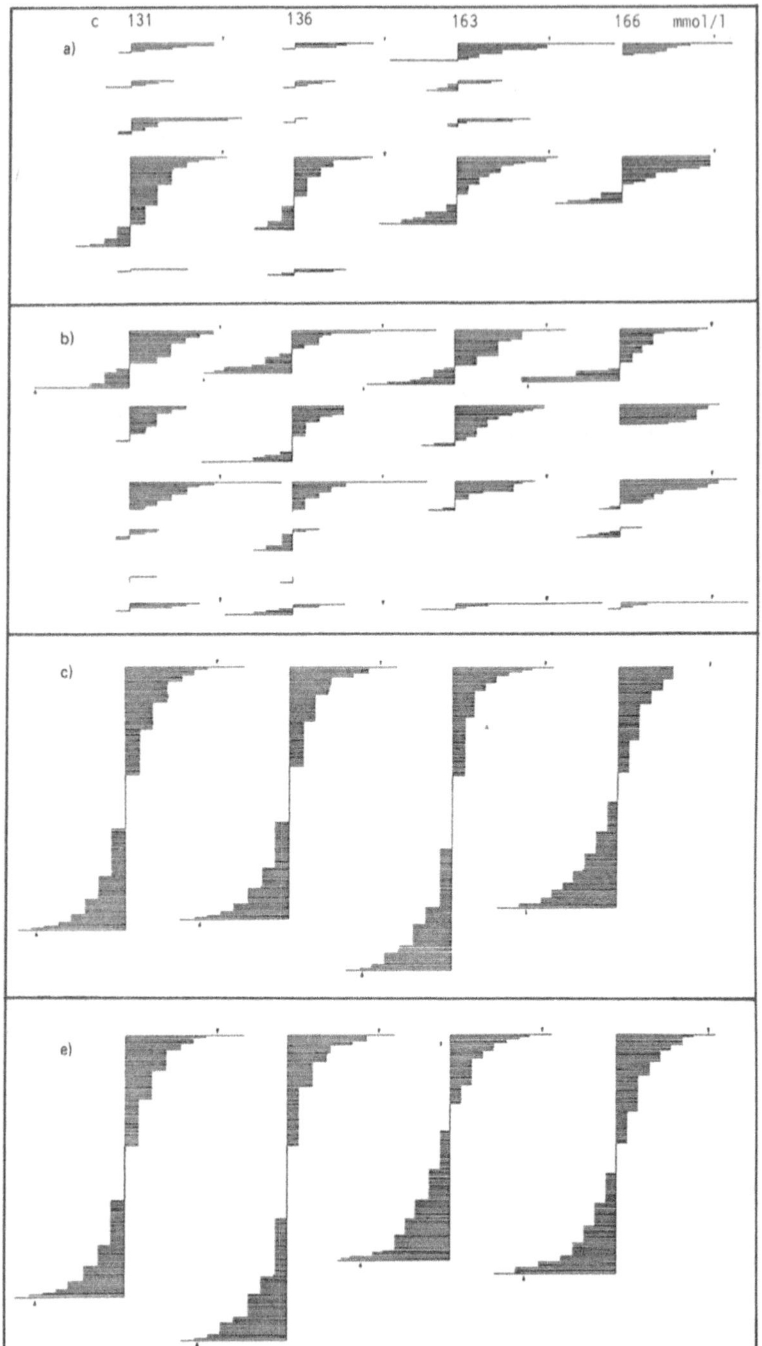

Abb.10: Abweichungen von Teilnehmerwerten eines Ringversuchs 1984 vom Zielwert bei Verwendung voll-(a), teil-(c) und nicht mechanisierter (e) Flammenphotometer sowie Geräten mit ionenselektiven Elektroden (b)

▼ kennzeichnet eine Abweichung von plus 5%, ▲ eine solche von minus 5%

in einer weiteren Gruppe d) Flammenphotometer von Zeiss, wobei nach dem bestehenden INSTAND-Schlüssel nicht nach voll-, teilmechanisierten oder manuell zu bedienenden Geräten getrennt werden konnte. In einer letzten Gruppe e) sind manuelle Flammenphotometer zusammengefaßt.

Es zeigt sich, daß Abweichungen und relative Standardabweichungen bei den vollmechanisierten Geräten nur geringfügig niedriger als bei den teilmechanisierten liegen, daß auch die relativen Standardabweichungen Werte unter 1 in fast gleichem Umfang aufweisen und auch Werte über 2 in beiden Gruppen zu verzeichnen sind. Bei der z.T. geringen Zahl der Geräteverwender in einzelnen Gruppen (3 oder 4) ist eine Aussage zudem problematisch.

Da das Abschneiden von Geräteneuentwicklungen bzw. anderer Meßtechniken (z.B. ionenselektive Elektroden) in Ringversuchen interessiert, ist wie folgt verfahren worden, um eine weitergehende Aussage machen zu können:* Eine Konzentrationsabhängigkeit der Abweichungen der Mittelwerte der Gruppen von den zugehörigen Zielwerten und der Standardabweichung innerhalb der Gruppen kann von vorneherein nicht ausgeschlossen werden, es besteht sogar eine starke Vermutung bezüglich eines entsprechenden Befundes. Deshalb sind die systematischen Abweichungen und Standardabweichungen für alle je Gerätetyp vorliegenden Daten in der Probe unter 140 mmol/l bzw. über 160 mmol/l zusammengefaßt und Abweichungen vom Zielwert und Standardabweichungen mit Rangzahlen versehen worden. Dabei ist zu bemerken, daß nur von 9 der insgesamt 25 in <u>Tab. 2</u> aufgeführten Gerätetypen Daten über alle 4 Ringversuche vorliegen (TE 6/60, TE SMA 2, CO FL 450, EP FL 6114, EP FL 543, ZE FL 6/7, EP FL, BE EA 2, BE EA 4).

Aus den Rangdifferenzen folgt der Spearmansche Rangkorrelationskoeffizient zwischen den beiden Konzentrationsbereichen für
- die Abweichung vom Zielwert : 0,7585 ($p < 0{,}001$)
- die Standardabweichung innerhalb der Gruppen: 0,5033 ($p < 0{,}005$),

womit der Verdacht, beide Kenngrößen seien konzentrationsabhängig, nicht widerlegt werden kann.

---

* Die statistischen Berechnungen sind freundlicherweise von Dr. v. Klein-Wisenberg durchgeführt worden.

Geräte Modell	N	Abweichung vom Zielwert in %	s%	N	Abweichung vom Zielwert in %	s%	N	Abweichung vom Zielwert in %	s%	N	Abweichung vom Zielwert in %	s%
Konzentration in mmol/l		163	131		131	136		166	163		136	166
Automaten Flammenspektrophotometer												
CO FL 460	3	-o.7 2.69	+1.5 0.75	4	+2.9 2.45	+2.1 1.3o				4	+1.o 1.24	+2.1 o.84
EP AFM 5o51	4	+1.5 1.88	+1.7 o.72	4	+o.4 1.32	+o.6 o.92						
IL FL 943	3	+o.4 o.61	+o.2 o.88				3	-1.2 o.6o	+o.o 0.42	3	+o.5 1.79	+2.6 2.75
TE 6/60	3	-1.4 1.9o	-o.2 1.59	3	+2.1 1.14	+1.2 1.11	11	+1.6 2.99	+1.3 2.58	4	-o.1 1.94	+2.9 2.76
TE 12/60	7	+2.o 2,84	+1.5 1,81	9	+1.2 1.37	+o.3 1.28	5	+1.1 2.37	+1.6 2.o3	5	+o.o 1.o4	+o.1 2.62
TE SMA 2	14	+o.2 2.14	+2.3 2.31	1/	+1.6 1.66	+o.7 1.64				11	+o.5 1.67	+2.6 3.16
TE SMAC II	3	+o.o 1.84	+2.5 2.15							3	-o.2 2.25	-o.2 2.69
Ionenselektive Elektroden												
BE EA 2	8	+1.1 1.69	+2.7 1.95	6	-1.4 1.69	+1.6 1.58	7	+3.o 1.72	+o.8 1.68	4	+o.4 2.68	-1.1 1.92
BE EA 4	11	-o.o2 1.21	+1.2 1.16	9	+1.2 o.85	+o.o7 1.36	6	+2.o o.96	+o.1 o.89	12	+o.6 1.19	+2.2 2.2o
CO ISE 902	15	+1.9 2.21	+2.4 1.55	15	+2.9 1.76	+1.8 1.72				16	+1.2 1.57	+2.7 2.28
EP ISA 6610				5	+o.2 o.o9	-o.4 1.5o				7	-o,7 o.43	-o.8 1.2o
KO Microlyte	4	+o.4 o.76	-o.2 o.37									
TE RA 1000				7	+1.6 1.81	+1.3 2.77	5	+2.o 3.28	+1.8 3.61	8	+1.9 2.31	+2.7 4.31

Tab. 1: Natriumanalysen mit vollmechanisierten Flammenspektrophotometern und Geräten mit ionenselektiven Elektroden.
Teilnehmerergebnisse aus 4 Ringversuchen 1984 mit 4 Kontrollproben verschiedener Konzentration

Gerät Modell Konzentration in mmol/l	N	Abweichung vom Zielwert in % 163	s% 131	N	Abweichung vom Zielwert in % 131	s% 136	N	Abweichung vom Zielwert in % 166	s% 163	N	Abweichung vom Zielwert in % 136	s% 166
Teilmechanisierte Flammenspektro-photometer												
BI FL 601	3	+1.7 1.26	+o.5 1.58	8	+1.4 3.o6	+o.o 1.27				5	+o.9 o.95	+3.3 1.34
CO FL 435	4	-o.o1 1.54	+1.4 3.o5	5	+1.1 1.47	-o.6 1.91						
CO FL 450	5	-o.o7 1.48	+o.5o 2.19	5	+1.4 1.45	+o.o o.8o	5	+o.3 1.58	+o.2 1.68	6	+o.2 2.35	+o.3 2.23
CO FL 455	8	+o.7 2.31	+o.3 1.56	1o	+o.8 1.15	+o.o 1.15				8	+o.4 1.3o	+1.1 2.5o
EP FL 6114	36	-o.o1 2.12	+o.1 1.31	43	+o.8 1.52	+o.1 1.84	3o	+o.2 1.56	+o.3 1.46	5o	+o.7 1.86	+o.o 1.62
EP FL FCM 6340	4	-o.o1 o.59	-o.2 1.4o	5	-o.8 o.54	-o.6 1.33				7	-o.2 2.72	-2.4 2.22
EP FL MFM 6350	76	-1.1 1.87	+o.8 1.64	8	+o.4 2.o9	-o.6 2.13	6	-o.1 2.26	-1.o 2.35	1o	+o.o 1.52	-o.4 1.31
IL FL 501				5	+o.o 1.75	-o.4 2.94				3	-o.3 3.58	-o.2 1.74
IL FL 543	7	+5.6 4.93	+6.3 4.o6	5	+6.o 4.31	+4.7 3.75				7	+5.6 1.79	+5.8 2.75
IL FL 943	3	+o.o o.61	+o.2 o.88									
voll-/teil-/nicht-mechanisierte **												
ZE FL 6/7	47	-1.3 2.o7	+1.o 2.97	41	-o.1 2.o9	-o.6 2.o8	27	-o.1 2.15	+o.3 2.68	39	-1.o 3.12	+o.o* 3.87
Flammen-Photometer												
EP FL 700	77	-1.8 3.63	-o.2 3.19	84	+o.2 4.75	-o.8 4.31	43	-2.3 3.62	-1.8 3.84	82	-1.3 3.11	1.18 3.66

Zu Tab. 1: Natriumanalysen mit teilmechanisierten Geräten
** voll- , teil- und nicht mechanisiert ermittelte Werte nach dem derzeitigen Gerätefragebogen nicht zu trennen
Zum Vergleich Analysenergebnisse mit nicht mech.Flammen-Photometern

Geräte Modell	c < 14o mmol/l			c > 160 mmol/l				
	Abweichung vom Zielwert		Rang	Abweichung vom Zielwert		Rang	Rang-diff.	Rang-summe
	N	(s mmol/l) *s%*		N	(s mmol/l) *s%*			
Automaten Flammenspektro-photometer								
CO FL 460	15	2,53	23	7	1.5o	15	-8	38
		2,14	*9*		*3,67*	*16*	*7*	*25*
EP AFM 5o51	11	1,19	18	4	2,445	21	3	39
		1,445	*4*		*3,06*	*11*	*7*	*15*
IL FL 943	6	o,47	8	12	o,74	13	5	21
		1,72	*7*		*3,15*	*12*	*5*	*19*
TE 6/60	13	o.91	14	29	2,24	2o	6	34
		2,21	*1o*		*4,61*	*2o*	*1o*	*3o*
TE 12/60	30	1,o5	17	22	2,o8	19	-2	36
		1,94	*8*		*4,o2*	*19*	*11*	*27*
TE SMA II	59	1,72	21	25	2,o8	18	-3	39
		2,54	*15*		*4,71*	*21,5*	*6,5*	*36,5*
TE SMAC	6	1,5o	2o	6	-o,17	7	-13	27
		3,27	*21*		*3,41*	*13*	*-8*	*34*
Ionenselektive Elektroden								
BE EA 2	24	1,355	19	26	1,96	17	-2	36
		3,22	*2o*		*3,475*	*14*	*-6*	*34*
BE EA 4	41	1,o3	16	35	1,84	16	o	32
		1,61	*5*		*3,o5*	*9*	*4*	*13*
CO ISE 2	61	2,74	24	31	3,81	23	-1	47
		2,54	*16*		*3,7o*	*17*	*1*	*33*
EP ISA 661	17	-o,48	3	7	-1.33	4	1	7
		1,2o	*3*		*1,99*	*3*	*o*	*6*
KO Microlyte	4	-o,26	5	4	o.65	12	7	17
		o,485	*1*		*1,24*	*2*	*1*	*3*
TE RA 1000	22	2,17	22	18	3,73	22	o	44
		3,o1	*19*		*6,o6*	*23*	*4*	*42*

Zu
Tab.1 : Abweichungen vom Zielwert und *Standardabweichungen* für je 4 zusammengefaßte Proben (eines Ringversuchs 1984) mit Konzentrationen unter 140 und über 140 mmol/l mit Rangzahlen, Rangdifferenzen und Rangsummen.

s=Standardabweichung *s%=Relative Standardabweichung (VK%)*

Gerät Modell	c < 14o mmol/l			c > 16o mmol/l			Rang diff.	Rang-summe
	Abweichung vom Zielwert		Rang	Abweichung vom Zielwert		Rang		
	N	(s mmol/l) s %		N	s (mmol/l) s %			
Teilmechanisierte Flammenphotometer								
BI FL 601	24	0,95 3,01	15 18	8	4,46 2,45	24 4	9 -14	39 22
CO FL 435	14	0,75 2,9o	12 17	4	-0,02 2,51	8 5	-4 -12	20 22
CO FL 450	21	0,67 2,38	11 14	21	0,31 2,74	11 6	0 -8	22 2o
CO FL 455	36	0,5o 1,68	9 6	16	1,48 3,84	14 18	5 12	23 24
EP FL 6114	172	0,6o 2,27	1o 11	146	0,165 2,8o	1o 7	0 -4	2o 18
EP FL FCM 6340	21	-0,58 2,34	2 13	11	-2,54 3,53	1 15	-1 2	3 28
EP FL MFM 6350	102	0,76 2,29	13 12	98	-1.57 3,06	2 1o	-11 -2	15 22
IL FL 501	13	-0.3o 3,51	4 22	3	-0.33 2,98	6 8	2 -14	1o 3o
IL FL 543	24	7,6o 4,91	25 24	14	9,38 6,28	25 29	0 0	5o 48
IL FL 943	3	0,26 1,15	7 2	3	0,00 0,99	9 1	2 -1	16 3
ZE FL 6/7	168	-0,18 3.61	6 23	14o	-0.65 4,71	5 21,5	-1 -1,5	11 44,5
Nicht mechanisierte Flammenphotometer	327	-0,72 5;27	1 25	245	-1,45 6,49	3 25	2 0	4 5o

<u>Fortsetzung von Tab. 1</u>

Auf die Rangsummen kann der Wilcoxon-Vergleich, wie im Anhang dargestellt, nicht angewendet werden, weil diese aus 2 bis 8 Proben herrühren. Daher sind die Rangsummen schematisch in drei Terzile unterteilt worden, wobei zwischen den jeweils rangniedrigeren Geräten mit $p > 0,05$ feststellbare Unterschiede bestehen, die zu der Tab. 2 führen. Hierin ist auffällig, daß gute Richtigkeit nur mit guter und befriedigender Präzision zusammentrifft, nicht aber mit nur ausreichender Präzision. Nur ein Gerätetyp mit ionenselektiven Elektroden, die allerdings hinsichtlich der Kalibrierung sehr empfindlich sind (Spearmanscher Rangkorrelationskoeffizient nur bei dieser Gerätegruppe 1,00 für Abweichung vom Zielwert !), weist eine lediglich ausreichende Präzision auf (TE RA 1000).

Richtigkeit über den Meßbereich Abweichung vom Zielwert im Mittel	Präzision gut (s unter 2,5 mmol/l)	 befriedigend (s 2,5 bis 3,5 mmol/l)	 ausreichend (a über 3,5 mmol/l)
zu niedrig (unter 0,2 mmol/l)	IL FL KO Microlyte EP ISA 6611	EP FL MFM 6350 EP FL FCM 6350 IL FL 501	ZE FL 6,7 EP FL
gut (0,2 bis 1,5 mmol/l)	BE EA 4 EP FL 6114	IL FL 943 CO FL 450 CO FL 435 CO FL 455 TE 6/60 TE SMAC II	
zu hoch (über 1,5 mmol/l)	EP AFM 5051	BI FL 601 CO FL 460 TE 12/60 CO ISE 2 BE EA 2	TE SMA 2 TE RA 1000 IL FL 453

Tab.2: Klassifizierung der Gerätetypen bezüglich Abweichung vom Zielwert und Präzision nach den Ergebnissen von 4 Ringversuchen (1984) bei Natrium

Zusammenfassend darf festgestellt werden, daß das Verfahren der Klassifizierung, wenn es nur um den qualitativen Vergleich von Gerätetypen geht, gute Dienste leistet.

Die unbefriedigenden Leistungen der manuell bedienten Geräte sind im Zusammenhang mit den wesentlich niedrigeren Investitionskosten zu sehen; Wirtschaftlichkeitsüberlegungen sind allerdings nicht Gegenstand der Ringversuche, sondern sollten von jedem Laboratorium nach individuellen Bedürfnissen entschieden werden. Das Hauptaugenmerk sollte auf das Erreichen der vorgegebenen Präzisionsgrenzen gerichtet sein. Durch Einsatz einer größeren Anzahl von Standards sollte es auch bei den Geräten einfacherer Bauart möglich sein, eine befriedigende Richtigkeit zu erreichen.

4.2 K.-G. v. BOROVICZÉNY (BERLIN) GERÄTEBEURTEILUNG IN FRAGEBOGENAKTIONEN: DER SUBJEKTIVE GEBRAUCHSWERT DER LABORGERÄTE

Einleitung

Die Kostensteigerung in der Medizin und die durch die Entwicklung der Technik steigenden Preise der Laborgeräte zwingen zu wirtschaftlichen Vergleichen und sorgfältiger Planung aller Anschaffungen für das medizinische Laboratorium. Zur Vermeidung von Fehlinvestitionen bestehen Initiativen des Gesetzgebers zur Auffindung optimaler Lösungen, eingebürgerte Test- und Prüfgewohnheiten; aber es sind noch weitergehende Maßnahmen notwendig.

Die subjektive Prüfung des Gebrauchswertes ist bis jetzt so erfolgt, daß man vom Hersteller eine Referenzliste angefordert und einige der Benutzer - möglichst Laboratorien, die man kennt - über ihre Ansicht und Ergebnisse befragt hat. Um diese subjektive Gebrauchswertbeurteilung zu objektivieren und vergleichbarer zu gestalten und auch um die gewonnenen Ergebnisse sowohl potentiellen Käufern als auch den Herstellern zugänglich zu machen, ist der im folgenden vorzustellende Gerätefragebogen entwickelt worden.

Entwicklung des Gerätefragebogens

Aufgrund der von INSTAND jahrzehntelang gesammelten Erfahrungen über Geräteevaluation, Geräteprüfung und Gerätetestung sind 1975 die "Allgemeinen Gesichtspunkte zur Beurteilung und Prüfung von Analysengeräten" (v. Boroviczény KG, Rammos G, Wolf I, Wrasmann A (1975)) veröffentlicht worden. Diese Arbeit enthält eine Tabelle, in der etwa 60 Gesichtspunkte zur Beurteilung der Analysengeräte aufgeführt sind. Nach mündlich und schriftlich geführten Diskussionen ist im Frühling 1976 allen INSTAND-Mitgliedern ein Fragebogenentwurf mit 23 festgelegten und zwei offenen Fragen vorgelegt worden, die mit 0 bis 10 Punkten bewertet und deren Bedeutung zusätzlich mit 1 bis 4 Minus- oder Pluszeichen gewichtet werden sollten. Mehr als 100 Benutzer, Behörden, Hersteller haben zum Fragebogen Stellung genommen und wichtige Anregungen gegeben. Der Fragebogen ist überarbeitet, bei Teilnehmern von Sonderringversuchen gezielt eingesetzt und die Ergebnisse ausgewertet, aber wegen der geringen Zahl der eingegangenen Fragebogen nur den Betroffenen vertraulich mitgeteilt worden. Der Fragebogen ist in einer Expertenkommission des Bureau of Standards der Europäischen Gemeinschaft besprochen und vom Internationalen Komitee für Standardisierung in der Hämatologie (ICSH) zur Beurteilung hämatologischer Geräte angenommen worden. In der Folge ist der Fragebogen mehrmals, zuletzt im Frühsommer 1981 allen Ringversuchsteilnehmern zugeschickt worden. Aus diesen Aktionen liegen über 800 ausgefüllte Fragebogen vor, so daß hier eine kritische Bestandsaufnahme versucht wird.

Aufbau und Benutzung des Fragebogens

Der Fragebogen enthält, jeweils in fünf Gruppen zusammengefaßt, 20 Fragen (Abb. 1). Jede Frage ist kurz erläutert. Der Kopfteil ist für Angaben über Hersteller und Gerätetyp, Erfahrungszeitraum, Einsatzfrequenz und Zahl der Beurteiler bestimmt. Neben Datum, Name und Anschrift des Einsenders ist noch ein Raum für Bemerkungen vorgesehen. Diese Beschränkung ist erfolgt, weil erfahrungsgemäß mehrseitige und nicht auf Anhieb übersichtliche Fragebögen beiseitegelegt werden. Formulierung und Erläuterung der 20 Fragen sind aufgrund der Auswertung von über 800 Fragebögen wiederholt verbessert worden.

Jede Frage kann mit 0 bis 9 Punkten beantwortet werden, wobei 9 die beste und 0 die schlechteste Note ist. Hohe Noten sollten nur in Ausnahmefällen vergeben werden. Da das in der Vergangenheit nicht so verstanden worden ist, sind ausführliche Hinweise zur Punktevergabe zusammengestellt worden. Die einzelnen Fragen sollen entsprechend ihrer Bedeutung mit verschiedenen Gewichtungsfaktoren zwischen 0,3 und 0,7 bewertet werden. Diese Gewichtungsfaktoren sind das Ergebnis einer Besprechung, die mit den Benutzern, Herstellern und Behörden geführt worden ist. Punktezahl mal Gewichtungsfaktor ergibt den gewichteten Punktewert. Die jeweils vier gewichteten Punktwerte einer jeden Fragegruppe werden zusammengezählt und ergeben die Bewertung der Fragegruppe. Die Summe von fünf Fragegruppenbewertungen ergibt die Gesamtbewertung des in Frage stehenden Gerätes.

G E R Ä T E F R A G E B O G E N

INSTAND
Geräteschlüssel: ☐☐☐☐

Benennung des beurteilten Gerätes (Hersteller, Typ) ....

Auslastung des Gerätes (welche Analyte, wieoft pro Woche?): ....

....

Wieviele Jahre Erfahrung (gerundet) haben Sie mit diesem Gerät? ☐

Wieviele Mitarbeiter haben am Ausfüllen des Fragebogens mitgewirkt ☐☐

Nr.	Frage		Faktor		Bereich
1.1	**Preiswertigkeit** Erscheinen Ihnen Preis und Folgekosten angemessen im Vergleich mit dem, was das Gerät leistet?	☐	x 0,6	☐,☐	Allgemeines: ☐☐,☐
1.2	**Flexibilität** Gibt es eine Methodenauswahl? Können Reagenzien und oder Einwegmaterialien beliebiger Hersteller angewandt werden?	☐	x 0,4	☐,☐	
1.3	**Erwartungserfüllung** In welchem Maße hat das Gerät die vom Hersteller geweckten Erwartungen erfüllt?	☐	x 0,6	☐,☐	
1.4	**Gesamteindruck** Wie zufrieden sind Sie mit dem Gerät, wie gut ist Ihr Gesamteindruck?	☐	x 0,5	☐,☐	
2.1	**Einarbeitung** Wie leicht oder wie schwer ist die Einarbeitung der Mitarbeiter?	☐	x 0,5	☐,☐	Betriebskomfort: ☐☐,☐
2.2	**Pflegefreundlichkeit** Ist das Gerät leicht zu säubern und instand zu halten? Gibt es hierzu Vorgaben des Herstellers? Zeitaufwand?	☐	x 0,4	☐,☐	
2.3	**Fehlerfindung** werden Fehler gleich bemerkt? Gibt es Warnsignale? Wie leicht sind Fehlerquellen lokalisierbar?	☐	x 0,6	☐,☐	
2.4	**Selbstreparierbarkeit** Überwiegen Fehler die das Laborpersonal selbst beheben kann, oder muß der Kundendienst oft kommen?	☐	x 0,4	☐,☐	
3.1	**Zuordnung** Wie sicher und einfach ist die Zuordnung der Probe zum Ergebnis? Können Probenverwechslungen vorkommen?	☐	x 0,6	☐,☐	Zuverlässigkeit: ☐☐,☐
3.2	**Präzision** Wie gut ist die Präzision der mit diesem Gerät ermittelten Ergebnisse (bei Hilfsgeräten die Präzision der Funktion)?	☐	x 0,7	☐,☐	
3.3	**Vergleichbarkeit** Sind die ermittelten Analysenergebnisse mit denen anderer Methoden/Geräten gut vergleichbar?	☐	x 0,4	☐,☐	
3.4	**Betriebssicherheit** Wie betriebssicher ist das Gerät? Wie oft und in welchem Umfang treten Ausfallzeiten auf?	☐	x 0,7	☐,☐	
4.1	**Betriebsanleitung** Wie ausführlich und übersichtlich ist die Betriebsanleitung? Gibt es eine gute Kurzanleitung?	☐	x 0,6	☐,☐	Kundendienst: ☐☐,☐
4.2	**Betreuung** Wie gut war die Einarbeitung (Kurs)? Wie ist die weitere Betreuung durch den Hersteller/Vertriebsfirma?	☐	x 0,7	☐,☐	
4.3	**Fehlersuchanleitung** Gibt es eine übersichtliche, verständliche und ausführliche Anleitung zur Fehlersuche und Reparatur?	☐	x 0,5	☐,☐	
4.4	**Wartungsdienst** Wie gut und rasch funktioniert der Wartungs- und Reparaturdienst?	☐	x 0,7	☐,☐	
5.1	**Personalbedarf** Führt der Einsatz dieses Gerätes zu einer Personaleinsparung gegenüber anderen, insbesondere manuellen Methoden?	☐	x 0,7	☐,☐	Rationalisierung: ☐☐,☐
5.2	**Aufrüstzeit** Kann das Gerät rasch und leicht betriebsbereit gemacht werden? Hat es eine Sparschaltung (stand by)?	☐	x 0,5	☐,☐	
5.3	**Proben- u. Reagenzienbedarf** Mit welchen Proben- und Reagenzienmengen kommt das Gerät aus? Werden Mikromethoden angewandt?	☐	x 0,5	☐,☐	
5.4	**Probendurchsatz** Kann man mit dem Gerät die Analysenserien rasch und zügig bearbeiten? Bringt es Zeiteinsparungen?	☐	x 0,5	☐,☐	

Datum 1 9 ☐☐☐☐☐☐ (J a h r, Monat, T a g) $\bar{x}$ ☐ Gesamtpunktezahl ☐☐

Name und Anschrift des Einsenders:
(Maschinenschrift oder Stempel)

Teilnehmernummer im INSTAND-Ringversuch ☐☐☐☐☐

Abb. 1 Fragebogen zur Beurteilung von Analysenergebnissen

Erläuterungen zum Gerätefragebogen

Die Benennung des beurteilten Gerätes soll den Namen des Herstellers und die genaue Typenbezeichnung sowie Herstelljahr und/oder Seriennummer enthalten; in die Kästchen ist die Geräteverschlüsselung nach dem INSTAND-Leitfaden (2 Buchstaben und 2 Ziffern) einzutragen.

Bei der Auslastung des Gerätes soll angegeben werden, welche Analyte (übliche Kürzel gestattet) an diesem Gerät bestimmt werden, und zu jedem Analyt soll in Klammern ( ) mitgeteilt werden, wieviele Analysen in jeder Woche anfallen. Bei Hilfsgeräten (Zentrifuge usw.) sollen die wöchentlichen Einschaltzeiten in Stunden angegeben werden.

Angaben über Erfahrungen mit dem Gerät sind gerundet für das ganze Jahr, d.h. bei einer Nutzungsdauer bis zu 6 Monaten soll eine "0", bei 6 bis 18 Monaten eine "1" usf., bei mehr als 8 1/2 Jahren Nutzungsdauer eine "9" eingetragen werden.

Es ist vorteilhaft, daß am Ausfüllen des Fragebogens möglichst viele Teilnehmer die mit dem betreffenden Gerät gemachten Erfahrungen mitteilen. Jeder soll zuerst die 2Q Fragen einzeln beantworten, dann die mittleren Punktezahlen aller Antworten errechnen und in die entsprechenden Kästchen, auf eine ganze Punktezahl gerundet, eintragen. Die Frage, wieviele Mitarbeiter am Ausfüllen des Fragebogens mitgewirkt haben, ist entsprechend zu beantworten.

Im Hauptteil des Fragebogens sind 5 x 4 = 20 Fragen mit jeweils einem Stichwort und kurzen Erläuterungen dazu aufgeführt. Hinter jeder Frage verbergen sich meist mehrere Beurteilungskriterien, die aber gemeinsam beantwortet werden:

1. Allgemeines

1.1 Preiswürdigkeit. Bei der Beantwortung dieser Frage sind Anschaffungs- und Folgekosten dem Nutzen, den das Gerät bringt, entgegenzustellen und zu beurteilen.

1.2 Flexibilität bedeutet, daß das Gerät nicht nur einen vorgegebenen starren Aufgabenkatalog erfüllt, sondern sich anderen Aufgaben entsprechend anpassen läßt. Diese Frage ist besonders bei vollmechanisierten Geräten wichtig, wobei die Möglichkeit der

Selektivität, die Verwendung von Verbrauchsmaterial anderer Hersteller (Reagenzien, Einwegmaterial) und die Möglichkeit, neue Methoden zu adaptieren, in Betracht gezogen werden sollten.

1.3 Die Erwartungserfüllung bedeutet, daß man bei der Anschaffung eines Gerätes gewisse Vorstellungen und Erwartungen hat, die sich mehr oder weniger erfüllen.

1.4 Der Gesamteindruck scheint zwar die Quintessenz aller anderen Fragen zu sein, weicht aber erfahrungsgemäß oft vom Durchschnitt der Punktezahl der anderen Fragen ab, da hier viel Undefinierbares und Gefühlsmäßiges mit im Spiele ist.

2. Betriebskomfort

2.1 Bei der Einarbeitung soll (wenn der Bogen vom Laborleiter allein ausgefüllt wird) weder die Leichtigkeit, mit der ein MTA das Gerät meistert, noch die Schwierigkeiten, die ein Anfänger hat, der Maßstab sein, sondern wie ein MTA mit einigen Jahren Berufserfahrung mit diesem Gerät fertig wird.

2.2 Bei der Pflegefreundlichkeit soll an die diesbezüglichen Herstellervorschriften gedacht werden, wie wenig oder wie stark das Gerät zu Verschmutzungen neigt, wie leicht diese beseitigt werden können, wieviel Zeitaufwand die Pflegearbeiten bedeuten.

2.3 Die Frage nach der Fehlerfindung kann am besten beantwortet werden, indem man bereits selbst Fehler gefunden hat und sich in der Fehlersuchanleitung hat selbst davon überzeugen können. Gefragt wird hier nur nach der Fehlerfindung durch den Benutzer, aber auch nach den Möglichkeiten und/oder Schwierigkeiten, die das Gerät dem Service-Techniker bietet. Interessant ist, wie leicht man Fehler merkt, ob es Warnsignale gibt, wie Fehlerquellen bei größeren Geräten lokalisierbar sind.

2.4 Selbstreparierbarkeit bedeutet, daß ein am Gerät eingewiesener MTA Fehler überwiegend selbst in Ordnung bringen kann, oder ob vermehrt Fehler auftauchen, bei denen der Techniker gerufen werden muß.

3. Zuverlässigkeit

3.1 Die Zuordnung der Probe zum Ergebnis ist ein wichtiges Qualitätskriterium, das beim heutigen Stand der Technik optimal mit der "positiven Probengefäß-Identifizierung" (z.B. Balkencode) gesichert ist. In allen anderen Fällen muß man sich überlegen, wieweit bei der Benutzung dieses Gerätes Probenverwechslungen vorkommen können bzw. u.U. erfahrungsgemäß sogar vorgekommen sind.

3.2 Bei der Anforderung an die Präzision wird man als Maßstab meist die im eigenen Labor mit anderen Geräten erzielte Präzision heranziehen, wobei man bei einem teureren Gerät natürlich eine bessere Präzision zu erwarten pflegt. Als Maßstab können aber auch die Angaben der "Richtlinien der Bundesärztekammer für die interne Qualitätssicherung" gelten.

3.3 Die Vergleichbarkeit der mit diesem Gerät erzielten Ergebnisse mit den Ergebnissen, die mit anderen Geräten bzw. anderen Methoden erzielt worden sind, ist ein wichtiges Kriterium, das u.a. aufgrund der Ringversuchsergebnisse beantwortet werden kann. In mittleren und größeren Laboratorien pflegt man zwecks Ausfallsicherung für jeden Analyt Bestimmungsmethoden an mindestens zwei Arbeitsplätzen bereit zu halten, sodaß die Vergleichbarkeit auch laborintern beurteilt werden kann.

3.4 Die Betriebssicherheit ist das vierte Zuverlässigkeitskriterium und bezieht sich darauf, wie oft und wie lange das Gerät ausfällt. Bei der Beantwortung dieser Frage spielt also auch die Reparierbarkeit und Verfügbarkeit des Kundendienstes eine Rolle.

4. Kundendienst

4.1 Der Kundendienst betrifft die Betriebsanleitung, die in deutscher Sprache vorliegen und genügend ausführlich und übersichtlich sein soll. Eine gute Betriebsanleitung soll keine Fragen offenlassen, die notwendigen Abbildungen, eine eingehende Fehlersuchanleitung und, je nach Umfang, auch ein genügend ausführliches Stichwortverzeichnis enthalten.

4.2 Die Betreuung durch den Hersteller und/oder Lieferanten des Gerätes soll mit einer vernünftigen Beratung zur Anschaffung beginnen, eine gute Einführung (Kurs) ermöglichen und während der gesamten Einsatzdauer des Gerätes regelmäßig eine Personalberatung anstreben. Alle Gesichtspunkte sollen bei der Beantwortung dieser Frage in Betracht gezogen werde.

4.3 Die Fehlersuchanleitung wird wegen ihrer großen Bedeutung nochmals gesondert angesprochen, insbesondere auch ihre Übersichtlichkeit, Verständlichkeit und Ausführlichkeit; diese Eigenschaften sollen wesentlich dazu beitragen, daß es rasch gelingt, den Fehler zu finden und zu beheben.

4.4 Wie der Wartungsdienst funktioniert, kann frühestens nach etwa einem Jahr beurteilt werden, ausgenommen, der Wartungsdienst des betreffenden Herstellers ist aufgrund der Erfahrung anderer Geräte bekannt. Kann diese Frage mangels entsprechender Erfahrung nicht eindeutig beantwortet werden, so soll das Bewertungskästchen durchgestrichen werden. Auch bei anderen Fragen, die man nicht beantworten kann, ist so zu verfahren.

5. Rationalisierung

5.1 Bei der Beurteilung des Personalbedarfs wird man in erster Linie die Personaleinsparung gegenüber manuellen Verfahren beurteilen. Wenn Erfahrungen mit vergleichbaren mechanisierten Geräten vorhanden sind, soll man auch solche Vergleiche als Korrekturfaktor auch in Betracht ziehen.

5.2 Die Aufrüstzeit bezieht sich auf die Inbetriebnahme, nachdem das Gerät über längere Zeit abgeschaltet worden ist, soweit es überhaupt völlig abgeschaltet werden muß. Eine Sparschaltung ('stand by') ist hier als großer Vorzug zu bewerten, ebenso Geräte, die für den rund um die Uhr gehenden Notfall-Laborbetrieb konstruiert sind und tatsächlich - ausgenommen die Jahreswartung - niemals abgeschaltet werden.

5.3 Proben- und Reagenzienbedarf sind zwei Fragen, die miteinander in Zusammenhang stehen und auch zusammen bewertet werden sollen. Mikromethoden bieten viele Vorzüge.

5.4 Der Probendurchsatz kann bei kleineren und größeren Serien ganz verschieden sein. Zu beurteilen ist er für Serienlängen, für die das Gerät konstruiert worden ist.

Bei jeder Frage soll die Bewertung mit einer Zahl zwischen 0 und 9 benotet werden:

0	Eigenschaft nicht vorhanden	negatives Urteil
1	sehr schlecht, unzumutbar	
2	schwach	
3	unterdurchschnittlich	
4	schwacher Durchschnitt	neutrales Urteil
5	durchschnittlich	
6	guter Durchschnitt	
7	überdurchschnittlich gut	positives Urteil
8	sehr gut	
9	ausgezeichnet	

Die eingetragenen Punktzahlen werden mit den vorgegebenen Gewichtungsfaktoren multipliziert und das Ergebnis mit einer Nachkommastelle in das entsprechende Kästchen eingetragen.

Die gewichteten Punktzahlen von je vier Antworten werden addiert, die auf ganze Punkte gerundete Gesamtpunktezahl ausgerechnet und eingetragen. Sollten einzelne Fragen unbeantwortet geblieben sein, so ist der Mittelwert der gegebenen Antworten auszurechnen und dieser Wert mit der entsprechenden Gewichtung in die leergebliebenen Kästchen einzutragen.

Datum und Anschrift des Einsenders sollen mit Druckbuchstaben (Schreibmaschine oder Stempel) eingetragen werden.

Einsatzmöglichkeiten

Ziel bei der Entwicklung des Fragebogens war es, diesen so zu gestalten, daß er für alle Geräte, die in einem medizinisch-diagnostischen Laboratorium vorkommen, benutzbar und ausfüllbar sei. Dieses Ziel scheint erreicht worden zu sein, wie aus der Zusammenstellung in der Tabelle 2 hervorgeht. Diese Tabelle enthält eine Auflistung über alle jene Geräte, zu denen Fragebögen spontan ausgefüllt wurden. Die Fragebögen können für die verschiedensten Fragestellungen eingesetzt werden. Im folgenden sind einige Beispiele für den laborinternen Einsatz wie für den Einsatz bei mehreren Laboratorien genannt.

Laborintern wird der Fragebogen meist angewandt, wenn ein neues Gerät im Labor von mehreren Mitarbeitern ausprobiert wurde. Jeder dieser Mitarbeiter erhält einen Fragebogen zum Ausfüllen, wobei u.U. einzelne Fragen (z.B. Wartung), die zur Zeit noch nicht beantwortet werden können, generell gestrichen werden sollten.

Werden Geräteevaluationen bei bereits auf dem Markt befindlichen Geräten durchgeführt, so pflegen die Evaluatoren an alle Laboratorien, die dieses Gerät bereits benutzen, einen Fragebogen auszusenden und das Ergebnis dieser Fragebogenaktion in die Evaluation mit einzubeziehen.

Am häufigsten werden Gerätefragebögen von den Herstellern ausgesandt, die sich darüber informieren wollen, wie ein bestimmter Gerätetyp bei den Anwendern ankommt oder auch wie der Kundendienst in den verschiedenen Regionen funktioniert.

Ringversuchsorganisationen versenden Fragebögen zum Teil aus eigenem Interesse, zum Teil aber auch einer Bitte eines Geräteherstellers folgend, da so eine vertrauliche Handhabung der Fragebögen gesichert ist und dem Hersteller nur eine anonymisierte Auswertung übergeben wird.

Auswertung

Die Auswertung beginnt mit der Überprüfung jedes einzelnen Fragebogens auf Vollständigkeit und Plausibilität aller Eintragungen. Erfolgt die Auswertung mittels Computer, sollten nur die ungewichteten

Photometrie

Filter-, Linien-, Spektralphotometer

AAS; Flammenphotometer

Mehrwellenlängenphotometer; Rotationsanalysatoren

Substrat-, Enzym-, Vielkanalanalysatoren; Analysenstraßen

Laser-Nephelometer; Reflektionsphotometer; Elektrophoreseauswertegeräte

Elektrochemie

pH-Meter; ionenselektive Elektroden; Blutgasanalysatoren; Chloridmeter; Osmometer

Radiochemie

Gammacounter

Hämatomorphologie

Hämoglobinmeter; Zellzählgeräte

Photomikroskope; Mikroskopierautomaten; Zytochemie-Differenzierautomaten

Hämostaseologie

Aggregometer; Thrombelastographen

Immunologie

Immunproteinanalysatoren; Antikörperstraßen; Blutgruppenautomaten

Mikrobiologie

Resistenz-Testautomaten

Hilfsgeräte

Hämatokrit-, Plättchen-, Coombs-, Kühlzentrifugen

Dilutoren; Dosiergeräte

Färbestraßen; Differenziertastaturen

Thermostaten

Sonstiges

Labor-EDV-Einrichtungen

Verteilautomaten

Tab. 1: Geräte, über die ausgefüllte Fragebögen eingegangen sind

Punktzahlen eingegeben und alle Rechenoperationen im Computer durchgeführt werden.

Liegen nur wenige ausgefüllte Fragebögen vor, sollte man sich mit einer graphischen Auswertung in Form von Histogrammen begnügen und diese den interessierten Teilnehmern mitteilen. Wenn mehr als fünfzig (n = 50) ausgefüllte Fragebögen vorliegen, sollten die Ergebnisse statistisch untersucht und ausgewertet werden. Die Ergebnisse werden in Klassen eingeteilt, wobei - wie üblich - etwa n Klassen gebildet werden sollten. Es wird dann (bei manueller Auswertung) eine Strichliste angelegt, um die Summenprozente feststellen zu können (Abb. 2). Sodann wird das Ergebnis in ein Wahrscheinlichkeitsnetz eingetragen und ausgewertet (Daeves und Beckel, Hengst).

Klasse	Strichliste	Anzahl in der Klasse	Summe	Summenprozente
0 - 39,9		-	-	-
40 - 49,9	I	1	1	1.9
50 - 59,9	卌 II	6	7	13,5
60 - 69,9	卌 卌 III	13	20	38,5
70 - 79,9	卌 卌 卌 卌	20	40	76,9
80 - 89,9	卌 卌	10	50	96,2
90 - 99,9	II	2	52	100,0

Abb. 2 Strichliste und Ausrechnung der Summenprozente

Erhält man eine Gerade, so können die Antwortpunktzahlen als normal verteilt angesehen werden. Man kann Mittelwert und Standardabweichung ausrechnen und die eingegangenen Ergebnisse charakterisieren. In den Abb. 3a und 6a sind beispielhaft die Gesamtpunktzahlen angegeben, die bei 450 Photometern verschiedenster Art bzw. bei 52 Rotationsanalysatoren gefunden worden sind, ferner der Rationalisierungseffekt (Fragegruppe) und die Beurteilung der Betriebsanleitung (Einzelfrage). Bei den Abb. 4a und 6a weichen die Punktzahlen nicht von einer Normalverteilung ab. Ergeben die Punkte mehrere Geraden (Abb. 3a), so kann es sich um verschiedene Teilkollektive mit abweichenden Ansichten handeln. Solchen Ergebnissen muß man besonders sorgfältig nachgehen. In der Abb. 3a handelte es sich um 9 Fragebogeneinsender, die alle ein weniger "beliebtes" Gerät einem "beliebteren" gegenübergestellt hatten, so daß hier ein kleines Teilkollektiv von "unzufriedenen Benutzern" entstanden ist, das dem großen 98 % umfassenden Kollektiv der "zufriedenen Benutzer" gegenübergestellt werden kann.

In den Abb. 3b bis 6b sind die gleichen Auswertungen als Histogramme wiedergegeben, da Histogramme für viele anschaulicher sind als in das Wahrscheinlichkeitsnetz eingetragene Summenkurven.

Ausblick

Die Auswertung von über 800 Gerätefragebogen über verschiedene Laborgeräte bestätigt die Bedeutung der Umfrage über Fragebogen. Laboratorien, Gerätehersteller und Verwaltung können wertvolle Informationen aus solchen Auswertungen entnehmen. Darum sollen weitere Gerätefragebogenaktionen, in größerem Umfang als bisher, detailliert durchgeführt werden.

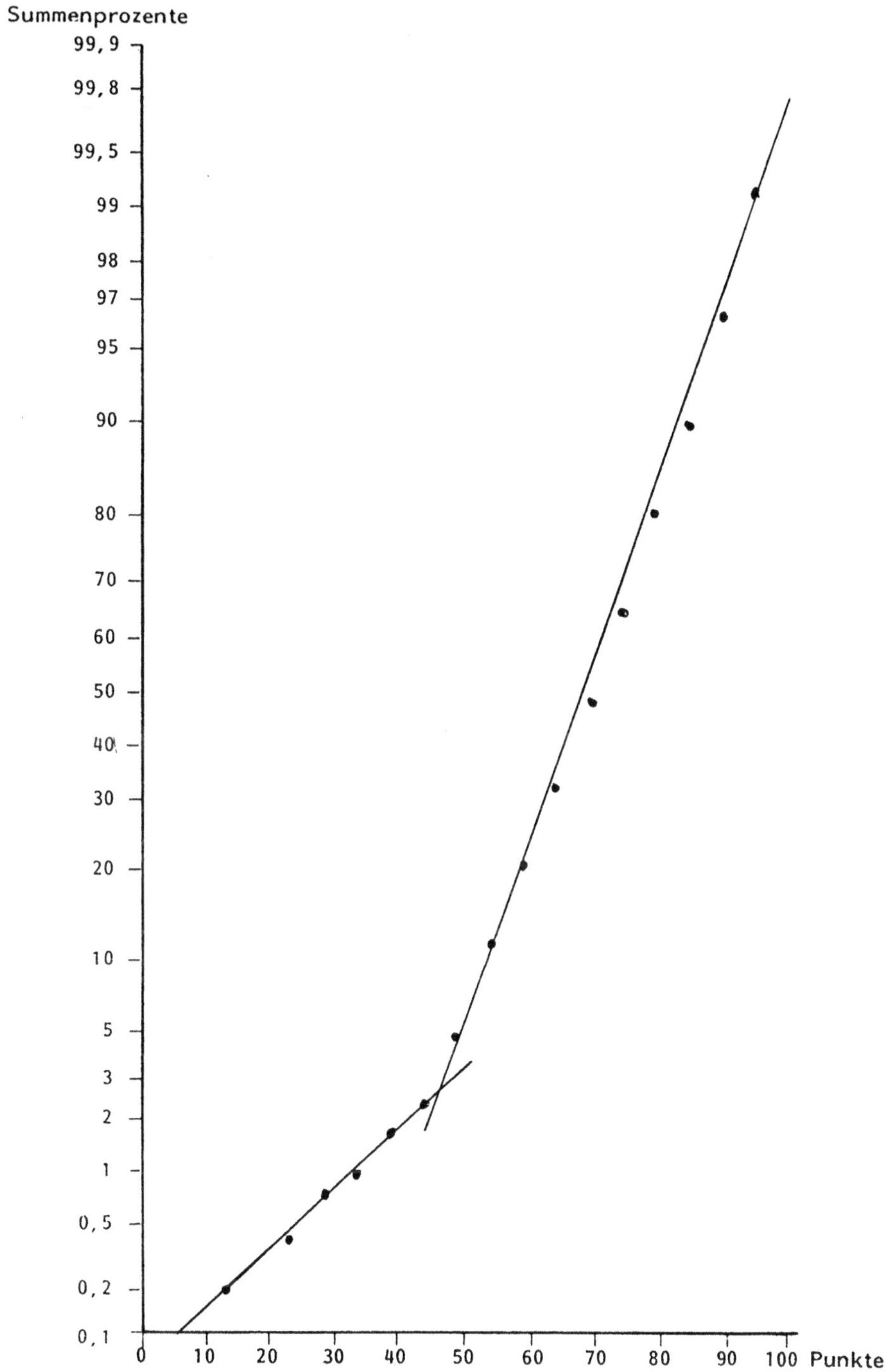

Abb. 3a Summenkurve der Verteilung der Gesamtpunktezahlen bei 450 Photometern

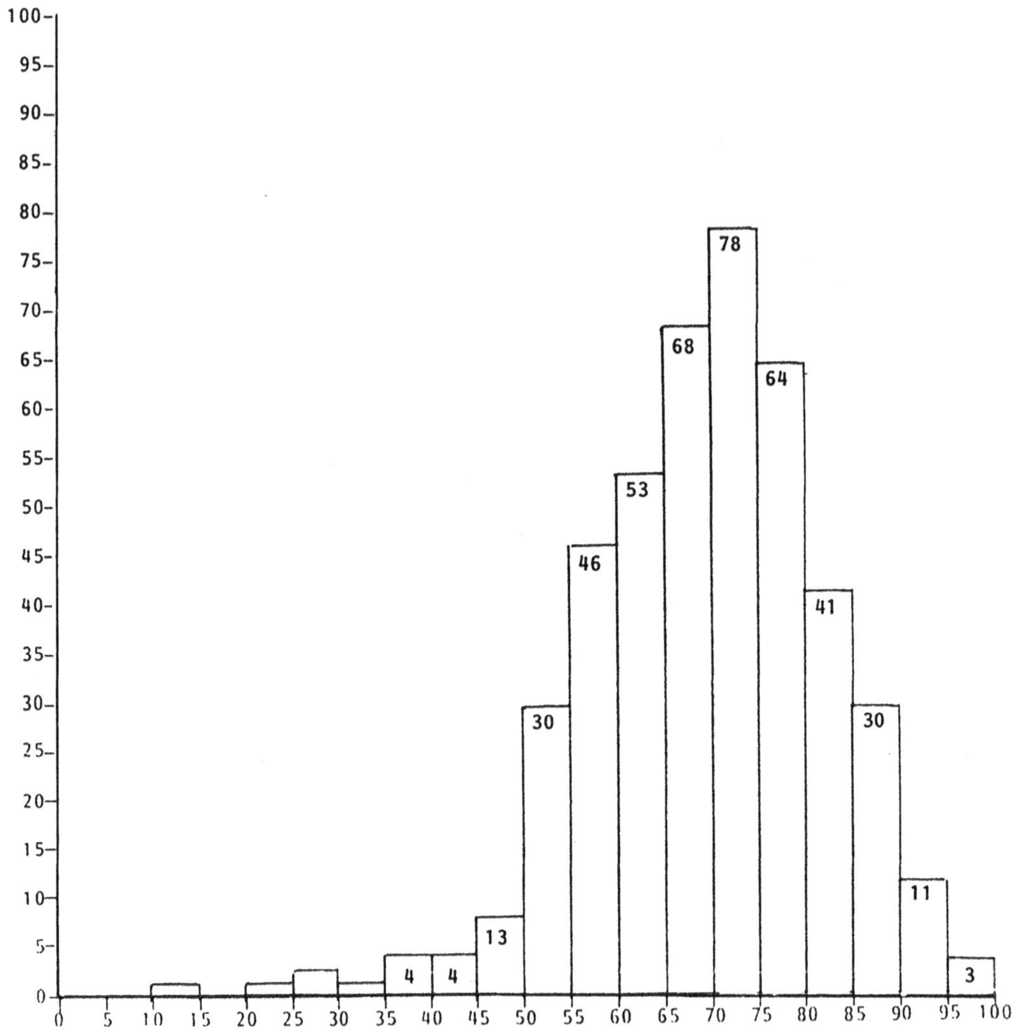

Abb. 3b Histogramm der Verteilung der Gesamtpunktezahlen bei 450 Photometern

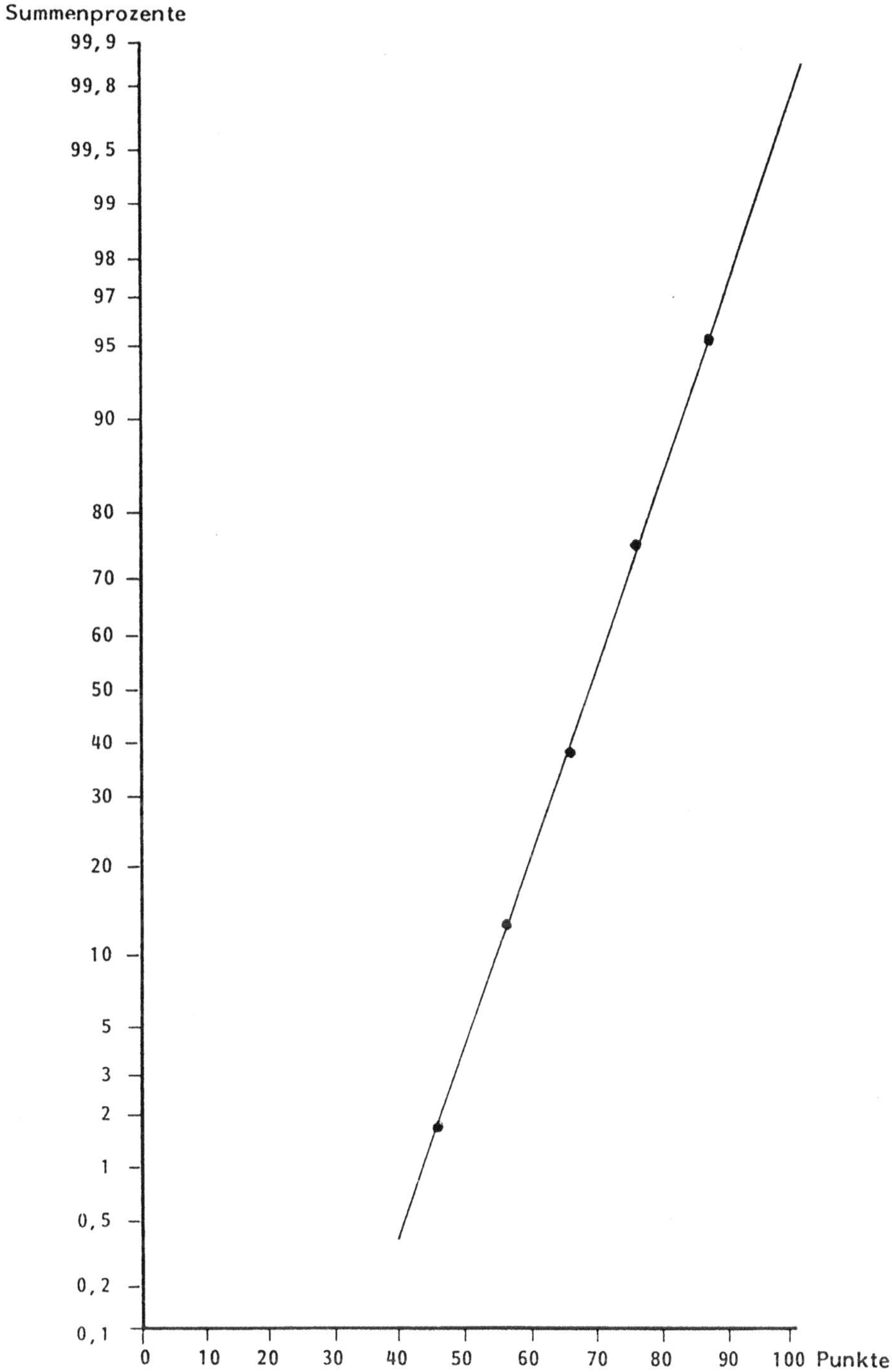

Abb. 4a Summenkurve der Verteilung der Gesamtpunktezahlen bei 52 Rotationsanalysatoren

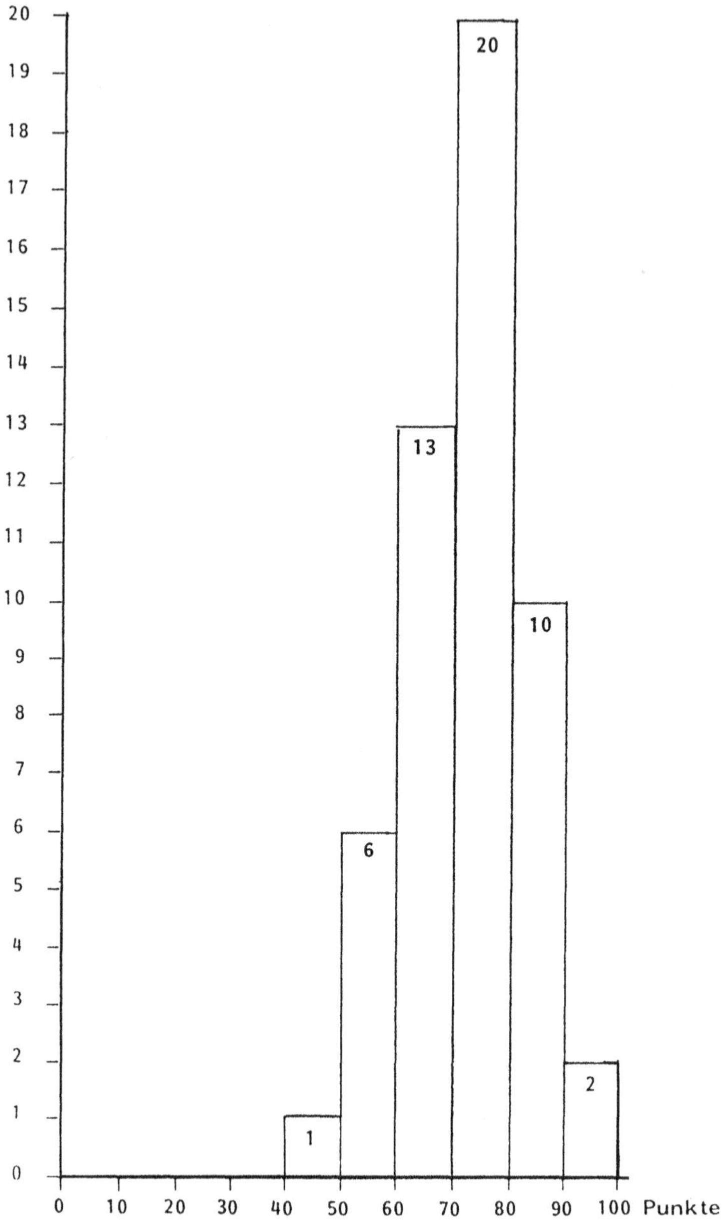

Abb. 4b Histogramm der Verteilung der Gesamtpunktezahlen bei 52 Rotationsanalysatoren

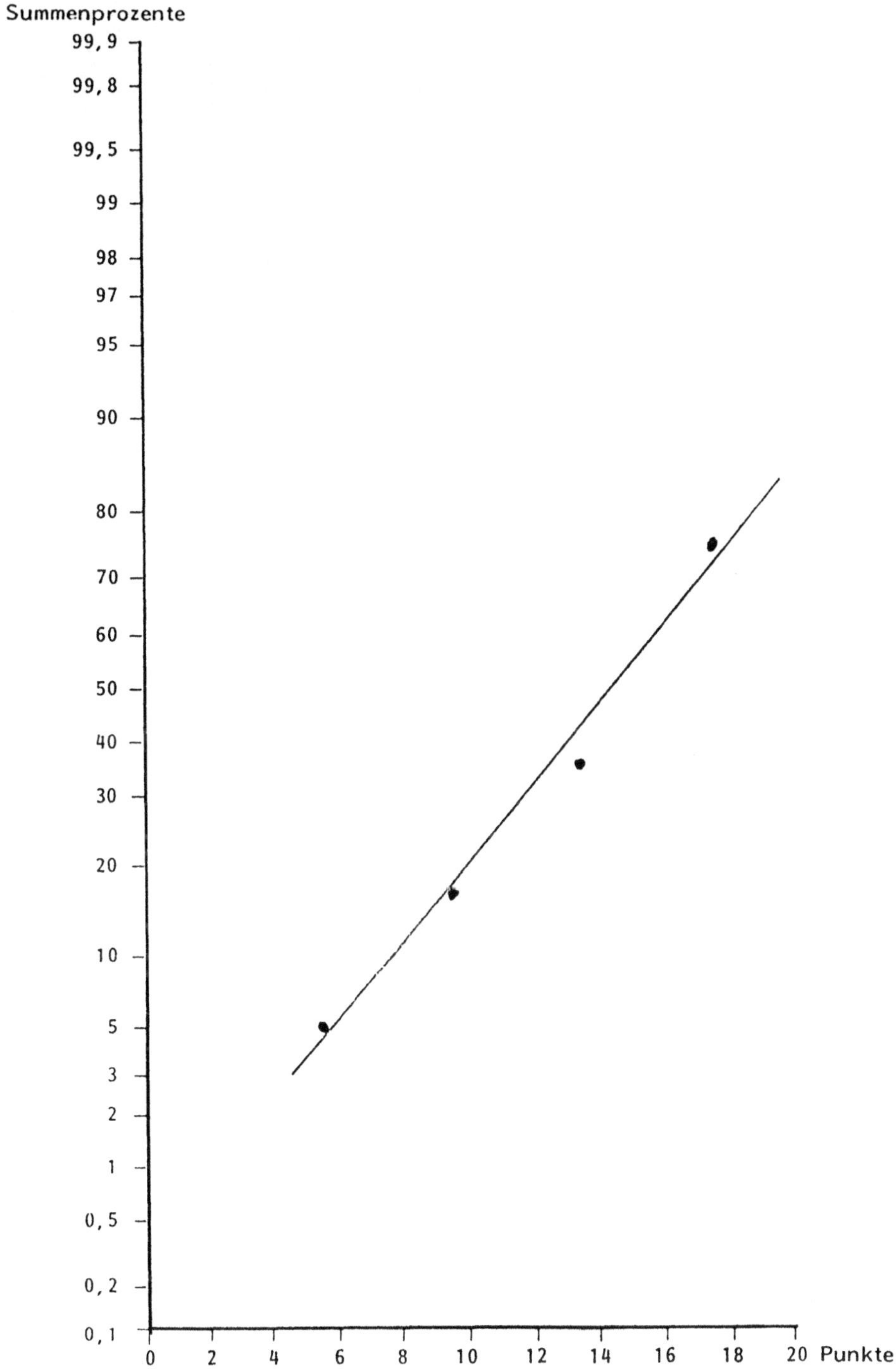

Abb 5a Summenkurve der Verteilung der Punkte für die Fragengruppe 'Rationalisierungs effekt' bei 52 Rotationsanalysatoren

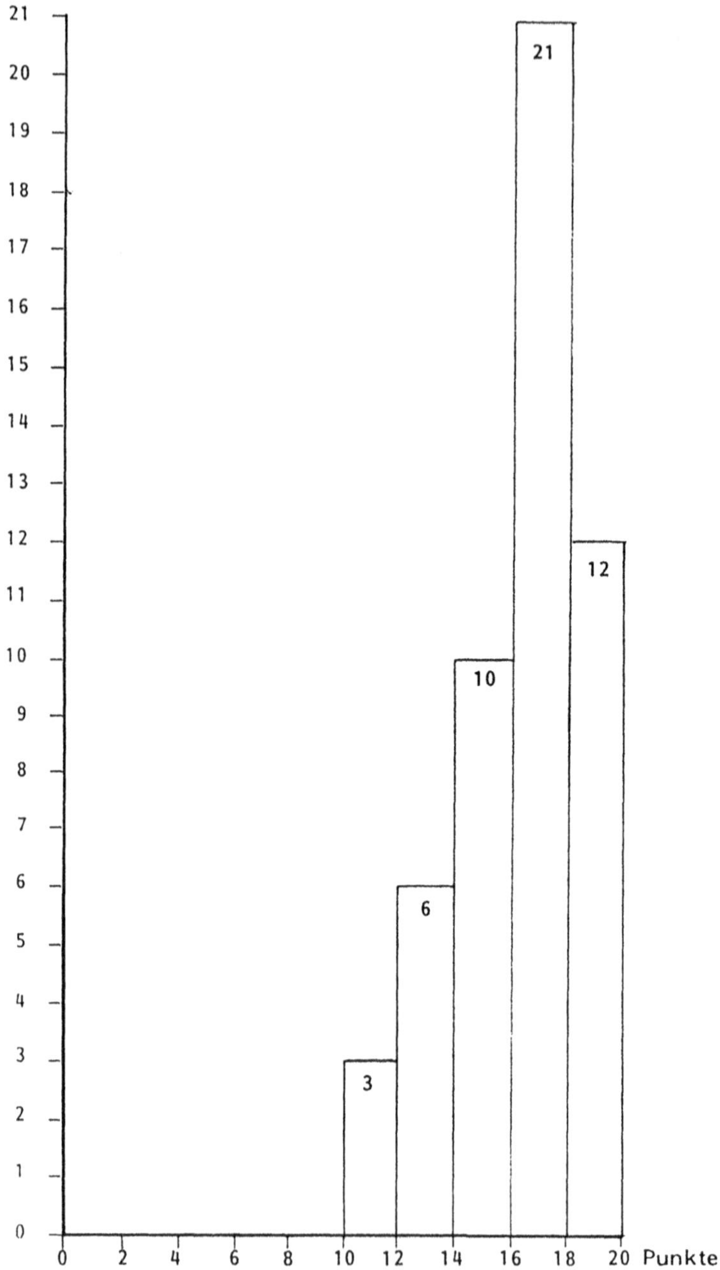

Abb. 5b **Histogramm der Verteilung der Punkte für die Fragengruppe 'Rationalisierungseffekt' bei 52 Rotationsanalysatoren**

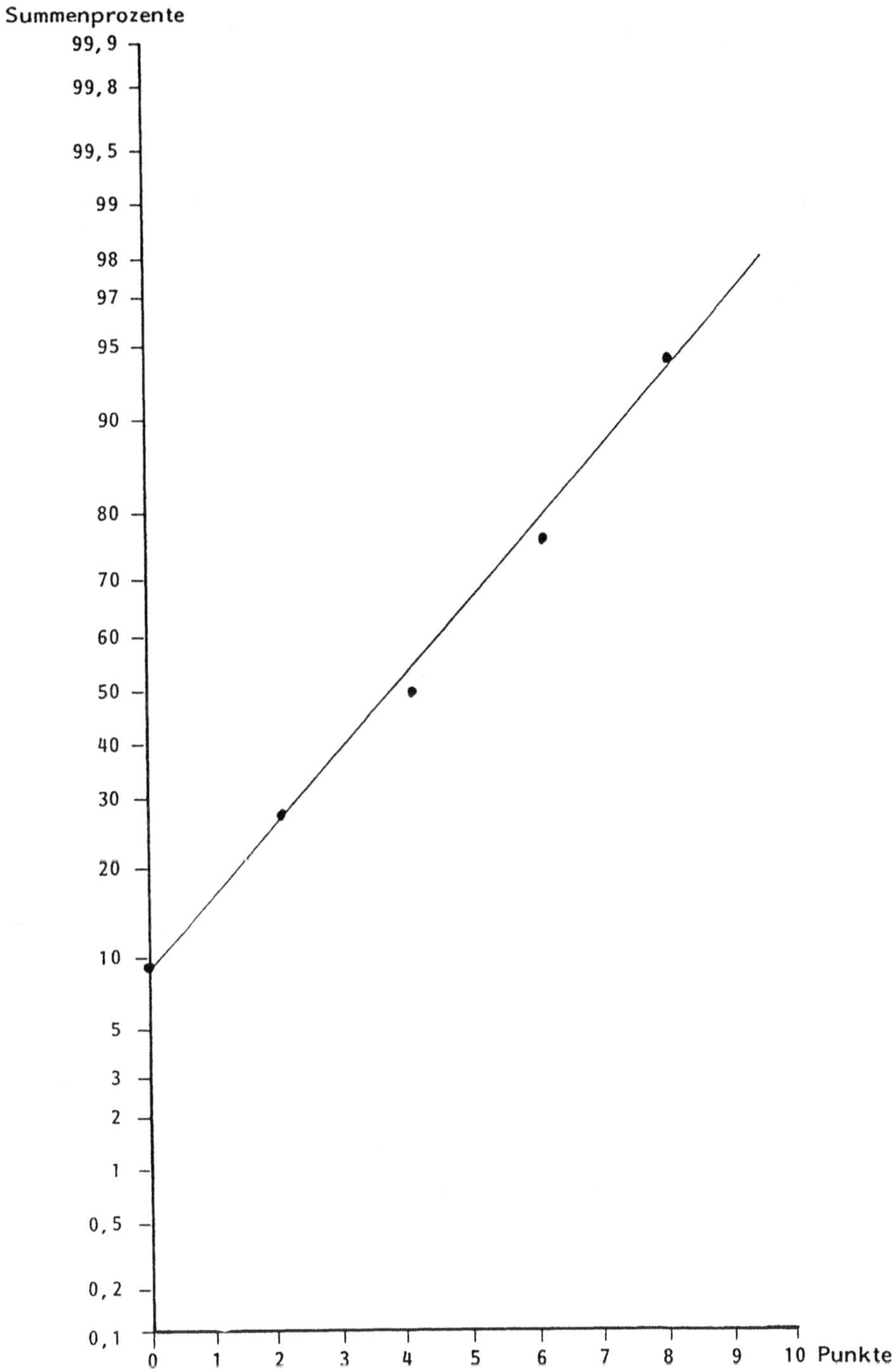

Abb 6a Summenkurve der Verteilung der Punkte für die Einzelfrage 'Betriebsanleitung' bei 52 Rotationsanalysatoren

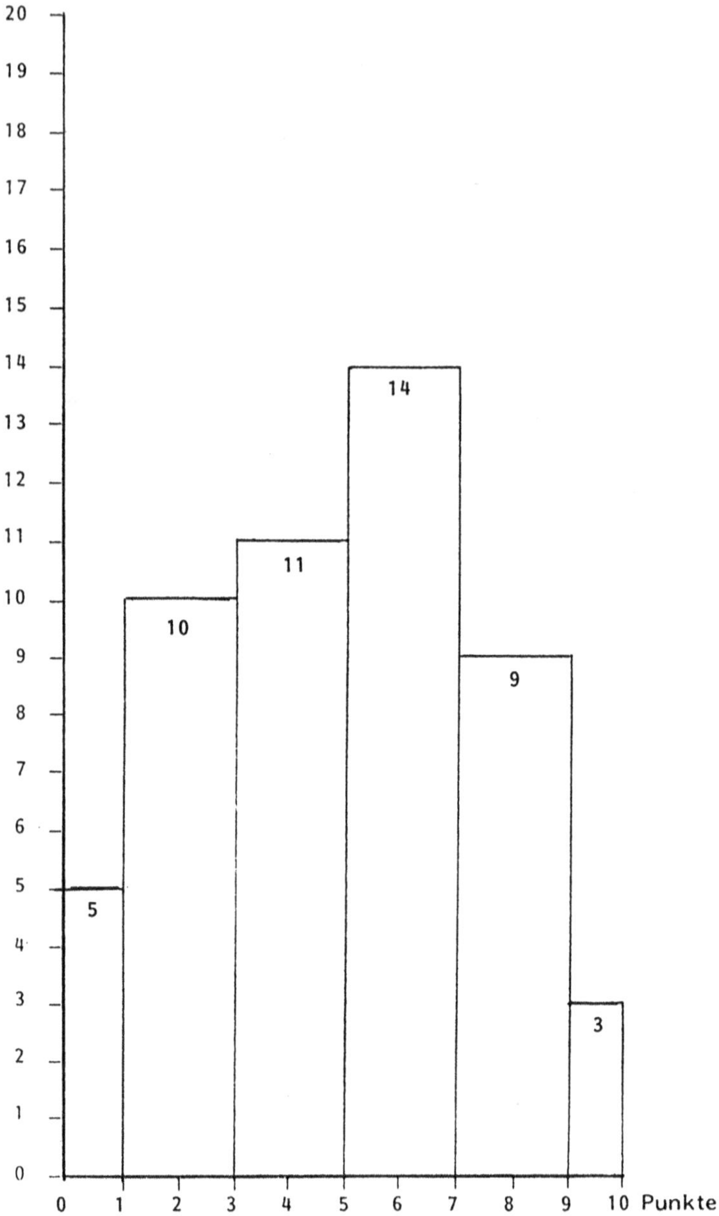

Abb 6b Histogramm der Verteilung der Punkte für die Einzelfrage 'Betriebsanleitung' bei 52 Rotationsanalysatoren

Bei der kritischen Durchsicht der ausgefüllten Gerätefragebogen ist festgestellt worden, daß Gerätefragebogen nur über solche Geräte ausgefüllt werden sollten, die mindestens ein Jahr unter Routinebedingungen im Labor benutzt worden sind. Auch sollten mehrere mit dem Gerät vertraute Untersucher den Fragebogen gemeinsam ausfüllen. Dann könnten z.B. Fragen bezüglich des Kundendienstes gerechter beantwortet werden. Der Fragebogen würde die Meinung im Laboratorium und nicht nur die einer MTA, die das Gerät vielleicht nur wenige Wochen bedient hat, zum Ausdruck bringen.

Zusammenfassung

1976 ist von uns ein Gerätefragebogen entwickelt worden, der die Objektivierung des subjektiven Gebrauchswertes der unterschiedlichsten Laboratoriumsgeräte ermöglichen soll. Mehr als 800 Fragebögen über alle Arten von Laborgeräten, vom einfachen Dilutor bis zum Vielkanalanalysator, sind bereits ausgefüllt und ausgewertet worden. Dem Anwender, Hersteller und auch den bewilligenden Behörden gibt die Auswertung einer entsprechend großen Zahl ausgewerteter Fragebögen eindeutige Auskünfte und wichtige Hinweise.

Literatur

Boroviczény KG von, Rammos G, Wolf I, Wrasmann A (1975) Allgemeine Gesichtspunkte und Prüfung von Analysengeräten. Med Lab (Stuttg) 28:141; 165

Daeves K, Beckel W (1958) Großzahlmethodik und Häufigkeitsanalyse. 2. Aufl. Verlag Chemie, Weinheim

Hengst M (1965) Warentest und Großzahlforschung. VDI-Zschr. 107:799

DISKUSSION

zu 4.1 Merten (Gerätebeurteilung in Ringversuchen)

Jesdinsky
Ich habe mich gewundert, Herr Hengst, daß Sie nicht den Variationskoeffizienten angegriffen haben. Das kann damit zusammenhängen, daß Sie sich ja größere Dinge vorgenommen haben in der Diskussion, aber auch die kleinen Dinge soll man vielleicht beachten.

Hengst
Meine Kritik richtet sich nicht gegen den Variationskoeffizienten VK, sondern ausschließlich gegen seine unreflektierte Verwendung im Rahmen der Präzisionskontrolle, insbesondere bei der Festlegung von Grenzwerten für zufällige Meßabweichungen. Der VK 'mißt' den Variabilitätsgrad definierter Datenkollektive und erlaubt sinnvolle Vergleiche von Stichproben aus gleichartigen Grundgesamtheiten. Besteht z.B. zwischen Standardabweichung s und der Konzentration eines Serumbestandteils (x) ein linearer Zusammenhang, bleibt VK = s/x in dem Meßbereich konstant und kann dann natürlich zur Festlegung von Grenzwerten im Rahmen der Präzisionskontrolle benutzt werden. Die von Herrn Merten gezeigten GPT-Werte sind dafür ein 'Paradebeispiel'. Bei Hb-Bestimmungen am Coulter S fand man jedoch für nicht-pathologische Patientenseren im Bereich von 9,5 bis 16 g Hb/dl im Mittel den Wert s = 0,16 g Hb/dl. In diesem Fall kann also der VK nicht bei der Präzisionskontrolle verwendet werden. Die von Herrn Merten gezeigten Daten deuten zwar in vielen Fällen auf eine Abnahme des VK während des betrachteten Zeitabschnitts hin. Man muß aber bei der Interpretation dieser Ergebnisse bedenken, daß die Zusammensetzung der Grundgesamtheiten sich während der Beobachtungszeit hinsichtlich der relativen Anteile der Methoden, Geräte, Reagenzien usw. in einer unübersichtlichen Weise verändert haben, sodaß die Verwendung des VK, der ja gleichartige und homogene Kollektive voraussetzt, doch sehr kritisch zu betrachten ist. Die Ergebnisse haben doch wohl nur heuristischen Wert. Immerhin sollte man besonders auffallende Beobachtungen sowohl mit den Teilnehmern der Ringversuche wie gegebenenfalls auch mit den Herstellern der Geräte oder Reagenzien diskutieren. Damit möchte ich die von Herrn Merten gestellte Frage beantworten.

Merten
Da die Abweichungen vom Zielwert in Prozent des Zielwertes angeführt werden, hat es nahe gelegen, auch die Streuungen standardisiert darzustellen. Der Variationskoeffizient bzw. die prozentuale Standardabweichung ist dann eine Methode, die dem Laborarzt vertraut ist und mangels besserer Alternativen trotz der berechtigten theoretischen Einwände Verwendung gefunden hat. Erfahrungsgemäß ist der Variationskoeffizient nur bei kleinen Konzentrationen ganz unbrauchbar; solche sind aber in den analysierten Probenmaterialien nicht vorgekommen. So haben wir untersuchen können, wieweit sich die VKs bzw. s% bei den mechanisierten Verfahren unterscheiden. Die Werte in den Langzeit-Ringstudien sind in den beteiligten Laboratorien nach exakten Vorschriften mit Geräten derselben Bauart und den gleichen Reagenziensätzen ermittelt worden. Auch in den anderen Ringstudien sind genaue Vorschriften vorgegeben worden. Die relative Standardabweichung, wie man den sog. "Variationskoeffizienten" besser nennen sollte, weil er kein Koeffizient ist, ist eine anschauliche Normierung des Streuungsnetzes. Wir benutzen sie nur in eigens begründeten Fällen zur Interpretation des Datenmaterials.

Hengst
Versuchspläne für die Bestimmung des 'konventionell richtigen' Kontrollserumwertes sind noch nicht einheitlich festgelegt worden. Es gibt zwar eine Reihe von Versuchsplänen der verschiedenen Organisationen, die meiner Überzeugung nach jedoch nicht akzeptabel sind.

Merten
Ich möchte auf die geringen Streuungen bei manchen Bestandteilen hinweisen, zugleich aber auch aus unseren Erfahrungen berichten, daß die Teilnehmerwerte nach den vorliegenden Erfolgsstatistiken meist innerhalb der geforderten Lagebereiche liegen. Oft stimmen die Mittelwerte des Gesamt-Teilnehmerkollektivs bzw. der nach Methoden getrennten Kollektive mit dem Zielwert der Referenzlaboratorien, gelegentlich bis in die zweite Stelle nach dem Komma, überein. Dies zeigt, daß m.E. das von uns angewandte Bewertungsverfahren praktikabel ist.

Matthäus
Ich möchte gerne Herrn Schlicht noch einmal ergänzen bzw. seine Mitteilungen erweitern und Herrn Merten als Ringversuchsleiter doch auch ein wenig an die Problematik der kleinen Labors erinnern, die nicht mit automatisierten, nicht mit vollmechanisierten Systemen arbeiten und die z.T. doch erhebliche Schwierigkeiten haben, innerhalb der Ringversuch mit ihren Ergebnissen zu bestehen, sowohl was die Methoden als auch den Vergleich hinterher betrifft. Wir sehen auf der einen Seite ganz klar die Entwicklung. Ihre Zielwerte werden selbstverständlich auch aus rationellen Gründen automatisch ermittelt. Aber ein großer Teil der Ringversuchsteilnehmer, vermutlich zahlenmäßig der größere, arbeitet eben mit anderen Geräten, mit anderen Systemen und hat auch den Wunsch, richtig zu arbeiten.

Schlicht
Ich möchte die erste gestellte Frage zu Publikationen von Ergebnissen, die sich aus Ringversuchen ergeben, kurz beantworten. Wir haben solche Veröffentlichungen bereits gehabt, daß Ringversuchsergebnisse in Rundschreiben oder anderswo publiziert wurden, bevor mit uns Rücksprache genommen wurde. Wir hatten dann die Schwierigkeit der Diskussion, weil nämlich bestimmte Voraussetzungen nicht immer volle Berücksichtigung fanden. Ich glaube, daß nichts gegen eine Publikation von Ergebnissen, die sich aus Ringversuchen ableiten, spricht, wenn man vorher das beteiligte Industrieunternehmen ausreichend gehört hat und auch den Argumenten, die seitens der Industrie geäußert werden, zugänglich ist. Ich glaube, kein Industrieunternehmen wird es sich auf die Dauer leisten können, ignorant gegen schlechte Ringversuchsergebnisse zu sein.

Merten
Ich meine, daß man zwar bei solchen Veröffentlichungen vorsichtig sein muß; deshalb habe ich in der gezeigten Abbildung auch nachträglich die Namen der Hersteller bzw. der Geräte durchgestrichen.

Eßer
Eine Begriffsklarstellung: Es wurde hier eben von Ringversuchen gesprochen. Sind es nicht Zielwertermittlungen ? Es besteht ja ein Unterschied zwischen dem gesetzlich und sonst geführten Ringversuch, an dem die Anomymität der Teilnehmer gewahrt bleiben muß, und einer Sollwertermittlung, die man natürlich als Ringversuch bezeichnen kann. Aber die Firmen sind ja nur an der Zielwertermittlung und nicht am Ringversuch direkt beteiligt, höchstens, wenn sie das Material, die Proben für den Ringversuch liefern.

Merten
Die Firmen sind m.E. nicht nur dann, wenn sie einen Auftrag geben, in einer Richtigkeitskontrollprobe Referenzwerte ermitteln zu lassen, an den Ergebnissen interessiert, sondern auch dann, wenn ihre Proben in Ringversuchen verwendet werden, und zwar deshalb, weil die Teilnehmer sich an die Hersteller der verwendeten Reagenziensätze bzw. propagierten Methoden wenden und wissen wollen, warum ihre Werte nicht in den geforderten Bereichen liegen.

Hengst
Ich habe in den letzten Jahren an mehreren Besprechungen über Ringversuchsplanungen für die externe Qualitätssicherung teilgenommen. Ich möchte doch ausdrücklich davor warnen, Ergebnisse solcher Ringprüfungen zur Grundlage einer Beurteilung von Geräten, Methoden oder Reagenzien zu machen. Dafür benötigt man genau definierte Versuchspläne, die es erlauben, den Ursachen auffallender Ergebnisse nachzugehen. Rückschlüsse aus Ringversuchsergebnissen auf die Qualität von Methoden oder Geräten lassen sich kaum jemals statistisch sichern, sondern bleiben Vermutungen.

Merten
Sicherlich wird man Vorsicht walten lassen, Schlüsse auf Geräte-, Methoden- oder Reagenzien-Abhängigkeiten aus Ringversuchsergebnissen zu ziehen. Finden sich aber mit verschiedenen Proben über mehrere Ringversuche hinweg regelmäßig gleichsinnige Abweichungen, so ist eine Berücksichtigung solcher Abhängigkeiten bei der Bewertung der Teilnehmer durchaus berechtigt.

Nink
Ich habe noch eine Frage an Herrn Merten, und diese betrifft die Schwierigkeit, die wir haben, wenn wir einen Mediziner fragen: Wie genau wollen Sie eigentlich messen ? Und zu diesen Fragen sind heute zwei diametral verschiedene Aussagen, so finde ich, gemacht worden. So von Herrn Gallien, der im Namen des VDGH mir ein bißchen auf die Schulter geklopft hat und meinte: Leute, paßt bloß auf, wenn Ihr zu spitzfindige Anforderungen an Geräte stellt, dann geht das daneben. Denn die Mediziner wissen selber nicht, wie genau sie es haben wollen, wenn ich das mit eigenen Worten so etwas interpretieren darf; so habe ich es jedenfalls verstanden. Im Gegensatz dazu haben Sie, Herr Merten, vorhin Bilder gezeigt, und Sie haben explizit dazu gesagt: Das hier sind die Grenzen, die wir für tolerabel halten. Und nun meine Frage dazu: Woraus resultiert das Kriterium der Tolerabilität - wie Sie es postulieren - und wieweit sind die Grenzen, die Sie beispielsweise bei den Ringversuchen festlegen, nun für alle anderen, die dies angeht, akzeptabel, beispielsweise später auch einmal für die Behörden, die Geräte in diesem Sinne zu lassen ?

Merten
Die Grenzen, die bei der Bewertung der Teilnehmer zugrundegelegt werden, ergeben sich aus den Richtlinien der Bundesärztekammer. Danach werden die Lagebereiche durch den Mittelwert der Referenzwerte abzüglich und zuzüglich der 3-fachen Standardabweichung festgelegt.

Gabl
Ich habe heute Herrn Gallien bezüglich der Philosophie 'Es wird alles etwas zu teuer, wieweit darf man gehen', ein wenig recht gegeben. Auf der anderen Seite, wenn ich Herrn Nink höre, hätten wir bis heute keine Qualitätskontrolle; es wäre immer alles 'gut genug'

gewesen, wenn wir nicht mehr gefordert hätten. Ich glaube, das ist sehr gefährlich. Man muß immer das Beste verlangen, das man erreichen kann. Das gilt für Geräte, das gilt für Methoden und Reagenzien, das gilt für die Bewertung und das gilt auch für den Patienten.

Merten
Wir meinen, daß unser Vorgehen dieser Forderung entspricht, indem wir das 'Erreichbare' als eine Bewertungsgrundlage wählen. Wir sehen dies auch als ein wichtiges Ziel aller Bemühungen um eine Qualitätskontrolle an.

zu 4.2 v. Boroviczény (Gerätebeurteilung aus Fragebogenaktionen)

Schütz
Ich meine, rein subjektive Fragen auf die vorgeschlagene Art von 1 bis 10 zu beantworten, das ist gar nicht so einfach. Es ist mir schwer gefallen, hier zu einer Entscheidung zu kommen. Subjektive Äußerungen sind m.E. nicht gewichtbar. Man sollte zu einer Entscheidung dadurch kommen, daß man nur mit 'Ja' oder 'Nein' antwortet. Entsprechend muß man die Fragen differenzieren. Wieweit sind solche Fragen statistisch auswertbar ?

Hengst
Vor etwa 30 Jahren hat der Verlag Delius u. Klasing eine Broschürenreihe unter dem Titel "Wie funktioniert mein Auto ..." herausgegeben, in der die Ergebnisse subjektiver Beurteilungen verschiedener Merkmale eines Autotyps durch die Benutzer publiziert wurden. Jedes Merkmal wurde mit einer Note von 1 bis 5 beurteilt. Diese Daten wurden seinerzeit von Karl Daeves statistisch ausgewertet. Ich empfehle, die Anzahl der zu vergebenden Noten auf 5 zu beschränken, aber jedes der aufgeführten Merkmale 'benoten' zu lassen.

v. Boroviczény
Ich habe diese Idee gehabt, als wir in Berlin die Zentrifugal Analysatoren diskutiert haben, und wollte die Meinung über die damals in Verbreitung kommenden Geräte von anderen hören. Ich habe mir Fragen gewählt, die als 'gute' Fragen genommen worden waren. Es gab auch Fragen, die aus der Liste herausgefallen sind. Aufgrund von sehr vielen Vorschlägen ist dann der Vorschlag mit der Gewichtung entstanden, den ich nur minimal zu korrigieren und zu runden hatte, sodaß die Gesamtgewichtung maximal 100 Punkte ergab. Ich habe diesen Fragebogen einmal eingesetzt, als wir 1976 und 1977 einen gezielten Geräteringversuch mit Blutkörperchenzählgeräten gemacht haben. In jeder Geräteklasse haben damals ungefähr 10 Anwender teilgenommen und in einer Geräteklasse sind auch interessante und, soweit ich mir ein Werturteil erlauben darf, objektivierbare Mittelwerte in den Punktezahlen zustandegekommen, die dann den Geräteherstellern mitgeteilt worden sind. Andererseits waren die Anworten doch z.T. je Gerät zu gering. Diese Aktion wurde mehrmals durchgeführt, um zu sehen, ob der Fragebogen auch allgemein anwendbar war. Dadurch bekamen wir für über 80 verschiedene Gerätetypen ausgefüllte Fragebogen, die gelegentlich auf Anfrage auch vom Hersteller ausgesandt wurden. Ich bekam immer die Anworten und der Hersteller lediglich die anonyme Mitteilung, wie seine Kunden sein Gerät bewerteten. So ist der Fragebogen eigentlich ganz gut angekommen. Er wurde immer wieder durch die Diskussion, die auch in einem internationalen Kreis erfolgte, ein bißchen weiterentwickelt.

Englhardt-Rösler
Zu den Bemerkungen 'Wozu der Fragebogen?' möchte ich sagen, daß der Fragebogen eine Lücke ausfüllt, die in den gesamten Evaluationsbestimmungen noch nicht enthalten ist, nämlich die Langzeitbeobachtung. Das Gerät verhält sich ohne Zweifel im langfristigen Gebrauch anders als in der ersten Evaluation, wenn es noch neu ist. Die Qualität zeigt sich erst im Gebrauch. Es kommen Schwachstellen des Lebensalters, der verschiedenen Abnutzung zum Vorschein. Die Beobachtung ergibt plötzlich ein ganz anderes Bild. Es ist methodisch sicher schwer, diese Dinge zu erfassen. Ich glaube nicht, daß man dies mit dem Fragebogen kann, und zwar aus einem ganz bestimmten Grunde, weil nämlich Gerät und Person zusammengehören, und ich habe schon wiederholt festgestellt, daß das gleiche Gerät an verschiedenen Stellen total unterschiedlich bewertet wird, und daß dies einwandfrei nicht am Gerät, sondern an der Bedienungsperson liegt. Wir haben dazu einen konstruktiven Vorschlag: Wie wäre es, wenn man eine Langzeitevaluation machen würde, indem man bestimmten Laboratorien Gerätekarteien an die Hand gibt, die man nach bestimmten Kriterien aufbaut. In diese werden Ersatzteile eingetragen, die ersetzt werden, auch die Störanfälligkeit, die Schnelligkeit, mit der der Kundendienst kommt, sowie andere Schwachstellen. Wir haben solche Karteien angefangen, und es kommen überraschende Dinge dabei heraus. Es wird ganz klar, ob es am Bedienungspersonal liegt, oder ob das Gerät bestimmte Schwachstellen hat. Anhand solcher Langzeitkarteien könnte man nachher zusammenfassend solche Geräteberichte erstellen.

v. Boroviczény
Sie haben völlig recht. Man braucht viele Antworten über ein Gerät. Dann eliminieren sich diese persönlichen Unterschiede einigermaßen. Die Gerätekartei - wir führen Gerätebögen - ist eine wunderbare Idee. Nur fürchte ich, daß ich keine zwei Dutzend Anwender für das gleiche Gerät bekomme.

Matthäus
Wir sind als Industrie naturgemäß daran interessiert zu erfahren, was die Benutzer unserer Geräte im Routinebetrieb von diesen Geräten halten, was sie beobachtet haben, was ihnen mißfällt. Wir können aber nur reagieren, wenn wir dies wissen. Meine konkrete Bitte an Sie, Herr von Boroviczény: lassen Sie die Industrie Ihre Erfahrungen wissen. Zum Fragebogen selbst gibt es einige technische Anmerkungen. Wir können Ihnen nur anbieten, dabei mitzuhelfen, diesen Fragebogen noch aussagefähiger zu machen, ihn auch statistisch auswertbar zu gestalten und ihn den unterschiedlichen Bedürfnissen der einzelnen Produkte besser anzupassen. Denn es ist eben ein Unterschied, ob man ein geschlossenes System oder ein offenes System verwendet, und man wird mit Sicherheit ein Elektrophoresesystem nach anderen Kriterien bewerten müssen als einen Zentrifugalanalysator. Hier strecken wir Ihnen eine offene Hand entgegen, die Sie durchaus annehmen können.

Jesdinsky
Ich bin im allgemeinen gegen Vorkommnisse empfindlich, daß methodisches Vorgehen benutzt wird, um irgendwelche persönliche Anschauungen zu propagieren. Es ist sicher ein solcher Fragebogen auch noch anders zu konstruieren. Wir sollten versuchen, etwas mehr Objektivität hineinzubringen. Ein Beispiel: Wenn man Punktbewertung machen will, dann macht man die hinterher, möglicherweise nach gewissen statistischen Gesichtspunkten, legt sie aber tunlichst dem Befragten nicht offen. Wenn man etwas über subjektive Urteile erfahren will, fragt man besser nicht direkt. Da fühlt sich der Befragte oft auch unfähig, etwas Vernünftiges zu schreiben. Ich würde z.B. an Ihre

sehr richtige Bemerkung über die Verwendungsdauer der Geräte anknüpfen und fragen: Wie lange haben Sie das Gerät ? Wann war der letzte Wartungstermin ? War das ein Routinetermin oder war es ein Notfall ? Wann war die letzte Eintragung im Logbuch, wenn ein solches geführt wird ? Wann beabsichtigen Sie ein anderes Gerät für den gleichen Zweck einzusetzen ? Sind Sie schon in Verhandlungen eingetreten ? Wann wollen Sie das tun ? Etwa in dieser Form. Das sind alles harte Daten, die indirekt eine etwas objektivere Beurteilung zulassen.

v. Boroviczény
Herr Jesdinsky, Sie haben fachlich sicherlich recht. Ich kenne aber meine lieben Kollegen und deren Antwortfreudigkeit. Es geht mir mehr darum, überhaupt Antworten zu bekommen. Wenn ich nach der Führung eines Logbuches frage, fürchte ich, daß mir ein großer Teil der Kollegen überhaupt nicht antworten wird. Ich habe nachweislich Statistiker gefragt, als ich den Fragebogen zusammengestellt habe. Es ist mir klar, daß ich auf die eine oder andere Frage eine weniger objektivierbare Subjektiv-Antwort erhalte. Die Frage: 'Wie lange haben Sie das Gerät ?' ist ja gestellt. Das ist selbstverständlich, und es sind schon viele Bewertungen herausgegangen. Ich hoffe, daß Sie mir bei der Auswertung helfen werden.

V Statistik

5.1 H. J. JESDINSKY (DÜSSELDORF)
STATISTISCHE ÜBERLEGUNGEN ZUM METHODEN-, GERÄTE- UND REAGENZIENVERGLEICH

1. Einleitung

Für Vergleiche von Geräten, Methoden oder Reagenzien werden verschiedene Versuchspläne verwendet. Je nachdem, ob man z.B. nur an der Übereinstimmung der Meßwerte, die an Proben ein und desselben Materials zu gewinnen sind, unter verschiedenen Bedingungen interessiert ist, oder ob ein Vergleich zweier Verfahren über einen weiteren Bereich angestrebt wird, kommen entweder Mittelwertvergleiche (Varianzanalyse) oder die Korrelationsrechnung (Regressions- und Korrelationsanalyse) zum Einsatz.*

Prinzipiell spricht nichts dagegen, beide Ziele zu verbinden und die Untersuchungen entsprechend zu planen und auszuwerten, praktisch spielen solche Untersuchungen aber keine Rolle. Der Mittelwertvergleich wird gewöhnlich bei Vergleichen zwischen **Geräten** herangezogen, wobei man meist noch andere Effekte, wie den Einfluß der Untersucher oder Methoden, mitprüft. Oft führt man auch sogenannte **Ringstudien** durch, wobei dann zusätzlich der Einfluß der Laboratorien untersucht werden kann. Für den **Methoden**-Vergleich zieht man meist Meßwertpaare mit je einer Messung nach einer Methode an Proben mit verschiedenen Konzentrationen des zu bestimmenden Bestandteils heran (sogenannte **Kalibrierung**).

---

* Es ist bisher weniger üblich, dabei auch die Varianzen auf Gleichheit zu prüfen - Varianzgleichheit ist eigentlich eine Voraussetzung für den Mittelwertvergleich -, dies ist aber leicht möglich und sollte immer dann geschehen, wenn die Fragestellung auf eine Aussage über gleiche Genauigkeit abzielt.

Die Darstellung begnügt sich daher in einem ersten Teil mit der Vorstellung verschiedener Regressionsverfahren, im zweiten Teil werden Varianzanalyseverfahren erläutert.

2. Regressionsverfahren

Der **Methodenvergleich** anhand n paariger Meßwerte (x_i, y_i) mit zwei Methoden, welche die Meßwerte x_i bzw. y_i liefern, ist sehr gut untersucht worden (Eisenwiener et al, 1984). Meist betrachtet man Zusammenhänge, die sich bis auf einen gewissen Restfehler durch eine Gerade

$$y = \alpha + \beta x$$

ausdrücken lassen. Eine solche Beziehung liegt, zumindest in einem bestimmten Konzentrationsbereich, gewöhnlich vor, oder sie läßt sich durch Transformation der Meßwerte erzielen. Im folgenden ist die Unterscheidung zweier Aufgabenstellungen wichtig:

Man sucht eine Gerade, mit deren Hilfe aus gegebenen Werten x eine **Voraussage** für y erfolgen kann (im allgemeinen erhält man nicht dieselbe Gerade, wenn man x aus y voraussagen will).

Man sucht eine Gerade, die zur **Beschreibung der gemeinsamen Verteilung** von x und y dient (hierbei kommt natürlich nur genau eine Gerade in Betracht).

2.1 Regressionsverfahren für die Voraussage

2.1.1 Die Voraussage des erwarteten y-Werts

Kann man x ohne Fehler messen, so ergibt sich für die Abweichung d_i des Wertes y_i von seinem erwarteten Wert

$$d_i = y_i - \alpha - \beta x_i$$

Haben die d_i konstante Varianz, so ergeben sich nach der Methode der kleinsten Quadrate nach Lösung der Aufgabe $\sum d_i^2$ = Minimum als Schätzwerte für α und ß die bekannten Lösungen

$$\hat{\alpha} = \bar{y} - \hat{\beta}\bar{x}$$
$$\hat{\beta} = s_{xy}/s_x^2$$

mit $\bar{x}$, $\bar{y}$ den Mittelwerten der x_i bzw. y_i, s_x^2 der 'Varianz' der x-Werte, wobei hier Varianz der festgelegten x-Werte nur formal zu verstehen ist als $s_x^2 = \sum(x_i - \bar{x})^2/(n-1)$ und s_{xy} der Kovarianz, $s_{xy} = \sum(x_i - \bar{x})(y_i - \bar{y})/(n - 1)$.

Um realistischere Annahmen zu haben, läßt man einen Meßfehler in den x-Werten, dessen Varianz $\sigma_\delta^2 > 0$ bekannt sein möge, zu. Dann ergibt sich

$$\hat{\alpha} = \bar{y} - \hat{\beta}_\delta\bar{x}$$

$$\hat{\beta}_\delta = s_{xy}/(s_x^2 - \sigma_\delta^2)$$

$\hat{\beta}_\delta$ ist also dem Betrage nach immer größer als $\hat{\beta}$.

Manchmal möchte man prüfen, ob die Hypothese $\alpha=0$ mit den Daten vereinbar ist, d.h. ob die Gerade durch den Nullpunkt gelegt werden kann. Dies ist möglich, wenn bei einer Irrtumswahrscheinlichkeit von 0.05 gilt

$$\hat{\alpha}^2/\hat{\text{Var}}(\hat{\alpha}) < F_{1,\, n-2,\, 0.95}$$

Dabei ist

$$\hat{\text{Var}}(\hat{\alpha}) = s_{y.x}^2\left(\frac{1}{n} + \frac{\bar{x}^2}{\sum(x_i - \bar{x})^2}\right)$$

wobei $$s_{y.x}^2 = \frac{n-1}{n-2}\left(s_y^2 - s_{xy}^2/s_x^2\right)$$

und $F_{1,n-2,\,0.95}$ das 0.95-Quantil der F-Verteilung mit 1 und n-2 Freiheitsgraden.

Auch kann die Prüfung der Hypothese $\beta=1$ wichtig sein. Diese Hypothese behält man bei, wenn

$$(\hat{\beta}-1)^2/\hat{Var}(\hat{\beta}) < F_{1,\ n-2,\ 0.95}$$
$$\hat{Var}(\hat{\beta}) = s^2_{y.x}/\sum(x_i - \bar{x})^2$$

Der letztgenannte Fall ist vor allem dann wichtig, wenn man schon weiß, daß $\alpha=0$ mit den Daten verträglich ist. Weiß man dies nicht, so sollte man immer die beiden Hypothesen ($\alpha=0$ und $\beta=1$) **gemeinsam prüfen.** Dazu untersucht man, ob

$$(n\hat{\alpha}^2 + 2\hat{\alpha}(\hat{\beta}-1)\sum x_i + (\hat{\beta}-1)^2 \sum x_i^2)/2s^2_{y.x} < F_{2,\ n-2,\ 0.95}$$

Wir betrachten noch den Fall, daß die Gerade durch den Ursprung gehen muß, eine in vielen Fällen sinnvolle Forderung ($\alpha=0$). Haben die

$$d_i = y_i - \beta^{(o)}x_i,$$

konstante Varianz, dann schätzt man $\beta^{(o)}$ durch

$$\hat{\beta}^{(o)}_0 = \sum x_i y_i / \sum x_i^2$$

Diese Gerade geht gewöhnlich - z.B., wenn nicht alle Punkte auf einer Geraden liegen - **nicht** durch den Mittelwert. Da die Gerade durch den Nullpunkt geht, läßt sich eine einfache funktionale Abhängigkeit der Varianz der Abweichungen d_i vom erwarteten y-Wert wegen der Proportionalität von x und y auch in den x_i ausdrücken. Ist die Varianz dem Quadrat des erwarteten y-Werts proportional, wie etwa bei der log-Normalverteilung, so hat man $\sum d_i^2/x_i^2$ zu minimieren und erhält

$$\hat{\beta}^{(o)}_2 = \sum_i \frac{y_i}{x_i} / n$$

den Mittelwert der Quotienten. Ist die Varianz dem erwarteten Wert proportional, wie bei der Poissonverteilung, so ergibt sich aus der Minimierung von $\sum d_i^2/x_i$

$$\hat{\beta}^{(o)}_1 = \bar{y}/\bar{x},$$

der Quotient der Mittelwerte.

Dieses Ergebnis ist aus mehreren Gründen bemerkenswert. Zum einen geht die Gerade durch den Mittelpunkt. Andererseits ist das Ergebnis symmetrisch in x und y, d.h. eine Vertauschung von x und y ändert nichts an der Geraden. Zudem ist die Annahme einer Poissonverteilung bei vielen Methoden theoretisch begründet (Zellzählungen, Verfahren, die auf Messung von Radioaktivität beruhen).

Hiermit sind die möglichen Lösungsansätze zur Aufgabe keineswegs erschöpft. Man kann z.B. die verschiedenen Gewichtungen ohne die Forderung $\alpha=0$ vornehmen, was auf recht komplizierte Formeln führt. Man kann auch statt der Methode der kleinsten Quadrate eine andere Abstandsfunktion minimieren, z.B. die Summe der Absolutbeträge $\sum |d_i|$, womit man ebenfalls auf schwer handhabbare Algorithmen verwiesen wird. Mit dem letzten Vorschlag ist das Gebiet der sog. "nichtparametrischen" oder "verteilungsunabhängigen" Methoden betreten, denn im eindimensionalen Fall ergibt sich bekanntlich der Median als Lageparameter-Schätzung, wenn man die Summe der Absolutbeträge der Abweichungen minimiert.

Unter den nichtparametrischen Schätzern ist eine der Wilcoxon-Statistik entsprechende Schätzung von ß am bekanntesten. Man wählt dabei den Median aller Steigungen, die sich aus den $n(n-1)/2$ Verbindungslinien zwischen den Punkten aller möglichen Punkte-Paare ergeben (vgl. auch Hansert, 1985, in diesem Band) und legt eine Gerade mit dieser Steigung durch den Median der Achsenabschnitte aller dieser Geraden. Die Erfahrung lehrt, daß solche nichtparametrischen Schätzer nur wenig von den klassischen abweichen, wenn die Daten der Annahme einer linearen Beziehung nicht krass widersprechen (in diesem Fall liegt aber das Problem in den Daten, nicht im Auswertverfahren!) In dem unten gegebenen Beispiel (Abb. 1a) wäre die 'Wilcoxon-Schätzung' von ß kaum erkennbar verschieden (0.75 statt 0.73), auch $\hat{\alpha}$ ergibt sich ähnlich (0.6 statt 1.0).

2.1.2 Die Voraussage eines Intervalls, das den erwarteten y-Wert überdeckt

Bisher haben wir uns nur mit der Vorhersage eines einzigen Wertes y zu einem bestimmten Wert x beschäftigt (sog. Punktschätzung), ohne auf die Genauigkeit dieser Vorhersage einzugehen. Möchte man ein **Intervall** angeben, in dem zu gegebenem festen x* im Mittel der Anteil γ der Werte mit der y-Methode liegen, so erhält man unter der Voraussetzung, daß die d_i normalverteilt mit konstanter Varianz sind, die obere und untere Grenze aus

$$\hat{\alpha} + \hat{\beta}x^* \pm t_{n-2,\, \frac{1+\gamma}{2}}\; s_y \sqrt{K}\,,$$

wobei das Pluszeichen für die obere, das Minuszeichen für die untere Grenze gilt und

$$K = \frac{1 - s_{xy}^2 / (s_x^2 s_y^2)}{n-2} \left(\frac{n^2-1}{n} + \frac{(x^* - x)^2}{s_x^2} \right)$$

ist.

Der vor s_y stehende Faktor ist das $\frac{1+\gamma}{2}$-Quantil der t-Verteilung mit n-2 Freiheitsgraden. Die Formel kann man angenähert auch im Falle von bekannten Meßfehlern in x mit der Varianz σ_δ^2 anwenden, wenn man $\hat{\beta}_\delta$ für $\hat{\beta}$ einsetzt und in dem Ausdruck für K den Nenner des letzten Summanden in der Klammer gleich $s_x^2 - \sigma_\delta^2$ setzt.

Wenn die Gerade durch den Nullpunkt geht, so kann man die drei betrachteten Fälle mit Varianzhomogenität (k=0), Proportionalität von σ^2 und μ (k=1) bzw. mit k=2 Proportionalität von σ^2 und μ^2 (μ sei der Erwartungswert von y unter x, E(Y|x)) gemeinsam behandeln.

Es sei $$\hat{\sigma}_k^2 = \frac{1}{n-1} \sum (y_i - \hat{\beta}_k^{(o)} x_i)^2 / x_i^k$$

Die obere und untere Grenze für den Bereich, der den zu x gehörenden y-Wert mit Wahrscheinlichkeit γ überdeckt, ergibt sich dann zu

$$\hat{\beta}_k^{(o)} x + t_{n-1,\frac{1+\gamma}{2}} \sqrt{\hat{\sigma}_k^2 x^k + x^2\, \hat{\mathrm{Var}}(\hat{\beta}_k^{(o)})}$$

wobei

$$\hat{\mathrm{Var}}(\hat{\beta}_k^{(o)}) = \begin{cases} \hat{\sigma}_0^2 / \sum x_i^2 & k = 0 \\ \hat{\sigma}_1^2 \sum x_i^2 / (\sum x_i)^2 & k = 1 \\ \hat{\sigma}_2^2 \sum x_i^2 / n^2 & k = 2 \end{cases}$$

Zur Veranschaulichung sind die Voraussagen unter den diskutierten Annahmen in Abb. 1 an einem einfachen Beispiel dargestellt.

2.1.3 Die sogenannte 'inverse' Vorhersage

Will man von y zurück nach x gehen und aus den mit Ungenauigkeiten behafteten Werten die dazu mit einer gewissen Wahrscheinlichkeit γ passenden, an sich fehlerfreien Meßwerte x voraussagen, so sind diese Prädiktionsintervalle i.a. nicht mehr symmetrisch um den zu y* vorausgesagten Wert $x^* = \bar{x} + (y^* - \bar{y})/\hat{\beta}$ (sog. **inverse Prädiktion**). Man wird die Grenzen aus graphischen Darstellungen mit punktweise nach den oben angeführten Formeln konstruierten Intervallen ablesen, statt die dafür verhältnismäßig kompliziert ausfallenden Formeln zu verwenden.

Es ist wichtig, sich klar zu machen, daß es bei dieser Aufgabe nicht um die Voraussage des erwarteten x-Wertes zu gegebenem y geht (eine Aufgabe, die lediglich Vertauschung von x und y in den Formeln für $\hat{\alpha}$ und $\hat{\beta}$ erfordern würde, wobei y fest sein und x streuen würde), sondern um die Kenntnis möglicher x-Werte zu einem gefundenen y-Wert aufgrund der Anwendung der Regression von y auf x.

2.2 Beschreibung der gemeinsamen Verteilung mit Hilfe von Geraden

Diese Aufgabenstellung rührt aus dem Bedürfnis her, eine in x und y symmetrische Darstellung des Zusammenhangs zu finden (Haeckel, 1982). Auch hat man nicht immer fest vorgegebene, mit einer sehr genauen Methode gefundene x-Werte vor sich, zu denen y-Werte bestimmt werden wie beim Kalibrierungsproblem, sondern die verglichenen Methoden sind beide mehr oder weniger streuend, und man möchte die gemeinsame Verteilung ohne "Bevorzugung" einer Methode beschreiben. Voraussetzung für die Anwendung der im folgenden kurz dargestellten Verfahren ist, daß die Meßwertpaare (x_i, y_i) aus einer Population stammen, in der die Werte einem bestimmten Verteilungsgesetz folgen.

Die Forderungen $\alpha=0$ oder $\beta=1$ haben hier, wo es um die Beschreibung der Verteilung geht, keinen Platz.

2.2.1 Die zweidimensionale Normalverteilung

Liegt Normalverteilung vor, dann beschreiben Ellipsen um den Mittelwert der Stichprobe solche Orte, an denen gleiche Dichte zu erwarten ist, und die längere Achse ('Hauptachse') dieser Ellipsen ist eine Gerade mit der Steigung b_0, welche die Punktwolke charakterisiert. Man erhält diese Gerade, wenn man die Summe der Quadrate der Abstände senkrecht zu der zu findenden Geraden minimiert, daher auch die Bezeichnung '**orthogonale Regressionsgerade**'. Die Formel zur Berechnung findet sich bei v. Klein-Wisenberg (1985) in diesem Band, so daß sie hier übergangen werden kann.

Ohne nähere Begründung (Genaueres findet man bei Schach und Schäfer, 1978) sei bemerkt, daß die orthogonale Regressionsgerade angemessen ist, wenn die Fehler in beiden Variablen gleich große Varianz besitzen und wenn entsprechend auch die individuellen Varianzen in beiden Variablen gleich sind.

Die Fragen, ob die Varianzen gleich sind oder ob $b_0=1$ ist, sind nicht voneinander zu trennen.

Wenn die Varianzen der Fehler verschieden sind, z.B. die Varianz in y sich um den Faktor λ^2 von der in x **und** die Varianzen der individuellen Abweichungen sich um denselben Faktor unterscheiden, dann ist die beste Gerade eine Gerade durch den Mittelwert mit der Steigung λ, die durch s_y/s_x geschätzt wird. Man erhält die Steigung dieser Geraden, die auch als **standardisierte Hauptkomponente** bezeichnet wird, wenn man die Quadratsumme der Abstände minimiert, die in der Richtung der negativen Neigung der anzupassenden Geraden gemessen werden.

Mit dem Verfahren der strukturellen Beziehungen, das der Hauptkomponentenanalyse nahesteht, hat man auch mehr als zwei Methoden miteinander verglichen. Man gewinnt aus den Regressionsbeziehungen Anhaltspunkte zur Präzision der Methoden, wenn die Voraussetzungen, insbesondere hinsichtlich linearer Beziehungen (die bei multivarianter Normalverteilung gegeben ist) zutreffen (Feldmann et al, 1981).

Eine den Voraussagebereichen entsprechende Darstellung bei der Beschreibung der gemeinsamen Verteilung erreicht man mit dem zweidimensionalen Toleranzbereich, der im Falle von Normalverteilung Ellipsen ergibt, deren Größe von der Toleranzwahrscheinlichkeit γ abhängt (Formeln bei v. Klein-Wisenberg, 1985).

2.2.2 Andere Verteilungen

Wenn keine Normalverteilung vorliegt, kann man mit varianzstabilisierenden Transformationen arbeiten und gegebenenfalls anschließend die Ergebnisse in die ursprünglichen Skalen zurücktransformieren. Man verwendet die Wurzeltransformation bei Poissonverteilung oder die Logarithmustransformation bei Lognormalverteilung.

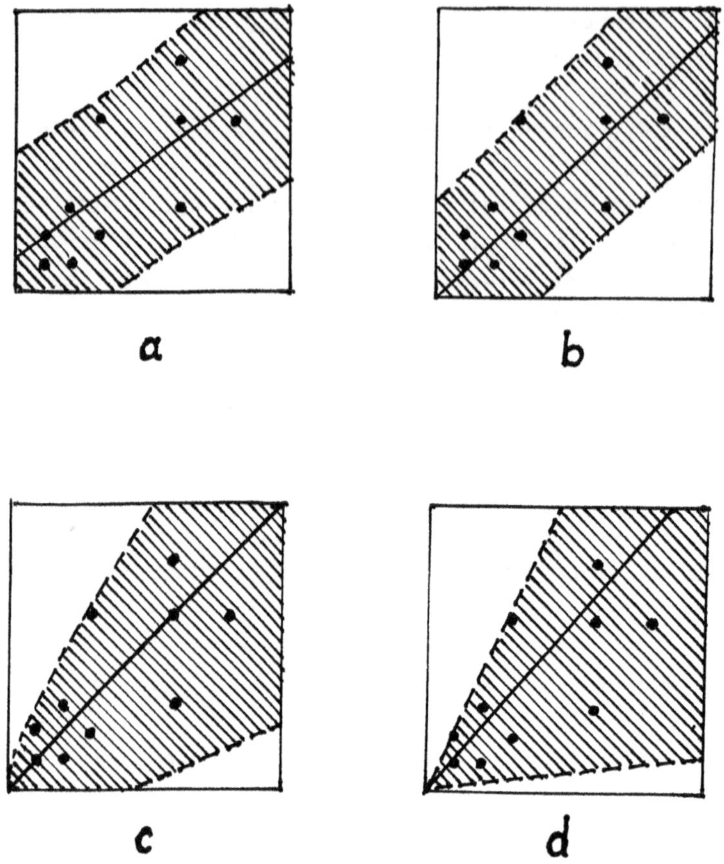

Abb. 1: Vorhersage von y unter Kenntnis von x unter verschiedenen Modellvoraussetzungen (fiktive Daten). Dargestellt ist die Punktschätzung von y (ausgezogene Gerade) und das 90 %-Toleranzintervall (schraffierter Bereich).

a) übliche lineare Regression, Varianzhomogenität

b) Regression durch den Nullpunkt (α=0) bei Varianzhomogenität

c) α=0, Varianz proportional dem Erwartungswert von y unter x, E(Y|x)

d) α=0, Varianz proportional dem Quadrat von E(Y|x)

Passing und Bablok (1983/84) haben in einer Verfahrensvariante erreicht, daß die nichtparametrische Schätzung, die am Schluß des Abschnitts 2.1.1 erwähnt wurde, symmetrisch in beiden Variablen wird. Man kann diese Gerade daher zur Beschreibung der Verteilung heranziehen, ohne Normalverteilung voraussetzen zu müssen.

2.2.3 Veranschaulichung

Die Darstellungsmöglichkeiten sind wieder an dem Beispiel illustriert, das in Abb. 1 verwendet worden ist. Im vorliegenden Beispiel ergeben die Hauptachse und die standardisierte Hauptkomponente dieselbe Gerade, so daß in Abb. 2a nur eine Gerade eingetragen ist. Abb. 2b stellt die Rücktransformation der vorher wurzeltransformierten Daten dar, Abb. 2c die entsprechenden Ergebnisse mit der Logtransformation.

Die Betrachtung der Abbildungen läßt die Wurzeltransformation am angemessensten erscheinen, da der bedeckte Bereich bei Rücktransformation am kleinsten ausfällt. Es besteht eine gewisse Entsprechung zwischen den Abbildungen 1b und 2a, 1c und 2b, 1d und 2c. Man darf die verschiedenen Zwecke aber nicht vermischen: In Abb. 2 geht es um eine globale Beschreibung der Verteilung, in Abb. 1 um die punktweise Vorhersage von y aus x.

3. Verfahren zur Analyse der Auswirkungen verschiedener Untersuchungsbedingungen auf die Meßwerte

Vorauszusetzen ist hier, daß genügend Material zur Verfügung steht, zahlreiche Untersuchungen an verschiedenen Stellen durchzuführen und daß dieses Material **homogen** bezüglich des zu analysierenden Bestandteils ist, d.h. die wahre Konzentration bzw. Aktivität des Bestandteils ist in allen Probenfläschchen - angenähert - gleich groß.

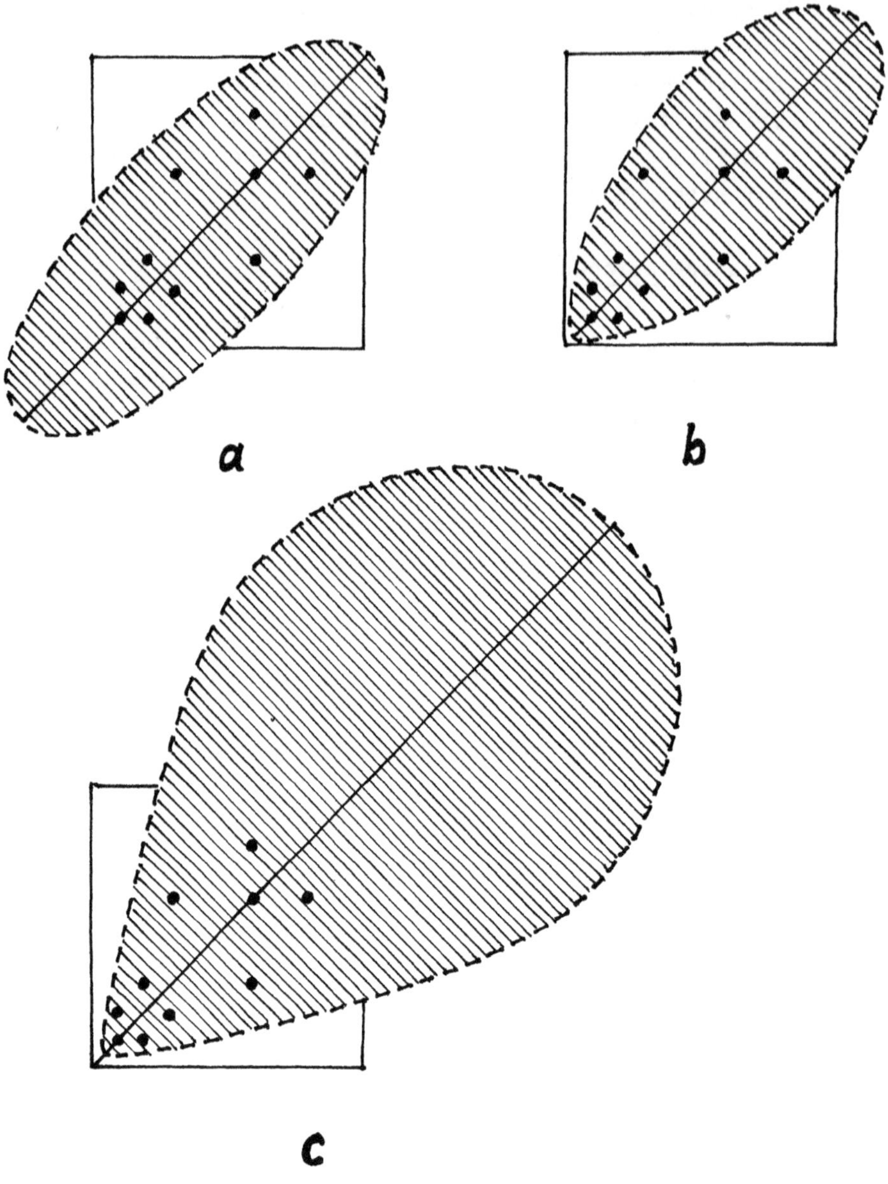

Abb. 2: Beschreibung der gemeinsamen Verteilung von x und y unter
a) Voraussetzung einer Normalverteilung
b) Normalverteilung der Quadratwurzeln der Beobachtungswerte
c) Normalverteilung der Logarithmen der Beobachtungswerte
Benutzt sind die fiktiven Daten der Abb. 1. Die schraffierten Gebiete geben die geschätzte 90 %-Toleranzregion an (in Abb. b) und c) jeweils rücktransformierte Werte).

3.1 Ein einfacher Versuchsplan: Vergleich von Geräten im selben Laboratorium

Der Versuchsplan sieht an m Geräten die Untersuchung derselben Probe (bzw. mehrerer Proben mit dem gleichen Gehalt - Homogenität der Probencharge vorausgesetzt) an je s Tagen in je r Bestimmungen vor. Abb. 3 zeigt die Struktur für m=3, s=5 und r=2. Das zugehörige Modell sei hierarchisch: Nur die Geräte sollen eine systematische Abweichung haben dürfen, die sich durch alle mit demselben Gerät gewonnenen Ergebnisse hindurch zeigt, die Tage sind hierarchisch in den Geräten, d.h. es gibt z.B. keinen Einfluß des ersten Tages, der sich in gleicher Weise bei allen Geräten wiederfindet. Entsprechend hat auch die Numerierung der Wiederholungsuntersuchungen am selben Tag keine Bedeutung; die r Bestimmungen sind in den Untersuchungstagen hierarchisch.

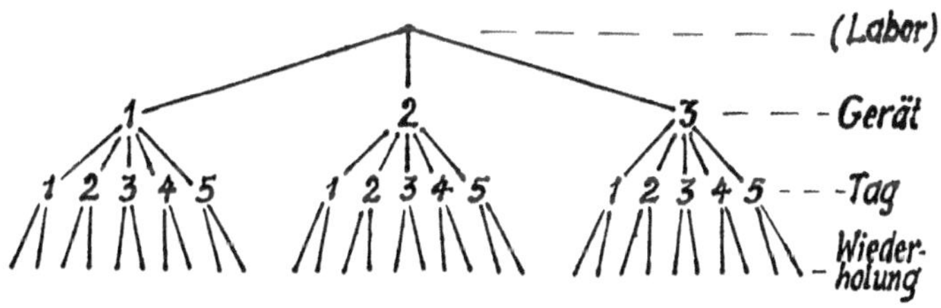

Abb. 3: Schema eines zweifaktoriellen hierarchischen Versuchsplans zur Untersuchung von Geräte-bedingten Unterschieden in einem einzelnen Laboratorium

3.1.1 Homogenität der Varianzkomponenten

Im Falle dieses ausgewogenen Plans ist die Auswertung einfach, wenn die Abweichungen zwischen den r Wiederholungsmessungen und die Abweichungen zwischen den Tagen jeweils gleich stark streuen. Man bildet die m·s Tagesmittelwerte $\bar{X}_{ij.}$ und die m Gerätemittelwerte $\bar{X}_{i..}$ und berechnet zu dem Modell

$$X_{ijk} = \mu + \gamma_i + T_{ij} + W_{ijk}$$

mit den Bedingungen $\sum \gamma_i = 0$, T_{ij}, W_{ijk} unabhängigen Zufallseffekten, die unkorreliert sein und den Erwartungswert Null haben sollen, eine Varianzanalyse, die in Tabelle 1 angegeben ist.

	Faktor	Summe der Abweichungsquadrate SQ	Anzahl der Freiheitsgrade FG	Erwartungswert von MQ (=SQ/FG)
γ	Geräte	$s \cdot r \sum (\bar{X}_{i..} - \bar{X}_{...})^2$	$m - 1$	$\sigma_W^2 + r\sigma_T^2 + \frac{rs}{m-1} \sum \gamma_i^2$
T	Tage innerhalb Geräten	$r \sum_{i=1}^{m} \sum_{j=1}^{s} (\bar{X}_{ij.} - \bar{X}_{i..})^2$	$m(s - 1)$	$\sigma_W^2 + r\sigma_T^2$
W	Wiederholungen	$\sum_{i=1}^{m} \sum_{j=1}^{s} \sum_{k=1}^{r} (X_{ijk} - \bar{X}_{ij.})^2$	$ms(r - 1)$	σ_W^2

Tab. 1: Varianzanalyse für das Zweifaktor-Modell mit hierarchischen Effekten

Man kann σ_W^2 aus MQ_W, σ_T^2 aus dem r-ten Teil der Differenz $MQ_T - MQ_W$ schätzen.

Die γ_i schätzt man aus der Differenz der i-ten Gerätemittelwerte vom Gesamtmittel. Die Hypothesen $\sigma_T^2=0$ und $\gamma_i=0$ für alle i (kein zusätzlich zum Wiederholungsfehler hinzutretender Tagesfehler bzw. keine Unterschiede zwischen Geräten) testen die Quotienten MQ_T/MQ_W und MQ_γ/MQ_T. Man lehnt sie mit Irrtumswahrscheinlichkeit α ab, wenn die $(1-\alpha)$-Quantile der F-Verteilungen mit den Freiheitsgraden des Zählers und Nenners überschritten werden.

3.1.2 Varianzinhomogenität

Können die σ_W^2 von den Tagen oder Geräten und die σ_W^2 von den Geräten abhängig sein, so bleibt nur der Weg, die Einzeldaten zu betrachten. Sind die Wiederholungsfehler höchstens von den Geräten, nicht aber noch von den Tagen abhängig (eine sinnvolle, meist gegebene Annahme), so kann man für jedes Gerät eine Varianzanalyse berechnen, die nur den Faktor Tage vorsieht. Man berechnet dann zu dem Modell

$$X_{jk} = \mu + T_j + W_{jk}$$

die Varianzanalyse der Tab. 2.

	Faktor	SQ	FG	E(MQ)
T	Tage	$r\sum_{j=1}^{s}(\bar{X}_{j.}-\bar{X}_{..})^2$	$s-1$	$\sigma_W^2 + r\sigma_T^2$
W	Wieder-holungen	$\sum_{j=1}^{s}\sum_{k=1}^{r}(X_{jk}-\bar{X}_{j.})^2$	$s(r-1)$	σ_W^2

Tab. 2: Einfaktorvarianzanalyse für ein einzelnes Gerät

Die sich ergebenden σ_W^2, σ_T^2-Schätzungen kann man für die verschiedenen Geräte zuzammenstellen. Zum Vergleich der $\hat{\sigma}_W^2$ gibt es exakte, allerdings stark auf der Voraussetzung der Normalverteiltheit beruhende Testverfahren, den (zweiseitigen) F-Test zur Prüfung von zwei Varianzen auf Gleichheit und den Bartlett-Test zur Prüfung von 2 oder mehr Varianzen auf Gleichheit, die hier nicht vorgestellt werden sollen (man findet sie z.B. in Documenta Geigy, Wissenschaftliche Tabellen, 2. Aufl. 1968). Anstelle dieser klassischen Verfahren sei der Levene-Test angeführt, der auf einem Rangverfahren beruht und Normalverteilung nicht voraussetzt.

Zum Test von Levene ordnet man die Abweichungen vom Mittelwert ihrem Betrag nach (also ohne Berücksichtigung des Vorzeichens) und vergibt entsprechende Rangzahlen. Sodann berechnet man zu jeder Gruppe, die n_j Rangzahlen enthalten, die Summe R_j der auf sie entfallenden Rangzahlen und verwendet als Testgröße die Größe *

$$\frac{12}{n(n+1)} \sum_{j=1}^{J} \frac{R_j^2}{nj} - 3\,(n+1)$$

die für große $n = \sum_j n_j$ approximativ wie χ^2 mit J-1 Freiheitsgraden verteilt ist. Das Verfahren entspricht dem Kruskal-Wallis-Test auf Lageunterschiede (wobei freilich abweichend von dem hier dargestellten Verfahren vor der Rangierung das Vorzeichen berücksichtigt wird).

---

* Wenn b "Bindungen", d.h. Untermengen gleich großer Werte der Länge t_v (v=1,..., b) vorkommen, erhält man durch Division mit dem Faktor $1 - \sum(t_v^3 - t_v)/(n^3 - n)$ eine bessere Approximation. Bei gleich großen Werten wird jeweils der mittlere Rang zugeteilt, d.h. wenn der zweitkleinste und der drittkleinste Abweichungsbetrag gleich groß sind (b=2), erhalten sie beide die Rangzahl 2,5 = (2+3)/2.

Der Vorteil des Levene-Tests liegt in seiner recht flexiblen Verwendungsfähigkeit: Man kann ihn im vorgenannten Beispiel sowohl auf die einzelnen Wiederholungen anwenden, wobei entweder als Gruppe ein Tag angesehen wird (nicht bei r=2 in obigem Beispiel, weil dann in jeder Gruppe nur 2 gleich große Werte auftreten!), oder aber als Gruppe ein ganzes Gerät angesehen wird. Schließlich kann man die Tagesmittelwerte als Einzelwerte betrachten und die Homogenität der Varianzkomponente für den Tageseinfluß zwischen den Geräten prüfen. Die Nullhypothesen zu den drei erwähnten Anwendungen des Levene-Tests lauten also

1) $\sigma_W^2 (i, j) = \sigma_W^2$

2) $\sigma_W^2 (i) = \sigma_W^2$

3) $\sigma_T^2 (i) = \sigma_T^2$

3.1.3 Keine nichtparametrischen Alternativen

Mit der Beurteilung der Varianzhomogenität ist bereits das Gebiet der nichtparametrischen Verfahren beschritten worden. Man fragt sich, ob diese Verfahren über die Präzisionskontrolle und Prüfung der Tag-zu-Tag-Vergleichbarkeit hinaus eingesetzt werden können.

Prinzipiell existieren bereits Rangverfahren für hierarchische und kreuzklassifizierte Mehrfaktorpläne. Sie sind aber grundsätzlich zur quantitativen Analyse wenig geeignet, dazu meist rechenaufwendig und in den Statistikprogramm-Routinen nicht verfügbar. So wird man sie - nach entsprechender Zusammenfassung bezüglich der Stufen anderer Faktoren in Form von Mittelwertbildungen - hauptsächlich in den bekannten Versionen des Kruskal-Wallis-Tests für die Einfachklassifikation bei unabhängigen Beobachtungswerten oder des Friedman-Tests bei abhängigen Werten anwenden. Wenn aber schon Mittelwertbildungen vorausgehen, kann man sich auch auf den zentralen Grenzwertsatz berufen und die parametrischen Verfahren einsetzen.

3.2 Ringstudien

Die bisher behandelte Planung von Geräte-Vergleichen ist nicht realistisch. Gewöhnlich müssen sich mehrere Laboratorien an den Untersuchungen beteiligen. Dadurch tritt ein wichtiger weiterer "Faktor" hinzu, der Einfluß auf die Analysenergebnisse hat,das Laboratorium.

Meist sieht man deutliche Unterschiede zwischen den verschiedenen Laboratorien, ein Ergebnis, das einer Erklärung bedarf.

Einerseits läßt sich die Arbeitsweise trotz aller Standardisierungsbemühungen in verschiedenen Laboratorien nicht so aneinander angleichen, daß wirklich alle Abläufe im Rahmen der Materialentnahme, der Vorbereitung und Durchführung der Analysen, der Aufzeichnung der Ergebnisse sowie die Pflege und Wartung der Geräte vollkommen übereinstimmen. Es bestehen also mannigfache Ursachen für eine auf das Laboratorium zu beziehende Komponente der Variabilität, die zu den übrigen Variationsursachen hinzutritt. Andererseits lassen sich auch Umstände denken, welche auf eine Unterschätzung der laborinternen Variabilität hinwirken: Alle innerhalb eines Laboratoriums gemessenen Werte können vor der Herausgabe einer Zensur unterliegen, bei der "als unkorrekt erkannte Werte" ausgeschlossen und gegebenenfalls "nachanalysiert" werden. In dieser Weise kann die Wiederholungsstreuung oder die Tag-zu-Tag-Streuung auf Werte verkleinert werden, die der Selbsteinschätzung des Laboratoriums besser entspricht. Die Folge solcher Maßnahmen ist eine Unterschätzung des Wiederhol- oder des Tag-zu-Tag-Fehlers, zusätzlich eine, allerdings viel geringere, Verzerrung der Mittelwerte eines Labors. Da nun die Zwischen-Labor-Streuung nur auf Grund der anderen künstlich verringerten Streuungsursachen beurteilt wird, ergibt sich gewöhnlich eine auffällige Zwischen-Laboratorien-Varianzkomponente. Es handelt sich hier um den grundsätzlichen Unterschied zwischen solchen Abweichungen, die schon einer internen Qualitätskontrolle erkennbar sind, und anderen Fehlern, deren Aufdeckung der externen Qualitätskontrolle vorbehalten bleibt.

Die Versuchspläne werden also den Laboratoriumseffekt zusätzlich zu berücksichtigen haben. Dieser ist entweder mit dem Faktor Geräte bzw. Methoden bzw. Reagenzien kreuzklassifiziert, d.h. die zu vergleichenden Gerätetypen stehen in mehreren an der Untersuchung beteiligten Laboratorien, oder gewisse Laboratorien benutzen den Gerätetyp 1, gewisse andere Laboratorien den Typ 2 etc., womit die Laboratorien hierarchisch den Geräten zugeordnet sind.

Im ersten Fall der **Kreuzklassifikation** kann man sich das Schema der Abb. 3 für die verschiedenen Laboratorien wiederholt vorstellen. In der Ebene "Gerät" erhält man dann (wegen m=3 in der Abbildung) ein 3 x g-Schema (g Anzahl der beteiligten Laboratorien). Im Falle einer **streng hierarchischen Anordnung** hat man zwischen Gerät und Tag noch eine dazwischen geschaltete Verästelung über die ein bestimmtes Gerät verwendenden Laboratorien.

Kann man die Untersuchung nicht planen oder wird der Plan nicht eingehalten, so resultieren unübersichtliche Strukturen mit teils kreuzklassifizierten, teils hierarchischen Elementen, die nicht oder nur schwer auswertbar sein können.

Noch größere Anforderungen an die Planung stellen Untersuchungen, die gleichzeitig mehrere Einflußfaktoren studieren sollen. Hierbei richtet man es tunlichst so ein, daß die interessierenden Einflußgrößen ausgewogen kreuzklassifiziert sind, d.h., daß z.B. mit allen Gerätetypen alle Methodenvarianten angesetzt werden.

Die allgemeine Darstellung der erwähnten Pläne ist hier nicht möglich. Eine gute Einführung in die Varianzanalyse gibt Searle (1971) in seinem Lehrbuch.

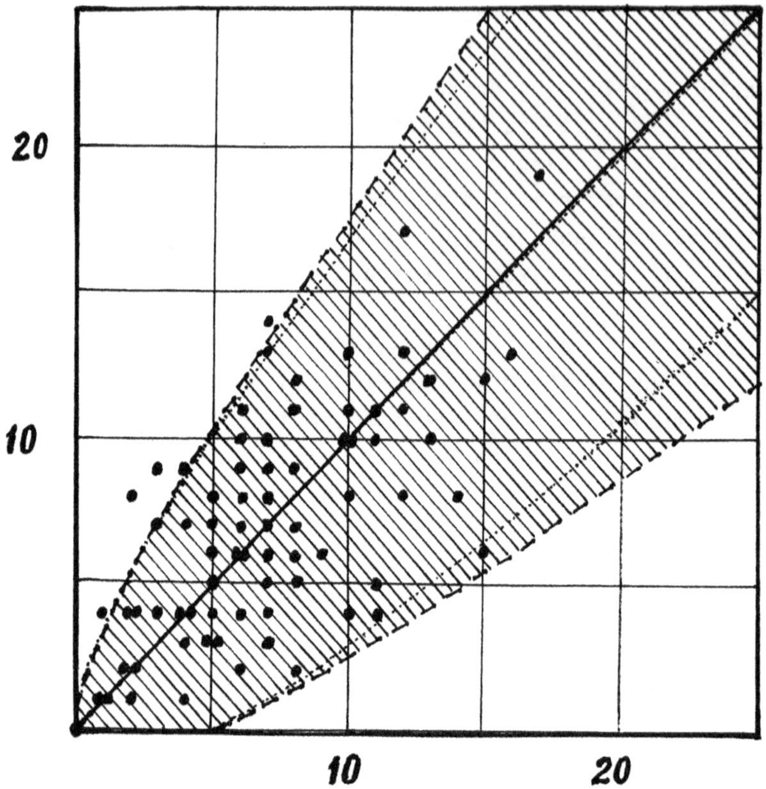

Abb. 4: Monozytenzahlen (auf 100 Leukozyten). HEMATRAK-Wert (y-Achse) gegen manuelle Auszählung (x-Achse). Gestrichelt eingetragen sind die gewichtete (angenähert entsprechend der Poisson-Verteilung) Regressionsgerade durch den Nullpunkt und die 90 %-Toleranzgrenzen. Die mit der Gewichtung der Binomialverteilung gewonnenen Grenzen sind gepunktet.

4. Beispiele

Zwei aus der Praxis gegriffene Beispiele mögen die Darstellung beschließen.

4.1 Vergleich konventioneller Zählung der Monozyten mit den Ergebnissen eines Differenzierautomaten HEMATRAK (Wendt und Schilken (1985))

Die Ergebnisse sind in Abb. 4 dargestellt. Die Auswertung ist unter der Annahme $\alpha=0$ und Proportionalität von σ^2 und μ^2 erfolgt. * Entsprechend den eingezeichneten 90%-Toleranzgrenzen findet sich auch etwa ein solcher Anteil innerhalb der mit gestrichelten Linien eingezeichneten Region. Die Übereinstimmung ist gering. So findet man nach der "inversen Vorhersage" den zugehörigen manuellen Wert zu einem HEMATRAK-Wert von 10 im Bereich zwischen 4,5 und 22 (bzw. 5 und 19 mit der richtigeren Gewichtung). Man hat in der Praxis daraus die Konsequenz gezogen, Differenzierautomaten nur dort einzusetzen, wo es um das Herausfinden grob pathologischer Blutbilder aus einer Fülle meist normaler Befunde geht (Screening-Untersuchungen).

4.2 Auswirkungen verschiedener Untersuchungsbedingungen auf die Kreatininbestimmung in der Ringstudie Berlin, Oktober 1981 (v. Boroviczény (1984))

Die Einzeldaten zeigt Tab. 3. Man erkennt, daß der Zweck, die Untersuchung der Richtigkeit und Präzision unter Routinebedingungen gegenüber dem Notfallbetrieb zu vergleichen, wegen der Vielfalt weiterer Einflußgrößen nur unvollkommen zu erreichen sein wird. Diese Situation ist typisch für Untersuchungen, in denen die Datengewinnung nur teilweise nach einem Plan erfolgt.

---

*) Im vorliegenden Fall (Prozentwerte) sollte eher Proportionalität von σ^2 und $\mu\cdot(100 - \mu)$ vorliegen, die mit der richtigen Gewichtung gewonnenen Ergebnisse weichen jedoch nicht stark von den anderen ab.

Labor	Betriebs-	Gerät[1)]	Methode[2)]	Reagenz[3)]	Tag 1 Wiederholung 1	Tag 1 Wiederholung 2	Tag 2 Wiederholung 1	Tag 2 Wiederholung 2	Tag 3 Wiederholung 1	Tag 3 Wiederholung 2	Tag 4 Wiederholung 1	Tag 4 Wiederholung 2	Tag 5 Wiederholung 1	Tag 5 Wiederholung 2	Mittel-wert	Standardabweichung[4)] Wdh.	Standardabweichung[4)] Tage	Standardabweichung[4)] Gesamt
1	Routine	TE 06	EM	ME	3700	3640	3630	3670	3670	3610	3620	3790	3610	3560	3650	63	0[5)]	63
2	Routine	EP 12	K	ME	3700	3900	4080	3960	4110	4200	4620	3720	4080	4440	4081	317	0[5)]	287
2	Notfall	DP 02	K	DP	3800	3900	4000	3800	3900	3700	3900	3800	3900	3900	3860	100	0[5)]	82
3	Routine	BE 14	K	MP	3600	3600	3500	3500	3600	3600	3600	3700	3500	3500	3570	32	63	71
3	Notfall	DP 02	K	DP	3690	3810	3780	3810	3750	3760	3820	3820	3780	3540	3756	84	8	86
4	Routine	AB 03	K	S	3418	3471	3472	3480	3554	3608	3372	3421	3549	3650	3600	43	82	93
4	Notfall	BE 92	K	S	3400	3500	3400	3500	3300	3300	3500	3400	3300	3300	3390	55	72	91
5	Routine	RO 01	K	ME	3750	3730	3630	3640	3630	3600	3690	3650	3660	3650	3654	36	47	59
5	Notfall	RO 01	K	ME	3460	3520	3510	3530	3780	3750	3580	3600	3740	3780	3625	26	129	132
6	Routine	HI 12	K	ME	2930	3030	3210	3230	3310	3380	2930	3260	3330	3290	3190	112	130	171
6	Ausfall	DP 02	K	DP	2980	3020	2160	2060	2980	3040	3040	3060	3040	2940	2832	51	403	406
7	Routine	TE 06	EM	ME	3680	3780	3880	3900	3790	3810	3780	3820	3800	3790	3803	35	51	62
8	Routine	TE 03	EM	TE	3800	3800	3700	3700	3700	3700	3400	3700	3700	3700	3690	95	59	112
8	Notfall	DP 02	K	DP	3700	3800	3600	3700	3600	3700	3700	3700	3700	3700	3690	55	16	57
9	Routine	DP 01	K	DP	3200	3200	3300	3300	3200	3200	3200	3300	3200	3300	3240	45	27	52
10	Routine	GI 01	K	BM	3680	3700	3710	3710	3690	3680	3700	3690	3710	3700	3697	8	9	12
10	Ausfall	GI 09	K	BM	3710	3700	3690	3710	3680	3700	3710	3700	3690	3700	3699	10	0[5)]	10
11	Routine	BE 14	K	BE	3600	3700	3700	3700	3700	3700	3700	3700	3900	3900	3730	32	95	100
11	Notfall	DP 01	K	DP	4500	4500	4500	4500	4500	4600	4400	4500	4500	4800	4530	105	16	106
12	Routine	TE 04	EM	TE	4200	4000	4100	4100	4200	4300	3950	4000	3900	3800	4055	79	140	160
12	Notfall	DP 02	K	DP	3700	3710	3730	3740	3740	4730	3700	3660	3700	3710	3712	14	21	25
12	Ausfall	TE 12	EM	TE	4300	4300	4700	4500	4200	4500	4700	4800	4000	4300	4430	152	216	264
13	Routine	HI 12	K	BM	3490	3190	3640	3670	3770	3780	3520	3500	3440	3480	3548	96	156	183
13	Notfall	DP 02	K	DP	3450	3470	3520	3520	3420	3280	3480	3490	3650	3680	3496	46	109	118
14	Routine	LA 07	K	ME	2973	2855	2888	2946	3056	2950	3287	3266	3024	3106	3035	60	143	155
14	Ausfall	RO 01	K	ME	3070	3140	3100	3130	3010	3050	3220	3190	2990	3000	3090	29	79	84
15	Routine	TE 01	EM	TE	4100	4100	4200	4200	3900	3900	3900	3900	3800	3900	3990	32	150	153
15	Notfall	BE 92	K	BE	3600	3600	3600	3600	3600	3500	3500	3600	3500	3500	3560	45	27	52
15	Ausfall	DP 01	K	DP	3800	3800	3800	3800	3700	3700	3800	3800	3800	3800	3780	0	45	45
15	Ausfall	TE 06	EM	TE	3900	3800	4000	4000	4100	3900	3900	3900	4200	4100	3980	77	101	127
16	Routine	RO 01	K	S	3410	3370	3260	3210	3490	3540	3290	3290	3320	3390	3357	34	104	109
16	Notfall	EP 18	K	BM	3720	3880	3670	3750	4050	4040	3770	3790	3810	3760	3824	59	121	135
17	Routine	HI 05	K	BM	3550	3510	3460	3530	3550	3540	3550	3430	3590	3530	3524	50	0[5)]	47
18	Routine	LK 01	E	ME	2660	2970	2560	2680	2770	2770	2690	2880	2730	2730	2744	121	0[5)]	114
19	Routine	TE 91	EM	TE	3290	3300	3390	3310	3340	2720	3340	3290	3470	3470	3292	198	80	214

Tab. 3: Daten der Ringstudie Berlin, Oktober 1981 (Kreatinin, Werte in µg/dl)

1) AB 03 = Abbott VP, BE 14 = Beckman Atra 4, BE 92 = Beckman System 2, DP 01 = DuPont ACA-II, DP 02 = DuPont ACA-III, EP 12 = Eppendorf ACP 5040, EP 18 = Eppendorf PCP 6121, GI 01 = Gilford 3500, GI 09 = Gilford 203, HI 05 = Hitachi 705, HI 12 = Hitachi 712, LA 07 = Lange LP 6a, LK 01 = LKB 2074, RO 01 = Roche Cobas bio, TE 01 = Technicon SMAC, TE 03 = Technicon SMA 6/60, TE 04 = Technicon SMA 12/60, TE 06 = Technicon AA-II, TE 07 = Technicon MT-II

2) EM = Endpunktbestimmung mit Dialyse, E = Endpunktbestimmung ohne Dialyse, K = Kinetisch

3) BE = Beckman, BM = Boehringer Mannheim, DP = DuPont de Namours, ME = Merck, S = Selbstanfertigung, TE = Technicon

4) gemeint ist $\sqrt{\hat{\sigma}_W^2}$ bzw. $\sqrt{\hat{\sigma}_T^2}$ und $\sqrt{\hat{\sigma}_W^2 + \hat{\sigma}_T^2}$

Im folgenden seien einige der möglichen Auswertungen durchgeführt und diskutiert.

Labor	Betriebsweise			Gerätetyp										Methode (Jaffé)			Labor
														Endpunktbestimmung		kine-	
	Routine	Notfall	Ausfall	AB	BE	DP	EP	GI	HI	LA	LK	RO	TE	mit Dialyse	ohne Dialyse	tisch	Labor
1	3650												3650	3650			1
2	4081	3860				3860	4081									4081 3860	2
3	3570	3756				3570	3756									3570 3756	3
4	3600	3390		3600	3390											3600 3390	4
5	3654	3625										3654 3625				3654 3625	5
6	3190		2832			2832			3190							3190 2832	6
7	3803												3803	3803			7
8	3690	3690				3690							3690	3690		3690	8
9	3240					3240										3240	9
10	3697		3699					3697 3699								3697 3699	10
11	3730		4530		3730	4530										3730 4530	11
12	4055	3712	4430			3712							4055 4430	4055 4430		3712	12
13	3548	3496				3496			3548							3548 3496	13
14	3035		3090							3035		3090				3035 3090	14
15	3990	3560	3780 3980		3560	3780							3990 3980	3990 3980		3560 3780	15
16	3357	3824					3824					3357				3357 3824	16
17	3524								3524							3524	17
18	2744										2744				2744		18
19	3292												3292	3292			19

Tab. 4: Systematische Abweichungen zwischen Laboratorien, Betriebsweisen, Gerätetypen und Methoden (Mittelwerte der Tab. 3)

Tab. 4 zeigt die Mittelwerte, geordnet nach Einflußgrößen, Tab. 5 (linker Teil) die zugehörigen Varianzanalysen für einige ausgewählte Fragen, bei denen zusätzlich zu dem immer berücksichtigten Faktor "Laboratorien" jeweils ein weiterer Faktor untersucht wird, wobei die restlichen Einflüsse vernachlässigt werden. So unbefriedigend diese Analyse sein mag *, so gibt sie doch Hinweise auf die vorrangige Bedeutung des Faktors "Gerätehersteller", mehr noch des Faktors "Methoden", der die größten Unterschiede aufweist.

Die in der Mitte und rechts aufgeführten Varianzanalysen zeigen die Ergebnisse für $\log\hat{\sigma}_W$ und $\log\sqrt{\hat{\sigma}_W^2 + \hat{\sigma}_T^2}$ **(die Logarithmen zeigen eine angenäherte Normalverteilung). Es ergaben sich deutliche Unterschiede, die der Levene-Test in gleicher Weise zeigt.

Mit diesen Resultaten ist auch die Frage nach Präzisionsunterschieden und Unterschieden der Tag-zu-Tag-Varianz beantwortet - und gleichzeitig sind die Analysen zur Richtigkeit im linken Tabellenteil relativiert, weil Varianzhomogenität ja Voraussetzung für eine ungewichtete Varianzanalyse war. Andererseits ist die Robustheit des F-Tests gegen die Verletzung der Voraussetzung der Varianzhomogenität bekannt, so daß auch diese Ergebnisse bedenkenswert sind.

Welche Schlüsse wird man aus den Analysen ziehen? Als ziemlich getreues Abbild des "Alltags" im medizinischen Labor wird man mit solchen Abweichungen und Streuungen rechnen müssen. Wenn auch der Routinebetrieb und der Notfall-

---

* u.a. ist der Faktor Laboratorium als "fest" angenommen worden, um die Analysen überhaupt durchführen zu können.

** Dies sind - bis auf einen konstanten Summanden - die Logarithmen der Größen r (Wiederholbarkeit) und R (Vergleichbarkeit) in DIN ISO 5725

		Mittelwerte		Wiederhol-Standard-abweichungen		Gesamt-Standard-abweichungen	
Ursache	FG	$SQ \times 10^{-3}$	P	SQ	P	SQ	P
zwischen Labors	18	4068	0.004	17.11	0.628	14.59	0.074
innerhalb Labors	16	925		17.78		6.24	
zwischen Labors	18	3838	0.013	13.98	0.825	15.51	0.054
zwischen Betriebs-weisen	2	32	0.781	0.45	0.835	1.13	0.247
Rest	14	893		17.32		5.11	
zwischen Labors	16	2575	0.012	12.25	0.737	7.23	0.081
zwischen Herstellern	7	615	0.097	8.07	0.452	4.63	0.036
Rest	9	311		9.71		1.61	
zwischen Labors	17	2992	0.007	19.65	0.222	16.71	< 0.001
zwischen Methoden	1	206	0.056	6.12	0.013	3.6	< 0.001
Rest	15	719		11.66		2.64	

Tab. 5: Varianzanalyse von den Daten der Tabelle 4 (Mittelwerte) und der Tabelle 3 (Standardabweichungen)

betrieb mit Variationskoeffizienten für Streuungsursachen **innerhalb** der Laboratorien bis zu 7 % und die Gesamtstreuung bis zu 12 % unbefriedigende Ergebnisse zeigt (die bei Ausfall eines Geräts an einem Ausweichgerät vorgenommenen Analysen sind noch ungenauer und nicht akzeptabel), so haben die Ergebnisse andererseits einen erzieherischen Wert. Man muß auch bedenken, daß es sich bei Kreatinin um einen Problem-Bestandteil handelt.

5. Schlußbemerkungen

Es ist die Aufgabe dieser "statistischen Überlegungen" gewesen, dem Anwender einen Überblick über statistische Verfahren, die bei der Geräte-, Methoden- und Reagenzien-Evaluation infrage kommen, zu vermitteln und ihn zu befähigen, bei einfachen Fragestellungen selbst das geeignete Verfahren auszuwählen und anzuwenden. Zu dieser sicherlich fragmentarischen Zusammenstellung, die anhand der angegebenen Literatur vervollständigt werden kann, hat sich der Autor berechtigt gesehen, da ein den heutigen Erfordernissen nachkommendes Lehrbuch der 'Statistischen Methoden zur Qualitätskontrolle' in medizinischen Laboratorien derzeit nicht existiert.

Literatur

v Boroviczény KG (1984) Persönliche Mitteilung

Eisenwiener HG, Bablok W, Bardorff W, Bender R, Markowetz D, Passing H, Spaethe R, Specht W, Völkert E (1984) Statistische Auswertung beim Methodenvergleich. Lab. med. 8:232

Feldmann U., Schneider B, Klinkers H, Haeckel R (1981) A multivariate approach for the biometric comparison of analytical methods in Clinical chemistry. J. Clin Chem Clin Biochem 19:121

Haeckel R. (1982) Empfehlungen zur Anwendung statistischer Methoden beim Vergleich klinisch-chemischer Analysenverfahren. J Clin Chem Clin Biochem 20:107

Hansert E (1985) Gedanken zum Methodenvergleich mit nichtparametrischen Verfahren - Beschreibung der Ähnlichkeit von Meßwerten, die nach zwei verschiedenen Meßverfahren gewonnen werden. In: Merten R, v. Boroviczény KG, Haeckel R (Hrgb.): Methoden-, Reagenzien- und Geräte-Evaluation im medizinischen Laboratorium. Springer, Heidelberg, Berlin, Tokyo

v Klein-Wisenberg A (1985) Prüfung der Spezifität und Genauigkeitsqualitäten. In: Merten R et al (s. Hansert 1985))

Passing H, Bablok W (1983/84) Comparison of several regression procedures for method comparison studies and sample sizes. J Clin Chem Clin Biochem 21:709, 22:431

Schach S, Schäfer T (1978) Regressions- und Varianzanalyse Springer Heidelberg, Berlin, Tokyo

Searle SR (1971) Linear models. New York, Wiley

Wendt F, Schilken P (1985) Persönliche Mitteilung

5.2 A. v. KLEIN-WISENBERG (FREIBURG): PRÜFUNG DER SPEZIFITÄT UND GENAUIGKEITSQUALITÄTEN

Heinrich Kaiser hat 1972 und bereits vorher hilfreiche Gütezahlen zur Auswahl und Kennzeichnung von Analysenverfahren vorgeschlagen.

Es waren dies

- funktionale Gütezahlen: Empfindlichkeit, Richtigkeit, Selektivität und Spezifität
- statistische Gütezahlen: Präzision, Nachweisvermögen und Präzisionsgrenzen.

Das Neuüberdenken der von INSTAND gebrauchten Differenzierung der Befundqualitäten - veranlaßt durch die Arbeit an einem Kompendium der Qualitätssicherung im medizinischen Laboratorium (K.-G. v. Boroviczény, R. und U.P. Merten) - zeigt, daß eine Gliederung in die Verfahrensschritte

- Auswahl und Aufbau des Analysenverfahrens (Funktion)

- Durchführung der Analyse (Exekution)

- und Benotung der Aussage des Analysenergebnisses (Prädikat)

eine vollständige Zuordnung der Genauigkeitsqualitäten mit hierarchischer Gliederung gestattet, die hier zur Diskussion gestellt werden soll. Freilich weicht sie in einigen Punkten von dem bekannten Tabellenentwurf ab; es kann jedoch angenommen werden, von den Vorteilen der vorgeschlagenen Gliederung überzeugen zu können. Die Gliederung zeigt <u>Tab. 1</u>.

Es soll noch bei den Begriffen geblieben werden:
Ein spezifisches Verfahren ist immer selektiv. Selektivität benötigt unterschiedliche Empfindlichkeit. Konstante Empfindlichkeit ist eines der Kennzeichen eines robusten Verfahrens.

Kaisers drei statistische Gütezahlen		
Nachweisvermögen	Präzisionsgrenzen	Genauigkeit
	lassen sich abbilden auf	
Funktion	Exekution	Prädikat
	des Gesamtvorganges der Analyse	

Tab. 1: Gliederung der Genauigkeitsqualitäten

Die Qualitäten bezüglich Exekution und Prädikat eines Analyseverfahrens sind empirisch nicht beweisbar, wohl ist der Grad ihres Nichtvorhandenseins erkennbar und beschreibbar. Die Argumentation Karl Poppers zur Aussagelogik, an deterministischen Modellen entwickelt, gilt erst recht bei stochastischen Modellen, welche die mathematische Statistik behandelt. So wird in der statistischen Testtheorie nicht die Richtigkeit einer Hypothese erwiesen, sondern die Ablehnung einer einfachen oder zusammengesetzten Gegenhypothese betrachtet. Auf diesem Hintergrund verstehen sich die folgenden Ausführungen.

Die Reproduzierbarkeit (an verschiedenen Orten, zu verschiedenen Zeiten) einer Analyse setzt Vergleichbarkeit voraus. Ist keine Wiederholbarkeit vorhanden, so darf Vergleichbarkeit gar nicht erwartet werden. Sind Reproduzierbarkeit, Vergleichbarkeit und Wiederholbarkeit gegeben, so darf einstweilen, bis zum Beweis des Gegenteils, Richtigkeit hypothetisch unterstellt werden.

In gleicher Weise wird bezüglich der prädikativen Qualität des Ergebnisses argumentiert:
Die Kompatibilität der Vor- und Nachperiode der Analysenwerte eines Individuums kann erst dann verneint werden, wenn, etwa mittels Streuungszerlegung, der Varianzeinfluß von Tag zu Tag und in der Serie herausgeschält und als tolerierbar empfunden wird. Das Toleranzintervall gibt eine Aussage zur Präzision des Ergebnisses.

Nun zur Prüfung. Die funktionalen Qualitäten eines Analysenverfahrens sollen vom Autor, neuerdings wohl auch vom Verkäufer (Anbieter) beschrieben und ermittelt werden. Schwierigkeiten können bei der Selektivität auftreten, da es kaum gangbar sein dürfte, alle möglichen Störsubstanzen einzeln zu prüfen. Es ist schon von daher eine gute analytische Praxis, Stoffe vorzutrennen, auch wenn die Anzahl der Arbeitsschritte hierdurch erhöht wird.

In die Empfindlichkeit eines Analyseverfahrens können apparative Randbedingungen, abhängig von der dem Benutzer verfügbaren Ausstattung eingehen. Man sollte möglichst anstreben, zu linearen Kalibrationskurven zu gelangen, was häufig durch Transformation der Meß- und Kalibriergrößen zu erreichen ist (Logarithmieren des Transmissionsgrades bei absorptionsspektrometrischen Messungen und Auftragen gegen die Konzentration; bei potentiometrischen Messungen wiederum Auftragen der Spannung gegen Logarithmus der Konzentration u.s.f); in diesem Fall ist die erste Ableitung der Bezugskurve konstant und die Empfindlichkeit immer explizit anzugeben. In diesem wichtigen Fall stellt sich die Frage, ob und ggf. über welchen Bereich die Bezugskurve linear ist. Die Statistiklehrbücher geben hierzu die Empfehlung, die Varianzen der Mittelwerte von Mehrfachbestimmungen um die Regressionsgerade mit den Varianzen innerhalb der Mehrfachbestimmungen zu vergleichen. Bei einem Vergleich mit einer Referenzmethode sind Mehrfachbestimmungen mit gleichem Ergebnis vielfach von der Versuchsanlage her nicht zu erwarten; zudem sind die Referenzwerte in sich fehlerbehaftet und können daher nicht als unabhängige Variable angesehen werden. Es wird daher für Linearitätsprüfungen auf Grund von Referenzwerten folgendes Vorgehen empfohlen:

Das Kollektiv von Wertepaaren wird nach den Referenzwerten sortiert und in zwei etwa gleich stark besetzte Gruppen geteilt. Für jede dieser Gruppen wird eine Regressionsrechnung vorgenommen; es werden die Regressionskoeffizienten miteinander verglichen. Wenn zu vorgegebenem Niveau der Irrtumswahrscheinlichkeit die Hypothese der Übereinstimmung der beiden Teilregressionsgeraden nicht verworfen werden kann, wird über das gesamte Intervall der Referenzwerte eine gemeinsame Regressionsgerade zugrunde gelegt. Es kann sich nun nach den Begriffen von DIN 1319/1 handeln um:

a) einen Vergleich der Meß<u>werte</u> (z.B. der Extinktionen bei unterschiedlichen Wellenlängen oder mit unterschiedlichen Reagenzien) derselben Laboratorien mit zwei verschiedenen Proben und gleichem Verfahren oder einer Probe mit verschiedenen Meßwerten,

b) einen Vergleich der Meßergebnisse (z.B. als Konzentration ausgedrückt) derselben Laboratorien mit einer Probe und verschiedenen Verfahren.

Nur im letzteren Fall b), wo von der Versuchsanlage her Ordinatenabschnitt a = 0 und Steigung b = 1 erwartet werden darf, ist die Auswertung nach der Methode der standardisierten Hauptkomponenten zulässig und zweckmäßig. Ist, wie im Fall a) diese Voraussetzung nicht erfüllt, so gleicht man besser orthogonal aus (minimale Abstandsquadratsumme rechtwinklig zur Ausgleichsgeraden).

Durch Verwendung der Tangensfunktion tan und deren Umkehrfunktion arctan sowie der Funktion sgn, die bei positivem Vorzeichen des Arguments den Wert +1, bei negativem Vorzeichen des Arguments den Wert -1 annimmt (der Wert null wird auf null abgebildet), ergibt sich eine geschlossene Darstellung von b_0, der Steigung der großen Halbachse der Toleranzellipse bzw. des orthogonalen Regressionskoeffizienten. In Tab. 2 sind zusätzlich die Längen l_1 und l_2 der großen und kleinen Halbachsen einer bei zweidimensionaler Normalverteilung im Mittel den Anteil der Verteilung überdeckenden Toleranzellipse in einer besonders einfach zu berechnenden Näherungsformel angegeben (Näheres s. Anmerkung).

$$b_0 = \tan\left[\frac{\pi}{4}\left(1 + \operatorname{sgn}\left(\frac{b}{r} - 1\right)\right) + \frac{1}{2}\arctan\left(r \cdot \tan\left(2\arctan\left(\frac{b}{r}\right)\right)\right)\right]$$

$$l_1 \approx s_x \sqrt{\chi^2_{(2),\gamma}(1 + b \cdot b_0)}$$

$$l_2 \approx s_x \sqrt{\chi^2_{(2),\gamma}(1 - b/b_0)}$$

Tab.2: Formeln zur Berechnung der Steigung der Hauptachse b_0, sowie der Länge der Halbachsen der Toleranzellipse für den Anteil γ der Population (Näherung für N>120 und $\gamma \leq 0,95$ brauchbar (Näheres s.Anmerkung)

Die Qualitäten der Analysendurchführung sind am besten mittels Sonderringversuchen, im Minimalfall auch nur innerhalb desselben Laboratoriums zu erweisen. Selbstkritische Anwendung des gesunden Menschenverstandes als Software und der hardwaremäßige Einsatz von "Links with Sanity" (Edisbury) (Standard- und Kontrollmaterialien, Zugabe- und Teilungsversuche) lassen das Ausmaß an Reproduzierbarkeit, Vergleichbarkeit und Wiederholbarkeit erkennen (Tab. 3).

Anmerkung zu Tabelle 2

Die hier gegebene, auf den ersten Blick ungewöhnliche Darstellung für den orthogonalen Regressionskoeffizienten b_0 bietet den Vorteil, b_0 direkt aus dem Korrelationskoeffizienten r und dem Regressionskoeffizienten b für die Voraussage von y aus x berechnen zu können - r und b sind aus Versuchsprotokollen oder Publikationen gewöhnlich zugänglich - und dies ohne logische Entscheidungen, wenn man die auf vielen Taschenrechnern vorhandene Funktion

$$\operatorname{sgn}(w) = \begin{cases} 1 & \text{für } w>0 \\ 0 & \text{für } w=0 \\ -1 & \text{für } w<0 \end{cases}$$

benutzen kann. Die folgenden Berechnungen gehen von dem Statistik-Kapitel in Documenta Geigy, Wissenschaftliche Tabellen, 7.Aufl.1968 aus, dessen Formelnumerierung zitiert wird.

Mit s_x^2, s_y^2, den Varianzen und s_{xy}, der Kovarianz von x und y definiert man eine Hilfsvariable

$$D = (s_y^2 - s_x^2) / s_{xy} \quad ,$$

wobei angenommen sei, daß die Kovarianz von Null verschieden sei. Wegen $b=s_{xy}/s_x^2$ und $r^2= s_{xy}^2/(s_x^2 \cdot s_y^2)$ - Formeln (632) und (704b) - gilt

$$D = \left((\tfrac{b}{r})^2 - 1\right) / b$$

Der orthogonale Regressionskoeffizient, die Steigung der großen Halbachse der Toleranzellipse, ergibt sich dann nach Formel (738) als

$$b_0 = \frac{D}{2} \pm \sqrt{1 + (\tfrac{D}{2})^2} \quad ,$$

wobei das positive (negative) Vorzeichen für positive (negative) Kovarianz gilt. Das andere Vorzeichen gilt für die Steigung der kleinen Halbachse, die andererseits gleich $-1/b_0$ ist.

Führen wir den Steigungswinkel φ der großen Halbachse ein, $\tan\varphi = b_0$, so erhält man unter Berücksichtigung von

$$\tan 2\varphi = 2 \tan\varphi/(1-\tan^2\varphi)$$

$$D = b_0 - 1/b_0 = \tan\varphi - 1/\tan\varphi = -2/\tan 2\varphi$$

und unter Verwendung der Umkehrfunktion arctan von tan

$$\tan 2\varphi = - \frac{2}{D} = r \cdot \frac{2 \cdot (\frac{b}{r})}{1 - (\frac{b}{r})^2} = r \cdot \tan 2\left(\arctan(\tfrac{b}{r})\right) ,$$

woraus

$$b_0 = \begin{cases} \tan\left(\frac{1}{2}\arctan\left[r \cdot \tan\left(2 \arctan(\frac{b}{r})\right)\right]\right) & \text{für } b^2 < r^2 \\ 1 & \text{für } b^2 = r^2 \ (\text{d.h. } s_x = s_y) \\ \tan\left(\frac{\pi}{2} + \frac{1}{2}\arctan\left[r \cdot \tan\left(2 \arctan(\frac{b}{r})\right)\right]\right) & \text{für } b^2 > r^2 \end{cases}$$

Mit Ausnahme des sofort ersichtlichen, einfach gelagerten Falles $b^2 = r^2$ läßt sich die Formel für b_0 also wie in Tabelle 2 geschlossen schreiben.

Die Länge der Halbachsen l_1, l_2 der Toleranzellipse, die im Mittel den Anteil γ der Population überdeckt (Normalverteilung vorausgesetzt!), ergibt sich nach Formel (739) bzw. (740) zu

$$l_1 = \sqrt{s_x^2 \cdot k_{n,\gamma} \cdot (1+b \cdot b_0)} \qquad l_2 = \sqrt{s_x^2 \cdot k_{n,\gamma} \cdot (1-b/b_0)}$$

Hierbei ist l_1 die große, l_2 die kleine Halbachse und $k_{n,\gamma} = 2 \cdot \frac{n^2-1}{n(n-2)} F_{2,n-2,\gamma} \approx \chi^2_{2,\gamma}$. $F_{2,n-2,\gamma}$ ist das γ-Quantil der F-Verteilung mit 2 und n-2 Freiheitsgraden und $\chi^2_{2,\gamma}$ das γ-Quantil der χ^2-Verteilung mit 2 Freiheitsgraden. Die rechts angeführte, von n nicht abhängende Approximation unterschätzt $k_{n,\gamma}$ für $\gamma \le 0{,}95$ und $n \ge 120$ um weniger als 4 %, l_1 und l_2 also um weniger als 2 %.

Funktionale Qualitäten des Analysenverfahrens

Begriff	Synonym	Gegenwort
Kalibrierungs-beständigkeit	Robustheit	Unbeständig
Empfindlichkeit	Sensitivität	Unempfindlich
Auswahlvermögen	Selektivität	Störanfällig
Aussonderungsvermögen	Spezifität	Übererempfindlich

Exekutionale Qualitäten der Analysenausführung

Begriff	Synonym	Gegenwort
Richtigkeit	Akkuranz	Falsch
Wiederholbarkeit	Repetierbarkeit	Unvorhersagbar
Vergleichbarkeit	Komparabilität	Verzerrt
Wiederherstellbarkeit	Reproduzierbarkeit	Einmalig

Prädikative Qualitäten des Analysenergebnisses

Begriff	Synonym	Gegenwort
Schärfe	Präzision	Streuend
Standfestigkeit	Stabilität	Driftend (in der Serie)
Auflösung	Resolution	Schwankend (von Tag zu Tag)
Vereinbarkeit	Kompatibilität	Unvereinbar (von Eingabe zu Ausgabe)

Tab. 3: Feingliederung der Genauigkeitsqualitäten

Die prädikativen Qualitäten des Analysenergebnisses, im statistischen Sinne als Varianzkomponenten darstellbar, folgen aus der varianzanalytischen Zerlegung der Ergebnisse eines möglichst symmetrisch aufgebauten Blockversuches. Hierüber haben die Herren Hengst und Jesdinsky schon mehrfach berichtet.

Literatur

Boroviczény KG von, Merten R, Merten UP (in Vorbereitung) Qualitätssicherung in der Laboratoriumsmedizin. Springer-Verlag, Berlin, Heidelberg, New York, Tokyo

DIN 1319/1 Grundbegriffe der Meßtechnik: In: DIN-AEF-Taschenbuch 198

Edisbury JR (1968) Absorption Spectrometry. London, Hilger-Verlag

Kaiser H (1965) Zum Problem der Nachweisgrenze. Z Anal Chem 209:1

Kaiser H (1966) Zur Definition der Nachweisgrenze, der Garantiegrenze und der dabei benutzten Begriffe. Z Anal Chem 216:80

Kaiser H (1973) Grundlagen zur Beurteilung von Analysenverfahren. In: Korte F (ed) Methodicum Chimicum Bd. 1 Teil 1: Analytik. Thieme-Verlag Stuttgart, Acad Press New York, London

Kaiser H, Specker H (1965) Bewertung und Vergleich von Analysenverfahren. Z Anal Chem 149:46

Popper KR (1976) Logik der Forschung. (The logic of scientific discovery). 6. Aufl. Mohr, Tübingen

Popper KR (1979) Truth, rationality and the growth of scientific knowledge. Klostermann Frankfurt/Main

DISKUSSION

zu 5.2 v. Klein-Wisenberg (Prüfung der Spezifität und Genauigkeitsqualitäten)

Von Markowetz wird betont, daß sich der Beitrag ganz auf der klassischen parametrischen Statistik bewege. Hierzu sei erschöpfend früher bereits Stellung genommen worden. Es müsse aber auf einen für den Anwender wichtigen und praktischen Gesichtspunkt hingewiesen werden. Beim Vergleich zweier Methoden trete relativ häufig der Fall auf, daß die Meßwertpaare wie ein ziemlich rundes Ei neben der Gerade y = x oder um diese Gerade herum lokalisiert seien. Jede andere nichtlineare Anordnung der Meßwertpaare trete auch auf. Was helfe in einem solchen Fall dem Anwender eine irgendwie geartete lineare Anpassung ? Sei es überhaupt sinnvoll, in solchen Fällen irgend eine andere Funktion anzupassen ? Seiner Meinung nach könnten Vergleiche mit einer derartigen Datenstruktur ohne mathematische Statistik durch bloßes Ansehen des x-y Plots, die Gerade y = x eingeschlossen, mit anschließender Quantifizierung der methodischen und relativen methodischen Differenzierung korrekt beurteilt werden. Darüberhinaus brauche man als Anwender keine weiteren linearen Modelle, sondern Empfehlungen, wie in den geschilderten Situationen verfahren werden solle, um die richtigen Schlüsse ziehen zu können. Von Boroviczény wird angesprochen, daß man an die vorhandene Punkteschar nicht eine Gerade, sondern grundsätzlich eine Kurve anpassen sollte bzw. die Gerade nur als seltenen Extremfall einer Kurve auffassen dürfe. Die ungeprüfte Annahme eines linearen Zusammenhangs zwischen den Veränderlichen x und y sollte man heute verlassen, da einem genügend Computerprogramme für Kurvenanpassungen zur Verfügung stehen würden.

v. Klein-Wisenberg

Es ist auch bei monovariaten Zusammenhängen zweckmäßig, sich durch Ansehen des Histogrammes von der Verteilung des Datenmaterials ein Bild zu machen. Bei den INSTAND-Ringversuchen wird dem Fachberater für jeden einzelnen Analyten die graphische Auswertung als Histogramm, für jede Probe einzeln, und als Youden-Plot für beide Proben gemeinsam zur Verfügung gestellt. Es scheint nicht zweckmäßig, in der für den Teilnehmer bestimmten Übersicht so weit ins Detail zu gehen, da in jedem Ringversuch bei der Vielzahl der Analyte ein starkes Heft entstünde. Ebenso, wie man in der monovariaten Statistik formal Mittelwert und Standardabweichung zur Kennzeichnung von Lage und Streuung errechnen kann, ist dies bei bivariaten Fällen auch mit sich zusätzlich von der Kovarianz ableitenden Schätzwerten möglich. Das hier vorgeschlagene Verfahren liefert Parameter-Schätzungen, die sich als Zahlenwerte gut für eine tabellarische Übersicht eignen. Es wäre dann an den nahezu gleichen Halbachsen der Toleranzellipse zu ersehen, ob der von Markowetz geschilderte Sachverhalt eine Häufung von Datenpaaren mit fast kreisförmigem Umriß vorliegt. In diesem Fall wären die Streuungen etwa gleich und man könnte beide Ergebnisse zur monovariaten Weiterbehandlung zusammenfassen.
Das lineare Modell erlaubt es, beiden Ergebnissen eine Fehlerkomponente zuzuordnen. Gerade dies ist aber bei einem Polynomansatz, wie ihn v. Boroviczény vorschlägt, nicht möglich: Alle Fehleranteile werden auf die als abhängig betrachtete Variable gehäuft. Eine Vorgehensweise, vermutete Nichtlinearität glaubhaft zu machen (und damit gleichzeitig die Ungültigkeit des zugrundegelegten Modells zu erkennen !), ist hier durch Teilung des sortierten Datenmaterials in zwei Teilkollektive vorgeschlagen worden. Damit scheint die Aussagefähigkeit der deskriptiven Statistik trotz vorausgesetzter großzügiger Datenverarbeitungsmöglichkeiten erschöpft zu sein.

5.3 E. HANSERT (MÜNCHEN):
GEDANKEN ZUM METHODENVERGLEICH MIT NICHTPARAMETRISCHEN VERFAHREN - BESCHREIBUNG DER ÄHNLICHKEIT VON MEßWERTEN, DIE NACH ZWEI VERSCHIEDENEN MEßVERFAHREN GEWONNEN WERDEN

1. Vorbemerkungen zum Meßprozeß und zur Beschreibung

Die Erstellung von Meßergebnissen in der Klinischen Chemie und Laboratoriumsmedizin umfaßt im Prinzip die folgenden Teilprozesse:

- Zugriff zu den Proben
- Auswahl der Labors
- Messungen innerhalb eines bestimmten Labors zu verschiedenen Zeiten unter vergleichbaren Bedingungen
- wiederholte Messungen innerhalb eines Labors kurz nacheinander (in der Serie) unter identischen Bedingungen

Jeder dieser Teilprozesse hat seine speziellen statistischen Eigenheiten. Bei Patientenproben fällt die dritte Stufe in der Regel weg, und grundsätzlich für die folgenden Ausführungen denken wir uns auch die zweite Stufe ausgeklammert, d.h. wir nehmen an, daß alle Methodenvergleiche innerhalb ein und desselben Labors durchgeführt werden. Weiter nehmen wir an, daß für jede Probe und für jedes der beiden betrachteten Meßverfahren ein charakteristischer Wert (z.B. ein Mittelwert) zur Verfügung steht. Die zu einem solchen charakteristischen Meßwert gehörende Unschärfe soll nicht Gegenstand der Betrachtung sein. Für die Interpretation graphischer Darstellungen und quantitativer Kennzeichnungen darf sie jedoch nicht außer Acht gelassen werden.

Die statistischen Eigenheiten dieser Teilprozesse werden in der Literatur üblicherweise auf der Basis von hypothetischen Wahrscheinlichkeitsverteilungen und deren charakteristischen Eigenschaften behandelt (vor allem Normalverteilungsannahmen und Annahmen über Standardabweichungen).Die üblichen Schätz- und Testverfahren für die Behandlung von Meßwertpaaren beruhen auf solchen Annahmen, wozu auf die einschlägige Lehrbuchliteratur und zusätzlich z.B. auf Feldmann, Schneider und Klinkers (1981) verwiesen sei. Die Berechtigung mancher solcher Annahmen erscheint in der Praxis oft nicht plausibel, und - wo sie nachprüfbar ist - oft nicht gegeben.

Was für Alternativen sind möglich ?

Traditionsgemäß unterscheidet man zwischen der "beschreibenden" und der "schließenden" oder "analytischen" Statistik. "Statistisches Schließen" ist nur möglich auf der Grundlage von ganz präzise formulierten und im allgemeinen sehr restriktiven, d.h. idealisierenden und vereinfachenden wahrscheinlichkeitstheoretischen Modellen. Dieser Zweig der Statistik ist in den letzten Jahrzehnten als mathematische Theorie weit vorangetrieben worden. Mit der Beachtung des Gesichtspunktes "Robustheit statistischer Verfahren" hat sich die Theorie wieder ein Stück in Richtung der beschreibenden Statistik bewegt. In Situationen, wie oben geschildert, liegt der Sinn "beschreibender Verfahren" darin, möglichst voraussetzungsfreie Eigenschaften von Beobachtungsdaten herauszuarbeiten, wenn möglich quantitativ zu präzisieren, oder geeignet sichtbar zu machen. Ähnlich ist die Aufgabe der beschreibenden Statistik auch von Hengst (1967) formuliert.

Ist man sich über den Charakter der gegebenen Situation im klaren, ist das Finden einfacher Beschreibungsmöglichkeiten oft nicht schwer. Die folgenden Beispiele sollen eine kleine Anregung in dieser Richtung sein.

2. Direkte Beschreibung der Ähnlichkeit (Ähnlichkeit als numerische Übereinstimmung)

Zunächst gilt es, den Begriff "Ähnlichkeit" quantitativ zu präzisieren. Der einfachste Ausgangspunkt ist die Definition maximaler Ähnlichkeit zweier Meßwerte an derselben Probe als deren numerische Übereinstimmung. Die Ähnlichkeit jedes Meßwertpaares (x_i, y_i; x_i: Meßergebnis nach dem ersten Meßverfahren, y_i: Meßergebnis nach dem zweiten Meßverfahren) ist somit in der Differenz $y_i - x_i$ inbegriffen. Wie stets in solchen Fällen ist es einfacher, Kenngrößen für die Un-Ähnlichkeit bzw. den Abstand zweier Meßwertreihen zu definieren. Jede Kenngröße ist dafür geeignet, welche

1. den Wert 0 genau dann annimmt, wenn alle Meßwertpaare identische Komponenten haben
2. einen umso größeren Wert hat, je größer die absoluten Differenzen $y_i - x_i$ werden.

Man darf jedoch nicht vergessen, daß die Beziehungen zwischen nach zwei verschiedenen Verfahren gewonnenen Meßergebnissen auf den Beziehungen gründen, welche jedes Meßverfahren zu den Proben und deren Zuständen hat. Eigenschaften wie z.B. Präzision, Spezifität, Sensitivität usw. spielen eine wesentliche Rolle dafür, was man an Ähnlichkeiten erwarten kann. Bei allen Unklarheiten und Ungereimtheiten in den Meßergebnissen ist es erforderlich, auf diese direkten Beziehungen zurückzugehen. Damit eine numerische Übereinstimmung zwischen den Ergebnissen nach zwei Meßverfahren überhaupt wünschenswert ist, muß eine Eigenschaft oder ein Zustand der Probe zu bestimmen sein, der in natürlicher Weise definiert und quantitativ ausgedrückt werden kann. Man kann in diesem Zusammenhang von einem zu bestimmenden "wahren Wert" sprechen.

Eine solche Unterteilung ist wichtig, da die Eigenschaften von Meßverfahren, und damit erst recht die Beziehungen zwischen zwei Meßverfahren sehr stark vom Skalenbereich abhängen können. Die Abbildungen zeigen, daß die typischen Werte für die Differenz in beiden Bereichen dieselben sind, im oberen Skalenbereich jedoch eine leichte Verschiebung zu negativen Differenzen und vor allem die charakteristische Vergrößerung der Streuung stattfindet.

Die <u>Abb. 1</u> stellt bildhaft jeweils einen hypothetischen Zusammenhang eines "wahren Wertes" mit den Ergebnissen der Anwendung zweier Meßverfahren dar. Aus diesen direkten Zusammenhängen ergibt sich der indirekte Zusammenhang zwischen den beiderseitigen Meßergebnissen.

Die <u>Abb. 2</u> zeigt an einem Beispiel eine mögliche Darstellungsform der Beziehungen zwischen den Meßergebnissen nach zwei Meßverfahren dadurch, daß einander entsprechende Meßergebnisse miteinander verbunden werden. Man erkennt die Tendenz des zweiten Meßverfahrens zu kleineren Werten als das erste Meßverfahren, jedoch auch, daß Ausnahmen möglich sind. Diese Darstellungsform ist auch auf mehr als zwei Meßverfahren anwendbar.

Abb.1

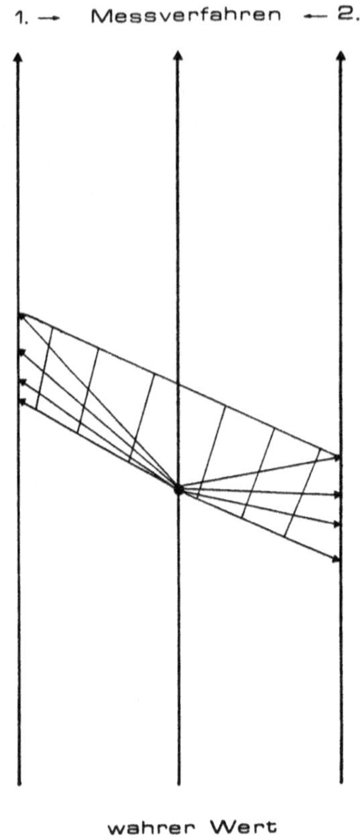

Abb. 2

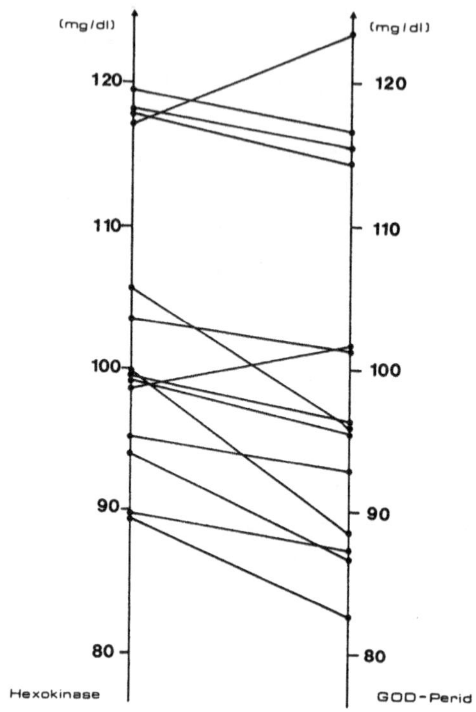

Abb. 1: Hypothetischer Zusammenhang zwischen dem "wahren Wert" einer Probe und den Ergebnissen der Anwendung zweier Meßverfahren als Grundlage für die Beziehungen zwischen den Ergebnissen selbst.

Abb. 2: Größenbeziehung zwischen Glucose-Bestimmungen nach der Hexokinase- und der GOD-Perid-Methode (14 Kontrollproben aus den Sollwertermittlungen der Zentralen Referenzinstitution der Deutschen Gesellschaft für Klinische Chemie - Mittelwerte aus 15 Doppelbestimmungen).

Erläuterungen zum Beispiel: Es handelt sich um Glucose-Bestimmungen an 14 Kontrollproben aus den Sollwert-Ermittlungen der Zentralen Referenzinstitution der Deutschen Gesellschaft für Klinische Chemie. Jedes Meßergebnis ist der Mittelwert aus 15 Doppelbestimmungen (1 Doppelbestimmung je Tag) in ein und demselben Labor nach der Hexokinase - bzw. GOD-Perid-Methode.

Für eine große Anzahl von Proben wird eine solche Darstellung jedoch schnell unübersichtlich. In solchen Fällen bieten Häufigkeitsdiagramme für die Differenzen $y_i - x_i$ eine besser überschaubare Darstellung. Die Abb. 3a, 3b zeigen solche Häufigkeitsdiagramme für ein fiktives, aber typische Eigenschaften tatsächlicher Daten widerspiegelndes Material. Der gesamte Skalenbereich ist dabei in einen unteren und einen oberen Skalenbereich unterteilt, so daß jeder der beiden Teilbereiche etwa gleich viele Meßergebnisse nach dem ersten Meßverfahren umfaßt.

Ergänzend dazu kann man auch das Verhalten der Differenzen in Abhängigkeit vom Meßergebnis x (oder y) darstellen. In Abb. 4 sind für dasselbe Material wie oben benachbarte x-Werte zu einem Mittelwert zusammengefaßt, ebenso die zugehörigen y-Werte, und die mittleren Differenzen gegenüber den mittleren x-Werten aufgetragen. Das Beispiel weist auf den typischen Sachverhalt hin, daß beim Methodenvergleich den Extrembereichen der Meßwertskala besondere Aufmerksamkeit geschenkt werden muß. Andere Arten der Darstellung der Differenzen (z.B. auch der relativen Differenzen) müssen sich aus den jeweils konkreten Fragestellungen ergeben.

Die gebräuchliche Alternative zur Darstellung der Abb. 2 ist die Wiedergabe der einzelnen Meßwertpaare als Punkte in einem zweidimensionalen Koordinatensystem.

Die Abb. 5 zeigt, wie sich bei einer solchen Darstellung die Differenzen $y_i - x_i$ bzw. $x_i - y_i$ nebst Vorzeichen widerspiegeln. Dazu dient die Gerade

$$y = x$$

als Bezugslinie. Sie stellt die "Idealgerade" der maximal ähnlichen Meßergebnisse dar.

Abb. 3a

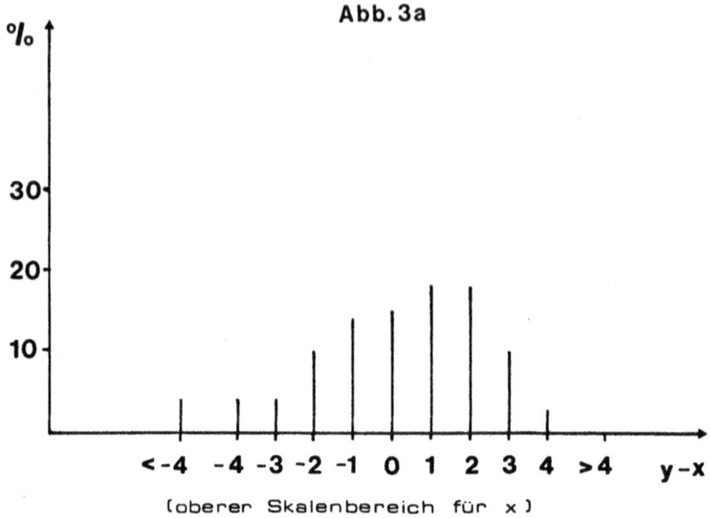

Abb. 3a: Beispiel eines Häufigkeitsdiagramms für die Differenzen der Ergebnisse nach zwei Meßverfahren - Skalenbereich unterhalb des Medians der x_i.

Abb. 3b

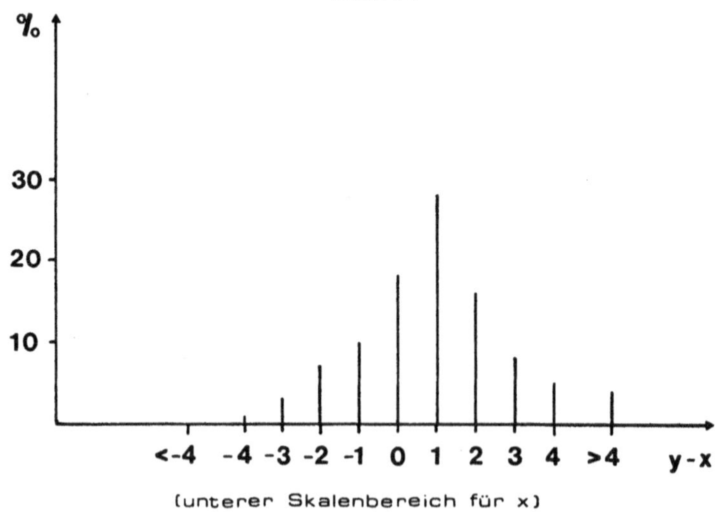

Abb. 3b: Beispiel eines Häufigkeitsdiagramms für die Differenzen der Ergebnisse nach zwei Meßverfahren - Skalenbereich oberhalb des Medians der x_i.

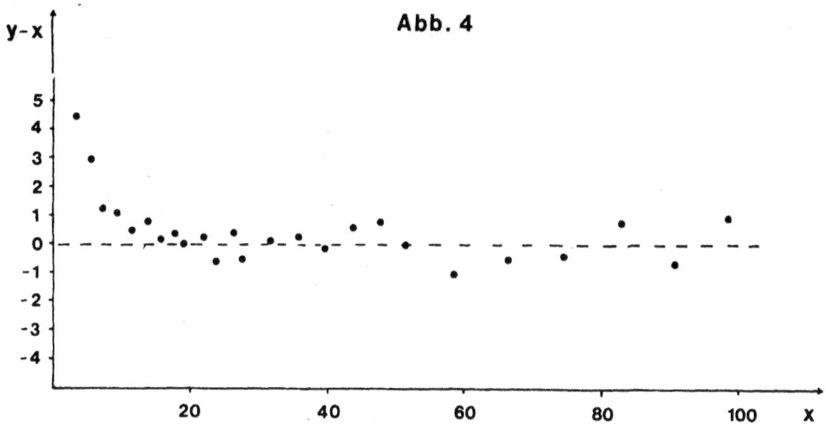

Abb. 4: Die Differenzen $y_i - x_i$ in Abhängigkeit von x_i für die Daten aus Abb. 3a,b - es sind jeweils gleichviele benachbarte Punkte gemittelt.

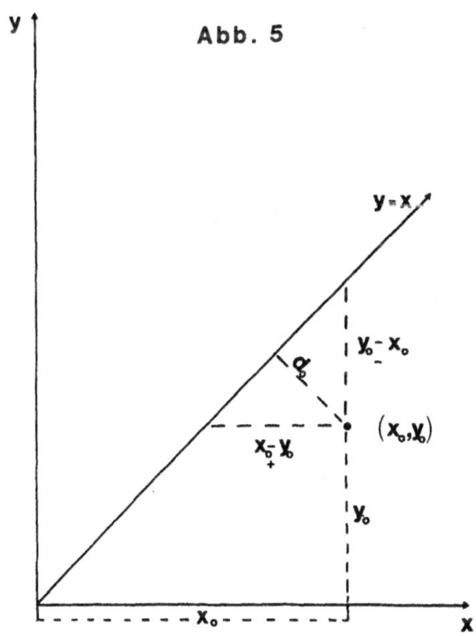

Abb. 5: Geometrische Darstellung der Differenzen zwischen den Komponenten eines Meßwertpaares (x_0, y_0) mit Hilfe der Geraden $y = x$, d_0 ist der senkrechte Abstand zu dieser Geraden.

Aus der Abbildung läßt sich erkennen, daß der orthogonale Abstand eines Meßpunktes (x_i, y_i) zu dieser Bezugsgeraden folgenden Betrag hat:

$$d_i = \frac{1}{\sqrt{2}} \quad |x_i - y_i|$$

Daraus ergibt sich eine einfache Abstandskenngröße S* als Grundlage für die Kennzeichnung der Ähnlichkeit (siehe weiter oben):

$$s^*\left[(x_i, y_i)\right] := \sqrt{\frac{1}{2n} \sum_i (x_i - y_i)^2},$$

(n ≙ Anzahl der Meßwertpaare).

Diese Kenngröße stellt den "mittleren quadratischen orthogonalen Abstand" der Meßpunkte von der Idealgeraden, d.h. so etwas wie eine mittlere Differenz dar. In den Abb. 3a, b bzw. 4 sind natürlich ebenfalls einfache Möglichkeiten zur Ermittlung einer mittleren Differenz enthalten.

3. Beschreibung durch eine lineare Funktion (Veränderungsähnlichkeit)

Die Beschreibung von nach zwei Meßverfahren gewonnenen Meßergebnissen mit Hilfe einer geeigneten linearen Funktion bedeutet eine Beschreibung der "Veränderungsähnlichkeit": Bei einer ausreichend strengen linearen Beziehung bedingt eine bestimmte Zu- oder Abnahme eines nach dem ersten Verfahren gewonnenen Wertes eine proportionale Zu- oder Abnahme des nach dem zweiten Verfahren gewonnenen Wertes:

$$\Delta y = b \cdot \Delta x \quad \text{bzw.} \Delta x = \frac{1}{b} \cdot \Delta y$$

Dies muß für den ganzen Bereich gelten, in welchem die Beschreibung durch eine lineare Funktion zutreffen soll. Ein eventueller systematischer Unterschied a zwischen den Meßergebnissen nach beiden Verfahren beeinflußt diese Art der Ähnlichkeit nicht. Die Linie g mit diesen Eigenschaften hat dann bekanntlich folgende Darstellung:

$$g : y = a + bx$$

Der Fall a = 0 und b = 1 entspricht der im vorigen Abschnitt betrachteten "Idealgeraden". Die jetzige Betrachtungsweise ist jedoch grundlegend verschieden. Im vorigen Abschnitt ist die Idealgerade als Bezugsgerade fest vorgegeben, und es sind die Abstände der Meßwertpaare von dieser Bezugsgeraden dargestellt bzw. ein mittlerer Abstand quantitativ ausgedrückt worden. Hier werden möglichst geeignete Werte der Parameter a, b gesucht, wozu erst einmal ein Gütekriterium vorgegeben sein muß. Die Frage, ob statt gefundener Werte für a, b, die nahe 0 bzw. 1 liegen, auch die Idealgerade zur Beschreibung des Zusammenhangs gewählt werden kann, kann nur unter zusätzlichen Voraussetzungen behandelt werden und gehört nicht mehr in den Bereich der "Beschreibung" (siehe Vorbemerkungen).

Das weitaus am häufigsten verwendete Gütekriterium für die Ermittlung "bester" Werte der Parameter a und b beruht auf dem Prinzip der kleinsten Quadrate. Hierzu sei wiederum auf die Lehrbuchliteratur verwiesen. Die Lösungen sind Extremwerte und daher im Regelfalle empfindlich (nicht "robust") gegenüber relativ geringfügigen Änderungen in den Eingangswerten und einzelnen Ausreißern. Seit einiger Zeit werden andere Prinzipien, wie z.B. das Prinzip des kleinsten oder des mittleren absoluten Abstandes, vor allem im Hinblick auf die Robustheit der Lösungen untersucht. Aus der bereits ziemlich umfangreichen einschlägigen Literatur sei lediglich Rey (1978) zitiert. Auf ein ganz anderes Prinzip werden wir im nächsten Abschnitt zurückkommen.

Nach welchem Gütekriterium man auch immer eine beste oder geeignete lineare Funktion sucht, die gefundene Lösung kann genau wie im vorigen Abschnitt dazu benützt werden, um das Verhalten der Abstände der einzelnen Meßwertpunkte in Bezug auf sie darzustellen.

4. Ein graphisches Verfahren zur Konstruktion einer mittleren Regressionsgeraden

Da dieses Symposium vor allem von graphischen Verfahren handelt, haben wir versucht, eines der einfachsten Prinzipien zur Aufstellung einer "mittleren Regressionsgeraden" in ein solches umzuwandeln. Das Prinzip geht zurück auf Theil (1950) und ist z.B. in Büning und Trenkler (1978) beschrieben. Es zeigt sich, daß eine graphische

Konstruktion tatsächlich ohne allzugroßen Aufwand und mit einfachsten Mitteln möglich ist, und daß man außerdem eine Reihe wünschenswerter Eigenschaften des Verfahrens aufzeigen kann. Die Grundidee besteht darin, eine mittlere Gerade aus allen denjenigen Geraden zu ermitteln, welche durch je zwei der Meßwertpaare definiert sind. Wir haben mehrere Varianten der graphischen Konstruktion ausprobiert. Am bequemsten durchzuführen scheint die folgende zu sein:

1. Die einzelnen Meßwertpunkte werden auf ein genügend großes Blatt Millimeterpapier eingetragen. Es empfiehlt sich, die Punkte durchzunumerieren, damit ein geeignetes Ablaufschema vorgegeben werden kann.

2. Es werden zwei genügend weit auseinanderliegende Parallelen zur Ordinatenachse eingezeichnet, im folgenden mit P_0, P_1 bezeichnet. Es empfiehlt sich, die eine etwas links, die andere etwas rechts von der gesamten Punkteschar zu wählen (gibt es darin einen ausgeprägten linken bzw. rechten Extrempunkt, kann die entsprechende Parallele durch diesen gelegt werden).

3. Jedes Paar von Punkten wird mittels eines Lineals verbunden und die Schnittpunkte mit den Linien P_0, P_1 geeignet markiert (es erübrigt sich selbstverständlich, die Verbindungslinien selbst zu zeichnen). Schnittpunkte, welche außerhalb des Zeichenblattes fallen, werden einfach am jeweiligen Ende von P_0 bzw. P_1 markiert (dies gilt insbesondere für Verbindungslinien, die selbst praktisch parallel zur Ordinatenachse sind).

4. Auf P_0, P_1 werden jeweils ein "mittlerer" Schnittpunkt gewählt (am einfachsten der Median aller Schnittpunkte) und die "mittleren" Schnittpunkte miteinander verbunden - das ergibt eine "mittlere" lineare Beziehung.

5. Das Verfahren kann noch vereinfacht werden, indem relativ eng beisammenliegende Punkte von vornherein visuell durch einen "mittleren" Punkt ersetzt werden.

Der mathematische Formalismus für diese Vorgehensweise sieht folgendermaßen aus:

Es seien Q_i und Q_j ($i \neq j$) irgend zwei Meßpunkte. Die durch sie definierte Gerade hat die Gleichung:

$$g_{ij} : y = a_{ij} + b_{ij} \cdot x$$

Die Schnittpunkte von g_{ij} mit P_0, P_1 seien $y_{ij}^{(0)}$, $y_{ij}^{(1)}$. Gehören zu P_0, P_1 die Abszissen ξ_0 bzw. ξ_1, so hat die mittlere Regressionsgerade die Gleichung:

$$g^* : y = m(y_{ij}^{(0)}) + \frac{m(y_{ij}^{(1)}) - m(y^{(0)})}{\xi_1 - \xi_0} \cdot x$$

wobei $m(y_{ij}^{(k)})$ den Median (oder einen anderen "mittleren" Wert) der $y_{ij}^{(k)}$ bedeutet.

Ein Vorzug des graphischen Verfahrens liegt darin, daß eine Reihe von Vereinfachungen visuell viel einfacher als über ein Computerprogramm durchgeführt werden können. Die Zusammenfassung von sehr nahe beieinanderliegenden Punkten und die Behandlung von Schnittpunkten, die außerhalb der Zeichenfläche fallen, sind bereits erwähnt worden (ansonsten läßt sich das ganze Verfahren natürlich auch per Computer durchführen).

Ein weiterer Vorzug dieses Verfahrens besteht darin, daß die so konstruierte mittlere Regressionsgerade viel robuster ist gegenüber einzelnen Ausreißern und geringfügigen Änderungen der Eingangswerte als die nach dem Prinzip der kleinsten Quadrate errechnete Regressionsgerade. In der Abb. 6a wird für das Beispiel aus Abb. 2 das Ergebnis der graphischen Konstruktion (gestrichelte Linie) verglichen mit dem Ergebnis nach der Methode der kleinsten Quadrate (durchgezogene Linie). In Abb. 6b sind gegenüber der Abb. 6a einige Punkte ein wenig, ein einziger Punkt wesentlich abgeändert worden. Man erkennt die stärkere Veränderung der durchgezogenen Linie.

Als Nachteil des Verfahrens könnte man ansehen, daß das Ergebnis bis zu einem gewissen Grade von der Wahl von P_0, P_1 abhängt. Diese Abhängigkeit ist jedoch noch lange nicht so stark wie die Abhängigkeit der errechneten Regressionsgeraden von Abänderungen in den gegebenen Meßpunkten.

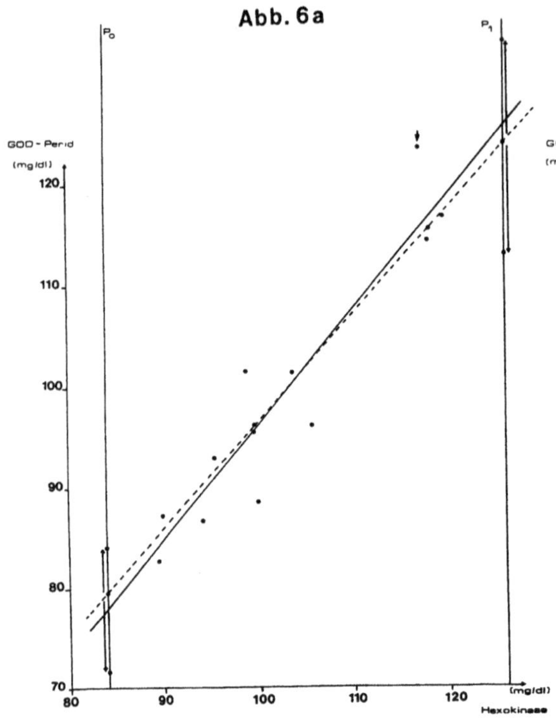

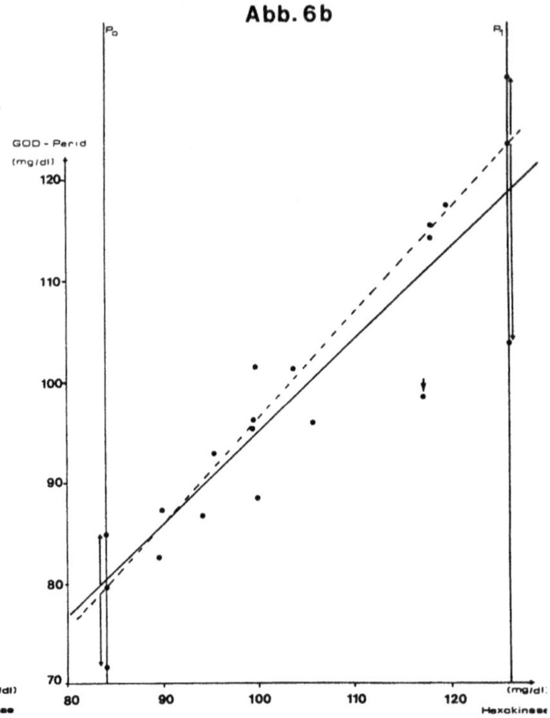

Abb. 6a: Darstellung der Meßwertpaare aus Abb. 2 in einem rechtwinkligen Koordinatensystem - beste Regressionsgerade nach dem Prinzip der kleinsten Quadrate (——·).
Graphisch konstruierte mittlere Regressionsgerade (---) mit den Hilfslinien P_0, P_1 und Markierungen für den Spielraum dieser Geraden.

Abb. 6b: Dasselbe Beispiel wie in Abb. 6a - wesentlich geändert nur der mit ↓ versehene Punkt.

In der graphischen Konstruktion sind aber noch wesentlich mehr Informationen als nur die über die mittlere Regressionsgerade enthalten. Die Verteilung der Schnittpunkte auf den Linien P_0, P_1 ist nämlich ein Indikator dafür, wie gut die mittlere Regressionsgerade die einzelnen Verbindungslinien der Punktepaare wiedergibt. In den Abb. 6a, b sind zu diesem Zwecke, als eine erste einfache Möglichkeit, zusätzlich die Mediane derjenigen Schnittpunkte markiert, die oberhalb bzw. unterhalb der mittleren Regressionsgeraden liegen.

5. Bemerkung zur Verwendung von Korrelationskoeffizienten als Ähnlichkeits- bzw. Linearitätskenngrößen

Korrelationsmaßzahlen dienen dazu, den stochastischen Zusammenhang zwischen Zufallsgrößen bzw. den statistischen Zusammenhang zwischen Beobachtungswerten von Zufallsgrößen in möglichst einfacher Weise auszudrücken. Die am meisten verwendete Korrelationsmaßzahl ist der sogenannte Produktmoment - Korrelationskoeffizient (Pearson'sche Korrelationskoeffizient) r, der als Parameter von besonderer Bedeutung für die Beschreibung zweidimensionaler Normalverteilungen ist. Für die Beschreibung der Beziehung zwischen zwei Größen durch eine lineare Funktion gilt er als Linearitätsmaß, denn er nimmt ja die Werte $\pm$ 1 genau dann an, wenn alle zu beschreibenden Punkte auf einer geraden Linie liegen, die zu keiner der Koordinatenachsen parallel ist.

Außerdem wird er mitunter als Ähnlichkeitskenngröße angesehen. Daß letzteres nicht in der Bedeutung von "Ähnlichkeit" als numerischer Übereinstimmung sein kann, geht aus seiner Definition hervor, die nicht auf den paarweisen Differenzen $y_i - x_i$ aufgebaut ist (siehe 2. Abschnitt). Es kann also Ähnlichkeitskenngröße nur im Sinne der Veränderungsähnlichkeit sein, und das trifft auch zu, da (siehe 3. Abschnitt) eine Linearitätskenngröße zugleich auch eine Kenngröße für die Veränderungsähnlichkeit darstellt.

Worüber man sich jedoch allgemein täuscht, ist die Zuverlässigkeit, mit der selbst (absolut) hohe r-Werte als Kennzeichen genügend guter Linearität interpretiert werden können. Allgemein scheint man der Auffassung zu sein, daß ein r-Wert absolut über 0,90 ein Garant für eine gute Beschreibbarkeit durch eine lineare Funktion ist. Da wir an vielen Beispielen festgestellt haben, daß dies nicht zutrifft, ist in Abb. 7 ein solches Beispiel wiedergegeben, das nach Konstruktion einen nicht-linearen Zusammenhang darstellt, bei dem der r-Wert jedoch etwa 0,95 beträgt (eingezeichnet sind ebenfalls die Regressionsgerade nach der Methode der kleinsten Quadrate und die mittlere Regressionserade nach dem im 4. Abschnitt beschriebenen Verfahren). Umgekehrt spricht ein niedrigerer r-Wert nicht unbedingt gegen eine gute Linearität (wohl aber für eine größere Streuung um die Regressionsgerade). Auch die Benützung von Rangkorrelationskoeffizienten scheint selten eine große Hilfe zu sein.

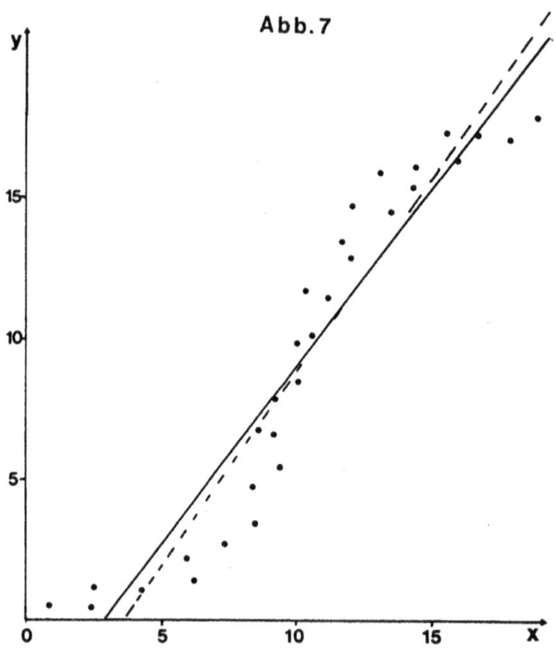

Abb. 7: Beispiel für eine nach Konstruktion nicht-linear angeordnete Punktegesamtheit mit hohem Wert des Produktmomentkorrelationskoeffizienten (r = 0,95) - Regressionsgerade analog zu den Abb. 6a, b.

Das Beste, was man tun kann, ist offenbar nach wie vor eine genaue Inspektion der Daten.

Literatur

Büning H, Trenkler G (1978) Nichtparametrische statistische Methoden Walter de Gruyter Verlag, Berlin, New York

Feldmann U, Schneider B, Klinkers H (1981) A multivariate approach for the biometric Comparison of analytical methods in clinical chemistry. J Clin Chem Clin Biochem 19:121

Hengst M (1967) Einführung in die mathematische Statistik und ihre Anwendung. Bibliographisches Institut Mannheim

Rey WJJ (1978) Robust statistical methods. Springer Verlag, Berlin Heidelberg, New York

Theil H (1950) A rank - invariant method of linear polynomial regression analysis. Proc Kon Ned Akad v Wetensch A 53 I: 386, II: 521, III: 1397

VI Ausblick

6.1 M. KNEDEL (München): ASPEKTE ZUR OPTIMIERUNG DER WIRTSCHAFTLICHKEIT IM KRANKENHAUSLABORATORIUM

- Das Krankenhaus als Subsystem im betriebswirtschaftlichen System Gesundheitswesen -

Der Kostenanstieg im Gesundheitswesen beschäftigt seit Jahren Politiker, Krankenkassen und alle im medizinischen Bereich tätigen Verantwortungsträger.
Dieses Thema wird kein Ende finden, solange diese Kosten schneller wachsen als das Bruttosozialprodukt. Waren alle bisher getroffenen Maßnahmen zur Kosteneingrenzung untauglich oder ist dieses überproportionale Wachstum unvermeidlich ? Bislang hat noch niemand auf diese Frage eine Antwort gefunden.

Unter den "kostentreibenden" Subsystemen im Gesundheitswesen nimmt das Krankenhaus eine besondere Stellung ein, die immer wieder Anlaß zu Diskussionen gibt.

Auf die Frage nach den Gründen für das Kostenwachstum gibt es zahlreiche Antworten:

- Da ist einmal der unbegrenzt steigende Anspruch an die Qualität der medizinischen Versorgung. Von der Öffentlichkeit ohne Einschränkung gefordert und von allen Parteien unterstützt. Von der Kindersterblichkeit über die Krebsbekämpfung bis zur Geriatrie - wer möchte fordern, daß nicht noch mehr getan wird ?
- Da ist der rasche Fortschritt der Naturwissenschaften von Physik über die Elektronik, die Optik bis zur Chemie mit den rasch wachsenden Erkenntnissen auf dem Gebiet der Biochemie. Das Bestreben, alle diese Fortschritte der Naturwissenschaften für die Medizin zu verwenden, ist unvermeidlich.
- Der Fortschritt der Naturwissenschaften führt insbesondere zu neuen technischen Möglichkeiten, die es erlauben, immer wieder neue Geräte zur Diagnose und Therapie zu entwickeln. Auch wenn diese neuen technischen Entwicklungen noch so kostspielig sind - wer möchte sie der medizinischen Versorgung des Patienten vorenthalten?

- Aus der allgemeinen Forderung, alles medizinisch und technisch realisierbare so schnell wie möglich zum Wohle des Patienten einzusetzen, erwachsen der Klinik ständig neue Aufgaben mit erheblicher Kostenwirkung.

- Nicht zuletzt schlägt im Krankenhaus die Entwicklung der Lohnkosten zu Buche, die einschließlich der Arbeitszeitverkürzungen ca. 20 % in 10 Jahren ergeben haben. Eine "MTA-Minute" kostet heute ca. DM 0,65.

Das Krankenhaus wird immer teurer. Daran haben auch die gesetzgeberischen Initiativen der letzten 12 Jahre nichts geändert. Im gleichen Zeitraum sind die Krankenhauskosten um das 15-fache angestiegen, das Bruttosozialprodukt nur um das 5,5-fache (Abb. 1).

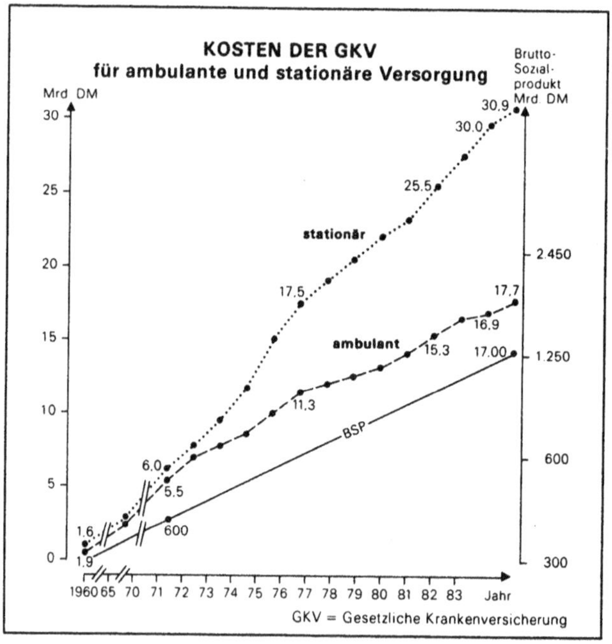

Abb. 1

Angesichts dieser Fakten drängt sich die Frage auf, ob überhaupt jemals das Wachstum bei den Kosten im Gesundheitswesen in Einklang mit dem Wachstum des Bruttosozialprodukts gebracht werden kann. Jedem Insider ist ohnehin klar, daß die Diskussionen um die Senkung der Arzthonorare wie der Pharmapreise höchstens parteipolitische Bedeutung haben, zur Lösung des Gesamtproblems jedoch keinen echten Beitrag leisten können. Das Krankenhaus ist teuer und wird immer teurer.

Eine betriebswirtschaftliche Optimierung der Kosten im Gesundheitswesen setzt eine Optimierung aller Subsysteme, also auch des Krankenhauses, voraus. Die betriebswirtschaftliche Optimierung des Krankenhausbetriebes wiederum erfordert eine konsequente Optimierung aller Subsysteme im Krankenhaus, also auch des Laboratoriums.

Betrachtet man die Möglichkeiten zur Kosteneinsparung im Krankenhaus, so muß berücksichtigt werden, daß jedes Krankenhaus in sich als betriebswirtschaftliches System wiederum aus vielen Subsystemen besteht, von denen eines das Laboratorium darstellt.

Dabei muß davon ausgegangen werden, daß betriebswirtschaftliche Grundsätze wie sie in der Industrie gelten, immer stärker für die Verwaltung eines Krankenhauses Anwendung finden müssen.

In dieser Forderung ist bereits der Konflikt impliziert. Unsere geltende Betriebswirtschaftslehre basiert auf Prämissen, die für die Industrie gelten, also einer klar nach Kosten und Nutzen orientierten Wirtschaftlichkeitsrechnung.

Das Krankenhaus dagegen hat - koste es was es wolle - den Patienten zu heilen.

Das Krankenhauslaboratorium nimmt hier eine gewisse Sonderstelle ein. Einfacher als bei vielen anderen Subsystemen des Krankenhauses, kann man hier betriebswirtschaftliche Rechnungen anwenden. Die Laborkosten nach Investitionen und laufenden Kosten betragen zwar weniger als 5 % der Gesamtkosten eines Krankenhauses, trotzdem lohnt es sich, betriebswirtschaftliche Betrachtungen anzustellen.

DIE ENTWICKLUNG DES LABORATORIUMS

Die enorme technische und methodische Weiterentwicklung des Laboratoriums, die seit dem Anfang der 60er Jahre einsetzte, hat der Laboruntersuchung einen sprunghaft steigenden Stellenwert innerhalb der Klinik gebracht. Die Einführung der Photometrie in die medizinische Untersuchung, die Enzymologie, die Immunologie - um nur einige Stichworte zu nennen -, haben die labordiagnostischen Möglichkeiten erheblich verbessert. Dadurch ist der Leistungsumfang des Laboratoriums angestiegen, und es ist unschwer vorauszusagen, daß er weiter steigen wird. Noch immer führen die Weiterentwicklungen der Untersuchungsmethoden und der Gerätetechnik zu einer Ausweitung des Leistungsspektrums.

Entsprechend verändert sich das Verhältnis der einzelnen Arbeitsanteile: Im kleinen Laboratorium besteht die Tätigkeit überwiegend im Untersuchen der eingehenden Proben. In den 60er Jahren bestimmte diese Tätigkeit auch die Laborarbeit in den großen Kliniken.

Der gestiegene Arbeitsumfang hat jedoch dazu geführt, daß z.B. in einem Klinikum wie Großhadern die Verarbeitung der Datenflut die weit überwiegende Arbeitszeit erfordert; gleichzeitig ist die Untersuchungstätigkeit durch Labormechanisierung inzwischen soweit rationalisiert worden, daß sie nicht mehr Arbeitszeit erfordert, als bei bedeutend geringerem Probenanfall vor ca. 10 Jahren. Abb. 2 stellt die Strukturveränderung bei den Arbeitsanteilen des Laboratoriums in den letzten 2 Jahrzehnten dar.

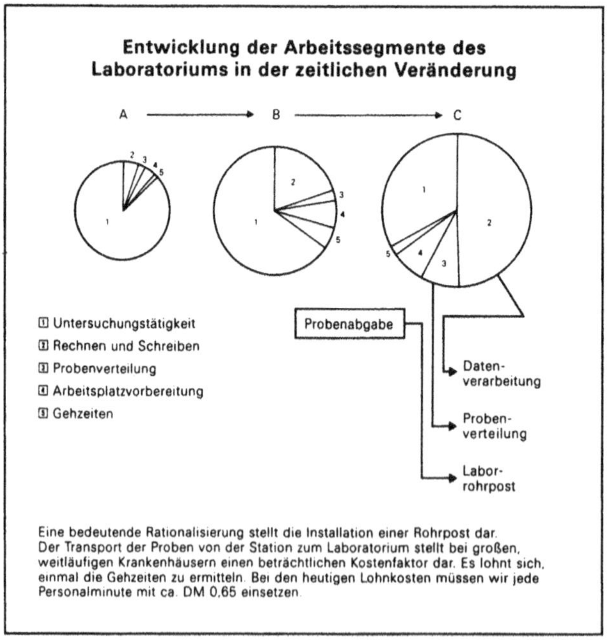

Abb. 2

BETRIEBSWIRTSCHAFTLICHE ASPEKTE IM LABORATORIUM

Krankenhäuser und Laborgemeinschaften investieren z.Z. ca. 100 Mio DM in Laborgeräten pro Jahr. Davon fallen vermutlich 60 % auf das Krankenhaus. Längst vorbei sind die Zeiten, in denen ein Laboratorium hauptsächlich Reagenzgläser verbraucht hat oder um DM 5.000 für die Anschaffung eines Photometers betteln gegangen ist. Wenn es heute um die Anschaffung eines Analysengerätes geht, so fängt die Preisskala meist bei DM 50.000 an und endet bei ungefähr DM 500.000, in Einzelfällen darüber. Eine Investitionsentscheidung für ein neues Gerät bedarf daher heute einer sorgfältigen Analyse mit eingehender Bewertung zahlreicher Kriterien. Wenn der Leistungsumfang des Laboratoriums steigt, so sind es vor allem die Personalkosten, die zu Buche schlagen. Grob orientierend kann davon ausgegangen werden, daß der Personalkostenanteil mehr als 70 % der laufenden Laborkosten verschlingt.

In vielen Fällen sind Geräteanschaffungen dadurch bedingt, daß das Labor sein Leistungsspektrum qualitativ und quantitativ erweitern muß, weil die Klinik zusätzliche Informationen fordert. In diesem Fall muß vom Laborleiter zunächst entschieden werden, ob die Erstellung der zusätzlichen Leistungen im eigenen Labor über einen vertretbaren Zeitraum kostensparender als die Einschaltung externer Laboratorien ist.

Entschließt man sich nach diesen Abwägungen zur Anschaffung eines neuen Analysengerätes, so dient dies überwiegend dem Ziel, Personalausweitungen angesichts eines ständig steigenden Leistungsbedarfs zu vermeiden.

KRITERIEN FÜR DIE GERÄTEBESCHAFFUNG

Wenn eine Klinik aus wissenschaftlichen Gründen oder für bestimmte Sonderprojekte Geräte benötigt, so entziehen sich diese Vorhaben natürlich einer betriebswirtschaftlichen Betrachtungsweise. Die größten und häufigsten Geräteinvestitionen werden jedoch für die klinisch-chemische und hämatologische Routinediagnostik getätigt.

Als Resultat langjähriger Erfahrung und basierend auf dem Stand der Gerätetechnik, sollten heute ausschließlich selektiv-parallel arbeitende Analysensysteme zum Einsatz kommen. Darunter werden Systeme verstanden, die aus einer Serumprobe möglichst viele der im Laboratorium anfallenden Analysen abarbeiten können. Sie ermöglichen dabei jedoch eine individuelle Auswahl der Analysenverfahren aus jeder Probe entsprechend dem ärztlich begründeten Bedarf.

Systeme, die ein starres Analysenprofil liefern und darüber hinaus nicht die häufigsten Parameter abdecken, können nicht zur Kostensenkung im Labor beitragen.

Legt man ein typisches Anforderungsprofil eines Laboratoriums zugrunde und betrachtet die Möglichkeiten der wirtschaftlichen Abarbeitung dieser Anforderungen, auf der einen Seite mit einem selektiv arbeitenden System, auf der anderen Seite mit einem Profilanalysator, so kommt man zu folgendem Ergebnis: Ein selektiv arbeitendes System, welches alle häufig vorkommenden Parameter abdeckt, erzeugt nur 23 % der Kosten, die ein System erzeugen würde, welches die gleichen Tests automatisch als Profil produzieren würde. 77 % der Kosten würden für nicht benötigte Tests ausgegeben.

Die Gesamtkosten für ein in der Routineanalytik eingesetztes System ergeben sich als Summe aus Kaufpreis, Wartungskosten, Ersatzteilen, Verbrauchsmaterial und Personalkosten. Die Bewertung der Kostenarten eines Analysensystems erfordert umfangreiche Fachkenntnis und eine sehr kritische Sichtung der von der Industrie angebotenen Daten.

Alle Betrachtungen zur optimierten kostengünstigen Organisation des Krankenhauslaboratoriums müssen unter den allgemeinen Aspekten der bereits hohen und noch weiter steigenden Gesamtkosten gesehen werden.

Die Notwendigkeit einer Verbesserung der Wirtschaftlichkeit betrifft die Laboratorien aller Krankenhauskategorien.

Die drei Grundelemente jedes Laboratoriums sind Organisation, Instrumentation und Datenverarbeitung.

Nur bei sinnvoller Abstimmung dieser Elemente kann ein optimales Kosten-/Leistungsverhältnis erreicht werden. Zu vermeiden, daß der eine oder andere Sektor über- oder unterentwickelt wird, stellt die wichtigste Aufgabe für die Laborleitung dar. Bei kleinen Laboratorien muß die Datenverarbeitung nicht zwingend sein. Es müssen dann jedoch adäquate Verwaltungstechniken mit manuellen Aufzeichnungen und gesicherter Dokumentation eingesetzt werden.

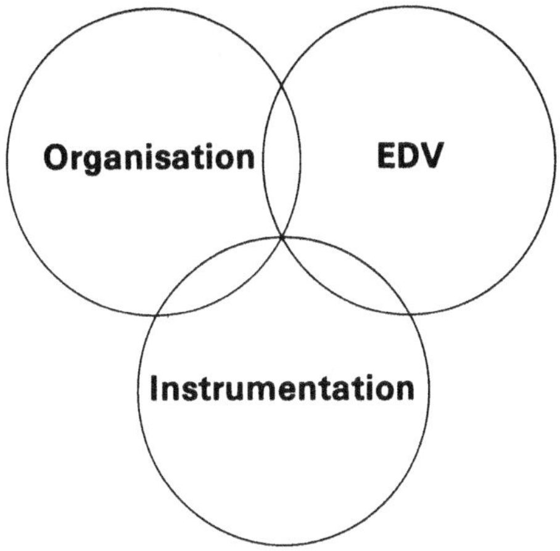

BREAK-EVEN-ANALYSE

Die Break-Even-Analyse, auf die später noch eingegangen werden wird, stellt ein wesentliches Hilfsmittel bei der Entscheidungsfindung für die Anschaffung eines bestimmten Gerätes dar. Mit ihrer Hilfe kann man analysieren, bei welchem Analysenaufkommen sich die mit der Geräteanschaffung verbundenen Kosten so darstellen, daß ein effizientes Arbeiten möglich ist.

Zunächst ist es jedoch notwendig, Art und Anzahl der durchzuführenden Analysen zu ermitteln. Auf der Basis dieses Mengengerüstes werden die fixen und variablen Kosten aufgelistet und zu einer Gesamtsumme addiert. Neben den Investitionskosten müssen hier insbesondere die für den Betrieb erforderlichen Folgekosten berücksichtigt werden. Für die Effizienzbeurteilung sind häufig die Folgekosten maßgeblicher als die einmalige Investition.

KRITISCHE SERIENLÄNGE

Die kritische Serienlänge ist definiert als die Analysenzahl, bei der die Gesamtkosten für ein Analysensystem im Sinne der Break-Even-Betrachtung kostenneutral sind, d.h. es wird weder mit Verlust noch mit Gewinn gearbeitet. Schon eine geringe Erhöhung der Analysenzahl ohne Neuinvestition führt zu einer deutlichen Effizienzsteigerung (Effizienzzone).

Grundsätzlich anwendbar sind die folgenden Managementtechniken. Der Erfahrungsschatz für ihre Anwendungen dürfte in jedem Krankenhaus vorliegen (Tab. 1 - 4).

Faustregeln Allgemeine Kenntnis Erfahrung Mitteilung Dritter Richtlinien und Verfahren Einfache allgemeine Problemlösungen

Tab. 1: Wichtigste heute im Krankenhaus angewendete Management-Techniken

Entscheidungsbaum-Verfahren Break even-Analyse Bilanz (Gewinn und Verlust-Rechnung) Analyse der Verhältniszahlen Cash-flow-Methoden Kostenstellen-/Kostenträger-Analysen

Tab. 2: Wichtigste heute im Krankenhaus anwendbare Management-Techniken

Netzplantechnik PERT-Zeit Systemanalyse Computer-Simulation Netzplantechnik PERT-Kosten Kosten-/Nutzen-Analyse Programmbudgetierung

Tab. 3: Wichtigste in Zukunft im Krankenhaus anwendbare Management-Techniken

Die Beschaffung eines Analysengerätes ist keine isolierte Entscheidung, sondern die Schaffung von Arbeitsvoraussetzungen in einem Teilbereich eines funktional ineinander greifenden Gesamtsystems, sonst werden die Optimierungsmöglichkeiten des Gesamtsystems beeinträchtigt.

Tab. 4: Grundsatz zur Beschaffung eines Analysengerätes

ANWENDUNG BETRIEBSWIRTSCHAFTLICHER ENTSCHEIDUNGSHILFEN

Die für den industriellen Bereich entwickelten betriebswirtschaftlichen Kriterien zur Planung und Entscheidungsfindung sind nachstehend aufgelistet. Im Krankenhaus werden diese Werkzeuge und Techniken heute noch nicht - oder nur in Ansätzen - benutzt. Noch sind wir weit von einer "Krankenhaus-Betriebswirtschaftslehre" entfernt (Abb. 3).

Eine Klassifikation der wichtigsten Werkzeuge und Techniken zur rationalen Entscheidungsfindung in der Unternehmensplanung

I. Nicht-quantitative Methoden
- A. Kreative Denkprozesse (z. B. Kreativität, Erfahrung, Urteil, Vorahnung, Intuition, Brainstorming)
- B. Ermittlung des kritischen Faktors
  1. Barnards Prinzip des Begrenzungsfaktors
  2. Einfache Entscheidungsketten und -tabellen
  3. Technik der richtigen Fragestellung
- C. Organisation per se (z. B. Planungsorganisation und Budget-System)
- D. Faustregeln
- E. Richtlinien und Verfahren
- F. Einfache Problemlösungsschritte
- G. Allgemeine Kenntnis des Gebietes, auf dem eine Entscheidung zu treffen ist (Recht, Wirtschaft, Physik, etc.)

II. Allgemeine Systemvorgehen
- A. Problemdefinition
- B. Entwicklung eines nicht-quantitativen Simulationsmodelles
  1. Logisch-analytische Strukturen
  2. Adaptionssuche
  3. Arbeitsprozesse
- C. Buchhaltungssysteme und -modelle
  1. Gesamtbuchhaltungssystem
  2. Bilanz und Gewinn-und-Verlust-Rechnung
  3. Cash-flow-Analyse
  4. Analyse von Verhältniszahlen in der Buchhaltung
  5. Break-even-Analyse
- D. Entwicklung von Informationssystemen

III. Ältere quantitative Methoden
- A. Grenzplankostenrechnung
- B. Rentabilitäsrechnung (ROI)
  1. Annuitätenmethode
  2. Cash-flow-Methoden
- C. Quantitative Prognoseerstellung
  1. Trend-Extrapolation
  2. Exponential Smoothing („exponentielle Glättung")
  3. Korrelationsanalyse
  4. Ökonometrische Modelle

IV. Konventionelle Terminplanungsmodelle
- A. Gantt-Pläne
- B. Milestone-Pläne
- C. Critical Path Method
- D. Line-of-Balance-System

V. Neuere mathematische Techniken
- A. Wahrscheinlichkeitstheorien
- B. Computer-Simulation
- C. Lineare Programmierung
- D. Netzplantechnik (PERT/Zeit und PERT/Kosten)
- E. Heuristische Problemlösung
- F. Spiel-Theorie
- G. Kosten-Nutzen-Analyse

VI. Komplexe Methoden als Kombination vieler Techniken
- A. Systemanalyse
- B. Soziologische Forschung
- C. Verfeinerte Unternehmensplanung
- D. Programmbudgetierung

Abb. 3

Was heute schon an Planungs- und Entscheidungstechniken angewandt wird, ist nachstehend aufgeführt (Abb. 4).

Diese Verwaltungstechniken sind künftig zu fordern; sie sind hier nur beispielhaft aufgeführt. Wir möchten im folgenden etwas näher auf diese realisierbaren Managementtechniken eingehen. Der Entscheidungsraum für die Frage einer Geräteanschaffung kann als Beispiel dienen. Schließlich ist die Geräteanschaffung der bedeutendste Sektor bei den Investitionskosten im Laboratorium (Tab. 5).

Ist das zu erwartende Ereignis ein Dauerzustand, dann muß man ihm mit langfristig wirksamen Maßnahmen entgegnen (Investitionen in Gerät oder Personal). Ist es nur ein vorübergehender Zustand, dann muß man ihm mit zeitlich steuerbaren Maßnahmen begegnen (Leasing von Geräten, Bezahlung von Überstunden). Kann die Frage nach der Dauer der Veränderung nicht eindeutig beantwortet werden, so ist die Wahrscheinlichkeit nach Prozenten einzuschätzen (Tab. 6).

Eine der wichtigsten Entscheidungshilfen im Management ist die Break-Even-Regel. Sie erlaubt die Berechnung der Kriterien, unter denen ein Unternehmen oder ein Projekt von der Verlustzone in die Gewinnzone übergeht. Vom Break-Even-Point an beginnt eine Investition sich auszuzahlen (Abb. 5).

Dieses Diagramm liefert die Kriterien für die Entscheidungspunkte bei Geräteinvestitionen. Das Beispiel belegt echte Anwendbarkeit bei Einzelentscheidungen im Laboratorium. Es wird später näher hierauf eingegangen.

KRITERIEN FÜR DIE GERÄTEAUSWAHL

Das Angebot der Industrie für Laborgeräte ist vielfältig. Die Prospekte der Firmen versprechen viel, und leider gibt es noch keine DIN-Normen für die Bemessung der Leistungskriterien, wie z.B. Probendurchsatz und Kosten. Die wirkliche Leistungsfähigkeit eines Analysengerätes kann nur der erfahrene Laborleiter beurteilen. Die Geräteindustrie ist heute großzügig mit Probeaufstellungen, die im Zweifelsfall zusätzliche Informationen liefern können. Bei der Anschaffung eines Gerätes ist die Effizienz das entscheidende Kriterium.

Die Effizienzsteigerung eines Labors - u.U. durch Geräteanschaffung - kann nach den betriebswirtschaftlichen Methoden des Projektmanagements geplant werden. Die Detailzusammenhänge sind in den Tabellen 5 und 6 sowie 7 und 8 dargestellt.

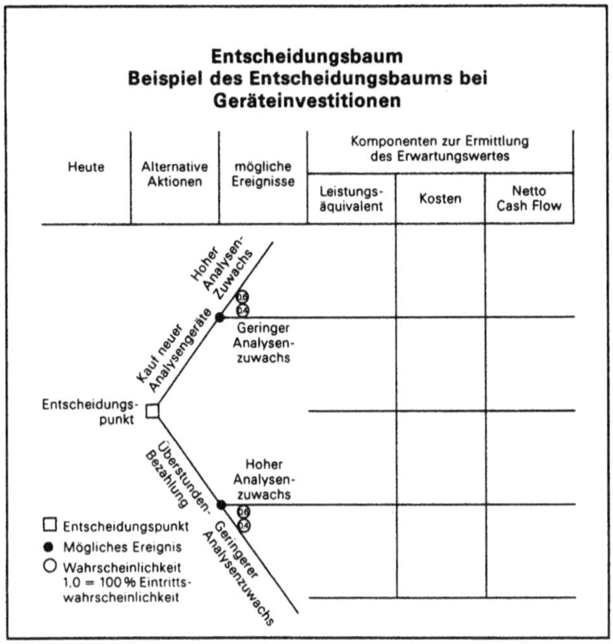
Entscheidungsbaum
Beispiel des Entscheidungsbaums bei Geräteinvestitionen
Heute
Alternative Aktionen
mögliche Ereignisse
Komponenten zur Ermittlung des Erwartungswertes
Leistungs-äquivalent
Kosten
Netto Cash Flow
Kauf neuer Analysengeräte
Hoher Analysen-Zuwachs
Geringer Analysen-zuwachs
Entscheidungs-punkt
Überstunden-Bezahlung
Hoher Analysen-zuwachs
Geringerer Analysenzuwachs
Entscheidungspunkt
Mögliches Ereignis
Wahrscheinlichkeit 1,0 = 100 % Eintritts-wahrscheinlichkeit

Abb. 4:

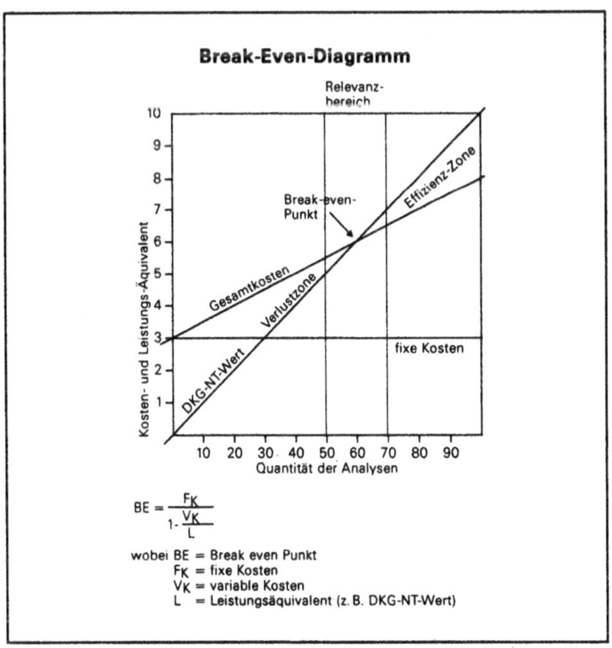
Break-Even-Diagramm
Relevanz-bereich
Break-even-Punkt
Effizienz-Zone
Gesamtkosten
Verlustzone
fixe Kosten
DKG-NT-Wert
Kosten- und Leistungs-Äquivalent
Quantität der Analysen
$BE = \frac{F_K}{1 - \frac{V_K}{L}}$
wobei BE = Break even Punkt
F_K = fixe Kosten
V_K = variable Kosten
L = Leistungsäquivalent (z. B. DKG-NT-Wert)

Abb. 5:

Funktionelle Einordnung in die apparative Gesamtplanung
Tägliche analytische Verfahren
Arbeitsbedingungen des Gerätes Durchsatzrate - Probenmenge - Reagenzienverbrauch
Verfügbarkeit Gewährleistung von Service Modilarität im Geräteaufbau Verhältnis Mechanik : Elektronik
Probenidentifikation
Normierte EDV-Schnittstelle
Preis und Folgekosten

Tab. 5: Kriterien für Gerätebeschaffung

Arbeitsweise	nichtselektiv sequentiell	selektiv sequentiell	nichtselektiv parallel	selektiv parallel - offenes System	selektiv parallel - geschlossenes System
Anzahl der Verfahren					
Probendurchsatz					
Verfügbarkeit					
Kosten					

Tab. 6: Kriterien für die Beurteilung eines Analysengerätes für die klinisch-chemische Routineanalytik

Vorgehensweise nach den Methoden des Projektmanagements
Ist-Aufnahme
Datenerhebung, Basisdaten
Ist-Analyse
Definition der eigenen Organisation/der Gesamtorganisation, Systemstärken/-schwächen Feststellung von Ursachen
Soll-Konzeption
Lösungsvorschläge, z. B. Geräteanschaffung
Realisierung
Systematische (zielgerichtete) Auswahl
Routinebetrieb
Kontrolle
nach K. Heise und H. Walker

Tab. 7:

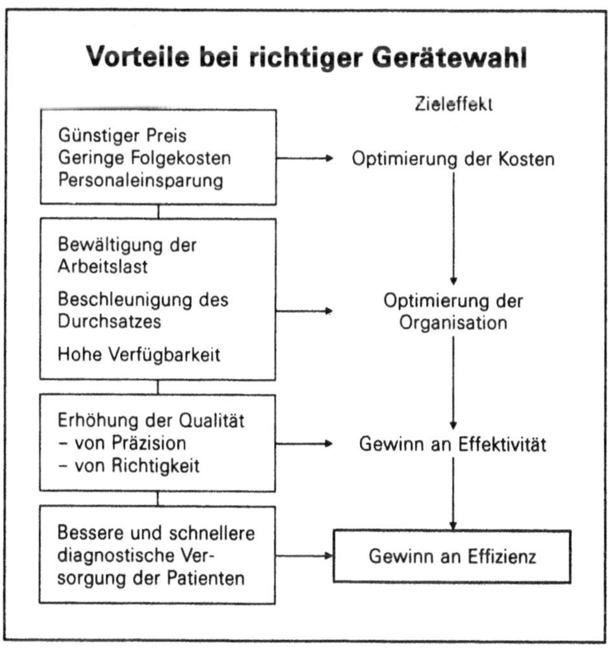
Vorteile bei richtiger Gerätewahl
Zieleffekt
Günstiger Preis
Geringe Folgekosten
Personaleinsparung
Optimierung der Kosten
Bewältigung der Arbeitslast
Beschleunigung des Durchsatzes
Hohe Verfügbarkeit
Optimierung der Organisation
Erhöhung der Qualität
- von Präzision
- von Richtigkeit
Gewinn an Effektivität
Bessere und schnellere diagnostische Versorgung der Patienten
Gewinn an Effizienz

Tab. 8:

Ein selektiv arbeitendes System, welches alle häufig vorkommenden Parameter abdeckt, erzeugt nur 23 % der Kosten, die ein System erzeugen würde, welches die gleichen Tests automatisch als Profil produzieren würde. 77 % der Kosten würden für nicht Benötigtes ausgegeben.

Abb. 6 demonstriert ein typisches Anforderungsprofil eines Laboratoriums. Ein selektiv arbeitendes System, welches alle häufig vorkommenden Parameter abdeckt, erzeugt nur 23 % der Kosten, die ein System erzeugen würde, welches die gleichen Tests automatisch als Profil produzieren würde. 77 % der Kosten würden für nicht Benötigtes ausgegeben. Tab. 9 und 10 geben dafür detaillierte Anleitungen.

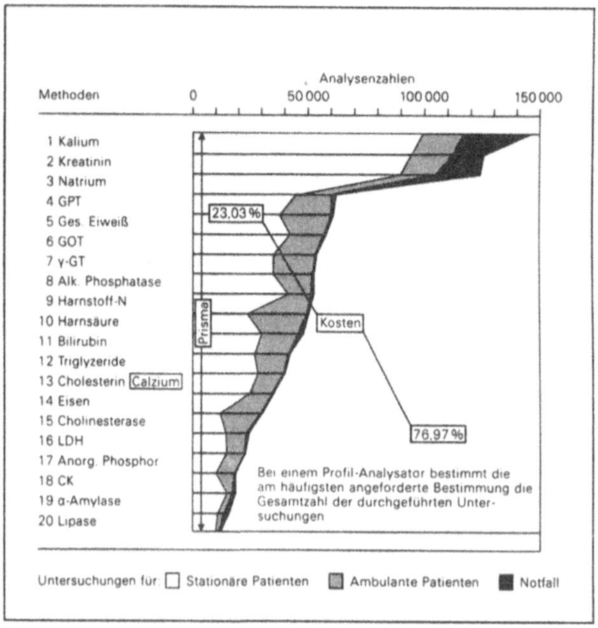

Abb. 6:

Kostenvergleich bei diskriminierter und indiskriminierter Anforderung

	angeforderte Untersuchungen			Reagentienkosten bei		Gesamtkosten bei	
Methode	stationär	ambulant	gesamt	diskriminierter Anforderung	Profilanforderung	diskriminierter Anforderung	Profilanforderung
1. Kalium	120.156	28.651	148.807	1.344.-	1.344.-	14.786.-	14.786.-
2. Kreatinin	102.812	27.032	129.844	19.477.-	22.321.-	34.378.-	38.690.-
3. Natrium	95.302	24.719	120.021	1.344.-	1.344.-	14.786.-	14.786.-
4. GPT	59.017	29.953	88.970	17.235.-	28.273.-	31.419.-	52.082.-
5. Gamma-GT	47.348	28.755	76.103	28.919.-	56.547.-	44.140.-	86.308.-
6. Gesamteiweiß	43.603	29.866	73.469	1.469.-	2.976.-	16.163.-	32.738.-
7. GOT	42.110	26.987	69.097	13.365.-	28.270.-	24.757.-	53.570.-
8. alk. Phosphatase	39.715	26.111	63.826	9.216.-	20.833.-	23.039.-	52.082.-
9. Harnsäure	34.602	25.211	59.813	29.308.-	72.915.-	40.673.-	101.189.-
10. Harnstoff	45.518	11.636	57.154	1.143.-	2.976.-	15.432.-	40.178.-
11. Bilirubin	38.258	18.036	56.294	10.696.-	28.276.-	23.081.-	61.011.-
12. Cholesterin	37.531	17.906	55.437	18.849.-	50.594.-	43.241.-	116.069.-
13. Cholinesterase	31.743	20.536	52.279	12.024.-	34.226.-	23.256.-	66.963.-
Eisen*	23.244	27.231	50.475				
Kalzium*	30.962	12.677	43.639				
14. Triglyceride	24.756	16.402	41.158	40.746.-	147.319.-	55.991.-	202.378.-
15. LDH	14.635	14.898	29.533	7.974.-	40.178.-	16.834.-	84.820.-
16. CK	22.065	3.634	25.699	35.979.-	208.329.-	44.716.-	258.924.-
17. anorg. Phosphor	12.223	9.303	21.526	861.-	5.942.-	2.583.-	17.857.-
Summe 1-17	811.394	359.636	1.171.030	249.950.-	752.673.-	469.545.-	1.294.377.-
Personalkosten						71.965.-	71.965.-
Gesamtkosten						541.510.-	1.366.292.-
Verhältniszahlen:				33.2 %	66.8 %	39.6 %	60.4 %

* Diese Verfahren werden an anderen Geräten abgearbeitet.

Tab. 9:

Laborstatistik

Die mit dem beantragten Gerät durchzuführenden Bestimmungen und deren Anzahl/Jahr

Angeforderte Bestimmungen		**zusätzliche Bestimmungen**	
Glukose	11756		
Gesamt-Eiweiß	3689		
Creatinin	7654		
Harnstoff	1532	Kontrollbest.	8 % = 8100
Harnsäure	4752		
Cholesterin	2161		
Triglyceride	2228		
Bilirubin	7581		
GOT	13570	Kalibration	3 % = 3050
GPT	13400		
AP	11949		
Ck-NAC	2792		
Amylase	707		
Gamma-GT	14911	Wiederholungen	3 % = 3050
LDH	3000		
Gesamt	101682	Gesamt	14200

Gesamtbestimmungsanzahl 1982 = 115 882

Tab. 10:

Das Schema in Abb. 9 gibt ein Modellbeispiel wie die Gesamtkosten der Routineanalytik berechnet werden können. Die Bewertung der Kostenarten eines Analysensystems nach Kaufpreis, Wartungskosten und laufenden Kosten erfordert umfangreiche Fachkenntnis und eine sehr kritische Sichtung der von der Industrie gelieferten Daten. Eine Vielfalt von Kostenfaktoren gehen in die Gesamtkosten ein (Abb. 9).

ELEKTRONISCHE DATENVERARBEITUNG

Von einer gewissen Größe an ist heute ein Krankenhauslaboratorium ohne eine ausreichende, leistungsfähige Elektronische Datenverarbeitung (EDV) nicht in einen funktionell optimalen Organisationszustand zu bringen. Nach den heute vorliegenden Erfahrungen muß dafür eine EDV gewählt werden, die als Subsystem eingesetzt werden kann, welches von einem Verwaltungsrechner die Patienten-Stammdaten erhält und an diesen alle für die Verwaltung relevanten Daten abgibt. Zugleich ist zu fordern, daß die laborinterne Prozeßorganisation autonom durchführbar ist. Es kommt dabei auf die kritische Serienlänge an (Zahl von Analysen in einer Serie, die zur kostengünstigsten Erstellung führt).

Eignungskriterien eines Gerätes sind eine

- ausreichende Zahl von Kanälen zur Erfassung der nach der Verteilung häufigsten Parameter

- ausreichender Probendurchsatz (entsprechende Spitzenbelastung und zur Verfügung stehende Arbeitszeit).

VERGLEICH ZWISCHEN ZWEI GERÄTEN A UND B AUF DER BASIS DES MENGENGERÜSTES

Das Berechnungsmodell (Abb. 10) zeigt, daß die investive Summe nicht ausschlaggebend sein muß für die Gesamtkostenstruktur und daß darüber hinaus unterschiedliche Kostensegmente berücksichtigt werden müssen. Es müssen unterschiedliche Betriebsnebenkosten zur Entscheidungsfindung herangezogen werden.
Das Gerät B ist somit schon nach einer Nutzzeit von 5 Jahren trotz niedriger Investition teurer als das Gerät A.

KOSTENSENKUNG DURCH DISKRIMINIERTE ANFORDERUNG UND SELEKTIV ARBEITENDE GERÄTE

Diese Kosten sind beispielhaft an einem Großsystem ermittelt worden und enthalten Amortisation, Wartung, laufende Kosten (Einmalmaterial, Verschleißteile, Energie, Reagenzien) und Personalkosten. Auch für kleinere Systeme gilt diese Differenz zwischen Selektiv- und Profilanalytik in gleicher Weise und in gleichem Ausmaß.

ENTSCHEIDUNGSHILFEN FÜR DIE WAHL EINES ANALYSENSYSTEMS

Das selektiv arbeitende Mehrkanalsystem kann wesentlich zur Senkung der Laborkosten beitragen, wie das im vorausgegangenen Kapitel belegt worden ist.

Wie trifft man jetzt die Auswahl zwischen den verschiedenen am Markt angebotenen Systemen ?

Hier kann die Break-Even-Analyse zur Entscheidung herangezogen werden. Die Abb. 7 stellt die dafür erforderlichen Kriterien dar. Eine Vielzahl verschiedener Kosten geht in diese Berechnung ein. Die Berechnungsformeln befinden sich in Abb. 8.

Zunächst ist jedoch die Ermittlung eines Laborprofils notwendig, (Beispiel Tab. 10). Dazu können die im Anhang beigefügten Tabellen dienen. Diese Tabellen erlauben die Erhebung der Daten, die zur Errechnung der fixen und variablen Kosten nach den in Abb. 11 dargestellten Formeln dienen. In Tab. 11 wird als Beispiel eine Modellrechnung vorgeführt, wie sie als Entscheidungshilfe herangezogen werden kann. In dieser Berechnung sind zwei am Markt angebotene Systeme bewertet worden. Die Modellrechnung soll insbesondere zeigen, daß die investive Summe nicht ausschlaggebend sein muß für die Gesamtkosten. Die Betriebsnebenkosten (Folgekosten) eines Systems müssen sorgfältig ermittelt werden.

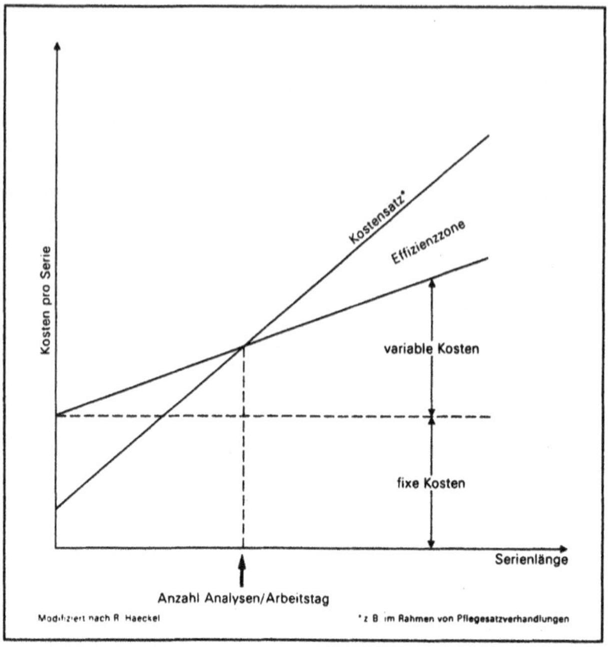

Abb. 7:

Fixe Kosten pro Arbeitstag (K_f):

$$K_f = \frac{L\,(1 + \frac{S}{100} \cdot T_1)}{T_2 \cdot T_3} + \frac{G}{T_4} + E_f + R_f$$

L = Listenpreis des Gerätes
S = Servicekosten pro Jahr in Prozent von L (z. B. 1,5)
T_1 = T_2 minus Garantiezeit in Jahren (meistens $T_2 - 1$)
T_2 = Voraussichtlicher zeitlicher Einsatz des Gerätes in Jahren (z. B. 6 Jahre)
T_3 = Anzahl der Arbeitstage pro Jahr
G = Kosten für Glaswaren
T_4 = Geschätzte Haltbarkeit für die verwendeten Glaswaren in Tagen (z. B. 100 Tage)
E_f = fixe Kosten für Einmalmaterialien pro Serie
R_f = fixe Kosten für Reagentien pro Serie

Variable Kosten pro Analysenserie (K_v):

$$K_v = (E_p + R_p) \cdot n + P \cdot t_n$$

E_p = Einmalmaterial pro Probe
R_p = Reagenzienkosten pro Probe
P = Personalkosten pro Minute
t_n = Analysenzeit (Minuten für eine Serie von n Proben)

Gesamtkosten einer Analysenserie:

$$K_t = K_f + K_v$$

nach R. Haeckel

Abb. 8:

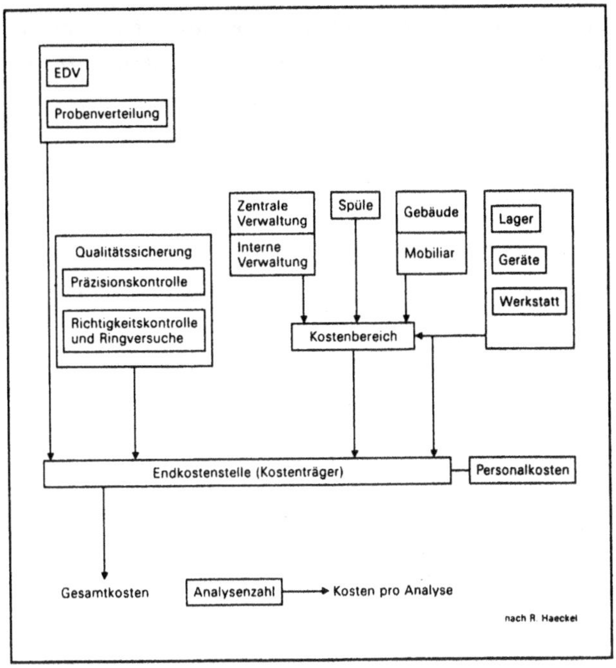
EDV
Probenverteilung
Zentrale Verwaltung
Interne Verwaltung
Spüle
Gebäude
Mobiliar
Lager
Geräte
Werkstatt
Qualitätssicherung
Präzisionskontrolle
Richtigkeitskontrolle und Ringversuche
Kostenbereich
Endkostenstelle (Kostenträger)
Personalkosten
Gesamtkosten
Analysenzahl
Kosten pro Analyse
nach R. Haeckel

Abb. 9:

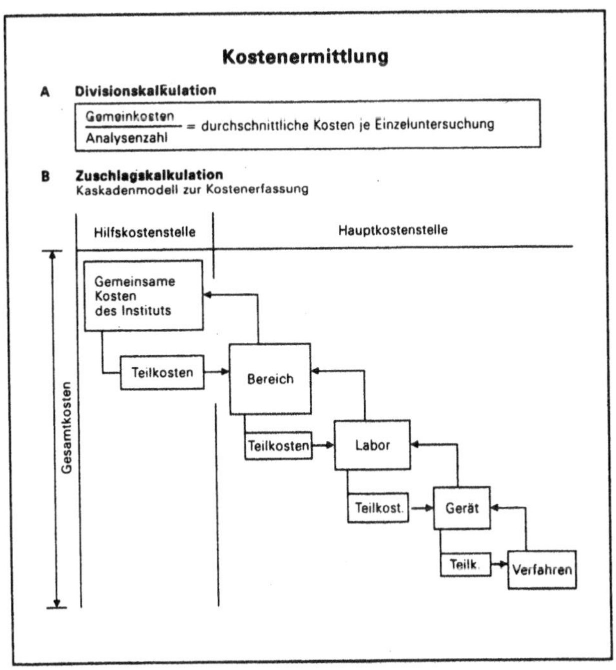
Kostenermittlung
A Divisionskalkulation
Gemeinkosten / Analysenzahl = durchschnittliche Kosten je Einzeluntersuchung
B Zuschlagskalkulation
Kaskadenmodell zur Kostenerfassung
Hilfskostenstelle
Hauptkostenstelle
Gesamtkosten
Gemeinsame Kosten des Instituts
Teilkosten
Bereich
Teilkosten
Labor
Teilkost.
Gerät
Teilk.
Verfahren

Abb. 10:

Abb. 8, 9 und 10 geben somit Anhaltspunkte für die Einordnung der Kostenarten und die Aufstellung der Kostenstellen. Mit diesen Darstellungen sollen einige Anhaltspunkte gegeben werden, nicht nur für die Investitionsentscheidungen, sondern auch im Hinblick auf die Schaffung einer Kostentransparenz im Laboratorium.

KOSTENERMITTLUNG

Die Kenntnis ausschließlich der Gesamtkosten gestattet unter Bezug auf die Analysenzahlen im Rahmen einer Divisionskalkulation nur die Ermittlung der durchschnittlichen Kosten einer Analyse. Sie gestattet lediglich eine Trendanalyse der globalen Kostenentwicklung ohne Möglichkeit der Erkennung kostenbedingender Faktoren (Abb. 10/Teil A).

Eine detaillierte Kostenrechnung gestattet die Zuordnung zu speziellen Kostenträgern (= spezifische Kostenverursacher) wie im Kaskadenmodell für die Zuschlagskalkulation dargestellt (Abb. 10/Teil B).

Abb. 11 gibt eine Übersicht über die Grundelemente einer detaillierten Kostenrechnung, Abb. 12 das Arbeitsvorgehen ohne elektronische Datenverarbeitung.

Die Laboratoriumsorganisation manueller Buchführung dürfte heute nur noch in kleinen Krankenhäusern existieren. Dieser "Tante-Emma-Laden" ist arbeitsaufwendig. Die Daten verschwinden in Zettelkästen.

Leider ist heute noch vielfach die Meinung verbreitet, daß es genüge, wenn eine Labor-EDV nur die reine Verarbeitung der Labordaten durchführt. Damit würde man lediglich die im schraffierten Bereich der Abb. 13 dargestellten Funktionen erfassen. Nur, wenn die EDV die gesamten Funktionen abdeckt, sind entscheidende Wirkungen für die Optimierung der wirtschaftlichen Effizienz zu erwarten.

Die nur auf die Verarbeitung der Labordaten begrenzte EDV (schraffierter Bereich) stellt keine Problemlösung im Hinblick auf eine Optimierung der Labororganisation dar.

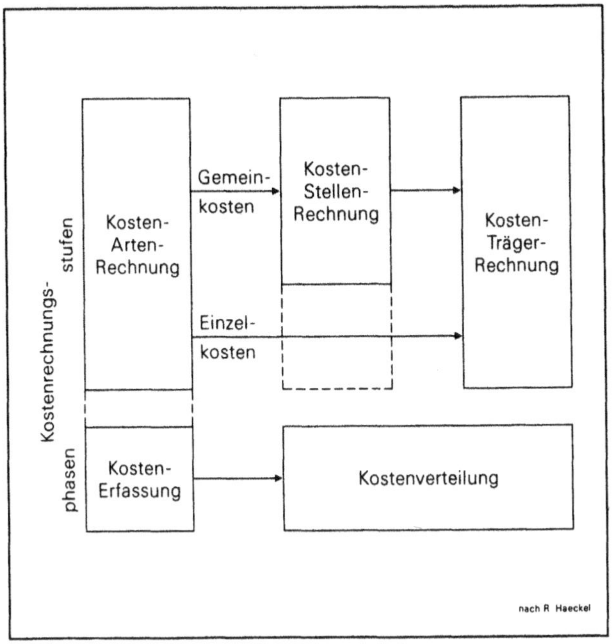

Abb. 11:

Vergleichende Kostenanalyse

Geräte	A DM 202435 --	B DM 149500,--
Bestimmungen/Jahr	115882	115882
Serumleerwertbestimmungen	-	14055
Gesamtzahl/Jahr	115882	129937
Reagenzkosten/Jahr	DM 15698,--	ca. DM 13500,--
Kontrollseren/Jahr	DM 2340,--	DM 2340,--
Standards	DM 295,--	ca. DM 100,--
Küvettenrotoren/Jahr	DM 298,-- (vom Hersteller empfohlener Küvettenwechsel berücksichtigt)	DM 15592,-- (DM 0,12/Analyse)
Spez. Verbrauchsmaterial/Jahr		DM 7796,-- (DM 0,06/Analyse)
E-Wasser-Kosten/Jahr	DM 400,-- (4 Ionenaustauscherwechsel à DM 90,-- + Wasser DM 40,--)	-
Verschleißteile/Jahr	ca. DM 2000,--	ca. DM 2000,--
Abschreibung (8 Jahre)	DM 25304,--	DM 18688,--
Gesamtkosten/Jahr	DM 46335,--	DM 60016,--

Tab. 11:

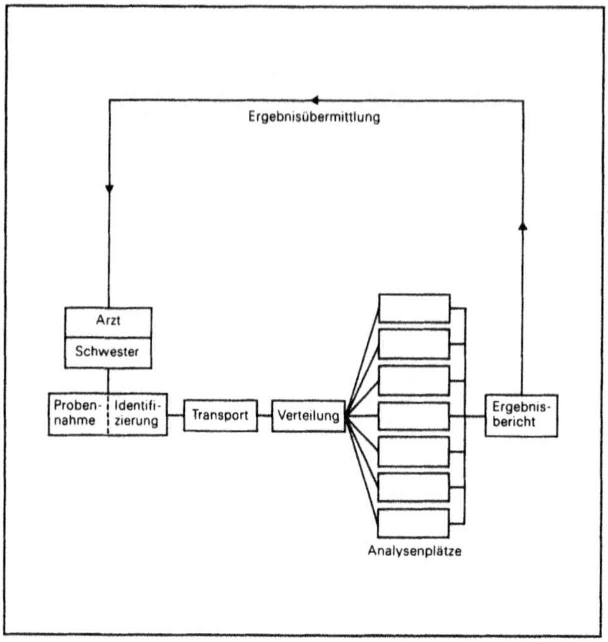
Ergebnisübermittlung
Arzt
Schwester
Proben-
nahme
Identifi-
zierung
Transport
Verteilung
Ergebnis-
bericht
Analysenplätze

Abb. 12:

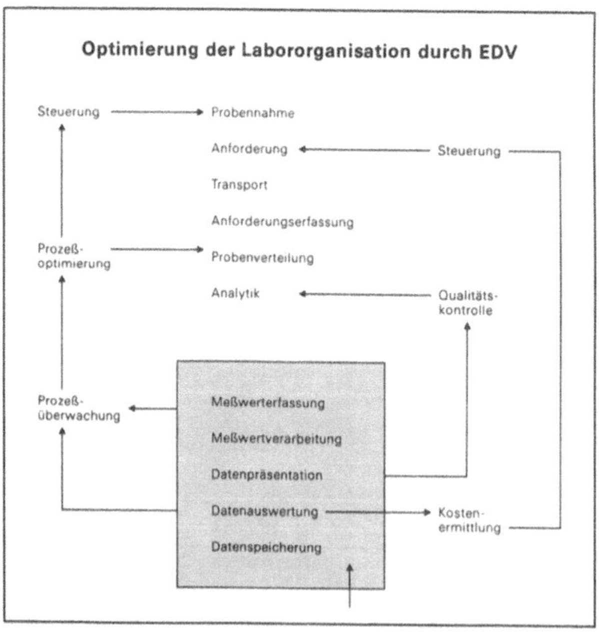
Optimierung der Labororganisation durch EDV
Steuerung
Probennahme
Anforderung
Steuerung
Transport
Anforderungserfassung
Prozeß-
optimierung
Probenverteilung
Analytik
Qualitäts-
kontrolle
Prozeß-
überwachung
Meßwerterfassung
Meßwertverarbeitung
Datenpräsentation
Datenauswertung
Kosten-
ermittlung
Datenspeicherung

Abb. 13:

Das Optimum in Hinsicht auf das wünschenswerte Datenmanagement stellt die Abb. 14 dar. Mit diesem Modell kann die gesamte komplexe Situation eines größeren Labors erfaßt werden.

Die Entscheidungshilfe durch EDV ermöglicht die Übermittlung von statistischen Erfahrungswerten an den Arzt durch Validierung (Verlaufskontrollen, Delta-Check), Rückgriffsmöglichkeiten auf gespeicherte Daten und biomathematische Statistik. Alle Daten werden für die Klinik und Verwaltung verfügbar.

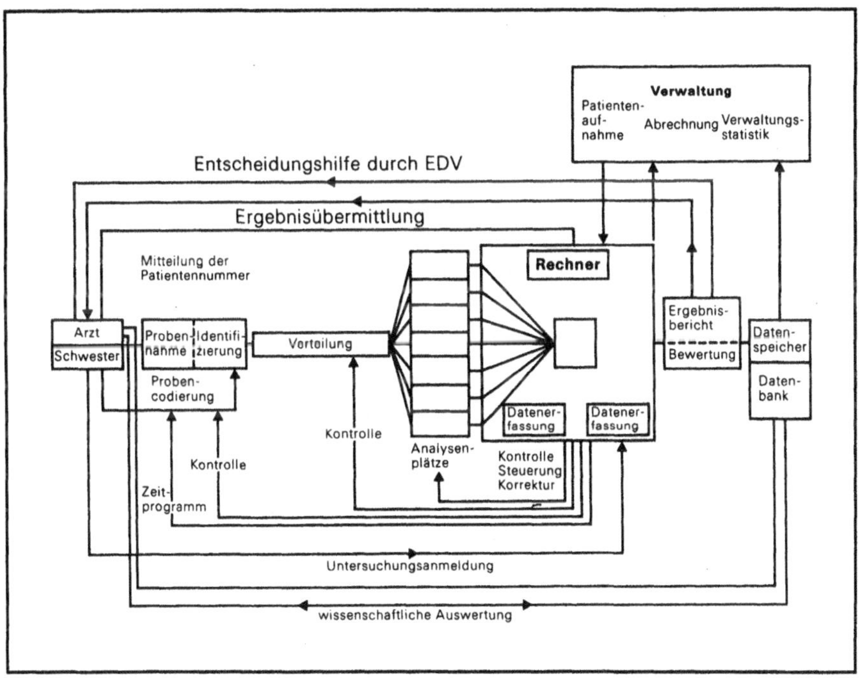

Abb. 14:

DIE AKTIONEN DES GESETZGEBERS

Das Krankenhausgesetz vom 29.06.1972 hat als wesentliches Steuerungselement den § 6 für die Bedarfsplanung und die §§ 9 und 10 für die Wiederbeschaffung mittelfristiger Anlagegüter, des Ergänzungsbedarfs und die Wiederbeschaffung kurzfristiger Anlagegüter enthalten. Diese Gesetzgebung hat ohne Zweifel volkswirtschaftliche Fehlsteuerung verursacht. Das geht auch aus dem Bericht der Bundesregierung, drei Jahre nach Inkrafttreten des Gesetzes hervor. Schließlich ist das Krankenhauskostendämpfungsgesetz vom 22.12.1981 unter dem Druck der stetig steigenden Kosten entstanden. Wie in Abb. 1 gezeigt, ist bis heute der Kostenanstieg im öffentlichen Gesundheitswesen und damit besonders auch im Sektor Krankenhaus unaufhörlich und läßt keine "Bremsspuren" erkennen.

Die Abbildung 15 zeigt augenfällig, daß die Finanzierung unerläßlicher Investitionen im Krankenhausbedarf aufgrund der Situation der öffentlichen Haushalte unzureichend ist. Bei den als unabwendbarer Bedarf anerkannten Investitionen besteht ein Antragsstau von z.Z. 15 Mio DM!

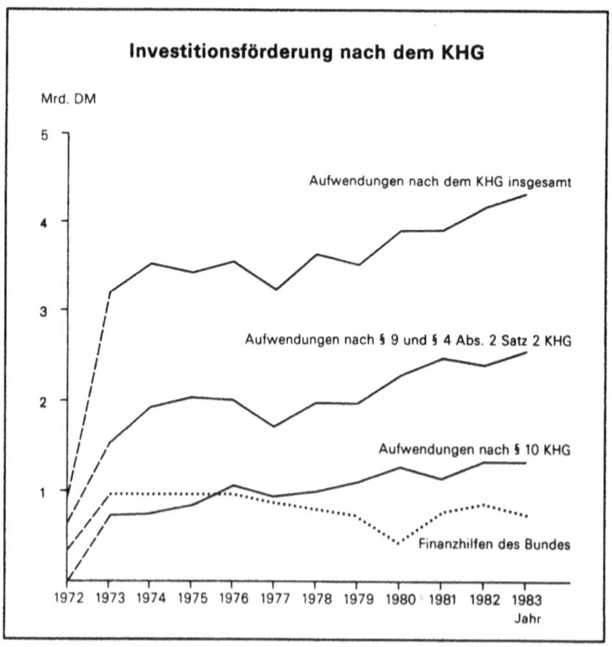

Abb. 15:

Die Förderungspauschalen nach § 10 KHG sind zweifellos zu niedrig festgelegt, um die notwendigen Ergänzungen unter dem Zwang des technischen Fortschrittes vornehmen zu können.

Eine Neuordnung der Finanzierung des Krankenhauswesens ist daher unerläßlich und von der Bundesregierung vorgesehen. Die Beendigung der bisherigen Mischfinanzierung zum Jahresende 1984 ist bereits eingeleitet. Es steht jedoch bis heute noch nicht fest, wie die Ablösung des bisherigen Systems erfolgen soll. Dazu gibt es vielfache, aber bis jetzt noch nicht konkretisierte Überlegungen. Die Förderungsmittel nach dem Krankenhausgesetz vom 29.06.1972 für Wiederbeschaffung (bzw. Ergänzungsbedarf) bei mittel- und kurzfristigen Anlagegütern sind zweifellos zu niedrig festgelegt. Die tatsächlichen Aufwendungen der öffentlichen Hand gehen um 15 Mrd über den Ansatz hinaus.

In ihrer 51. Sitzung am 17. und 18.11.1983 haben sich auf einer Sitzung in München die für das Gesundheitswesen zuständigen Minister und Senatoren dazu geäußert; die Fachvereinigung der Verwaltungsleiter deutscher Krankenanstalten hat am 26.04.1983 in Bad Kissingen ein Thesenpapier mit Vorschlägen verabschiedet und schließlich hat eine vom Bundesministerium für Arbeit und Sozialordnung gebildete Beratergruppe im Dezember 1983 ein umfangreiches Gutachten zur Neuordnung der Krankenhausfinanzierung erstattet.

Wenn man dieses Gutachten durcharbeitet, so erkennt man sehr rasch, wie stark die Einflüsse verschiedener Interessengruppen sind, die eine durchgängige Organisationslösung für eine effiziente Handhabung behindern.

Aus den insgesamt 12 Vorschlägen seien hier nur einige Beispiele:

1. das monistische Modell
2. das monistische Modell mit autonomer Selbstverwaltung
3. das dualistische Modell
4. das dualistische Modell mit orientierter Planung des Staates, bei begleitender und ausfüllender Planung der Selbstverwaltung
5. das große EEV-Modell mit Fonds

Diese Vorschläge sind das Ergebnis der von insgesamt 20 Institutionen und Verbänden eingebrachten Vorschläge und Forderungen.

In diesen Modellen sind neue Elemente enthalten, so die von WEBER und HOFFMANN erarbeitete Gebührenordnung für Krankenhäuser mit bundesweiter Bewertung nach Punkten und landesweit mit DM-Quoten, mit einer Wirkung auf die Absenkung des Basispflegesatzes, weiter die Entgelte für die Erfüllung von Versorgungsaufträgen (EEV), die auf Regionalebene unter Beachtung landesweiter Vorgaben durch die Selbstverwaltung festgesetzt werden.

Gerade für die zuletzt genannte, vielfach favorisierte Lösung eines großen EEV-Modells mit Fonds müßte, um sie erfolgreich durchzusetzen, eine Zuweisung von EEV-Mitteln in Höhe von z.Zt. mehr als 4,3 Mrd. DM durch anteilige Aufbringung - auch der Kassen - sichergestellt werden. Ausgesprochen nachteilig wäre allerdings die Abhängigkeit von den starken direktivistischen Einflüssen einer zusätzlich zu schaffenden Steuerungsstelle in Form einer Körperschaft des öffentlichen Rechts.

Entscheidend wird auf jeden Fall sein, ob eine Neuregelung Möglichkeiten und Anreize für eine wirtschaftliche Betriebsführung schaffen kann, z.B. ob auch Gewinne grundsätzlich den Krankenhäusern verbleiben können. Hier gibt es einen weiten denkbaren und anwendbaren Spielraum bis zur Anhäufung anteiliger Abschreibungen auf ein zweckbestimmtes Konto mit Verzinsung, ein differenziertes Entgelt für die Krankenhausbehandlung, Risikozuschläge zum Pflegesatz, Kostenfestpreise u.ä. mehr.

Im monistischen Modell Abb. 16 liegt die Aufbringung der Mittel wie die Finanzierung in einer Hand. Die Kassen bringen die Mittel auf und leiten sie weiter an die Krankenhäuser. Grundsätzlich wird hier davon ausgegangen, daß es sich um Entgelte für erbrachte Leistungen handelt, nicht um Kostenerstattung. Zuschüsse von Bund und Ländern gibt es nicht. Die Finanzierung über Entgelte würde den Krankenhäusern Gewinnchancen geben und Anreize zu wirtschaftlicher Betriebsführung schaffen.

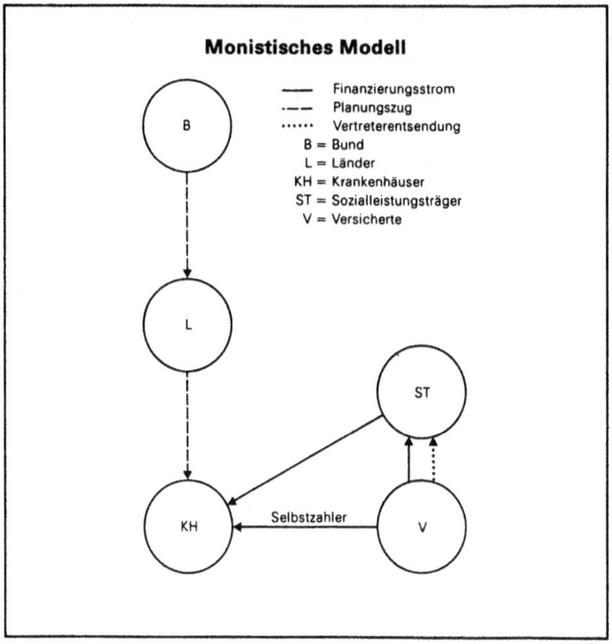
Monistisches Modell
Finanzierungsstrom
Planungszug
Vertreterentsendung
B = Bund
L = Länder
KH = Krankenhäuser
ST = Sozialleistungsträger
V = Versicherte
B
L
ST
KH
Selbstzahler
V

Abb. 16:

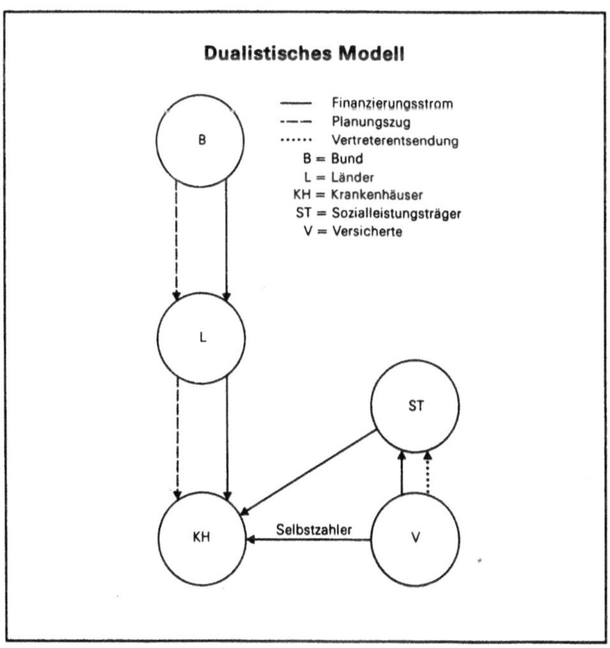
Dualistisches Modell
Finanzierungsstrom
Planungszug
Vertreterentsendung
B = Bund
L = Länder
KH = Krankenhäuser
ST = Sozialleistungsträger
V = Versicherte
B
L
ST
KH
Selbstzahler
V

Abb. 17:

Im dualistischen Modell (Abb. 17) fließen zwei getrennte Finanzierungsströme: die staatlichen Zuschüsse und die Zahlungen der Sozialleistungsträger. Notwendig ist, daß die öffentlichen Zuschüsse möglichst wenig in die Krankenhausautonomie eingreifen und daß sie u.a. nicht abhängig gemacht werden von der öffentlichen Haushaltslage. Wichtig ist, daß die Zuschüsse Bestandteil des "Entgelts für erbrachte Leistungen" sind. Der Vorteil dieses Modells ist, daß die Finanzierungsströme den Planungsströmen parallel fließen. Das Modell korrespondiert mit Abb. 16.

Es erfolgt eine Bedarfsplanung auf drei Ebenen durch die Selbstverwaltung. Der Basispflegesatz wird auf Regionalebene aufgestellt und bewertet, die Gebührenordnung für Krankenhäuser (GOK) auf Bundesebene, die EEV nach landesweiten Vorgaben durch die Selbstverwaltung festgesetzt. Die EEV können durch die Selbstverwaltung die Kassen vor Ort an die Planungsergebnisse binden. Die Sozialleistungsträger können auch im Wege einer Fondlösung Finanzmittel zur Verfügung stellen. Der Fonds könnte gleichzeitig auch als Kapitalsammelstelle fungieren, zum Ausgleich unterschiedlicher Altersstrukturen der Krankenhäuser. Die Fondlösung bringt zusätzliche Verwaltungskosten.

Die Bedarfsplanung erfolgt durch Bund und Länder. Die Selbstverwaltung wirkt mit bei der Planaufstellung. Es korrespondiert mit Abb. 17. Die Aufstellung der Preisbausteine: Basispflegesatz durch die Regionalausschüsse, GOK aufgestellt auf Bundesebene, bewertet auf Landesebene, EEV festgesetzt und zugeteilt durch das Land nach den Vorgaben der Selbstverwaltung. Die Länder müssen die Konsequenzen ihrer Planung nicht tragen, können jedoch über die Mittel der Krankenkassen verfügen. Dies erscheint aus politischen Gründen nicht wünschenswert.

Die "große Fondlösung" eignet sich gut zur Kombination mit Abb. 16. Der Staat kann seine Planungskosten unter Vorbehalten auf die Selbstverwaltung übertragen. Ein niedriger Basispflegesatz und GOK können als Leistungs- und Wettbewerbselement gesehen werden, während die EEV-Mittel die Sicherstellung der Versorgung gewährleisten. Ein umfangreiches EEV-Volumen bekommt Sockelfinanzierungsfunktion. Nähere Einzelheiten zu den Abb. 16-20 sowie zu den anderen hier nicht erwähnten Modellen sind dem Gutachten zur Neuordnung der Krankenhausfinanzierung zu entnehmen, veröffentlicht durch den Bundesminister für Arbeit und Sozialordnung.

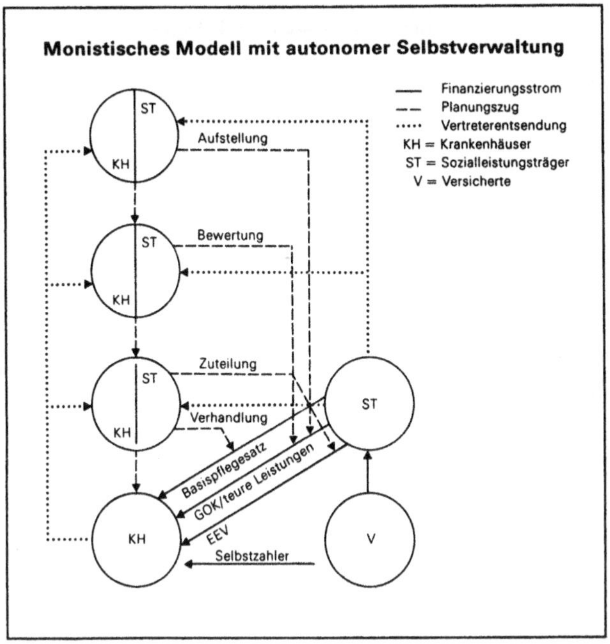
Monistisches Modell mit autonomer Selbstverwaltung
Finanzierungsstrom
Planungszug
Vertreterentsendung
KH = Krankenhäuser
ST = Sozialleistungsträger
V = Versicherte
ST
KH
Aufstellung
Bewertung
Zuteilung
Verhandlung
Basispflegesatz
GOK/teure Leistungen
EEV
Selbstzahler
V

Abb. 18:

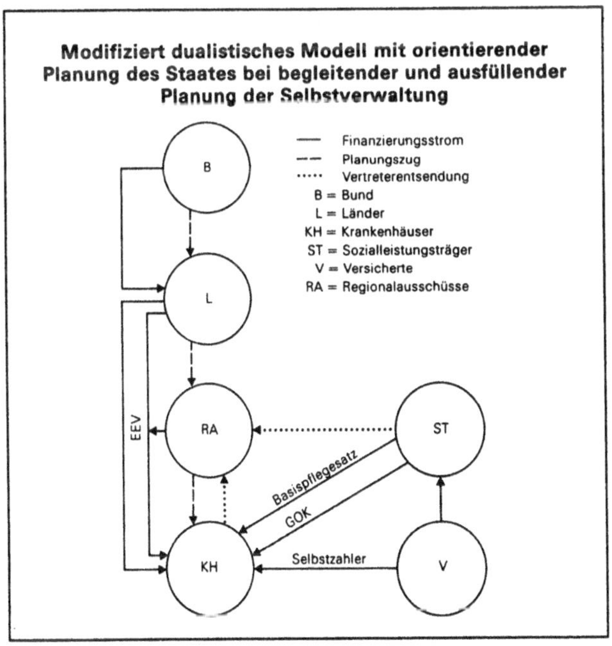
Modifiziert dualistisches Modell mit orientierender Planung des Staates bei begleitender und ausfüllender Planung der Selbstverwaltung
Finanzierungsstrom
Planungszug
Vertreterentsendung
B = Bund
L = Länder
KH = Krankenhäuser
ST = Sozialleistungsträger
V = Versicherte
RA = Regionalausschüsse
B
L
RA
ST
KH
V
EEV
Basispflegesatz
GOK
Selbstzahler

Abb. 19:

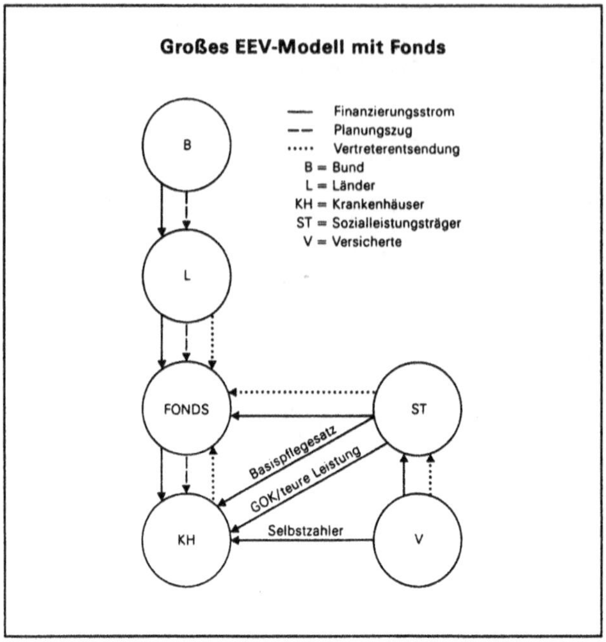

Abb. 20:

Zum jetzigen Zeitpunkt erscheinen die Bemühungen der Bundesregierung um eine gesetzliche Regelung der Kostendämpfung zunächst gescheitert.

Im Rahmen eines Koalitionskompromisses sind verschiedene, zunächst von der Bundesregierung vertretene Positionen aufgegeben worden. Mehrere Landesregierungen haben in eigenen Lösungsvorschlägen auf ihrer alleinigen grundsätzlichen Entscheidungsgewalt in der Krankenhausbedarfsplanung und in der Gestaltung von Investitionsprogrammen bestanden. Auch eine Einigung zwischen Bund und verschiedenen Ländern über die Schaffung einer neutralen Schiedstelle ist nicht erreicht worden. Ebenso besteht z.Zt. keine Übereinstimmung, ob bei der Ausgestaltung des Grundsatzes der Selbstkostendeckung von einer Vergütung durch leistungsbezogene Entgelte oder vorauskalkulierte Selbstkosten auszugehen ist.

Auch der Versuch, zwischen den divergenten Positionen des Bundesarbeitsministers, der Länder und der Krankenkassen im November 1984 in der konzertierten Aktion des Gesundheitswesens eine Einigung zu finden, ist gescheitert.

Damit sind auch zu diesem Zeitpunkt noch keine verbindlichen gesetzgeberischen Maßnahmen zur Kostendämpfung im Krankenhaus verfügbar.

ZUSAMMENARBEIT LABORATORIUM - KLINIK

Die RVO sagt in § 182, daß die ärztliche Versorgung unter dem Kriterium zu erfolgen hat, daß "die zur Heilung oder Linderung notwendigen Maßnahmen nach den Regeln der ärztlichen Kunst zweckmäßig und ausreichend" sein sollen.

Das Laboratorium als "Serviceabteilung" der Klinik kann seine Effizienz nicht optimieren ohne Mitarbeit der Klinik. Daß diese Situation weltweit gilt, charakterisiert ein Zitat aus einer USA-Publikation, die an den Schluß der Ausführungen gestellt werden soll.

> Beyond normality:
> The predictive value and efficiency of medical diagnosis
>
> However in the use of laboratory tests the physician does not sense any limitation. He considers the laboratory - like air, water, and telephones - to be an infinite resource. A simple, effortless, painless stroke of the pen is all that is required to command its use. It is not the physician's time that is used. It is not the physician's money that is consumed. It is not the physician's assistants who do the work.
>
> aus: Robert S. Galen, M.D., M.P.H. S. Raymond Gambino, M.D.

Zitate wie diese lassen erkennen, daß auch in anderen Ländern oft wenig kostenbewußt verfahren wird und daß Laboratorien zunächst nur passiv reagieren können.

Auch der Kliniker muß die heutigen Forderungen nach Kosteneffizienz des Laboratoriums akzeptieren. Unter den heute gesicherten Kriterien des Prävalenzbegriffes sowie der Kenntnisse über Sensitivität und Spezifität von Untersuchungsverfahren ist eine Effizienzsteigerung in der Diagnostik bei gleichzeitiger Kostenbegrenzung nur durch eine gezielte ärztlich kritisch begründete, diskriminierte diagnostische und therapieunterstützende Strategie möglich.

KOSTENDARSTELLUNG

Bezeichnung	EINHEIT	WERTANSATZ	BEMERKUNGEN
I. Geräte(e):	Stück	....	
Abschreibung: (Zeitraum?)	Jahr	....	
Bestimmungen/Jahr:	Anzahl	....	
II. Kosten/Jahr für:			
- Reagenzien	DM	....	
- Qualitätskontrolle	DM	....	
- Eichungen	DM	....	
- Einmalmaterial	DM	....	
- Energie (Wasser/Strom)	DM	....	
- Service	DM	....	
- Personalkosten	DM	....	
Gesamtsumme von II	DM	....	

SUMME DER DURCHGEFÜHRTEN ANALYSEN

Parameter	Jahr	gewichtetes Analysenaufkommen pro Tag	
		starker Tag	schwacher Tag
GLU			
CHOL			
TRIG			
CREA			
HAST			
HAR			
BILI			
G. EIWEISS			
GOT			
GPT			
GGT			
ALP.			
LDH			
CK/CK-MB			
HBDH			
LAP			
GLDH			
CHE			
S.PH			
LIPASE			
EISEN			
KUPFER			
NATRIUM			
KALIUM			
CALCIUM			

S U M M E   D E R   D U R C H G E F Ü H R T E N   A N A L Y S E N

Parameter	Jahr	gewichtetes Analysenaufkommen pro Tag	
		starker Tag	schwacher Tag
Gesamt-summe			

TÄGLICHER ANALYSENANFALL PRO ARBEITSPLATZ

PARAMETER	UNTERSUCHUNGSZAHLEN			
z.B. Bilirubin	z.B. 85 A	z.B. 85 LW	z.B. 2 St	z.B. 8 K
	.....A	.....LW	.....St	.....K
	.....A	.....LW	.....St	.....K
	.....A	.....LW	.....St	.....K
	.....A	.....LW	.....St	.....K
	.....A	.....LW	.....St	.....K
	.....A	.....LW	.....St	.....K
	.....A	.....LW	.....St	.....K
	.....A	.....LW	.....St	.....K
	.....A	.....LW	.....St	.....K
	.....A	.....LW	.....St	.....K
	.....A	.....LW	.....St	.....K

Legende: A = Analyse; LW = Leerwert; St = Standard; K = Kontrollen

TÄGLICHER ANALYSENANFALL PRO ARBEITSPLATZ

PARAMETER	UNTERSUCHUNGSZAHLEN			
z.B. Bilirubin	z.B. 85 A	z.B. 85 LW	z.B. 2 St	z.B. 8 K
	.....A	.....LW	.....St	.....K
	.....A	.....LW	.....St	.....K
	.....A	.....LW	.....St	.....K
	.....A	.....LW	.....St	.....K
	.....A	.....LW	.....St	.....K
	.....A	.....LW	.....St	.....K
	.....A	.....LW	.....St	.....K
	.....A	.....LW	.....St	.....K
	.....A	.....LW	.....St	.....K
Geräteausstattung des Arbeitsplatzes, mit Angaben des Installationsjahres:				
- Zeitbedarf (h): - Personalbedarf (Anzahl): - Zeitzuschlag für Probenverteilung (h):				

Legende: A = Analyse; LW = Leerwert; St = Standard; K = Kontrollen

VII Anhang

S. HELLER UND K.-G. v. BOROVICZÉNY (BERLIN)

RINGSTUDIEN ZUR METHODEN-, GERÄTE- UND REAGENZIENEVALUATION SEIT 1982

1. Einleitung

10 bis 20 Laborchefs der Krankenhaus- und Institutlaboratorien in Berlin (West) treffen sich seit Jahren, nahezu jeden Monat regelmäßig. Dadurch ist ein gutes Vertrauensverhältnis entstanden. Seit 1981 werden jährlich mehrmals auch INSTAND-Treffs in Berlin (West) veranstaltet, wobei über aktuelle Fragen diskutiert, und/oder Fortbildungsvorträge gehalten werden. Bereits bei einer der ersten dieser Veranstaltungen ist vorgeschlagen worden, verschiedene Probleme, so z.B. die Frage der Übereinstimmung der Routine- und der Notfall-Labor-Ergebnisse experimentell zu bearbeiten. Aufgrund dieses Wunsches haben sich die beiden Autoren dieses Beitrages bereit erklärt, Ringstudien zu veranstalten (s. Tab. 1).

Nr.	Datum	Benennung	Anzahl der Teilnehmenden Laboratorien	Anzahl der Teilnehmenden Arbeitsplätze bzw. Geräte
1	Febr.1982	Notfall-Labor-Ringstudie	19	37
2	Sommer 1982	Dauerlauf-Ringstudie	15	32
3	Okt.1982	Matrixeffekt-Ringstudie	19	42
4	Dez.1982	Kreatinin-Matrixeffekt-Ringstudie	27	54
5a	1983	Photometer-Ringstudie I. Spektral-, Spektrallinien- und Filterphotometer* (nichtmechanisiert und mechanisiert)	35	161
5b	1984/1985	II. Photometer in den Technicon-Straßen	6	8
5c	geplant 1985	III. Hämoglobinometer (auch in Zellzählgeräten)		
5d	geplant 1985	IV. Mehrwellenlängenphotometer		

*Anmerkung: Die Ergebnisse des ersten Teiles der Photometer-Ringstudie werden von R.Nink in diesem Band referiert

Tabelle 1 Übersicht der Ringstudien zur Methoden-, Geräte- und Reagenzienevaluation

Man unterscheidet zwei Arten von Ringversuchen (surveys): Ringprüfungen (external proficiency assessments) und Ringstudien (interlaboratory tests). Unter Ringprüfungen werden im allgemeinen Ringversuche verstanden. Es werden Zielwerte ermittelt, Zielbereiche festgelegt, und bei den Teilnehmern wird geprüft, ob sie den Anforderungen entsprechen. Es ist bekannt, daß einige Teilnehmer die Ringversuchsproben genau so behandeln wie Patientenproben (Einfachbestimmung in der Serie), andere aber Mehrfachbestimmungen z.T. unter Vergleichsbedingungen durchführen, um möglichst sicher das Zertifikat zu erlangen. Dies bedeutet, daß die Versuchsbedingungen bei den Teilnehmern der Ringprüfungen ungleich sind. Ringstudien werden nach vorgegebenen Versuchsvorschriften durchgeführt, um Fragen im Zusammenhang mit Methoden, Geräten, Reagenzien und/oder Proben usw. experimentell zu prüfen. Die Teilnehmer verpflichten sich, den vorgegebenen und abgesprochenen Prüfplan exakt einzuhalten. Nach Abschluß jeder Ringstudie werden die Ergebnisse, jedoch ohne Wertung, mitgeteilt.

Im folgenden werden Ringstudien beschrieben, die in Berlin seit 1982 durchgeführt worden sind. Die erste und fünfte dienen der Geräteevaluation, sind aber z.T. auch anderweitig ausgewertet worden. Die zweite, in besonderem Maße aber die dritte und vierte Ringstudie haben die Methodenevaluation mit Betonung der Untersuchung des Matrixeffektes zum Ziel gehabt.

Der Gedanke zur ersten der seit 1982 regelmäßig veranstalteten Berliner Ringstudie ist Ende 1981 aufgekommen, als über Qualitätssicherungsmaßnahmen in den Krankenhaus-Notfall-Laboratorien im allgemeinen und über die Qualitätssicherung bei den ACA-Geräten insbesondere diskutiert worden ist. Die Fragestellungen zu den weiteren Ringstudien sind jeweils bei den nachfolgenden Diskussionen der Ergebnisse entstanden. 1983 und 1984 sind Photometer-Ringstudien durchgeführt worden, über die an anderer Stelle berichtet wird. Die beiden Autoren dieses Beitrages fungieren bei den Ringstudien als Versuchsleiter.

Es sei an dieser Stelle allen Teilnehmern der Ringstudien für ihre engagierte Mitarbeit: dem Bundesgesundheitsamt, das die Proben für die zweite und einen Teil der Proben für die dritte Ringstudie bereitstellte, den Firmen Beckman, Behring-Werke und Boehringer Mannheim für die Herstellung der Proben der vierten bzw. teilweise zur Verfügung gestellten Proben der dritten Ringstudie sowie der Firma Du Pont de Nemours, die Gutschriften für alle bei den Ringstudien verbrauchten Analysen-Packs ausgegeben hat, auch Herrn Prof. Hengst, der als Statistiker bei der Planung der ersten Ringstudie beratend teilgenommen hat, sowie dem INSTAND Zentralbüro für die varianzanalytische Auswertung der ersten Ringstudie besonders gedankt.

2. Notfall-Labor-Ringstudie

2.1 Zielsetzung

Es sollte untersucht werden, wie gut die Übereinstimmung zwischen den auf den Routineplätzen gewonnenen Ergebnissen und den Ergebnissen des Notfall-Labors ist. Da bei den meisten Teilnehmern im Notfall-Labor der ACA eingesetzt wird, an dem gleichen Gerät in mehreren Fällen aber auch bestimmte Routineanalysen durchgeführt werden, ist die Zielsetzung dieser Ringstudie auf alle am ACA durchgeführten Analysen und auf die jeweiligen Vergleichsplätze erweitert worden.

2.2 Teilnehmer, Methoden, Geräte und Material

Es haben neunzehn medizinisch-diagnostische Laboratorien mit insgesamt sechsunddreißig Arbeitsplätzen teilgenommen. Bei acht Teilnehmern sind je ein, bei drei je zwei ACA-Geräte, darunter siebenmal ACA II bzw. siebenmal ACA III eingesetzt worden. Es sind alle siebenundzwanzig Analyte zugelassen worden, die in Berlin an einem oder mehreren ACA analysiert werden. Es sollten Doppelbestimmungen an fünf Tagen durchgeführt werden. Als Probenmaterial sind die Reste des im November 1980 durchgeführten INSTAND-Ringversuchs (Ringprüfung) eingesetzt worden, wofür die Ergebnisse der Referenzlaboratorien und der bis zu 550 Teilnehmer sowie die Erfolgsquoten bekannt gewesen sind.
Neben den vierzehn ACA-Geräten sind in den Notfall-Laboratorien auch verschiedene andere Geräte anderer Firmen, auf den Routineplätzen Geräte der Hersteller Abbott, Eppendorf, Gilford, Hitachi, Hofmann-La Roche, Dr. Lange, LKB, Technicon, Zeiss, usw. eingesetzt worden.
Die Teilnehmer haben die Geräteausrüstung, die eingesetzten Methoden sowie die Hersteller der benutzten Reagenzien bekannt gegeben. Vor der Ringstudie sind alle Teilnehmer zu einer ausführlichen Besprechung eingeladen worden.

2.3 Ergebnisse

Die im Februar 1982 durchgeführte Ringstudie ist auf entsprechenden Formularen dokumentiert und in Düsseldorf beim INSTAND-Zentralbüro mit den dort für Zielwertermittlungen und Ringversuche zur Verfügung stehenden Programmen varianzanalytisch ausgewertet worden. Die wichtigsten Ergebnisse finden sich in den Tabellen 2 bis 5.

Tabelle 2 gibt eine Übersicht über alle eingegangenen Ergebnisse. Es sind die Mittelwerte aus den Einzelanalysen eines jeden Arbeitsplatzes, meist zehn, angegeben. Im unteren Tabellenbereich sind neben der Anzahl der teilnehmenden Laboratorien und der Arbeitsplätze auch die Anzahl der durchgeführten Analysen, Mittelwerte und Standardabweichungen angegeben, die sich aus den angegebenen Mittelwerten ergeben.

Kurzzeichen zu den Tabellen 3a und 3b

AB	11	Abbott 100	EP	71	Eppendorf FMC 6341
	15	VP		75	CL 6610
AR	11	American Monitor KDA	GI	11	Gilford 300
BE	14	Beckman Astra		13	3500
	54	Kreatininanalyzer		14	203
	76	ISE	HI	05	Hitachi 705
	92	Glukoseanalyzer-II		12	Hitachi 712
CO	27	Corning FL 450	IL	17	Instr. Laborat. 543
	29	FL 460		19	943
	35	ISE	KN	01	Kone CD
	40	EEL 920	LA	16	Lange LP 6a
	45	EEL 940	LK	02	LKB Enzymstraße
DP	01	Du Pont ACA-II		10	2074
	02	ACA-III		16	860
EP	11	Eppendorf 1101	PE	01	Perkin-Elmer C 4 b
	20	5010		25	AAS-300
	21	5020	PP	40	Philips AAS
	23	5030	RO	01	Roche Cobas Bio
	24	5031	TE	01	Technicon SMAC
	26	ACP 5040		03	SMA 6/60
	27	FL 5050		04	SMA 12/60
	28	AFM 5051		11	AA-II
	29	5080	ZS	21	Zeiss PRP-8
	43	6462		70	Flammenphotometer
	61	PCP 6121			

In Tabellen 3a und b sind Substrate bzw. Enzyme getrennt und auch die vorwiegend benutzten Geräte angegeben worden.

Die Tabellen 3a und 3b enthalten die varianzanalytisch ermittelten Werte für die Wiederholdifferenzen (r) und Vergleichsdifferenzen (R)* bei einer Irrtumswahrscheinlichkeit von 5 % (p = 0,95) in den gleichen Einheiten sowie die Mittelwerte.

*Die Wiederholdifferenz ist die varianzanalytisch geschätzte Abweichung zwischen dem ersten und dem zweiten Wert einer unter Wiederholbedingungen durchgeführten Doppelbestimmung, während die Vergleichsdifferenz die ebenso geschätzte Differenz zwischen Einzelanalysen von Tag zu Tag bedeutet. Eine sehr geringe Wiederholdifferenz weist auf eine starke Rundung der Ergebnisse hin. Die Vergleichsdifferenz beinhaltet auch die Wiederholdifferenz, ihr Wert sollte bis etwa anderthalb Mal so groß wie die Wiederholdifferenz sein; 0 bei der Vergleichsdifferenz bedeutet, daß diese nicht größer als die Wiederholdifferenz ist. (DIN ISO 5725 November 1981).

Tabelle 2

Notfall-Labor-Ringstudie (Febr. 1982) - Mittelwerte der Arbeitsplätze

Nr.Pl.	K	Na	Cl	Ca	P	Mg	Fe	Gluc	Hst	Krea	Hsr	Bili	Prot	Alb	Chol	Tri	GOT	GPT	γGT	LDH	HBDH	CHE	CK	AP	SP	AMY	LIP	
1 9501							20,560		88,900	4,224	4,700				99,8	67,4	32,40	78,9	64,8		167,5	3982,200	82,0	401,4				
9502							21,600										34,10	75,4	50,9		129,7			602,9				
2 9516	3,860	127,00	91,10	2,332				107,69		4,224							25,93	75,4	55,8		177,4		96,3	348,1		35,710		
9517	3,815	126,80		2,513				116,90		4,270								76,2			169,9		83,1			30,529		
3 9506	3,793	125,60	96,20	2,476	1,191		20,600	116,80	82,920	4,225			5,053				27,42	77,9					83,6			27,850		
9507	3.790	126.82	85.80	2.449				107,00	80,800	3,920			4,810				32,49	75,2					74,4			37,750		
4 9526	3,762	123,09	91,50	2,417	1,073	1,299	20,000	141,90	78,040	3,724	5,046	2,090	5,088		103,5	68,2	31,56	75,6	62,4	322,33	174,0	4112,200	95,9	425,4	25,730	323,500		
9527			91,40	2,408	1,198	1,105	19,200	165,90	63,160	4,008	5,037	1,939	5,020	} 3,34	89,4	68,6	30,80	106,9	47,5	207,50	161,3	3170,000	88,6	535,0	1,302		32,700	
5 9511	3,760	125,80		2,244	1,205	1,252	21,937	107,80	84,600	4,260		2,419	5,181				30,78	78,9				3421,292				29,700		
9512	3,907	126,44		2,313				127,00	80,520	4,080		2,202	5,193				24,10	79,4								75,750	160,900	
6 9541	3,870	128,50	93,70	2,420				117,90	86,350	4,383	5,297	2,168			102,8	58,8	30,02	76,2	53,4			3874,700		390,4				
9542	3,860	128,60	93,10	2,405				121,80	87,480	4,345	4,852	2,162			101,6	56,8	29,63	78,8	53,9			3917,200		389,9				
7 9546								117,71	85,800	4,342		2,069	5,253				32,50	88,7	57,8		176,3		93,4	379,6		30,537		
9547								116,30	82,250	4,190		2,122	5,167				32,50	73,9	49,4		155,0		78,2	615,3		95,000		
8 9556				2,460				118,60	79,375	4,430	5,950	1,932	5,200		103,1	70,5	31,50	83,9	62,5	282,90	154,0		84,0	426,0		534,800		
9557				2,399	1,270	1,293	21,200	115,60	92,700	3,950	4,700	2,220			86,5	47,0	37,30	84,3	52,2	263,40	166,3	4092,000	87,6	405,7		1566,000		
9 9561	3,846	125,90		2,552				119,08	84,897	4,489		2,045	4,930				28,13	75,0	61,2		154,7		74,2	399,2		29,193		
10 9596	3,737	122,30		2,429			22,869	118,40	86,800	4,194	5,065	2,578			94,1	56,8	31,20		57,8			3142,900		372,3		27,611		
11 9566	3,920	128,80						110,60		3,790							33,00	78,3			164,3		88,6					
9567	3,863	128,05						107,92		4,160							32,94	75,5			162,9		91,1					
12 9571	3,812	125,75	94,13	2,546				126,25	90,875	4,450			4,825	3,30			33,00	76,1	62,5		182,7		101,5	388,7		404,875	617,833	
9572	3,650	126,30	94,00	2,382				126,60		4,400			4,732					84,2			154,5		100,4	567,0				
12a 9573	3,710	127,60	94,30	2,343				124,90		4,410			5,096					80,5			163,4		86,0	522,3				
13 9522	4,010	130,50	93,50					120,30		4,381							27,70	73,7	51,6		148,1	3813,000	85,3	349,9		31,900	101,100	
9523	3,930	128,10	93,50					118,70		4,376							30,64						84,3			31,300		
14 9576				2,514	1,162			125,64	79,622	3,576		1,804	4,342				32,60	76,3			153,4		81,5	386,0				
9577				2,356	1,190			122,97	79,240	3,838		2,003	4,928				32,70	74,7			176,0		106,2	414,9				
15 9591	3,860	127,10						121,90	76,100								32,10	86,3		256,20	192,6		108,0					
9592	3,843	124,80						129,60	59,000								31,60	73,3		240,50	176,5		103,5					
16 9586							15,913	120,20			4,840	2,356	5,044					76,8	44,5					364,2			136,000	
17 9551	3,870	128,40	98,65	2,395	1,281	1,372	24,281	129,63	87,520	4,578	5,428	2,229	4,952	3,26	103,8	49,9	31,00	74,4				2651,000	99,8		27,452	33,400	15,247	
9552	3,750	124,20	90,90	2,445				125,30	89,740	4,416			5,000	3,23			28,90						88,0			104,700		
9553			97,30					122,60	87,050								34,10						88,6					
18 9531	3,752	124,69	89,27	2,440				124,60	89,300								30,03	78,9		248,53						32,330	714,020	
9532	3,763	123,99	90,30	2,518				122,60	84,100								30,54	77,1								30,820	599,900	
19 9537	3,927	128,00	97,90	2,450	1,340	1,315	21,194	126,50	80,657	4,400	5,240	2,130	4,900	3,35	86,8	53,2	36,10	70,3	57,0	223,25	161,8		55,5	177,7		101,300		
9538	3,730	122,40	92,00	2,560	1,217	1,380		119,80	90,140	4,160	5,320	2,290	4,870		90,9	56,8	34,20	78,6					60,2			103,200		
n Lab.	14	14	10	13	7	5	9	18	13	16	7	11	10	4	7	7	18	18	12	5	12	8	14	13	2	13	7	Σ 19
n Platz	26	26	19	25	10	7	11	35	27	30	12	18	20	5	11	11	33	33	17	8	22	10	28	21	3	22	8	Σ 37
n Anal.	252	294	186	246	94	70	110	346	266	298	118	172	190	50	108	106	330	326	160	72	210	98	276	204	24	208	76	Σ 4840
$\bar{x}$	3,814	126,21	93,06	2,430	1,216	1,288	20,803	121,77	82,900	4,206	5,124	2,154	4,979	3,30	96,7	59,5	31,44	78,5	55,6	254,10	165,5	3617,649	87,6	423,3	17,464	198,337	297,213	
s%	2,4%	1,9%	3,8%	4,2%	7,7%	11,1%	14,4%	11,6%	9,2%	7,7%	12,3%	11,9%	4,2%	1,9%	8,5%	19 %	9,8 %	11 %	14 %	17 %	9,8 %	14%	16 %	24 %	78 %	182 %	99%	

Anmerkung: Diese Mittelwerte sind aus allen mitgeteilten Ergebnissen berechnet worden (keine Ausreißerelimination).

Tabelle 3a

Notfall-Labor-Ringstudie - Wiederholdifferenzen (r) und Vergleichsdifferenzen (R; p = 0,95); Substrate

Nr.	Pl.	Kalium r R	Natrium r R	Chlorid r R	Calcium r R	Phosphat r R	Magnesium r R	Eisen r R	Glucose r R	Harnstoff r R	Kreatinin r R	Harnsäure r R	Bilirubin r R	Proteine r R	Albumin r R	Cholest. r R	Triglyc. r R	Geräte
1	9501							1,94 4,53		5,7 6,7	,124 ,137	,34 ,43				5,5 ,0	15,0 15,4	EP26,KN01,TE11,ZS70
	9502							,80 ,89										DP02
2	9516	,126 ,319	3,10 6,84	1,55 2,15	,028 ,289				7,69 12,6		,134 ,361							AB03,CO29,40,45
	9517	,075 ,0	1,27 3,38		,303 ,476				3,23 5,1		,089 ,200							BE14,92,LA16
3	9506	,020 ,106	1,63 4,68	11,33 ,0	,038 ,082	,045 ,078		,79 1,13	9,72 16,8	17,7 ,0	,100 ,173			,52 ,83	,100 ,870			EP26,28,PE01,40
	9507	,047 ,139	1,07 4,34	4,73 4,98	,067 ,073				6,33 7,4	6,1 25,2	1,789 2,284			,54 ,0	,100 ,870			DP02,BE92,IL17
4	9526	,065 ,075	1,48 3,62	3,46 6,58	,055 ,203	,184 ,358	,255 ,420	1,80 4,20	4,98 44,4	13,9 ,0	,247 ,454	,47 ,72	,191 ,620	1,70 ,0	2,191 ,0	11,7 19,5	21,5 29,6	EP26,28,HI12
	9527			5,06 ,0	,101 ,0	,061 ,066	,101 ,450	3,58 5,66	35,32 149,6	60,1 72,0	1,065 1,213	1,43 1,49	,942 1,291	2,19 2,65		8,2 11,3	36,5 38,6	DP02
5	9511	,000 ,322	1,79 7,16		,044 ,062	,024 ,037	,224 ,267	2,84 3,04	4,20 11,2	2,2 5,5	,473 ,759		,166 ,428					BE14,76, GI13
	9512	,101 ,0	1,04 2,27		,041 ,077				3,10 3,6	2,4 ,0	,000 ,126		,068 ,226					DP02
6	9541	,089 ,141	1,55 2,86	2,00 4,19	,110 ,210				9,59 12,8	2,2 2,8	,376 ,0	,37 ,57	,130 ,201	,06 ,08		18,7 ,0	4,7 21,7	CO29,40,GI13,LK10
	9542	,179 ,0	1,79 ,0	2,00 2,90	,039 ,137				7,38 7,8	2,9 4,0	,078 ,323	3,60 3,68	,105 ,172	,05 ,11		5,5 22,5	6,8 21,1	GI13,LK10
7	9546								2,08 7,5	6,8 7,0	,187 ,0		,045 ,076	,06 ,16				LK10
	9547								2,37 3,4	1,9 2,3	,200 ,0		,327 ,472	,09 ,11				DP02
8	9556				,119 ,157				3,10 14,7	1,7 15,5	,155 ,195	,09 ,49	,098 ,278			3,5 4,4	16,3 17,6	AM11,CO29,PE25,TE11
	9557				,083 ,655	,040 ,282	,059 ,420	,00 5,06	1,79 24,4	1,5 21,0	,089 1,032	,22 1,05	,126 ,628			3,2 19,9	4,4 12,2	DP02
9	9561	,022 ,123	,50 3,94		,090 ,134				6,86 7,6	3,5 8,5	,039 ,141		,035 ,200	,06 ,43				EP05,21,RO01
10	9596	,027 ,064	2,00 8,92		,037 ,226			1,07 4,34	2,19 2,4	2,7 3,7	,085 ,227	,23 ,39	,028 ,324			5,9 6,2	7,4 12,4	EP05,HI05,LA16,LK10
11	9566	,126 ,0	1,27 6,89						1,26 6,3		,155 ,214							AB11, CO29
	9567	,093 ,151	1,34 3,87						4,34 16,7		,253 ,463							BE92, IL19
12	9571	,173 ,183	3,16 ,0	3,00 ,0	,096 ,146				3,16 4,4	3,6 ,0	,141 ,586			,14 ,21	,400 ,0			TE01
	9572	,089 ,253	1,55 ,0	1,27 3,98	,167 ,0				5,51 9,4		,126 ,134			,14 ,18				DP01
	9573	,200 ,253	4,56 ,0	2,37 6,28	,082 ,116				2,37 4,7		,200 ,253			,13 ,23				DP01
13	9523	,089 ,141	,89 2,97	2,00 4,00					5,59 16,4		,128 ,335							CO29, EP23
14	9576				,088 ,100	,130 ,0			3,69 13,0	22,7 ,0	,629 ,645		,089 ,778	,17 ,64				HI12,PP40,TE11
	9577				,038 ,038	,033 ,035			1,66 3,2	,8 2,0	,102 ,0		,083 ,353	,04 ,20				DP01
15	9591	,179 ,0	2,00 2,10						2,97 ,0	3,0 4,5								CO29, RO01
	9592	,035 ,048	1,26 ,0						4,19 10,0	6,3 6,7								BE92, CO27
16	9586							5,37 ,0	2,83 5,7			,42 ,0	,143 ,176	,04 ,13				DP01
17	9551	,155 ,195	1,79 4,00	2,72 5,39	,105 ,145	,137 ,138	,028 ,078	3,32 7,51	12,12 19,0	2,7 ,0	,107 ,247	,13 ,18	,231 ,321	,10 ,20	,181 ,0	2,8 10,2	7,3 10,6	CO29,GI11,TE04
	9552	,089 ,155	2,19 4,80	6,13 ,0	,046 ,0				3,90 5,1	2,6 ,0	,049 ,064			,00 ,0	,155 ,0			DP02
	9553			1,55 6,62					3,10 3,4	,9 1,6								DP01
18	9531	,061 ,087	1,14 2,28	1,84 ,0	,033 ,055				4,56 24,8	,9 3,2								EP24,28,75, TE11
	9532	,063 ,105	,73 1,64	,89 2,00	,040 ,053				4,19 ,0	1,5 4,1								BE92, EP71,75
19	9537	,112 ,0	2,63 2,85	,89 3,58	,040 ,063	,036 ,062	,102 ,121	,68 1,67	2,00 4,2	1,4 2,5	,000 ,200	,13 ,15	,465 1,230	,00 ,0		,00 3,7	4,6 14,1	EP23, TE03
	9538	,155 ,0	2,19 3,87	1,79 2,37	,089 ,0	,061 ,0	,179 ,0		4,73 ,0	2,9 3,0	,179 ,200	,34 ,35	,103 ,254	,16 ,0	,089 ,155	4,6 6,9	11,0 ,0	DP01
1-19		,109 ,257	1,93 6,73	3,92 10,81	,098 ,291	,088 ,265	,157 ,405	2,53 7,41	7,86 40,1	13,6 37,7	,439 ,912	1,14 1,78	,270 ,728	,66 30,33	,990 39,82	8,0 25,1	15,7 30,8	

Anmerkung: In diese Tabelle sind alle mitgeteilten Werte eingegangen (keine Ausreißerelimination).
Die Geräteangaben beziehen sich auf die vorwiegend benutzten Geräte; für den benutzten Schlüssel siehe den INSTAND-Leitfaden und die Tab. 2c
Die Wiederhol- und Vergleichsdifferenzen sind in den gleichen Einheiten angegeben, wie die Mittelwerte (mmol/L, mg/dL); keine oder eine sehr geringe Wiederholdifferenz weist auf eine zu starke Rundung der Ergebnisse hin; die Vergliechsdifferenz beinhaltet auch die Wiederholdifferenz, ihr Wert sollte etwa bis knapp 1 1/2-mal so groß sein, als die Wiederholdifferenz; ,0 bei der Vergleichsdifferenz bedeutet, daß diese klein im Vergleich zur Wiederholdifferenz ist, d.h. die Wiederholdifferenz ist in diesen Fällen gleich der Vergleichsdifferenz (die Wiederholvarianz ist gleich der Gesamtvarianz).

Tabelle 3b   Notfall-Labor-Ringstudie - Wiederholdifferenzen (r) und Vergleichsdifferenzen (R; p = 0,095); Enzyme

Nr.	Pl.	GOT U/L r	GOT U/L R	GPT U/L r	GPT U/L R	γGT U/L r	γGT U/L R	LDH U/L r	LDH U/L R	HBDH U/L r	HBDH U/L R	CHE U/L r	CHE U/L R	CK U/L r	CK U/L R	AP U/L r	AP U/L R	SP U/L r	SP U/L R	Amylase U/L r	Amylase U/L R	Lipase U/L r	Lipase U/L R	Geräte
1	9501	5,80	,0	4,5	9,1	7,3	11,1			5,1	28,2	68,5	175,5	3,3	18,2	18,8	29,4							EP26, LK02
	9502	1,27	1,48	3,1	3,4	4,6	,0			8,7	,					14,6	29,4							DP02
2	9516	2,68	6,61	3,9	11,6	14,5	,0			8,5	16,7			12,9	34,0	43,4	,0			17,69	31,87			EP11, 20
	9517			3,9	5,6					5,8	14,9			7,8	18,5					19,22	24,54			LA16
3	9506	1,11	,0	3,3	3,8									3,5	6,4					1,58	1,87			EP20
	9507	4.04	8,01	13,4	18,4									25,4	36,0					6,07	14,74			EP61
4	9526	2,90	3,21	3,4	9,9	3,3	11,9	26,6	43,2	19,3	25,7	131,9	324,3	14,3	18,7	14,0	45,8	5,16	10,48	30,00	,0	32,53	46,37	EP26
	9527	6,07	8,06	13,0	49,9	3,2	10,6	37,0	,0	19,6	,0	,2	4,6	12,0	,0	29,4	,0	,63	4,65					DP02
5	9511	2,75	3,95	3,9	9,2							100,7	154,9							2,97	3,00	44,9	,0	EP21
	9512	,89	1,67	3,3	5,2															2,45	13,00			DP02
6	9541	5,38	,0	4,8	7,2	5,4	6,2					30,5	165,3			16,5	17,8							GI14
	9542	2,23	3,05	3,1	6,2	4,6	5,7					62,1	151,2			12,2	,0							GI13
7	9546	5,86	,0	3,0	4,6	5,2	13,0			5,9	12,2			4,5	21,0	26,6	67,4			4,37	5,40			GI13, LK02
	9547	1,55	2,49	2,4	3,8	1,3	3,8			15,5	,0			1,8	16,8	21,7	,0			2,19	3,38			DP02
8	9556	4,82	7,18	8,5	10,7	5,1	7,6	20,3	21,6	18,8	72,9			11,4	29,9	5,4	28,4			12,84	105,22			AR11, LK02
	9557	1,55	1,95	3,9	4,7	3,1	3,2	9,6	,0	8,0	9,9	145,3	,0	2,5	21,9	12,0	,0			72,66	177,71			DP02
9	9561	1,61	4,12	1,4	4,1	1,9	3,4			8,9	9,2			3,8	13,6	8,0	18,4			,88	1,51			RO01
10	9596	1,27	2,32	2,2	4,1	1,8	,0					165,1	182,0			24,9	29,2			1,47	3,35			HI05, LA16
11	9566	2,19	5,60	2,7	7,2					6,1	9,3			4,9	45,9									AB11
	9567	2,77	5,16	5,1	12,9					8,6	,0			7,7	21,4									ZS21
12	9571	1,79	3,69	4,3	6,2	2,0	,0			8,0	9,1			6,4	26,1	10,4	13,9			44,96	220,44	34,51	,0	EP21, 26
	9572			12,7	14,3					17,3	,0			2,5	8,3	10,0	23,4							DP01
	9573			8,4	8,6					34,5	,0			2,5	11,6	9,7	45,1							DP01
13	9523	2,49	3,24											4,5	5,4					2,97	3,00			EP20
14	9576	5,93	7,62	13,7	18,8					20,3	39,1			5,1	11,4	50,4	82,1							EP32, HI12
	9577	3,23	5,29	3,0	4,8					11,0	13,2			4,6	13,3	7,5	10,2							DP01
15	9591	4,10	,	5,6	12,6			32,9	41,8	17,3	33,3			7,2	14,6									EP61, LK16
	9592	2,53	3,10	3,9	5,8			16,8	31,0	20,3	25,0			8,1	,									EP61
16	9686			4,2	,0	2,0	,0									45,4	,0					25,30	36,88	DP01
17	9551	1,79	1,90	2,2	10,9							,1	,4	3,3,	6,5			6,23	7,10	2,19	,0	3,01	3,09	EP26
	9552	1,55	3,55											2,2	5,2					2,37	,0			DP02
	9556	3,90	,0											4,0	6,8									DP01
18	9531	4,98	5,93	4,5	8,2			6,0	13,4											2,33	3,81	21,22	80,72	EP20, 29, 43
	9532	3,03	3,12	1,8	5,1															4,06	,0	65,00	82,61	EP11, 43
19	9537	,89	2,19	,9	4,5	3,8	4,3	3,2	5,7	3,2	11,8			3,0	8,5	3,5	4,5			,89	2,00			EP26
	9538	4,73	5,73	5,9	,0									4,7	10,6					1,79	3,35			DP01
1 - 19		3,46	8,67	6,0	22,9	5,4	22,7	21,8	122,5	14,7	45,7	97,3	5813,2	8,2	40,2	23,3	287,7	5,23	49,38	20,16	1019,00	37,17	882,83	

Anmerkung: Die Wiederhol- und Vergleichsdifferenzen wurden anhand aller mitgeteilter Werte geschätzt (keine Ausreißereleimination)
Die Geräteangaben beziehen sich auf die vorwiegend angewandten Geräte; für den benutzten Schlüssel siehe Tabelle 2c
Siehe auch Anmerkungen zu der Tabelle 2a

In Tabelle 4 sind die wichtigsten Ergebnisse der varianzanalytischen Auswertungen zusammengefaßt und zuerst für alle Teilnehmer, alle Routineplätze, Notfallanalysenplätze (einschließlich der ACA-Geräte), - ACA II und ACA III-Geräte getrennt -, sowie die Anzahl der Laboratorien bzw. Geräte, Mittelwerte und relativen Standardabweichungen unter Wiederholbedingungen (Doppelbestimmungen) von Tag zu Tag zwischen den einzelnen Plätzen der Laboratorien (nur bei allen Teilnehmern), zwischen den einzelnen teilnehmenden Laboratorien, zwischen den Notfall- und den Routinearbeitsplätzen (nur bei allen Teilnehmern) sowie die gesamte relative Standardabweichung angegeben worden. Mittelwert und Standardabweichungen sind hier aus allen mitgeteilten Einzelanalysen errechnet worden; sie können deshalb von den aus der Tabelle 2 mitgeteilten Gesamtmittelwerten und relativen Standardabweichungen differieren. Es sei betont, daß auch für die Berechnungen dieser Tabelle keine Ausreißerelimination vorgenommen worden ist. Dies erklärt z.B. die scheinbar schlechteren Ergebnisse mit dem ACA III gegenüber dem ACA II (s. auch weiter unten).

In Tabelle 5 sind zum Vergleich die Ergebnisse der Referenzlaboratorien und der Ringversuchsteilnehmer der im November 1980 durchgeführten Ringprüfung und im Gegensatz zu den vorhergegangenen drei Tabellen nach einer Ausreißerelimination zusammengestellt worden.

2.4 Auswertung

Wenn man die Eintragungen in den Tabellen 2 bis 4 aufmerksam in allen ihren Einzelheiten betrachtet, vergleicht und auch den Vergleich zu den Eintragungen in der Tabelle 5 zieht, stößt man auf viele interessante Einzelheiten, auf die im folgenden allerdings nicht eingegangen werden kann. Dabei ist auch zu beachten, daß bei der Auswertung der Ringversuche (Ringprüfungen) automatisch eine Ausreißerelimination vorgenommen wird, Tabelle 5 also keine Ausreißer enthält, während in den Tabellen 2 bis 4 alle Werte enthalten sind.

Bei jedem Teilnehmer, z.T. auch bei den einzelnen Arbeitsplätzen, sind die Stärken, aber auch die Schwächen der einzelnen Laboratorien gut erkennbar.

Der Matrixeffekt ist in der Abb. 1 graphisch dargestellt worden. Die Auswertung eines Superdauerlaufs ist in Abb. 2 wiedergegeben worden. Zu bemerken ist, daß alle Teilnehmer aufgefordert worden sind, die Ergebnisse bei Glukose und Harnstoff mit einer, beim Kreatinin mit zwei Nachkommastellen anzugeben. Dies ist leider nicht immer befolgt worden (s. Werte der Größe Null für s % in Tabellen 6 und 8).

Tabelle 4

Notfall-Labor-Ringstudie (Febr. 1982) - Varianzanalytische Auswertung

	Alle Teilnehmer									Alle Routineplätze					
	n Labors	n Einzelanalysen	x̄ Mittelwerte	s% Wiederholbedingungen	s% Tag zu Tag	s% Plätze im Labor	s% zwischen Labors	s% zwischen allen Not- u. Routinepl.	s% Gesamt	n Geräte	x̄ Mittelwerte	s% Wiederholbedingungen	s% Tag zu Tag	s% zwischen Labors	s% Gesamt
Kalium	14	252	3,82	1,0	1,1	1,6	1,7	0,0	2,6	13	3,84	1,1	1,3	1,9	2,5
Natrium	14	254	126,38	0,5	1,1	1,2	1,4	0,0	2,0	13	126,5	0,5	1,3	0,9	2,2
Chlorid	9	186	93,09	1,5	1,3	3,5	1,7	0,0	4,0	8	93,5	1,9	1,5	3,1	3,9
Calcium	13	246	2,43	1,4	2,7	2,8	2,0	0,0	4,3	12	2,43	1,2	2,2	3,6	4,4
Magnesium	5	68	1,30	4,3	5,8	4,3	2,2	0,0	8,4	2	1,34	4,8	6,4	2,1	8,3
Phosphor	7	92	1,22	2,0	3,8	5,3	3,0	0,0	6,9	4	1,24	3,1	4,4	8,7	10,2
Eisen	8	98	21,38	3,3	6,3	0,5	6,3	0,0	9,5	4	21,9	3,5	7,8	8,4	12,0
Glukose	18	346	121,7	2,2	8,0	3,6	7,4	0,0	11,5	16	120,1	1,7	4,6	6,7	8,4
Harnstoff	15	266	84,7	3,3	2,8	6,9	7,5	0,0	10,1	15	84,8	1,2	1,0	8,1	8,9
Kreatinin	16	298	4,21	3,6	3,4	3,5	5,1	0,0	7,6	15	4,23	2,2	2,2	7,0	7,7
Harnsäure	8	116	5,16	3,2	3,0	8,7	3,2	1,2	8,8	7	5,25	1,9	2,4	7,3	7,9
Bilirubin	11	172	2,15	4,4	7,9	4,3	7,2	0,0	11,9	9	2,14	2,2	6,5	10,6	12,6
Gesamteiweiß	10	190	4,97	3,1	1,7	3,3	3,2	0,0	5,4	10	4,96	4,3	2,4	5,1	7,0
Albumin	5	50	3,28	1,9	3,6	0,0	1,2	0,0	4,4	2	3,27	2,5	0,0	0,4	2,5
Cholesterin	7	108	96,70	2,9	3,9	7,8	2,4	7,0	9,6	6	101,18	3,4	2,3	3,5	5,4
Triglyceride	7	106	59,51	9,3	7,6	13,8	6,8	0,0	18,2	7	60,74	7,4	7,6	12,8	16,6
GOT	18	330	31,33	3,9	3,5	6,9	6,7	2,4	10,0	17	30,64	4,4	3,2	6,7	8,6
GPT	19	336	78,40	2,7	4,4	8,9	4,0	0,0	10,0	17	78,32	2,4	3,4	6,8	8,0
γGT	12	160	55,34	3,4	3,5	13,6	3,8	9,6	9,1	10	58,67	3,8	3,9	7,3	9,1
LDH	5	66	247,90	3,0	1,9	4,9	8,8	6,0	11,0	3	262,54	3,0	2,3	6,7	7,7
HBDH	12	210	164,64	3,1	4,3	8,2	4,0	0,3	9,8	11	167,77	2,7	5,9	8,1	10,4
CK	13	256	89,85	3,3	7,3	8,1	7,9	0,0	12,8	12	91,16	3,0	8,7	9,9	13,5
CHE	8	98	3671,85	3,6	4,5	5,7	12,1	1,9	14,1	5	3518,14	4,9	1,1	17,1	17,9
AP	12	194	432,22	1,9	2,2	22,1	7,9	15,8	22,4	11	387,2	2,3	3,0	6,3	7,4
SP	2	20	26,61	7,6	9,1	0,0	0,0	0,0	11,8	2	26,61	7,6	9,1	0,0	11,8
Amylase	8	110	31,1	3,6	4,9	12,9	4,0	5,4	14,3	8	30,3	2,8	2,3	2,3	7,7
Lipase	7	76	280,47	4,5	5,3	28,6	101,3	0,0	107,7	4	333,91	2,2	5,4	108,2	108,3

	Alle Notfallplätze/ACAs						Alle ACA II						Alle ACA III					
	n Geräte	x̄ Mittelwerte	s% Wiederholbedingungen	s% Tag zu Tag	s% zwischen Labors	s% Gesamt	n Geräte	x̄ Mittelwerte	s% Wiederholbedingungen	s% Tag zu Tag	s% zwischen Labors	s% Gesamt	n Geräte	x̄ Mittelwerte	s% Wiederholbedingungen	s% Tag zu Tag	s% zwischen Labors	s% Gesamt
Kalium	13	3,81	1,0	0,9	2,2	2,6	-		-	-	-	-	2	3,91	0,9	0,0	0,2	1,0
Natrium	13	126,2	0,5	0,7	1,4	1,7	-		-	-	-	-	2	127,3	0,5	0,5	1;2	1,4
Chlorid	11	92,8	1,2	1,2	3,5	3,9	1	97,3	0,6	2,3	-	2,4	5	92,0	1,4	0,3	3,7	4,0
Calcium	13	2,43	1,6	3,1	2,6	4,4	2	2,46	1,0	0,05	5,9	5,9	6	2,41	1,0	3,9	1,3	4,2
Magnesium	5	1,29	4,1	5,6	4,9	8,5	1	1,38	4,6	0,0	-	4,6	4	1,26	3,9	6,4	3,4	8,2
Phosphor	6	1,21	1,3	3,4	1,9	4,3	2	1,20	1,5	0,0	1,5	2,1	6	1,24	1,2	3,7	5,0	6,2
Eisen	6	21,0	3,2	4,9	4,2	7,2	-		-	-	-	-	6	21,0	3,2	4,9	4,2	7,2
Glukose	19	123,0	2,6	9,9	8,7	13,4	7	121,9	1,0	0,9	2,7	3,2	4	136,2	4,6	18,9	11,8	22,7
Harnstoff	12	83,4	2,7	4,0	10,4	11,4	4	84,7	0,9	0,4	5,8	5,8	5	91,3	3,4	3,8	9,8	11,1
Kreatinin	15	4,20	4,7	4,3	4,1	7,5	5	4,20	1,4	0,4	5,5	5,7	6	4,13	7 2	6,5	3,9	10,5
Harnsäure	5	5,02	2,3	1,8	2,4	3,8	2	5,08	2,6	0,0	6,6	7,1	3	4,99	5,5	4,6	4,9	8,7
Bilirubin	9	2,17	5,9	9,1	3,6	11,4	4	2,20	3,1	4,3	6,7	8,6	4	2,13	8,5	13,4	0,0	15,9
Gesamteiweiß	10	4,99	1,4	0,7	3,0	3,4	4	5,00	0,7	0,8	2,6	2,8	4	4,93	2,1	0,0	1,9	2,8
Albumin	4	3,29	1,2	4,2	0,9	4,6	1	3,35	0,9	1,3	-	1,6	3	3,26	1,8	4,8	0,0	5,2
Cholesterin	5	91,10	1,9	5,5	6,4	8,7	1	90,90	1,8	2,0	-	2,7	3	87,43	1,9	5,1	0,0	5,5
Triglyceride	4	57,32	12,3	7,5	15,1	20,7	1	56,80	6,9	0,0	-	6,9	3	56,27	13,4	7,9	19,0	24,5
GOT	16	32,06	3,3	3,2	9,5	10,6	4	33,38	4,7	1,7	2,3	4,7	6	31,93	3,0	3,1	15,5	16,1
GPT	17	78,49	2,9	5,2	9,2	11,0	6	77,90	3,2	1,9	4,6	5,9	5	82,27	2,6	8,3	15,8	18,0
γGT	7	50,87	2,4	2,8	8,0	8,8	2	46,95	1,3	1,9	7,3	7,7	4	52,13	2,5	3,2	7,2	8,3
LDH	4	235,69	3,0	1,4	10,1	10,6	-		-	-	-	-	3	233,85	3,2	0,0	12,7	13,1
HBDH	11	161,57	3,6	0,9	8,0	8,8	4	162,23	4,7	0,9	5,6	7,4	4	154,00	2,6	0,9	11,4	12,0
CK	14	88,72	3,5	5,7	10,0	12,0	5	91,88	1,3	6,9	10,6	12,0	4	86,45	2,5	6,0	2,2	6,8
CHE	5	3831,97	1,6	6,1	6,2	8,9	-		-	-	-	-	4	3809,54	1,8	6,9	7,1	10,1
AP	8	448,7	1,7	1,3	22,1	22,1	5	496,7	1,7	3,4	20,8	21,2	3	511,4	1,3	0,0	21,2	21,2
SP	-		-	-	-	-	-		-	-	-	-	1	1,30	17,0	117,4	-	118,2
Amylase	3	33,3	4,8	8,2	8,2	14,5	2	99,1	0,7	1,0	5,8	6,0	3	95,2	0,7	2,4	15,3	15,5
Lipase	4	232,38	6,8	4,9	108,1	108;4	1	136,00	6,6	7,0	-	9,6	2	96,80	14,3	7,1	93,5	94,8

Anmerkung: Hohe Werte bei den Varianzen (z.B. ACA-III, Glukose usw.) sind meist nur durch stark streuende Werte einen einzelnen Laboratoriums bedingt, da keine Ausreißerelimination erfolgte.

Tabelle 5 Vergleich der Ergebnisse der Ringstudie (Febr.'82) und des Ringversuches (Nov.'80)

Analyt	Anzahl der unabh. Ergebn. Ringstudie n	Ringversuch Ref.Lab. n	Ringversuch Teilnehm. n	Mittelwerte Ringstudie $\bar{x}$	Ringversuch Ref.Lab. $\bar{x}$	Ringversuch Teilnehm. $\bar{x}$	Rel. Standardabweichungen Ringstudie s%	Ringversuch Ref.Lab. s%	Ringversuch Teilnehm. s%	Einheiten	Erfolgsquoten der Ringversuchsteiln. %
Kalium	26	80	278	3,8	3,8	3,8	2,4	2,6	4,3	mmol/L	83,7
Natrium	26	110	269	126,2	126,2	126,5	1,9	1,6	3,7	"	92,9
Chlorid	19	80	72	93,1	93,3	92,1	3,8	2,9	3,3	"	97,2
Calcium	25	80	333	2,4	2,5	2,5	4,2	4,4	5,5	"	89,1
Phosphat	10	90	122	1,2	1,3	1,3	7,7	6,5	7,7	"	82,7
Magnesium	7	60	43	1,3	1,3	1,3	11,1	5,3	7,9	"	83,7
Eisen	11	45	116	20,8	19,4	12,4	14,4	8,1	12,4	µmol/L	72,4
Glukose	35	95	231	121,8	125,3	122,7	11,6	3,7	7,7	mg/dL	86,1
Harnstoff	27	75	326	82,9	86,5	86,8	9,2	5,8	9,1	"	84,0
Kreatinin	30	32	35	4,2	4,2	4,2	7,7	6,7	7,4	"	75,0
Harnsäure	12	30	425	5,1	5,1	5,1	12,3	5,0	9,3	"	79,7
Bilirubin	18	35	396	2,2	2,3	2,3	11,9	6,5	8,5	"	91,1
Gesamteiweiß	20	65	92	5,0	4,9	5,0	4,2	2,6	6,6	g/dL	67,3
Albumin	5		25	3,3	3,3	3,3	1,5	3,4	4,5	"	72,0
Cholesterin	11		38	96,7	97,5	97,2	8,5	4,2	7,7	mg/dL	81,5
Triglyceride	11		85	59,5	62,4	61,0	19	6,7	16,9	"	58,6
GOT	33	110	539	31,4	32,3	32,3	9,8	7,3	10,5	U/L	79,9
GPT	33	100	543	78,5	82,8	80,1	11	7,7	9,5	"	86,3
γGT	17	22	472	55,6	58,6	58,4	14	4,9	9,5	"	85,5
LDH	8	90	317	254,1	266,0	259,9	17	6,9	10,3	"	84,2
HBDH	22	85	196	165,5	169,0	168,7	9,8	7,0	10,6	"	87,2
CHE	10	65	182	3617,6	3663	3601	14	6,3	12,3	"	73,1
CK	28	75	223	87,6	96,8	96,6	16	9,4	12,0	"	72,6
AP	21	105	447	423,3	390,0	384,9	24	6,0	10,0	"	87,2
SP	3	80	261	17,5	27,2	27,4	78	8,3	11,4	"	86,5
AMY (Maltatetr.)	13		65	31,1	31,6	31,5	14,3	6,7	12,8	"	70,7

Anmerkung: Bei den Ergebnissen der Ringstudienteilnehmer erfolgte keine Ausreißerelimination, während die Ergebnisse der Ringversuchsergebnisse (Ringprüfungsergebnisse nach Ausreißerelimination ermittelt wurden

Abbildung 1 Kreatinin-Matrixeffekt in der Dauerlauf-Ringstudie (Heller, 1983)

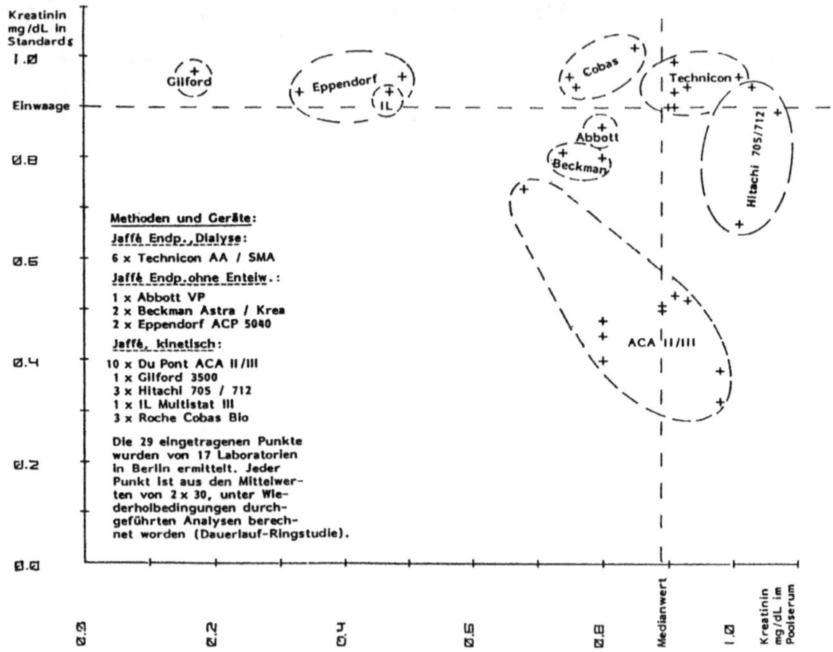

Abbildung 2 Graphische Auswertung eines 'Super-Dauerlaufes'

Mit einem ACA-III wurden unter Wiederholbedingungen 150 Glukosebestimmungen durchgeführt, die graphische Auswertung, für die wir W. Gerisch (Budesanstalt für Materialprüfung, Berlin) danken, weist periodische Schwankungen auf, für die noch keine Erklärungen gefunden werden konnten.

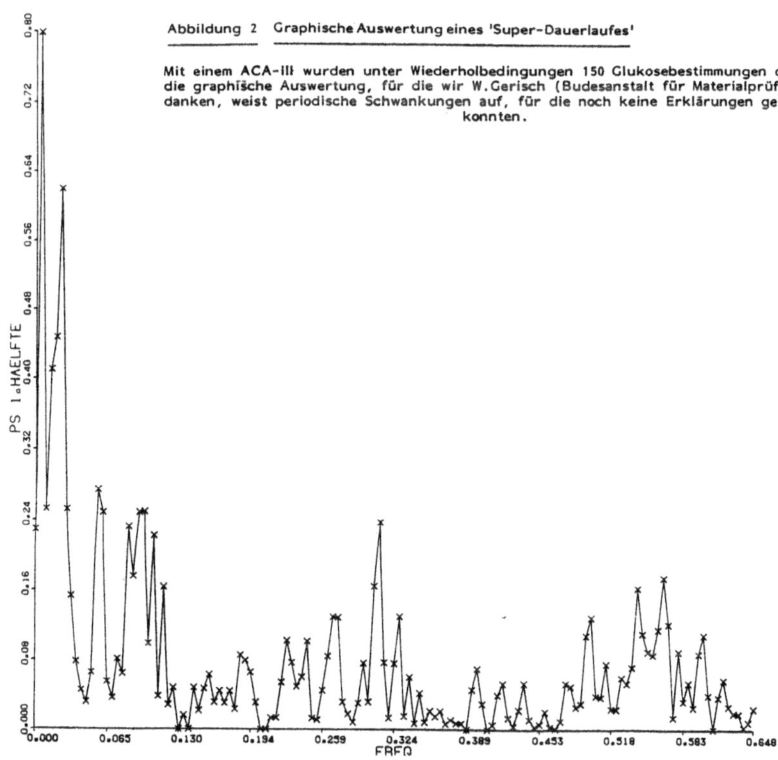

Die Tabellen enthalten die Auswertung aller eingegangenen Ergebnisse, eine "Ausreißerelimination" ist nirgends erfolgt. Bei der Auswertung der Amylase-Ergebnisse sind die mit der Maltotetraose und Maltapentaose-Methode ermittelten Ergebnisse bei der Varianzanalyse und die mit "anderen" Methoden ermittelten Amylase-Werte getrennt behandelt worden. Diese sind in den Tabellen 3 und 4 nicht enthalten. Bei der sauren Phosphatase sind nur die beiden mit vergleichbarer Methode arbeitenden Laboratorien ausgewertet worden.

Die mit den ACA-Geräten erzielten Ergebnisse sind mit einzelnen Ausnahmen sehr gut. Es gibt aber einzelne Teilnehmer, bei denen die am ACA bestimmten Werte Fehler aufweisen, so daß sie z.T. als "Ausreißer" hätten klassifiziert werden können. Das es sich dabei um einzelne Benutzer des ACA III handelte, entsteht der Eindruck, als ob das ACA III ungenauere Werte als der ACA II ergeben habe, dem ist nicht so. Es bestätigt sich allerdings die schon oft gemachte Erfahrung, daß es selbst bei einem so weitestgehend mechanisierten und geschlossenem Analysen-Automatensystem wie dem ACA immer noch sehr darauf ankommt, wer dieses Gerät wie bedient. Qualifikation und Sorgfalt des bedienenden technischen Personals sind und bleiben immer der ausschlaggebende Faktor. Wenn man die z.T. abweichenden Mittelwerte, insbesondere aber einzelne stark aus der Reihe fallende Wiederhol- und Vergleichsdifferenzen in Tab. 3 betrachtet, kann man sich davon überzeugen.

Z.T. erhebliche Abweichungen hat es bei den Enzymaktivitätsbestimmungen gegeben. Dies hat mehrere Gründe: Vielfach wird in der Routine bei 25 °C gearbeitet, im Notfall-Labor aber mit dem ACA bei 37 °C. Die Umrechenbarkeit ist zwar für Normalsera unproblematisch, bei pathologischen Seren kann es aber durch unterschiedliche Isoenzymzusammensetzungen zu starken Abweichungen kommen. Das gleiche gilt auch für Kontrollproben. Es ist bedauerlich, daß von den vierzehn ACA-Geräten, die an der Ringstudie teilnahmen, nur ein einziges auf 30 °C umgestellt war (die Umrechnung zwischen 30 °C und 25 °C einerseits, zwischen 30 °C und 37 °C andererseits gilt als klinisch nicht relevant, weswegen 30 °C als internationale Referenztemperatur empfohlen wird), obwohl der Hersteller die Umstellung der Geräte auf 30 °C anbietet. Neben dem Teilnehmer Nr. 17 mit dem 30 °C-Gerät ist nur noch der Teilnehmer Nr. 3 diesbezüglich konsequent gewesen, da er im Notfall-Labor das ACA nur für die Substrate, für die Enzyme aber ein Eppendorf-Gerät bei 25 °C eingesetzt hat. Unterschiede ergeben sich bei den Enzymen noch dadurch, daß bei den ACA-Geräten z.T. abweichende Methoden verwendet worden sind (Phosphatasen). Hier fehlt beim geschlossenen System die mögliche Adaptierbarkeit. Auffallend sind bei Amylase und Lipase die großen Unterschiede, die durch verschiedene Methoden verursacht worden sind.

2.5 Weiteres Vorgehen

Alle Teilnehmer dieser Ringstudie sind an den Ergebnissen sehr interessiert gewesen und haben daraus die jeweiligen Konsequenzen gezogen. Einmütig ist man auch der Meinung gewesen, daß sich der Aufwand einer solchen Ringstudie für die Teilnehmer sehr gelohnt hat. Als allgemeine Konsequenz ist die Notwendigkeit erkannt worden, eingehendere Untersuchungen über Gerätestabilität und Matrixeffekt durchzuführen. Die drei Ringstudien im Jahre 1982 dienen diesen Fragestellungen.

Aus den in einzelnen Fällen zwischen den Notfall-Labor- und den Routinewerten auftretenden Unterschieden sowie aus der Tatsache, daß in vielen Laboratorien für das Notfall-Labor keine gesonderten und systematisch durchgeführten internen und externen Qualitätssicherungsmaßnahmen durchgeführt werden, muß angenommen werden, daß dies auch in anderen Teilen der Bundesrepublik ähnlich ist.

3. Dauerlauf-Ringstudie

3.1 Zielsetzung

Aufgrund der Ergebnisse der Notfall-Labor-Ringstudie wurde beschlossen, die Stabilität der Geräte und einzelner Methodologien zu prüfen. Gleichzeitig sollte aus ausgewählten Analysenmethoden auch der Matrixeffekt unter Extrembedingungen überprüft werden.

3.2 Teilnehmer, Geräte, Material und Methoden

In der Folge sind sogenannte "Dauerläufe" veranstaltet worden, bei denen ohne jegliche Unterbrechung (Überprüfung der Kalibrierung usw.) zuerst 30 Analysen an einem wäßrigen Standard und im unmittelbaren Anschluß daran 30 weitere Analysen in einem Poolserum durchgeführt worden sind, wobei die Konzentration im wäßrigen Standard etwa jener des Poolserums entspechen sollte. Um zu überprüfen, ob diese 30 plus 30 Analysen eine genügend lange Serie bilden, sind in zwei Laboratorien anschließend Dauerläufe mit über 100 unter Wiederholbedingungen durchgeführten Analysen veranstaltet worden. Wegen des mit den Dauerläufen verbundenen Arbeitsaufwandes ist dieser Versuch auf drei Analyte (Glukose, Kreatinin und Harnstoff) beschränkt worden. Teilgenommen haben 15 Laboratorien mit 32 Geräten bzw. Meßserien bei der Glukose, 29 Laboratorien mit Geräten bzw. Meßserien beim Kreatinin und 25 Laboratorien mit Geräten bzw. Meßserien beim Harnstoff. Das Untersuchungsmaterial (Standardlösungen und Poolsera) ist steril in Ampullen abgefüllt, tiefgefroren und von den Teilnehmern immer morgens an dem Tag, an dem die Dauerläufe durchgeführt wurden, abgeholt worden.

3.3 Ergebnisse

Die Ergebnisse dieser Ringstudie sind in der Abbildung 1 und den Tabellen 6 bis 9 wiedergegeben.

Tab. 6 enthält die aus den je 30 unter Wiederholbedingungen in den wäßrigen Standardlösungen bzw. im Poolserum errechneten Mittelwerte ($\overline{x}$), Spannweiten (w) und mittelwertbezogene relative Standardabweichungen (s% = VK%). Angegeben sind außerdem die angewandten Methoden (M), Geräte (G) und die Reagenzien (Rg). Methoden, Geräte und Reagenzien sind nach dem INSTAND-Ringversuchleitfaden verschlüsselt. Die Entschlüsselung ist auf der Tabelle unten angegeben.

Tab. 7 bis 9 sind ähnlich aufgebaut. Um Methoden, Geräte bzw. Reagenzieneinflüsse besser beurteilen zu können, sind hier in den einzelnen Spalten die Werte (Mittelwert, Spannweite, relative Standardabweichung, Quotient aus Standardlösung-Mittelwert und Poolserum-Mittelwert) jeweils der zahlenmäßigen Größe nach aufgelistet und in jeder Spalte die angewandten Methoen, Geräte und Reagenzien angegeben worden.

3.4 Auswertung

In Tab. 6 fallen bei der Glukose bei der Standardlösung zwei und beim Poolserum ein stark abweichender Wert, beim Harnstoff in der Standardlösung ebenfalls ein stark abweichender Wert an. Es handelt sich hierbei um Ausreißer, deren Ursache bekannt ist (falsches Verdünnungsmittel, Kontamination, Fehlbedienung). Wenn

Tabelle 6

Dauerlauf-Ringstudie, Mittelwerte, Streuungen

Die Teilnehmer dieser Ringstudie führten Verfahrensstudien zur Prüfung der Methodenstabilität durch. Zuerst wurde eine wässrige Standardlösung 30-mal, unmittelbar danach ein Poolserum (mit etwa gleicher Konzentration) 30-mal analysiert. Diese 60 Analysen wurden unter Wiederholbedingungen, d.h. ohne Pause, ohne Nachkalibrieren durchgeführt. In der Tabelle sind Nummer des Labors und des Arbeitsplatzes, Methodologie (Methode 'M', Gerät 'Ger' und Reagenz 'Rg') sowie der Mittelwert ($\bar{x}$), Spannweite (w) und die mittelwertbezogene relative Standardabweichung (s%) einer jeden 30-er-Serie angegeben.

Glukose

Nr.	M	Ger	Rg	Standardlösung $\bar{x}$	w	s%	Poolserum $\bar{x}$	w	s%
1 9501	7	TE05	ME	87,9	8,0	2,9	89,7	6,0	1,7
9502	1	DP02	DP	82,5	2,6	,8	85,5	2,9	,7
2 9506	2	EP12	ME	123,5 +	25,0	4,1	81,8	4,0	1,5
9507	6	BE92	BM	77,8	4,0	1,3	80,8	8,0	2,3
3 9511	2	TE06	ME	81,3	11,5	3,5	72,5	12,5	4,2
9512	6	BE92	BE	80,4	4,0	1,4	74,2	4,0	1,6
4 9516	1	AB03	BM	83,2	4,9	1,2	72,2	4,0	1,3
5 9521	2	RO01	ME	86,4	8,2	1,7	78,5	10,0	3,5
9522	2	RO01	ME	84,1	3,4	1,0	80,0	4,7	1,7
6 9526	2	EP12	BM	82,7	7,0	2,8	80,5	7,0	2,3
9527	1	DP02	DP)	79,6	4,0	1,0	80,1	2,0	,5
9528	1	DP02	DP)	77,5	1,9	,5	77,7	5,3	1,8
7 9531	2	EP02	ME	86,1	7,0	1,6	80,6	10,0	2,4
9532	6	BE92	BE	78,9	21,0	8,5	79,7	11,0	3,2
9533	2	IL03	ME	82.5	10,0	2,4	76.9	4,9	1,7
8 9536	2	EP02	ME	81,9	6,0	1,3	80,6	1,4	,4
9537	1	DP02	DP	90,2	3,0	,7	90,5	12,0	2,4
9 9541	4	EP02	BM	682,8 +	47,7	2,0	74,3	7,5	2,4
10 9551	2	GI05	ME	83,2	16,0	3,5	73,1	17,0	5,7
9552	2	TE12	ME	59,6	25,0	10,5	71,8	15,0	7,3
9553	6	BE91	BE	80,1	5,0	1,7	71,6	8,0	2,4
9553	6	BE92	BE)	84,6	5,0	1,7	10,1 +	17,0	48,7
9553	6	BE92	BE)	83,8	8,0	2,9	73,5	10,0	3,0
9554	1	DP01	DP	82,1	4,0	1,1	82,9	4,0	1,1
9555	1	DP02	DP	62,0	2,6	1,0	77,5	3,2	1,0
11 9556	1	TE06	BM	86,8	5,0	1,6	87,2	4,0	1,4
12 9561	1	RO01	RO	80,6	1,4	,4	76,6	3,1	1,0
13 9571	1	TE01	TE	84,4	1,0	,6	81,6	7,0	1,8
9572	1	TE06	BM	88,5	6,0	1,7	85,7	7,0	2,0
9573	6	BE92	BE	81,8	17,0	5,0	72,1	9,0	2,8
9574									
9575									
14 9596	1	HI05	BM	90,3	3,0	1,0	86,0	7,0	1,6
15 9621	2	TE01	ME	86,3	11,0	3,5	96,5	7,0	2,4

Kreatinin

Nr.	M	Ger	Rg	Standardlösung $\bar{x}$	w	s%	Poolserum $\bar{x}$	w	s%
1 9501	3	TE06	ME	,90	,07	2,4	,91	,08	2,2
9502	5	DP02	DP	,32	,39	32,2	,98	,10	1,8
2 9506	4	EP12	ME	,93	,10	4,9	,33	,60	33,9
9507	5	DP02	DP	,48	,20	16,8	,80	0 ?	0 ?
3 9511	4	BE14	MP	,81	,10	3,1	,74	,20	8,4
9512	5	DP02	DP	,45	,10	11,2	,80	0 ?	0 ?
4 9516	4	AB03	MP	,86	,16	5,4	,80	,25	7,3
5 9521	5	RO01	BM	,94	,27	7,0	,76	,26	6,6
9522	5	RO01	BM	1,02	,18	4,6	,85	,26	8,7
6 9526	5	HI12	ME	,67	,13	4,3	1,01	,10	2,1
9527	5	DP02	DP)	,53	,30	15,7	,91	,02	,9
9528	5	DP02	DP)	,52	,24	12,9	,93	,05	1,5
7 9531	3	TE06	TE	,99	,04	1,5	,91	,08	1,9
9532									
9533	5	IL03	EI	,96	,22	5,0	,49	,16	7,6
8 9536	3	TE03	TE	,90	,10	2,0	,90	,10	2,0
9537	5	DP02	DP	,40	,40	25,2	,80	0 ?	0 ?
9 9541	5	GI01	BM	,97	,10	2,3	,17	,06	10,3
10 9551	4	EP12	ME	,93	,09	2,5	,47	,11	4,8
9552									
9553									
9553									
9553									
9554	5	DP01	DP	,74	,50	14,5	,68	,30	10,5
9555	5	DP02	DP	,38	,41	21,0	,98	,34	6,2
11 9556	4	HI12	BM	,89	,10	2,8	1,07	,10	2,3
12 9561	5	RO01	ME	,96	,25	6,1	,75	,28	8,8
13 9571	3	TE06	TE	,93	,10	5,1	,91	,20	6,3
9572	3	TE06	TE	,94	,20	5,6	,93	,10	4,9
9573	4	BE92	BE	,80	0 ?	0 ?	,80	,20	4,6
9574	5	DP01	DP	,51	,20	13,9	,89	,20	5,8
9575	5	DP01	DP	,50	,20	9,8	,89	,30	6,6
14 9596	5	HI05	BM	,96	,09	2,6	1,01	,11	3,2
15 9621	3	TE01	TE	,94	,07	2,1	1,03	,14	3,7

Harnstoff

Nr.	M	Ger	Rg	Standardlösung $\bar{x}$	w	s%	Poolserum $\bar{x}$	w	s%
1 9501	4	TE06	ME	31,5	1,0	1,6	33,1	1,0	,7
9502	3	DP02	DP	29,4	2,3	2,4	36,6	2,4	1,4
2 9506	3	EP12	BM	31.4	23,8	13,6	32.8	2,5	1,3
9507	5	BE92	BE	14,3 +	2,0	3,7	26,1	7,0	7,3
3 9511	5	BE14	BE	36,8	2,0	1,7	31,0	8,0	6,1
9512	3	DP02	DP	33,2	6,4	4,6	31,8	3,5	2,0
4 9516	3	AB03	BM	29,8	5,6	3,6	34,2	2,5	1,6
5 9521	3	RO01	BM	32,1	3,3	2,1	33,9	11,4	6,7
9522									
6 9526	1	HI12	BM	31,5	5,7	4,8	33,8	1,8	1,6
9527	3	DP02	DP)	33,2	7,2	5,6	32,6	2,7	1,9
9528	3	DP02	DP)	32,8	2,1	1,4	34,4	2,2	1,5
7 9531	4	TE06	TE	33,9	,4	,3	33,9	,7	,7
9532	5	BE92	BE	31,7	6,0	5,3	27,6	7,0	5,4
9533									
8 9536									
9537	3	DP02	DP	31,5	2,6	2,1	32,3	1,6	1,0
9 9541	3	GI01	BM	32,6	7,3	7,3	32,2	10,6	6,4
10 9551	3	EP12	RO	32,2	1,4	1,0	36,5	1,9	1,2
9552									
9553									
9553									
9553									
9554	3	DP01	DP	26,4	1,0	1,0	28,3	2,0	1,4
9555	3	DP02	DP	31,1	3,9	2,8	32,6	3,4	2,0
11 9556	1	HI12	BM	29,2	10,0	10,4	38,8	9,0	6,2
12 9561	3	RO01	RO	27,7	2,0	1,9	32,4	2,6	1,8
13 9571	4	TE01	TE	28,9	2,0	2,0	31,6	2,0	2,0
9572	4	TE06	TE	34,9	1,0	,7	35,3	1,0	1,3
9573									
9574	3	DP01	DP	32,7	2,0	2,0	35,5	4,0	2,4
9575									
14 9596	1	HI05	BM	32,0	1,8	1,8	36,6	4,2	2,8
15 9621	4	TE01	TE	28,3	1,8	1,7	30,3	1,8	1,6

Methodenschlüssel

Glukose	Kreatinin	Harnstoff
1 Hexokinase	1 Jaffé, Fullerde, Enteiw.	1 Berthelot m. Leerwert
2 Gluk-DH	3 Jaffé, Endp., Enteiweißt	3 Urease/GLDH
4 GOD-Perid	4 Jaffé, Endp. ohne Ent.	4 DAM
6 Polarograph.	5 Jaffé, kinetisch	5 Leitfähigkeitsmessung
7 o-Toluidin	6 Enzymatisch	

Geräte-Reagenzienschlüssel

AB03	Abbott VP	DP01	DuPontACA-II	HI05	Hitachi 705	TE01	Technicon SMAC
BE	Beckman	DP02	DuPontACA-III	HI12	Hitachi 712	TE03	Technicon SMA 6/60
BE14	Astra-4	EP02	Eppendorf 5031	IL03	IL Multistat-III	TE04	Technicon SMA 12/60
BE91	Analyzer-I	EP12	" ACP 5040	ME	Merck	TE05	Autoanalyzer-I
BE92	Analyzer-II	GI01	Gilford 3500	MP	Eigenherstellung	TE06	Autoanalyzer-II
BM	Boehringer/Mannh.	GI05	Gilford 300	RO01	Cobas-bio	TE12	Technicon MT-II

Anmerkungen: Ausreißer, deren Ursache bekannt ist sind nach dem $\bar{x}$-Wert mit einem + gekennzeichnet.
) bedeutet 2 Dauerläufe mit dem selben Gerät.

Teilnehmer mit dem gleichen Gerät zwei Dauerläufe durchgeführt hat, ist dies durch eine Klammer ebenfalls angezeigt worden. Das gleiche gilt für die Tab. 7 bis 9. Die Tabellen enthalten somit sämtliche eingegangenen Werte, einschließlich der bekannten Ausreißer. Eine andere Ausreißerelimination ist nicht erfolgt.

Die Teilnehmer sind gebeten worden, bei Glukose und Harnstoff je eine, beim Kreatinin zwei Nachkommastellen anzugeben. Leider ist diese Anweisung nicht in jedem Fall befolgt worden, da die Geräte hätten entsprechend umgestellt werden müssen), was dazu geführt hat, daß beim Kreatinin drei Teilnehmer beim Poolserum, ein weiterer bei der Standardlösung dreißigmal den gleichen Wert angab, woraus sich rechnerisch eine Spannweite und eine Standardabweichung gleich null ergibt, obwohl theoretisch die mittelwertbezogene relative Standardabweichung auch 5 bis 6 % und die Spannweite 0,1 bis 0,2 mm pro mg/dl betragen könnte.

Da weder für die Poolsera noch für die Standardlösungen eine entsprechende Zielwertermittlung erfolgt ist, sind die Medianwerte, da sie möglicherweise eine gute Schätzung der Zielwerte ergeben, eingegeben worden.

Bei Betrachtung der Tabellen 8 und 9 fällt es auf, daß öfters gleiche Geräte und/oder gleiche Methoden und/oder Reagenzien des gleichen Herstellers nebeneinander oder nahe zueinander liegen. Da es sich dabei immer um verschiedene Laboratorien handelt, die voneinander unabhängig gearbeitet haben, liegt es nahe, hier methoden-, geräte- bzw. reagenzienspezifische Einflüsse anzunehmen. Aus verschiedenen Gründen ist zunächst unterlassen worden, die statistische Signifikanz solcher Unterschiede zu untersuchen. Diese Tabellen sind in der dargebotenen Form aufschlußreich und instruktiv genug, um sie mitzuteilen. Besonders auffallend ist dies beim Matrixeffekt der Kreatininbestimmung.

Die Ergebnisse sind auch graphisch dargestellt worden. Hierbei muß betont werden, daß gerätebedingte Unterschiede im allgemeinen auf methodenbedingte Unterschiede zurückzuführen sind, da es bei der weit verbreiteten kinetischen Methode sehr darauf ankommt, zu welchen Zeitpunkten die Messung beginnt.

Tabelle 7 — Dauerlauf-Ringstudie - Ergebnisse der Glukose-Analysen, jeweils nach aufsteigenden Zahlenwerten geordnet mit Angaben über angewandte Methoden (M), Geräte (Ger) und Reagenzien (Rg)

Mittelwert									Spannweite						Rel. Standardabweichung									Quotient			
Standardlösung			Poolserum			Gesamtdauerlauf			Standardlösung			Poolserum			Standardlösung			Poolserum			Gesamtdauerlauf			$\bar{x}$-Standard/$\bar{x}$-Pool			
M Ger	Rg	$\bar{x}$	M Ger	Rg	$\bar{x}$	M Ger	Rg	$\bar{x}$	M Ger	Rg	r	M Ger	Rg	r	M Ger	Rg	s%	M Ger	Rg	s%	M Ger	Rg	s%	M Ger	Rg	$\bar{x}/\bar{x}$	
2 TE12	ME	59,6	6 BE92	BE	10,1#	6 BE92	BE	47,9#	1 TE01	TE	1,0	2 EP02	ME	1,4	1 RO01	RO	,4	2 EP02	ME	,4	1 DP02	DP	,8	1 DP02	DP	,80	
1 DP02	DP	62,0	6 BE91	BE	71,6	2 TE12	ME	65,6	1 RO01	RO	1,4	1 DP02	DP	2,0	1 DP02	DP	,5	1 DP02	DP	,5	2 EP02	ME	1,2	2 TE12	ME	,83	
1 DP02	DP	77,5	2 TE12	ME	71,8	1 DP02	DP	69,8	1 DP02	DP	1,9	1 DP02	DP	2,9	1 TE01	TE	,6	1 DP02	DP	,7	1 DP01	DP	1,2	2 TE01	ME	,89	
6 BE92	BM	77,8	6 BE92	BE	72,1	6 BE91	BE	75,9	1 DP02	DP	2,6	1 RO01	RO	3,1	1 DP02	DP	,7	1 DP02	DP	1,0	1 DP02	DP	1,3	1 DP02	DP	,96	
6 BE92	BE	78,9	1 AB03	BM	72,2	2 TE06	ME	76,9	1 DP02	DP	2,6	1 DP02	DP	3,2	1 DP02	DP	,8	1 RO01	RO	1,0	1 TE06	BM	1,5	6 BE92	BM	,96	
1 DP02	DP	79,6	2 TE06	ME	72,5	6 BE92	BE	77,0	1 DP02	DP	3,0	1 DP01	DP	4,0	1 DP02	DP	1,0	1 DP01	DP	1,1	1 DP02	DP	1,8	7 TE05	ME	,98	
6 BE91	BE	80,1	2 GI05	ME	73,1	6 BE92	BE	77,3	1 HI05	BM	3,0	2 EP12	ME	4,0	1 DP02	DP	1,0	1 AB03	BM	1,3	1 DP02	DP	2,0	6 BE92	BE	,99	
6 BE92	BE	80,4	6 BE92	BE	73,5	1 DP02	DP	77,6	2 RO01	ME	3,4	6 BE92	BE	4,0	2 RO01	ME	1,0	1 TE06	BM	1,4	1 TE01	TE	2,1	1 DP01	DP	,99	
1 RO01	RO	80,6	6 BE92	BE	74,2	2 GI05	ME	78,0	1 DP02	DP	4,0	1 AB03	BM	4,0	1 HI05	BM	1,0	2 EP12	ME	1,5	1 TE06	BM	2,4	1 DP02	DP	,99	
2 TE06	ME	81,3	4 EP02	BM	74,3	1 RO01	RO	78,6	1 DP01	DP	4,0	1 TE06	BM	4,0	1 DP01	DP	1,1	6 BE92	BE	1,6	7 TE05	ME	2,5	1 DP02	DP	1,00	
6 BE92	BE	81,8	1 RO01	RO	76,6	6 BE92	BE	78,7	6 BE92	BM	4,0	2 RO01	ME	4,7	1 AB03	BM	1,2	1 HI05	BM	1,6	6 BE92	BM	2,7	1 DP02	DP	1,00	
2 EP02	ME	81,9	2 IL03	ME	76,9	6 BE92	BE	97,3	6 BE92	BE	4,0	2 IL03	ME	4,9	1 BE92	BM	1,3	2 IL03	ME	1,7	1 AB03	BM	2,7	1 TE06	BM	1,00	
1 DP01	DP	82,1	1 DP02	DP	77,5	6 BE92	BM	79,3	1 AB03	BM	4,9	1 DP02	DP	5,3	2 EP02	ME	1,3	2 RO01	ME	1,7	1 RO01	RO	2,7	2 EP02	ME	1,01	
1 DP02	DP	82,5	1 DP02	DP	77,7	2 IL03	ME	79,7	6 BE91	BE	5,0	7 TE06	ME	6,0	6 BE92	BE	1,4	7 TE05	ME	1,7	2 RO01	ME	2,8	2 EP12	BM	1,03	
2 IL03	ME	82,5	2 RO01	ME	78,5	1 DP02	DP	79,9	6 BE92	BE	5,0	2 EP12	BM	7,0	1 TE06	BM	1,6	1 TE01	TE	1,8	1 HI05	BM	2,9	1 TE01	TE	1,03	
2 EP12	BM	82,7	6 BE92	BE	79,7	1 AB03	BM	81,2	1 TE06	BM	5,0	1 TE01	TE	7,0	2 EP02	ME	1,6	1 DP02	DP	1,8	2 EP12	BM	2,9	1 TE06	BM	1,03	Medianwert
1 AB03	BM	83,2	2 RO01	ME	80,0	2 EP02	ME	81,3	1 TE06	BM	5,0	1 TE06	BM	7,0	1 TE06	BM	1,7	1 TE06	BM	2,0	2 EP02	ME	3,9	1 AB03	BM	1,05	
2 GI05	ME	83,2	1 DP02	DP	80,1	2 EP12	BM	81,6	2 EP02	ME	5,0	2 TE02	ME	7,0	2 RO01	ME	1,7	6 BE92	BM	2,3	2 IL03	ME	4,1	1 HI05	BM	1,05	
6 BE92	BE	83,8	2 EP12	BM	80,5	2 RO01	ME	82,0	2 EP02	ME	7,0	1 HI05	BM	7,0	6 BE91	BE	1,7	2 EP12	BM	2,3	6 BE92	BE	4,3	1 RO01	RO	1,05	
2 RO01	ME	84,1	2 EP02	ME	80,6	2 RO01	ME	82,5	2 EP12	BM	7,0	4 EP02	BM	7,5	6 BE92	BE	1,7	2 EP02	ME	2,4	2 RO01	ME	5,6	2 RO01	ME	1,05	
1 TE01	TE	84,4	6 BE92	BM	80,8	1 DP01	DP	82,5	7 TE05	ME	8,0	6 BE92	BM	8,0	4 EP02	BM	2,0#	4 EP02	BM	2,4	6 BE91	BE	6,1	2 RO01	ME	1,05	
6 BE92	BE	84,6	2 EP02	ME	80,8	1 TE01	TE	83,0	6 BE92	BE	8,0	6 BE91	BE	8,0	2 IL03	ME	2,4	1 DP02	DP	2,4	2 TE01	ME	6,3	2 IL03	ME	1,07	
2 EP02	ME	86,1	1 TE01	TE	81,6	2 EP02	ME	83,4	2 RO01	ME	8,2	6 BE92	BE	9,0	2 EP12	BM	2,8	2 TE01	ME	2,4	6 BE92	BE	6,4	2 EP02	ME	1,07	
2 TE01	ME	86,3	2 EP12	ME	81,8	1 DP02	DP	84,0	2 IL03	ME	10,0	6 BE92	BE	10,0	7 TE05	ME	2,9	6 BE91	BE	2,4	2 TE06	ME	6,9	6 BE92	BE	1,08	
2 RO01	ME	86,4	1 DP01	DP	82,9	1 TE06	BM	87,0	2 TE01	ME	11,0	2 EP02	ME	10,0	6 BE92	BE	2,9	6 BE92	BE	2,8	6 BE92	BE	7,2	2 TE06	ME	1,12	
1 TE06	BM	86,8	1 DP02	DP	85,5	1 TE06	BM	87,2	2 TE06	ME	11,5	2 RO01	ME	10,0	2 TE06	ME	3,5	6 BE92	BE	3,0	6 BE92	BE	7,6	6 BE91	BE	1,12	
7 TE05	ME	87,9	1 TE06	BM	85,7	1 HI05	BM	88,1	2 GI05	ME	16,0	6 BE92	BE	11,0	2 TE01	ME	3,5	6 BE92	BE	3,2	2 GI05	ME	8,0	6 BE92	BE	1,13	
1 TE06	BM	88,5	1 HI05	BM	86,0	7 TE05	ME	88,8	6 BE92	BE	17,0	1 DP02	DP	12,0	2 GI05	ME	3,5	2 RO01	ME	3,5	1 DP02	DP	11,2	2 GI05	ME	1,14	
1 DP02	DP	90,2	1 TE06	BM	87,2	1 DP02	DP	90,4	6 BE92	BE	21,0	2 TE06	ME	12,5	2 EP12	ME	4,1#	6 TE06	ME	4,2	2 TE12	ME	12,2	6 BE92	BE	1,14	
1 HI05	BM	90,3	7 TE05	ME	89,7	2 TE01	ME	91,4	2 TE12	ME	25,0	2 TE12	ME	15,0	6 BE92	BE	5,0	2 GI05	ME	5,7	2 EP12	ME	20,8#	2 EP12	ME	1,51#	
2 EP12	ME	123,5#	1 DP02	DP	90,5	2 EP12	ME	102,7#	2 EP12	ME	25,0#	6 BE92	BE	17,0#	6 BE92	BE	8,5	2 TE12	ME	7,3	6 BE92	BE	78,6#	6 BE92	BE	8,37#	
4 EP02	BM	682,8#	2 TE01	ME	96,5	4 EP02	BM	378,5#	4 EP02	BM	47,7#	2 GI05	ME	17,0	2 TE12	ME	10,5	2 BE92	BE	48,7#	4 EP02	BM	81,4#	4 EP02	BM	9,19#	n = 32

Methodenschlüssel:
1 Hexokinase
2 Gluk-DH
4 GOD-Perid
6 GOD-Polarogr.
7 o-Toluidin

Geräteschlüssel:
AB03 Abbott VP
BE91 Beckman Gluc.I
BE92 Beckman Gluc.II
DP01 Du Pont ACA II
DP02 Du Pont ACA III
EP02 Eppendorf 1101
EP12 Eppendorf ACP 5040
GI05 Gilford 300
HI05 Hitachi 705
IL03 IL Multistat III
RO01 Roche Cobas bio
TE01 Technicon SMAC
TE05 Technicon AA-I
TE06 Technicon AA-II

Reagenzienschlüssel:
BE Beckman
BM Boehringer/Mannh.
DP Du Pont
ME Merck
RO Roche
TE Technicon

Zeichenerklärung:
bedeutet einen Ausreißer, dessen Ursache bekannt ist.

Tabelle 8

Dauerlauf-Ringstudie - Ergebnisse der Kreatinin-Analysen, jeweils nach aufsteigenden Zahlenwerten geordnet mit Angaben über die Angewandten Methoden (M), Geräte (Ger) und Reagenzien (Rg)

	Mittelwerte									Quotienten		
	Standardlösung			Poolserum			Gesamtdauerlauf			x̄-Standard/x̄-Pool		
	M Ger	Rg	x̄	M Ger	Rg	x̄	M Ger	Rg	x̄	M Ger	Rg	$\bar{x}_s/\bar{x}_p$
	5 DP02	DP	,32	5 GI01	BM	,17	5 GI01	BM	,57	5 DP02	DP	,32
	5 DP02	DP	,38	4 EP12	ME	,33	5 DP02	DP	,60	5 DP02	DP	,39
	5 DP02	DP	,40	4 EP12	ME	,47	5 DP02	DP	,63	5 DP02	DP	,50
	5 DP02	DP	,45	5 IL03	BI	,49	4 EP12	ME	,63	5 DP02	DP	,56
	5 DP02	DP	,48	5 DP01	DP	,68	5 DP02	DP	,64	5 DP02	DP	,56
	5 DP01	DP	,50	4 BE14	MP	,74	5 DP02	DP	,65	5 DP01	DP	,57
	5 DP01	DP	,51	5 RO01	ME	,75	5 DP02	DP	,68	5 DP01	DP	,57
	5 DP02	DP	,52	5 RO01	BM	,76	4 EP12	ME	,70	5 DP02	DP	,58
	5 DP02	DP	,53	4 BE92	BE	,80	5 DP01	DP	,70	5 DP02	DP	,60
	4 HI12	ME	,67	5 DP02	DP	,80	5 DP01	DP	,70	4 HI12	ME	,66
	5 DP01	DP	,74	5 DP02	DP	,80	5 DP02	DP	,71	4 HI12	BM	,83
	4 BE92	BE	,80	5 DP02	DP	,80	5 DP01	DP	,71	5 HI05	BM	,84
	4 BE14	MP	,81	4 AP03	MP	,80	5 DP02	DP	,73	3 TE01	TE	,91
	4 AB03	MP	,86	5 RO01	BM	,85	5 IL03	BI	,73	3 TE06	TE	,91
Medianwert	4 HI12	BM	,89	5 DP01	DP	,89	4 BE14	MP	,78	3 TE06	ME	1,00
	3 TE06	ME	,90	5 DP01	DP	,89	4 BE92	BE	,80	3 TE03	TE	1,00
	3 TE03	TE	,90	3 TE03	TE	,90	4 AB03	MP	,83	4 BE02	BE	1,00
	3 TE06	TE	,93	3 TE06	TE	,91	4 HI12,	ME	,84	3 TE06	TE	1,02
	4 EP12	ME	,93	3 TE06	TE	,91	5 RO01	BM	,85	3 TE06	TE	1,02
	4 EP12	ME	,93	3 TE06	ME	,91	5 RO01	BM	,86	4 AB03	MP	1,07
	3 TE06	TE	,94	5 DP02	DP	,91	3 TE03	TE	,90	5 DP01	DP	1,08
	3 TE01	TE	,94	3 TE06	TE	,93	3 TE06	ME	,91	4 BE14	MP	1,09
	5 RO01	BM	,94	5 DP02	DP	,93	3 TE06	TE	,92	5 RO01	BM	1,20
	5 RO01	ME	,96	5 DP02	DP	,98	5 RO01	ME	,93	5 RO01	BM	1,25
	5 IL03	BI	,96	5 DP02	DP	,98	3 TE06	TE	,93	5 RO01	ME	1,28
	5 HI05	BM	,96	4 HI12	ME	1,01	5 HI05	BM	,93	5 IL03	BI	1,96
	5 GI01	BM	,97	5 HI05	BM	1,01	3 TE06	TE	,97	4 EP12	ME	1,98
	3 TE06	TE	,99	3 TE01	TE	1,03	4 HI12	BM	,98	4 EP12	ME	2,81
n = 29	5 RO01	BM	1,02	4 HI12	BM	1,07	3 TE01	TE	,98	5 GI01	BM	5,58

	Spannweiten						Rel. Standardabweichungen								
	Standardlösung			Poolserum			Standardlösung			Poolserum			Gesamtdauerlauf		
	M Ger	Rg	w	M Ger	Rg	w	M Ger	Rg	s%	M Ger	Rg	s%	M Ger	Rg	s%
	4 BE92	BE	,0?	5 DP02	DP	,0?	4 BE92	BE	0 ?	5 DP02	DP	0 ?	3 TE03	TE	2,0
	3 TE06	TE	,04	5 DP02	DP	,0?	3 TE06	TE	1,5	5 DP02	DP	0 ?	3 TE06	TE	2,0
	3 TE06	ME	,07	5 DP02	DP	,0?	3 TE03	TE	2,0	5 DP02	DP	0 ?	3 TE06	ME	2,3
	3 TE01	TE	,07	5 DP02	DP	,02	3 TE01	TE	2,1	5 DP02	DP	0,9	4 BE92	BE	3,3
	4 EP12	ME	,09	5 DP02	DP	,05	5 GI01	BM	2,3	5 DP02	DP	1,5	3 TE06	TE	5,2
	5 HI05	BM	,09	5 GI01	BM	,06	3 TE06	ME	2,4	5 DP02	DP	1,8	3 TE01	TE	5,6
	4 EP12	ME	,10	3 TE06	ME	,08	4 EP12	ME	2,5	3 TE06	TE	1,9	3 TE06	TE	5,8
	3 TE03	TE	,10	3 TE06	TE	,08	5 HI05	BM	2,6	3 TE03	TE	2,0	4 AB03	MP	7,2
	3 TE06	TE	,10	3 TE06	TE	,10	4 HI12	BM	2,8	4 HI12	ME	2,1	4 BE14	MP	7,4
	4 BE14	MP	,10	3 TE03	TE	,10	4 BE14	MP	3,1	3 TE06	ME	2,2	5 HI05	BM	9,0
	5 DP02	DP	,10	5 DP02	DP	,10	4 HI12	ME	4,3	4 HI12	BM	2,3	4 HI12	BM	9,6
	5 GI01	BM	,10	4 HI12	ME	,10	5 RO01	BM	4,6	5 HI05	BM	3,2	5 RO01	BM	11,4
	4 HI12	BM	,10	4 HI12	BM	,10	4 EP12	ME	4,9	3 TE01	TE	3,7	5 RO01	BM	13,0
	6 HI12	ME	,13	5 HI05	BM	,11	5 IL03	BI	5,0	4 BE92	BE	4,6	5 DP01	DP	13,3
Medianwert	4 AB03	MP	,16	4 EP12	ME	,12	3 TE06	TE	5,1	4 EP12	ME	4,8	5 RO01	ME	14,3
	5 RO01	BM	,18	3 TE01	TE	,14	4 AB03	MP	5,4	3 TE06	TE	4,9	4 HI12	ME	20,9
	3 TE06	TE	,20	5 IL03	BI	,16	3 TE06	TE	5,6	5 DP01	DP	5,8	5 DP02	DP	26,7
	5 DP01	DP	,20	3 TE06	TE	,20	5 RO01	ME	6,1	5 DP02	DP	6,2	5 DP02	DP	27,8
	5 DP01	DP	,20	4 BE92	BE	,20	5 RO01	BM	7,0	3 TE06	TE	6,3	5 DP01	DP	27,9
	5 DP02	DP	,20	4 BE14	MP	,20	5 DP01	DP	9,8	5 DP01	DP	6,6	5 DP02	DP	28,3
	5 IL03	BI	,22	5 DP01	DP	,20	5 DP02	DP	11,2	5 RO01	BM	6,6	5 DP02	DP	28,5
	5 DP02	DP	,24	4 AB03	MP	,25	5 DP02	DP	12,9	4 AB03	MP	7,3	5 DP01	DP	29,3
	5 RO01	ME	,25	5 RO01	BM	,26	5 DP01	DP	13,9	5 IL03	BI	7,6	5 IL03	BI	33,0
	5 RO01	BM	,27	5 RO01	BM	,26	5 DP01	DP	14,5	4 BE14	MP	8,4	4 EP12	ME	33,3
	5 DP02	DP	,30	5 RO01	ME	,28	5 DP02	DP	15,7	5 RO01	BM	8,7	5 DP02	DP	35,9
	5 DP02	DP	,39	5 DP01	DP	,30	5 DP02	DP	16,8	5 RO01	ME	8,8	5 DP02	DP	48,0
	5 DP02	DP	,40	5 DP01	DP	,30	5 DP02	DP	21,0	5 GI01	BM	10,3	4 EP12	ME	49,7
	5 DP02	DP	,41	5 DP02	DP	,34	5 DP02	DP	25,2	5 DP01	DP	10,5	5 DP02	DP	52,2
n = 29	5 DP01	DP	,50	4 EP12	ME	,60	5 DP02	DP	32,2	4 EP12	ME	33,9	5 GI01	BM	70,3

Methodenschlüssel:
3 = Jaffé, Endpunkt mit Enteiweißung
4 = Jaffé, Endpunkt ohne Enteiweißung
5 = Jaffé, kinetisch

Geräteschlüssel:
AB03 = Abbott VP
BE14 = Beckman Astra
BE92 = Beckman-II
DP01 = DuPont ACA-II
DP02 = DuPont ACA-III
EP12 = Eppendorf ACP-5040
GI01 = Gilford 3500
HI05 = Hitachi 705
HI12 = Hitachi 712
IL03 = IL-Multistat-III
RO01 = Roche Cobas bio
TE01 = Technicon SMAC
TE03 = Technicon SMA 6/60
TE06 = Technicon AA-II

Reagenzienschlüssel:
BE = Beckman
BI = Boehringer/Ingelheim
BM = Boehringer/Mannheim
DP = Du Pont de Nemours
ME = E.Merck
MP = Eigenherstellung

Zeichenerklärung: ? = z.w.Nachkommastellen

Hinweis: Es wird empfohlen Kopien dieser Tabellen anzufertigen, die einzelnen Methoden, Geräte bzw. Reagenzien verschiedenfarbig zu markieren. Man kann so typische und untypische Ausprägungen gut unterscheiden.

Tabelle 9 — Dauerlauf-Ringstudie - Ergebnisse der Harnstoff-Analysen, jeweils nach aufsteigenden Zahlenwerten geordnet mit Angaben über die angewandten Methoden (M), Geräte (Ger) und Reagenzien (Rg)

Mittelwerte: Standardlösung M Ger	Rg	x̄	Mittelwerte: Poolserum M Ger	Rg	x̄	Mittelwerte: Gesamtdauerlauf M Ger	Rg	x̄	Spannweite: Standardlsöung M Ger	Rg	w	Spannweite: Poolserum M Ger	Rg	w	Rel. Standardabweichungen: Standardlösung M Ger	Rg	s%	Rel. Standardabweichungen: Poolserum M Ger	Rg	s%	Rel. Standardabweichungen: Gesamtdauerlauf M Ger	Rg	s%	Quotient x̄-Standard/x̄-Pool M Ger	Rg	$\bar{x}_s/\bar{x}_p$	
5 BE92	BE	14,3#	5 BE92	BE	26,1	5 BE92	BE	20,2#	4 TE06	TE	,4	4 TE06	TE	1,0	4 TE06	TE	,3	4 TE06	TE	,7	4 TE06	TE	,5	5 BE92	BE	,54#	
3 DP01	DP	26,4	5 BE92	BE	27,6	3 DP02	DP	27,3	4 TE06	ME	1,0	4 TE06	ME	1,0	4 TE06	TE	,7	4 TE06	ME	,7	4 TE06	ME	1,2	1 HI12	BM	,75	
3 RO01	RO	27,7	3 DP01	DP	28,3	4 TE01	TE	29,3	4 TE06	TE	1,0	4 TE06	TE	1,2	3 EP12	RO	1,0	3 DP02	DP	1,0	3 DP02	DP	2,1	3 RO01	RO	,85	
4 TE01	TE	28,3	4 TE01	TE	30,3	5 BE92	BE	29,7	3 DP01	DP	1,0	3 DP02	DP	1,6	3 DP01	DP	1,3	3 EP12	RO	1,2	4 TE06	TE	2,7	3 AB03	BM	,87	
4 TE01	TE	28,9	5 BE14	BE	31,0	3 RO01	RO	30,0	3 EP12	RO	1,4	4 TE01	TE	1,8	4 TE06	ME	1,6	3 EP12	BM	1,3	3 DP02	DP	3,4	1 HI05	BM	,87	
1 HI12	BM	29,2	4 TE01	TE	31,6	4 TE01	TE	30,2	4 TE01	TE	1,8	1 HI12	BM	1,8	4 TE01	TE	1,7	4 TE06	TE	1,3	3 DP01	DP	3,8	3 EP12	RO	,88	
3 AB03	BM	29,8	3 DP02	DP	31,8	3 DP02	DP	31,9	1 HI05	BM	1,8	3 EP12	RO	1,9	5 BE14	BE	1,7	3 DP01	DP	1,4	4 TE01	TE	3,8	4 TE01	TE	,91	
3 DP01	DP	31,1	3 GI01	BM	32,2	3 AB03	BM	32,0	4 TE01	TE	2,0	4 TE01	TE	2,0	1 HI05	BM	1,8	4 TE01	TE	1,6	3 DP02	DP	4,1	3 DP01	DP	,92	
3 EP12	BM	31,4	3 RO01	RO	32,4	3 EP12	BM	32,1	3 DP01	DP	2,0	3 DP01	DP	2,0	3 RO01	RO	1,9	1 HI12	BM	1,6	3 DP02	DP	4,3	3 DP02	DP	,92	
4 TE06	ME	31,5	3 DP02	DP	32,6	4 TE06	ME	32,3	5 BE14	BE	2,0	3 EP12	BM	2,5	4 TE01	TE	2,0	3 AB03	BM	1,6	3 DP02	DP	4,7	1 HI12	BM	,93	
1 HI12	BM	31,5	3 DP02	DP	32,6	3 GI01	BM	32,4	5 BE92	BE	2,0#	3 AB03	BM	2,5	3 DP01	DP	2,0	3 RO01	RO	1,8	4 TE01	TE	4,9	4 TE01	TE	,93	
5 BE92	BE	31,7	3 EP12	BM	32,8	3 DP02	DP	32,5	3 RO01	RO	2,0	3 RO01	RO	2,6	3 DP02	DP	2,1	3 DP02	DP	1,9	1 HI12	BM	4,9	4 TE06	ME	,95	Medianwert
1 HI05	BM	32,0	4 TE06	ME	33,1	1 HI12	BM	32,6	3 RO01	BM	3,3	3 DP02	DP	2,7	3 RO01	BM	2,1	3 DP02	DP	2,0	3 RO01	RO	5,7	3 DP02	DP	,95	
3 RO01	BM	32,1	1 HI12	BM	33,8	3 DP02	DP	32,9	3 DP02	DP	3,3	3 DP02	DP	3,4	3 DP02	DP	2,8	3 DP02	DP	2,0	3 GI01	BM	5,8	3 RO01	BM	,95	
3 EP12	RO	32,2	4 TE06	TE	33,9	3 RO01	BM	33,0	3 DP02	DP	3,9	3 DP02	DP	3,5	3 AB03	BM	3,6	4 TE01	TE	2,0	3 EP12	RO	6,4	3 EP12	BM	,96	
3 GI01	BM	32,6	3 RO01	BM	33,9	5 BE14	BE	33,9	3 AB03	BM	5,6	3 DP01	DP	4,0	5 BE92	BE	3,7#	3 DP01	DP	2,4	1 HI05	BM	7,2	3 DP02	DP	,97	
3 DP01	DP	32,7	3 AB03	BM	34,2	4 TE06	TE	33,9	1 HI12	BM	5,7	1 HI05	BM	4,2	3 DP02	DP	4,6	1 HI05	BM	2,8	3 AB03	BM	7,4	4 TE06	TE	,99	
3 DP02	DP	33,2	4 TE06	TE	35,3	1 HI12	BM	34,0	5 BE92	BE	6,0	5 BE92	BE	7,0	1 HI12	BM	4,8	5 BE92	BE	5,4	3 RO01	BM	8,1	4 TE06	TE	1,00	
3 DP02	DP	33,2	3 DP01	DP	35,5	3 DP01	DP	34,1	3 DP02	DP	6,4	5 BE92	BE	7,0	3 GI01	BM	5,2	5 BE14	BE	6,1	5 BE92	BE	8,7	3 GI01	BM	1,01	
4 TE06	TE	33,9	3 EP12	RO	36,5	3 EP12	RO	34,3	3 DP02	DP	7,2	5 BE14	BE	8,0	5 BE92	BE	5,3	1 HI12	BM	6,4	5 BE14	BE	9,6	3 DP02	DP	1,02	
4 TE06	TE	34,9	1 HI05	BM	36,6	1 HI05	BM	34,3	3 GI01	BM	7,3	1 HI12	BM	9,0	3 DP02	DP	5,6	3 GI01	BM	6,4	3 EP12	BM	9,6	3 DP02	DP	1,04	
5 BE14	BE	36,8	1 HI12	BM	38,8	4 TE06	TE	35,1	1 HI12	BM	10,0	3 GI01	BM	10,6	1 HI12	BM	10,4	3 RO01	BM	6,7	1 HI12	BM	16,4	5 BE92	BE	1,15	
3 DP02	DP	41,2	3 DP02	DP	42,3	3 DP02	DP	41,7	3 EP12	BM	23,8	3 RO01	BM	11,4	3 EP12	BM	13,6	3 BE92	BE	7,3	5 BE92	BE	30,2#	5 BE14	BE	1,19	n = 23

Methodenschlüssel und zugeordneter Geräteschlüssel:

Methode	Gerät	
1 Berthelot, mit Probenleerwert	HI05	Hitachi 705
"	HI12	Hitachi 712
3 Vollenzymatisch Urease/GLDH	AB03	Abbot VP
"	DP01	DuPont ACA-II
"	DP02	DuPont ACA-III
"	EP12	Eppendorf ACP 5040
"	GI01	Gilford 3500
"	RO01	Roche Cobas bio
4 Diacetylmonoxim (DAM)	TE01	Technicon SMAC
"	TE06	Technicon Autoanalyzer-II
5 Elektrochemisch	BE14	Beckman Astra-4
"	BE92	Beckman-Analyzer-II

Reagenzienschlüssel

BE	Beckman
BM	Boehringer/Mannheim
DP	DuPont de Nemours
ME	Merck
RO	Roche
TE	Technicon

Hinweis: Es wird empfohlen Kopien dieer Tabelle anzufertigen, und die einzelnen Methoden, Geräte bzw. Reagenzien verschiedenfarbig zu markieren. Man kann so typische von untypischen Ausprägungen gut unterscheiden.

Zeichenerklärung: # bedeutet einen Ausreißer, dessen Ursache bekannt ist

4. Matrixeffekt-Ringstudie, Oktober 1982

4.1 Zielsetzung

Bei sechs klinisch wichtigen Analysenbestandteilen (Glukose, Kreatinin, Harnstoff, GOT, CK, und Amylase), die einerseits aufgrund ihrer klinischen Relevanz, andererseits aufgrund der Ergebnisse der beiden vorhergegangenen Ringstudien ausgewählt worden sind, sollte der Matrixeffekt untersucht und gleichzeitig festgestellt werden, ob sich in den einzelnen Laboratorien seit dem Februar etwas geändert hat.

Es sollte auch untersucht werden, ob zwischen lyophilisierten Kontrollproben und den neuerdings angebotenen tiefgefrorenen Kontrollproben ein Unterschied besteht.

4.2 Teilnehmer, Geräte, Material und Methoden

An dieser Ringstudie haben die gleichen Laboratorien wie bei der Notfall-Labor-Ringstudie im Februar des gleichen Jahres teilgenommen. Neben den Routine- und Notfallarbeitsplätzen (in der Tabelle mit R bzw. N gekennzeichnet) sind in mehreren Laboratorien auch die vorgehaltenen Ausfallgeräte (in der Tabelle mit A) eingesetzt worden, so daß bei dieser Ringstudie insgesamt 42 verschiedene Arbeitsplätze (bei Glukose 38, Kreatinin und GOT je 35, Harnstoff 34, CK 31 bzw. Amylase 27) an der Ringstudie teilgenommen haben. Es sind wieder an fünf verschiedenen Tagen Doppelbestimmungen unter Wiederholbedingungen durchgeführt worden. Zur Verfügung haben jedes Mal drei verschiedene Proben gestanden: ein tiefgefrorenes Poolserum mit Normalwerten, eine ebenfalls tiefgefrorene Kontrollprobe der Firma Beckman mit pathologischen Werten und eine lyophilisierte Kontrollprobe der Firma Boehringer Mannheim, ebenfalls mit pathologischen Werten. Für das Poolserum sind keine Zielwerte bekannt, für die beiden Kontrollproben gibt es Angaben in den Beipackzetteln.

Auch bei dieser Ringstudie sind die Proben, z.T. tiefgefroren, im Bundesgesundheitsamt bereitgehalten und dort von den teilnehmenden Laboratorien ohne Unterbrechung der Kühlkette jeweils vor der Analyse abgeholt worden.

Um den jeweiligen Zustand der Geräte besser beurteilen zu können, ist bei dieser Ringstudie auch nach dem letzten Service oder nach der letzten Reparatur gefragt worden.

5. Kreatinin-Matrixeffekt-Ringstudie

5.1 Zielsetzung

Zur Vertiefung der Erkenntnisse über den Kreatinin-Matrixeffekt ist eine weitere Ringstudie durchgeführt worden. Es sollte dabei der Einfluß verschiedener Eiweißkonzentrationen auf die Kreatininbestimmung untersucht und auch geprüft werden, ob ein Unterschied zwischen dem Einfluß von Humanprotein (Serumeiweiß) und Rinderalbumin besteht, da z.Z. Kontrollproben auf Rinderalbuminbasis vorgeschlagen worden sind.

5.2 Teilnehmer, Geräte, Material und Methoden

Um alle für die Kreatininbestimmung z.Z. bekannten Methoden in dieser Ringstudie vergleichen zu können, sind neben 22 Berliner Teilnehmern 5 weitere aus Düsseldorf, Bonn, Marburg, Offenbach und Stuttgart eingeladen worden. Alle Teilnehmer sind gebeten worden, an zwei Tagen Doppelbestimmungen unter Wiederholbedingungen durchzuführen und die Ergebnisse mit zwei Nachkommastellen anzugeben. Die benutzte Methode, Gerät und Reagenzien sollten mitgeteilt werden.

Das Untersuchungsmaterial für diese Ringstudie ist freundlicherweise von den Behring-Werken hergestellt, abgefüllt und lyophilisiert worden. Zu der Zusammenstellung sind folgende Werte von Dr. Müller-Wiegand (Marburg) bekannt gegeben worden:

Probe 1: Einwaage

3	g/dl	Rinderalbumin;
1,56	mg/dl	Kreatinin;
145	mmol/l	Natrium;
5	mmol/l	Kalium;
2,5	mmol/l	Kalzium;
100	mmol/l	Chlorid.

Es wurden je 5,0 ml abgefüllt und gefriergetrocknet.

Probe 2: Einwaage

8	g/dl	Rinderalbumin;
1,56	mg/dl	Kreatinin;
145	mmol/l	Natrium;
5	mmol/l	Kalium;
2,5	mmol/l	Kalzium;
100	mmol/l	Chlorid.

Probe 3: Humanserum ist mit einer Elektrolytlösung auf 3 g/dl Gesamteiweiß verdünnt worden. Die Elektrolytlösung hat die bei der Probe 1 angegebene Zusammensetzung. Anschließend ist die Kreatininkonzentration durch Zugabe von 1,53 mg/dl eingestellt worden.

Probe 4: Das gleiche wie auch für die Probe 3 verwendete Humanserum ist vor der Lyophilisation unverdünnt in einer Menge von 6,5 ml abgefüllt worden, so daß nach Lyophilisation bei Zugaben von 5,0 ml Lösungsmittel eine Konzentration von etwa 8 g/dl Gesamteiweiß entstanden ist. Die Kreatininkonzentration ist vor der Abfüllung auf 1,4 mg/dl eingestellt worden. Durch den Konzentrierungseffekt (Faktor 1,3) entsteht theoretisch eine Kreatininkonzentration von 1,82 mg/dl.

Zusätzlich sei bemerkt, daß bei allen Proben beim Auflösen durch das Eigenvolumen des Lyophilisates eine geringfügige Verdünnung der vorgegebenen Konzentrationen auftritt. Ferner muß darauf hingewiesen werden, daß die Unterschiede in der Matrix nicht nur die Eiweißzusammensetzung betrifft, sondern auch das Vorhandensein von Nicht-Kreatinin-Chromogenen, die besonders in der Probe 4, in geringem Umfang aber auch in der Probe 3 einen Einfluß ausüben dürften. Zu den Nicht-Kreatinin-Chromogenen zählen neben den Ketosäuren auch Glukose. Es sei auch auf die unterschiedlichen Bilirubinkonzentrationen hingewiesen, die einen bekannten Einfluß auf die Kreatininbestimmung ausüben.

5.3 Ergebnisse

Die Ergebnisse sind in der Tab. 10 zusammengestellt worden. Sie sind nach den sechs verschiedenen Methoden (in der Reihenfolge der Angabe im INSTAND-Leitfaden), innerhalb der einzelnen Methoden alphabetisch nach den Geräten, und bei gleichen Geräten erneut nach der Teilnehmernummer geordnet. Angegeben sind auch die verwendeten Reagenzien, wobei "selbst" die Eigenherstellung der Reagenzien bedeutet. Von den zehn ACA-Geräten ist eines bei 30 °C, alle anderen bei 37 °C betrieben worden.

5.4 Auswertung

Die relative Standardabweichung ist nur bei 39 Versuchsreihen ausgerechnet worden, da bei den restlichen 14 Versuchsreihen entweder ungenügend Nachkommastellen oder die geforderten Doppelbestimmungen nicht an zwei Tagen angegeben worden sind.

In die Tabelle sind die Mittelwerte der jeweils vier Einzelbestimmungen eingetragen und im unteren Bereich der Tabelle aus diesen Mittelwerten der Gesamtmittelwert, die Streuung dieser Mittelwerte als Standardabweichung und relative Standardabweichung angegeben worden. Da die Methoden mit Adsorption an Fullererde, die enzymatische Methode und die Endpunktmethode ohne Enteiweißung nur bei je ein oder zwei Teilnehmern vertreten sind, während die Endpunktmethode mit Enteiweißung dreizehn Mal und die kinetische Methode fünfunddreißig Mal vorkommt, ist eine varianzanalytische Auswertung nach Methoden nur bei der Endpunktmethode angebracht. Bei einundzwanzig verschiedenen Gerätetypen von dreizehn Herstellern ist auch auf eine Varianzanalyse der Geräteeinflüsse vorerst verzichtet worden.

Gesamtmittelwerte und Streuung der Mittelwerte scheinen zwar einen geringfügigen Matrixeffekt anzudeuten; doch ist dieser statistisch nicht signifikant und klinisch keinesfalls relevant, so daß er bei der klinisch-chemischen Analytik mit gutem Gewissen vernachlässigt werden kann.

Tabelle 10: Kreatinin-Matrixeffekt-Ringstudie – Übersichtstabelle

Methode	Gerät	Reagenz	Teiln.Nr.	Probe 1 $\bar{x}$	Probe 1 s%	Probe 2 $\bar{x}$	Probe 2 s%	Probe 3 $\bar{x}$	Probe 3 s%	Probe 4 $\bar{x}$	Probe 4 s%
Jaffé, Fullerde, Enteiweißt	Abbot-VP	Eigenherstellung	04-9519	1,44	1,54	1,63	1,75	1,41	1,75	1,69	1,75
Jaffé, Fullerde, ohne Enteiw.	Zeiss, PM IV	"	23-9696	1,43	3,85	1,45	1,72	1,41	3,69	1,52	5,45
Jaffé, Endpunkt, Enteiweißt	Eppendorf 1101	Behring	21-9691	1,57	1,31	1,51	2,29	1,61	1,24	1,81	2,88
"	"	"	21-9692	1,56	2,72	1,48	1,94	1,62	1,19	1,80	3,50
"	"	Boehringer/M	25-9656	1,56		1,51		1,54		1,68	
"	Eppendorf 5091	"	17-9592	1,56		1,54		1,53		1,75	
"	Technicon AA-II	"	15-9575	1,6		1,85		1,45		1,6	
"	"	Eigenherstellung	16-9577	1,62	4,59	1,73	2,02	1,48	2,02	1,71	3,32
"	"	Merck	01-9502	1,60	2,78	1,67	,87	1,54	2,88	1,74	4,06
"	"	Technicon	07-9532	1,56	3,10	1,67	2,74	1,54	2,50	1,74	2,50
"	"	"	15-9574	1,7		1,45		1,58		1,6	
"	Technicon SMA 12	"	08-9537	1,46	3,86	1,71	6,68	1,48	1,02	1,72	2,53
"	"	"	12-9552	1,75	8,71	1,78	5,39	1,69	6,11	1,95	4,68
"	Technicon SMAC	"	15-9573	1,68		1,65		1,6		1,90	
"	"	"	20-9621	1,42	3,17	1,61	1,68	1,55	,91	1,79	1,54
Jaffé, Endpunkt, ohne Enteiw.	LKB 2074	Merck	19-9616	1,55	1,29	1,67	,57	1,49	,67	1,69	2,87
Jaffé, kinetisch	Abbot VP	Eigenherstellung	04-9516	1,51	2,46	1,57	1,84	1,39	2,15	1,63	1,53
"	"	"	04-9517	1,44	4,71	1,47	2,91	1,31	4,18	1,46	1,71
"	"	Merck	24-0916	1,45	4,58	1,48	9,48	1,46	4,54	1,47	7,65
"	Beckman Astra	Beckman	11-9546	1,58		1,65		1,5		1,6	
"	"	Eigenherstellung	03-9512	1,58	6,08	1,65	3,50	1,45	3,98	1,65	3,50
"	Beckman Crea.	Beckman	15-9572	1,35		1,43		1,23		1,45	
"	"	Eigenherstellung	04-9518	1,4		1,43		1,33		1,5	
"	DuPont ACA-II	DuPont	09-9539	1,4		1,6		1,4		1,73	
"	"	"	15-9571	1,4		1,55		1,3		1,75	
"	"	"	16-9575	1,47	2,05	1,71	2,64	1,44	2,09	1,87	1,61
"	DuPont ACA-III	"	01-9501	1,47	.79	1,62	,36	1,37	1,09	1,78	,54
"	"	"	02-9506	1,4		1,65		1,4		1,85	
"	"	"	03-9511	1,30	5,26	1,55	6,87	1,34	4,36	1,74	3,94
"	"	"	07-9531	1,50	,64	1,73	,73	1,47	,68	1,88	1,02
"	"	"	08-9536	1,38	,70	1,56	1,09	1,37	,37	1,75	,97
"	"	"	12-9551	1,56	5,66	1,64	3,92	1,49	2,01	1,89	5,01
"	"	"	13-9556	1,43	1,55	1,62	,78	1,41	,3	1,75	1,63
"	ENI Gemsaec	Eigenherstellung	23-9697	1,66	2,67	1,69	5,49	1,56	4,33	1,67	1,80
"	ENI Gemeni	Boehringer/M	25-9657	1,55		1,60		1,50		1,50	
"	"	Merck	22-9601	1,55		1,6		1,4		1,45	
"	Eppendorf 1101	Boehringer/M	18-9597	1,57	3,46	1,62	2,66	1,45	1,86	1,69	3,96
"	Eppendorf ACP 5040	Merck	02-9507	1,47	1,18	1,54	,32	1,38	3,15	1,52	4,61
"	"	"	12-9553	1,59	2,43	1,64	1,06	1,48	,39	1,60	5,03
"	Gilford Stasar	Boehringer/M	10-9541	1,61	,31	1,75	,98	1,54	1,15	1,84	,52
"	Gilford 3500	"	10-9542	1,61	,93	1,60	2,34	1,47	2,00	1,67	1,98
"	Hitachi 712	American Monitor	13-9557	1,59	2,26	1,75	,93	1,54	1,50	2,01	2,64
"	"	Boehringer/M	16-9578	1,27	,79	1,61	1,28	1,23	1,39	1,63	,71
"	"	Merck	06-9526	1,47	2,39	1,72	2,35	1,32	3,14	1,76	2,57
"	Hitachi 705	Boehringer/M	18-9696	1,46	2,04	1,60	2,93	1,40	1,43	1,62	3,14
"	IL Multistat III	Boehringer/Ing.	07-9533	1,64	3,78	1,64	3,07	1,48	3,62	1,56	2,30
"	Lange LP 6a	Merck	14-9561	1,57	1,27	1,63	1,84	1,45	2,06	1,60	1,88
"	Roche Cobas bio	Boehringer/M	05-9521	1,66	1,99	1,68	,89	1,62	3,29	1,81	1,65
"	"	"	05-9522	1,67	3,55	1,71	5,83	1,71	5,81	1,96	2,74
"	"	Merck	14-9562	1,55	4,52	1,61	1,86	1,51	6,63	1,86	6,99
"	"	"	17-9591	1,62	,50	1,69	1,03	1,62	,78	1,85	1,13
Enzymatisch	ENI-Gemsaec	Boehringer/M	22-9602	1,8		1,4		1,7		1,2	
"	Eppendorf 1101	"	27-0696	1,52	3,56	1,49	2,47	1,59	5,57	1,81	3,83
"	Lange LP 6a	"	26-9443	1,84	5,72	1,97	4,10	1,82	5,72	1,74	10,37
			n	54		54		54		54	
			$\bar{x}$	1,535		1,619		1,478		1,698	
			s%	7,6		6,8		8,1		9,1	
			Einwaage	1,56		1,56		1,53		1,82	

Anmerkung: die Standardabweichung wurde nur berechnet wenn 2x2 Werte mit 2 Nachkommastellen angegeben wurden.

6. Photometer-Ringstudien

6.1 Zielsetzung

Aufgrund der Erfahrungen der vorhergegangenen Ringstudien sind sich Veranstalter und Teilnehmer darüber einig gewesen, daß jedem Labor die Möglichkeit angeboten werden sollte, mit allen seinen Photometern an einer Ringstudie teilzunehmen. Bei den von INSTAND und der DGKC angebotenen Photometer-Ringversuchen werden meist nur die manuell zu bedienenden Photometer eingesetzt; ferner ist keine Linearitätsprüfung über den gesamten Meßbereich möglich. In modernen Laboratorien werden mehr und mehr mechanisierte Analysensysteme eingesetzt, deren Photometer oft nur schwer zugänglich sind, und für deren Prüfung sich die genannten Photometer-Ringversuche nicht eignen. Die beiden Veranstalter der Ringstudien haben sich vor eine neuartige Aufgabe gestellt gesehen und bald festgestellt, daß Photometer-Ringstudien für verschiedene Photometer-Arten unterschiedlich organisiert werden müssen (s. Tabelle 1)

1983 ist der erste Teil der Photometer-Ringstudie durchgeführt worden, während der zweite Teil (Technicon-Straßen) zur Zeit der Drucklegung noch nicht ganz abgeschlossen ist.

Mit der medizintechnischen Abteilung der Physikalisch-Technischen Bundesanstalt in Berlin ist bei der Photometer-Ringstudie eine Zusammenarbeit vereinbart worden. Beide Veranstalter haben sich auf die Planung und Durchführung der Ringstudie beschränkt und die Ergebnisse gesammelt und tabelliert. Die Auswertung hat Prof. Dr. R. Nink übernommen und eingehend in diesem Band darüber berichtet.

Weitere Photometer-Ringstudien sollen 1985 erfolgen.

I. WOLF UND K.-G. v. BOROVICZÉNY (BERLIN)

ERYTHROZYTEN-LEUKOZYTEN-RINGSTUDIEN ZUR GERÄTE-, METHODEN-, REAGENZIEN- UND KONTROLLPROBENEVALUATION

1. Einleitung

Um den Einfluß von Methoden, Geräten, Reagenzien bei Verwendung von Kontrollblutpräparaten auf Präzision, Vergleichbarkeit und Richtigkeit der Zählergebnisse zu untersuchen, sind in den Jahren 1976 und 1977 fünf "Erythrozyten-Leukozyten-Ringstudien" (im folgenden als 'Ery-Leuko-Ringstudien' bezeichnet) durchgeführt worden. Die Hersteller verschiedener, zu diesem Zeitpunkt verbreiteter Zählgeräte sind aufgefordert worden, jeweils 10 Laboratorien zu benennen, die am Gerät gut eingearbeitet waren. Die von den Herstellern benannten Laboratorien haben größtenteils an den Ringstudien teilgenommen. Zusätzlich sind einige Referenzlaboratorien zur Teilnahme aufgefordert worden, jedoch mit der Auflage, neben dem elektronischen Zählgerät auch Zählkammern zu benutzen. Die Hersteller von Kontrollbluten* haben das notwendige Material unentgeltlich zur Verfügung gestellt.

2. Material und Methoden

Die 1. Ery-Leuko-Ringstudie ist im Oktober 1976 mit einem "normalen" und einem "abnormalen" Kontrollblut der Firma Dade durchgeführt worden. Die Teilnehmer wurden aufgefordert, an zwei Tagen jeweils Dreifach-Zählungen durchzuführen und alle anfallenden Ergebnisse, einschließlich etwaiger 'Ausreißer' mitzuteilen. Zusätzlich wurde um die Ausfüllung eines Gerätefragebogens gebeten.

Die 2. Ery-Leuko-Ringstudie hat im November 1976 stattgefunden. Herr Prof. Dr. Thom hat hierzu Frischblut eines Patienten mit einer Leukopenie zur Verfügung gestellt, wobei die Leukozyten des Patienten, so gut es ging, quantitativ entfernt wurden, um den Zustand einer Agranulozytose zu simulieren. Da nur Blut eines einzigen Patienten zur Verfügung stand, mußte bei diesem Versuch die Teilnehmerzahl eingeschränkt werden. Die Teilnehmer sind um eine Doppelbestimmung gebeten worden. Bei dieser 2. Ringstudie ist ein Fragebogen über die Qualitätssicherungsmaßnahmen ausgesandt worden.

Die 3. Ery-Leuko-Ringstudie wurde im Juni 1977 veranstaltet. Die eine ausgesandte Probe war ein normales Kontrollblut der Firma Technicon, die andere, eine Sonderpräparation, hat die Firma ASID freundlicherweise zur Verfügung gestellt: sie hat zur Hälfte aus

---

*Hierfür sei den Kontrollblutherstellern ASID, bioMérieux, Coulter, Merz + Dade, Molter, Ortho, Technicon und TOA besonders gedankt.

normalen Humanerythrozyten, zur Hälfte aber aus kleinen Ziegen-Erythrozyten bestanden (Abb. 1). Damit sollte die Brauchbarkeit der Zählmethoden und Zählgeräte beim Vorliegen mikrozytärer Anämien geprüft werden. Die Teilnehmer erhielten einen ausdrücklichen Hinweis, das Oscilloscop-Bild ihres Gerätes zu beachten und, wenn notwendig, auch eine Korrektur der Diskriminator-Einstellung vorzunehmen. Gleichzeitig wurde bei diesem Sonderringversuch gefragt, ob diese Maßnahmen erfolgt sind, ferner, ob das Gerät selbst kalibriert worden ist und ob Kontrollproben benutzt wurden.

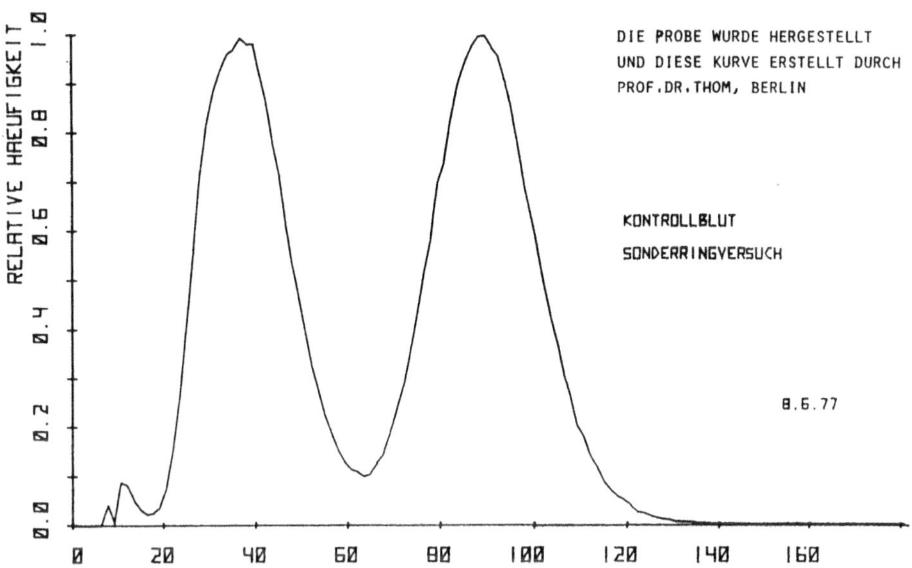

Abbildung 1

Die 4. Ery-Leuko-Ringstudie wurde im August 1977 veranstaltet. Es wurden normale Kontrollblute der Firmen Coulter und Molter sowie zusätzlich ein Erythrozyten-Standard der Firma TOA ausgesandt.

Die 5. und in dieser Serie letzte Ery-Leuko-Ringstudie wurde im September 1977 mit normalen Kontrollbluten der Firmen Ortho und bio-Mérieux veranstaltet. Es wurde dabei nach einer Neukalibrierung seit dem letzten Sonderringversuch gefragt.

3. Ergebnisse

Die Teilnahme an diesen 5 Ringstudien ist auf die eingeladenen Laboratorien beschränkt gewesen. Die Ergebnisse sind den Teilnehmern in Tabellenform nach jeder einzelnen Ringstudie mitgeteilt worden. Dies hat nachweislich auch zu korrigierenden Maßnahmen bei verschiedenen Teilnehmern geführt. Relevante Ergebnisse sind auch den interessierten Firmen mitgeteilt worden. Auch dies hat verschiedentlich zu Konsequenzen geführt. Über die Ergebnisse der ersten drei Ringversuche ist erstmals im Juni 1977 an einem von der Firma ASID in Leoni am Starnberger See veranstalteten Symposium berichtet worden.

Die Mittelwerte der Ergebnisse der 5 Ringstudien sind in die Tab. 1 eingetragen und zur Beurteilung der Wiederholbarkeit, Vergleichbarkeit und der Richtigkeit sowohl für die Erythrozyten-Zahl wie auch für die Leukozyten-Zahl in weiteren 6 Tabellen (Tab. 2 bis 7) zusammengestellt.

4. Auswertung

4.1 Erythrozyten-Ringstudien

4.1.1 Präzision

Für die Beurteilung der Präzision (Tab. 2) sind zur besseren Vergleichbarkeit nur die Ergebnisse von 34 Teilnehmern herangezogen worden, die an allen 5 Ringstudien (n = 16) oder an mindestens 4 der 5 Ringstudien (n = 18) teilgenommen haben. Aus allen Zählwerten ist die Standardabweichung der Doppelbestimmung nach der Formel $s = (x_1 - x_2)^2/2$ ausgerechnet und in die Tabelle eingetragen worden. Außerdem sind aus den Varianzen, die bei den Bluten mit normaler Erythrozytenzahl gefunden worden sind, nach Geräten getrennte Mittelwerte gebildet und daraus Standardabweichungen sowie aus allen Varianzen, für jede Probe getrennt, die gemittelte Varianz und Standardabweichung ausgerechnet worden. Für die Geräte wird die erzielte Reihenfolge, für die Kontrollblute die mittlere relative Standardabweichung angegeben. Hinter jede angegebene Standardabweichung ist in Klammern die der Berechnung zugrunde gelegte Zahl der Freiheitsgrade (n - 1) angegeben. Während bei der Betrachtung der Standardabweichungen in der Tabelle wegen der vielfach nur geringen Zahl der Freiheitsgrade eine Zurückhaltung geboten ist, sind die Mittelwertangaben recht aussagefähig.

Die Mittelwerte sind für jedes Kontrollblut aus den Einzelwerten von mehr als 30 verschiedenen Laboratorien mit 10 bis 12 verschiedenen Gerätetypen errechnet worden.

Tabelle 1

Erythrozyten-Leukozyten-Ringstudien, Übersicht

Datum	Proben (Hersteller, Art)	Anzahl der teilnehmenden Geräte: Coulter Cellcounter DN	Coulter Cellcounter ZF	Coulter Cellcounter S	Hellige Ery-mat	Hellige Pico-scale	Kontron Digicell 100	Labora Cell-counter	Ljungberg Celloscope 411	Ortho Hemac 630 L	Phy-we BKZ	Technicon Hemalog 8	Technicon SMA 4/7	TOA CC 107, 117	Zähl-kammern	Summe	Analysenvorschrift
Okt. 1976	Dade 'normal' Dade 'pathologisch'	7	7	8	2	8	7	-	3	7	7	6	-	7	14	84	Dreifachbestimmungen an zwei Tagen
Nov. 1976	Prof. Dr. Thom 'Agranulozytoseblut'	3	4	3	2	6	3	-	2	3	6	3	-	3	8	46	Doppelbestimmung an einam Tag
Juni 1977	Technicon Kontrollblut Thom/ASID 'Mikrozytose'	5	4	3	-	3	3	-	1	3	3	4	-	2	9	40	Doppelbestimmung an einem Tag
Aug. 1977	Molter Kontrollblut Coulter Kontrollblut	4	9	9	1	5	3	1	1	3	4	4	1	5	2	52	Doppelbestimmung an einem Tag
Sept. 1977	Ortho Kontrollblut bio Mérieux Kontrollblut	6	8	12	1	5	3	1	1	3	1	4	2	5	6	58	Doppelbestimmung an einem Tag
	Summe	25	32	35	6	27	19	2	8	19	21	21	3	22	39	279	

Tabelle 2

Präzision der Bestimmung der Erythrozytenpartikelkonzentration

Wiederholdifferenzen (r) bei der Ringstudie 1976/77

Geräte (Hersteller, Typ)	Agranulozytose-Frischblut	Dade-Kontrollblut 'pathol.'	Dade-Kontrollblut 'normal'	Technicon Kontrollblut	'Mikrozyt.' (ASID)	Coulter Kontrollblut	Molter Kontrollblut	Ortho Kontrollblut	bio Mérieux Kontrollblut	Mittelwerte ohne Frischbl. u.Dade'path'	Mittelwerte, Reihenfolge
	Ergebnisse (r; in Tent/L) und Freiheitsgrade (n-1)										
	r n-1	r n-1	r n-1	r n-1	r n-1	r n-1	r n-1	r n-1	r n-1	r n-1	
Celloscope 411	,113 (1)	,023 (2)	,070 (2)	,028 (1)	,120 (1)	,042 (1)	,021 (1)	,014 (1)	,021 (1)	,590 (8)	5
Coulter DN	,021 (2)	,105 (6)	,194 (6)	,052 (3)	,021 (3)	,145 (3)	,121 (3)	,068 (3)	,081 (2)	,127 (23)	11
Coulter ZF	,122 (3)	,041 (8)	,023 (8)	,038 (4)	,066 (4)	,040 (5)	,050 (5)	,021 (5)	,013 (5)	,037 (36)	2
Coulter S	,110 (2)	,027 (4)	,011 (4)	,010 (2)	,010 (2)	,007 (1)	,014 (1)	,050 (2)	,011 (2)	,026 (14)	1
Digicell 100	,048 (3)	,040 (6)	,061 (6)	,057 (2)	,036 (2)	,020 (3)	,009 (3)	,025 (3)	,074 (3)	,048 (22)	4
Erymat	,000 (1)	,025 (2)	,000 (2)			,071 (1)	,000 (1)	,141 (1)	,071 (1)	,071 (6)	6
Hemac 630L	,000 (1)	,084 (6)	,095 (6)	,066 (3)	,042 (3)	,107 (3)	,082 (3)	,031 (3)	,051 (3)	,115 (24)	10
Hemalog 8	,049 (1)	,038 (8)	,056 (7)	,047 (3)	,095 (3)	,052 (4)	,129 (4)	,030 (5)	,078 (5)	,074 (31)	7
Phywe BKZ	,258 (3)	,206 (6)	,231 (6)	,213 (3)	,085 (3)	,272 (3)	,277 (3)	,106 (1)	,106 (1)	,218 (20)	12
Picoscale	,207 (4)	,082 (8)	,132 (8)	,050 (2)	,108 (2)	,077 (4)	,104 (4)	,111 (4)	,092 (4)	,107 (28)	8
TOA 107, 117	,235 (3)	,046 (6)	,018 (6)			,027 (3)	,050 (3)	,053 (3)	,037 (3)	,037 (18)	2
Zählkammer	,058 (4)	,129 (6)	,080 (6)	,061 (9)	,126 (9)	,205 (1)	,085 (1)	,091 (6)	,159 (6)	,111 (38)	9
Mittelwerte	,131 (28)	,091 (68)	,112 (67)	,080 (32)	,088 (32)	,114 (32)	,138 (32)	,068 (37)	,088 (36)	,101 (268)	
Reihenfolge der Mittelwerte	8	5	6	2	3	7	9	1	3		
Zielwerte ($\bar{x}$)	2,76	3.08	4.75	4.22	4.44	4.87	4.91	4.29	4.95		
Rel.Standardabweichung (s%)	4,66%	2,94%	2,33%	1,91%	1,95%	2,32%	2,82%	1,57%	1,79%		

Die mittlere Standardabweichung der Wiederholbarkeit der Erythrozytenzählung liegt bei den geprüften Kontrollproben zwischen 0,07 bis 0,14 Ery/pl, die relative Standardabweichung bei den normalen Bluten 1,6 % bis 2,8 %, bei den anämischen Bluten 2,9 % und 4,7 %. Die erzielbare Präzision entspricht bei den heute üblichen Zählmethoden und Zählgeräten und den auf dem Markt befindlichen Kontrollbluten für die Erythrozytenzählung somit den Ansprüchen.

Die mittleren Varianzen bei den einzelnen Geräten zeigen etwas größere Unterschiede und liegen zwischen 0,03 und 0,22 Ery/pl, wobei, mit Ausnahme des letztgenannten Wertes, alle anderen zwischen 0,03 und 0,13 Ery/pl liegen und als zufriedenstellend bezeichnet werden können. Bei der Gerätebeurteilung ist einschränkend in Betracht gezogen worden, daß hier nur 1 bis 4 Laboratorien je Gerät zur Auswertung herangezogen worden sind, so daß einzelne Ausreißer das Ergebnis für ein Gerät deutlich beeinträchtigen konnten.

4.1.2 Richtigkeit

Zur Beurteilung der Richtigkeit sind in der Tab. 3 die von denselben 34 Teilnehmern jeweils an erster Stelle mitgeteilten Zählergebnisse zusammengestellt worden. Dabei ist so verfahren worden, da bekanntlich bei Untersuchungen von Patientenproben meist nur Einzeluntersuchungen durchgeführt werden können. Zwecks besserer Übersicht sind in der Tabelle die Ergebnisse, die um nicht mehr als 1 % um den Zielwert streuen, mit einem Ausrufungszeichen, um 5 bis 10 % vom Zielwert abweichen, mit einem Plus- oder einem Minuszeichen, 10 bis 20 % vom Zielwert abweichen, mit 2 Plus- oder 2 Minuszeichen versehen worden. Endlich sind noch Plus- und Minuspunkte vergeben worden, wobei jedes Ausrufungszeichen als ein Pluspunkt und jedes Minuszeichen als ein Minuspunkt gewertet worden ist. Diese Punktebewertung ist sicherlich willkürlich, dürfte aber die Übersichtlichkeit verbessern und dadurch die Auswertung erleichtern. Es ist interessant, sich die Werte dieser Richtigkeitstabelle genauer anzusehen. Die Teilnehmer 37 (Coulter S), 87 (Hemalog) und 52 (Digicell) haben am besten abgeschnitten. Die Ergebnisse der Teilnehmer 56 (Digicell) und 78 (Hemac) weisen durchgehend einen systematischen Plusfehler, die Werte des Teilnehmers 46 (Coulter F) einen durchgehend systematischen Minusfehler auf. Die Geräte dieser 4 Teilnehmer sind offensichtlich fehlerhaft kalibriert. Diese fehlerhafte Kalibrierung hat

Tabelle 3

Richtigkeit der Bestimmung der Erythrozytenpartikelkonzentration

('Ery-Leuko-Ringstudie' 1976/77)

Geräte (Hersteller, Typ)	Teilnehmer-Nummer	Ergebnisse (in Tent/L) und Bewertugspunkte: Agranulozytose-Frischblut		Dade-Kontrollblut 'pathol.'		Dade-Kontrollblut 'normal'		Technicon Kontrollblut		'Mikrozytose' (ASID)		Coulter Kontrollblut		Molter Kontrollblut		Ortho Kontrollblut		bio Mérieux Kontrollblut		Gesamt-Bewertung
		$\bar{x}$	Bewert.	$\bar{x}$	Bewert.	$\bar{x}$	Bewert.	$\bar{x}$	Bewert.	$\bar{x}$	Bewert.	$\bar{x}$	Bewert.	$\bar{x}$	Bewert.	$\bar{x}$	Bewert.	$\bar{x}$	Bewert.	Punkte
Coulter DN	24			3,14		4,81		4,10		3,99	--	5,36	++	5,43	++	4,49		4,82		-6
	25	2,90		3,03		4,78	#	4,57		3,15	---	5,65	++	5,61	++	4,55	+			-6
	26	2,83		2,75	--	4,96		4,33		3,60	--	5,17	+	4,92	#	4,00		4,71		-5
Coulter ZF	41	2,78	#	2,98		4,73	#	4,11		3,57	--	5,20	+	5,14		4,07	-	4,61	-	-3
	42			3,01		4,91		4,21	#	3,73	--	5,00		5,06		4,08		4,90	#	±0
	46			2,98		4,63		4,19	#	3,73	--	4,86	#	4,63	-	3,96	-	4,55	-	-3
	48	3.03	+	3.03		4.57		4.55	+	4,32		5,07		5,02		4,22		5,02		-2
Coulter S	35	2,15	---	3,06	#	4,66		4,24	#	4,39		4,90	#	4,89	#	4,14		4,70	-	±0
	37	2,73		3,05	#	4,73	#	4,27		4,13	-					4,28	#	4,88		+2
Digicell 100	52	2,65		3,06	#	4,79	#	4,20	#	3,88	--	5,24	+	5,17	+	4,30	#	4,90	#	+1
	53	2,84		3,04		4,49	-	4,27		3,39	---	5,19	+	5,21	+	4,11	-	4,65	-	-8
	56	3,21	++	3,39	++	4,86						5,15	+	5,13		4,74	++	5,39	+	-8
Erymat	62	3,13	++	2,45	---	3,5	---					4,30	--	4,50	-	4,10		4,80		-11
Hemac 630 L	71			3,24	+	5,28	++	4,32		4,66		5,40	++	4,55	-	4,49		5,13		-6
	77			3,60	++	5,10	+	4,18	#	4,42	#	5,59	++	5,03		4,51	+	5,17		-4
	78	2,81		3,35	+	5,24	++	4,50	+	4,66		5,35	+	5,18	+	4,62	+	5,13		-7
Hemalog 8	81			2,69	--	4,34	-	4,44	+	4,41	#	4,64		4,66	-	4,10		4,68	-	-5
	83	2,65		2,77	--	4,35	-	4,20	#	4,56		4,51	-	5,00		4,38		5,14		-3
	85			2,97		4,46	-	4,40		4,61		4,52	-	5,03		4,15		4,97	#	-1
	87	2,87		3,09	#	4,54		4,30		4,46	#	4,68		5,25	+	4,28	#	5,02		+2
Phywe BKZ	93	2,76	#	3,31	+	4,76	#	4,85	++	4,70	+	5,29	+	5,46	++					-5
	94	2,24	--	3,92	+++	4,00	--	3,97	-	3,41	---	4,33	--	4,49	-					-14
	97	2,83		3,05	#	4,67		4,08		3,45	---	4,82	#	5,25	+	4,12	-	5,19		-3
Picoscale	101	3,92	+++	4,81	+++	7,50	+++	4,10		3,90	--	4,88	#	4,47	-	3,79	-	4,35	--	-15
	103	2,87		3,06	#	4,84		4,21	#	4,60		5,07		5,22	+	5,36	+++	4,98	#	-1
	105	2,73		3,03		4,80						4,88	#	4,75		3,90	-	4,51	-	-1
	108	2,60	-	3,08	#	4,76	#	4,20	#	3,40	---	4,97		4,48	-	4,06	-	4,30	--	-5
TOA 107, 117	114	2,97	+	3,24	+	4,73	#					5,06		5,17	+	4,26	#	4,90	#	±0
	115	2,66		2,98		4,39	-					4,90	#	4,94	#	3,98	-	4,61	-	-1
	117	2,77	#	3,03		4,53						4,71		4,80		3,94	-	4,83		±0
Zählkammer	121	2,35	--	2,65	--	3,69	---	4,23	#	3,72	--					4,12		4,92	#	-7
	133	2,47	--	3,09	#	4,19	--	4,32		4,31		4,48	-	4,80		4,23		5,02		-4
	134	3,00	+	3,19		4,80		4,11	-	3,78	--					4,15		4,64	-	-5
Gesamt-Bewertung, Punkte		-17		-16		-18		+2		-32		-16		-17		-16		-6		

Bewertung: Zielwert ±1% (#) = 1 Pluspunkt; Zielwert ±5-10% (+ bzw.-) 1 Minuspunkt; Zielwert ±10-20% (++bzw.--) 2 Minuspunkte; Zielwert ±> 20% (+++bzw.---) 3 Minuspunkte

während des ganzen Jahres bis Oktober 1977 bestanden. Das Gerät des Teilnehmers 101 (Pikoscale) hat beim ersten und zweiten Ringversuch einen groben Kalibrierfehler erkennen lassen (die Ergebnisse dieser beiden kurz nacheinander durchgeführten Sonderringversuche sind zusammen mitgeteilt worden). Danach ist dieses Gerät offensichtlich neu kalibriert worden und hat beim dritten und vierten Sonderringversuch einen deutlichen Minusfehler aufgewiesen. Besonders deutlich sind in dieser Tabelle die Unterschiede der Werte einzelner Teilnehmer, z.B. bei den Teilnehmern 101, 103 und 105. Während die Ergebnisse beim Teilnehmer 101 zu schwerwiegenden klinischen Fehlbeurteilungen hätten führen können, ist dies bei den Ergebnissen der beiden anderen Teilnehmer nicht mehr der Fall. Die schlechten Ergebnisse des Teilnehmers 101 haben auch bei der Beurteilung der Wiederholbarkeit zu dem schlechten Ergebnis des Pikoscale geführt. Würde man die Ergebnisse des Teilnehmers 101 als Ausreißer betrachten und von der Berechnung ausschließen, würde das Pikoscale eine ebenso gute Präzision wie die anderen Geräte aufweisen.

Die mit den Spezialpräparaten von ASID (Ziegenblut und Humanblut) erzielten Werte müssen gesondert betrachtet werden. Hier zeigt sich ein deutlicher Unterschied zwischen den Werten, die mit den verschiedenen Geräten erhalten worden sind. Mit Coulter S, Hemac und Hemalog sind durchgehend zutreffende Ergebnisse ermittelt worden, während bei den anderen Geräten mehr oder weniger deutlich Minusfehler aufgetreten sind. Aber auch je ein Anwender von Coulter ZF, Phywe, Pikoscale und Zählkammer haben durchaus brauchbare Ergebnisse erzielt. Auch hier sind wahrscheinlich nicht die Methoden und Geräte, sondern die Benutzer daran schuld, wenn Mikrozyten z.T. nicht mitgezählt worden sind. Mitschuldig sind allerdings auch die Hersteller bzw. deren Außendienstmitarbeiter, da bei zahlreichen Rückfragen festgestellt worden ist, daß die Benutzer das Oscilloscop-Bild gewissermaßen als Fernseh-Ersatz und nicht als eine wichtige Hilfe betrachtet haben, um die notwendige Neueinstellung des Diskriminators vorzunehmen.

Daher kann die ASID-Spezialherstellung nicht mit den anderen Kontrollbluten verglichen werden. Die besten Ergebnisse sind mit den Kontrollbluten von Technicon und bioMérieux erzielt worden, während alle anderen Kontrollblute und auch das Frischblut nahezu identische Fehlerpunktzahlen zwischen 16 und 18 aufwiesen. Hier deutet sich bereits an, was bei der Leukozytenzählung wesentlich deutlicher bemerkbar wird, daß es reagenzienbedingte, oder besser ausgedrückt, kontrollblutbedingte systematische Fehler gibt. Diese Frage soll im Zusammenhang mit den Leukozytenzählungen noch eingehender erörtert werden.

4.1.3 Vergleichbarkeit

Zur Beurteilung der Vergleichbarkeit sind in Tab. 4 - im Gegensatz zu den beiden bisher besprochenen Tabellen - die Ergebnisse aller Ringversuchsteilnehmer herangezogen worden. Auch hier ist jeweils nur das an erster Stelle mitgeteilte Zählergebnis ausgewertet; auch in dieser Tabelle stehen hinter den Standardabweichungen in Klammern die Freiheitsgrade. Die Mittelwerte sind aus den gewichteten Varianzen ohne Berücksichtigung der Abweichungen zwischen den Gruppen berechnet worden. Zusätzlich sind für die Kontrollblute auch die Vergleichbarkeit aller Teilnehmer und die sich darauf ergebende relative Standardabweichung ausgerechnet worden. Bei den Gerätetypen sind wieder die Reihenfolgeziffern angegeben worden.

Die Vergleichbarkeit zwischen den einzelnen Teilnehmern ist für die Sonderanfertigung des ASID-Kontrollblutes durch die bereits erwähnte Unachtsamkeit der Teilnehmer mit 0,43 Ery/pl etwas größer, bei allen anderen Kontrollbluten mit Werten zwischen 0,26 und 0,33 Ery/pl etwa gleichbleibend zufriedenstellend und beim Frischblut mit 0,20 Ery/pl am besten. Bei den Gerätevergleichen schneiden Erymat und Celloscope auch deshalb so gut ab, weil hier nur in den ersten beiden Ringversuchen 2 oder 3 Teilnehmer, sonst jeweils nur einer, teilgenommen haben, so daß keine Vergleiche berechnet werden konnten. Bei den übrigen Geräten weisen die Mittelwerte zwischen 0,14 und 0,60 Ery/pl wieder deutliche Unterschiede auf. Auch hier sind es oft einzelne Ausreißer, die für die größere Streuung bei einem Gerät verantwortlich sind. Auffallend ist bei der Betrachtung aller 3 Tabellen, daß die Zählkammermethode durchaus einen guten Anschluß an die elektronischen Geräte findet.

Tabelle 4

Vergleichbarkeit der Bestimmung der Erythrozytenpartikelkonzentration

Vergleichsdifferenzen (R) bei der Ringstudie 1976/77

Geräte (Hersteller, Typ)	Agranulozytose Frischblut R (n-1)	Dade - Kontrollblut 'pathol' R (n-1)	Dade - Kontrollblut 'normal' R (n-1)	Technicon Kontrollblut R (n-1)	'Mikrozytose' (ASID) R (n-1)	Coulter Kontrollblut R (n-1)	Molter Kontrollblut R (n-1)	Ortho Kontrollblut R (n-1)	bio Mérieux Kontrollblut R (n-1)	Mittelwerte ohne Frischbl. u. Dade'path' R (n-1)	Mittelwerte, Reihenfolge
	Ergebnisse (R; in Tent/L) und Freiheitsgrade (n-1)										
Celloscope 411	,311 (1)	,087 (2)	,061 (2)							,155 (5)	3
Coulter DN	,056 (2)	,217 (6)	,393 (6)	,372 (3)	,437 (3)	,272 (3)	,295 (3)	,222 (5)	,097 (4)	,291 (35)	9
Coulter ZF	,115 (3)	,060 (6)	,153 (6)	,195 (3)	,330 (3)	,179 (9)	,242 (8)	,137 (7)	,197 (7)	,186 (51)	6
Coulter S	,344 (2)	,092 (7)	,110 (2)	,114 (2)	,250 (2)	,100 (8)	,139 (8)	,105 (12)	,127 (12)	,135 (60)	2
Digicell 100	,285 (2)	,310 (6)	,314 (6)	,271 (2)	,245 (2)	,045 (2)	,040 (2)	,323 (2)	,376 (2)	,284 (26)	8
Erymat	,205 (1)	,035 (1)	,014 (1)							,123 (3)	1
Hemac 630 L	,055 (2)	,168 (6)	,140 (6)	,160 (2)	,136 (2)	,127 (2)	,329 (2)	,070 (2)	,023 (2)	,157 (26)	4
Hemalog 8	,111 (2)	,184 (5)	,162 (5)	,108 (3)	,091 (3)	,085 (3)	,244 (3)	,127 (2)	,195 (3)	,180 (30)	5
Phywe BKZ	,236 (5)	,373 (6)	,440 (6)	,479 (2)	,734 (2)	,555 (3)	,478 (3)			,448 (27)	10
Picoscale	,492 (5)	,645 (7)	,978 (7)	,061 (2)	,603 (2)	,088 (4)	,362 (4)	,636 (4)	,275 (4)	,600 (39)	12
TOA 107, 117	,157 (2)	,153 (6)	,146 (6)	,148 (1)	,396 (1)	,137 (4)	,146 (4)	,269 (4)	,230 (4)	,190 (32)	7
Zählkammer	,217 (7)	,548 (12)	,508 (12)	,467 (8)	,498 (8)		,318 (1)	,594 (5)	,480 (5)	,487 (58)	11
Mittelwerte der Geräte	,269 (34)	,354 (70)	,432 (70)	,328 (28)	,429 (28)	,211 (37)	,269 (38)	,318 (44)	,244 (43)	,301 (392)	
Reihenfolge der Mittelwerte	3	7	9	6	8	1	3	5	2		
Vergleichbarkeit aller Teilnehmer	,199 (45)	,266 (61)	,328 (74)	,29[illegible] (44)	,432 (44)	,286 (50)	,279 (50)	,299 (59)	,257 (59)		
Zielwerte ($\bar{x}$)	2,76	3,08	4,75	4,2[illegible]	4,44	4,87	4,91	4,29	4,95		
Rel. Standardabweichung (s%)	7,11%	8,58%	6,83%	6,93%	9,60%	5,84%	5,69%	6,95%	5,24%		

4.2 Leukozyten-Ringstudien

4.2.1 Präzision

Die Präzision der Leukozytenzählung (unmittelbare Wiederholbarkeit innerhalb der Serie) beträgt im Gesamtmittelwert 0,24 Leuko/nl, ein ebenfalls zufriedenstellendes Ergebnis (Tab. 5). Die normalen Kontrollblute und das Frischblut weisen gut übereinstimmende Streuungen zwischen 0,2 und 0,27 Leuko/nl auf. Bei der Probe mit erhöhter Leukozytenzahl beträgt die Streuung in der Serie 0,44 Leuko/nl. Diese Werte liegen bei relativen Standardabweichungen zwischen 2,3 % bis 3,6 %. Die Gerätemittelwerte bei den Zählgeräten schwanken zwischen 0,08 und 0,31 Leuko/nl, während die mittlere Streuung bei den Zählkammern 0,39 Leuko/nl beträgt. Insgesamt betrachtet ist die Präzision bei allen Geräten und allen Kontrollbluten sowie beim Frischblut zufriedenstellend.

4.2.2 Vergleichbarkeit

Die mittlere Vergleichbarkeit aller Leukozytenzählungen innerhalb der einzelnen Gruppen zeigt in Tab. 6 mit 1,27 Leuko/nl eine mehr als fünfmal größere Streuung als bei der Wiederholbarkeit, während das Verhältnis der Vergleichbarkeit zur Wiederholbarkeit bei der Erythrozytenzählung nur bei 3 : 1 liegt. Eine vier- bis achtmal schlechtere Vergleichbarkeit als die Präzision findet man auch, wenn man die Eintragungen der einzelnen Geräte bzw. Gerätetypen miteinander vergleicht. Die beste Vergleichbarkeit findet man beim Coulter S und beim Hemac mit je 0,4 Gent/L, gefolgt von Hemalog 8 und dem Coulter ZF mit 0,5 bzw. 0,7 Gent/L usw.. Die Zählkammerergebnisse stehen überraschenderweise an 8. Stelle und sind nicht schlechter als der Durchschnitt aller Gerätevergleichbarkeiten ! Die Vergleichbarkeit aller Teilnehmer ist beim Frischblut mit 0,25 Gent/L die beste, gefolgt von bioMérieux-Blut mit 0,5 Gent/L, während die Vergleichbarkeit bei den anderen Kontrollbluten zwischen 0,8 und 1,3 Gent/L schwankt. Die relativen Standardabweichungen betragen für die Vergleichbarkeit bei den Kontrollbluten 6 % bis 13 %, was nur zum Teil als zufriedenstellend angesehen werden kann. Wenngleich die Zahlen innerhalb der Tabellen wegen der meist wenigen Freiheitsgrade mit äußerster Zurückhaltung betrachtet werden müssen, sind die Abweichungen hier besonders auffallend. Das beste Ergebnis haben die drei Hemac-Teilnehmer mit dem Ortho-Kontrollblut erzielt (bei

Tabelle 5

Präzision der Bestimmung der Leukozytenpartikelkonzentration

Wiederholdifferenzen (r) bei der Ringstudie 1976/77

Gerät (Hersteller, Typ)	Ergebnisse (r; in Gent/L) und Freiheitsgrade (n-1): Agranulozytose-Frischblut		Dade - Kontrollblut 'pathol'		Dade - Kontrollblut 'normal'		Technicon Kontrollblut		'Mikrozytose' (ASID)		Coulter Kontrollblut		Molter Kontrollblut		Ortho Kontrollblut		bio Mérieux Kontrollblut		Mittelwerte ohne Frischbl, u.Dade 'path'		Mittelwerte, Reihenfolge
	r	n-1	r	n-1	r	n-1	r	n-1	r	n-1	r	n-1	r	n-1	r	n-1	r	n-1	r	n-1	
Celloscope 411	,000	(1)	,102	(2)	,056	(2)	,354	(1)	,495	(1)	,283	(1)	,283	(1)	,212	(1)	,141	(1)	,274	(8)	8
Coulter DN	,200	(2)	,257	(6)	,220	(6)	,041	(3)	,058	(3)	,153	(3)	,153	(3)	,084	(3)	,050	(2)	,143	(23)	4
Coulter ZF	,015	(3)	,115	(8)	,271	(8)	,106	(4)	,117	(4)	,290	(5)	,165	(5)	,086	(5)	,055	(5)	,190	(36)	6
Coulter S	,158	(2)	,106	(4)	,079	(4)	,112	(2)	,058	(3)	,000	(1)	,071	(1)	,091	(3)	,058	(3)	,080	(15)	1
Digicell 100	,187	(3)	,381	(6)	,115	(6)	,112	(2)	,115	(3)	,115	(3)	,115	(3)	,122	(3)	,153	(3)	,129	(22)	3
Hemac 630 L	,000	(1)	,104	(6)	,122	(6)	,058	(3)	,058	(3)	,071	(3)	,071	(3)	,041	(3)	,147	(3)	,094	(24)	2
Hemalog 8	,036	(1)	,185	(8)	,141	(8)	,071	(3)	,115	(3)	,187	(4)	,190	(4)	,230	(5)	,100	(5)	,160	(32)	5
Phywe BKZ	,031	(3)	,344	(6)	,454	(6)	,354	(3)	,041	(3)	,129	(3)	,154	(3)	,283	(1)	,276	(1)	,309	(20)	10
Picoscale	,568	(4)	,572	(8)	,264	(8)	,158	(2)	,041	(3)	,224	(4)	,475	(4)	,323	(4)	,364	(4)	,308	(28)	9
TOA 107, 117	,058	(3)	,777	(6)	,445	(6)					,212	(3)	,071	(3)	,074	(3)	,091	(3)	,260	(20)	7
Zählkammer	,084	(3)	,952	(4)	,272	(4)	,283	(9)	,387	(9)	,460	(1)	,665	(1)	,419	(6)	,488	(6)	,391	(36)	11
Mittelwerte	,245	(26)	,440	(64)	,266	(64)	,203	(32)	,239	(31)	,210	(31)	,249	(31)	,233	(37)	,253	(36)	,241	(264)	
Reihenfolge der Mittelwerte	5		9		8		1		4		2		6		3		7				
Zielwerte ($\bar{x}$)	<,3		13,8		7,5		8,6		10,2		7,9		8,3		7,7		7,5				
Rel. Standardabweichung (s%)	81,67		3,19		3,55		2,36		2,34		2,66		3,00		3,03		3,37				

Tabelle 6

Vergleichbarkeit der Bestimmung der Leukozytenpartikelkonzentration

Vergleichsdifferenzen (R) bei der Ringstudie 1976/77

Geräte	Ergebnisse (R; in Gent/L) und Freiheitsgrade (n-1): Agranulozytose Frischblut R n-1	Dade - Kontrollblut 'pathol.' R n-1	Dade - Kontrollblut 'normal' R n-1	Technicon Kontrollblut R n-1	'Mikrozytose' (ASID) R n-1	Coulter Kontrollblut R n-1	Molter Kontrollblut R n-1	Ortho Kontrollblut R n-1	bio Mérieux Kontrollblut R n-1	Mittelwerte ohne Frischbl. u. Dade'path' R n-1	Mittelwerte, Reihenfolge
Celloscope 411	1,414 (1)	1,713 (2)	1,358 (2)							1,520 (5)	9
Coulter DN	,530 (2)	1,824 (6)	,318 (6)	,763 (3)	1,511 (3)	1,330 (3)	,424 (3)	,400 (4)	,491 (4)	1,046 (34)	6
Coulter ZF	,104 (4)	1,126 (6)	1,254 (6)	,386 (3)	,419 (3)	,456 (8)	,492 (8)	,489 (7)	,308 (7)	,679 (52)	4
Coulter S	,351 (2)	,587 (7)	,271 (7)	,493 (2)	,493 (2)	,377 (8)	,502 (8)	,325 (12)	,276 (12)	,398 (60)	1
Digicell 100	,436 (2)	1,443 (6)	,593 (6)	,643 (2)	,346 (2)	,208 (2)	1,040 (2)	,839 (2)	,300 (2)	,875 (26)	5
Hemac 630 L	,551 (2)	,544 (6)	,327 (6)	,200 (2)	,115 (2)	,346 (2)	,520 (2)	,058 (2)	,351 (2)	,400 (26)	2
Hemalog 8	,115 (2)	,817 (6)	,442 (5)	,404 (3)	,678 (3)	,613 (3)	,420 (3)	,569 (2)	,359 (3)	,547 (30)	3
Phywe BKZ	,712 (5)	4,843 (6)	1,584 (6)	,721 (2)	2,021 (2)	3,542 (3)	3,435 (3)			2,985 (27)	11
Picoscale	1,333 (5)	2,991 (7)	1,835 (7)	1,493 (2)	1,868 (2)	1,377 (4)	1,777 (4)	1,818 (4)	2,190 (4)	2,020 (39)	10
TOA 107, 117	,896 (2)	,934 (6)	,577 (6)	1,344 (1)	1,768 (1)	1,080 (4)	1,245 (4)	1,588 (4)	,593 (4)	1,063 (32)	7
Zählkammer	,774 (7)	1,559 (13)	1,058 (13)	1,170 (8)	1,665 (8)	,813 (1)	1,237 (1)	1,411 (5)	,947 (5)	1,281 (61)	8
Mittelwerte der Geräte	,621 (34)	2,036 (71)	1,022 (70)	,893 (28)	1,336 (28)	1,258 (38)	1,293 (38)	,962 (42)	,813 (43)	1,267 (392)	
Reihenfolge der Mittelwerte	1	9	5	3	8	6	7	4	2		
Vergleichbarkeit aller Teilnehmer	,251 (43)	1,327 (76)	,765 (76)	,849 (44)	1,125 (44)	1,098 (50)	,789 (50)	1,004 (59)	,482 (59)		
Zielwerte ($\bar{x}$)	<,3	13,8	7,5	8,6	10,2	7,9	8,3	7,7	7,5		
Rel. Standard-abweichung (s%)	83,67%	9,62%	10,20%	9,87%	11,03%	13,90%	9,51%	13,04%	6,43%		

allerdings natürlich nur 2 Freiheitsgraden); aber auch das Ergebnis von beispielsweise 8 Coulter-S-Benutzern von Dade-Normalkontrollblut mit einer relativen Standardabweichung von 3,6 % (bei immerhin 7 Freiheitsgraden) ist sehr zufriedenstellend. Demgegenüber haben sich einige äußerst schlechte Ergebnisse mit hohen relativen Standardabweichungen von mehr als 40 % zwischen den einzelnen Laboratorien ergeben. Die Erklärung für diese außerordentlich großen Unterschiede ergibt sich aus der Tab. 7.

4.2.3 Richtigkeit

Die Leukozyten-Tabellen sind in Tab. 7 in gleicher Form wie die Erythrozyten-Tabellen aufgebaut. Auch die Rechenvorgänge sind stets die gleichen. Ein Unterschied wird lediglich bei der Kommentierung der Richtigkeit gemacht:
Bei dem "Agranulozytose-Frischblut" sind die Ergebnisse zwischen 0,0 und 0,3 Gent/L mit einem Ausrufungszeichen, d.h. einem Pluspunkt bewertet worden, zwischen 0,81 und 1,20 Gent/L mit ++ bzw. 2 Minuspunkten und größer als 1,21 Gent/L mit +++ bzw. 3 Minuspunkten.

Bei den Kontrollbluten ist der Mittelwert ± 3 % mit Ausrufungszeichen und Pluspunkt, der Mittelwert ± 12 bis 24 % mit 2 Plus- oder Minuszeichen und 2 Minuspunkten und Ergebnisse mit mehr als 24 % Abweichung vom Mittelwert mit 3 Plus- oder 3 Minuszeichen und 3 Minuspunkten bewertet worden.

Bei diesen Ergebnissen fallen z.T. erschreckend große Unterschiede auf: von den 12 Teilnehmern, die mit Coulter ZF, Coulter S, Digicell bzw. Hemac gearbeitet haben, haben neun 1 Minus- bis 1 Pluspunkt, einer 0 Punkte und nur zwei Teilnehmer 3 bis 4 Minuspunkte (nach der zugegebenermaßen willkürlichen Punktebewertung) erhalten. Demgegenüber weisen die 14 Teilnehmer, die mit Hemalog-, Phywe-, Pikoscale- bzw. TOA-Geräten arbeiteten, nur in einem Fall 0 Punkte und in allen anderen Fällen 1 bis 22 Minuspunkte auf. Nun haben die Ergebnisse in den anderen Tabellen gezeigt, daß das Hemalog mit dem Hemac, das TOA wieder mit dem Digicell recht gut vergleichbar sind. Der Unterschied liegt also wahrscheinlich nicht in der Methode oder dem Gerät (Hemac und Hemalog arbeiten mit der optischen Methode, die eben erwähnten anderen Geräte mit der elektrischen Methode), sondern offensichtlich bei den zur Blutverdünnung angewandten Reagenzien. Wie sich bereits

Tabelle 7

Richtigkeit der Bestimmung der Leukozytenpartikelkonzentration

('Ery-Leuko-Ringstudie' 1976/77)

Geräte (Hersteller, Typ)	Teilnehmer-Nummer	Agranulozytose-Frischblut		Ergebnisse (in Gent/L) und Bewertungspunkte: Dade-Kontrollblut 'pathol.'		Dade-Kontrollblut 'normal'		Technicon Kontrollblut		'Mikrozytose' (ASID)		Coulter Kontrollblut		Molter Kontrollblut		Ortho Kontrollblut		bio Mérieux Kontrollblut		Gesamt-Bewertung
		x̄	Bewert.	x̄	Bewert.	x̄	Bewert.	x̄	Bewert.	x̄	Bewert.	x̄	Bewert.	x̄	Bewert.	x̄	Bewert.	x̄	Bewert.	Punkte
Celloscope 411	12	,2	#	11,9	--	9,1	++	9,2	+	10,8		7,5	--	6,2	--	6,7	-	7,2		-10
Coulter DN	24			14,8	+	7,7		9,8		12,4	++	8,7	#	9,1	+	7,1	-	8,8	++	-7
	25	,19	#	14,3		7,9		8,2		9,1	-	9,1		8,5	#	7,9	#			+2
	26	1,2	++	11,2	-	7,8		8,2		9,4	-	9,1		8,2	#	8,1	#	7,8		-2
Coulter ZF	41	,22	#	14,0	#	7,4	#	8,1		9,6		8,8	#	8,3	#	7,8	#	7,3	#	+7
	42			14,7	+	8,8	++	8,7	#	10,4	#	9,6	+	9,0	+	8,2	#	8,2	+	-3
	46			14,7	+	7,7	#	8,6	#	10,4	#	8,4	#	8,0		7,7		7,6	#	+4
	48	,40		13,4	#	7,2		7,9	-	10,5	#	8,6	#	7,9		7,6		7,3	#	+3
Coulter S	35	,8	+	13,5	#	7,7	#	8,9		10,6		8,5	#	8,1	#	8,5	+	7,9		+2
	37	,5		13,9	#	8,0	+	8,8	#	10,5	#					8,4		7,8		+2
Digicell 100	52	1,8	+++	16,4	+	8,9	++	9,4	+	11,1	+	8,2		7,8		9,3	++	8,0	+	-11
	53	,7	+	14,5		7,7	#	8,5	#	10,5	#	7,8	-	7,6	-	7,9	#	8,3	+	±0
	56	,6	+	13,3		7,0	-					7,9	-	5,9	---	7,8	#	7,7	#	-4
Hemac 630 L	71			14,1	#	8,1	+	8,2		10,3	#	9,4	+	9,1	+	8,2	#	7,7	#	+1
	77			12,8	-	7,4	#	8,6	#	10,5	#	8,8	#	8,2	#	8,1	#	7,0	-	+4
	78	,0	#	14,1	#	8,1	+	8,4	#	10,5	#	9,4	+	9,1	+	8,2	#	7,4	#	+3
Hemalog 8	81			15,8	++	8,3	+	8,0	-	9,0	-	6,4	---	8,2	#	6,9	--	8,2	+	-10
	83	,3	#	14,5		7,7	#	8,8	#	10,5	#	6,2	---	7,7	-	6,6	--	7,5	#	-1
	85			13,6	#	7,4	#	8,3		9,3	-	7,4	-	8,7		7,7		7,8		±0
	87	,3	#	14,5		8,3	+	7,9	-	9,2	-	7,3	-	8,4	#	6,2	--	7,4	#	-3
Phywe BKZ	93	,85	++	13,8	#	8,2		9,2	+	7,4	---	9,4	+	9,7	+					-7
	94	,44		4,1	---	4,2	---	7,8	-	7,4	---	6,1	---	8,1						-13
	97	,6		14,5		7,9		8,8	#	10,9		9,5	+	9,0	+	8,5		8,3	+	-3
Picoscale	101	2,1	+++	10,2	---	8,1	+	6,2	---	7,2	---	3,8	---	3,9	---	3,8	---	7,2		-22
	103	,95	++	6,9	---	4,7	---	9,0		10,9	+	3,7	---	4,5	---	3,2	---	5,4	---	-21
	105	,6	+	10,7	--	6,3	--					5,2	---	5,8	---	6,1	---	8,6	++	-15
	108	,4		4,5	---	3,4	---	6,7	--	9,5	-	6,0	---	7,7	-	4,7	---	7,5	#	-16
TOA 107, 117	114	,5		13,7	#	7,5	#					5,1	---	1,9	---	6,0	---	7,8		-7
	115	2,0	+++	12,7	-	7,8						5,1	---	2,6	---	5,3	---	7,3	#	-12
	117	,4		12,6	-	7,0	-					3,9	---	1,8	---	2,9	---	6,2	--	-13
Zählkammer	121	,0	#	10,4	---	4,2	---	5,7	---	3,8	---					6,8	--	8,8	+	-14
	133	,09	#	11,6	-	6,0	--	7,5	-	8,9	-	6,3	---	6,1	---	6,3	--	7,0	-	-13
	134	2,4	+++	12,9	-	8,1	+	5,4	---	6,7	---					6,8	--	7,1		-14
Gesamtbewertung, Punkte		-14		-22		-23		-12		-17		-38		-28		-31		-7		

Bewertung: Zielwert ±1% (#) = 1 Pluspunkt; Zielwert ±5-10% (+ bzw. -) 1 Minuspunkt; Zielwert ±10-20% (++ bzw. --) 2 Minuspunkte; Zielwert ±> 20% (+++ bzw. ---) 3 Minuspunkte

bei der Erythrozytenzählung angedeutet hat, wird bei der Leukozytenzählung klar, daß die von den verschiedenen Firmen vorgestellten und empfohlenen Verdünnungslösungen sich nicht zur Anwendung bei allen Kontrollbluten eignen. Bekanntlich enthalten die Kontrollblute in vielen Fällen anstelle menschlicher Leukozyten Vogelerythrozyten oder fixierte Humanerythrozyten. Die Gerätehersteller stellen ihre Verdünnungsflüssigkeiten jedoch verständlicherweise in erster Linie auf Patientenblute bzw. die herstellereigenen Kontrollblute ein. Dadurch ergeben sich die beobachteten Diskrepanzen. Zwischen bestimmten Kontrollbluten und Verdünnungsreagenzien bestehen Unverträglichkeiten. Es ist klar, daß, wenn die drei Verwender der TOA-Zählgeräte in Molter-Kontrollblut anstelle 8,3 Gent/L nur 1,8 bis 2,6 Gent/L finden, dies nicht am Gerät, auch nicht allein an der Verdünnungsflüssigkeit liegt, die in zwei von drei Fällen mit Dade-Normal- bzw. bioMérieux-Kontrollblut gute Ergebnisse ergibt, aber auch nicht am Kontrollblut, mit dem z.B. alle Coulter-Benutzer gute Werte erhalten, sondern eben an der Inkompatibilität zwischen Kontrollblut und Verdünnungsflüssigkeit. Ähnliche Inkompatibilitäten sind auffällig bei den TOA-Benutzern außer mit Molter-Blut auch mit Coulter- und Ortho-Kontrollblut, bei den Pikoscale-Benutzern gegenüber den drei erwähnten Kontrollbluten und gegenüber dem Dade-Kontrollblut. Andere Unverträglichkeiten treten offensichtlich mit der Türk'schen Lösung auf, wie sie bei den Zählkammern verwendet wird, und den meisten Kontrollbluten (ausgenommen bioMérieux) und, weniger ausgeprägt, gelegentlich nur angedeutet, auch bei anderen Kombinationen, so z.B. beim Hemalog 8 und den Coulter- sowie Ortho-Kontrollbluten.

Wie Umfragen ergeben haben, sind diese Unverträglichkeiten den Firmen seit längerer Zeit bekannt. Sie haben aber bedauerlicherweise die Verwender nicht davon unterrichtet. Die Leiter von Referenzlaboratorien haben auf diese Inkompatibilitäten hingewiesen, die auch in den Ringstudien beobachtet worden sind. Inzwischen haben sowohl einzelne Gerätehersteller als auch Kontrollbluthersteller Versuche unternommen, dies abzubauen. Auch im Fachnormenausschuß Medizin wird der Versuch unternommen, durch Normung der Anforderungen an Kontrollblute und Verdünnungslösungen solche Mißstände zu vermeiden. Da es in den meisten Fällen möglich ist, Blutkörperchen-Zählgeräte nicht nur mit den von den Herstellern empfohlenen oder verkauften Verdünnungslösungen, sondern auch mit anderen Verdünnungslösungen zu betreiben, dürfte für die Verwender diejenige Lösung die beste sein, wenn - wie dies von allen kompetenten Seiten dringend empfohlen wird - die Qualitätskontrolle mit mehreren verschiedenen auf dem Markt befindlichen Kontrollbluten abwechselnd durchgeführt wird.

Abgesehen von den genannten Inkompatibilitäten, die insbesondere bei der Betrachtung der Ergebnisse am Frischblut zu finden sind, zeigt sich aber auch hier, daß gute oder schlechte Ergebnisse nicht so sehr methoden- oder geräte-, sondern vielmehr benutzerbedingt sind. Nur durch sorgfältige Gebrauchsanweisungen und eine bessere Aufklärung durch den Außendienst kann hier Abhilfe geleistet werden.

Bei der weiteren Betrachtung der Tab. 7 fällt auf, daß der Teilnehmer 56, der am Erythrozytenkanal einen Plusfehler hatte, am Leukozytenkanal einen Minusfehler hat, während der Teilnehmer 42 wohl bei der Leukozytenzählung einen durchgehenden, systematischen Plusfehler aufweist.

5. Gerätefragebogen

Um zu einer etwas objektiveren Beurteilung der in diesen Ringversuchen eingesetzten Blutkörperchen-Zählgeräte zu kommen, ist ein allgemeiner Gerätefragebogen entwickelt (s. v. Boroviczény, 1985) und an die Teilnehmer dieser Ringstudie und auch an andere Laboratorien versandt worden. Der Fragebogen enthält 5 mal 4 Fragen. Jede Frage soll mit 0 bis 10 Punkten beantwortet werden. Die vom Anwender gegebenen Punkte werden, je nach ihrer Bedeutung, mit einem Faktor zwischen 0,3 und 0,6 gewichtet, die gewichteten Punktsummen für die 5 Fragegruppen ausgerechnet und aufsummiert.

In der Tab. 8 ist das zusammengefaßte Ergebnis von 94 Antworten, die zu den Ringversuchen benutzten 11 verschiedenen Geräten eingegangen sind, wiedergegeben. Bei dem Celloscope und Erymat hat es leider nur drei bzw. zwei Antworten von Laboratorien gegeben, so daß beide Ergebnisse mit einer gewissen Zurückhaltung betrachtet werden müssen.

Tabelle 8 Beurteilung verschiedener Zellzählgeräte (Ergebnisse einer Fragebogenaktion)

Gerät, Typ	Anzahl der Antworten	Allgemeines	Betriebskonfort	Zuverlässigkeit	Kundendienst	Rationalisierung	Summe
Celloscope 411	3	10,3	8,2	13,6	6,2	13,2	52
Coulter DN	8	13,8	11,9	15,4	14,7	13,5	69
Coulter ZF	16	12,3	10,4	14,0	12,6	14,2	64
Coulter S	18	14,0	10,4	15,6	15,7	15,4	71
Digicell 100	7	12,9	11,2	14,4	15,0	13,0	68
Erymat	2	11,3	8,0	12,9	16,4	10,5	59
Hemac 630 L	8	14,2	13,2	17,9	15,1	17,4	78
Hemalog 8	6	16,0	14,6	18,8	19,2	16,0	85
Phywe BKZ	9	10,7	11,6	14,4	12,7	12,8	62
Picoscale	8	12,3	11,4	14,8	15,2	15,3	69
TOA 107, 117	9	13,1	13,1	15,1	12,9	14,9	69
Summe	94						
Mittelwerte		12,8	11,4	15,2	14,2	14,2	68

Anmerkung: Der hier benutzte Gerätefragebogen ist auf den Seiten 183 ff eingehend beschrieben worden.

6. Ausblick

Bei der Auswertung der fünf Ringstudien ist uns klar geworden, daß hochinteressante Ergebnisse durch weitere Ringversuche ähnlicher Art bestätigt werden müssten. In den 8 Jahren, die seit der Beendigung dieser Ringversuchsserie vergangen sind, sind neue Gerätetypen auf den Markt gekommen, Reagenzien zum Teil verbessert und auch Kontrollblute weiterentwickelt worden. Es ist daher wünschenswert, weiterhin ähnliche Ringversuche durchzuführen.

Abschließend und zusammenfassend soll betont werden, daß unsere Untersuchungen über das Zusammenspiel von Untersucher, Gerät, Reagenz und Kontrollprobe keinesfalls dazu dienen sollten, Mängel an Gerätetypen, Reagenzien oder Kontrollproben nachzuweisen; sondern auf das Bestehen, z.b. von Inkompatibilitäten zwischen bestimmten Reagenzien und Kontrollbluten hinzuweisen. Den Geräte-, Reagenzien- und Kontrollbluthherstellern sind die Ergebnisse sofort zugänglich gemacht worden. Die Entwicklung der seither vergangenen 8 Jahre zeigt, daß Konsequenzen gezogen werden.

A. v. KLEIN-WISENBERG (FREIBURG),
R. MERTEN UND V. SCHUMANN (DÜSSELDORF)

GÜTEBEURTEILUNG VON METHODEN, GERÄTEN UND LABORATORIEN MITTELS RANGFOLGEN

In der praktischen Vor-Auswertung der Ergebnisse einer Ringstudie kommt man - insbesondere bei der Beurteilung neuer Geräte und Verfahren - häufig zu der Erkenntnis, daß die Varianzen inhomogen sind oder daß die Verteilung der Einzelwerte mehrgipflig ist. Man sollte dann eine Interpretation mit den Maßzahlen der parametrischen Statistik unterlassen.

Dennoch lassen sich aus der Ringstudie Aussagen über die Rangfolge der zu prüfenden Methoden und Geräte, aber auch der Prüflaboratorien gewinnen, wie dies auch bei anderen Rangzahlen, z.B. Schulnoten, geschieht. Allerdings lassen sich - ebensowenig wie bei Schulnoten - keine Aussagen über die Einordnung der Rangzahlen eines weiteren, unabhängigen Versuches in eine Gesamt-Rangfolge machen: die Rangfolge kennzeichnet nur den jeweiligen Versuch. Allerdings besteht die begründete Hoffnung, bei einem wiederholten Versuch, zu dem nur die rangvorderen Methoden, Geräte und Laboratorien des Vorversuches herangezogen werden, ein homogenes Datenmaterial zu bekommen.

Im folgenden wird an zwei Beispielen die Vorgehensweise bei der Aufstellung und Beurteilung einer Güterangfolge erörtert:

A. Rangvarianzanalytische Gütebeurteilung von Geräten und Verfahren

Die Anwendung eines rangvarianzanalytischen Verfahrens wird aufgrund der Analysenwerte von 6 Enzymaktivitäten (GPT, AP, CK, LDH, HBDH, GGT) in 2 Proben (R 85, lot 524, R 82, lot 548, Hersteller Boehringer Mannheim) mit 5 mechanisierten (BE, CE, GE, EP, LK) und 1 manuellen (MA) Verfahren durch je 6 Laboratorien vorgenommen. Untersuchungsziel ist die Beantwortung der Frage gewesen, ob die Geräte gleiche Leistungen zeigen bzw. ob diesbezüglich ein Unterschied zu sichern gewesen ist.

Wie schon früher von uns beobachtet, ist die Variation zwischen den Laboratorien um ein Vielfaches größer als die Variation der Einzelbestimmungen. Es ist daher je Probe und Enzym eine Rangfolge aufgestellt worden von

- Abweichungen des Gerätemittelwertes vom manuellen Mittelwert
- Rangfolge der Geräte in der Gesamtvarianz der Laboratorien
- Rangfolge der Geräte in der Verfahrenskomponente
- Rangfolge der Geräte in der Laborkomponente

Dieses Vorgehen ist schon früher beschrieben worden (v. Schumann 1976).

Die so erstellten Rangfolgen sind in den Tabellen 1 bis 4 zusammengefaßt.

Es hat sich zunächst nach dem Friedman-Test (zweifache Varianzanalyse mit Rangzahlen, 1937) kein auf dem Niveau einer Irrtumswahrscheinlichkeit von 5 % zu sichernder Unterschied zwischen den Gerätemittelwerten und dem manuell ermittelten Mittelwert ergeben.

Offensichtlich sind jedoch die Streuungen der Geräte sehr unterschiedlich. Hier ergibt der multiple Vergleich nach Wilcoxon und Wilcox (1964) (Tabellen 5, 6, 7) folgendes:

- Die Gesamtvarianz gegenüber dem besten Gerät (BE) ist bei dem rangletzten Gerät (CE) gesichert höher

- Die Verfahrenskomponente des rangletzten Gerätes (CE ist gegenüber dem besten Gerät (BE) und den ranggleichen zweit- und drittbesten Geräten (GE, LK) gesichert höher

- Bezüglich der Laborkomponente schneidet das rangletzte Gerät (CE) gegenüber dem rangersten Gerät (BE) nur schwach sicherbar schlechter ab; bei Probe R 85 (lot 524) nimmt es den vorletzten Platz ein, während Gerät (LK) rangletzter ist.

Die manuellen Verfahren sind bezüglich der Varianz und ihrer Komponenten weder ausgeprägt besser noch auffallend schlechter.

Die Gesamtwertung ergibt die Rangfolge der Geräte: BE, MA, EP, GE, LK, CE.

Probe R 85 (lot. 524)

	Geräte					
Enzyme	BE	CE	GE	EP	LK	MA
GPT	1	6	3	4	5	2
AP	1	6	5	4	3	2
CK	1	2	5	4	6	3
LDH	2	6	1	4	5	3
α-HBDH	1	6	5	3	4	2
γ-GT	2	6	1	5	3	4
Rangsumme	8	32	2o	24	26	16
Reihenfolge	1	6	3	4	5	2

Probe R 82 (lot. 548)

	Geräte					
Enzyme	BE	CE	GE	EP	LK	MA
GPT	2	5	3	4	6	1
AP	2	6	5	4	3	1
CK	2	6	1	3	4	5
LDH	1	6	5	2	4	3
α-HBDH	1	5	4	3	6	2
γ-GT	5	6	2	3	1	4
Rangsumme	13	34	2o	19	24	16
Reihenfolge	1	6	4	3	5	2

beide Proben

	Geräte					
	BE	CE	GE	EP	LK	MA
Rangsumme	21	66	4o	43	5o	32
Reihenfolge	1	6	3	4	5	2

Tab.1: Rangfolge der Gesamtvarianz s_x^2

Probe R 85 (lot. 524)

	Geräte					
Enzyme	BE	CE	GE	EP	LK	MA
GPT	1	6	5	2	3	4
AP	3	6	4	5	2	1
CK	1	4	2	6	5	3
LDH	2	6	1	5	3	4
α-HBDH	1	6	5	3	2	4
γ-GT	4	6	1	5	2	3
Rangsumme	12	34	18	26	17	19
Reihenfolge	1	6	7	5	2	4

Probe R 82 (lot. 548)

	Geräte					
Enzyme	BE	CE	GE	EP	LK	MA
GPT	1	6	2	4	3	5
AP	2	6	3	5	4	1
CK	2	6	1	5	4	3
LDH	1	6	3	5	2	4
α-HBDH	1	6	5	3	4	2
γ-GT	3	6	2	4	1	5
Rangsumme	1o	36	16	26	18	2o
Reihenfolge	1	6	2	5	3	4

beide Proben

	Geräte					
	Be	CE	GE	EP	LK	MA
Rangsumme	22	7o	34	52	35	39
Reihenfolge	1	6	2	5	3	4

Tab.2: Rangfolge der Verfahrenkomponente

Probe R 85 (lot. 524)

	Geräte					
Enzyme	BE	CE	GE	EP	LK	MA
GPT	3	5	1	4	6	2
AP	1	6	5	4	3	2
CK	1	2	6	3	5	4
LDH	3	6	1	2	5	4
α-HBDH	2	3	6	4	5	1
γ-GT	1	6	2	3	5	4
Rangsumme	11	28	21	2o	29	17
Reihenfolge	1	5	4	3	6	2

Probe R 82 (lot. 548)

	Geräte					
Enzyme	BE	CE	GE	EP	LK	MA
GPT	2	5	4	3	6	1
AP	1	6	5	4	3	2
CK	2	6	1	3	4	5
LDH	2	6	5	1	4	3
α-HBDH	1	4	3	5	6	2
γ-GT	6	5	3	1	4	2
Rangsumme	14	32	21	17	27	15
Reihenfolge	1	6	4	3	5	2

beide Proben

	Geräte					
	BE	CE	GE	EP	LK	MA
Rangsumme	25	6o	42	37	56	32
Reihenfolge	1	6	4	3	5	2

Tab.3: Rangfolge der Laborkomponente

Probe R 85 (lot. 524)

	Geräte				
Enzyme	BE	CE	GE	EP	LK
GPT	3	4	1	2	5
AP	4	1	3	2	5
CK	4	1	5	3	2
LDH	3	5	1	2	4
α-HBDH	2	5	3	4	1
γ-GT	3	1	5	4	2
Rangsumme	19	17	18	17	19
Reihenfolge	4/5	1/2	3	1/2	4/5

Probe R 82 (lot. 548)

	Geräte				
Enzyme	BE	CE	GE	EP	LK
GPT	3	4	1	2	5
AP	4	1	2	3	5
CK	3	1	5	4	2
LDH	3	5	2	1	4
α-HBDH	3	4	2	1	4
γGT	2	1	4	5	3
Rangsumme	18	17	16	16	23
Reihenfolge	4	3	1/2	1/2	5

Beide Proben

	Geräte				
	BE	CE	GE	EP	LK
Rangsumme	37	34	34	33	42
Reihenfolge	4	2/3	2/3	1	5

Tab.4: Rangfolge der absoluten Abweichung von Gerätemittelwerten zum manuellen Mittelwert

Probe R 85 (lot 524)

	MA	GE	EP	LK	CE
	16	20	24	26	32
BE 8	8	12	16	18	24
MA 16		4	8	10	16
GE 20			4	6	12
EP 24				2	8
LK 26					6

Probe R 82 (lot 548)

	MA	EP	GE	LK	CE
	16	19	20	24	31
BE 13	3	6	7	11	21
MA 16		3	4	8	18
EP 19			1	5	15
GE 20				4	14
LK 24					10

Beide Proben

	MA	GE	EP	LK	CE
	16	20	21.5	25	33
BE 10	5,5	9.5	11	14,5	22,5
MA 18		4	5.5	9	17
GE 20			1.5	5	13
EP 21				3.5	11,5
LK 25					8

Tab.5: Multipler Vergleich der Gesamtvarianz-Rangsummen

Probe R 85 (lot 524)

	LK	GE	MA	EP	CE
	17	18	19	26	34
BE 12	5	6	7	14	22*
LK 17		1	2	9	17
GE 18			1	8	16
MA 19				7	15
EP 26					8

Probe R 82 (lot 548)

	GE	LK	MA	EP	CE
	16	18	20	26	36
BE 10	6	8	10	16	26**
GE 16		2	4	10	20*
LK 18			2	8	18
MA 20				6	16
EP 26					10

Beide Proben

	GE	LK	MA	EP	CE
	17	17.5	19,5	26	35
BE 11	6	6,5	8,5	15	24**
GE 17		0,5	2,5	9	18
LK 17,5			2	8.5	17.5
MA 19,5				6.5	15,5
EP 26					9

Tab.6: Multipler Vergleich der Verfahrenskomponenten-Rangsummen an der Gesamtvarianz

Probe R 85 (lot 524)

	MA	EP	GE	CE	LK
	17	20	21	28	29
BE 11	6	9	10	17	18
MA 17		3	4	11	12
EP 20			1	8	9
GE 21				7	8
Ce 28					1

Probe R 82 (loz 548)

	MA	EP	GE	LK	CE
	15	17	21	27	32
BE 14	1	3	7	13	18
MA 15		2	6	12	17
EP 17			4	10	15
GE 21				6	11
LK 27					5

Beide Proben

	MA	EP	GE	LK	CE
	16	18,4	21	28	30
BE 12,5	3,5	6	8,5	15,5	17,5
MA 16		2,5	5	12	14
EP 18,5			2,5	9,5	11,5
GE 21				7	9
LK 28					2

Tab.7: Multipler Vergleich der Laborkomponenten-Rangsummen an der Gesamtvarianz

Die genannten Rangfolgen sind für beide Proben, einzeln und gemeinsam je Enzym und Analysengerät einschl. der manuellen Verfahrens zeilwenweise geordnet. Die Rangsummen sind entsprechend in Tab. 5,6 und 7 übertragen worden.

B. Verteilungsunabhängiger Vergleich von Methoden und Laboratorien mit den gleichen mechanisierten Analysengeräten

Vorstehend ist untersucht worden, ob zwischen verschiedenen mechanisierten Geräten untereinander und im Vergleich zu manuellen Verfahren Unterschiede hinsichtlich Präzision und Richtigkeit bestehen. Diese Vermutung hat sich bezüglich der Präzision nicht widerlegen lassen. Daher ist weiter zu prüfen, ob der Einfluß des Laboratoriums die überwiegende Varianzkomponente ist, indem durch Verwendung des gleichen Gerätetyps die Gerätekomponente vereinheitlicht wird.

An dem Versuch haben 7 Laboratorien teilgenommen, die an 16 Tagen in 2 verschiedenen Proben mit Hilfe des Gemsaec-Zentrifugalanalysers 3 Substratkonzentrationen (Glucose, Kreatinin, Gesamt-Eiweiß) und 3 Enzymaktivitäten nach dem optimierten Verfahren (AP, GOT, GPT) und 4 Enzymaktivitäten nach dem nicht optimierten Verfahren (GOT, GPT, LDH, LDH 1-Isoenzym) in jeder Probe ermittelt haben. Nicht jedes Laboratorium hat jede Bestimmung durchgeführt; z.B. ist Glucose nur von 3 Laboratorien analysiert worden, - für die hier angewendeten nichtparametrischen Tests eine ungenügende Anzahl - auch können von zwei Laboratorien die Ergebnisse für LDH nur teilweise berücksichtigt werden. Tab. 8 zeigt die vorverrechneten Werte: Mittelwert und relative Standardabweichung innerhalb jedes Laboratoriums über 16 aufeinanderfolgende Arbeitstage.

Zunächst hat eine Prüfung auf Homogenität der Varianzen zwischen den Laboratorien, bei der zugleich die Normalität der Verteilung geprüft worden ist (Bartlett, 1937), ergeben, daß mit Ausnahme von GOT optimiert und GOT nicht optimiert (Probe A, 24) und LDH 1-Isoenzym (Probe B, 25) die Varianzen mit einer Vertrauenswahrscheinlichkeit von mindestens 95 % nicht als homogen angesehen werden können. Das früher von uns eingeschlagene Verfahren, die Varianzen in eine Laboratoriums- und eine Verfahrenskomponente aufzuspalten, hat sich aus diesem Grunde nicht verwenden lassen.

Zur Anwendung verteilungsunabhängiger Rangordnungsauswertungen sind zunächst die Mittelwerte jedes Laboratoriums für jede der beiden Proben eines jeden Bestandteils in eine Rangordnung gebracht worden (Tab. 9).

Bestandteil	Proben Nr		Laboratorium (Teilnehmer-Nr.) 1	6	40	236	339	998	999	Gesamt
Kreatinin	25	$\bar{x}$	1.31	1.35	1.24	1.27	1.26	1.26		1.28
		s%	2.oo	6.91	4.98	2.98	6.o2	7.67		6.13
	26	$\bar{x}$	1.69	1.73	1.64	1.62	1.7o	1.8o		1.69
		s%	1.28	6.79	3.52	1.22	3.85	6.57		5.78
Gesamt-Eiweiß	25	$\bar{x}$	5,59	5.38	5.84	5.51	5.1o	5.53		5.49
		s%	1.11	3.o2	4.1o	1.37	1.69	3.14		4.85
	26	x	7.o9	6.96	6.89	7.o5	6.62	7.o2		6.94
		δ% s%	o.48	4.47	2.25	1.14	1.7o	2.52		3.27
		$\overline{\delta\%}$	1.3o	5.46	3.75	1.8o	3.68	5.31		3.9
AP opt.	25	$\bar{x}$	56.6	67.o		53.3	58.6	54.o	58.7	58.2
		δ%	4.73	16.6		5.44	4.o7	7.53	7.54	11.9
	24	$\bar{x}$	227,2	242,2		2o9.6	2o8.9	238.4	238.5	227.5
		δ%	3.94	1o.3		4.32	3.42	4.45	6.58	8.54
GOT opt.	25	$\bar{x}$	21.8	26.6		24.4	26.5	29.6	27.o	26.o
		δ%	7-53	6-24		1o.4	3.72	4.46	8.46	11.8
	24	$\bar{x}$	33.4	4o.4		37.5	38.3	42.7	4o.3	38.8
		δ%	7.54	4.38		5.9o	4.75	4.82	5.42	9.22
GPT opt.	25	$\bar{x}$	24.8	24.6		24.4	26.5	29.2	25.5	25.8
		δ%	6.33	1o.4		16.8	2.94	4.5o	12.3	11.6
	24	$\bar{x}$	57.8	58.3		56.9	61.4	65.2	55.3	59.1
		δ%	6.38	4.99		4.59	1.68	3.8o	6.32	7.27
		$\overline{\delta\%}$	6.1	9.5o		8.8	3.5	4.9	7.9	7.1
GOT nicht opt.	25	$\bar{x}$	18.9	21.9	2o.4		21.3			2o.8
		δ%	6.91	5.o5	2o.o		4.22			11.9
	24	$\bar{x}$	28.6	32.5	31.7		31.1			31.o
		δ%	4.9o	4.62	5.o1		4.66			6.63
GPT nicht opt.	25	$\bar{x}$	9.7	9.8	11.7		1o.2			1o.3
		δ%	7.99	6.17	38.2		5.5o			23.1
	24	$\bar{x}$	18.o	19.5	22.9		18.9			19.8
		δ%	6.85	5.7o	13.4		5.85			13.1
LDH	25	$\bar{x}$	177	2o1	191	196	241		192	2o1
		δ%	4.59	12.7	1.36	4.75	5.41		3.83	12.1
	24	$\bar{x}$	332	375	346	356	396		345	358
		δ%	355	1o.7	9.68	4.37	3.42		3.86	8.86
LDH 1-Isoenzym	25	$\bar{x}$	116	114	1o6		173			127
		δ%	2.55	6.49	8.78		4.92			22.1
	24	$\bar{x}$	213	2o4	191		262			217
		δ%	3.83	7.54	8.31		3.35			13.6
		$\overline{\delta\%}$	5.3	7.6	16.5		4.6			9.7

Tab. 8: Langzeit-Ringversuch mit GEMSAEC FAST ANALYZER über 16 Arbeitstage (1974)
Mittelwerte $\bar{x}$ und relative Standardabweichungen in Prozent (δ%)

Bestandteil	Proben Nr	L a b o r a t o r i u m (Teilnehmer-Nr.)							Spearman Rang-Korrelations - koeffizient
		1	6	4o	236	339	898	999	
Kreatinin	25	5	6	1	4	3	2		o.o9
	26	3	5	2	1	4	6		
Gesamt-Eiweiß	25	5	2	6	3	1	4		o.37
	26	6	3	2	5	1	4		
AP opt.	25	3	6		1	4	2	5	o.6o (9o%)
	24	3	6		2	1	4	5	
GOT opt.	25	2	4		3	1	6	5	o.77 (95%)
	24	1	5		2	3	6	4	
GPT opt.	25	3	2		1	5	6	4	o.6o (90%)
	24	3	4		2	5	6	1	
GOT nicht opt.	25	1	4	2		3			o.8o (95%)
	24	1	4	3		2			
GPT nicht opt.	25	1	2	4		3			o.8o (95%)
	24	1	3	4		2			
LDH	25	1	5	2	4	6		3	o.94 (99%)
	24	1	5	3	4	6		2	
LDH 1-Isoenzym	25	3	2	1		4			1.oo (95%)
	24	3	2	1		4			

Tab. 9: Langzeit-Ringversuch mit GEMSAEC FAST ANALYZER über 16 Arbeitstage (1974)
Rangkorrelation der Mittelwerte beider Proben nach SPEARMAN

Die Zahlen in ( ) entsprechen 1-α, die Irrtumswahrscheinlichkeit, mit der bei einseitiger Alternative die Hypothese "Keine positive Korrelation" abgelehnt werden kann.

Die Vermutung, es könne einem besonders niedrigen bzw. hohen Wert in der einen Probe ein gleichfalls gegenüber dem Median erniedrigter bzw. erhöhter Wert für die zweite Probe entsprechen, ist mit dem Rang-Korrelationskoeffizienten (Spearman, 1904) geprüft worden. Unabhängigkeit der Mittelwerte eines Laboratoriums für die zwei Proben kann für die Substrate Kreatinin und Gesamt-Eiweiß abgelehnt werden, nicht jedoch für die Enzyme (wenn man für AP opt. und GOT opt. eine Irrtumswahrscheinlichkeit von α = 10 % zuläß)t. Es liegt nahe, die Ursache hierfür in einer für jedes einzelne Analysengerät zwar konstanten, zwischen den Geräten aber geringfügig abweichenden Temperaturstabilisierung zu sehen. (In den nachfolgenden Jahren ist diese Temperaturstabilisierung vom Hersteller jedoch wesentlich verbessert worden).

Die relativen Standardabweichungen von Tag zu Tag jedes Laboratoriums für jede der beiden Proben jedes untersuchten Bestandteils in den drei Untergruppen sind in gleicher Weise in eine Rangfolge, und zwar innerhalb der Laboratorien und innerhalb der Proben (Tab. 10) gebracht worden. Die multiple Vergleichung der Rangsummen (Wilcoxon und Wilcox, 1964) hat bezüglich der Präzision folgendes gezeigt:

Vergleich der Präzision und Methoden

Substrate Kreatinin und Gesamt-Eiweiß (6 Laboratorien):

Bei α = 10 % läßt sich eine bessere Präzision der Eiweißbestimmung gegenüber derjenigen der Kreatininbestimmung behaupten, für Eiweiß der Probe 26 kann man dies sogar mit α = 1 % schließen. Die höher konzentrierte Probe hat jeweils die geringere relative Standardabweichung.

Optimierte Enzyme (6 Laboratorien); nicht optimierte Enzyme (5 Laboratorien):

Kein Unterschied der Präzision ist auf dem 10 %-Niveau sicherbar. Es fällt auf, daß die Präzision für beide Proben jedes Bestandteils mit Ausnahme von GOT optimiert und LDH zwischen den Laboratorien korrelieren, so daß ein Vergleich der Präzision der Laboratorien naheliegend erscheint:

Vergleich der Präzision der Laboratorien

Substrate Kreatinin und Gesamt-Eiweiß (6 Laboratorien):

Labor 1 hat eine bessere Präzision als Labor 998 (α = 1 %), für Labor 6 ergibt sich nur mit α = 10 % eine bessere Präzision.

Bestandteil	Proben Nr	Laboratorium (Teilnehmer-Nr.) 1	6	40	236	339	998	999	Rangsumme
Kreatinin	25	1 / 4	5 / 3	3 / 4	2 / 4	4 / 4	6 / 4		23
	26	2 / 3	6 / 4	3 / 2	1 / 2	4 / 3	5 / 3		17
Gesamteiweiß	25	1 / 2	4 / 1	6 / 3	2 / 3	3 / 1	5 / 2		12
	26	1 / 1	6 / 2	4 / 1	2 / 1	3 / 2	5 / 1		8
Rangsumme		5	21	16	7	14	21		
AP opt.	25	2 / 2	6 / 6		3 / 3	1 / 5	4 / 6	5 / 4	26
	24	2 / 1	6 / 4		3 / 1	1 / 3	4 / 2	5 / 3	14
GOT opt.	25	4 / 5	3 / 3		6 / 5	1 / 4	2 / 3	5 / 5	25
	24	6 / 6	1 / 1		5 / 4	2 / 6	3 / 5	4 / 1	23
GPT opt	25	3 / 3	4 / 5		6 / 6	1 / 2	2 / 4	5 / 6	26
	24	6 / 4	4 / 2		3 / 2	1 / 1	2 / 1	5 / 2	12
Rangsumme		23	24		26	7	17	29	
GOT nicht opt.	25	3 / 7	2 / 2	4 / 7		1 / 3			19
	24	3 / 4	1 / 1	4 / 2		1 / 4			11
GPT nicht opt	25	3 / 8	2 / 4	4 / 8		1 / 7			27
	24	3 / 6	1 / 3	4 / 6		2 / 8			23
LDH	25	2 / 3	4 / 8	1 / 1		3 / 6			18
	24	2 / 1	4 / 7	3 / 5		1 / 2			15
LDH 1-Isoenzym	25	2 / 5	3 / 5	4 / 4		1 / 5			19
	24	2 / 2	3 / 6	4 / 3		1 / 1			12
Rangsumme		2o	20	28		11			

Tab. 10: Langzeit-Ringversuch mit GEMSAEC FAST ANALYZER über 16 Arbeitstage (1974)
Ranglistung der relativen Standardabweichung
innerhalb Proben - innerhalb Laboratorien

Optimierte Enzyme (6 Laboratorien):

Mit α= 10 % ist Labor 339 besser als Labor 6, 236 und 999.

Mit α= 5 % ist Labor 339 besser als Labor 236 und 999.

Mit α = 1 % ist Labor 339 besser als Labor 999.

Nicht optimierte Enzyme (4 Laboratorien):

Mit α = 5 % ist Labor 339 besser als Labor 40.

Unter Vorbehalt könnte man demnach die folgende Rangliste der Laboratorien erstellen:

Gut	Labor 339 und 1
Befriedigend	Labor 236, 998 und 999
Ausreichend	Labor 6 und 40

Literatur

Bartlett MS (1937) Properties of sufficiency and statistical tests. Proc Roy Soc A 160:268

Bartlett MS (1937) Some examples of statistical methods of research in agriculture and applied biology. J Roy Statist Soc, Suppl 4:137 nach Documenta Geigy, 7. Auf. (1970), 173

Schumann V (1976) Statistische Modelle zur Erstellung von Sollwerten und Sollbereichen in Kontrollproben. Med Lab 29:271

Spearman C (1904) The proof and measurement of association between two things. Amer J Psychol 15:72

Spearman C (1908) The method of "right and wrong cases" ("constant stimuli") without Gauss' formulae. Brit J Psychol 2:227

Wilcoxon F, Wilcox RA (1964) Some rapid approximate statistical procedures. Lederle Labs, Pearl River, NY

R. NINK (BERLIN)

AUSWERTUNG EINER BERLINER RINGSTUDIE ZUR PHOTOMETER-KONTROLLE

1. Einleitung

Ringversuche zur Photometer-Kontrolle werden vom Institut für Standardisierung und Dokumentation im medizinischen Laboratorium (INSTAND) und der Deutschen Gesellschaft für Klinische Chemie (DGKC) veranstaltet. An diesen speziellen Ringversuchen beteiligen sich die Teilnehmer z.Z. freiwillig. Bei den dabei kontrollierten Photometern handelt es sich nur um solche Geräte, bei denen eine Anzeige des Meßwertes für die Extinktion E der Probe direkt möglich ist.

INSTAND hatte im Land Berlin 1982 vier sogenannte Ringstudien (Sonderringversuche) mit probenähnlichem Kontrollmaterial veranstaltet, wobei von den Teilnehmern etwa 30 verschiedene Photometertypen eingesetzt worden waren. Die dabei gefundenen, zum Teil erheblichen Meßfehler konnten nicht danach unterschieden werden, ob sie von der analytischen Methode, z.B. also auch von der Matrix des verwendeten Probenmaterials abhängig waren, oder ob sie durch die verwendeten Meßgeräte oder durch Bedienungsfehler zustande kamen. Darüberhinaus wurde es von einigen Teilnehmern als unbefriedigend angesehen,daß die Ringversuche zur Photometer-Kontrolle bisher nur im Extinktionsbereich $0{,}1 \leqq E \leqq 1{,}2$ durchgeführt worden waren, während der Meßbereich mancher Photometer bis in den Bereich $E > 3$ geht. Für diesen Bereich standen Prüfmittel, wie sie in vielen Laboratorien eingesetzt werden, nämlich Standardlösungen, Glasfilter oder Ringversuchsmaterialien, bisher nicht zur Verfügung. Es war daher Anliegen von INSTAND, eine Ringstudie durchzuführen, bei der ein größerer Extinktionsbereich überstrichen wurde. Außerdem sollten mehr Wellenlängen und Konzentrationen zur Anwendung kommen als in normalen Ringversuchen zur Photometer-Kontrolle bisher üblich, also mehr als 2 Konzentrationen je Materialart und je Wellenlänge.

Das Labor für "Meßtechnik in der Laboratoriumsmedizin" im Institut Berlin der Physikalisch-Technischen Bundesanstalt (PTB) bestimmt seit einiger Zeit die Sollwerte für Ringversuchsmaterialien, die von INSTAND und der DGKC in Ringversuchen zur Photometer-Kontrolle eingesetzt werden. In diesem Zusammenhang ist die PTB auch an den

Diskussionen beteiligt, nach welchem Modell Zielbereiche für Photometer-Ringversuche errechnet werden sollen, und strebt eine Vereinheitlichung der bestehenden Modelle an. Außerdem stellt die PTB Überlegungen an, nach welchen numerischen Kriterien ein Photometer, vor allem aber dessen Linearität aufgrund von Ringversuchsergebnissen bewertet werden kann. Dabei gilt das Interesse besonders dem Extinktionsbereich $E < 1{,}5$.

Aus den genannten Gründen kam es zu einer von INSTAND-Berlin und PTB gemeinsam durchgeführten Photometer-Ringstudie, deren Ergebnisse im folgenden beschrieben werden. Teilziel der Ringstudie sollte es nach dem Wunsch der Veranstalter auch sein, die bisher verwendeten verschiedenen Methoden zur Zielwertermittlung zu vergleichen, nämlich die Zielwertermittlung durch ein Referenzlaboratoriumskollektiv, die Zielwertermittlung aus dem Konsensuswert aller Ringversuchsteilnehmer und schließlich die Zielwertermittlung mittels meßtechnischer Präzisionsmethoden, wie sie die PTB einsetzt.

2. Meßprogramm

2.1 Verwendete Photometer

An der Ringstudie nahmen 36 Berliner medizinische Laboratorien mit 161 Photometern teil (47 Photometertypen von 16 Herstellern; 7 deutsche Hersteller, 5 amerikanische, 2 schweizerische und je ein niederländischer und schwedischer Hersteller). Außerdem wurden die Versuchsleiter anderer Ringversuchsoorganisationen in Düsseldorf, Frankfurt, Marburg und Stuttgart sowie das die Proben herstellende Laboratorium beteiligt. In Tabelle 1 sind die Photometer aufgeführt, die in die Ringstudie einbezogen waren. 50 Geräte waren Hg-Linienphotometer mit Analog-Anzeige, 55 Hg-Linienphotometer mit Digital-Anzeige, 36 Geräte Spektralphotometer und 19 Filterphotometer.

2.2 Auswahl der Meßwellenlängen

Die ausgewählten Meßwellenlängen orientierten sich einerseits an den bei der Mehrzahl der Photometer als Meßstrahlung benutzten Quecksilberlinien, andererseits an dem Wellenlängenbereich, in dem die Mehrzahl der an der Ringstudie beteiligten Photometer arbeitet. Dies

Hersteller	Typ	Anzahl der Geräte	Hersteller	Typ	Anzahl der Geräte
Bausch & Lomb	200 UV-d	1	Dr. LANGE	LP 1	1
Beckmann	ACTA M VI	1		LP 3	2
	DU-8	2		LP 3 D	1
	25	2		LP 300	1
Clinicon	4010	1		LP 6	2
Compur	2000	2		LP 6 a	8
Electro-Nucleonics	Gemeni	1	Philips Pye Unicam	SP 8-100	1
	Gemsaec	2		SP 8-200	3
Eppendorf	1100	14	Riehle	MK 3	5
	1101 M	24		MK 40	2
	ACP 5040	3		MK 45	4
	6114 S	3	Roche	Cobas bio	2
	6115	1	Zeiss	Pulfrich (Stu-Pho)	1
	6115 S	7		Elko-II	9
	6120	14		Elko-III	1
	PCP 6121	6		DM 4	3
Gilford	300 T	1		PL 4	6
	Stasar IV	2		PM 1 D	1
	Stasar IV	1		PM 2 K	1
IL-Multistat	III	1		PMQ 2	6
Kontron	Unicon 810	2		PMQ 3	1
Labtronic	100	1		PM 4	3
LKB	2074	1		PM 7	3
Dr.LANGE	Medico	1			

Tab. 1: Photometertypen, die in die Ringstudie einbezogen worden sind

führte zu folgender Auswahl: 334,2 nm, 365,3 nm und 546,1 nm für die Hg-Linienphotometer sowie 334,0 nm, 340,0 nm, 365 nm, 550,0 nm und 560,0 nm für die Spektralphotometer.

2.3 Materialien für die Ringstudie

Nach einigen Vorversuchen erschien es sinnvoll, Cyanmethämoglobin-Lösungen für die Ringstudie einzusetzen. Diese erwiesen sich im zeitlichen Rahmen der Ringstudie als stabil und erscheinen für die hier beschriebene Anwendung auch deshalb geeignet, weil es eine entsprechende von der Weltgesundheitsorganisation (WHO) herausgegebene Standardlösung gibt, so daß auch internationale Vergleiche möglich sind.

Die vier angegebenen Lösungen haben im sichtbaren und im UV-Spektralbereich Absorptionsbanden, die in der Größenordnung vergleichbar sind (vgl. Abb.1). Die konzentrierteste Lösung hatte im UV-Bereich spektrale Extinktionen von E > 3. Den Teilnehmern wurde hier freigestellt, entweder (bevorzugt) eine geringere Schichtdicke für die Messung zu wählen oder die Lösung zu verdünnen.

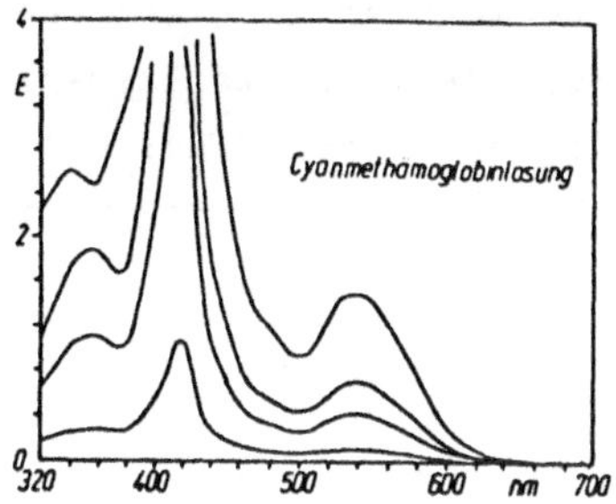

Abb. 1: Absorptionsspektren der 4 in der Ringstudie verwendeten Cyanmethämoglobin-Lösungen

Das in Ampullen steril abgefüllte Untersuchungsmaterial wurde von der Firma E. Merck, Darmstadt, produziert und freundlicherweise zur Verfügung gestellt, wofür auch an dieser Stelle gedankt sei.

2.4 Zielwerte der PTB

Die Zielwerte der Ringstudie wurden von der PTB ermittelt. Dabei wurden die Referenz-Spektralphotometer eingesetzt, wie sie an anderer Stelle (Hieke, Kos und Nink, 1983) beschrieben sind. Die Meßunsicherheiten sind für ein Vertrauensniveau von 95 % abgeschätzt und betragen $\pm$ 0,002 für $E < 1$, $\pm$ 0,003 für $1 < E < 2$ und $\pm$ 0,01 für $E > 2$.

2.5 Referenzlaboratorien

Zum Zwecke eines Vergleichs zwischen den PTB-Zielwerten und den von Referenzlaboratorien erstellten Zielwerten wurden gleichzeitig 8 an der Ringstudie teilnehmende Laboratorien eingeladen, sich auch als Referenzlaboratorium zu beteiligen. Die verantwortlichen Leiter der Referenzlaboratorien waren:

Dr. W. Ausländer (LNK, Berlin), Prof. Dr. K. Borner (FU Berlin), Dr. K.-G. v. Boroviczény (Spandau), Dr. Chr. da Fonseca-Wollheim (Behring, Berlin), Dr. S. Heller (Krankenhaus Moabit, Berlin), Dr. A. v. Klein-Wisenberg (Medizinische Klinik Freiburg), Prof. Dr. R. Nink (PTB, Berlin), Prof. Dr. W. Thefeld (BGA, Berlin) und Prof. Dr. Witte (BAM, Berlin).

Die von den Referenzlaboratorien benutzten Photometer und die erhaltenen Ergebnisse zeigt Tabelle 2.

Da an der Ringstudie nur Laboratorien teilnahmen, die seit mehreren

Jahren auch zu den regelmäßigen Teilnehmern an Ringversuchen zur Photometer-Kontrolle gehören, wurden für jede Photometerart die Mittelwerte der aus dem Gesamtkollektiv aller in der Ringstudie ohne Eliminierung von Ausreißern ermittelten Werte als Konsensuswerte der Ringstudie angesehen.

2.6 Gewinnung der Meßergebnisse durch die Teilnehmer an der Ringstudie

Die Teilnehmer der Ringstudie machten Dreifachmessungen an zwei Tagen und konnten Meßergebnisse bei allen oben genannten Wellenlängen in vorbereitete Tabellen eintragen.

Zusätzliche Angaben betrafen die Küvettenart, den Meßbereich der Extinktion der angewandten Photometer und die Verfahrensweise bei Meßbereichsüberschreitung (Angaben über die angewandte Schichtdicke oder den Verdünnungsgrad).

2.7 INSTAND-Ringversuch

Mit dem in der Ringstudie verwendeten Material veranstaltete INSTAND auch einen nach dem üblichen Verfahren durchgeführten Ringversuch mit mehr als 250 Teilnehmern, deren von Ausreißern befreite Mittelwerte als "Konsensuswerte der Ringversuchsteilnehmer" angesehen wurden. Die Teilnehmer des Ringversuchs gaben, wie üblich, nur einen Wert an, ohne Angabe, ob dieser mittels Einzel- oder Mehrfachmessung ermittelt wurde.

3. Ergebnisse und Diskussion

Als Bewertungskriterien für die folgende Auswertung wurden die PTB-Zielwerte E_{PTB} (siehe Tabelle 2) und ein von der PTB entwickeltes Modell zur Ermittlung des Zielbereichs mit Grenzabweichungen ΔE benutzt, welches in Abschnitt 4 erläutert und ausführlich anhand der Einzelergebnisse dieser Ringstudie diskutiert wird. Dabei ist der Zielbereich gegeben durch $E_{PTB} \pm \Delta E$.

Gerät	Teilnehmer	334 nm				340 nm				365 nm			
Bausch&Lomb 200 UV-d	9581-02	0,236	0,915	1,493	3,200	0,261	1,013	1,649	3,585	0,284	1,108	1,811	3,901
Beckman DU 8	9626-03	0,231	0,919	1,530	3,290	0,255	1,016	1,692	3,639	0,279	1,105	1,841	3,957
Kontron Uvicon 810	9516-05	0,237	0,930	1,501	3,217	0,261	1,028	1,676	3,588	0,287	1,124	1,846	3,946
Pye Unicam SP 8-200	9551-05	0,235	0,934	1,555	3,419	0,257	1,025	1,707	3,739	0,276	1,102	1,833	4,005
Zeiss PMQ-II	9576-04	0,232	0,927	1,536	3,316	0,255	1,017	1,690	3,634	0,272	1,090	1,812	3,890
Zeiss PM 2 K	9531-04	0,234	0,928	1,545	3,293	0,257	1,018	1,695	3,613	0,275	1,086	1,824	3,883
Zeiss PM 4	9571-01	0,237	0,935	1,600	3,354	0,259	1,028	1,745	3,700	0,277	1,108	1,870	4,005
n	7	7	7	7	7	7	7	7	7	7	7	7	7
$\bar{E}_R$		0,235	0,927	1,537	3,298	0,258	1,021	1,693	3,643	0,279	1,103	1,834	3,941
s_R		0,003	0,007	0,036	0,076	0,003	0,006	0,029	0,056	0,005	0,013	0,021	0,052
VK(%)		1,0	0,8	2,3	2,3	1,0	0,6	1,7	1,6	1,9	1,1	1,1	1,3
PTB-Zielwert E_{PTB}		0,231	0,922	1,534	3,296	0,255	1,018	1,695	3,642	0,277	1,106	1,841	3,955

Gerät	Teilnehmer	540 nm				550 nm				560 nm			
Bausch&Lomb 200 UV-d	9581-02	0,105	0,419	0,702	1,543	0,107	0,409	0,686	1,512	0,095	0,360	0,602	1,331
Beckman DU 8	9626-03	0,105	0,421	0,701	1,508	0,103	0,410	0,683	1,470	0,090	0,360	0,601	1,288
Kontron Uvicon 810	9516-05	0,113	0,429	0,715	1,506	0,110	0,419	0,698	1,469	0,097	0,368	0,613	1,311
Pye Unicam SP 8-200	9551-05	0,106	0,419	0,690	1,510	0,102	0,407	0,679	1,466	0,089	0,357	0,593	1,283
Zeiss PMQ-II	9576-04	0,106	0,419	0,700	1,502	0,100	0,395	0,659	1,420	0,086	0,336	0,659	1,208
Zeiss PM 2 K	9531-04	0,104	0,416	0,693	1,488	0,101	0,405	0,676	1,450	0,090	0,359	0,600	1,288
Zeiss PM 4	9571-01	0,104	0,420	0,702	1,515	0,101	0,407	0,680	1,470	0,089	0,360	0,600	1,300
n	7	7	7	7	7	7	7	7	7	7	7	7	7
$\bar{E}_R$		0,106	0,420	0,700	1,510	0,103	0,407	0,680	1,465	0,091	0,357	0,610	1,287
s_R		0,003	0,004	0,008	0,017	0,004	0,007	0,012	0,028	0,004	0,010	0,023	0,039
VK(%)		2,9	1,0	1,1	1,1	3,6	1,7	1,7	1,9	4,2	2,8	3,7	3,0
PTB-Zielwert E_{PTB}		0,106	0,422	0,702	1,509	0,103	0,411	0,684	1,471	0,090	0,361	0,601	1,289

Gerät	Teilnehmer	334,2 nm				365,3 nm				546,1 nm			
Eppendorf 1100	9516-01	0,229	0,940	1,511	3,291	0,277	1,128	1,843	3,988	0,107	0,423	0,714	1,499
Eppendorf 1101	9561-04	0,220	0,932	1,533	3,335	0,271	1,100	1,848	4,102	0,100	0,416	0,701	1,499
	9576-01	0,234	0,949	1,579	3,382	0,276	1,108	1,841	3,954	0,106	0,418	0,697	1,484
	9581-01	0,229	0,923	1,531	3,258	0,273	1,101	1,821	3,891	0,103	0,416	0,690	1,473
	9621-03	0,239	0,953	1,588	3,400	0,279	1,109	1,850	3,976	0,105	0,421	0,702	1,509
Eppendorf 6115 S	9531-02	0,231	0,929	1,543	3,316	0,277	1,107	1,846	3,973	0,105	0,419	0,699	1,506
Lange LP 6 a	9551-03	0,232	0,933	1,540	3,398					0,102	0,420	0,698	1,506
Zeiss Elko II	9551-04					0,276	1,075	1,818	3,951	0,106	0,416	0,692	1,504
n	8	7	7	7	7	7	7	7	7	8	8	8	8
$\bar{E}_R$		0,231	0,937	1,546	3,340	0,276	1,104	1,838	3,976	0,104	0,419	0,699	1,498
s_R		0,006	0,011	0,027	0,056	0,003	0,016	0,013	0,064	0,002	0,003	0,007	0,013
VK(%)		2,5	1,2	1,8	1,7	1,0	1,4	0,7	1,6	2,3	0,6	1,0	0,8
PTB-Zielwert E_{PTB}		0,232	0,924	1,540	3,308	0,277	1,103	1,837	3,945	0,105	0,420	0,699	1,502

Tab. 2: Zielwert-Ermittlung in den vier verwendeten Lösungen der Referenzlaboratorien. Aufgeführt sind die benutzten Photometer, die Einzelergebnisse E_R bei den verschiedenen Wellenlängen sowie Mittelwerte $\bar{E}_R$, Standardabweichungen s_R und Variationskoeffizienten VK im Vergleich zu den PTB-Zielwerten E_{PTB}. Eingerahmt sind die Fälle, bei denen der Bereich $\bar{E}_R \pm s_R$ nicht E_{PTB} überdeckt bzw. die Abweichung der Einzelergebnisse $|\delta E| = |E_R| - |E_{PTB}|$ größer ist als ΔE (vgl. Abschnitt 4).

3.1 Ergebnisse der Referenzlaboratorien

Im allgemeinen stimmen die Mittelwerte $\bar{E}_R$ befriedigend mit den PTB-Zielwerten $\bar{E}_{PTB}$ überein. Jedoch gibt es auch Fälle, bei denen der Bereich $E_R \pm s$ (durch einen Rahmen markiert) nicht den PTB-Zielwert überdeckt. 10 von den 36 nach Wellenlänge und Extinktion unterschiedenen Variationskoeffizienten sind größer als 2 %. Dieses Ergebnis muß als unbefriedigend angesehen werden.

15 % aller Einzelmeßwerte E_R haben Abweichungen $|\delta E| > \Delta E$ (durch schwarze Rahmen markiert). Dies ist besonders deswegen bemerkenswert, weil die Mehrzahl dieser Meßwerte im weniger kritischen Extinktionsbereich E 2 erhalten wurde.

3.2 Ergebnisse der Ringstudien-Teilnehmer

Die Ergebnisse der einzelnen Teilnehmer an der Ringstudie sind in den <u>Tabellen 3 bis 6</u> zusammengefaßt.

55 % aller Photometer lagen mit allen Meßwerten innerhalb des Zielbereichs $E_{PTB} \pm$ E; dabei ist zu beachten, daß die Zahl der Meßwerte pro Photometer unterschiedlich war.

Die von den Teilnehmern mitgeteilten Meßwerte E hatten Abweichungen δE mit folgender Verteilung:

89 % im Bereich	$\|\delta E\| < \Delta E$	(Meßwert im Zielbereich)
9 % im Bereich	$\Delta E < \|\delta E\| < 3\,\Delta E$	(Meßwert in der Nähe des Zielbereichs)
2 % im Bereich	$\|\delta E\| > 3\,\Delta E$	(Meßwert weitab vom Zielbereich)

Wertet man die Ergebnisse nach den beteiligten Photometern aus, so ergibt sich:

Bei nur 58 % der Photometer waren alle Abweichungen $|\delta E| < \Delta E$, bei 28 % der Photometer wurden auch Abweichungen $\Delta E < |\delta E| < 3\,\Delta E$ gefunden, und 14 % der Photometer hatten auch Abweichungen $|\delta E| > 3\,\Delta E$.

Die höchste Fehlerquote wurde bei hohen Extinktionen E erhalten. Aus diesem Grunde wird die spätere Auswertung in Abschnitt 4 nur für $E < 1{,}5$ durchgeführt.

Geräte	Teilnehmer	334 nm				340 nm				365 nm				540 nm				550 nm				560 nm			
Bausch & Lomb 200 UV-d	9581-02	0,236	0,915	1,493	3,200	0,261	1,013	1,649	3,585	0,284	1,108	1,811	3,901	0,105	0,419	0,702	1,543	0,107	0,409	0,686	1,512	0,095	0,360	0,602	1,331
Beckman DU-8	9626-01	0,230	0,923	1,533	3,299	0,254	1,019	1,693	3,643	0,277	1,112	1,844	3,968	0,105	0,422	0,701	1,509	0,102	0,412	0,683	1,470	0,090	0,361	0,600	1,290
	9626-03	0,231	0,919	1,530	3,290	0,255	1,016	1,692	3,639	0,279	1,105	1,841	3,957	0,105	0,421	0,701	1,508	0,103	0,410	0,683	1,470	0,090	0,360	0,601	1,288
Beckman 25	9501-02	0,224	0,894	1,492	3,212	0,249	0,994	1,660	3,588	0,280	1,111	1,856	4,004	0,104	0,418	0,697	1,504	0,102	0,410	0,684	1,477	0,092	0,364	0,608	1,311
	9506-01	0,228	0,910	1,512	3,294	0,254	1,010	1,683	3,666	0,282	1,115	1,854	4,041	0,105	0,423	0,702	1,519	0,106	0,415	0,688	1,489	0,093	0,367	0,607	1,315
Beckman ACTA M VI	9601-03	0,248	0,932	1,534	3,237	0,271	1,027	1,688	3,577	0,318	1,153	1,842	3,918	0,159	0,463	0,704	1,502	0,156	0,453	0,696	1,466	0,143	0,403	0,604	1,289
Electro-Nucleonics Gemsaec	9601-05	0,234	0,880	1,354	2,815	0,264	1,023	1,666	3,469	0,293	1,132	1,795	3,829	0,114	0,436	0,732	1,553	0,112	0,431	0,722	1,531	0,101	0,388	0,651	1,377
	9631-02	0,233	0,927	1,554	3,346	0,261	1,068	1,742	3,769	0,279	1,146	1,857	4,008	0,106	0,430	0,692	1,514	0,103	0,417	0,667	1,457	0,090	0,366	0,587	1,276
Gilford 300 T	9551-19	0,233	0,904	1,509	3,249	0,256	1,006	1,481	3,608	0,291	1,118	1,867	4,005	0,107	0,419	0,704	1,525	0,105	0,405	0,678	1,468	0,095	0,355	0,594	1,287
Gilford Stasar III	9511-02	0,224	0,889	1,477	3,235	0,252	1,002	1,462	3,425	0,282	1,128	1,860	3,414												
	9541-04	0,212	0,855	1,420	3,046	0,244	0,999	1,565	3,546	0,274	1,114	1,854	3,990	0,104	0,423	0,707	1,523	0,104	0,410	0,688	1,487	0,095	0,376	0,628	1,364
Gilford Stasar IV	9541-05	0,222	0,874	1,456	3,056	0,247	0,998	1,567	3,578	0,282	1,116	1,865	3,998	0,107	0,427	0,707	1,524	0,106	0,415	0,685	1,468	0,095	0,379	0,628	1,368
Kontron Uvicon 810	9516-05	0,237	0,930	1,501	3,217	0,261	1,028	1,676	3,588	0,287	1,124	1,846	3,946	0,113	0,429	0,715	1,506	0,110	0,419	0,698	1,469	0,097	0,368	0.613	1.311
	9516-06	0,236	0,931	1,503	3,223	0,261	1,030	1,677	3,593	0,287	1,124	1,846	3,949	0,112	0,430	0,715	1,507	0,110	0,419	0,698	1,471	0,097	0,368	0,614	1,312
Pye Unicam SP 8-100	9666-12	0,236	0,913	1,501	3,202	0,259	1,009	1,661	3,546	0,282	1,107	1,830	3,910	0,107	0,421	0,702	1,504	0,105	0,412	0,687	1,470	0,093	0,364	0,605	1,297
Pye Unicam SP 8-200	9551-05	0,235	0,934	1,555	3,419	0,257	1,025	1,707	3,739	0,276	1,102	1,833	4,005	0,106	0,419	0,690	1,510	0,102	0,407	0,679	1,466	0,089	0,357	0,593	1,283
	9551-06	0,237	0,936	1,510	3,084	0,260	1,029	1,673	3,477	0,278	1,110	1,850	4,086	0,106	0,424	0,697	1,502	0,103	0,413	0,686	1,507	0,089	0,363	0,609	1,370
	9551-17	0,234	0,928	1,546	3,380	0,255	1,016	1,692	3,700	0,275	1,093	1,816	3,968	0,112	0,425	0,702	1,542	0,109	0,413	0,682	1,498	0,096	0,362	0,596	1,310
Roche Cobas bio	9561-05	0,227	0,898	1,486	2,985	0,251	0,990	1,644	3,297	0,271	1.068	1,774	3,524	0,103	0,408	0,678	1,379	0,099	0,395	0,657	1,341	0,087	0,346	0,575	1,167
	9561-06	0,228	0,901	1,497	3,201	0,252	0,996	1,647	3,535	0,275	1,070	1,774	3,826	0,104	0,406	0,677	1,474	0,095	0,389	0,648	1,417	0,085	0,346	0,573	1,251
Zeiss PM ΓD	9601-04	0,204	0,859	1,392	2,851	0,225	0,962	1,525	3,108	0,258	1,067	1,705	3,531	0,101	0,418	0,697	1,478	0,096	0,404	0,674	1,433	0,087	0,358	0,598	1,379
Zeiss PMQ-II	9551-16	0,231	0,910	1,445	3,053	0,248	0,981	1,537	3,240	0,270	1,058	1,643	3,443	0,097	0,403	0,671	1,436	0,099	0,394	0,658	1,389	0,088	0,356	0,586	1,240
	9551-21	0,235	0,934	1,541	3,331	0,257	1,028	1,712	3,674	0,278	1,116	1,838	3,978	0,105	0,428	0,701	1,513	0,102	0,418	0,682	1,468	0,088	0,367	0,598	1,280
	9556-02	0,227	0,921	1,535	3,338	0,250	1,022	1,692	3,680	0,273	1,104	1,819	3,970	0,102	0,418	0,697	1,518	0,098	0,403	0,674	1,466	0,085	0,349	0,586	1,276
	9576-04	0,232	0,927	1,536	3,316	0,255	1,017	1,690	3,634	0,272	1,090	1,812	3,890	0,106	0,419	0,700	1,502	0,100	0,395	0,659	1,420	0,086	0,336	0,659	1,208
	9576-06	0,224	0,900	1,502	3,376	0,246	1,001	1,675	3,754	0,277	1,110	1,863	4,206	0,105	0,416	0,664	1,504	0,105	0,415	0,697	1,500	0,096	0,377	0,633	1,352
	9581-03	0,235	0,938	1,525	3,212	0,252	1,006	1,660	3,503	0,274	1,099	1,829	3,866	0,106	0,420	0,698	1,479	0,101	0,412	0,686	1,451	0,090	0,367	0,612	1,247
Zeiss PM 2 K	9531-04	0,234	0,928	1,545	3,293	0,257	1,018	1,695	3,613	0,275	1,086	1,824	3,883	0,104	0,416	0,693	1,488	0,101	0,405	0,676	1,450	0,090	0,359	0,600	1,288
Zeiss PMQ 3	9666-13	0,238	0,927	1,543	3,290	0,262	1,025	1,703	3,640	0,283	1,110	1,851	3,952	0,108	0,423	0,705	1,513	0,106	0,411	0,687	1,472	0,093	0,361	0,603	1,291
Zeiss PM 4	9559-01	0,220	0,861	1,426	3,050	0,244	0,959	1,583	3,404	0,275	1,089	1,821	3,890	0,103	0,401	0,670	1,447	0,104	0,404	0,671	1,455	0,093	0,371	0,621	1,336
	9571-01	0,237	0,935	1,600	3,395 3,354	0,259	1,028	1,745	3,730 3,700	0,277	1,108	1,870	4,005	0,104	0,420	0,702	1,515	0,101	0,407	0,680	1,470	0,089	0,360	0,600	1,300
	9696-01	0,245	0,933	1,551	3,405	0,264	1,030	1,712	3,750	0,383	1,100	1,804	4,000	0,119	0,431	0,704	1,504	0,117	0,419	0,685	1,475	0,104	0,371	0,609	1,290
Zeiss PM 7	9646-37	0,227	0,934	1,555	3,467	0,251	1,031	1,718	3,786	0,271	1,127	1,874	4,007	0,100	0,425	0,709	1,537	0,098	0,414	0,697	1,493	0,086	0,363	0,613	1,311
	9646-38	0,228	0,940	1,565	3,407	0,251	1,033	1,723	3,744	0,279	1,132	1,887	4,109	0,104	0,427	0,713	1,535	0,101	0,419	0,700	1,505	0,090	0,373	0,624	1,335
	9646-39	0,242	0,990	1,655	3,511	0,261	1,069	1,789	3,816	0,270	1.094	1,826	4,023	0,104	0,430	0,717	1,541	0,098	0,408	0,681	1,463	0,084	0,349	0,583	1,251
Zeiss DM 4	9561-03	0,228	0,919	1,515	3,073 3,258	0,253	1,016	1,677	3,273 3,606	0,280	1,113	1,820	2,890 3,898	0,107	0,426	0,701	1,504 1,512	0,105	0,416	0,686	1,470 1,478	0,093	0,367	0,604	1,295 1,300
	9622-01	0,226	0,906	1,545	3,444	0,250	1,000	1,707	3,816	0,278	1,100	1,872	4,184	0,103	0,415	0,692	1,516	0,101	0,405	0,676	1,482	0,088	0,355	0,594	1,304
	9656-03	0,228	0,916	1,528	3,309	0,251	1,010	1,682	3,649	0,277	1,107	1,835	3,969	0,105	0,419	0,703	1,504	0,102	0,409	0,687	1,470	0,091	0,367	0,616	1,312
n	38	38	38	38	38	38	38	38	37	37	38	37	34	36	37	37	38	36	37	37	38	36	37	37	38
Ē		0,230	0,915	1,513	3,265	0,254	1,014	1,678	3,623	0,279	1,107	1,833	3,975	0,106	0,423	0,699	1,505	0,103	0,411	0,683	1,467	0,091	0,364	0,606	1,300
s		,0081	,0262	,0552	,1302	,0077	,0226	,0487	,1177	,0092	,0203	,0340	,0854	,0041	,0098	,0135	,0316	,0045	,0108	,0137	,0337	,0045	,0118	,0181	,0448
VK(%)		3,5	2,9	3,6	4,0	3,1	2,2	2,9	3,2	3,3	1,8	1,9	2,1	3,8	2,3	1,9	2,1	4,4	2,6	2,0	2,3	5,0	3,3	3,0	3,4

Tab. 3: Einzelergebnisse E, Mittelwerte $\overline{E}$, Standardabweichung s und Variationskoeffizient VK bei Spektralphotometern. Rechtecke kennzeichnen Abweichungen δE mit $\Delta E < |\delta E|$ (vgl. Abschnitt 4), Ovale kennzeichnen $|\delta E| > 3\Delta E$.

Gerat	Teilnehmer	334,2 nm				365,3 nm				546,1 nm			
Eppendorf 1100	9516-01	0,229	0,940	1,511	3,291	0,277	1,128	1,843	3,988	0,107	0,423	0,714	1,499
	9516-02	0,229	0,941	1,511	3,291	0,277	1,127	1,844	4,007	0,108	0,421	0,714	1,499
	9586-01	0,330	1,030	1,980	4,350	0,370	1,210	2,420	5,130				
	9636-01	0,225	0,798	1,411	2,804	0,274	1,055	1,862	3,723	0,106	0,427	0,709	1,495
	9646-01					0,284	1,133	1,853	4,014	0,109	0,432	0,716	1,531
	9646-02					0,284	1,129	1,871	4,108	0,107	0,427	0,709	1,527
	9646-03					0,294	1,106	1,867	4,052	0,105	0,425	0,709	1,526
	9646-04	0,230	0,934	1,548	3,377	0,281	1,120	1,857	4,018	0,106	0,427	0,707	1,521
	9646-05	0,233	0,941	1,521	3,313	0,282	1,127	1,845	4,017	0,099	0,426	0,709	1,517
	9646-06	0,236	0,940	1,560	3,375	0,283	1,123	1,872	4,040	0,107	0,426	0,711	1,520
	9646-07					0,279	1,119	1,862	4,037	0,107	0,423	0,700	1,512
	9646-08	0,231	0,941	1,562	3,383					0,107	0,424	0,707	1,521
	9646-09					0,280	1,124	1,866	4,030	0,107	0,428	0,711	1,523
	9646-27									0,105	0,419	0,690	1,482
Eppendorf 1101	9501-01	0,230	0,919	1,542	3,317					0,106	0,418	0,696	1,506
	9521-01	0,235	0,933	1,836	3,428					0,108	0,432	0,718	1,539
	9531-01	0,232	0,933	1,541	3,295	0,278	1,110	1,852	3,960	0,106	0,420	0,700	1,501
	9551-01					0,284	1,120	1,855	4,000 3,832	0,109	0,421	0,693	1,507 1,529
	9566-01	0,215	0,912	1,513	3,312	0,272	1,083	1,712	3,588	0,101	0,410	0,697	1,480
	9561-04	0,220	0,932	1,533	3,335	0,271	1,100	1,848	4,102	0,100	0,416	0,701	1,499
	9571-01	0,229	0,930	1,552	3,130	0,276	1,108	1,843	3,948	0,107	0,425	0,699	1,511
	9571-02	0,229	0,929	1,552	3,130	0,275	1,108	1,844	3,948	0,107	0,424	0,699	1,512
	9571-03					0,281	1,120	1,890	4,050	0,106	0,426	0,707	1,530
	9571-04					0,280	1,113	1,865	4,005	0,105	0,421	0,705	1,525
	9576-01	0,234	0,949	1,579	3,382	0,276	1,108	1,841	3,954	0,106	0,418	0,697	1,484
	9576-03	0,231	0,928	1,493	3,380	0,276	1,110	1,821	4,010	0,104	0,420	0,699	1,520
	9581-01	0,229	0,923	1,531	3,258	0,273	1,101	1,821	3,891	0,103	0,416	0,690	1,473
	9591-01	0,235	0,931	1,590	3,372	0,279	1,122	1,875	4,020	0,105	0,424	0,713	1,538
	9601-01	0,204	0,885	1,504	3,251	0,256	1,086	1,826	3,893	0,096	0,411	0,693	1,475
	9616-01	0,239	0,925	1,588	3,365	0,273	1,087	1,820	3,684	0,106	0,418	0,687	1,462
	9621-01	0,221	0,909	1,536	3,282	0,280	1,106	1,844	3,956	0,107	0,421	0,702	1,509
	3621-02	0,239	0,954	1,592	3,408	0,280	1,111	1,851	3,972	0,105	0,422	0,704	1,510
	9621-03	0,239	0,953	1,588	3,400	0,279	1,109	1,850	3,976	0,105	0,421	0,702	1,509
	9636-02	0,244	0,807	1,442	2,856	0,280	1,057	1,868	3,732	0,110	0,430	0,707	1,503
	9636-03	0,243	0,821	1,446	2,874	0,284	1,036	1,876	3,756	0,112	0,432	0,711	1,513
	9656-01	0,212	0,882	1,478	3,237	0,273	1,101	1,858	4,002	0,095	0,409	0,692	1,502
	9671-01	0,213	0,903	1,531	3,281	0,269	1,103	1,898	3,920	0,103	0,418	0,713	1,511
	9671-02	0,216	0,894	1,506	3,423	0,256	1,031	1,771	3,896	0,092	0,364	0,650	1,459
Lange LP 3	9666-01					0,282	1,148	2,0		0,108	0,436	0,727	1,7'
Riehle MK 3	9646-24									0,106	0,405	0,671	1,458
Zeiss Elko II	9551-04					0,276	1,075	1,818	3,951	0,106	0,416	0,692	1,504
	9551-21									0,115	0,429	0,698	1,492
	9551-25					0,276	1,091	1,888	3,826	0,108	0,430	0,695	1,519
	9571-02					0,272	1,085	1,940	3,950	0,094	0,409	0,686	1,465
Zeiss PL 4	9646-28					0,281	1,111	1,887	4,042	0,103	0,420	0,704	1,517
	9646-29					0,279	1,118	1,850	4,038	0,108	0,426	0,713	1,523
	9646-30					0,281	1,120	1,861	4,044	0,107	0,424	0,708	1,521
	9551-12	0,239	0,937	1,551	3,393	0,267	1,090	1,705	3,809	0,108	0,420	0,695	1,515
	9551-13	0,216	0,908	1,515	3,171	0,286	1,175	1,868	4,006	0,105	0,420	0,698	1,505
	9656-02	0,228	0,867	1,603	3,357	0,275	1,118	1,955	3,381	0,102	0,422	0,701	1,503
n	50	31	32	30	28	43	44	43	42	49	49	49	49
$\bar{E}$		0,229	0,917	1,531	3,319	0,277	1,108	1,855	3,948	0,106	0,421	0,701	1,506
s		,0098	,0449	,0460	,0819	,0069	,0308	,0494	,1161	,0041	,0105	,0124	,0203
VK(%)		4,3	4,9	3,0	2,5	2,5	2,8	2,7	2,9	3,9	2,5	1,8	1,3

Tab. 4: Einzelergebnisse E, Mittelwerte $\bar{E}$, Standardabweichung s und Variationskoeffizient VK bei Hg-Linienphotometer mit Analoganzeige.
Rechtecke kennzeichnen Abweichungen δE mit $\Delta E < \delta E < 3\Delta E$ (vgl. Abschnitt 4). Ovale kennzeichnen Abweichungen $\delta E > 3\Delta E$

Gerät	Teilnehmer	334,2 nm				365,3 nm				546,1 nm			
Clinicon 4010	9676-05									0,106	0,414	0,677	1,464
Eppendorf ACP 5040	9551-20	0,230	0,922	1,539	3,289	0,277	1,105	1,838	3,960	0,103	0,417	0,698	1,492
	9601-06	0,211	0,883	1,495	2,893					0,056	0,358	0,644	1,305
	9651-01	0,227	0,918	1,539	3,727					0,104	0,418	0,697	1,698 / 1,508
Eppendorf 6114S	9556-01	0,244	0,949	1,559	3,392	0,276	1,095	1,791	3,898	0,104	0,414	0,691	1,510
	9571-03	0,228	0,914	1,463	3,128	0,277	1,109	1,832	3,948	0,106	0,422	0,699	1,510
	9591-02	0,231	0,924	1,566	3,328	0,281	1,126	1,884	4,028	0,106	0,425	0,710	1,530
Eppendorf 6115	9531-01	0,241	0,962	1,520	3,460	0,269	1,113	1,770	3,940	0,097	0,414	0,550	1,380
Eppendorf 6115S	9516-03	0,277	0,917	1,479	3,175	0,276	1,116	1,826	3,931	0,108	0,421	0,709	1,493
	9521-02	0,239	0,888	1,472	3,126	0,285	1,058	1,807	3,701	0,108	0,414	0,702	1,417
	9531-02	0,231	0,929	1,543	3,316	0,277	1,107	1,846	3,973	0,106	0,419	0,699	1,506
	9561-01	0,232	0,931	1,542	3,361	0,282	1,114	1,853	3,996	0,112	0,427	0,705	1,509
	9601-02	0,196	0,885	1,507	3,226	0,255	1,088	1,822	3,850	0,097	0,413	0,695	1,476
	9611-01	0,226	0,910	1,518	3,282	0,263	1,095	1,818	3,953	0,099	0,411	0,697	1,544
	9641-01	0,207	0,875	1,422	3,070	0,209	1,000	1,915	3,960	0,074	0,385	0,643	1,407
Eppendorf 6120	9646-10	0,229	0,937	1,564	3,377					0,110	0,427	0,716	1,528
	9646-11					0,281	1,125	1,871	4,082	0,105	0,424	0,712	1,524
	9646-12	0,230	0,930	1,5ą1	3,379					0,104	0,425	0,711	1,516
	9646-13					0,280	1,126	1,879	4,090	0,103	0,424	0,710	1,521
	9646-14					0,278	1,122	1,868	4,055	0,103	0,421	0,705	1,517
	9646-15					0,280	1,122	1,865	4,045	0,102	0,423	0,708	1,515
	9646-16					0,282	1,141	1,887	4,079	0,104	0,429	0,716	1,527
	9646-17					0,278	1,118	1,857	4,037	0,103	0,423	0,707	1,514
	9646-18					0,278	1,116	1,862	4,049	0,107	0;423	0,708	1,519
	9646-19	0,214	0,918	1,540	3,110					0,103	0,422	0,705	1,520
	9646-20					0,277	1,113	1,854	4,026	0,104	0,422	0,710	1,511
	9646-21					0,280	1,125	1,892	4,115	0,106	0,425	0,710	1,528
	9666-05	0,233	0,928	1,544	3,308	0,279	1,114	1,863	3,995	0,104	0,418	0,700	1,515
	9676-01	0,228	0,929	1,552	3,342	0,280	1,118	1,864	4,014	0,104	0,421	0,703	1,512
Eppendorf PCP 6121	9591-03	0,231	0,929	1,545	3,356					0,106	0,422	0,705	1,520
	9646-22					0,275	1,118	1,865	4,057	0,103	0,420	0,707	1,520
	9666-06	0,234	0,922	1,531	3,275	0,277	1,097	1,843	3,920	0,103	0,414	0,694	1,495
	9676-02	0,222	0,922	1,547	3,326	0,273	1,109	1,866	4,014	0,101	0,416	0,699	1,500
	9681-01	0,232	0,934							0,108	0,419	0,707	
	9691-01	0,156	0,847	1,483						0,040	0,369	0,644	1,056
Lange LP 3 D	9666-02	0,238	0,927	1,537	3,292	0,279	1,106	1,846	3,950	0,105	0,420	0,701	1,509
Lange LP 6	9666-03	0,238	0,927	1,544	3,318	0,281	1,106	1,845	3,950	0,106	0,420	0,700	1,507
	9676-03					0,263	1,084	1,785	3,810	0,092	0,407	0,683	1,472
Lange LP 6a	9511-01	0,231	0,908	1,485	2,168	0,274	1,059	1,656	3,900	0,103	0,412	0,680	1,326
	9516-04	0,228	0,955	1,541	3,334					0,105	0,427	0,709	1,522
	9551-03	0,232	0,933	1,540	3,398					0,102	0,420	0,698	1,506
	9551-11	0,240	0,947	1,539	3,308	0,277	1,091	1,819	3,785	0,108	0,424	0,700	1,547
	9561-02	0,238	0,945	1,569	3,378					0,108	0,426	0,704	1,526
	9566-02	0,233	0,916	1,503	3,098	0,273	1,084	1,712	3,584	0,103	0,415	0,691	1,474
	9566-04	0,238	0,934	1,580	3,401	0,278	1,105	1,848	3,956	0,105	0,419	0,701	1,509
	9596-01					0,279	1,105	1,842		0,107	0,419	0,699	1,505
Labtronic 100	9676-04					0,276	1,094	1,761	3,740	0,104	0,422	0,698	1,504
Riehle MK 40	9646-25									0,109	0,413	0,690	1,472
	9646-26									0,107	0,409	0,685	1,452
Riehle MK 45	9646-23									0,105	0,412	0,686	1,481
	9646-31									0,106	0,421	0,690	1,464
	9646-32									0,105	0,412	0,685	1,471
	9681-02					0,275	1,067	1,784					
n	53	32	33	32	28	35	36	36	34	51	52	51	48
$\overline{E}$		0,231	0,921	1,526	3,292	0,276	1,103	1,834	3,953	0,104	0,417	0,697	1,499
s		,0132	,0237	,0369	,1035	,0059	,0256	,0512	,1178	,0055	,0129	,0165	,0333
VK(%)		5,7	2,6	2,4	3,1	2,1	2,3	2,8	3,0	5,2	3,1	2,4	2,2

Tabelle 5: Einzelergebnisse E, Mittelwerte $\overline{E}$, Standardabweichung s und Variationskoeffizient VK bei Hg-Linienphotometern mit Digitalanzeige. Rechtecke kennzeichnen Abweichungen δE mit $\Delta E < |\delta E| < 3\Delta E$ (vgl. Abschnitt 4), Ovale kennzeichnen $|\delta E| > 3\Delta E$

Gerät	Teilnehmer	340 nm	380 nm	500 nm	540 nm	546 nm	580 nm
Compur 2000	9551-02	0,266 1,035 1,714 3,628				0,107 0,420 0,696 1,473	
	9666-11	0,253 1,010 1,677 3,580				0,106 0,423 0,697 1,502	
Electro Nucleonics Gemini	9601-07	0,273 1,070 1,779 3,344		0,075 0,272 0,470 0,874		0,095 0,425 0,732 1,378	
IL Multistat III	9531-05	0,262 1,042 1,719 3,643	0,285 1,113 1,830 3,860				
Lange LP 300	9666-10	0,259 1,017 1,691 3,616				0,109 0,425 0,704 1,505	
LKB 2074	9531-03	0,247 0,954 (1,450) 3,429			0,100 0,408 0,681 1,473		0,055 0,221 0,367 0,779
Riehle MK 3	9646-33					0,110 0,418 0,686 1,497	
	9646-34					0,107 0,422 0,688 1,496	
	9646-35					0,072 0,373 0,650 1,456	
	9646-36					0,105 0,423 0,692 1,501	
n	10	6 6 5 6	1 1 1 1	1 1 1 1	1 1 1 1	8 8 8 8	1 1 1 1
$\bar{E}$		0,260 1,021 1,716 3,540	0,285 1,113 1,830 3,860	0,075 0,272 0,470 0,874	0,100 0,408 0,681 1,473	0,101 0,416 0,693 1,476	0,055 0,221 0,367 0,779
s		,0093 ,0391 ,0391 ,1237	- - - -	- - - -	- - - -	,0127 ,0176 ,0226 ,0431	- - - -
VK(%)		3,6 3,8 2,3 3,5	- - - -	- - - -	- - - -	12,6 4,2 3,3 2,9	- - - -

Gerät	Teilnehmer	S 53 (529 nm)	S 55 (551 nm)	S 57 (572 nm)	560 nm
Lange Medico	9666-07				0,085 0,302 0,515 (0,982)
Lange LP 1	9666-08				0,089 0,356 0,591 1,264
Lange LP 3	9666-09				0,078 0,311 0,523 1,096
Zeiss Pulfrich (Stu-Pho)	9551-15	0,112 0,436 0,727 1,520	0,100 0,416 0,681 1,457	0,092 0,305 0,502 1,103	
Zeiss Elko II	9551-18		0,104 0,391 0,646 1,383		
	9551-22	0,110 0,400 0,661 1,411	0,114 0,395 0,653 1,396		
	9551-23		0,101 0,390 0,649 1,434		
	9551-24		0,096 0,383 0,641 1,405	0,064 0,253 0,432 0,937	
	9571-02	(0,072) 0,367 0,628 1,290	(0,074) 0,371 0,628 (1,305)		
Zeiss Elko III	9551-14	0,095 0,385 0,640 1,381			
n	10	3 4 4 4	5 6 6 5	2 2 2 2	3 3 3 2
$\bar{E}$		0,106 0,397 0,664 1,401	0,103 0,391 0,650 1,415	0,078 0,279 0,477 1,020	0,084 0,323 0,557 1,264
s		,0093 ,0293 ,0442 ,0948	,0068 ,0149 ,0176 ,0300	- - - -	- - - -
VK(%)		8,8 7,4 6,7 6,8	6,6 3,8 2,7 2,1	- - - -	- - - -

Tab. 6: Einzelergebnisse E sowie gegebenenfalls Mittelwerte $\bar{E}$, Standardabweichungen s und Variationskoeffizienten VK bei Filterphotometern. Die durch Ovale gekennzeichneten Meßwerte wurden vor der Mittelwertbildung eliminiert. Wegen der geringen Zahl von Meßwerten wurde eine Auswertung bezüglich PTB-Zielwerte nicht vorgenommen.

	λ	n	$\bar{E}$	s	VK %
PTB	560	1	0,090		
Ref.Lab.		7	0,091	,0038	4,2
Filter-Ph.		3	0,084		
Spektral		36	0,091	,0045	5,0
Ringvers.		36	0,092	,0073	8,0
PTB	550	1	0,103		
Ref.Lab.		7	0,103	,0036	3,6
Filter-Ph.		5	0,103	,0068	6,6
Spektral		36	0,103	,0045	4,4
Ringvers.		32	0,102	,0065	6,4
PTB	546,1	1	0,105		
Ref.Lab.		8	0,104	,0024	2,3
Hg-Analog		49	0,106	,0041	3,9
Hg-Digital		50	0,104	,0055	5,2
Filter-Ph.		8	0,101	,0127	12,6
Ringvers.		251	0,104	,0092	8,9
PTB	540	1	0,106		
Ref.Lab.		7	0,106	,0031	2,9
Filter-Ph.		1	0,100		
Spektral		36	0,106	,0041	3,8
Ringvers.		36	0,104	,0070	6,8
PTB	334	1	0,231		
Ref.Lab.		7	0,235	,0027	1,0
Spektral		38	0,230	,0081	3,5
PTB	334,2	1	0,232		
Ref.Lab.		7	0,231	,0058	2,5
Hg-Analog		31	0,229	,0098	4,3
HG-Digital		32	0,231	,0132	5,7
Ringvers.		132	0,228	,0218	9,6
PTB	340	1	0,255		
Ref.Lab.		7	0,258	,0025	1,0
Filter-Ph.		6	0,260	,0093	3,6
Spektral		38	0,254	,0077	3,1
Ringvers.		40	0,251	,0174	7,0
PTB	365,3	1	0,277		
Ref.Lab.		7	0,276	,0027	1,0
Hg-Analog		43	0,277	,0069	2,5
Hg-Digital		36	0,276	,0059	2,1
Ringvers.		214	0,266	,0264	9,9
PTB	365	1	0,277		
Ref.Lab.		7	0,279	,0053	1,9
Spektral		37	0,279	,0092	3,3
PTB	560	1	0,361		
Ref.Lab.		7	0,357	,0099	2,8
Filter-Ph.		3	0,323		
Spektral		37	0,364	,0118	3,3
Ringvers.		35	0,359	,0331	9,3
PTB	550	1	0,411		
Ref.Lab.		7	0,407	,0071	1,7
Filter-Ph.		6	0,391	,0149	3,8
Spektral		37	0,411	,0108	2,6
Ringvers.		32	0,407	,0184	4,5
PTB	546,1	1	0,420		
Ref.Lab.		8	0,419	,0026	0,6
Hg-Analog		49	0,421	,0105	2,5
Hg-Digital		52	0,417	,0129	3,1
Filter-Ph.		8	0,416	,0176	4,2
Ringvers.		252	0,408	,0244	6,0

	λ	n	$\bar{E}$	s	VK %
PTB	540	1	0,422		
Ref.Lab.		7	0,420	,0041	1,0
Filter-Ph.		1	0,408		
Spektral		37	0,423	,0098	2,3
Ringvers.		34	0,419	,0185	4,4
PTB	560	1	0,601		
Ref.Lab.		7	0,610	,0225	3,7
Filter-Ph.		3	0,557		
Spektral		37	0,606	,0181	3,0
Ringvers.		35	0,599	,0330	5,5
PTB	550	1	0,684		
Ref.Lab.		7	0,680	,0117	1,7
Filter-Ph.		6	0,650	,0176	2,7
Spektral		37	0,683	,0137	2,0
Ringvers.		32	0,680	,0371	5,5
PTB	546,1	1	0,699		
Ref.Lab.		8	0,699	,0073	1,0
Hg-Analog		49	0,701	,0124	1,8
Hg-Digital		51	0,697	,0165	2,4
Filter-Ph.		8	0,693	,0226	3,3
Ringvers.		252	0,682	,0391	5,7
PTB	540	1	0,702		
Ref.Lab.		7	0,700	,0080	1,1
Filter-Ph.		1	0,681		
Spektral		37	0,699	,0135	1,9
Ringvers.		34	0,699	,0334	4,8
PTB	334	1	0,922		
Ref.Lab.		7	0,927	,0074	0,8
Spektral		38	0,915	,0262	2,9
PTB	334,2	1	0,924		
Ref.Lab.		7	0,937	,0109	1,2
Hg-Analog		32	0,918	,0449	4,9
Hg-Digital		33	0,921	,0237	2,6
Ringvers.		132	0,919	,0371	4,0
PTB	340	1	1,018		
Ref.Lab.		7	1,021	,0060	0,6
Filter-Ph.		6	1,021	,0391	3,8
Spektral		38	1,014	,0226	2,2
Ringvers.		39	1,008	,0375	3,7
PTB	365,3	1	1,103		
Ref.Lab.		7	1,104	,0158	1,4
Hg-Analog		44	1,108	,0308	2,8
Hg-Digital		36	1,103	,0256	2,3
Ringvers.		213	1,077	,0526	4,9
PTB	365	1	1,106		
Ref.Lab.		7	1,103	,0126	1,1
Spektral		38	1,107	,0203	1,8
PTB	560	1	1,289		
Ref.Lab.		7	1,287	,0386	3,0
Filter-Ph.		2	1,264		
Spektral		38	1,300	,0448	3,4
Ringvers.		36	1,279	,1113	8,7
PTB	550	1	1,471		
Ref.Lab.		7	1,465	,0275	1,9
Filter-Ph.		5	1,415	,0300	2,1
Spektral		38	1,467	,0337	2,3
Ringvers.		32	1,460	,0691	4,7

	λ	n	$\bar{E}$	s	VK %
PTB	546,1	1	1,502		
Ref.Lab.		8	1,498	,0126	0,8
Hg-Analog		49	1,506	,0203	1,3
Hg-Digital		48	1,499	,0333	2,2
Filter-Ph.		8	1,476	,0431	2,9
Ringvers.		251	1,474	,0799	5,4
PTB	540	1	1,509		
Ref.Lab.		7	1,510	,0167	1,1
Filter-Ph.		1	1,473		
Spektral		38	1,505	,0316	2,1
Ringvers.		36	1,494	,0582	3,9
PTB	334	1	1,534		
Ref.Lab.		7	1,537	,0357	2,3
Spektral		38	1,513	,0552	3,6
PTB	334,2	1	1,540		
Ref.Lab.		7	1,546	,0274	1,8
Hg-Analog		30	1,531	,0460	3,0
Hg-Digital		32	1,526	,0369	2,4
Ringvers.		131	1,520	,0782	5,1
PTB	340	1	1,695		
Ref.Lab.		7	1,693	,0293	1,7
Filter-Ph.		5	1,716	,0391	2,3
Spektral		38	1,678	,0487	2,9
Ringvers.		39	1,686	,1315	7,8
PTB	365,3	1	1,837		
Ref.Lab.		7	1,838	,0131	0,7
Hg-Analog		43	1,855	,0494	2,7
Hg-Digital		36	1,834	,0512	2,8
Ringvers.		213	1,785	,1208	6,8
PTB	365	1	1,841		
Ref.Lab.		7	1,834	,0208	1,1
Spektral		37	1,833	,0340	1,9
PTB	334	1	3,296		
Ref.Lab.		7	3,298	,0757	2,
Spektral		38	3,265	,1302	4,0
PTB	334,2	1	3,308		
Ref.Lab.		7	3,340	,0555	1,7
Hg-Analog		28	3,319	,0819	2,5
Hg-Digital		28	3,292	,1035	3,1
Ringvers.		131	3,187	,3852	12,1
PTB	340	1	3,642		
Ref.Lab.		7	3,643	,0575	1,6
Filter-Ph.		6	3,540	,1237	3,5
Spektral		37	3,623	,1177	3,2
Ringvers.		40	3,476	,3875	11,2
PTB	365,3	1	3,945		
Ref.Lab.		7	3,976	,0637	1,6
Hg-Analog		42	3,948	,1161	2,9
Hg-Digital		34	3,953	,1178	3,0
Ringvers.		213	3,587	,5605	15,6
PTB	365	1	3,955		
Ref.Lab.		7	3,941	,0517	1,3
Spektral		34	3,975	,0854	2,1

Tab. 7: Gegenüberstellung der Ergebnisse der Referenzlaboratorien, der mit den verschiedenen Photometerarten in der Ringstudie erhaltenen Ergebnisse und der Ergebnisse des INSTAND-Ring - versuchs mit den Zielwerten der PTB.

Es war verabredet worden, daß Teilnehmer mit Abweichungen $|\delta E| > 3\Delta E$ sich mit der PTB in Verbindung setzen sollten, damit diese Gelegenheit hätte, an Ort und Stelle die Fehlerursachen festzustellen, sofern es sich bei den Fehlern um Fehlzustände der Geräte handelte. Leider sind nur drei Teilnehmer diesem Angebot nachgekommen. Dabei wurden folgende Fehler festgestellt:

1. Eppendorf Hg-Linienphotometer 6115, Teilnehmer 9531-01:
   Eine optische Blende vor einer Durchflußküvette war fehlplaziert.

2. Zeiss PMQ II Spektralphotometer, Teilnehmer 9551-16:
   Die Elektronik des Photometers war störspannungsempfindlich.

3. Eppendorf Hg-Linienphotometer 1101:
   Dieses Photometer war fehlbedient worden.

3.3 Ringstudien-Teilnehmer, Referenzlaboratorien, PTB

Die weitere Auswertung geht von Tabelle 7 aus. Hier sind für die Spektralphotometer, Linienphotometer und Filterphotometer die Ergebnisse zusammengefaßt und mit den PTB-Zielwerten und den von den Referenzlaboratorien ermittelten sowie den im INSTAND-Ringversuch zur Photometerkontrolle ermittelten Werten verglichen.

Es zeigen sich die bereits in 3.1 diskutierten Unterschiede zwischen den Zielwerten der PTB und den von den Referenzlaboratorien gefundenen Werten, deren Standardabweichungen z.T. erheblich größer sind als die, welche die PTB als Referenzlaboratorium erhielt. Die in der Ringstudie überprüften Photometer haben in der Regel noch höhere Standardabweichungen. In einigen Fällen sind die Standardabweichungen der an der Ringstudie beteiligten Photometer mit denen der Referenzlaboratorien vergleichbar. In jedem Falle aber sind die im INSTAND-Ringversuch gefundenen Mittelwerte und Standardabweichungen sehr viel stärker vom Zielwert abweichend bzw. größer als alle anderen dargestellten Meßwerte und Standardabweichungen.

 365

Die bisherigen Auswertungen bezogen sich auf die verschiedenen Photometerarten. Man kann diese Auswertung aber auch auf einzelne Gerätetypen ausdehnen. In Tabelle 8 sind verschiedene Photometer in der Reihenfolge der Häufigkeit ihrer Beteiligung an der Ringstudie angegeben, zusammen mit der über alle Einzelmeßwerte gemittelten prozentualen Abweichung vom Zielwert und dem entsprechenden Variationskoeffizienten.

4. Bewertungskriterien für Photometer

4.1 Modelle für Fehlerbereiche

Für die Bewertung von Photometerin in Ringversuchen wurden in der letzten Zeit verschiedene Modelle für die Ermittlung der Zielbereiche $E_{Ziel} \pm \Delta E$ benutzt bzw. diskutiert. Die Deutsche Gesellschaft für Klinische Chemie (DGKC) hat ihre Auswertungen bisher an dem Modell orientiert, für alle benutzten Wellenlängen und Extinktionsbereiche die gleiche relative Grenzabweichung anzunehmen. Obwohl die DGKC betont, daß die in ihren Youden-Plots dargestellten Grenzabweichungen von 6 % vom Zielwert keinen Bewertungsbereich darstellen, sei eine relative Grenzabweichung von 6 % hier als ein mögliches Modell angenommen:

$$\Delta E_1 = 0{,}06 \cdot E .$$

INSTAND hatte in seinen früheren Ringversuchen zur Photometerkontrolle eine Grenzabweichung von

$$\Delta E_2 = 0{,}021$$

als zulässig betrachtet. Inzwischen ist längere Zeit ein von der PTB vorgeschlagenes Modell diskutiert worden, bei dem sich die Zielbereichsgrenzen aus dem Mittel der Grenzabweichungen von DGKC und INSTAND ergeben.

$$\Delta E_3 = 0{,}03\ E + 0{,}01$$

Schließlich ist von Weber ein viertes Modell vorgeschlagen worden, daß sich auf eine ältere Betrachtung von Kortüm stützt.

$$\Delta E_4 = K \cdot \sqrt{1 + 10^{2E}} .$$

PHOTOMETER	MITTLERE ABWEICHUNG	VARIATIONS-KOEFFIZIENT
Eppendorf 1101 n = 22 m = 10 Hg-Linienphotometer (Analog)	- 0,6 %	3,0 %
Eppendorf 1100 n = 14 m = 10 Hg-Linienphotometer (Analog)	0,7 %	2,1 %
Eppendorf 6120 n = 14 m = 10 Hg-Linienphotometer (Digital)	0,6 %	1,0 %
Lange LP 6 a n = 8 m = 10 Hg-Linienphotometer (Digital)	- 0,3 %	1,9 %
Eppendorf 6115 S n = 7 m = 10 Hg-Linienphotometer (Digital)	- 1,7 %	4,9 %
Eppendorf PCP 6121 n = 6 m = 10 Hg-Linienphotometer (Digital)	- 0,1 %	2,3 %
ZEISS PMQ II n = 6 m = 21 Spektralphotometer	- 1,0 %	2,5 %

Tab. 8: Mittlere relative Abweichung der gemessenen Extinktion vom PTB-Zielwert und mittlerer Variationskoeffizient für 6 Typen von Hg-Linienphotometern und einem Spektralphotometertyp (berechnet aus jeweils m Meßwerten von jeweils n Geräten unter Einbeziehung aller jeweils benutzten Wellenlängen und Lösungen)

In Abb. 2 sind die ΔE nach den vier verschiedenen Modellen eingetragen, wobei für das Weber-Modell ein Koeffizient $K = 1/123$ angenommen wurde. Damit ergibt sich für alle vier Modelle übereinstimmend $\Delta E = 0{,}02$ bei $E = 0{,}35$, d.h. bei dem Extinktionswert, bei dem Photometer in der Regel den kleinsten Extinktionsfehler aufweisen.

Wie Abb. 2 zeigt, bewerten die verschiedenen Modelle Messungen in verschiedenen Extinktionsbereichen unterschiedlich; ΔE_1 bewertet Messungen bei kleinem E besonders kritisch, ΔE_2 in noch stärkerem Maße bei großem E, ΔE_4 läßt bei großem E große Meßabweichungen zu, das Weber-Modell läßt für hohe E praktisch jeden Fehler zu.
Diese Aussage wird bestätigt, wenn man im Bereich $0 \leqq E \leqq 1{,}5$ fünf Klassen von Meßwerten bildet und den relativen prozentualen Anteil der in eine Klasse gehörigen Meßwerte errechnet, die die Zielbereichsgrenzen nach den verschiedenen Modellen nach oben bzw. unten überschreiten.

Im statistischen Rahmen dieses Ringversuchs ist es möglich, Unterschiede zwischen dem ΔE_1 und ΔE_3 auszugleichen, indem beide Modelle noch einmal numerisch gemittelt werden:

$$\Delta E_5 = 0{,}045 \cdot E + 0{,}005 \quad .$$

Dann ergeben sich, jedenfalls für das benutzte Zahlenmaterial, nach Abb. 4 ausgewogene Verhältnisse, in dem Sinn, daß bei jedem Extinktionswert etwa mit dem gleichen Anteil von Meßwerten zu rechnen ist, die außerhalb des Zielbereichs liegen.

INSTAND benutzt inzwischen das durch ΔE_3 gekennzeichnete, von der PTB vorgeschlagene Modell zur Bewertung seiner Ringversuche zur Photometerkontrolle bereits. Auch hat der Verband der Diagnostica- und Diagnosticagerätehersteller e.V. als einschlägiger deutscher Industrieverband der Anwendung dieses Modells bereits zugestimmt. Für die Auswertung der Ergebnisse in Abschnitt 3 wurde deshalb das PTB-Modell benutzt. Die Analysen beziehen sich also auf einen Zielbereich von $E_{PTB} \pm \Delta E_3$, wobei $\Delta E_3 = 0{,}03\ E + 0{,}01$; ΔE_3 wird im folgenden, wie bereits in Abschnitt 3, nur ΔE genannt.

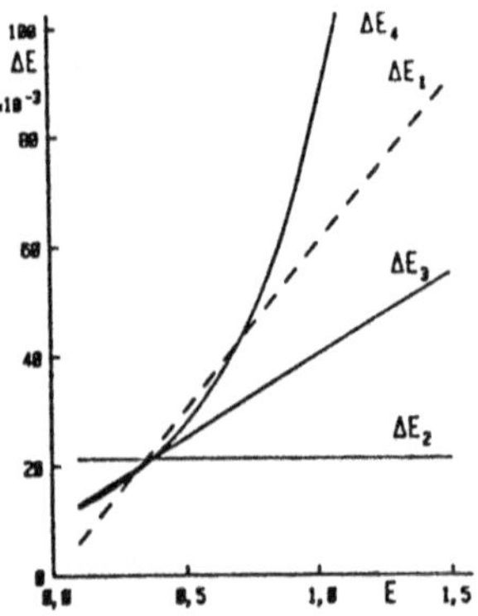

Abb. 2: Zulässige Abweichung ΔE vom Zielwert nach verschiedenen Modellen (vgl.Text)

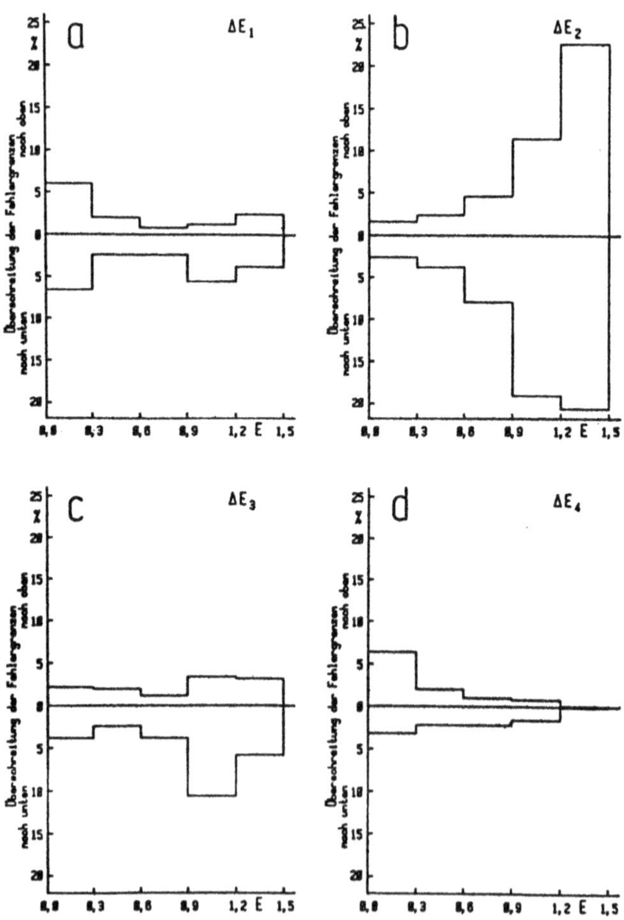

Abb. 3: Relativer Anteil von Meßwerten, die nach verschiedenen Modellen für den Zielwert dessen obere bzw. untere Grenze überschreiten

4.2 Unsicherheitszahl

Da in der Ringstudie für jede Wellenlänge mehr als zwei Lösungen benutzt wurden, ist zur Auswertung eine übliche Darstellung der Ergebnisse im Youden-Plot nicht möglich. Deshalb wird im folgenden der Versuch unternommen, am Beispiel der aus der Ringstudie gewonnenen Meßergebnisse einen neuartigen numerischen Wert für die Beurteilung eines Photometers einzuführen. Als solcher wird eine Unsicherheitszahl F abgeleitet.

Dazu wird zunächst jede Meßabweichung

$$\delta E = E_{gemessen} - E_{Ziel}$$

auf die Grenzabweichung ΔE normiert:

$$A = \frac{\delta E}{\Delta E} = \frac{E_{gemessen} - E_{Ziel}}{E_{Ziel} \cdot 0{,}03 + 0{,}01}$$

Die Normierung bedeutet, daß

ein Meßwert mit $A < 1$ innerhalb des Zielbereichs liegt
ein Meßwert mit $A = 1$ auf der Grenze des Zielbereichs liegt
ein Meßwert mit $A > 1$ außerhalb des Zielbereichs liegt.

Die Abbildung 5 zeigt beispielhaft in dieser Weise aufgearbeitete Ergebnisse aus der Ringstudie, wobei als Zielwert $E_{Ziel} = E_{PTB}$ zur Normierung benutzt wurde. In den Abbildungen sind die im Extinktionsbereich $0 < E < 1{,}5$ an jeweils einem Photometer gefundenen normierten Abweichungen $A = \frac{\delta E}{\Delta E}$ über der Extinktion E aufgetragen. Neben einer Teilnehmer-Nummer sind der Mittelwert $\bar{A}$ sowie die zugehörige Standardabweichung s angegeben.

Als Unsicherheitszahl F wird die Summe aus dem Betrag des Mittelwertes $|\bar{A}|$ und der Standardabweichung s_A der normierten Meßabweichung angegeben: $F = |\bar{A}| + s_A$.
Hierbei ist $|\bar{A}|$ ein Maß für systematische Abweichungen, mit dem die Richtigkeit der erhaltenen Meßergebnisse beurteilt werden kann, und s ein Maß für die zufälligen Abweichungen, welches die Präzision des Meßverfahrens beschreibt.

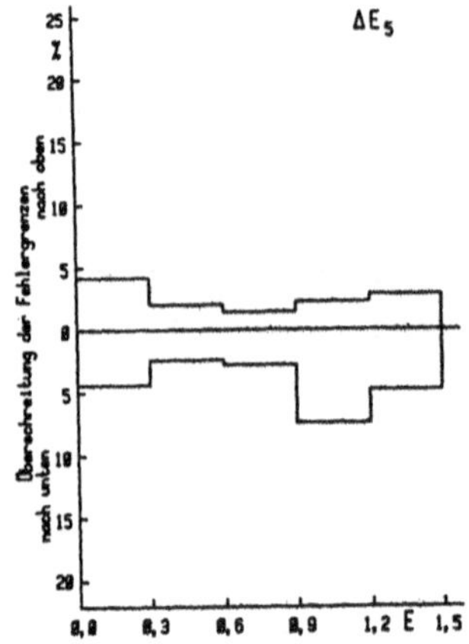

Abb. 4:

Relativer Anteil von Meßwerten, die nach oben bzw. unten die Grenzen eines Zielbereichs überschreiten, welcher durch arithmetische Mittelung von ΔE_1 (vgl. Abb.3a) und ΔE_3 (vgl. Abb.3c) errechnet wurden

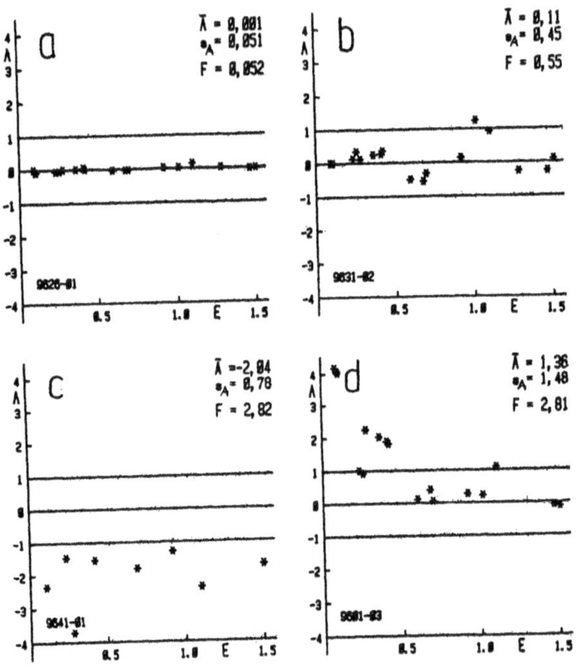

Abb. 5:

Darstellung von $A = \frac{\delta E}{\Delta E}$ über der Extinktion für Photometer mit unterschiedlichen meßtechnischen Eigenschaften (vgl. Text)

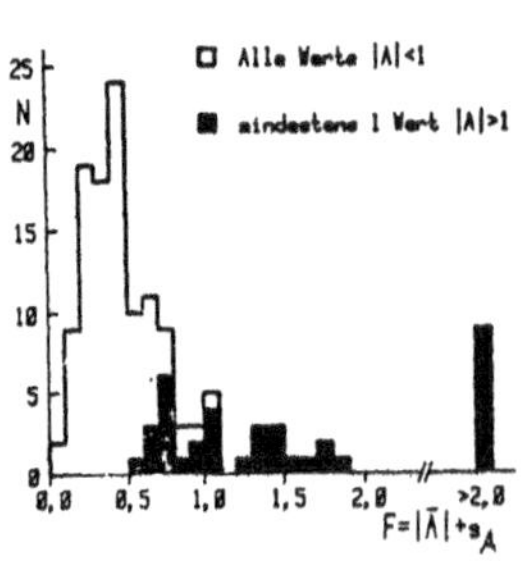

Abb. 6:

Verteilung der Unsicherheitszahl F der an der Ringstudie beteiligten Photometer

In Abb. 5 sieht man die Ergebnisse von Photometern verschiedener Qualität: Abb. 5a zeigt ein Photometer mit sehr kleiner Unsicherheitszahl F = 0,052 (ein Routinegerät, mit dem die PTB als "Referenzlabor" arbeitete). Die Werte A liegen dicht bei Null, $\bar{A}$ = 0,001, die Standardabweichung ist mit 0,051 sehr klein. Das Gerät arbeitet also mit hoher Präzision und geringer systematischer Abweichung. Bei dem Photometer von Abb. 5b ist der Mittelwert mit $\bar{A}$ = 0,11 ebenfalls klein, jedoch ist die Streuung größer, was sich durch eine deutlich höhere Standardabweichung von s_A = 0,45 darstellt. Offensichtlich handelt es sich hier um ein Gerät mit kleiner systematischer Abweichung, aber schlechterer Präzision.

Sehr groß ist die Unsicherheitszahl eines Photometers, dessen Ergebnisse in Abb. 5c dargestellt sind. Alle Meßwerte weichen nach unten vom Zielwert ab (der Mittelwert beträgt $\bar{A}$ = - 2) und streuen auch erheblich (s_A = 0,8). Es kann aber festgestellt werden, daß dieses Photometer wenigstens im Bereich $E > 0,5$ linear arbeitet, was sich in diesem Extinktionsbereich durch den etwa gleichmäßigen Abstand der normierten Meßabweichung von der Geraden A = 0 andeutet.

Deutlich nichtlinear arbeitet dagegen das Photometer, dessen Ergebnisse in Abb. 5d gezeigt sind. Dieses Photometer mißt bei kleinen Extinktionen Werte, die deutlich überhöht sind.

Es wird nun der Vorschlag gemacht, die Summe $|\bar{A}| + s_A = F$ als Unsicherheitszahl zur pauschalen Beschreibung der meßtechnischen Qualität eines Photometers heranzuziehen, indem eben Richtigkeit und Präzision numerisch erfaßt werden. Sie kann für jedes Modell zur Ermittlung des Zielbereichs eingesetzt werden, da dessen Grenzen nur als Normierungsgröße in die Berechnung von F eingehen.

In Abb. 6 ist die Verteilung der Werte F für alle in der INSTAND-Ringstudie untersuchten Photometer dargestellt. Unter der weißen Fläche sind alle Photometer, bei denen jeder Wert innerhalb des vorgegebenen Zielbereichs lag, bei denen also alle Werte $A < 1$ waren. Unter den schwarzen Flächen liegen die Photometer, bei denen mindestens ein Wert $|A| > 1$ war, also bei denen mindestens ein Meßwert außerhalb des Zielbereichs liegt.

Die weißen Flächen überschneiden sich mit den schwarzen im Bereich F = 0,5 bis F = 1,1. Nimmt man den Wert F = 1 als Entscheidungsgrenze (Fehlergrenze) für die Trennung von Photometern mit befriedigenden bzw. unbefriedigenden Meßergebnissen, so sieht man an den Histogrammen, daß es einige Photometer gibt, die nach ihrer Unsicherheitszahl noch als zufriedenstellend bewertet werden ($F < 1$), obwohl einzelne Meßwerte nicht innerhalb der Fehlergrenzen liegen. Andererseits gibt es auch ein Photometer, das unbefriedigend ist ($F > 1$), obwohl es mit allen Werten innerhalb des Zielbereichs liegt.

Im folgenden werden diese Grenzfälle näher untersucht. Abb. 7a zeigt noch einmal die Ergebnisse des Photometers von Abb. 5b, dessen Wert F = 0,55 ist, obwohl ein Meßwert geringfügig außerhalb des Zielbereichs liegt. Man erkennt aber sehr anschaulich, daß dies wohl tolerabel sein dürfte. Es sind viele Meßpunkte vorhanden, die mit $|A| < 1$ innerhalb des Zielbereichs liegen. Dieses Photometer ist anschaulich als befriedigend anzusehen.
Das Photometer von Abb. 7b liegt mit F = 0,97 knapp unter 1, allerdings liegt ein Viertel der Meßpunkte geringfügig außerhalb des Zielbereichs. Dagegen ist das Photometer von Abb. 7c mit F = 1,02 zwar mit allen Meßpunkten im Zielbereich, die Hälfte der Meßwerte liegt jedoch dicht an der unteren Grenze des Zielbereichs. Dieser Vergleich zeigt, daß die Unsicherheit in unmittelbarer Nähe von F = 1 naturgemäß nur schwer eine Aussage zuläßt, ob die Meßabweichungen eines Photometers gerade noch tolerabel oder bereits unbefriedigend sind.

Bei der Auswertung der Berliner Ringstudie ergaben sich Werte für F zwischen 0,05 und 2,81. Tabelle 9 zeigt die Werte F bzw. Mittelwerte $\overline{F}$ für die Photometertypen der Ringstudie (mit Ausnahme der Filterphotometer) in einer Aufzählung mit steigendem Wert von F. Diese Reihenfolge kennzeichnet keine Qualitätsrangfolge, sondern den meßtechnischen Zustand der Photometertypen während der Ringstudie.

Bei dieser Auswertung des Berliner Sonderringversuchs ist nicht die bekannte Tatsache berücksichtigt worden, daß - statistisch über alle Photometer gesehen - die Meßunsicherheit bei kleinen Wellenlängen größer ist. Nach den Ergebnissen der INSTAND-Ringstudie ist sie z.B. bei 350 nm etwa doppelt so groß wie bei 550 nm. Das stimmt ungefähr auch mit den Ergebnissen der Ringversuche der DGKC überein, z.B. im Juni 1984.

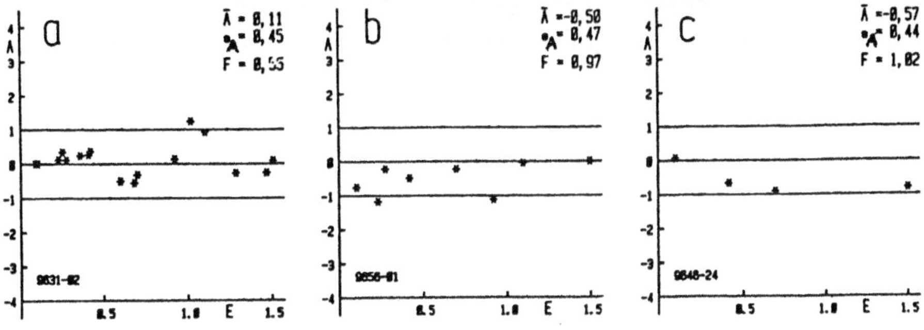

Abb. 7 Darstellung von A über der Extinktion für 3 Photometer in Grenzfällen für den Wert der Unsicherheitszahl F

Photometer	Anzahl der Geräte	$\bar{F}$	Photometer	Anzahl der Geräte	$\bar{F}$
Beckman DU-8	2	0,05	Zeiss PM 7	3	0,63
Labtronic 100	1	0,14	Eppendorf 1101	22	0,64
Lange LP 3 D	1	0,21	Zeiss PMQ-II	6	0,66
Pye Unicam Sp 8-100	1	0,22	Riehle MK 45	4	0,66
Zeiss DM 4	3	0,27	Gilford Stasar III	2	0,72
Zeiss PMQ 3	1	0,27	Clinicon 4010	1	0,77
Eppendorf PCP 6121	6	0,29	Gilford Stasar IV	1	0,78
Gilford 300 T	1	0,31	Eppendorf 1100	14	0,93
Zeiss PM 2 K	1	0,32	Electro-Nucleonics Gemsaec	2	0,98
Beckman 25	2	0,35	Riehle MK 3	1	1,02
Eppendorf 6114 S	3	0,37	Zeiss PM 4	3	1,10
Eppendorf 6120	14	0,41	Eppendorf 6115 S	7	1,12
Pye Unicam Sp 8-200	3	0,43	Roche Cobas bio	2	1,29
Zeiss PL 4	6	0,51	Eppendorf ACP 5040	3	1,30
Bausch & Lomb 200 uv-d	1	0,51	Roche Cobas bio	1	1,38
Kontron Uvicon 810	2	0,53	Lange P 3	1	2,38
Lange LP 6	2	0,53	Eppendorf 6115	1	2,70
Zeiss Elko II	4	0,54	Beckman ACTA M VI	1	2,81
Lange LP 6a	8	0,55			

Tabelle 9: Unsicherheitszahl F bzw. mittlere Unsicherheitszahl $\bar{F}$ für die in der Ringstudie verwendeten Photometer (mit Ausnahme der Filterphotometer)

Diese Photometereigenschaft könnte bei der Festlegung von Zielbereichen berücksichtigt werden, indem in die Formel für δE noch einen wellenlängenabhängigen Faktor C eingeführt wird, der die Fehlereigenschaft von Photometer-Kollektiven beispielsweise linear in der Form berücksichtigt,

$$\Delta E = \pm C(\lambda) \cdot (E \cdot 0{,}03 + 0{,}01),$$

wobei C für den bisher in Photometer-Ringversuchen überstrichenen Wellenlängenbereich z.B. sein könnte

$$C(\lambda) = \frac{\lambda}{350\ \text{nm}} + 2 \quad .$$

Zwar deutet sich an, daß sich das PTB-Modell für die Bestimmung des Zielbereichs bei Ringversuchen zur Photometerkontrolle durchsetzen wird, die Diskussion über eine Berücksichtigung der Wellenlängenabhängigkeit bei der Meßunsicherheit von Photometern ist jedoch zur Zeit noch offen.

Der Autor dankt allen Beteiligten, die sich für die Teilnahme an dieser Ringstudie bzw. zur Erstellung der Referenzwerte zur Verfügung gestellt haben.

Literatur

Hieke H, Kos HJ, Nink R (1983) Ergebnisse von meßtechnischen Untersuchungen an Spektralphotometern. PTB-Bericht MM-2,ISSN 0721-0906

Kortüm G (1962) Kolorimetrie, Photometrie und Spektroskopie. Springer-Verlag, Berlin-Göttingen-Heidelberg

Weber: Persönliche Mitteilung

VIII Bibliographie zum Thema Methoden / Reagenzien / Geräte-Evaluation

R. Merten (Düsseldorf)

ANFORDERUNGEN AN ANALYSEN, METHODEN, REAGENZIEN, EVALUATIONSTECHNIKEN UND -SYSTEME, KOSTENANALYSEN, KONTROLL- UND STANDARDISIERUNGSMAß-NAHMEN; INSTANDHALTUNG, KOSTEN, EMPFEHLUNGEN, VERORDNUNGEN, RICHTLINIEN, GESETZE

Adams PA, Berman MC (1981) A kinetic standard for precise calibration of spectrophotometer cell temperature. Clin Chem 27:753

Aitchison J, Habbema JDF, Kay JW (1977) A critical comparison of two methods of statistical discrimination. Appl Statist 26:15

Albath W (1970) Eichung medizinischer Geräte. Dtsch Ärztebl 48:3628

Alstrom T, et al (1978) Recommendations concerning the collection of reference values in clinical chemistry. Scand J Clin Lab Invest 35:144

American Society for Quality Control, Statistical Committee (1973) Glossary and tables for statistical quality control. Milwaukee, WI

American Society for Testing and Materials: Standard recommended practice for the use of the terms precision and accuracy as applied to measurement of a property of a material. Philadelphia, Pennsylvania, 19102, E177-71

"Analar" Standards for laboratory chemicals (1984) Bucknell DJ (ed) Publ for Analar Standards Ltd by BDH Chemicals LTD Poole, Dorset (GB)

Aronson T, de Verdier CH, Groth T (1974) Factors influencing the quality of analytical methods - a system analysis. Clin Chem 20:738

Arthur GL, Rawnsley HM (1977) Statistical analysis of method comparison studies. Advanced clinical chemistry check sample No. ACC-23. CCE Council on Clinical Chemistry, American Society of Clinical Pathologists

Barclay JE (1983) Special problems of cost analysis and cost-benefit analysis as applied to large multitest analyzers.J Autom Chem 5:71

Barnett RN (1965) Scheme for comparison of quantitative methods. Am J Clin Pathol 43:562

Barnett RN, Youden WJ (1970) A revised scheme for the comparison of quantitative methods. Am J Clin Pathol 54:454

Bartels PH, Wied GL (1981) Automated image analysis in clinical pathology. Am J Clin Pathol 75:489

Bauer S, Kennedy JW (1982) Applied statistics for the clinical laboratory. J Clin Lab Autom 2:35, 129, 209, 354; (1981) 1:129, 1

Bayer PM, Engelhardt W, Fischer G, Fischer M, Nitsch P (1981) A model for a new evaluation system in clinical laboratories. J Clin Chem Clin Biochem 19:610

Bayse D (1979) Clinical chemistry proficiency testing. Past and future. Adv Autom Anal 1:217

Beard J (1980) A simple rapid protocol for the evaluation of instrument applications. Clin Chem 26:979

Bechtler G (1982) Provisional guideline for listing specifications of flame emission spectrometers. J Clin Chem Clin Biochem 20:259

Bechtler G, Haeckel R, Lappe H, Tausch W (1984) Guidlines for listing specifications of spectrometers in clinical chemistry. J Clin Chem Clin Biochem 22:565

* Ohne Anspruch auf Vollständigkeit

Beckman S (1978) An instrumentation technology can save you money. Med Lab Obs (Dec) p 43

Belsey R (1984) Controlling the use of state testing. Pathologist 38:474

Bergmeyer HU (1970) Empfehlungen der deutschen Gesellschaft für klinische Chemie. Standardisierung von Methoden zur Bestimmung von Enzymaktivitäten in biologischen Flüssigkeiten. Z Klin Chem Klin Biochem 8:658

Bergmeyer HU (1973) Standardisierung der Reaktionstemperatur bei der Aktivitätsbestimmung von Enzymen. Boehringer Mannheim 1973

Bergmeyer HU (1978) Developments in methodology of enzyme assays. In: Goldberg DM, Wilkinson JH: Enzymes in health and disease. S Karger Basel, p 73

Bergmeyer HU (1979) Development in methodology.In: Schmidt E, Schmidt FW, Trautschold I, Friedel R: Advances in clinical enzymology. S Karger Basel, p 3

Bergmeyer HU (1981) Thoughts on standardization in the eighties. J Clin Chem Clin Biochem 19:109

Bergmeyer HU, Brent E, Gawehn K, Michal G (1974) Handling of biochemical reagents and samples. In: Bergmeyer HU (ed) Methods of enzymatic analysis. Verlag Chemie Weinheim, Academic Press Inc, New York, London, p 165

Betteridge D, Goad TB (1981) The impact of microprocessors on analytical instrumentation. Analyst 106:257

Bienek KHP (1981) Vorbeugende Wartung - unentbehrliches Hilfsmittel der Systemverfügbarkeit. GIT FachZ Lab 25:279

Blenk W (1978) Zum Fehlerbegriff im Richtlinienvorschlag "Produkthaftung der EG-Kommission. Der Betrieb 36:1725 Verlag Handelsblatt

Böhme HR; Ludewig R (1981) Zur Beeinflussung der Laboratoriumsdiagnostik durch Arzneimittel (On the imingements of drugs on laboratory diagnosis). Z med Lab diagn 22:76

Boroviczény KG von (1966) Standardization. Documentation and normal values in haematology. Bibl Haemat, Karger Basel

Boroviczény KG von (1966) On the standardization of the blood cell counts. Standardization in haematology III. Bibl Haemat 24:2

Boroviczény KG von (1967) Basic requirements of automation equipment Brit J Haematol 13:8

Boroviczény KG von (1970) Auswirkungen des Eichgesetzes. Dtsch Ärztebl 14:1

Boroviczény KG von, Merten R (1972) Systematik der Qualitätskontrolle im medizinischen Laboratorium. Medicus-Verlag, Berlin

Boroviczény KG von (1982) Cost-analysis in clinical laboratories. Adv in Pathol 1:463

Boroviczény KG von, Schröder F, Tischer C (1969) Über die Beurteilung von Laboratoriumsgeräten. GIT FachZ Lab 13:450

Boroviczény KG von, Rammos G, Wolf I, Wrasmann A (1975) Allgemeine Gesichtspunkte zur Beurteilung und Prüfung von Analysengeräten. Med Lab (Stuttg) 28:141

Bos M (1981) Microprocessors in laboratory automation. Naturwiss 1:14

Bowers GNjr, McComb RB, Horder M (1975) Reagent quality, a prerequisite for meanful measurements in clinical enzymology. In: Organisation des Laboratoires-Biologie Prospective, 3ème Colloque de Pont à-Mouson. L'Expansion Scientifique Francaise, Paris, p 257

Bowie L, Esters F, Bolin J, Gochman N (1976) Development of an aqueous temperature - indicating technique and its application to clinical laboratory instrumentation. Clin Chem 22:449

Braun T, Bujdoso E (1982) The growth of modern analytical chemistry as reflected in the statistical evaluation of its subject literature. Crit Rev Anal Chem 13:223

Brecher G (1980) The future of automation in hematology. Blood Cells 6:111

Bretaudiere JP, Dumont G, Rej R, Bailly M (1981) Suitability of control materials. General principles and methods of investigation. Clin Chem 27:789
Brittin GA, Brecher G (1971) Instrumentation and automation in clinical hematology. Progr Hematol 7:299
Broughton PMG (1969) Association of clinical biochemists, scientifics and technical committee study group on automation in clinical chemistry. A guide for automation in clinical chemistry. Techn Bull No 16 (May)
Broughton PMG, Buttolph MA, Gowenlock AH (1969) Recommended scheme for the evaluation of instruments for automatic analysis in the clinical biochemistry laboratory. J Clin Pathol 22:278
Broughton PMG (1978) Evaluation of analytical methods in clinical chemistry. In: Stefanini M (ed) Progress in clinical pathology, Vol VII p 1. Grune and Stratton, New York
Broughton PMG (1979) Evaluation of analytical methods in clinical chemistry. Progr Clin Pathol 17:1
Broughton PMG, Gowenlock AH, McCormack JJ, Neill DW (1974) A revised scheme for the evaluation of automatic instruments for use in clinical chemistry. Ann Clin Biochem 11:207
Broughton PMG, Carter TJN (1983) Instrumentation. Clin Biochem 16:31(R)
Brown SS (1975) Acceptability of definitive, reference and routine methods. p 417 In: Anido G, van Kampen EJ, Rosalki SB, Rubin M (eds) Quality control in clinical chemistry. W de Gruyter Verlag
Büttner H, Hansert E, Stamm D (1974) Auswertung, Kontrolle und Beurteilung von Meßergebnissen. In: Bergmeyer HU (ed) Methoden der enzymatischen Analyse. Band I:339. Verlag Chemie, Weinheim
Büttner J, Borth R, Boutwell JH, Broughton PMG, Bowyer RC (1979) IFCC Approved recommendation (1978) on quality control in clinical chemistry: Part 2. Assessment of analytical methods for routine use. Clin Chim Acta 98:145F; J Clin Chem Clin Biochem 18:78
Büttner J, Borth R, Boutwell JH, Broughton PMG, Bowyer RC (1981) Approved recommendation (1979) on quality control in clinical chemistry. Part 3. Calibration and control materials. Clin Chim Acta 109:105, reprinted in: J Clin Chem Clin Biochem 18:855
Burnett D, Barbour HM, Woods TF (1981) Method comparisons, influence of the number, distribution and range of samples on performance claims. J Autom Chem 3:173

Cali JP (1975) International criteria for reference materials. In: Anido G, van Kampen EJ, Rosalki SB, Rubin M (eds) Quality control in clinical chemistry. Transactions of the 6th International Symposium, Geneva. W de Gruyter, Berlin - New York
Cartwright H (1982) Standards for laboratory accreditation. Pathologist 36:641
Cembrowski GS, Westgard JO, Conover WJ, Toren EC (1979) Statistical analysis of method comparison data. Testing normality. Am J Clin Pathol 72:21
Chen IW (1980) Commercially available fully automated systems for radioligand assays. Part 1: Overview. Part 2: Performance characteristics. Ligand Rev Baltimore 2:46, 3:46
Cobb M, Gotcher S (1982) Fluorescence immunoassay in the clinical laboratory. Am J Med Technol 48:671
College of American Pathologists (1981) Diagnostic Immunology Resource Committee Minutes.
Cornbleet PJ, Shea MC (1978) Comparison of product moment and rank correlation coefficients in the assessment of laboratory method-comparison data. Clin Chem 24:857
Cornbleet PJ, Gochman N (1979) Incorrect least-aquares regression coefficients in method comparison analysis. Clin Chem 25:432

Craig Th (1980) Decision criteria for the selection of analytical instruments in clinical chemistry. Techniques for the economic evaluation of automatic analyzers. J Autom Chem 2:34
Craig TM (1981) Automated systems - the user's needs from a manufacturers point of view. J Autom Chem 3:63
Curry RE, Heitzman H, Riege DH, Sweet RV, Simonsen MG (1979)A systems approach to fluorescent immunoassay: General principles and representative applications. Clin Chem 25:1591

Deindoerfer FH, Boris WB, Gangwer JR, Laird CW, Tittsler JW (1982) Automated intelligent microscopy (AIM) and its potential application in the clinical laboratory. Clin Chem 28:1910
DeLange JA, Rutten WPF, Schmidt NA, Eernisse JG, Veltkamp JJ (1976) Automation in the hematology laboratory. J Clin Chem Clin Biochem 14:485
Deutsches Arzneibuch (1978) 8. Ausgabe und Europäische Pharmacopöe, Deutsche Ausgabe, Band 1-3. 1. Nachtrag 1980, 2. Nachtrag 1983. Deutscher Apotheker-Verlag, Stuttgart
Deutsche Industrie Norm (DIN) 58960 (1978) Photometer für analytische Tests. Beuth Verlag Berlin
Deutsche Industrie Norm (DIN) 57789 (1980) Teil 200. Sicherheitsbestimmungen für elektrische Geräte der medizinischen Labortechnik und verwandter Bereiche.
Donohoe GA, Geary TD, Jennings RD (1982) Evaluation of instrumentation in clinical chemistry. J Clin Chem Clin Biochem 20:931
Drewinko B, Wallace B, Flores C, Crawford RW, Trujillo JM (1977) Computerized hematology: Operation of a high volume hematology laboratory. Am J Clin Pathol 67:64
Driscoll JL, Gudzinowicz BJ, Martin HF, Fanger H (1981) Instrument justification, selection and technical evaluation in clinical chemistry. P 2. Technical aspects of instrument evaluation. Chem Biomed Environ Instrum 11:127
Driscoll RC, Edwards RB, Liston MD, Love TW, Mazza JC, Trafton JE (1983) Discrete automated chemistry system with tableted reagents. Clin Chem 29:1609

Edmonds CG (1983) A bibliography of combined liquid chromatography mass spectrometry. Biomed Mass Spectrometry 10:237
Eisenwiener HG (1976) Voraussetzungen zur Erzielung zuverlässiger klinisch-chemischer Analysenergebnisse. Med Labor (Stuttg) 29:171
Eisenwiener HG, Bablok W, Bardorff W, Bender R, Markowetz D, Passing H, Spaethe R, Specht W (1983) Präzisionsangaben bei Methodenvergleich. Lab med 7:273
Eksborg S (1981) Evaluation of method-comparison data. Clin Chem 27:1311 (L)
Ellis KJ, Morrison JF (1975) Some sources of errors and artifacts in spectrophotometric measurements. Clin Chem 21:776
Epstein MS (1982) Provision guidelines for listing specifications of atomic absorption spectrometers. J Clin Chem Clin Biochem 20:263
Erb W (1976) Fehlerursachen bei Spektralphotometern für die klinische Chemie. PTB Mitt 86:168
Evenson MA (1979) Criteria for analytical instrumentation in a clinical analysis laboratory. Anal Chem 51:1411 A

Fareed J, Messmore HL, Bermes EW (1981) New perspectives in coagulation testing. Clin Chem 26:1380 Review
Feldmann U, Schneider B, Klinkers H, Haeckel R (1981) A multivariate approach for the biometric comparison of analytic methods in clinic chemistry. J Clin Chem Clin Biochem 19:121
Fischer A (1983) Energie und Kosteneinsparung durch flexible Laborautomatisierung mit zentraler Leittechnik. GIT FachZ Lab 27:89

Flagle CD (1970) Evaluation techniques for medical information systems. Comput Biomed Res 3:407
Frei J, Lauber K (1972) Récommandations internationales pour une standardisation logique de l'expression des résultats en chimie clinique. Dtsch Ärztebl 34:1105
Frings CS, Broussard LA (1979) Calibration and monitoring of spectrometers and spectrophotometers. Clin Chem 25:1013

Galen RS (1979) Laboratory medicine in the year 2000: an overview. MLO 11:40
Galli A (1980) Analytical interferences of drugs. In: Siest G (ed) Drug effects on laboratory test results. Developments in clinical biochemistry. Nijhoff Publ, p 39
Galteau MM, Siest G (1984) Drug effects in clinical chemistry. Part 2 Guidelines for evaluation of analytical interference. J Clin Chem Clin Biochem 22:275
Gates SC, Sweeley CC (1978) Quantitative metabolic profiling based on gas chromatography. Clin Chem 24:1663 Review
Geary TD (1980) Guidelines for the evaluation of clinical laboratory instrumentation. The Clin Biochemist 1:26
Geary TD (1980) Guidelines for the selection and evaluation of analytical methods. The Clin Biochemist 1:51
Geary TD (1982) Provisional guidelines for listing specifications of flame emmission spectrometers. Clin Biochem 15:123
Geary TD (1982) Provisional guidelines for listing specifications of absorption spectrometers. Clin Biochem 15:125
Georges RF (1984) The evaluation of analytical instrumentation for the clinical chemistry laboratory: Review and bibliography. S Afr J Med Lab Technol, p 65
Gerbet D, Richardot P, Auget JL, Maccario J, Cazalet C, Raichvarg D, Ekindjian OG, Yonger J (1983) New statistical approach in biochemical method-comparison studies by using Westlake's procedure, and its application to continuous-flow, centrifugal analysis, and multilayer film analysis techniques. Clin Chem 29:1131
Gergely TH, Hauch D, Bayer PM, Pall H, Gibitz H, Gabl F (1978) Mechanisierte Analytik im Akut-Laboratorium. Med Labor (Stuttg) 32:281
Gergely TH (1980) Ärztliche und technische Leistung im medizinischen Laboratorium. VII. Vergleich der Betriebskosten von selektiver Analytik (GSA II) und Profilanalytik (SMAC) im Routinebetrieb. Lab med 4 (A+B):45
Gesetze, Verordnungen, Richtlinien, Empfehlungen
- Gesetz über das Meß- und Eichwesen (Eichgesetz) vom 11. Juli 1969. (Bundesgesetzblatt vom 15. Juli 1969 Teil I, 759-770 - Verordnung über Ausnahmen von der Eichpflicht (Eichpflichtausnahmeverordnung) vom 26. Juni 1970, Bundesgesetzblatt vom 30. Juni 1970, Teil II, 960-965, in der Fassung der Bekanntmachung vom 11. Dezember 1976, (Bundesgesetzblatt Teil I, 3704), - Neufassung des Eichgesetzes in Vorbereitung
- Gesetz über technische Arbeitsmittel und der Gewerbeordnung Gesetz zur Änderung des Gesetzes über technische Arbeitsmittel und der Gewerbeordnung vom 13. August 1979. Bundesgesetzblatt 1979, Teil I, 1432
- Hochschulbauförderungsgesetz vom 1. September 1969 (Bundesgesetzblatt I, S. 1556) in der Fassung des Gesetzes zur Änderung vom 3. September 1970 (Bundesgesetzblatt I, S. 1301)
- Krankenhausfinanzierungsgesetz (KHG) vom 29. Juni 1972 (Bundesgesetzblatt I, S. 1009) Textausgabe mit Materialien, bearbeitet von Karl Jung (1982), Verlag W. Kohlhammer
- Krankenhaus-Kosten-Dämpfungsgesetz vom 12. Dezember 1981 (Bundesgesetzblatt I, S. 1568)

- Leitfaden für die Organisationsarbeit "Wirtschaftlichkeitsberechnungen". Herausgegeben vom Senator für Inneres, Berlin Ab.V, 2. Erweiterte Auflage 1974 (Eigendruck)
- Reichsversicherungsordnung (RVO) C.H. Beck'sche Verlagsbuchhandlung, München
- Richtlinien der Bundesärztekammer zur Durchführung der statistischen Qualitätskontrolle und von Ringversuchen im Bereich der Heilkunde. Aufgestellt aufgrund § 6 (2) Satz 2 der Verordnung über Ausnahmen von der Eichpflicht vom 26. Juni 1970, Bundesgesetzblatt I, S. 960, im Benehmen mit der Physikalisch-Technischen Bundesanstalt und den zuständigen Behörden. Dtsch Ärzteblatt 68:2228, 1971 und 71:959 (1974)
- Richtlinien der Kassenärztlichen Bundesvereinigung vom 11.Mai 1982 über die Arbeitsweise und die medizinischen Erfordernisse bei der Erbringung von Laboratoriumsleistungen. Lab med (Mainz) 6 (A+B):84
- Richtlinien für die interne Qualitätskontrolle bei Bindungsanalysen (Radio-Immuno-Assays und Enzym-Immuno-Assays und dergleichen). Lab med (Mainz) 2 (A+B):88 (1978)
- Verordnung zur Ausdehnung der Vorschriften über die Zulassung und staatliche Chargenprüfung auf Testsera und Testantigene. Bundesgesetzblatt 1978, I, S. 1720
- Abgrenzungsverordnung vom 5. Dezember 1977, DKI-Gutachten, veröffentlicht in "Das Krankenhaus" 1971, Nr. 9, Bundesgesetzblatt I, S. 2355
- Berliner Haushaltsrecht, herausgegeben vom Senator für Finanzen, Berlin 1979 (Eigendruck)
- Empfehlung der Deutschen Gesellschaft für Laboratoriumsmedizin, Osterreichischen Gesellschaft für Laboratoriumsmedizin und der Deutschen Gesellschaft für Hygiene und Mikrobiologie, Gesellschaft für Immunologie, Deutschen Gesellschaft für Bluttransfusion und Immunhämatologie, Institut für Standardisierung und Dokumentation im medizinischen Laboratorium e.V. (INSTAND), Verband der Diagnostica- und Diagnosticageräte-Hersteller (1980) Standardisierung von Immunfluoreszenzmethoden. Lab med (Mainz) 4 (A+B):15 (1980)
- Empfehlungen der Osterreichischen Gesellschaft für Qualitätssicherung und Standardisierung medizinisch-diagnostischer Untersuchungen (OQUASTA) (1980) Qualitätskontrolle in der Laboratoriumsmedizin. Lab med 6 (A+B):146
- Vorschläge der Standardisierungskommission der Deutschen Gesellschaft für Klinische Chemie. (1980) Vorschläge zur Auswahl, Beschreibung, Prüfung und Veröffentlichung ausgewählter Methoden. Lab med 4 (A+B):103

Gill P (1984) Thermal analysis developments in instrumentation and applications. Internat Lab April p 78

Gilmer PRjr, Williams LJ, Koepke JA, Bull BS (1977) Calibration methods for automated haematology instruments. Am J Clin Pathol 68(Suppl):185

Gilmer PR, Williams LJ (1980) The status of methods of calibration in hematology. Am J Clin Pathol 74:600

Glick D (1978) The future of clinical microchemical analysis. Clin Chem 24:189

Gorus F, Schram E (1979) Applications of bio- and chemiluminescence in the clinical laboratory. Clin Chem 25:512 Review

Gozzo ML, Barbaresi G, Giocoli G, Zappacosta B, Zuppi C (1984) Long term retrospective control procedures for monitoring analytical performance of laboratory instruments. Clin Chem 30:149

Greyson J (1981) Problems and possibilities of chemistry on dry reagent carriers. J Autom Chem 3:66

Griesser G, Wagner G (1968) Automatisierung des klinischen Laboratoriums. Schattauer Verlag Stuttgart

Griffiths PD, Martin BT, Cannon G (1980) The philosophy of instrument evaluation, In: Price CP, Spencer K (eds) Centrifugal analysers in clinical chemistry. Eastbourne, Praeger Publ

Grin AS, Lukicheva TI, Tatsievskij VA (1975) Some methods of evaluating the work of automatic analytical systems under conditions of the clinico-biochemical laboratory. Med Tekh (in russian with an abstract in english) 5:27

Groner W, Tycko D (1980) Characterizing blood cells by biophysical measurements in flow. Blood Cells 6:141

Groth T (1980) Methods and approaches to determine "optimal" quality for clinical chemical data. In: Horder M (ed) Assessing quality requirements in clinical chemistry. Scand J Clin Lab Invest 40(Suppl 155)47

Grouse LD (1983) Has the machine become the physician? J Am Med Ass 250:1891 (E)

Gudzinowicz BJ, Driscoll JL, Martin HF, Fanger H (1981) Instrument justification, selection and technical evaluation in clinical chemistry. Instrument justification and selection.Chem Biomed Environ Instrum 11:107

Gulati G, Hyun BH, Ashton JK (1984) Hematology instruments for clinical laboratories. Laboratory Medicine 15:406

Haeckel R (1980) Statistische Probleme beim Vergleich von klinisch-chemischen Analysen-Verfahren. J Clin Chem Clin Biochem 18:433

Haeckel R (1981) Erprobung und Bewertung von Geräten der Laboratoriumsmedizin. I Standardisierung der Evaluation von Analysengeräten. Lab med 5(A+B):1

Haeckel R (1981) Standardisierung der Evaluation von Analysengeräten. GIT Lab Med 1:13

Haeckel R (1981) Statistische Verfahren beim Methodenvergleich. Med Lab (Stuttg) 34:8

Haeckel R (1982) Empfehlungen zur Anwendung statistischer Methoden beim Vergleich klinisch-chemischer Analysenverfahren. J Clin Chem Clin Biochem 20:107

Haeckel R (1982) Standardisation efforts for evaluating instruments in clinical chemistry. Adv Clin Chem 1:255

Haeckel R (1983) Introduction to cost-benefit analysis. J Autom Chem 5:68

Haeckel R (1984) Statistische Probleme beim Vergleich klinisch-chemischer Analysenverfahren. J Clin Chem Clin Biochem 22:265

Haeckel R, Höpfel P (1973) Analysenautomaten, Grenzen der Anwendung. diagnostik 6:674

Haeckel R, Höpfel P (1980) Fehlersuche bei photometrischen Messungen im medizinischen Laboratorium. Dtsch Ärztebl 42:11

Haeckel R, Rotzler A (1977) Photometer für die ärztliche Praxis. Band 1 des Zentralinstitutes für die kassenärztliche Versorgung in der Bundesrepublik Deutschland. Deutscher Ärzteverlag, Köln

Haeckel R, Keller H, Knedel M (1980) Principles for Multi-Centre-Evaluations of analytical instruments.J Clin Chem Clin Biochem 18:693

Haeckel R, Collombel CH, Geary TD, Mitchell FL, Nadeau RG, Okuda K (1980) Provisional Guidelines (1979) for listing specifications of spectrometers in clinical chemistry. Clin Chim Acta 103:249 F, J Clin Chem Clin Biochem 18:445, Clin Chem (1981) 27:187

Haeckel R, Keller R, Knedel M (1980) Recommendations for Multi-Centre-Evaluations of analytical instruments in clinical chemistry. Mitt Dtsch Ges Klin Chem 11:184

Haeckel R, Sonntag O (1980) Detection of drug interferences in method evaluation programs. In: Siest G (ed) Drug effects on laboratory test results. Developments in clinical biochemistry. Nijhoff Publ p 58

Haeckel R, Schneider B (1980) Statistische Modelle und Verfahren beim Vergleich der Analysenmethoden. GIT Lab med 3:97, 103
Haeckel R, Schneider B (1981) Statistische Verfahren beim Methodenvergleich. Med Labor (Stuttg) 34:8
Hall PE (1978) The World Health Organization's programme for the standardization and quality control of radio-immuno-assay of hormones in reproductive physiology. Horm Res 9:440
Hamlin WB, Duckworth JK, Gilmer PRjr, Stevens MV (1974) Laboratory instrument maintenance and function verification. College of American Pathologists, Skokie, Ill.
Hansten PD (1974) Arzneimittel-Interaktionen. Aus dem Engl. von Gugler R, Hengstmann JH, Hippokrates Verlag, Stuttgart
Harris EK (1979) Statistical principles underlying analytic goal setting in clinical chemistry. Am J Clin Pathol 72:374
Harris EK, Yasaka T, Horton MR, Shakarji G (1982) Comparing multivariate and univariate subject-specific reference regions for blood constituents in healthy persons. Clin Chem 28:422
Hartmann AE (1983) Validation protocol for new methods or instruments in the clinical laboratory. Laboratory Medicine 14:411
Helman EZ, Reingold IM, Gleason IO (1971) Plea for standardisation of commercial calibration materials for automated instruments. Clin Chem 11:1144
Herkner K (1984) Die Verwendung der Radiogaschromatographie (RGC) im endokrinologischen Labor. GIT Lab Med 7:17
Hiatt MK, Kiser EJ (1980) Liquid chromatography. A review of methods and equipment. Lab World 31:39
Hieftje GM (1983) New techniques and tools for clinical chemistry - Advances spectrometry. Clin Chem 29:1659
Hieke H, Kos HJ, Nink R (1984) Ergebnisse von meßtechnischen Untersuchungen an Spektralphotometern - Teil 2. GIT FachZ Lab 28:166
Hutten H (1979) Welche Kriterien sind für die Qualität medizin-technischer Geräte entscheidend ? Biomed Technik 24:353 (E)
Hutten H (1983) Absehbare Konsequenzen neuer Gesetze im Gesundheitswesen: Einführung in das Gerätesicherheitsgesetz - § 8 a Medizintechnische Geräte. Medizintechnik 103:43
Hutten H (1983) Medizin-technischer Service im Krankenhaus. Arzt und Krankenhaus 12:302
Hutten H, Anna O (1984) Der medizin-technische Service im Krankenhaus Krankenhaus-Umschau 53:163
Hutten H (1984) Überlegungen zur Einrichtung und Bewertung des medizin-technischen Dienstes im Krankenhaus. Biomed Technik 29:66

ISO: International Organization for Standardization, Genf
ISO Guide 6: Mention of reference materials in international standards (1981)
ISO Guide 31: The contents of certificates of reference materials. (1982)
ISO Directory of vertified reference materials (1982)
ISO 6353: Reagents for chemical analysis. Part 1: General test methods. Part 2: Specifications

Jackson JA, Conrad ME (1984) New instrumentation in urinanalysis. Pathologist 10:652
James GP (1981) Evaluation of clinical laboratory instruments. In: Defining laboratory needs. Med Technol 47:225
James GP, Bee DE (1981) Evaluation of clinical laboratory instruments Use and abuse of statistical tools. Med Technol 47:303
Jansen RTP, Pijpers FW, de Valk GAJM (1981) A technique for the objective assessment of routine analytical methods in clinical laboratories using pattern recognition. Ann Clin Biochem 18:218

Jansen RTP, Pijpers FW, de Valk GAJM (1982) Application of pattern recognition for discrimination between routine analytical methods used in clinical laboratories. Ann Chim Acta 133:1

Johnson T (1984) New developments in spectrofluorometry. Pathologist 38:20

Joppich-Kuhn R, Joppich M, Giese RW (1982) Release Tags: A new class of analytical reagents. Clin Chem 28:1844

Kaiser H (1973) Grundlagen zur Beurteilung von Analysenverfahren. In: Houben-Weyl, Methodicum chimicum, Vol I, p 1, Stuttgart

Kaiser R, Gottschalk G (1972) Elementare Tests zur Beurteilung von Meßdaten. Bibliographisches Institut, Wissenschaftsverlag Mannheim

Karselis TC (1982) Electrolyte instrumentation: Then and now. Med Technol 48:329

Keilges PW, Mohrbacher RJ (1982) Reagents, specimen collection, calibrators, reference materials and standards. p 289 in: Werner M, Seligson C (eds) CRC Handbook of clinical chemistry Vol. 1. CRC Press Inc. Boca Raton, Florida, USA

Keller H (1978) Ärztliche und technische Leistung im medizinischen Laboratorium. Der laborärztliche Befund. Lab med 2(A+B):79

Keller H, Gessner U(1980) Systematik der Deviationsursachen klinisch-chemischer Analysen. Med Labor (Stuttg) 33:139

Keller H, Gessner U (1981) Über ein neues probabilistisches Verfahren zur Interpretation von Laborresultaten. Z med Lab Diagn 22:179

Keller H, Staber G (1983) Arzneimittel-Interferenzen bei klinisch-chemischen Testen. Lab med 7:164

Kennedy WR (1983) "Calibrant". Analyt Chem 55:704 A

Ketterer K (1984) Ionensensitive Meßtechnik in der Medizin. 1. Teil: Stand der ionensensitiven Meßtechnik in der klinischen Medizin. Ein Elektrolyt-Analysator der 3. Generation mit neuer, bahnbrechender Elektrodentechnologie. GIT Lab med 7:129

Kim EK, Logan JE (1978) Scheme for the evaluation of methods in clinical chemistry with particular application to those measuring enzyme activities. Part I: General considerations. Part II: Analysis of data and performance assessment. Clin Biochem 11:238, 244

Kirk C, Peel N, James K, Kershaw Y (1978) Basic medical laboratory technology. Am J Med Technol 44:73

Klein-Wisenberg A von (1970) Welches Photometer wann ? Ärztl Lab 16:283

Klein-Wisenberg A von, Boroviczény KG von (1967) Standardisierung der Photometrie am Beispiel der Hämoglobinbestimmung.GIT FachZ Lab 11:1060

Knapp W, Holubar K, Wick G (eds) Immunfluorescence and related staining techniques. Amsterdam: North Holland Biomedical Press

Knoll E, Wisser H (1984) Probleme bei der Entwicklung eines Radioimmunoassay für Katecholamine. J Clin Chem Clin Biochem 22:741

Knüppel W, Neumeier D, Fateh-Moghadam, Knedel M (1982) Einsatz eines vollmechanisierten Elektrophoresegerätes mit rechner-unterstützter Auswertung und Befunderstellung in einem klinisch-chemischen Institut. Teil I: Systemvoraussetzungen und Methodik. GIT Lab med 5:121

Koch CD, Arnst E, Rommel K (1981) Datenverarbeitung in der klinischen Chemie: Istzustand und Kritik des 'Clinical Lab 12'-System. Ärztl Lab 27:10

Koepke JA (1977) The calibration of automated instruments for accuracy in hemoglobinometry. Am J Clin Pathol 68(Suppl):180

Kreiser MJ, van der Kolk BW (1982) Leasing analytical instrument advantages, disadvantages and contract procedures. J Forensic Sci 27:598

Kutter D (1982) Vorschläge zur rationellen Optimierung der Harnmikroskopie. Med Lab (Stuttg) 35:27

Laurell CB (1965) Electroimmunoassay. Scand J Clin Lab Invest 28(Suppl124):21
Layton JM (1983) Requirements for accreditation of programs. Pathologist 37:97
Lehnert G, Rutenfranz J, Szadkowski D, Valentin H (1981) Richtlinien zur Durchführung der statistischen Qualitätssicherung bei arbeitsmedizinisch-toxikologischen Analysen. Arbeitsmedizin, Sozialmedizin, Präventivmedizin 16:56
Liebscher W (1984) Die Schreibung chemischer Fachwörter. Z med Lab diagn 25:58
Ljungdahl L, Gerhardt W, Hofvendahl S, Börjesson J (1983) How to make better test evaluations. Clin Chem 29:738
Lloyd PH (1978) Technical Bulletin No. 39:A scheme for the evaluation of diagnostic kits. Ann Clin Biochem 15:136
Logan JE (1981) Criteria for Kit selection in clinical chemistry. Clinical Biochemistry. Contemporary Theories and Techniques, Vol 1
Logan JE (1983) Revised recommendation on evaluation of diagnostic kits. Part I: Recommendation for specifications on labelling of clinical laboratory materials. Part II: Guidelines for the evaluation of clinical chemistry kits. J Clin Chem Clin Biochem 21:893, 899
Logan JE, Bayse DD, Koedam JC, Mather A, Wilding P (1984) IFCC/WHO principles and recommendations on evaluation of diagnostic reagent sets used in health laboratories with limited resources. Part III: Selection and evaluation using reference materials. General considerations. J Clin Chem Clin Biochem 22:573
Part IV: Evaluation of performance using reference materials of analytes commonly determined in blood serum or plasma. J Clin Chem Clin Biochem 22:817
Long CD, Winefordner JD (1983) Limit of detection. Analyt Chem 55:712 724 A
Lorbacher P (1983) Möglichkeiten und Grenzen der automatisierten Blutbild-Differenzierung mit zytochemischen Methoden. mta-journal 5:2
Louderback AL, Szatkowski PR (1980) The coefficient of analysis, a new figure of merit for laboratory performance. Clin Chem 26:774
L'vov BV (1978) Electrothermal atomization - the way toward absolute methods of atomic absorption spectroscopy.Spectrochim Acta 33B:153

Maclin E, Rohlfing D, Ansour M (1973) Relationship between variables in instrument performance and results of kinetic enzyme assays - a system view. Clin Chem 19:832
Markowetz D (1982) Vorschlag zur deskriptiven Auswertung multivariater Studien. Med Lab (Stuttg) 35:53
Marsh WL, Nelson DP, Koenig HM (1983) Hematofluorometer. Am J Clin Pathol 79:655
Martinek RG (1981) The selection of instruments for the clinical laboratory. Am J Med Technol 43:123
Massart DL, Dijkstra A, Kaufmann L (eds) (1978) Evaluation and optimization of laboratory methods and analytical procedures. Elsevier Amsterdam, Oxford, New York
McFarren EF (1970) Criterion for judging acceptability of analytic methods. Anal Chem 42:358
McLafferty FW, Lory ER (1981) Mass spectrometry as a separation technique. Analysis of involatile samples. J Chromatogr 203:109
McLean MH (1979) Product evaluation - a manufacturers point of view. Clin Chem 25:1127 (Abstr 323)
McLelland AS, Fleck A, Burns RF (1978) A limited protocol for assessment of within-batch performance of multichannel analysers. Ann Clin Biochem 15:12

Meier PC, Ammann D, Osswald HF (1977) Ion-selective electrodes in clinical chemistry. Med Progr Technol 5:1 Review
Mitchell FL (1982) Comparison between problems with clinical laboratory instruments in developed and developing countries. In: Khayat MH, Montalbetti N, Ceriotti G, Bonini PA (eds) AMNECC Adv Clin Chem. AMNECC Office, Milano, IFCC: Vol 1:247
Mitchell FL, Lewis SM, Jenkins WJ, et al (1981) The impact of technology on medicine: The impact of technology on clinical pathology over the last 25 years. J Med Eng Tech 5:13
Monroe L (1982) Radioligand assay: Current trends in automation. Med Technol 48:663
Mosel HA von der (1983) Grundlagen der Logistik beim Kauf medizinischer Geräte. Krankenhaus-Umschau 52:10
Müller DH, Schmohl E (1982) Steuerung der Service-Aktivitäten anhand von Service-Berichten und -Rechnungen. 9. Fortbildungsveranstaltung des Fachbereichs Technisches Gesundheitswesen der FH Gießen-Friedberg
Müller F (1979) Entwicklung und gegenwärtiger Stand der präparativen und optischen Technik für die fluoreszenzimmunologische Diagnostik Ärztl Lab 7:163

Narayanan S (1977) An evaluation of methods monitoring enzyme activity. U.S. Department of Health and Human Services. Public Health Service No. CC-104
Naus IAJM (1983) Addendum to a paper on method-comparison analysis. Clin Chem 29:1697
NCCLS ASI-1 Preparation of manuals for installation, operation and repair of laboratory instruments.
NCCLS Draft document EP9P Proposed guidelines for user comparison of quantitative clinical laboratory methods using patient samples.
NCCLS Tentative guidelines for manufacturers for establishing performance claims for clinical chemical methods. EP2T Introduction and performance check. EP3T Replication experiment. EP4T Comparison of methods experiment. EP5T Tentative guidelines for user evaluation of precision performance of clinical chemistry devices.
NCCLS TSI-3 Standard for determining spectrophotometer performance criteria (1976) TSI-5 Power requirements for clinical laboratory instruments and for laboratory power lines. TSI-6 Guidelines for service of clinical laboratory instruments.
Neely WE, Zettner A (1983) Reflectance digital matrix photometry. Clin Chem 29:1088
Netheler N (1977) Absorptionsphotometrie. In: Bergmeyer HU, Gawehn K (eds) Grundlagen der enzymatischen Analyse. Verlag Chemie, Weinheim, New York, p 145
Neumann E (1983) Mechanisierung im hämatologischen Laboratorium. Lab Med 7 (A+B):123
Nielsen LG, Ash KO (1978) Protocol for adaption of analytic methods in the clinical chemistry laboratory. Am J Med Technol 44:30

O'Donnell CM, Winefordner (1975) The potential of phosphorescence spectrometry in clinical chemistry - the new generation of instrumentation and methodology. Clin Chem 21:285 Review
Oellerich M (1980) Enzyme immunoassays in clinical chemistry: present status and trends. J Clin Chem Clin Biochem 18:197
Okuda K (1980) Provisional guidelines for listing specifications of clinical chemical analysers. J Clin Chem Clin Biochem 18:947
O'Leary TD, Badenoch JL, Bais R (1983) Optical methods for monitoring temperature in spectrophotometric analysers. Ann Clin Biochem 20:153

Osburg K (ed) (1984) Personalbedarf und Kosten im medizinischen Laboratorium. Anleitung zur Ermittlung. In: INSTAND-Schriftenreihe, Band 1, 2. überarbeitete Auflage. Springer Verlag, Berlin, Heidelberg, New York

O'Sullivan MB (1979) Laboratory hematology procedures. In: Seligson D (ed) Critical reviews in clinical laboratory science, CRC press, Boca Raton, Florida, p 5

O'Sullivan MJ, Bridges JW, Marks SV (1979) Enzyme immunoassay: a review. Ann Clin Biochem 16:221

Panek E, Young DS, Bente J (1978) Analytical interferences of drugs in clinical chemistry. Am J Med Technol 44:217

Passing H, Bablok W (1983) A new biometrical procedure for testing the equality of measurements from two different analytical methods Application of linear regression procedures for method comparison studies in clinical chemistry Part I. J Clin Chem Clin Biochem 21:709

Passing H, Bablok W (1984) Comparison of several regression procedures for method comparison studies and determination of sample sizes. Application of linear regression procedures for method comparison studies in clinical chemistry part II. J Clin Chem Clin Biochem 22:431

Paulson RE (1964) Test methods in spectrophotometry. Stray-light determination. Appl Optics 3:99

Peake MJ, Pejakovic M, Fraser CG (1984) The effect of instrument variables on calculation factors for standardisation of colorimetric analyses. Ann Clin Biochem 21:188

Peddecord KM, Cada RL (1980) Clinical laboratory proficiency test performance. Its relationship to structural, process and environmental variables. Am J Clin Pathol 73:380

Percy-Robb IW, Broughton PMG, Jennings RD, et al (1980) Recommended scheme for evaluation of kits in the clinical chemistry laboratory Ann Clin Biochem 17:217

Petersen KF (1974) Mechanisierte Analysensysteme im medizinisch-diagnostischen Laboratorium. Med Labor (Stuttg) 27:159

Pinkerton PH, Wood DE, Burnie KL, Carstairs KC, Croucher BEE, Ezer S, Ley DCH, McBride JA, Murray JF, Quantz MC (1980) Proficiency testing in immunohematology in Ontario, Canada, 1975-1977. J Clin Chem Clin Biochem 18:559

Price CP, Spencer K, Whicher J (1983) Light-scattering immunoassay of specific proteins: a review. Ann Clin Biochem 20:1

Pryor LR, Freeman VD (1979) An archival system for clinical laboratory data. Am J Clin Pathol 72:1013

Raderecht HF (1972) Bedeutung und Probleme der Einführung technischer und vollmechanischer Systeme sowie der Datenverarbeitung in die diagnostischen Laboratorien des Gesundheitswesens. Dtsch Ges.wesen 27:1768

Rake H (1983) Forschung in Deutschland. Quo Vadis ? Stand und Entwicklungstendenzen der Automatisierungstechnik. GIT FachZ Lab 27:926

Rapp U (1983) Anwendung moderner MS-Automatisierungstechnik.GIT FachZ Lab 27:828

Rasch D, Herrendorfer G, Bock J, Busch K (1978) Verfahrensbibliothek, Versuchsplanung und -auswertung. VEB Dtsch Landwirtschaftsverlag, Berlin 1:447

Rautela GS, Snee RD, Miller WK (1979) Response-surface co-optimization of reaction conditions in clinical chemical methods. Clin Chem 25:1954

Rhoads DG (1981) New PDP-8A Computer program (Dataio) for handling data from automated systems. Clin Chem 27:509 (L)

Richterich R, Greiner R (1970) Analysatoren in der klinischen Chemie. Z Klin Chem Klin Biochem 8:588
Roberts LB (1978) Practical and organisational problems in the testing of clinical laboratory instruments. J Autom Chem 1:32
Robertson EA, Zweig MH (1981) Use of receiver operating characteristic curves to evaluate the clinical performance of analytical systems. Clin Chem 27:1569
Robertson EA, Zweig MH, van Steirteghem AC (1983) Evaluating the clinical efficacy of laboratory tests. Am J Clin Pathol 79:78
Rocks R, Riley C (1982) Flow-injection analysis: a new approach to quantitative measurements in clinical chemistry. Clin Chem 28:409
Rodgerson DO, Tietz NW (1975) Selection of "recommended methods" for use in a clinical laboratory - some urgent considerations and a suggested approach. Clin Chem 21:1057
Rösler-Englhardt A (1982) Erprobung und Bewertung von Geräten der Laboratoriumsmedizin. III. Gerätetechnische Optimierung im medizinischen Laboratorium. Lab med 6(A+B):1
Roka L (1982) Photometrische Gerinnungsanalysen mit synthetischen Substraten. Lab med 6(A+B):192
Ross DL (1982) The laboratory environment: 1990-2000. Med Technol 48:282
Ross DW, Brecher G, Bessis M (1981) Automation in hematology. What to measure and why ? Monograph edition of the international Journal Blood Cells, Vol 6:2. Springer Verlag Berlin Heidelberg New York
Rotzler A, Völkert E, Ludewigs M (1980) Ärztliche und technische Leistungen im medizinischen Laboratorium. Einflüsse auf Laborwerte. Lab med 4(A+B):117
Rubin E (1982) Methods in laboratory investigation. A new editorial section. Lab Invest 47:409 (E)
Rubin M, Barnett RN, Bayse D, Beutler E, Brown SS, Logan JE, Reimer CB, Westgard JO, Wilding P. Provisional recommendation on evaluation of diagnostic kits. Part 1: Recommendations for specifications on labelling of clinical laboratory materials. J Clin Chem Clin Biochem 21:893 (1977); Clin Chem 25:1499 (1979)
(1979) Part 2: Guidelines for the evaluation of clinical chemistry kits. J Clin Chem Clin Biochem 17:622, Clin Chem 25:1503
(1983) Revised recommendation on evaluation of diagnostic kits.
Ruttkowski RB, Barnhart ER, Alexander LR (1980) Clinical enzymology, laboratory methods in enzymology. Instruments and reagents in clinical enzyme analysis. U.S. Department of Health and Human Service Public Health Service. CDS Atlanta p 19
Ruzicka J, Hansen E (1980) Flow injection analysis. Anal Chim Acta 114:19

Sappenfield RW, Beeler MF, Catrou PG, Boudreau DA (1981) Nine-cell diagnostic decision matrix - a model of the diagnostic process; a framework for evaluating diagnostic protocols. Am J Clin Pathol 75:769
Schall RF, Tenoso HJ (1981) Alternatives to radioimmunoassay: Labels and methods. Clin Chem 27:1157
Schwartz BD (1982) Automating the microscope. Technology 1982:2
Schwartz MK (1983) Immunological enzyme assay: an overview. Clin Biochem 16:4
Schwick HG (1968) Immunological methods in clinical chemistry. 6th Int Congr Clin Chem. Karger, Vol 1:93
Seligson D (1969) Observations regarding laboratory instrumentation and screening analysis. In: Benson ES, Strandjord PE (eds): Multiple laboratory screening. Academic Press, New York, p 87
Sevier ED, David GS, Martinis J, Desmond WJ, Bartholomew RM, Wang R (1981) Monoclonal antibodies in clinical immunology. Clin Chem 27:1797 Review

Shaikh AH (1979) A systematic procedure for selection of automated instruments in the clinical laboratory. Am J Med Technol 45:710

Siegel SR (1982) Instrumentation. Using the proposed NCCLS protocol for evaluation of automated instruments. Am J Med Technol 48:595

Siest G, Dawkins SJ (1984) IFCC Expert panel on drug effects in clinical chemistry; Drug effects in clinical chemistry; Part 1: The basic concepts. J Clin Chem Clin Biochem 22:271

Skendzel LP, Batsakis JG, Lawson NS, Werner M, Manseau JE, Moore TD (1978) Proposed classification of clinical laboratory methods. Am J Clin Pathol 70:584

Slavin W (1982) Atomic absorption spectroscopy: The present and future. Anal Chem 54:685A

Smith DS, Shenkin A, Dryburgh FJ, Morgan HG (1982) Emergency biochemistry services - are they abused ? Ann Clin Biochem 19:325

Smith RG, Sestili MA (1980) Methods for ligand-receptor assays in clinical chemistry. Clin Chem 26:543

Snyder LR, Karger BL, Giese RW (1978) Clinical liquid chromatography. In: Hercules DM, Hieftje GM, Snyder LR, Evenson MA (eds) Contemporary topics in analytical and clinical chemistry. Plenum Press, New York, p 199

Sonntag O, Haeckel R (1981) Erprobung und Bewertung von Geräten in der Laboratoriumsmedizin. Lab med 5:169

Spill E (1977) Viele Krankenhausapparate sind lebensgefährlich. TV Hören und Sehen 45:19

SPRI Projekt 3089 (1979) Evaluation of medical technology.

Staber G, Busch EW, Koller PU (1982) Systematische Prüfung von Pharmakaeinflüssen auf neu entwickelte Testkits. Med Lab (Stuttg) 5:10

Stamm D (1973) Spezifität von Analysenmethoden. In: Lang H, Rick W, Roka L (eds) Optimierung der Diagnostik. Springer Berlin Heidelberg New York p 187

Stamm D (1974) Calibration and quality control materials. Z Klin Chem Klin Biochem 12:137

Stamm D (1979) Reference materials and reference methods in clinical chemistry. J Clin Chem Clin Biochem 17:283

Stamm D (1982) A new concept for quality control of clinical laboratory investigation in the light of clinical requirements and based upon reference method values. J Clin Chem Clin Biochem 20:817

Stanley R (1984) Automation in analytic chemistry. J Autom Chem 6:6

Stevens JF (1980) Accuracy and linearity of spectrophotometers in clinical chemistry laboratories. Ann Clin Biochem 17:87

Stewart PA (1983) Modern quantity acid-base chemistry. Can J Physiol Pharmacol 61:1444

Szabo A, Örs E (1983) Enzymes used in clinical chemical analysis. A review of clinical chemical enzymic methods. J Clin Chem Clin Biochem 21:209

Szatkowski P (1979) The coefficient of analysis. Clin Chem 25:1085

Tauscher W (1983) Lasertechnologie in der Methodik der Partikelgrössenuntersuchung. GIT Lab med 6:394

Taylor DW, Baird HW (1977) A design for evaluation and justification of laboratory instruments. Am J Med Technol 43:139

Tchai BS (1979) Calibration in automated system. "Clinical Biochemistry - Principles and practice", Proceedings of the 1st South East Asian and Pacific Congress of Clin Biochem, Singapore, p 68

Thefeld W (1978) Ärztliche und technische Leistung im medizinischen Laboratorium. II. Ein- oder Mehrkanalgeräte ? Lab med 2(A+B):63

Thiers RE, Wu GT, Reed AH, Oliver LK (1976) Sample stability: a suggested definition and method of determination. Clin Chem 22:176

Tietz NW (1979) A model for a comprehensive measurement system in clinical chemistry. Clin Chem 25:833

Tietz NW, Batsakis J, Bayse D (1977) Guidelines for photometric instrumentation for measuring enzyme reaction rates. (A special report by the Instrumentation Guidelines Study Group, Subcommittee on Enzymes, Committee on Standards, AACC). Clin Chem 23:2160
Tremblay MM (1979) The evaluation of instruments in biochemistry. Canad J Med Technol 41:65
Tydemann J, Morrison JI, Hardwick DF, Cassify PA (1982) The cost of quality control procedures in the clinical laboratory. Am J Clin Pathol 77:528

Uldall A, Dybkaer R (1976) Nomenclature of reagents. Scand J Clin Lab Invest 34:305
Uriano GA, Gravatt CC (1977) The role of reference materials and reference methods in chemical analysis. Crit Rev in:Anal Chem 6:361

Van Assendelft OW, Zijlstra WG, Van Kampen EJ (1970) Haemoglobinometry. Challenges and pitfalls. Proc Kon Ned Akad Wet Ser C 73:104
Van Loon JC (1981) Atomic fluorescence spectrometry: Present status and future prospects. Anal chem 53:332A
Verbruggen R (1975) Quantitative immunoelectrophoretic methods: a literature survey. Clin Chem 21:5
Vinazzer H (1981) Möglichkeiten der Automation im Gerinnungslabor. Med Lab (Stuttg) 34:55
Voller A, Bartlett A, Bidwell D (eds) (1981) Immunoassays for the 80s MTP, Lancaster, UK
Voora A, Wilks AK, Lillien LD (1981) Special issue: Drugs and the laboratory. Med Technol 47 (R)
Vorus J (1982) Computer technology: a reality in today's laboratory. Med Technol 48:567

Werner M (1977) Ein dreischichtiges Modell zur Bewertung der Wirksamkeit von Analysen und Befunden. Med Welt 28:1254
Werner M, Brooks SH, Wette R (1973) Strategy for cost-effective laboratory testing. Hum Pathol 4:17
Werner M, Altshuler CH (1979) Utility of multiphasic biochemical screening and systematic laboratory investigations. Clin Chem 25:509
Wertz RK, Triplett D (1980) A review of platelet counting performance in the united states. Am J Clin Pathol 74(Suppl):575
Westgard JO, Hunt M (1973) Use and interpretation of common statistical tests in method comparison studies. Clin Chem 19:49
Westgard JO, Carey RN, Wold S (1974) Criteria for judging precision and accuracy in method development and evaluation. Clin Chem 20:825
Westgard JO, de Vos DJ, Hunt MR, Quam EF, Carey RN, Garber CC (1978) Concepts and practices in the evaluation of clinical chemistry methods. Part I. Background and approach. Am J Med Technol 44:290
Part II. Experimental procedures. Am J Med Technol 44:420
Part III. Statistics. Am J Med Technol 44:552
Part IV. Decisions of acceptibility. Am J Med Technol 44:727
Part V. Applications. Am J Med Technol 44:803
Westgard JO (1981) Precision and accuracy: Concepts and assessment by method evaluation testing. CRC Crit Rev Clin Lab Sci 13:283
Whicher JT (1978) The value of complement assays in clinical chemistry. Clin Chem 24:7
Whitehead TP, Kricka LJ, Carter TJN, Thorpe GHG (1979) Analytical Luminescence: its potential in the clinical laboratory. Clin Chem 25:1531
Whitlow KJ, Campbell DJ (1983) Assessment of technologist workload as a factor in quality of laboratory performance. Am J Clin Pathol 79:609

WHO: Guiding principles and recommendations on labelling of clinical laboratory materials (1978) WHO Memorandum. Bull WHO 56:881
Wiedecke L (1980) Grundsätze einer Neufassung des Eichgesetzes für den Bereich der Heilkunde. PTB Mitt 90:28
Worth HGJ (1980) Relative costing of analytical systems. J Autom Chem 2:125
Wu GT, Twomey SL, Thiers RE (1975) Statistical evaluation of method-comparison data. Clin Chem 21:315

Yamamoto Y (1981) Automation and systemization of medical technology. Medical Review (Toshiba) 5:17 (in japanese with english abstr)
Young DS, Panek E (1976) Effects of drugs on the analytical procedures of a multitest analyzer. In: Siest G, Young DS (eds) Drug interference and drug measurement in clinical chemistry. Karger, Basel, p 10

Zimmermann N (1980) Gerätesicherheitsgesetz. Vorschriften für medizinisch-technische Geräte. medizintechnik 100:118
Zuk RF, Rowley GL, Ullman EF (1979) Fluorescence protection immunoassay: a new homogeneous technique. Clin Chem 25:1554
Zweig MH, Robertson EA (1982) Why we need better test evaluations. Clin Chem 28:1272

EVALUATION VON METHODEN UND METHODEN-REAGENZIEN-KOMBINATIONEN

Aakvaag A, Holmberg H, Leskinen E, Lindstedt G, Möller J, Nyberg A, Weber T (1983) Diagnostic reagent kits - embarras de richesse. Scand J Clin Lab Invest 43:99

Abel-Telkes B, Bauer K, Endler AT, Gabl F, Bastian L, Deutsch E, Pointner H (1980) Vergleich und klinische Evaluation von Elektrophorese-Verfahren: Zellulose-Azetat-Elektrophorese mit photometrischer Auswertung und Agarose-Gel-Screening-Elektrophorese mit Immunoquantifizierung der einzelnen Proteine. Med Labor (Stuttg) 33:29

Abernethy MH, Fowler RT (1982) Micellar improvement of the calmagite complexometric measurement of magnesium in plasma. Clin Chem 28:520

Abraham K, Miethe R, Rösler-Englhardt A (1980) Erfahrungen mit der Bestimmung von Serumlipoproteinen mit Präzipitationsverfahren. Lab med 3:183

Abraham K, Weigold D, Schneider J, Schmidt J, Rösler-Englhardt A (1983) Amyloklastische und enzymatisch-kinetische Bestimmung der Alpha-Amylase. Vergleich und klinische Bewertung. Ärztl Lab 29:155

Acker KJ, Van Scharpé SL, Lynen PJ, Amery AK (1983) Comparative study of active and inactive plasma renin in healthy infants and adults. J Clin Chem Clin Biochem 21:775

Acton WJ, van Duyn OM, Allen LV, Flournoy DJ (1982) Evaluation of four assay methods for determination of tobramycin in human serum. Clin Chem 28:177

Adams LJ (1983) Evaluation of Ames multistix-SG for urine specific gravity versus refractometer specific gravity. Am J Clin Pathol 80:871

Adams LE, Grant KD, Hess EV (1982) An evaluation of commercial kits for the detection of antibodies to double-strandet DNA. Am J Clin Pathol 77:54

Agabiti-Rosei E, Beschi M, Castellano M, Tosoni S, Signorini C (1984) Plasma catecholamines assay: Comparison between fluorimetric and radioenzymatic methods. J Clin Chem Clin Biochem 22:539

Agnesse ST, Spierto FW, et al (1983) Evaluation of four reagents for delipidation of serum. Clin Biochem 16:98

Ahluwalia GS, Kuczala ZJ (1975) Evaluation of an Iodine-125 digoxin radioimmunoassay kit. Clin Chem 21:270 (L)

Ahmed S, Lippel K, Bachorik P, Albers J, Williams J, Cooper G (1978) Analytical performance and comparability of the determination of triglycerides by 12 lipid research clinic laboratories. Clin Chem 24:330

Ahmed J, Smethurst P (1980) Radioimmunoassay of thyroxine-binding globulin: Evaluation of a kit and diagnostic application. Ann Clin Biochem 17:241

Aitchison J, Habbema JDF, Kay JW (1977) A critical comparison of two methods of statistical discrimination. Appl Statist 26:15

Albert PM, Debroux C, De Nayer P, Zech F (1983) Methods for assay of creatine kinase isoenzyme MB compared. Clin Chem 21:2124

Alexander RLjr (1980) Comparison of radial immunodiffusion and laser nephelometry for quantitating some serum proteins. Clin Chem 26:314

Allen RC, Stastny M, Hallett D, Simmons MA (1980) A comparison of isoelectric focusing and electrochromatography for the separation and quantification of hemoglobin A_{1c} . p 633 in: Radola BJ (ed) Electrophoresis 1979. DeGruyter, New York

Allen WL, Back DJ, Shaw MA (1984) Overestimation of low progesterone concentrations by a commercial radioimmunoassay kit. Clin Chem 30:495 (L)

Amman RW, Bühler H, Pei P (1982) Comparative diagnostic accuracy of four tubeless pancreatic function tests in chronic pancreatitis. Scand J Gastroenterology 17:997

Anderson GM, Bowers MB, Roth RH, Young JG, Hrbek CC, Cohen DJ (1983) Comparison of high-performance liquid chromatographic, gas chromatographic-mass spectrometric als fluorometric methods for the determination of humovanillic acid and 5-hydroxyindolacetic acid in human cerebrospinal fluid. J Chromatogr 277:282

Andritsch RF, Muravchick S, Gold MI (1981) Temperature correction of arterial blood-gas parameters: a comparative review of methodology Anesthesiology 55:311

Anido G (1984) Seven ferritin kits compared with respect to the 'Hook effect'. Clin Chem 30:500 (L)

Apinyacharti P, Baxter RC (1979) Comparison of three jodination methods for human somatotropin. Clin Chem 25:161

Apple FS, Koch DD, Graves S, Ladenson JH (1982) Relationship between direct potentiometric and flame photometric measurement of sodium in blood. Clin Chem 28:1931

Apple FS, et al (1983) Serum creatinine concentration and the discrepancy between enzyme multiplied immunoassay technique and gas-liquid chromatographic phenytoid levels. Annals Clin Lab Sci 13:385

Asberg A, Lehmann EH, Pettersen JE (1984) Evaluation of dipsticks for the assessment of microhaematuria. Scand J Clin Lab Invest 44:377

Assing HA, Brouwer HJ, Blijenberg BG, Leijnse B (1983) The influence of the label on the quality of a solid-phase immunoassay: Evaluation of a commercial ELISA kit for serum ferritin. J Clin Chem Clin Biochem 21:695

Baadenhuijsen H, Seuren-Jacobs HEH, Jansen AP (1977) Continuous-flow determination of serum inorganic phosphate with a single reagent - the vanadomolybdate method re-evaluated. Clin Chem 23:1275

Babson AL, Babson SR (1974) Comparative evaluation of a partial thromboplastin reagent containing a nonsettling, particulate activator. Am J Clin Pathol 62:856

Baine RM, Brown HG (1981) Evaluation of a commercial kit for microchromatographic quantitation of hemoglobin A_2 in the presence of hemoglobin S. Clin Chem 27:1244

Bala RM, Bhaumick B (1979) Radioimmunoassay of a basic somatomedin: Comparison of various assay techniques and somatomedin levels in various sera. J Clin Endocrinol Metab 49:770

Balachandran S, Moses DC, Sisson JC, Patel ShR (1976) Simplified radioimmunoassay for trijodothyronine: Evaluation of a new commercial kit. Clin Chem 22:1402

Bandi LZ, Myers JL, Bee DE, James GP (1982) Evaluation of determination of glucose in urine with some commercially available dipsticks and tablets. Clin Chem 28:2110

Baril L, Carmel R (1978) Comparison of radioassay and microbiological assay for serum folate, with clinical assessment of discrepant results. Clin Chem 24:2192

Barnett RN (1965) A scheme for the comparison of quantitative methods Am J Clin Pathol 43:562

Barnett RN, Cash AD (1969) Performance of kits used for clinical chemical analysis of glucose. Am J Clin Pathol 52:457

Bastiani R, Chang J (1978) Performance evaluation of the EMIT methotrexate assay. Clinical Summary Report No. 50, Syva, Palo Alto, CA

Batra KK, Phillips W, Barry AL, Baselt RC (1981) Comparison of enzyme immunoassay (EMIT), radioimmunoassay (RIA) and bioassay for serum tobramycin quantitation. Clin Chem 27:1089 (Abstr)

Bauer HW (1982) MD-KOVA-System zur Analyse des Harnsediments. Med Lab (Stuttg) 35:31

Baumgart R, France MW, Uaconaill D, Murnaghan S, Pereira M, Drury MI (1980) An assessment of a microcolumn chromatographic method for the measurement of haemoglobin A . Ann Clin Biochem 17:101
Baxter RC, Brown AS, Turtle JR (1982) Radioimmunoassay for somatomedin C: Comparison with radioreceptor assay in patients with growth hormone disorders, hypothyroidisme, and renale failure. Clin Chem 28:488
Bayer MF, McDougall IR (1980) Radioimmunoassay of free thyroxine in serum: Comparison with clinical findings and results of conventional thyroid-function tests. Clin Chem 26:1186
Bayer PM, Boehm M, Hajdusich P, Koehn H, Unger W, Wider G (1982) Immunoinhibition and automated column chromatography compared for assay of creatine kinase isoenzyme MB in serum. Clin Chem 28:166
Bayoumi RA, Rosalki SB (1976) Evaluation of methods of coenzyme activation of erythrocyte enzymes for detection of deficiency of vitamins B , B and B . Clin Chem 22:327
Beckala HR, Leavelle DE, Homburger HA (1977) Comparison of five thyroxine radioassay kits. Clin Chem 23:2177
Beckala HR, Agrell J, Forsmann RW, Homburger HA (1979) Evaluation of commercial enzyme reagent kits by use of a semiautomated chemistry analyzer. Am J Clin Pathol 72:151
Beck-Oostendorp E, Köchli HP, Degiampietro P, Colombo JP (1981) Erprobung von drei Lipasemethoden. Med Lab (Stuttg) 34:77
Behne D, Brätter P, Gessner H, et al (1976) Problems in the determination of chromium in biological materials. Comparison of flameless atomic absorption spectrometry and neutron activation analysis. Z Anal Chem 278:269
Belaube B, Roux F, Belaube P, Bisset JP (1982) Etude comparative des méthodes radio-immunologique et enzymo-immunologique de dosage de IgE totales et specifiques. Pathologie Biologie 30:217
Bell MA (1984) The development, evaluation and application of a sensitive radioimmunoassay for human calcitonin. Med Lab Sci 41:84
Belles-Isles M, Pagé M, Talbot J, Loiselle JM (1978) Evaluation of a new radioimmunoassay for carcinoembryonic antigen. Clin Chem 24:727 (L)
Berde CB, et al (1984) Bilirubin binding in the plasma of newborns: critical evaluation of a fluorescence quenching method and comparison to the peroxidase method. Pediatric Research 18:349
Bergdahl B, Molin L, Lindwall L, Dahlstrom G, Scherling JL, Bertler Å (1979) Four kits for plasma digoxin radioimmunoassay compared. Clin Chem 25:305
Berger I, Ohlenschläger G (1983) Vergleichende quantitative Bestimmungen von Lp(a)-Lipoprotein im Humanserum mit zwei verschiedenen Techniken. Raketenimmunelektrophorese RIE und Zonen-Immunelektrophorese-Assay ZIA. Lab med 7:289
Bergstrom K, Egberg N (1978) Determination of vitamin K sensitive coagulation factors in plasma. Studies on three methods using chromogenic substrates. Thromb Res 12:531
Berk LS (1981) A comparison and precision study of two commercial companies for the quantitative measurement of carcinoembryonic antigen (CEA). Clin Chem 27:1079 (Abstr 277)
Bernard A, Lauwerys R (1982) Comparison of turbidimetry with particle counting for the determination of human β -microglobulin by latex immunoassay (LIA). Clin Chim Acta 119:335
Berne BH, DeBlock KT, Lawless OJ (1982) Reproducibility studies for anti-DNA antibody detection in systemic lupus erythematosus and related diseases. FIAX fluorometric immunoassay and Farr radioimmunoassay. Arthritis Rheum 25:997
Bessman JD (1980) Evaluation of automated whole-blood platelet counts and particle sizing. Am J Clin Pathol 74:157

Bessems GJH, Westerhuis LW, Baadenhuijsen H (1983) A comparison of two methods for the determination of thallium in urine. Ann Clin Biochem 20:321
Bessette RA, Calam RR (1981) Evaluation of manual method (Lancer Rapid Stat Kit) for the determination of acetaminophen. Clin Chem 27:1104 (Abstr)
Beyer C, Hoenderdos A, Mairuhi WM, Statius van Eps LW, van den Ende A (1984) Evaluative and comparative study of an enzymatic method using creatine kinase for the determination of urinary creatine. Clin Chim Acta 136:263
Bigos ST, Pekary AE, MacLean J, Pierce ChE, Reed AW, Hershman JM (1984) A thyrotropin radioimmunoassay kit evaluated vs two reference assays. Clin Chem 30:437
Björkhem I (1982) Vergleich des neuen Monotest Cholesterin mit der Massenspektrometrie. In: Workshop report, Monotest Cholesterin high performance. Boehringer Mannheim, Mannheim, FRG, pp 43
Björkhem I, Blomstrand R, Ohman G (1979) Accuracy of a fully enzymatic method for creatinine, as judged by isotope dilution-mass fragmentography. Clin Chem 25:1666
Björkhem I, Bergman A, Falk O, Kallner A, Lantto O, Svensson L, Akerlöft E, Blomstrand J (1981) Accuracy of some routine methods used in clinical chemistry as judged by isotope dilution mass spectrometry. Clin Chem 27:733
Blanchard GC, Gardner R (1978) Two immunofluorescent methods compared with a radial immunodiffusion method for measurement of serum immunoglobulins. Clin Chem 24:808
Blanchard GC, Gardner R (1980) Two nephelometric methods compared with a radio immunodiffusion method for the measurement of IgG, IgA and IgM. Clin Biochem 13:84
Blight LF, White GH (1983) I-labeled radioimmunoassay kits for progesteron evaluated for use in an in vitro fertilization program Clin Chem 29:1024
Bobilewicz D, Pastier D, Ayrault-Jarrier M, Beucker I, Polonovski I (1982) Immunonephelometry and electroimmunoassay in the quantitative determination of apolipoprotein A-I in human serum. Ann Biol Clin 40:329
Bogden JD, Joselow MM (1977) Cd in blood: a misunderstanding of comparative methods? Clin Chem 23:1507 (L)
Bolhuis PA, Sylva-Steenland RMR, Tutuarima JA, Hische EAH, van der Helm HJ (1982) Comparison of the spectrophotometric determination and the two-stage-coagulation assay of tissue factor activity. Thromb Res 27:429
Bolton AE, Lee-Own V, McLean RK, Challand GS (1979) Three different radioiodination methods for human spleen ferritin compared. Clin Chem 25:1826
Boonsma F, Schalekamp AMDH (1983) Evaluation of a test kit for the rapid and simple colorimetrie measurement of angiotensin I-converting enzyme in serum. J Clin Chem Clin Biochem 21:845
Borner K, Rietbrock N (1978) Bestimmung von Digoxin im Serum. Vergleich von Radioimmunoassay und heterogenem Enzymimmunoassay. J Clin Chem Clin Biochem 16:335
Boroviczény KG von (1968) Vergleichbarkeit und Kontrolle hämatologischer Laboratoriumsmethoden. In: Griesser G, Wagner G: Automatisierung des klinischen Laboratoriums. Schattauer Stuttgart
Boucher BJ, Burrin JM, Gould BJ, John PN, Lewis G, Owens C, Paisey R, Pennock CA, Poon PYW, Ross IG, Welch SG, White JM (1983) A collaborative study of the measurement of glycosylated haemoglobins by several methods in seven laboratories in the United Kingdom. Diabetologia 24:265

Boven T, Abraham K, Baumann H, Rösler-Englhardt A (1983) HDL-Cholesterinbestimmung mit verschiedenen Präzipitationsverfahren. Lab med 7:89
Bowers LD, Wong ET (1980) Kinetic serum creatinine assays. II A critical evaluation and review. Clin Chem 26:555
Bowers GNjr, Onoroski M, Schifreen RS, Brown LR, Klem RE, Ewen LM (1981) Spectrophotometric and liquid-chromatographic studies of thymolphthalein monophosphate. Specifications for high-quality substrate for the measurement of prostatic acid phosphatase activity. Clin Chem 27:1372
Boyde TRC, Kwong EML (1983) Aspartate aminotransferase isoenzymes - differential kinetic assay in serum. Clin Chim Acta 128:95
Braun JS, Straube W (1975) Die Diagnostik der Mikrohämaturie mit mikroskopischen Untersuchungsmethoden. Ein Vergleich mit einem neuen Teststreifen. Dtsch med Wochenschr 100:87
Braun SL, Tausch A, Vogt W, Jacob K, Knedel M (1981) Evaluation of a new valproic acid enzyme immunoassay and comparison with a capillary gas-chromatographic method. Clin Chem 27:169
Braveny I (1979) Serologie der Toxoplasmose: Neuere Methoden und ihre Bewertung. Dtsch Ärztebl 76:1909
Brett EM, Hicks JM (1981) Total-calcium measurement in serum from neonates: Limitations of current methods. Clin Chem 27:1733
Brody JP, Savory J, Sturgill BC, Lehman MR, Wills MR (1981) Prostatic acid phosphatase as measured with two radioimmunoassays kits in the detection of prostatic adenocarcinoma. Clin Chim Acta 111:605
Brook RH (1973) Quality of gare assessment. A comparison of five methods of peer review. DHEV Public No. HRA 74-3100 Maryland
Brouart P, Humbel R (1981) Comparison de quatre methodes de dosage des proteines urinaires. Bull Soc Lux Biol Clin 2:3
Brown AK, Eisinger J, Blumberg WE, Flores J, Boyle G, Lamola AA (1980) A rapid fluorometric method for determining bilirubin levels and binding in the blood of neonates: Comparisons with a diazo method and with 2-(4'-hydroxybenzene) azobenzoic acid dye binding. Pediatrics 65:767
Brown SS, Campbell RS, Price CP, Rambohul E, Widdop B, Barbour HM, Roberts JG, Burnett D, Atkinson T, Seawen MD, Hammond PM (1983) Collaborative trial of an enzyme-based assay for the determination of paracetamol in plasma. Ann Clin Biochem 20:353
Bruckner A, Schenkel R, Fritzsche W (1978) Vergleichsuntersuchungen zur alpha-Amylasebestimmung. Ärztl Lab 24:355
Bruckner A, Moreth M, Bernheim M (1981) Bewertung und Handhabung der turbidimetrischen Bestimmung der Immunglobuline IgG, IgA und IgM und Vergleich zur radialen Immundiffusion. Ärztl Lab 27:291
Bruckner A, Moreth M (1983) Vergleich und Gegenüberstellung zweier kinetischer UV-Tests und dreier Endpunktmethoden mit Visualisierung der NAD-abhängigen Reaktion mittels Tetrazoliumsalzen zur Bestimmung von Triglyceriden im Serum.J Clin Chem Clin Biochem 21:97
Brühl P, Fuchs T, Kattermann R, Hannak R, Peracino D, Oldenziel A, Jagenburg R, Colombo JP, Peheim E, Kutter D, Banauch D (1979) Leukozytennachweis mit einem Teststreifen auf Leukozyten im Harn. Eine kooperative Studie an 11 Zentren. Dtsch med Wochenschr 104:1236
Brummund W, Arvan DA, Mennuti MT, Starkovsky NA (1980) Alpha-Fetoprotein in the routine clinical laboratory: Evaluation of a simple radioimmunoassay and review of current concepts in its clinical application. Clin Chim Acta 105:25
Brunk SD, Swanson JR (1981) Colorimetric method for free fatty acids in serum validated by comparison with gas chromatography. Clin Chem 27:924

Brunnekreeft JWI, Boerma GJM, Leijnse B (1983) Direct determination of total serum cholesterol by on-column gas-liquid chromatographic analysis without previous derivatisation compared with WHO-CDC reference method. Ann Clin Biochem 20:360
Bruns DE, Savory J, Titheradge AC, Cross RE, Wills MR (1981) Evaluation of the IFCC-recommended procedure for serum aspartate aminotransferase as modified for use with the centrifugal analyzer. Clin Chem 27:156
Brunt K (1982) Comparison between the performances of an electrochemical detector flow cell in a potentiometric and and amperometric measuring system using glucose as a test compound.Analyst 107:1261
Buchanan KD, McCarroll AM (1971) Comparison of methods of separation of free from bound hormone in the radioimmunoassay of insulin. In: Kirham KE, Hunter WM (eds) Radioimmunoassay methods. Curchill Livingstone, Edinburgh pp 266
Budash N, Ponzio A, Papadopoulos V, Loadholt CB (1981) Methods of immunoglobulin quantitation compared. Clin Chem 27:345 (L)
Buffone GJ, Lewis SA, Josefsohn M, Hicks JM (1978) Chemical and Immunochemical measurement of total iron-binding capacity compared. Clin Chem 24:1788
Buffone GJ, DeArmas W, Frawley V, Ching-Nan Ou, Schimbor C (1984) Multilayer-film bromcresol green method for albumin measurement compared with three others. Clin Chem 30:581 (L)
Buhl SN, Jackson KY (1978) Optimal conditions and comparison of lactate dehydrogenase catalysis of the lactate-to-pyruvate and pyruvate-to-lactate reactions in human serum at 25, 30 and 37°C. Clin Chem 24:828
Buice RG, Evans WE, Karas J, Nicholas ChA, Sidhu P, Straughn AB, Meyer MC, Crom WR (1980) Evaluation of enzyme immunoassay, radioassay and radioimmunoassay of serum methotrexate, as compared with liquid chromatography. Clin Chem 26:1902
Bukhave K, Green K (1983) Comparison of radioimmunological determinations with gas chromatography mass spectrometry dosage. A study of PGE in gastrointestinal fluids. Biomed mass spectrometr 10
Burger FJ, Potgieter GM (1978) Aspartate aminotransferase activity of some commercially available control sera, measured with and without added pyridoxal-5-phosphate. Clin Chem 24:841
Burr RG (1982) Determination of urinary sodium and potassium by ion-selective electrodes and flame photometry compared. Clin Chem 28:1710 (L)
Butte W, Spies R, Thomsen S, Klein UE (1977) Results of an evaluation of creatine kinase isoenzyme activities comparing different commercial test kits. Clin Chem 23:1191
Buttery JE, Braiotta EA, Pannal PR (1982) Plasma aminophenon results are method dependent. Clin Toxicol 19:1117
Butz RF, Smith PG, Schroeder DH, Findlay JWA (1983) Radioimmunoassay for bupropion in human plasma: Comparison of tritiated and jodinated radioligands. Clin Chem 29:462

Calaf R, Marie P, Ayavon T, Reynaud J (1982) Critical study of oxalic acid determination in urine by gas chromatography. Annal Biol Clin 40:673
Calvert CD, Yeates RA, Mannik T (1980) A comparison of the phosphungstate magnesium precipitation and heparin-manganese precipitation procedures for estimating high density lipoprotein cholesterol. Ann Clin Biochem 17:105
Canal P, Soula G (1982) Comparative study of biochemical technique and radioimmunoassay for the measurement of serum prostatic acid phosphatase. Interest in the diagnose of prostatic cancer? Pathologie Biologie 30:833

Canalis E, Caldarella AM, Reardon GE (1979) Serum cortisol and 11-deoxycortisol by liquid chromatography: Clinical studies and comparison with radioimmunoassay. Clin Chem 25:1700

Carlmark B, Bergström J, Ericsson F, Hultman E, Reizenstein P (1982) Intracellular potassium in man: A comparison of in vivo and in vitro measurement techniques. Scand J Clin Lab Invest 42:245

Carlson K, Carlson LA (1975) Comparison of the behaviour of very low density lipoproteins of type III hyperlipoproteinaemia on electrophoresis on paper and on agarose gel with a note on a late (slow) pre-ß VLDL lipoprotein. Scand J Clin Lab Invest 33:655

Carman H, van Dalen A, van Kampen EJ, Keoga H, Lüdin E, Orjasaeter H, van der Plocy P, Staab JH (1981) Interlaboratory investigation on the CEA assay (Roche) with column filtration dialysis and ultrafiltration techniques. J Clin Chem Clin Biochem 19:961

Carruthers SG, Freeman DJ, Koegler JC, Howson W, Keown PA, Laupacis A Stiller CR (1983) Simplified liquid chromatographic analysis for cyclosporin A, and comparison with radioimmunoassay. Clin Chem 29:180

Carter T, Martin PJ, Wilding P, Goldberg DM (1976) Evaluation of a new enzymatic kit for serum triglycerides. Clin Chem 22:520

Cashore WJ, Monin PJP, Oh W (1978) Serum bilirubin binding capacity and free bilirubin concentration: A comparison between Sephadex G-25 filtration and peroxidase oxidation techniques. Pediatr Res 12:195

Cashore WJ, Oh W, Blumberg WE, et al (1980) Rapid fluorometric assay of bilirubin binding capacity in blood of jaundiced neonates: Comparisons with other methods. Pediatrics 66:411

Castagnola M, Caradonna P, Salvi ML, Pellicano R, Rossetti D (1983) The chromatographic separation of glycosylated haemoglobins: A comparison between macro- and micromethods. J Clin Chem Clin Biochem 21:223

Castro A, Ibanez J, DiCesare JL, Adams R, Malkus H (1978) Comparative determination of phenytoin by spectrophotometry, gas chromatography, liquid chromatography, enzyme immunoassay and radioimmunoassay. Clin Chem 24:710

Castro A, Steele B (1983) A fluorent immunoassay for theophylline: description and comparison to enzyme immunoassay, liquid chromatography and radioimmunoassay. Clin Biochem 16:281

Causon RC, Carruthers ME (1982) Measurement of catecholamines in biological fluids by high-performance liquid chromatography. A comparison of fluorometric with electrochemical detection. J Chromatogr 229:301

Chan DW, Waud JM, Taylor E, Stem J, Drew H, Oropeza M, Sucupira MS (1983) Meaning of serum free-thyroxin values in nonthyroidal illnesses: seven methods compared. Clin Chem 29:2091

Chiao YB, Glew RH, Diven WF, Lee RE (1980) Comparison of various ß-glucosidase assays used to diagnose gaucher's disease. Clin Chim Acta 105:41

Chiba K, Kushida K, Ishizaki T (1983) Plasma carbamazepine determination by substrate-labeled fluorescent immunoassay compared with liquid chromatography and EMIT. Clin Chem 29:1705

Chicaud O, Lambert D, Mejean L, Drouin O, Debry G (1981) Comparative study of four HDL-cholesterol assay methods. Clin Chim Acta 116:55

Chiou WL, Peng GW, Gadalla MAF, Nerenberg ST (1978) Comparison of plasma creatinine levels in patients determined by high-pessure liquid chromatography, automated analysis, and boiling alkaline picrate method. J Pharm Sci 67:292

Chopra IJ, Van Herle AJ, Chua Teco GN, Nguyen AH (1980) Serum free thyroxine in thyroidal and nonthyroidal illnesses: a comparison of measurements by radioimmunoassay, equilibrium dialysis, and free thyroxine index. J Clin Endocrinol Metab 51:135

Christenson RH, Miles B, Hammond JE (1982) Roche and Abbott Carcinoembryonic antigen assays compared. Clin Chem 28:561 (L)
Christophidis N, Mihaly G, Vajda F, Louis W (1979) Comparison of liquid- and gas-liquid-chromatographic assays of 5-fluorouracil in plasma. Clin Chem 25:83
Chromy V, Vozniček J, Fischer J (1978) Evaluation of EDTA-chelated biuret reagent containing glycine and sodium chlorid. Clin Chem 24:513 (L)
Ciulla AP, Kaster JM, Tetlow AL (1983) Determination of glucose-6-phosphate dehydrogenase deficiency: Comparison of three methods. Laboratory Medicine 14:299
Clark DA, Rozell PR, Mosser EL (1983) Evaluation of a kit to measure HDL cholesterol (HDL-C) in serum. Clin Chem 29:1311
Clark WM, Cohen B, Gibbs HD (1976) Studies on oxidation-reduction. IX. A potentiometric and spectrophotometric study of meriquinones of the p-phenylenediamine and the benzidine series. Suppl 54, US Public Health Reports
Clerico A, Del Chicca MG, Zucchelli G, Bartolomei C, Riccioni N(1982) Free-cortisol assay by immunoextraction: Comparison with an equilibrium dialysis procedure. Clin Chem 28:1343
Cloppet H, Francina A, Coquelin H, Boucaud-Maitre Y, Hutinel P, Creyssel R (1982) Laser nephelometry and radial immunodiffusion compared for immunoglobulin quantification in pathological sera. Clin Chem 28:180
Cobb M, Gotcher S (1982) Fluorescence immunoassay in the clinical laboratory. Am J Med Technol 48:671
Coleman RL (1979) More on Na determination by ion-selective electrode vs flame photometry. Clin Chem 25:1865 (L)
Coleman PL, Perry JF, Wehrly JA (1983) Optimization of enzyme-based assays in coagulation testing. Clin Chem 29:603
Collombel C (1978) Mésure des activités enzymatiques en biologie clinique. Association Amicale des Etudiants en Pharmacie de Lyon, Lyon, France
Colombo JP (1975) Umfrage: Wie zuverlässig ist die (Mikro)-Bilirubinbestimmung im Serum, wie breit streuen die Ergebnisse mit verschiedenen Methoden? Pädiat Prax 15:296
Colombo JH, Peheim E, Keller H, Bostjanic W, Woschnagg B, Siest G, Henny J, Kaehler H, Wieland J, Oette K, Schindler J, Wisser H, Koller PU, Poppe WA (1983) Erfahrungen mit Kombinationsstreifen visuell und reflektometrisch im Vergleich zum Urin-Sediment. Lab med 7:184
Compton BJ, Purdy W (1982) The high-performance liquid chromatography and detection of phospholipids and triglycerids. Part 2: Comparison of an ultraviolet absorption and post-column reactor detector. Anal Chim Acta 142:13
Cooke NHC, Archer BG, Olsen K, Berick A (1982) Comparison of three- and five-micrometer column packings for reversed-phase chromatography. Anal Chem 54:2277
Coombs HI, Coombs RH, Mee UG (1975) Methods of serum lithium determination. Chap 10 In: Johnson FN (ed) Lithium Research and Theraphy. Academic Press, London
Cooper EH, Glashan R, Robinson MRG, Morgan DL, Trautner K (1981) The evaluation of a new immunoassay for the measurement of prostatic acid phosphatase. Clin Chim Acta 113:27
Cooper EH, Forbes MA (1984) Evaluation of a new test for N-acetyl-ß-D-glucosaminidase in urine. Clin Chem 30:593 (L)
Cooper JDH, Turnell DC, Price CP (1982) The estimation of serum acid phosphatase using alpha-naphthyl phosphate as substrate: Observations on the use of fast red TR salt in the assay. Clin Chim Acta 126:297

Cornbleet PJ, Gochman N (1979) Incorrect least-squares regression coefficients in method-comparison analysis. Clin Chem 25:432
Cornbleet PJ, Doman S, Dong-Chin C (1983) Further evaluation of a specific gravity test strip. Am J Clin Pathol 81:545 (L)
Corns CM (1983) Infrared analysis of renal calculi: a comparison with conventional techniques. Ann Clin Biochem 20:20
Cramer JA, Bennett DM, Mattson RH (1983) A comparison between two convenient methods to obtain free valporic acid in blood. Epilepsia 24:251
Cronin M, Chegwidden K, Kabakoff D (1981) Performance and validation of the EMIT Free Level system for phenytoin and carbamazepine. Clin Chem 27:1093
Crookshank HR (1978) Two procedures compared for determination of plasma cholinesterase activity. Clin Chem 24:841
Curry MD, Gustafson A, Alaupovic P, McConathy WJ (1978) Electroimmunoassay, radioimmunoassay and radial immunodiffusion assay evaluation for quantification of human apolipoprotein B. Clin Chem 24:280
Curtis JL, Dreyer J (1984) Glycosylated hemoglobins: Methodical considerations. Pathologist 38:666
Cuthbert C, Alberti KGMM (1978) Combined enzymatic assays for 3-hydroxybutyrate and lactate: End point and kinetic methods. Clin Chim Acta 90:179

Dahl-Jørgensen K, Larsen AE (1982) HbA_1 determination by agar gel electrophoresis after elimination of labile HbA_1 : a comparison with ion-exchange chromatography. Scand J Clin Lab Invest 42:27
Daniels JC, Vyvial ThM, Levin WC, Ritzmann SE (1975) Methodologic differences in values for M-proteins in serum, as measured by three techniques. Clin Chem 21:243
Daughaday WH, Mariz IK, Blethen SL (1980) Inhibition of access of bound somatomedin to membrane receptor and immunobinding sites: a comparison of radioreceptor and radioimmunoassay of somatomedin in native and acid-ethanol-extracted serum. J Clin Endocrinol Metab 51:781
Davies D, Holdsworth ES (1979) A method for the estimation of protein in colored or turbid solutions. Anal Biochem 100:92
Davies SN, Griffiths JC (1982) Prostate specific acid phosphatase: further studies with immunological techniques. Clin Chim Acta 122:29
Davieș SN, Gochman N (1983) Evaluation of a monoclonal antibody-based immunoradiometric assay for prostatic acid phosphatase. Am J Clin Pathol 79:114
Davis AE (1976) Evaluation of an improved reagent strip system for measuring blood glucose. Am J Med Technol 42:18/48-21/51
Davis SJ, Marks V (1983) A critical evaluation of a new fluorescence immunoassay system for the measurement of serum phenytoin concentrations. Ann Clin Biochem 20:274
Dawson DW, Delamore IW, Fish DI, Flaherty TA, Gowenlock AH, Hunt LP, Hyde K, MacIver JE, Janet A (1980) An evaluation of commercial radioisotope methods for the determination of folate and vitamin B . J Clin Pathol 33:234
Dappen GM, Cumbo PE, Goodhue ChT, Lynn SY, Morganson ChC, Nellis BF, Sablauskas DM, Schaeffer JR, Schubert RM, Snoke RE, Underwood GM, Warburton CD, Tai-Wing Wu (1982) Dry film for the enzymic determination of total cholesterol in serum. Clin Chem 28:1159
Davey DD, Sample MM, Oei TO (1983) Evaluation of a solid-phase enzyme immunoassay for human choriogonadotropin ß subunit. Clin Chem 29:1964

Deacon AC, Dawson PJG (1979) Enzymic assay of total cholesterol involving chemical or enzymic hydrolysis - a comparison of methods. Clin Chem 25:976
De Boever J, Kohen F, Vandekerckhove D (1983) Solid-phase chemiluminescence immunoassay for plasma estradiol 17ß during gonadotropin therapy compared with two radioimmunoassays. Clin Chem 21:2068
Del Guidice RE, Doering KM, Teran A (1979) Evaluation of Sicklequik a differential solubility test for hemoglobin S. Am J Med Technol 45:287
DeLahunty TJ, Balkcom RM (1982) Estimation of creatine kinase isoenzyme CK-MB by immunoinhibition and by ion-exchange chromatography compared. Clin Chem 28:2180
Demacker PNM, Vos-Janssen HE, Jansen AP, van't Laar A (1977) Evaluation of the dual-precipitation method by comparison with the ultracentrifugation method for measurement of lipoproteins in serum. Clin Chem 23:1238
Demacker PNM, Vos-Janssen HE, Hijmans AGM, van't Laar A, Jansen AP (1980) Measurement of High-Density-Lipoprotein Cholesterol in Serum: Comparison of Six Isolation Methods combined with enzymic cholesterol analysis. Clin Chem 26:1780
Demacker PNM, Boerma GJM, Baadenhuijsen H, van Strik R, Leijnse B, Jansen AP (1983) Evaluation of accuracy of 20 different test kits for the enzymic determination of cholesterol. Clin Chem 29:1916
Demers LM, Derak D (1980) A comparison of radioimmunoassay and enzyme activity in the determination of prostatic acid phosphatase. Clin Chem 26:1009 (Abstr)
Desvignes P, Bonnet P (1981) Direct determination of plasma fibrinogen levels by heat precipitation. A comparison of the technique against thrombin clottable fibrinogen with spectrophotometry and radial immunodiffusion. Clin Chim Acta 110:9
Dette GA, Knothe H, Fuchs W, Jüngst G (1982) Vergleichende Untersuchungen zur Beurteilung einiger FTA-Test-Reagenzien verschiedener Hersteller. Ärztl Lab 28:112
Detter JC, Gibson DF, MacMillan SF, Oas ThH (1975) Manual determination of intra-erythrocytic 2,3-diphosphoglycerate in whole blood by enzymatic analysis, and comparison with ion-exchange chromatography. Clin Chem 21:376
Dettwiler M, Rippstein S, Jeger A (1982) A rapid sensitive determination of carprofen and zomepirac using thin-layer chromatography and gas chromatography-mass spectrometry. J Chromatogr 244:153
Dick W, Cullmann W (1980) Die vollenzymatische Kreatininbestimmung im Vergleich zur kinetischen Bestimmung nach Jaffé. Ärztl Lab 26:250
Dilena BA, Penberthy LA, Fraser CG (1983) Six methods for determining urinary protein compared. Clin Chem 29:553
Dinovo E, Clemens J, Daquino A, Harsha J, McIntosh M, Shin WY (1982) Comparison of five CK-MB testing systems. Clin Chem 28:1564 Abstr
Dix D, Cohen P, Kingsley Sh, Senkbeil J, Sexton K (1978) Evaluation of a glycohemoglobin kit. Clin Chem 24:2073 (L)
Dörner K (1982) Evaluation of a new test strip for the determination of urine concentration of solutes. Ärztl Lab 28:153
Dörner K, Röhreke E, Gustmann H (1982) Erprobung eines neuen Teststreifens zur Bestimmung der Urinkonzentration gelöster Teilchen. Ärztl Lab 28:153
Dols JLS, van Zanten AP (1983) Clinical applications of differences between two recommended procedures for determinating of aspartate aminotransferase (M). Clin Chem 29:523
Dorwart WV, Chalmers L (1975) Comparison of methods for calculating serum osmolality from chemical concentrations, and the prognostic value of such calculations. Clin Chem 21:190

Drayer DE, Lorenzo B, Reidenberg MM (1981) Liquid chromatography and fluorescence spectroscopy compared with a homogeneous enzyme immunoassay technique for determining quinidine in serum. Clin Chem 27:308
Drop LJ, Tochka LN, Misiano DR (1982) Comparative Evaluation of two calcium ion-selective electrode systems, and their utility for monitoring steady-state changes in (Ca). Clin Chem 28:129
Drost RH, Plomp TA, Teunissen AJ, Maas AHJ, Maes RAA (1977) A comparative study of the homogeneous enzyme immunoassay (EMIT) and two radioimmunoassays (RIA's) for digoxin. Clin Chim Acta 79:557
Drummer AH, Proudfoot A, Howes L, Louis WJ (1984) High-performance liquid chromatographic determination of plantinum (II) in plasma ultrafiltrate and urine: Comparison with a flameless atomic absorption spectrometric method. Clin Chim Acta 136:65
Dugan S, Bailey J, Wu JW, Hoskin S, Riebe S, Gifford J, O'Neill SP (1982) Homogeneous nonisotopic assay for phenytoin evaluated. Clin Chem 28:1190
Dunn CDR, Boden DJ (1981) Three commercial immunoradiometric "Kit" assays for serum Ferritin evaluated. Clin Chem 27:1280
Durrington PN (1980) A comparison of three methods of measuring serum high density lipoproteins in diabetics and non-diabetics. Ann Clin Biochem 17:199
Durrington PN, Whicher JT, Warren C, Bolton CH, Hartog M (1976) A comparison of methods for the immunoassay of serum apolipoprotein B in man. Clin Chim Acta 71:95
Dyerberg J, Pedersen L, Aagaard O (1976) Evaluation of a dipstick test for glucose in urine. Clin Chem 22:205 (L)
Dykstra S, Lawrence JD (1976) Evaluation of three commercially available manual "Kit" methods for triglycerides in serum. Clin Chem 22:1896

Eastman JW, Pelton JR (1978) Comparison of agarose and polyacrylamide techniques for lipoprotein electrophoresis. Clin Chem 24:2066 (L)
Eaton RH (1977) Plasma alkaline phosphatase assay: Interconversion of results by two methods. Clin Chem 23:2148
Eby WC, Berk LS (1982) Immunoassays: A roadmap for the 1980s. Am J Med Technol 48:645
Eckfeldt JH, Kershaw MJ, Dahl II (1984) Direct analysis for urinary protein with biuret reagent, with use of urine ultrafiltrate blanking: Comparison with a manual biuret method involving trichloroacetic acid precipitation. Clin Chem 30:443
Eisenwiener HG, Bablok W, Bardoff W, Bender R, Markowetz D, Passing H Spaethe R, Specht W (1983) Präzisionsangaben beim Methodenvergleich. Laboratoriumsmedizin 7:273
Eisenwiener HG, Bablok W, Breiter J, Koller P, Passing H (1984) Überprüfung von Medikamenteneinflüssen auf Analysenverfahren. Lab med 8:303
Ekins RP (1979) Methods for the measurement of free thyroid hormones. In: Ekins RP, Faglia G, Pennisi F, Pinchera A (eds) Free Thyroid Hormones Proc Int Symp, Venice 1978. Excerpta Medica, Amsterdam, pp 72
Elin RJ, Johnson E, Chesler R (1982) Four methods for determining uric acid compared with a candidate reference method. Clin Chem 28:2098
Elser RC (1975) Comparison of two commercially available amylase kits Amylotube and Amylochrome. Clin Chem 21:1854
Elser RC (1978) Evaluation of a new creatine kinase reagent for use with the Abbott ABA-100. Clin Chem 24:1858
Elvers LH, Loeber JG (1983) Comparison of six radioimmunoassay kits for human follitropin in serum. J Clin Chem Clin Biochem 21:615

Endler AT, Aberham R, Wider GW, Widhalm K, Zyman H, Bayer PM, Gabl F (1980) Bestimmung von HDL-Cholesterin - Ein Methodenvergleich. Med Labor (Stuttg) 33:16
Endler AT, Abel-Telkes B, Bauer K, Burger E, Gergely Th (1981) Vergleich verschiedener Techniken zur Bestimmung von Lipoprotein im Serum. Med Lab (Stuttg) 34:20
Endler AT, Gabl F, Graninger W, Jaschek I, Rameis H (1983) Gentamycinbestimmung - Methodenvergleich. Lab med 7 (A+B):107
Evans MI, Halter JB, Porter Djr (1978) Comparison of double- and single-isotope enzymatic derivative methods for measuring catecholamines in human plasma. Clin Chem 24:567
Evans RT, Wroe J (1978) Is serum cholinesterase activity a predictor of succinyl choline sensitivity? An assessment of four methods. Clin Chem 24:1762
Everson J, Patterson CC (1980) "Ultra-Clean" isotope dilution/mass spectrometric analyses for lead in human blood plasma indicate that most reported values are artificially high. Clin Chem 26:1603
Ewins DL, Wilkin TJ (1983) A clinical comparison of the enzyme-linked immunsorbent assay (ELISA) and haemagglutination (RC) in the routine detection of anti-thyroglobin antibodies. Acta Endocrin 103:216
Exner T, Burridge J, Power P, Rickard KA (1979) An evaluation of currently available methods for plasma fibrinogen. Am J Clin Pathol 71:521

Fabricatorian D, Gallagher ND (1979) Two kit assays of carcinoembryonic antigen compared. Clin Chem 25:1189 (L)
Fahey JL, McKelvey E (1965) Radialdiffusion verschiedener Techniken. J Immunol 94:84
Fahrenkrug J, Schaffalitzky de Muckadell OB, Rehfeld JF (1976) Production and evaluation of antibodies for radioimmunoassay of secretin. Scand J Clin Lab Invest 34:281
Fang VS, Refetoff S (1974) Radioimmunoassay for serum triiodothyronine: Evaluation of simple techniques to control interference from binding proteins. Clin Chem 20:1150
Fareed J, Messmore HL, Walenga JM, Bermes EWjr (1982) Laboratory evaluation of antithrombin-III: a critical overview of available methods for antithrombin-III measurements. Semin Thromb 8:288
Fareed J, Messmore HL, Walenga JM, Bermes EWjr (1983) Diagnostic efficacy of newer synthetic-substrates methods for assessing coagulation variables: a critical overview. Clin Chem 29:225
Farley JR, Chestnut CH III, Baylink DJ (1981) Improved methods for quantitative determination in serum of alkaline phosphatase of skeletal origin. Clin Chem 27:2002
Farrington CJ, Chalmers AH (1979) Gas-chromatographic estimation of urinary oxalate and its comparison with a colorimetric method. Clin Chem 25:1993
Fenimore DC, Whitford JH, Davis CM (1977) Nickel gas chromatographic columns: an alternative to glass for biological samples. J Chromatogr 140:9
Felten U von, Furlan M, Frey R, Bucher U (1978) Prüfung einer neuen Methode zur Hämoglobinbestimmung in mechanisierten Analysengeräten Med Labor (Stuttg) 31:223
Fenton J, Schaffer M, Chen NW, Bermes EW (1978) Comparison of homogenous enzyme immunoassay and gas chromatography-mass spectrometry for the analysis of drugs of abuse in urine. Clin Chem 24:1031 (Abstr)
Fenton J, Lavine P (1981) Clinical evaluation of two fast methods for creatine kinase isoenzyme assay. Clin Biochem 14:201

Fenton J, Foery R, Piatt L, Geschwindt K (1982) A new chromogenic amylase method compared with two established methods. Clin Chem 28:704
Férard G, Goester C, Klumpp Th, Métais P (1980) Evaluation of immunonephelometry of C-reactive protein in serum. Clin Chem 26:782(L)
Ferrua B, Vincent C, Revillard JP, Pettazzi G, Maiolini R, Viot G, Masseyeff R (1980) A sandwich method of enzyme immunoassay. III. Assay for human ß-2-microglobulin compared with radioimmunoassay. J Immunol Meth 36:149
Filip DJ, Eckstein JD, Sibley CA (1974) Observations on diagnostic kits for the determination of the plasma fibrinogen. Am J Clin Pathol 62:32
Finley PR, Williams RJ (1978) Evaluation of homogeneous enzyme immunoassay of serum thyroxine with use of bichromatic analysis. Clin Chem 24:165
Fiolet JWT, Willebrands AF, Lie KI, terWelle HF (1977) Determination of creatine kinase isoenzyme MB (CK-MB): Comparison of methods and clinical evaluation. Clin Chim Acta 80:23
Fiolet JWT, Baartscheer A (1979) Evaluation of the creatine kinase MB kit of Boehringer. Clin Chem 25:496
Flannery JM (1982) Vergleich der Elektrolytbestimmung mit Hilfe der direkten Potentiometrie (Ionenselektive Elektroden) und der Flammenphotometrie - Erklärung abweichender Ergebnisse. GIT Lab Med 5:436
Fleisher M, Nisselbaum JS, Loftin L, Smith C, Schwartz MK (1984) Roche RIA and Abbott EIA carcinoembryonic antigen assays compared. Clin Chem 30:200
Flenker I, Sabin G, Neuhausen P, Ricken D (1979) Vergleich zweier Routinemethoden zur Aktivitätsbestimmung des Isoenzymes CK-MB bei Patienten mit akuten Myokardinfarkten und extrakardialen Erkrankungen. Lab med 3(A+B):214
Forest J-C, Verreault F, Pouliot M (1982) Measurement of alpha-fetoprotein in maternal serum: Three commercial radioimmunoassay kits and two non-commercial radioimmunoassays compared.Clin Chem 28:339
Fortier RL, McGrath WP, Twomey SL (1979) Enzyme-labeled immunosorbent assay for serum ferritin: Method evaluation and comparison with two radioassays. Clin Chem 25:1466
Foti AG, Herschman H, Cooper JF (1977) Comparison of human prostatic acid phosphatase by measurement of enzymatic activity and by radio immunoassay. Clin Chem 23:95
France JT, Knox BS, Fisher PR (1982) Evaluation of a new commercial solid-phase direct radioimmunoassay for unconjugated estriol in pregnancy plasma. Clin Chem 28:2103
Frants RR, Hooghwinkel GJM, Eriksson AW (1981) Comparison of the PI patterns of alpha -antitrypsin on acid starch gel electrophoresis and isoelectric focusing. Scand J Clin Lab Invest 41:15
Fraser S, Cowen P, Franklin M, Lewy AJ (1983) Direct radioimmunoassay and gas chromatography - mass spectrometry compared for determination of melatonin in plasma. Clin Chem 29:1703
Frei RW (1979) Assessment of the current status of reaction liquid chromatography. J Chromatogr 165:75
Fresco G, Curti G, Biggi A, Fontana B (1982) Comparison of calculated and measured free thyroid hormones in serum in health and in abnormal states. Clin Chem 28:1325
Frey BM, Frey FJ (1982) Three radioactivity detectors for liquid-chromatographic systems compared. Clin Chem 28:689
Fricke H, Strasburger CJ, Wood WG (1982) Enzyme enhanced luminescence immunoassay for the determination of transferrin concentrations in serum. Clin Chem Clin Biochem 20:91

Froebe E, Fröbe I (1984) Vergleichende Bestimmungen von Human-IG mittels radialer Immundiffusion, Laser-Nephelometrie und Immunturbidimetrie. Z med Lab diagn 25:27
Führ J, Müller U (1983) Ein neuer enzymatischer Farbtest zur Bestimmung der Triglyceride im Serum. Ein Vergleich mit 5 Methoden. Ärztl Lab 29:145
Fudge AN, Fraser CG (1978) Evaluation of a radiometric method for determination of total and unsaturated iron-binding capacities and serum iron. Clin Chem 24:374
Fuller AL, Kendrick FE (1976) Evaluation of "Chemocolumn" method for creatine kinase MB. Clin Chem 22:2059 (L)
Funk W, Schanze M, Wenske U (1983) Ein Vergleich unterschiedlicher Fluoreszenzderivatisierungsreaktionen zur quantitativen dünnschichtchromatographischen Bestimmung von Testosteron. GIT Lab Med 6
Fyffe JA, Ayoub L, Cohen HN, Turner JG, Thomson JA, Ratcliffe JG (1980) Clinical and laboratory evaluation of four methods of assessing free thyroxine status in thyroid clinic patients. Ann Clin Biochem 17:334

Gaidulis L, Muensch HA, Maslow WC, Borer WZ (1983) Optimizing Reference values for the measurement of alpha -antitrypsin in serum: Comparison of three methods. Clin Chem 29:1838
Ganguly M, Levitz M, Schwartz MK, Nisselbaum JS (1980) Evaluation of a kit for early detection of pregnancy. Clin Chem 26:1628
Gant JR, Dolan JW, Snyder LR (1979) Systematic approach to optimizing resolution in reversed-phase liquid chromatography, with emphasis on the role of temperature. J Chromatogr 185:153
Garza R, Abraham GE (1972) Comparison between two assays for plasma cortisol. Anal Lett 5:767
Geiseler D (1983) Reliability of kit methods for free thyroxin: the Corning test system. Clin Chem 29:1322
Gerbet D, Richardot PH, Auget JL, Maccario J, Cazalet C, Raichvarg D, Ekindjian OG, Yonger J (1983) New statistical approach in biochemical comparison, studies by using westlake's procedures and its application to continuous-flow, centrifugal analysis and multiplayer films analysis techniques. Clin Chem 29:1131
Gergely TH, Bayer PM, Gabl F (1976) Vergleichende Amylasebestimmung mittels handelsüblicher Testpackungen. Med Labor (Stuttg) 29:47
Gericke K, Kohse KP, Pfleiderer G, Flüchter SH, Bichler K-H (1982) Development and evaluation of a new solid-phase direct immunoenzymassay for prostatic acid phosphatase. Clin Chem 28:596
Ghanem G, Legros F, Lejeune F, Frühling J (1982) Comparison and evaluation of different methods for alpha-MSH labelling. J Immunol methods 54:223
Ghielmi S, Pizzoccolo G, Jacobello C, Albertini A, Arosio P (1982) Methodological effects on the quantitation of serum ferritin by radio- and immunoassays. Clin Chim Acta 120:285
Giampietro O, Pilo A, Buzzigoli G, Bonti C, Navalesi R (1983) Four methods for glucose assay compared for various glucose concentrations and under different clinical conditions. Clin Chem 28:2405
Gibb I (1983) Use of a recommended evaluation scheme in the assessment of a new digoxin RIA Kit. Ann Clin Biochem 20:169
Gibitz HJ (1982) Alpha-Amylase - Übersicht und Methodenvergleich. Mitt Dtsch Ges Klin Chem 13:162
Gibson RG, Hirschowitz BI, Mihas AA (1977) Evaluation of two commercial kits for serum gastrin assay, and comparison with a conventional radioimmunoassay procedure. Clin Chem 23:1046

Gidez LI, Miller GJ, Burstein M, Eder HA (1979) Analyses of plasma high density lipoprotein subclasses by a pecipitation procedure: correlation with peparative and analytical centrifugation. In: Lippel K (ed) Report of the high density lipoprotein methodology workshop. NIH Publ No. 79-1661 pp 328

Gijzen AHJ, de Kock HW, Meulendijk PN, Schmidt NA, Schopman W, Ter-toolen JFW, Voogd CE (1983) The need for a sufficient number of low level sera in comparisons of different serum vitamin B_{12} assays. Clin Chim Acta 127:185

Gillery P, Marnot D, Ramain P, Borel JP (1983) Creatine kinase MB-Isoenzyme evaluated by cellulose acetate electrophoresis. Clin Chem 29:1442

Girolami A, Saggin L, Ruffato G, Sticchi A, Capellato G (1982) Pro-thrombin antigen evaluation by means of laser nephelometry in health and disease. Am J Clin Pathol 78:773

Goldberg AP (1982) Comparison of columns for reversed-phase liquid chromatography. Anal Chem 54:342

Goldman ME, Beaulieu ME, Eskay RL, Kebabian JW (1983) Dyes permit immediate evaluation of high-performance liquid chromatographic system performance. J Chromatogr 275:407

Gonzalez G, Cid-Amador A, Steele B, Castro A (1982) Results by fluor-escent immunoassay for phenytoin compared with those by enzyme immunoassay, liquid chromatography, and discrete analysis (Dupont aca). Clin Chem 28:1494

Gorog RH, Hakim MK, Thompson NW, Rigg GA, McCann DS (1982) Radioimmu-noassay of serum parathyrin: Comparison of five commercial kits. Clin Chem 28:87

Grabener E (1963) Vergleichsuntersuchungen zur Harnstoffbestimmung mittels eines Urease-Teststreifens. Dtsch med Wochenschr 88:907

Grannis GF (1976) Studies of the reliability of constituent target values in a large interlaboratory survey. Clin Chem 22:1027

Green PJ, Yucis MJ (1982) Free-Testosterone determination by ultra-filtration, and comparison with dialysis. Clin Chem 28:1237

Grenabo L, Eddeland A, Stahl A, et al (1984) Serum level of prostatic acid phosphatase after diagnostic rectal examination: Comparison between spectrophotometric and a radioimmunological assay. Br J Urol 56:213

Griffiths J, Handschuh G (1977) Creatine kinase isoenzyme MB in myo-cardial infarction: Methods compared. CLin Chem 23:567

Griffiths J (1980) Prostate-specific acid phosphatase: Re-evaluation of radioimmunoassays in diagnosing prostate disease. Clin Chem 26:433

Griffiths J, Rippe DF, Panfill PR (1982) Comparison of enzyme-linked immunosorbent assay and radioimmunoassay for prostate-specific acid phosphatase in prostatic disease. Clin Chem 28:183

Guiguet M, Padieu P, Mack G (1983) Laser nephelometric measurement of seven serum proteins compared with radial immunodiffusion. J Clin Chem Clin Biochem 21:217

Gulyassy PF, Depner ThA, Ma WK (1981) Four methods for determining albumin in azotemic sera evaluated. Clin Chem 27:322

Guyda HJ, Corvol MT, Rappaport R, Posner BI (1979) Radioreceptor as-say of insulin-like peptides in human plasma: Growth hormone de-pendence and correlation with sulfation activity by two bioassays. J Clin Endocrinol Metab 48:739

Gyure WL (1977) Comparison of several methods for semiquantitative determination of urinary protein. Clin Chem 23:876

Haeckel R, Sonntag O, Külpmann WR, Feldmann U (1979) Comparison of 9 methods for the determination of cholesterol. J Clin Chem Clin Biochem 17:553

Hafkenscheid JCM, Hessels M, van der Hoek EW (1983) Determination of alpha-amylase, trypsin and lipase in duodenal fluid: Comparison of methods. J Clin Chem Clin Biochem 21:167

Hall PM, Cook JGH, Gould BJ (1983) An inexpensive, rapid and precise affinity chromatography method for the measurement of glycosylated haemoglobins. Ann Clin Biochem 20:129

Hallbäck I, Karlsson E, Ekblom B (1977) Comparison between mass spectrometry and Haldane technique in analysing 0 and Co concentrations in air gas mixtures. Scand J Clin Lab Invest 35:285

Hamann SR, McAllister RGjr (1983) Measurement of nifedipine in plasma by gas-liquid chromatography and electron-capture detection. Clin Chem 29:158

Hamel G (1982) Assay of total bilirubin in neonatology: The parallel use of the direct spectrophotometric method and the chemical method. Ann Biol Clinique 40:693

Hamilton SD, Pardue HL (1984) Quantitation of lactate by a kinetic method with an extended range of linearity and low dependence on experimental variables. Clin Chem 30:226

Hamlin C, Ackerman E (1978) Relative merits of two electrophoretic and two column-chromatographic kits for determining serum creatine kinase isoenzyme MB activity. Clin Chem 24:2013

Hammond BR, Lester E (1984) Evaluation of a reflectance photometric method for determination of urea in blood, plasma or serum. Clin Chem 30:596 (L)

Hammons GT, Junger K, McDonald JM, Ladenson JH (1982) Evaluation of three minicolumn procedures for measuring hemoglobin A_1. Clin Chem 28:1775

Hancock WW, Becker GJ, Atkins RC (1982) A comparison of fixatives and immunohistochemical technics for use with monoclonal antibodies to cell surface antigens. Am J Clin Pathol 78:825

Hannon WH, McKenzie C, Sampson J, Kneally SS, Burtis CA (1982) The development and evaluation of a homogeneous immunoassay for the isoenzymes of aspartate aminotransferase. Clin Biochem 15:160

Hansell JR (1979) A laboratory intercomparison on commercial digitoxin kits. Am J Clin Pathol 72(Suppl):346

Harff GA (1983) Albumin determination with bromcresol purple: Imprecision, comparison of methods and quality control.J Clin Chem Clin Biochem 21:679

Hasking CS (1982) The ELISA technique in laboratory medicine. Aust Paediatr J 18:165 (E)

Havekes L, Hemmink J, De Wit E (1981) Determination of low density lipoprotein apoprotein in plasma: a comparison of radial immunodiffusion and rocket immunoelectrophoresis methods. Clin Chem 27:1829

Haworth JK, Kruski AW, Stern MP (1979) Heparin-MnCl vs dextran Sulfate-CaCl precipitation of lipoprotein from human serum. Clin Chem 25:2050 (L)

Hayes E, Gleason R, Soeldner JS, Wacks M, Blankstein V (1981) Comparison of hemoglobin A measured by high performance liquid chromatography and agar gel electrophoresis. Clin Chem 27:1052 (Abstr)

Haythorn P, Hutton L, Sheehan M (1983) Falsely negative values for creatine kinase isoenzyme MB by the Isomune CK-MB assay, and a solution to the problem. Clin Chem 29:1451 (L)

Heinrich HC, Iĉagić F (1980) Comparative studies on the "in vivo"-sensitivity of four commercial pseudoperoxidase-based fecal occult blood tests in relation to actual blood losses as calculated from measured whole body- Fe-elimination rates. Klin Wochenschr 58:1283

Helenius T, Liewendahl K (1983) Improved dialysis method for free thyroxin in serum compared with five commercial radioimmunoassays in nonthyroidal illness and subjects with abnormal concentrations of thyroxin-binding globulin. Clin Chem 29:816
Henry RJ, Chiamori N, Golub OJ, Berkman S (1960) Revised spectrophotometric methods for the determination of glutamic-oxalacetic transaminase, glutamic-pyruvic transaminase, and lactic acid dehydrogenase. Am J Clin Pathol 34:381
Herrera AJ (1983) Comparison of various methods of blood sugar screening in newborn infants. J Pediatr 102:769
Higgins T, Wu A (1983) Differences in vitamin B results as measured with boil and no-boil kits. Clin Chem 29:587
Hinsch W, Stickel A (1981) Säulenchromatographische und immunologische CK-MB-Bestimmungen. Ärztl Lab 27:325
Hjemdahl P, Daleskog M, Kahn T (1979) Determination of plasma catecholamines by high performance liquid chromatography with electrochemical detection: Comparison with a radioenzymatic method. Life Sci 25:131
Hoffmann GE, Schleicher E, Weiss L, Hoffmann S (1982) Comparison of two methods for very low density and low density lipoprotein cholesterol determination. J Clin Chem Clin Biochem 20:457
Holder PE (1982) Automated and manual use of a sensitive reagent for the determination of chloride in biological fluids. Ann Clin Biochem 19:245
Holleman CM, Sedor FA (1980) A comparison of commercial AST kits with pyridoxal phosphate (PDP) to IFCC recommended methodology using a centrifugal analyzer. Clin Chem 26:1030 (Abstr)
Holmes EW, et al (1983) Serum creatinine determination by high performance liquid chromatography and five automated chemistry analyzers. Ann Clin Lab Sci 13:503
Horner JM, Liu F, Hintz R (1978) Comparison of (I) somatomedin A and (I) somatomedin C radioreceptor assays for somatomedin peptide content in whole and acid-chromatographed plasma. J Clin Endocrinol Metab 47:1287
Houben LAM, Bruynzeel PLB (1982) Comparison of commercially available RIA and ELISA kits for the determination of total and specific IgE in human sera. J Clin Chem Clin Biochem 20:553
Howell SK, Wang Y-M, Hosoya R, Sutow WW (1980) Plasma methotrexate as determined by liquid chromatography, enzyme-inhibition assay, and radioimmunoassay after high-dose infusion. Clin Chem 26:734
Huber JFK, Kenndler E, Nyiry W, Oreans M (1982) Evaluation of multistage gas chromatography in quantitative chemical analysis. J Chromatogr 247:211
Huber PR, Scholer A, Linder E, Hagmaier V, Vogt H, Christen P, Eppenberger U, Rutishauser G (1982) Measurement of prostatic acid phosphatase in serum and bone marrow: Radioimmunoassay and enzymic measurement compared. Clin Chem 28:2044
Hüfner M, Hesch RD (1973) A comparison of different compounds for TBG blocking used in radioimmunoassay for triiodothyronine. Clin Chim Acta 39:101
Huffman DH, Hignite ChE (1976) Serum Quinidine concentrations: Comparison of fluorescence, gas-chromatographic and gas-chromatographic /mass-spectrometric methods. Clin Chem 22:810
Huges-Jones NC, Gardner B, Telford R (1963) Comparison of various methods of dissociation of Anti-D, using I-labelled antibody. Vox Sang 8:531
Humbel R, Brouart P (1983) Vergleichende Bewertung der Protein-Zonen von drei Mehrfach-Harnteststreifen.Lab med 7(A+B):151
Hutt V, Klör HU, Wechsler JG, Ditschuneit H (1983) Three different methods for estimating high density lipoprotein cholesterol. Clin Chim Acta 128:173

Hsu SM, Cossman J, Jaffe ES (1983) A comparison of ABC, unlabeled antibody and conjugated immunohistochemical methods with monoclonal and polyclonal antibodies - an examination of Berminal Center of Tonsils. Am J Clin Pathol 80:429

Ingebretsen OC, Borgen J, Farstad M (1982) Uric acid determinations: Reversed-phase liquid chromatography with ultraviolet detection compared with kinetic and equilibrium adaptations of the uricase method. Clin Chem 28:496

Ingle JDjr, Crouch SR (1972) Critical comparison of photon counting and direct current measurement techniques for quantitative spectrometric methods. Anal Chem 44:785

Itiaba K, Hsiung MW, Crawhall IC (1982) The antibody inhibition procedure for the determination of myocardial creatine kinase isoenzyme (CK-MB). Comparison of two similar assays in which different enzymatic reaction reagents were utilized. Biochem Med 28:319

Iwata J, Nishikaze O (1983) Comparison of sensitivities of three turbidimetric methods to proteins and mucoproteins of low molecular mass. Clin Chem 29:414

James GP, Bee DE, Fuller JB (1977) Accuracy and precision of urinary - pH determinations using two commercially dipsticks. Am J Clin Pathol 70:368

Jansen RTP (1983) Comparison of routine analytical methods in the Netherlands for seven serum constituents using pattern recognition. Ann Clin Biochem 20:41

Jansen RTP, Pijpers FW, de Valk GAJM (1981) A technique for the objective assessment of routine analytical methods in clinical laboratories using pattern recognition. Ann Clin Biochem 18:218

Jaworek D, Siedel J, Moeller G (1982) Resultats de l'evaluation d'un nouveau reactif pour la determination du cholesterol serique. Ann Biol Clin 40:409

Jellum E et al (1981) Multi-component analyses of human body fluids and tissues in health and disease using capillary gas chromatography-mass spectrometry and high-resolution two-dimensional electrophoresis. (Adv Chromatogr 16th Internat Symp). J Chromatogr 239:29

Jennings RC, Brocklehurst D, Hirst M (1970) A comparative study of alkaline phosphatase enzymes using starch-gel electrophoresis and Sephadex gel filtration with special reference to high molecular weight enzymes. Clin Chim Acta 30:509

Jiang NS, Machacek D, Wadel OP (1975) Comparison of clinical assays for serum corticosteroids. Clin Chem 21:387

Jin K, Taga M (1982) Determination of lead by continuous-flow hydride generation and atomic absorption spectrometry. Comparison of malic acid-dichromate, nitric acid-hydrogenperoxide and nitric acid-peroxodihydrogen and nitric acid-peroxodisulfate reaction matrices in combination with sodium tetrahydroborate.Anal Chim Acta 143:229

John WG, Albutt EC, Handley G, Richardson RW (1984) Affinity chromatography method for the measurement of glycosylated haemoglobin: Comparison with two methods in routine use. Clin Chim Acta 136:257

Jolliff CR, Hergenrader P (1979) The effect of analytical variables on the comparison of radial immunodiffusion and rate nephelometry. Clin Chem 25:1023 (Abstr)

Jongen MJM, Van Ginkel FC, van der Vijgh WJF, Kuiper S, Netelenbos JC Lips P (1984) An international comparison of vitamin D metabolite measurements. Clin Chem 30:399

Joos T (1982) Fluoreszenzimmunoassay. Anwendungsmöglichkeiten im medizinischen Labor. GIT Lab Med 5:407

Joppich-Kuhn R, Joppich M (1982) Release tags: a new class of analytical reagents. Clin Chem 28:1844

Jung DH, Biggs HG, Moorehead WR (1975) Colorimetry of serum cholesterol with use of ferric acetate/uranyl acetate and ferrous sulfate/ sulfuric acid reagents. Clin Chem 21:1526

Jurga L (1983) Recent methods for evaluation of validity of immunobiochemical tests in monitoring of oncologic patients. Biochemia Clin Bohemio 12:155

Kaffarnik H, Schneider J, Höfel P, Mühlfellner G, Mühlfellner O, Hausmann L, Schubotz R, Meyer-Bertenrath JG (1977) Vergleich der enzymatischen Cholesterinbestimmung mit der Methode nach Liebermann-Burchard bei Normalpersonen. Med Labor (Stuttg) 30:38

Kagedal B, Larsson L, Norr A, Toss G (1982) Trivariate evaluation of a thyroid hormone panel in clinical practice compared with multiple univariate evaluation. Scand J Clin Lab Invest 42:177

Kahle LH, Schipper HG, Jenkins CSP, Tencate JW (1978) Antithrombin-III evaluation of an automated antithrombin-III method. Thromb Res 12:1003

Kalow W, Lindsay HA (1955) A comparison of optical and manometric methods for the assay of human serum cholinesterase. Can J Biochem Physiol 33:568

Kamboh MI, Board PG, Kirwood C (1984) Re-evaluation of the proposed interrelationship between thyroxine-binding globulin (TBG) and alpha -antitrypsin (PI). Clin Chim Acta 139:65

Kameya A, Hayakawa T, Noda A, Kondo T (1982) Isoamylase analysis using an amylase inhibitor: Comparison with an electrophoretic method. Clin Chim Acta 125:77

Kaplan LA, Hohnadel DC (1983) Unconjugated estriol in serum as measured by liquid chromatography with electrochemical detection, compared with radioimmunoassay. Clin Chem 29:1463

Kaptein EM, MacIntyre SS, Weiner JM, Spencer CA, Nicoloff JT (1981) Free thyroxine estimates in nonthyroidal illness: Comparison of eight methods. J Clin Endocrinol Metab 52:1073

Karakascheva VV (1979) Zur Frage der atomabsorptionsspektrometrischen Bestimmung der Magnesiumkonzentration im Blutserum.Z med Lab diagn 3:158

Karlsson B, Alling C (1980) A comparative study of three approaches to the routine quantitative determination of spinal fluid total proteins. Clin Chim Acta 105:68

Karonen SL, Lähteenmäki P, Hohenthal U, Adlercreutz H (1977) Evaluation of the double antibody-solid phase radioimmunoassay technique in plasma LH and FSH and urinary LH measurements. Scand J Clin Lab Invest 35:97

Kato K, Umeda Y, Suzuki F, Hayashi D, Kosaka A (1979) Evaluation of a solid-phase enzyme immunoassay for insulin in human serum. Clin Chem 25:1306

Kattermann R, Poppe WA, van Rijckevorsel R (1983) Reflocheck - Erprobung eines neuen Systems zur Schnellbestimmung der Glukose im Blut GIT Lab Med 6:90

Kattermann R, Jaworek D, Möller G, in collaboration with Assmann G, Björkhem I, Svensson L, Borner K, Boerma G, Leijnse B, Desager JP, Harwengt C, Kupke I, Trinder P (1984) Multicentre study of a new enzymatic method of cholesterol determination. J Clin Chem Clin Biochem 22:245

Kaufmann RA, Tietz NW (1980) Recent advances in measurement of alpha-amylase activity: a comparative study. Clin Chem 26:846

Kaul B, Slavin G, Davidow B (1983) Free erythrocyte protoporphyrin and zinc protoporphyrin measurements compared as primary screening methods for detection of lead poisoning. Clin Chem 29:1467

Keller F, Feldmann K, Metz FJ (1981) Eine verbesserte Methode zur selektiven Albuminbestimmung mit Bromkresolgrün auf dem SMA 12/60. Med Lab (Stuttg) 34:169

Kelly JG, Nimmo J, Rae R, et al (1973) Spectrophotofluorometric and gas-liquid chromatographic methods for the estimation of mexiletine (Kö 1173) in plasma and urine. J Pharmacol 25:550
Kelson JR, Shamberger RJ (1978) Methods compared for determining zinc in serum by flame atomic absorption spectroscopy. Clin Chem 24:240
Kemp SF, Rosenfeld RG, Liu F, et al (1981) Acute somatomedin response to growth hormone: Radioreceptor assay versus radioimmunoassay. J Clin Endocrinol Metab 52:616
Kien CL, Palombo J, Stetina J (1981) Comparative analysis of fecal content of medium and long chain triglycerides using two methods. Clin Chim Acta 113:339
Kim H, Skodon S, Barnett RN (1974) Performance of "kits" used for the clinical chemical analysis of salicylates in serum. Am J Clin Pathol 61(Suppl):936
Kim EK, Logan JE (1978) A scheme for the evaluation of methods in clinical chemistry with particular applications to those measuring enzyme activities. Part I: Clin Biochem 11:238, Part II: Clin Biochem 11:244
Kirkpatrick A, Wepsic HT, Nakamura RM (1977) Comparison of double-antibody radioimmunoassay with Farr-technique radioimmunoassay and double-antibody enzyme immunoassay for alpha-fetoprotein. Clin Chem 23:50
Kirschbaum BB (1983) Evaluation of a colorimetric reagent strip assay for urine specific gravity. Am J Clin Pathol 79:722
Klein B, Standaert F (1975) Fluorometric serum lipase assay: Evaluation of monodecanoyl fluorescein as substrate. Clin Chem 21:1479
Klein-Wisenberg A von, Clotten R (1965) Examination of commercial haemiglobincyanide standard solutions by spectrophotometry, electrophoresis, and chromatography. In: Boroviczény KG von (ed): Standardization, Documentation and Normal Values in Haematology. Karger S, Basel/New York, p 79
Klenk DC, Hermanson GT, Krohn RI, Fujimoto EK, Mallia AK, Smith PK, England JD, Wiedmeyer HM, Little RR, Goldstein DE (1982) Determination of glycosylated hemoglobin by affinity chromatography: Comparison with colorimetric and ion-exchange methods, and effects of common interferences. Clin Chem 28:2088
Knapp W, Holubar K, Wick G (eds) (1978) Immunfluorescence and related staining techniques. Elsevier-North Holland, Amsterdam
Knox BS, McKee JWA, Hair PI, France JT (1980) Determination of beta-choriogonadotropin in human plasma: Evaluation and comparison of five "kit" methods. Clin Chem 26:1890
Kocon RW, Hurwitz JA (1981) Evaluation of the CIS-Sorin corticotropin kit. Clin Chem 27:1620 (L)
Koepke JA (1982) The use of proficiency testing results in the coagulation laboratory. Laboratory evaluation of coagulation. Am Soc of Clin Pathol Press p 368
Koepke JA, Thakur K (1972) Laboratory proficiency in blood banking: the variability of blood bank reagent for blood typing. Vox Sang 22:222
Kohl HH, Johnson W, Rogers LL (1980) Intercomparison of four precipitation methods and electrophoresis for high-density lipoprotein cholesterol determination. Clin Chem 26:672
Koistinen R (1984) Comparison of three methods for investigating placental protein 12 (PP12)-like immunoreactive substance from preovulatory follicular fluid and purified PP12 from human placenta. Clin Chim Acta 141:235
Kokoski RJ, Jain M (1975) Comparison of results for morphine urinalyses by radioimmunoassay and thin-layer-chromatography in a narcotic clinic setting. Clin Chem 21:417

Koschinsky T, Gries FA, Rosak C, Althoff PH, Schöffling K, Hürter P, Willms B, Schumann E, Regal H, Zdolsek J, Irsigler K, Schernthaner G, Nakrour A, Koller PU, Willamowski KD (1984) Neues Gerät zur Blutzuckerbestimmung. Ergebnisse der klinischen Erprobung von Reflocheck. Dtsch med Wochenschr 109:97

Kostner GM, Avogaro P, Bittolo-Bon G, Cazzolato G, Quinci GB (1979) Determination of high-density lipoproteins: Screening methods compared. Clin Chem 25:939

Kozin F, Fowler M, Koethe SM (1980) A comparison of the sensitivities and specificities of different substrates for the fluorescent antinuclear antibody test. Am J Clin Pathol 74:785

Kramer WG, Kinnear NL, Morgan HK (1978) Variability among commercially available digoxin radioimmunoassay kits in cross reactivity to dihydrodigoxin. Clin Chem 24:155

Kraus H, Hütter W, Benz R, Sterzik K (1984) Schwangerschaftstests im Vergleich. diagnostik 17:12

Kuba K, Lippel K, Frantz ID (1979) Four electrophoretic methods compared for diagnosis of type III hyperlipoproteinemia. Clin Chem 25:1471

Kubasik NP, Volosin MT, Sine HE (1975) Comparison of commercial kits for radioimmunoassay: III. Radioassay of serum folate. Clin Chem 21:1922

Kubasik NP, Warren K, Sine HE (1977) Evaluation of two new single-reagent-addition thyroxine radioimmunoassay kits. Clin Chem 23:2351 (L)

Kubasik NP, Sine HE (1978) Results for serum and plasma compared in 15 selected radioassays. Clin Chem 24:137

Kubasik NP, Warren K, Sine HE (1979) Evaluation of a new commercially available (ortho)digoxin radioimmunoasay kit. Clin Chem 25:813 (L)

Kubasik NP, Ricotta M, Sine HE (1980) Commercially-supplied binders for plasma cobalamin (vitamin B), analysis - "purified" intrinsic factor, "cobinamide"-blocked R-protein binder, and non-purified intrinsic factor-R-protein binder - compared to microbiological assay. Clin Chem 26:598

Kubasik NP, Ricotta M, Hunter T, Sine HE (1981) Clinical evaluation of two thyrotropin radioimmunoassay kits: Human serum matrix calibrators and bovine serum matrix calibrators. Clin Chem 27:504 (L)

Kubasik NP, Ricotta M, Hunter T, Sine HE (1981) Evaluation of a new ferritin radioimmunoassay kit. Clin Chem 27:505 (L)

Kubasik NP, Ricotta M, Hunter T, Sine HE (1982) Duration and temperature of storage or serum analyte stability: Examination of 14 selected radioimmunoassay procedures. Clin Chem 28:164

Kubasik NP, Lundberg PA, Brodows RG, Hallauer GD, Same DG, Lindstedt G, Bengtsson C, Nyström E (1983) Free thyroxin by radioimmunoassay evaluation of a new direct radiolabeled thyroxin analog method. Clin Chem 29:1781

Kubasik NP, Hallauer GD, Brodows RG (1984) Evaluation of a direct solid-phase radioimmunoassay for progesterone, useful for monitoring luteal function. Clin Chem 30:284

Kuczala ZJ, Ahluwalia GS (1976) Evaluation of two digoxin radioimmunoassay procedures in which I-labeled digoxin is used. Clin Chem 22:193

Kühnl P, Schmidtmann U, Spielmann W (1977) Evidence for two additional common alleles at the PGM, locus (phosphoglucomutase - E.C.: 2.7.5.1). A comparison by three different techniques. Hum Genet 35:219

Küllertz G, Neubert K, Resch B, Schönberner H (1982) Vergleich verschiedener chromogener Substrate bei der Bestimmung der L-Cystin-Aminopeptidase. Z med Lab diagn 23:150

Külpmann WR, Oellerich M (1981) Monitoring of therapeutic serum concentrations of antiepileptic drugs by a newly developed gas chromatographic procedure and enzyme immunoassay (EMIT): a comparative study. J Clin Chem Clin Biochem 19:249
Küster M, Haeseler K, Wahn U (1984) Immunoassay (EMIT) und nephelometrische Bestimmung von Theophyllin im Serum und Speiches von Kindern. Ärztl Lab 30:147
Kupke IR, Zeugner S, Gottschalk A (1979) Comparison of two micromethods for determination of lipoprotein cholesterol in plasma. Clin Chem 25:1795
Kutter D, Holtzmer M (1982) Erprobung eines Teststreifens zur Bestimmung des spezifischen Gewichts des Harnes. Med Lab (Stuttg) 35:41
Kwarts E, Beukenveld G, Gazendam J (1982) Evaluation of a simple colorimetric assay for serum angiotensin-converting enzyme: Comparison with a new ion-pair liquid chromatography-assisted assay. Ann Clin Biochem 19:227

Ladenson JH, Tsai LMB, Michael JM, Kessler G, Joist JH (1974) Serum versus heparinized plasma for eighteen common chemistry tests. Am J Clin Pathol 62:545
Ladenson JH, Apple FS, Aguanno JJ, Koch DD (1982) Sodium measurements in multiple myeloma: Two techniques compared. Clin Chem 28:2383
Ladenson JH, Apple FS, Aguanno JJ, Koch DD (1983) Natriumbestimmung bei Multiplem Myelom: Ein Vergleich zweier Techniken. GIT Lab Med 6:176
Lai K, Freer D, Statland B (1981) Evaluation of the Roche modified CPK-CS kit (Reply). Clin Chem 27:1620 (L)
Lakomek HJ, Sablotni N, Hagedorn HJ, Krüskemper HL (1983) Vergleich der Eignung von vier Methoden (Immunfluoreszenz antinukleärer Antikörper, indirekte Hämagglutination, Immundiffusion, Gegenstromimmunelektrophorese) zur Differenzierung und Identifizierung von nukleärem Antigen (ENA). J Clin Chem Clin Biochem 21:621
Lam CWK, Tan IK (1978) Evaluation of the Harleco Micro CO System for measurement of total CO in serum or plasma. Clin Chem 24:143
Lambrecht J (1973) Routinemethoden zur Glucose-Bestimmung im Licht der FDA-Referenzmethode. GIT Lab Med 6:38
Landesman PW, Lott JA (1983) Determination of creatinine in serum by using creatinase: Enhancement of a commercial method. Clin Chem 29:2002
Landis JB, Pardue HL (1978) Evaluation of a kinetic method for simultaneous determination of conjugated and unconjugated bilirubin. Clin Chem 24:1700
Lantto O (1982) Radioimmunoassay and liquid-chromnatographic analysis for free cortisol in urine compared with isotope dilution-mass spectrometry. Clin Chem 28:1129
Lantto O, Björkhem I, Blomstrand R, Kallner A (1980) Interlaboratory evaluation of four RIA Kits for determination of plasma cortisol, with special reference to accuracy: Influence of matrix in calibration standards. Clin Chem 26:1899
Lantz RK, Eisenberg RB (1978) Evaluation of the JET technique for extracting drugs from urine. Clin Chem 24:821
Lappin TRJ, Farrington CL, Nelson MG, Merett JD (1979) Intralaboratory quality control of hematology: Comparison of two systems. Am J Clin Pathol 72:426
Larson JH, Beckala H, Homburger HA (1977) Intercomparison of four I-labeled digoxin RIA kits. Clin Chem 23:1792 (L)
Latallo, ZS, Thomson JM, Poller L (1981) An evaluation of chromogenic substrates in the control of oral anticoagulant therapy. Brit J Hemat 47:307

Lauber K (1980) Bestimmung von Eisen im Serum: Methodenvergleich Teepol/Dithionit/Bathophenanthrolin gegen Guanidin/Ascorbinsäure/Ferrozin. J Clin Chem Clin Biochem 18:147

Laurenzi MA, Link H (1978) Comparison between agarose gel electrophoresis and isoelectric focusing of CSF for demonstration of oligoclonal immunoglobulin bands in neurological disorders. Acta Neurol Scand 58:148

Lawlor JF, Blaustein M (1981) Evaluation of free thyroxin measurement in patients with non-thyroidal illnesses. Clin Chem 27:1457

Leader (1983) New methods of free T4 estimation. The need for a critical evaluation. Med J Austria 1:53

Leclerc P, Forest J-C (1982) Electrophoretic determination of isoamylases in serum with commercially available reagents. Clin Chem 28:37

Ledford ME, Moore GL, Bensinger ThA (1978) Comparison of two 2,3-diphosphoglycerate assays. Clin Chem 24:517

Lee IR, Greed LC, Hahnel R (1984) Comparative measurements of plasma binding capacity and concentration of human sex hormone binding globulin. Clin Chim Acta 137:131

Lee KS, Gartner LM (1978) Bilirubin binding by plasma proteins: A critical evaluation of methods and clinical implications. Rev Perinatal Med 2:319

Lee KS, Gartner LM, Vaisman SI (1978) Measurement of bilirubin-albumin binding. I. Comparative analysis of four methods and four human serum albumin preparations. Pediatr Res 12:301

Lee LPK, Arnott B, Feng M, Hynie I (1982) Comparison of four commercial methods for the determination of fast hemoglobins. Clin Biochem 15:230

Lehane DP, Wissert PJ, Lum G, Levy AL (1977) Amylase activity in serum and urine: Comparison of results by the Amyloclastic, Dyed-Starch, and nephelometric techniques. Clin Chem 23:1061

Lehotay DC, Wight CW, Seltman HJ, Sanghvi AT, Levey GS (1982) Free thyroxin: a comparison of direct and in-direct methods and their diagnostic usefulness in nonthyroidal illness. Clin Chem 28:1826 (L)

Lestas AN, White JM (1983) A reappraisal of the -glutamylcysteine synthetase activity in haemolysates from normal erythrocytes by two different methods. Ann Clin Biochem 20:241

Leung FY, Henderson AR (1981) Comparison of three serum alpha-hydroxybutyrate dehydrogenase procedures for lactate dehydrogenase isoenzyme discrimination. Clin Chim Acta 115:145

Levinson SS, Goldman J (1983) Absorbance nephelometry of C1-precipitable immune complexes: Method comparisons and clinical correlations. Clin Chem 29:2082

Levy AL, Katz EM (1970) Comparison of serum lithium determinations by flame photometry and atomic absorption spectrophotometry. Clin Chem 16:840

Lewis EC, Johnson DC (1978) Evaluation of a glassy-carbon electrode for amperometric detection of selected methylxanthines in serum after their separation by reversed-phase chromatography. Clin Chem 24:1711

Lewis AM, Waterhouse Ch, Jacobs LS (1980) Whole-blood and plasma amino-acid analysis: Gas-liquid and cation-exchange chromatography compared. Clin Chem 26:271

Li PK, Humbert JR, Chao-Shing Cheng (1978) Evaluation of commercially obtainable ferritin test kit in relation to the high-dose parabolic phenomenon. Clin Chem 24:1650 (L)

Liappis N (1980) Bestimmung der IgA-, IgG-, IgM-, alpha -Antitrypsin-, Haptoglobin- und Transferrin-Konzentration im Serum mit der Methode der klinischen Nephelometrie. Vergleich der Methoden kinetische Nephelometrie/radiale Immundiffusion. Klin Pädiat 182:370

Liewendahl K, Helenius T (1975) Comparison of free thyroxine indices and 'corrected' thyroxine tests. Clin Chim Acta 64:263
Lin JD, Pardue HL (1982) Multipoint kinetic methods evaluated for quantitation of theophylline with prosthetic group label immunoassay. Clin Chem 28:2081
Linday L, Drayer DE (1983) Cross reactivity of the EMIT digoxin assay with digoxin metabolites and validation of the method for measurement of urinary digoxin. Clin Chem 29:175
Lindberg C, Jönsson S, Hedner P, Gustafsson A (1982) Radioimmunoassay and chemical ionisation mass spectrometry compared for plasma cortison determination. Clin Chem 28:174
Lindenschmidt EG, Lermartz H, Laufs R (1982) Vergleichende Studie über den Nachweis von rötelnspezifischen IgM-Antikörpern mit unterschiedlichen Methoden. Lab med 6(A+B):64
Lindgren FT, Silvers A, Jutagir R, Layshot K, Bradley DD (1977) A comparison of simplified methods for lipoprotein quantification using the analytic ultracentrifuge as standard. Lipids 12:278
Lindwall L, Molin L, Bergdahl B (1980) An evaluation method providing confidence intervals applied to radioimmunoassay. J Clin Chem Clin Biochem 18:879
Link H (1973) Comparison of electrophoresis on agar gel and agarose gel in the evaluation of gamma-globulin abnormalities in cerebrospinal fluid and serum in multiple sclerosis. Clin Chim Acta 46:383
Lippel K, Ahmed S, Albers JJ, Bachorik P, Cooper G, Helms R, Williams J (1977) Analytical performance and comparability of the determination of cholesterol by 12 lipid-research clinics. Clin Chem 23:1744
Lizana J, Brito M, Davis MR (1977) Assessment of five quantitative methods for determination of total proteins in urine. Clin Biochem 10:89
Lo DH, Wu TW (1983) Assessment of the fundamental accuracy of the Jendrassik-Grof total and direct bilirubin assays. Clin Chem 29:31
Loerch JD, Underwood BA (1984) Vitamin A determination in human blood - an evaluation of methodologies. Anal Chim Acta 140:249
Lolekha PH, Limpavithayakul K (1977) Unreliable estimation of direct bilirubin in serum by two continuous-flow methods. Clin Chem 23:2133
Lopes-Virella MF, Stone P, Ellis Sh, Colwell JA (1977) Cholesterol determination in high-density lipoproteins separated by three different methods. Clin Chem 23:882
Lorentz K (1979) Alpha-Amylase assay: Current state and future development. Clin Chem Clin Biochem 17:499
Lorentz K (1983) Evaluation of Alpha-Amylase assays with 4-nitrophenyl-alpha-oligosaccharides as substrates. Clin Chem Clin Biochem 21:463
Lott JA, Turner K (1975) Evaluation of Trinder's glucose oxidase method for measuring glucose in serum and urine. Clin Chem 21:1754
Lott JA, Stephan VA, Pritchard KA jr (1983) Evaluation of the Coomassie Brilliant Blue G-250 method for urinary protein. Clin Chem 29:1946
Lubega J (1983) Evaluation of urinary proteins by sodium dodecyl sulphate polyacrylamide disc gel electrophoresis and molecular mass analysis. Clin Chim Acta 128:151
Lustgarten JA, Creno RJ, Byrd CG, Wenk RE (1976) Evaluation of contemporary methods for serum CO_2. Clin Chem 22:374

MacDonald NF, Williams PZ, Burton JI, Batsakis JG (1981) Sodium and potassium measurements. Direct potentiometry and flame photometry. Am J Clin Pathol 76(Suppl):575

MacKinney AA jr, Burnett GH, Conklin RL, Wasson GW (1975) Comparison of five radioimmunoassays and enzyme bioassay for measurement of digoxin in blood. Clin Chem 21:857

März W, Gross W (1983) Quantification of human serum lipoprotein Lp(a): Zone immunoelectrophoresis assay, a new sensitive method as compared to electroimmuno assay. Clin Chim Acta 134:265

Maguire KP, Burrows GD, Norman TR, Scoggins BA (1980) Evaluation of a kit for measuring tricyclic antidepressants. Clin Chem 26:529 (L)

Mainard F, Ozanne P, Madec Y (1982) Apolipoproteins A and B: Selectivity criterion for three precipitation reagents. Clin Chem 28: (L)

Maiolini R, Bagrel A, Chavance C, Krebs B, Herbeth B, Masseyeff R (1980) Study of an enzyme immunoassay kit for carcinoembryonic antigen. Clin Chem 26:1718

Majkic-Singh N, Koprivica M, Spasic S, Stojanov M, Berkes I (1980) Evaluation of bathophenanthroline method for serum iron assay. Clin Chem 26:1360 (L)

Manolagas SC, Reitz R, Horst R, Haddad J, Deftos LJ (1983) Multicentre comparison of 1,25-dihydroxycholecalciferol measurements in human serum. Lancet Index 1:191

Mares P, Ranný M, Sedlácek I, Skorepa J (1983) Chromatographic analysis of blood lipids. Comparison between gas chromatography and thin-layer chromatography with flame ionization detection. J Chromatogr 275:307

Marshall MO (1980) Comparison of immunofixation and immunoelectrophoresis methods in the determination of monoclonal immunoglobulins in serum. Clin Chim Acta 104:1

Martini S, Baggio G, Baroni L, Enzi GB, Fellin R, Baiocchi MR, Crepaldi G (1984) Evaluation of HDL and HDL cholesterol by a precipitation procedure in a normal population and in different hyperlipidemic phenotypes. Clin Chim Acta 137:291

Massenet D, Molas J, Pressac D (1983) Estimation of proteins in urine and cerebrospinal fluids. Comparison of three methods. Ann Biol Clin 41:151

Matzke GR, et al (1982) Evaluation of three gentemicin serum assay techniques. Ther Drug Monit 4:195

Mayfield C, Warnick GR, Albers JJ (1979) Evaluation of commercial heparin preparations for use in the heparin-Mn method for measuring cholesterol in high-density lipoprotein. Clin Chem 25:1309

McCroskey RP (1978) Evaluation of Calbiochem-Behring Corp. Triglycerides S.V.R. (Single Vial Reagent). Clin Chem 24:2210 (L)

McDougal JS, Hubbard ME, Strobel PL, McDuffie FC (1982) Comparison of five assays for immune complexes in rheumatic diseases. J Clin Lab Med 100:705

McElderry LA, Tarbit IF, Cassells-Smith AJ (1982) Six methods for urinary protein compared. Clin Chem 28:356

McFarren EF (1970) Criterion for judging acceptability of analytic methods. Anal Chem 42:358

McGillivray DH, Burnen D, Afford SC, Stockley RA (1981) An evaluation of four methods for the measurement of eleastase activity. Clin Chim Acta 111:289

McGown EL, Lewis CM, Dong MH, Sauberlich HE (1978) Results with commercial radioassay kits compared with microbiological assay of folate in serum and whole-blood. Clin Chem 24:2186

McGovern RF, Assi D (1980) Comparison of three methods for neonatal bilirubin. Clin Chem 26:1064

McKay G, Hall K, Cooper JK, Hawes EM, Midha KK (1982) Gas chromatographic-mass spectrometric procedure for the quantitation of chlorpromazine in plasma and its comparisons with a new high-performance liquid chromatographic assay with electrochemical detection. J Chromatogr 232:275

McKendry RJR, Dunne JV (1982) A comparison of the clinical usefulness of eight tests for IgM rheumatoid factor. Am J Clin Pathol 78:517
McKnight RP, Willis JE (1981) Evaluation of a method for enzymic radiochemical assay of tobramycin and amikacin in serum. Clin Chem 27:1256
McLaren J, Ng WG (1979) Radial and linear thin-layer chromatographic procedures compared for screening urines to detect oligosaccharidoses. Clin Chem 25:1289
McQueen MJ, Mori L, Dey E (1978) Evaluation of the BMC column-chromatographic method for creatine kinase isoenzyme MB. Clin Chem 24:519 (L)
McQueen MJ, Mori L, Dey E (1979) Evaluations of the creatine kinase MB kit of Boehringer. Clin Chem 25:1518 (L)
Meier M, Henkel E, Dunkert H (1979) Kontinuierlich messende Verfahren zur Aktivitätsbestimmung der alpha-Amylase im Serum. Vergleich zu amyloklastischen und chromolytischen Methoden. Clin Chem Clin Biochem 17:709
Mensink HJA, Marrin KJ, Hindriks FR, van Zanten AK (1983) Prostatic acid phosphatase: Comparison of radioimmunoassay and enzyme activity assay. J Urol 129:1136
Mercier DE, Feld RD, Witte DL (1978) Comparison of dewpoint and freezing point osmometry. Am J Med Technol 44:1066
Mertens BF (1980) CAP/ASCP presentation. In: Byrne M (1980) Caution advised on B kits: Lower values may not be 'truer'. Clin Chem News 6, 4:1
Mertens R, Liedtke RJ, Batjer JD (1983) Evaluation of a radioimmunoassay for estradiol in unextracted serum. Clin Chem 29:1961
Messmore HL, Fareed J, Kniffin J, et al (1981) Synthetic substrate assays of the coagulation enzymes and their inhibitors. Comparison with clotting and immunologic methods for clinical and experimental usage. Ann NY Acad Sci 370:785
Midgley ARjr, Niswender GD, Rebar RW (1969) Principles of the assessment of the reliability of radioimmunoassay methods. Acta endocrin 63(Suppl)163
Miedema K, Casparie T (1984) Glycosylated haemoglobins: Biochemical evaluation and clinical utility. Ann Clin Biochem 21:2
Milne DB, Gallagher SK (1983) Microbiological and radioimmunological assays for folic acid in whole-blood compared: Effect of zinc nutriture. Clin Chem 29:2117
Mollen DL, Huffbrand AV, Ward PG, Levis SM (1980) Interlaboratory comparison of serum vitamin B assay. J Clin Pathol 33:243
Mordasini RC, Riesen WF (1980) Electroimmunoassay and radioimmunoassay for the quantitation of high density apolipoproteins A-I and A-II. J Clin Chem Clin Biochem 18:917
Moreth M (1980) Vergleich und Gegenüberstellung von vier kommerziellen Kits zur radioimmunologischen Bestimmung von Ferritin im Serum oder Plasma. Ärztl Lab 26:12
Morrison PJ, Bradbrook ID, Rogers HJ (1977) Plasma prednisolone levels from enteric and non-enteric coated tablets estimated by an original technique. Br J Clin Pharmacol 4:597
Mortensen HB, Nielsen L, Söegaard U, Svendsen PA, Nerup J (1983) Comparison of six assays for glycosylated haemoglobin determination. Scand J Clin Lab Invest 43:357
Moss DW (1976) International and national views on methods for alkaline phosphatase activity measurements in the clinical laboratory. In: Tietz NW, Weinstock A, Rodgerson D (eds) 2nd Int Symp on Clin Enzymol. American Association for Clinical Chemistry, Washington DC, pp 41
Müller PH, Schmülling RM, Liebich HM, Eggstein M, Stähler F, Stinshoff K (1977) Vollenzymatische Triglyzeridbestimmung: Präzision, Richtigkeit, Methodenvergleich. J Clin Chem Clin Biochem 15:457

Münch R, Bühler H, et al (1983) Fecal chymotrypsin activity: Comparison of a new photometric method with the pH stat method. Digestion 28:87

Mulder J, Verhaar MAT (1979) A comparative study of estradiol receptor assays in human breast cancer tissue. Clin Chim Acta 99:129

Mulder C, Schouten JA, Popp-Snijders C (1983) Determination of free fatty acids: a comparative study of the enzymatic versus the gas chromatographic and the colorimetric method. J Clin Chem Clin Biochem 21:823

Mulé SJ, Whitlock E, Jukofsky D (1975) Radioimmunoassay of drugs subject to abuse: Critical evaluation of urinary morphine-barbiturate, morphine, barbiturate and amphetamine assays.Clin Chem 21:81

Mulé SJ, Jukofsky D, Kogan M, De Pace A, Verebey K (1977) Evaluation of the radioimmunoassay for benzoylecgonine (a cocaine metabolite) in human urine. Clin Chem 23:796

Musto JD, Pizzolante JM, Chesarone VP (1984) A comment on thyrotropin measurement and evaluation. Clin Chem 30:329

Nakamura J, Yakata M (1983) Clinical evaluation of the liquid-chromatographic determination of urinary free cortisol. Clin Chem 29:847

Narasimhachari N (1981) Evaluation of C -Sep-pak cartridges for biological sample clean-up for tricyclic antidepressant assays. J Chromatogr 225:189

Narayanan S (1982) Method-comparison studies on immunoglobulins. Clin Chem 28:1528

Nasralla M, Hassan M, Al-Ansari AA, Kutob M, Al-Abdul Razak A, Al-Awqati MA (1983) Clinical and laboratory evaluation of a commercial kit for measurement of serum free thyroxin ("Amerlex Free T4). Clin Chem 29:164

Nathan DM (1981) Labile glycosylated hemoglobin contributes to hemoglobin A as measured by liquid chromatography or electrophoresis Clin Chem 27:1261

Nathan DM, Dunn BS, Francis ThB (1984) Two commercial methods evaluated for eliminating the labile fraction from the assay for glycated hemoglobin (glycohemoglobin). Clin Chem 30:109

Nelis HJCF, De Roose J, Vandenbavière H, De Leenheer AP (1983) Non-aqueous reversed-phase liquid chromatography and fluorimetry compared for determination of retinol in serum. Clin Chem 29:1431

Newcomer AD, McGill DB, Thomas PJ, Hofmann AF (1975) Prospective comparison of indirect methods for detecting lactase deficiency. N Engl J Med 293:1232

Newman HAI, Patel S (1981) Pertinent references to analytical lipid methods published recently. J Lipid Res 22:188

Newman HAI, Patel S (1982) Pertinent references to analytical lipid methods published recently. J Lipid Res 23:1976(R)

Newman MA, Que Hee SS (1984) Interconversion and comparison of the results of three methods for cholinesterase in serum. Clin Chem 30:308

Ng RH, Brown BA, Valdes R (1983) Three commercial methods for serum ferritin compared and the high-dose "Hock Effect" eliminated. Clin Chem 29:1109

Noble RP, Hatch FT, Mazrimas JA, et al (1969) Comparison of lipoprotein analysis by agarose gel and paper electrophoresis with analytical ultracentrifugation. Lipids 4:55

Norkus NS, Kubasik NP, Sine HE jr (1976) Four commercial urease reagents and a laboratory-prepared reagent compared for analysis of blood urea nitrogen with the Beckman Analyzer. Clin Chem 22:683

Nusynowitz ML, Waliszewski J (1971) Evaluation of a new surface adsorbent triiodothyronine (T3) uptake test. Am J Clin Pathol 56:523

O'Brien JF, Forsman RW, Rohrbach MS (1983) Spectrophotometric and radiometric assays of angiotensin-converting enzyme compared. Clin Chem 29:1990

Odegard OR (1975) Evaluation of an amidolytic heparin cofactor assay method. Thromb Res 7:351

Öst L, Falk O, Lantto O, Björkhem I (1982) Simultaneous determination of prednisolone and cortisol in serum by HPLC and by isotope dilution-mass spectrometry. Scand J Clin Lab Invest 42:181

Okazaki M, Itakura H, Shiraishi K, Hara I (1983) Serum lipoprotein measurement - liquid chromatography and sequential floatation (ultracentrifugation) compared. Clin Chem 29:788

Oleson H, Mortensen H, Molsted-Pedersen L (1983) More on reliability of reagent-strip urinalyses for glucose. Clin Chem 29:212

Orth DN, Island DP, Nicholson WE (1968) ACTH radioimmunoassay: Interpretation, comparison with bioassay, and clinical application. In: Hayes RC, Goswitz FA, Murphy BEP (eds) Radioisotopes in medicine: In vitro studies. National Bureau of Standards, US Dept of Commerce, Springfield, IL, p 251

Ost L, Falk O, Lantto O, Björkhem I (1982) Simultaneous determination of prednisolone and cortisol in serum by HPLC and by isotope dilution mass spectrometry. Scand J Clin Lab Invest 42:181

Oster O, Prellwitz W (1982) A methodological comparison of hydride and carbon furnace atomic absorption spectroscopy for the determination of selenium in serum. Clin Chim Acta 124:277

Ostrow JD (1979) More on relative usefulnes of two tests for occult blood in stool. Clin Chem 25:338 (L)

O'Sullivan MJ, Gnemmi E, Morris D, Chieregatti G, Simmonds AD, Simmons M, Bridges JW, Marks V (1979) Comparison of two methods of preparing enzyme-antibody conjugates: Application of these conjugates for enzyme immunoassay. Anal Biochem 100:100

Pagé BE (1982) Enzyme immunoassay, liquid chromatography and spectrofluorometry compared for the determination of procainamide and N-acetylprocainamide in serum. J Anal Toxicol 6:44

Pakarinen A, Koskinen L, Adlercreutz H (1976) Evaluation of radioimmunological methods for assay of plasma and urinary aldosterone. Scand J Clin Lab Invest 34:331

Panteghini M, Bonora R (1984) Evaluation of a new continuous colorimetric method for determination of serum pseudocholinesterase catalytic activity and its application to a centrifugal fast analyser. J Clin Chem Clin Biochem 22:671

Pape BE, Whiting R, Parker KM, Mitra R (1978) Enzyme immunoassay and gas-liquid chromatography compared for determination of lidocaine in serum. Clin Chem 24:2020

Pape S, Neumeier D, Kristin H, Fateh-Moghadam A (1983) Carcinoembryonales Antigen (CEA). Ein Vergleich der radio- und enzymimmunologischen Bestimmungen unter besonderer Berücksichtigung der Frage einer methodenbedingten Abhängigkeit von Tumorlokalisationen und CEA Wertlagen. Lab med 7:3

Parker JH, West TET (1983) Evaluation of free thyroxine assay kit. Lancet i:481

Passey RB (1983) Glucose method comparison criticized. Clin Chem 29:1320

Passey RB, Gillum RL, Fuller JB, Urry FM, Giles ML (1977) Evaluation and comparison of 10 glucose methods and the reference method recommended in the proposed product class standard. Clin Chem 23:131

Passey RB, Gillum RL, Fuller JB, Urry FM, Baron ML (1980) Evaluation of three methods for the measurement of urea nitrogen in serum as used on six instruments. Am J Clin Pathol 73:362

Patel CP, Benovic J, Chong R (1980) Comparison of EMIT, Ames TDA, and HPLC methods in determination of serum theophylline. Clin Chem 26:1002 (Abstr)
Patel CP, Cary LC (1982) Comparison of EMIT, Ames TDA, and HPLC methods in determination of serum quinidine. Clin Chem 28:1648 (Abstr)
Paula R, Sonntag A, Martin G, Kaiser E (1977) Serumcholesterin. Vergleichende Untersuchungen zur Zuverlässigkeit verschiedener Untersuchungsmethoden. Med Labor (Stuttg) 30:250
Paxton JW, Rowell FJ, Cree GM (1978) Comparison of three radioligands Selenium-75, Iodine-125 and tritium, in the radioimmunoassay of methotrexate. Clin Chem 24:1534
Peake MJ, Sontrop ME, Fraser CG (1979) Triglycerides kit assessment unfairly criticized? Clin Chem 25:641
Pearce CJ (1980) A comparison of three methods for quantitation of variant hemoglobin fractions. Am J Med Technol 46:698
Pecoraro RE, Graf RJ, Halter JB, Berler H, Porte D (1979) Comparison of a colorimetric assay for glycosylated hemoglobin with ion exchange chromatography. Diabetes 28:1120
Peele JD jr, Gadsden RH, Loadholt CB (1977) Combined gel filtration, biuret/copper method compared with an immunochemical method for urinary protein measurement. Clin Chem 23:86
Peele JDjr, Gadsden RH, Crews R (1977) Semi-automated vs visual reading of urinalysis dipsticks. Clin Chem 23:2238
Penttilä IM, Voutilainen E, Laitinen P, Juutilainen P (1981) Comparison of different analytical and precipitation methods for direct estimation of serum high density lipoprotein cholesterol. Scand J Clin Lab Invest 41:353
Perelman RH, Gutcher GR, Engle MJ, MacDonald MJ (1982) Comparative analysis of four methods for rapid glucose determination in neonates. Amer J Dis Child 136:1051
Persson B, Ljunggren JG (1976) Radioimmunoassay of triiodothyronine in human serum with special reference to methodological problems. Scand J Clin Lab Invest 34:273
Peschke H (1984) Ergebnisse wiederholter blutgruppenserologischer Kontrolluntersuchungen. Z med Lab diagn 25:47
Pesh-Imam M, Fretthold DW, Sunshine I, et al (1979) High pressure liquid chromatography for simultaneous analysis of anticonvulsants: Comparison with EMIT system. Ther Drug Monitor 1:289
Peter F, Growcock G, Strunc G (1978) Fluorometric determination of erythrocyte protoporphyrin in blood, a comparison between direct (hematofluorometric) and indirect (extraction) methods. Clin Chem 24:1515
Piall E, Aherne GW, Marks V (1982) Evaluation of a commercially available radioimmunoassay kit for measurement of doxorubicin in plasma. Clin Chem 28:119
Pickering LK, Hoecker JL, Kramer WG, Liehr JG, Caprioli RM (1979) Assays for chloramphenicol compared: Radioenzymatic, gas chromatographic with electron capture, and gas chromatographic-mass spectrometric. Clin Chem 25:300
Pieslor PC, Gibson RE, Eckelman WC, Oates KK, Cook B, Reba RC (1982) Three radioligands compared for determining cytoplasmic estrogen-receptor content of human breast carcinomas. Clin Chem 28:532
Ploybutr S, Burrin JM, Alberti KGMM (1982) Rapid in vitro glycosylation of hemoglobin: a hazard of column-chromatographic gut not colorimetric techniques. Clin Chem 28:1233
Poklis A, Mackell MA (1982) Evaluation of modified alcohol dehydrogenase assay for the determination of ethanol in blood. Clin Chem 28:2125

Porstmann B, Porstmann T, Schmechta H, Nugel E, Seifert R, Lukowsky A Evers U, Mielke F, Egger E (1982) Zwei-Seiten-Bindungsenzymimmunoassays unter Anwendung verschiedener Markerenzyme und Markierungsverfahren. Z med Lab diagn 23:278
Porstmann B, Porstmann T, Seifert R, Meisel H, Nugel E (1982) Comparison of direct and indirect two-site binding enzyme immunoassay. Clin Chim Acta 122:1
Porstmann T, Porstmann B, Nugel E, Micheel B, Karsten U, Fiebach H (1983) Comparison of monoclonal and polyclonal antibodies in a two-site binding enzyme immunoassay for alpha-fetoprotein (AFP). Clin Chim Acta 135:13
Preusse CJ, Fuchs C (1979) Klinische Anwendbarkeit ionenselektiver Elektroden im Vergleich zur Flammenphotometrie für die Na und K -Bestimmung im Serum. J Clin Chem Clin Biochem 17:639
Priest JB, Moorehead WR (1980) High-density lipoprotein cholesterol - a signigicant bias between methods. Am J Clin Pathol 73:147
Pudek MR, Seccombe DW, Jacobson BE, Whitfield MF (1983) Seven different digoxin immunoassay kits compared with respect to interference by a digoxin-like immunoreactive substance in serum from premature and full-term infants. Clin Chem 29:1972
Purcell GV, Behenna DB, Walsh PR (1979) Evaluation of the BMC Glucose oxidase/peroxidase-4-aminophenazone-phenol procedure for glucose as adapted to Technicon SMAC. Clin Chem 25:1844

Rammeloo T, van Haard PMM, Beunis MH (1982) Two serum pancreatic isoamylase determinations compared. Clin Chem 28:145
Rasor JL, Farber S, Braunstein GD (1983) An evaluation of 10 kits for determination of human choriogonadotropin in serum. Clin Chem 29:1828
Ratcliffe WA (1982) Evaluation of four methods for the direct assay of progesterone in unextracted serum. Ann Clin Biochem 19:362
Ratcliffe WA, Corrie JET, Dalziel AH, Macpherson JS (1982) Direct I-radioligand assays for serum progesterone compared with assays involving extraction of serum. Clin Chem 28:1314
Raue F (1982) Interlaboratory comparison of radioimmunological calcitonin determination. J Clin Chem Clin Biochem 20:157
Raum WJ, Swerdloff RS (1981) Urinary metanephrine radioimmunoassay: Comparison with the colorimetric assay. Clin Chem 27:43
Redetzki HM, Dees WL (1978) Comparison of four kits for enzymatic determination of ethanol in blood. Clin Chem 24:83
Reeve J, Pussell B, Gibbs GP, Peters DK (1982) Interpretation of tracer studies on plasma protein turnover: Comparison of methods and optimization of techniques. Clin Sci 63:175
Regnier FE (1982) High-performance ion exchange chromatography of proteins: The current status. Anal Biochem 126:1(R)
Reitamo S, Lalla M, Huipero A (1981) Serum lysozyme: Evaluation of a nephelometric assay. Scand J Clin Lab Invest 41:329
Rej R, Fasce CFjr, Vanderline RE (1972) Interlaboratory proficiency, intermethod comparison and calibrator suitability in assay of aspartate aminotransferase activity. Clin Chem 18:374
Rej R, Fasce CFjr, Vanderline RE (1975) Interlaboratory proficiency, intermethod comparison and calibrator suitability in assay of serum aspartate aminotransferase activity. Clin Chem 21:1141
Rej R, Bretaudiere JP, Graffunder B (1981) Measurement of aspartate aminotransferase isoenzymes: Six procedures compared. Clin Chem 27:535
Reppin R, Liese W, Urban H (1982) Vergleich verschiedener Ionenaustauscher zur säulenchromatographischen Trennung der CK-Isoenzyme. Z med Lab diagn 23:252

Richards JF, et al (1984) Comparison of two spectrometric assays for blood urea nitrogen: Influence of apomorphine. Microchemical J 29:49
Rimrott E (1983) Vergleichende Untersuchung eines kommerziellen ELISA IgM Tests mit einem kommerziellen Röteln HAH Test. Ärztl Lab 29:269
Roberts NB, Nance LA (1979) Hyland laser nephelometer compared with radial-immunodiffusion assay for quantitation of individual immunoglobulins, and an assessment of the excess-antigen effect. Clin Chem 25:1509 (L)
Robertson WG (1976) Measurement of ionized calcium in body-fluids - a review. Ann Clin Biochem 13:540
Robertson WG, Rutherford A (1982) Aspects of the analysis of oxalate in urine - a review. Scand J Urol Nephrol Suppl 85
Robinson CAjr, Hall LM, Vasiliades J (1976) Evaluation of an enzymatic cholesterol method. Clin Chem 22:1542
Robinson JD, Braithwaite RA, Dawling S (1978) Measurement of plasma nortriptyline concentrations: Radioimmunoassay and gas-chromatography compared. Clin Chem 24:2023
Rodriguez-Espinosa J, Ordóñez-Llanos J, Gómez-Gerique JA, Mora J (1984) Anti-Triiodothyronine autoantibodies interfere with two recently commercialized radioimmunoassays for free triiodothyronine. Clin Chem 30:151
Röhrborn C, Ruggendorf EW, Schneider H-J (1984) Teststreifenverfahren im Praxislabor - ein kritischer Vergleich. GIT Lab Med 7:266
Roerig DL, Lewand DL, Mueller MA, Wang RIH (1975) Comparison of radio immunoassay with thin-layer chromatographic and gas-liquid chromatographic methods of barbiturate detection in human urine. Clin Chem 21:672
Roesner T et al (1983) Eine Systemlösung zum automatisierten Radioimmunoassay. Z med Lab diagn 24:210
Roka L (1981) Spezifität von konventionellen und photometrischen (amidolytischen) Gerinnungsanalysen. Med Lab (Stuttg) 34:46
Roman SH, Korn F, Davies TF (1984) Enzyme-linked immunosorbent microassay and hemagglutination compared for detection of thyroglobulin and thyroid microsomal autoantibodies. Clin Chem 30:246
Rombach N, Apel R, Tschochner F (1980) Spurenbestimmung von As, Ba und Hg in Kunststoffen mit flammenloser Atomabsorptionsspektroskopie und ICP-Emissions-Spektralanalyse. GIT FachZ Lab 24:1165
Romelli PB, Pennisi F, Vancheri L (1979) Measurement of free thyroid hormones in serum by column adsorption chromatography and radioimmunoassay. J Endocrinol Invest 2:25
Romer FK (1982) Comparison of two methods for measurement of serum angiotensin-converting enzyme in sarcoidosis. Scand J Clin Lab Invest 42:197; Lab Med 6:197 (Stuttg)
Rosa J, Senan C, Blouquit Y, Garel MC, Molko F (1980) Evaluation de trois trousses commerciales pour le dosage de l'hémoglobine glycosylée totale: HbA . Ann Biol Clin 38:183
Rosenthal AF, Vargas MG, Klass SC (1976) Evaluation of enzyme-multiplied immunoassay technique (EMIT) for determination of serum digoxin. Clin Chem 22:1899
Ross HA, Visser JWE, der Kinderen PJ, Tertoolen JFW, Thijssen JHH (1982) A comparative study of free thyroxine estimations. Ann Clin Biochem 19:108
Roth KL, Saunders AM (1970) Evaluation of methods for white cell identification and counting. Technicon Internat Symposium Nov 1970 New York
Rowe DJF, Goodland FC (1984) Three chromatographic methods compared for measurement of hemoglobin A and A . Clin Chem 30:156
Ruckelshausen R (1983) Vergleichende Untersuchungen von verschiedenen Bestimmungsmethoden der Blutkörperchensenkungsgeschwindigkeit. Ärztl Lab 29:121

Rumley AG, Trope A, Rowe DJF, Hainsworth IR (1980) Comparison of digoxin analysis by EMIT with immunophase and Dac-Cel radioimmunoassay. Ann Clin Biochem 17:315
Ryder KW, Munsick RA, Oei TO, Young PC, Blackford HF (1983) An evaluation of four serum tests for pegnancy. Clin Chem 29:561
Ryder KW, Munsick RA, Oej TO, Young PC, Blackford HF (1983) Five recent urinary tests for early pregnancy evaluated.Clin Chem 29:1812

Sampson EJ, Hannon WH, McKneally SS, McKenzie Ch, Miller SA, Whitner VS, Burtis CA (1979) Column chromatography and immunoassay compared for measuring the isoenzymes of aspartate aminotransferase in serum. Clin Chem 25:1691
Sampson EJ, Whitner VS, Burtis CA, McKneally SS, Fast DM, Bayse DD (1980) An interlaboratory evaluation of the IFCC method for aspartate aminotransferase with use of purified enzyme materials. Clin Chem 26:1156
Samuelson K (1980) Radioimmunoassay compared to an enzymatic method for serum bile acid determination. Scand J Clin Lab Invest 40:289
Santner SJ, Santen RJ, Kulin HE, Demers LM (1981) A model for validation of radioimmunoassay kit reagents: Measurement of follitropin and lutropin in blood and urine. Clin Chem 27:1892
Sanz-Medel A, et al (1983) A critical comparison of atomic-spectrometric methods (atomabsorption, atomic emission and inductively coupled plasma emission) for determing strontium in biological materials. Analyst 108:204
Sata T, Estrich DL, Wood PDS, Kinsell LW (1970) Evaluation of gel chromatography for plasma lipoprotein fractionation. J Lipid Res 11:331
Schaffer R, Sniegoski LT, Welch MJ, White E, Cohen VA, Hertz HS, Mandel J, Paule RC, Svensson L, Björkhem I, Blomstrand R (1982) Comparison of two isotope dilution/mass spectrometric methods for determination of total serum cholesterol. Clin Chem 28:5
Schandl MM, Schandl EK (1982) CEA testing methods: Abbott and Roche. Clin Chem 28:1584 (Abstr)
Schell MR, Gressner AM (1982) Evaluation eines laserturbidimetrischen Prinzips zur quantitativen Einzelproteinbestimmung im Serum im Vergleich zur Lasernephelometrie. GIT Lab Med 5:89
Scherthaner R, Pollak A, Graninger W, Gürtler W, Lubec G (1984) Glykosylierte Proteine: Ein Methodenvergleich von Hochdruckflüssigkeitschromatographie, Thiobarbitursäuremethode und Mikrosäulenchromatographie. Lab med 8:130
Schilling RF, Fairbanks VF, Miller R, Schmitt K, Smith MJ (1983) Improved vitamin B assays: a report on four commercial kits. Clin Chem 29:582
Schlabach TD, Fulton JA, Mockridge PB, Toren ECjr (1979) New developments in analysis of isoenzymes separated by 'high-performance' liquid chromatography. Clin Chem 25:1600
Schleicher E, Wieland OH (1978) Evaluation of the Bradford method for protein determination in body fluids. J Clin Chem Clin Biochem 16:533
Schmidt H, Ebeling H, Kraft D (1975) Vergleiche konventioneller Methoden zur Albumin-, Transferrin- und Coeruloplasminbestimmung im Serum mit immunologischen Referenzmethoden. Z Klin Chem Klin Biochem 13:117
Schöneshöfer M, Schefzig B, Fenner A, Weber B, Dulce HJ (1981) Evaluation of a sensitive radioimmunoassay of plasma corticotropin using commercial reagents. J Clin Chem Clin Biochem 19:75
Scholer A, Pianezzi A, Vonderschmitt D, Götz W (1977) Vergleichende Harnstoffbestimmung mit dem Merckognost Teststäbchen und einer photometrischen Methode. J Clin Chem Clin Biochem 15:583

Scholer A, Hohenwallner W (1984) Evaluation of a colorimetric test for the determination of α-amylase with p-nitrophenylheptaoside as substrate. J Clin Chem Clin Biochem 22:677
Schrader J, Köstering H, Züchner C, Kaiser H, Kramer P, Scheler F (1981) Antithrombin III Bestimmung im Schnelltest: Ein Vergleich mit Partigen-Platten und einem chromogenen Substrat. Lab med 5:211
Schricker KT (1982) Erfahrungen mit den neuen RST-Seren im Vergleich zur herkömmlichen Bestimmung der Rh-Merkmale. Lab med 6(A+B):143
Schultz D, Gerstheimer A (1976) Wie sicher sind Bestimmungen mit dem 'Ictometer'? Vergleichende Untersuchungen mit einer Bilirubin-Direktmessung und einer Diazo-Methode. Klin Pädiat 188:62
Schurz AR, Reich Th (1974) Vergleich zweier blutgasanalytischer Methoden. Med Labor (Stuttg) 27:198(B)
Scobie IN, Son HY, et al (1983) Extending the range of blood glucose measurement with dextrostix and a reflectance meter. Diabetologia 25:123
Scoggins BA, Maguire KP, Norman TR, Burrows GD (1980) Measurement of tricyclic antidepressants. Part I. A review of methodology. Clin Chem 26:5
Scott CF, Sinha D, Seaman FS, Walsh PN, Colman RW (1984) Amidolytic assay of human factor XI in plasma: Comparison with a coagulant assay and a new rapid radioimmunoassay. Blood 63:42
Shackleton CHL, Whitney JO (1980) Use of Sep-pak cartridges for urinary steroid extraction: Evaluation of the method for use prior to gas-chromatographic analysis. Clin Chim Acta 107:231
Shapiro GA, Huntzinger SW, Wilson JE (1977) Variation among commercial activated partial thromboplastin time reagents in response to heparin. Am J Clin Pathol 67:477
Shapiro D, Ballantyne FC, Shepherd J (1980) Comparison of immunoephelometry and electroimmunoassay for estimation of plasma apolipoprotein A-I. Clin Chim Acta 103:7
Sharp AA (1970) Proposed testing schedule for evaluation of equipment in haematology laboratories. J CLin Pathol 23:333
Sheiner LB, Wheeler LA, Moore JK (1979) The performance of delta check methods. Clin Chem 25:2034
Shin YS, Stern C, Rücker A von, Endres W (1984) Glycated haemoglobin and glycated albumin: Evaluation of different methods in diabetes control. J Clin Chem Clin Biochem 22:47
Shishiba Y, TAkino H, Takagi A (1982) The large 'kit-to-kit' variation in insulin radioimmunoassay is mainly due to difference in standard concentration. Clin Chem 28:2443
Shulman G (1979) Comparison of the specific protein assays in biological fluids by radial immunodiffusion and laser nephelometer. Clin Biochem 12:123
Silk E, King J, Whittaker M (1979) Scientific Review No 5: Assay on cholinesterase in clinical chemistry. Ann Clin Biochem 16:57
Singer JM, Edberg StC, Markowitz RL, Glickman JD, Miller L, Marchitelli R (1979) Performance of latex-fixation kits used for serologic diagnosis of rheumatoid factor in rheumatoid arthritis sera. Am J Clin Pathol 12:597
Sippach E, Kühne D, Ley M, Schneider W, Spaethe R (1984) Untersuchung hämatologischer Parameter bei gesunden Probanden unter standardisierten Bedingungen mit verschiedenen Meßverfahren. Lab med 8:429
Sivakumar B (1977) Evaluation of a microspectrofluorimetric method for serum vitamin A. Clin Chim Acta 79:189
Skarstedt MT (1983) Criticism of glucose test comparison. Clin Chem 29:1991
Skidmore OR, Greetham (1983) Trace-metal determinations in concentrated electrolyt solutions - a comparative study. Analyst 108:178

Skrha J, Stepan J (1983) Chromatographic and Inhibition method for serum isoamylases compared. Clin Chem 29:407
Slaunwhite WD, Pachla LA, Wenke DC, Kissinger PT (1975) Colorimetric, enzymatic, and liquid-chromatographic methods for serum uric acid compared. Clin Chem 21:1427
Smalley DL, Bryan JA (1983) Comparative evaluation of biochemical and microscopic urinalysis. Am J Med Technol 49:237
Smith BC, Peake MJ, Fraser CG (1977) Urinanalysis by use of multitest reagent strips: Two dipsticks compared. Clin Chem 23:2337
Soares JR, Gross SJ, Bashore RA (1975) Evaluation of azoestriol antisera for estriol measurement in pregnancy plasma directly and after extraction. J Clin Endocrinol Metab 40:970
Soini E, Hemmila I (1979) Fluoroimmunoassay: Present status and key problems. Clin Chem 25:353
Sommer R, Hohenwallner W (1976) Zuverlässigkeit der Glukosebestimmung im Blut mit dem Eyetone-Reflektometer. Ärztl Lab 22:84
Sonnemaker R, Daniels DL, Craig WE, Floyd JL, Bode RF (1979) Serum myoglobin determination: Laboratory and clinical evaluation. J Nucl Med 20:120
Speicher CE, Widish JR, Gaudot FJ, Hepler BR (1978) An evaluation of the overestimation of serum albumin by bromcresol green. Am J Clin Pathol 69:347
Spencer WW, Sylvester D, Nelson GH (1978) Evaluation of a glucose method in which a hydrogen peroxide electrode is used. Clin Chem 24:386 (L)
Spiehler VR, Reed D, Carvey RH, et al (1976) Comparison of results for quantitative determination of morphine by radio-immunoassay, enzyme immunoassay and spectrofluorometry. J Forens Sci 20:647
Spiehler VR, Sun L, Miyada DS, Sarandis StG, Walwick ER, Klein MW, Jordan DB, Jessen B (1976) Radioimmunoassay, enzyme immunoassay, spectrophotometry, and gas-liquid chromatography compared for determination of phenobarbital and diphenylhydantoin. Clin Chem 22:749
Spincemaille J, Delanghe J, De Buyzere M, Breemeersch M, Blaton V, (1984) Evaluation of three current methods for the determination of creatine kinase-MB catalytic activity. J Clin Chem Clin Biochem 22:603
Srinivasan SR, Ellefson RD, Whitaker CF, Berenson GS (1978) Lipoprotein cholesterol in the serum of children as determined independently by two different methods. Clin Chem 24:157
Staber G, Busch EW, Koller PU (1982) Systematische Prüfung von Pharmakaeinflüssen auf neu entwickelte Test-Kits. Med Lab (Stuttg) 35:10
Standefer JC, Eaton RP (1983) Evaluation of a colorimetric method for determination of glycosylated hemoglobin. Clin Chem 29.135
Stearns FM (1981) Radioimmunoassay kit for plasma aldosterone evaluated. Clin Chem 27:1471 (L)
Stein EA, Steiner PM, Gartside PS, Glueck ChJ (1978) Development and evaluation of a method for quantitation of plasma high-density lipoprotein cholesterol. Clin Chem 24:1112
Stein EA, McNeely S, Steiner P (1979) Electrophoretic separation of high-density lipoprotein cholesterol evaluated and compared with the modified lipid research clinic procedure. Clin Chem 25:1934
Stein W, Bohner J (1980) Vergleich von chromatographischer (aca) und immunologischer (Immuninhibitionstest) Bestimmung der Kreatinkinase-MB. Fresenius Z Anal Chem 301:151
Steinberg KK, Cooper GR, Graiser SR, Rosseneu M (1983) Some considerations of methodology and standardization of apolipoprotein A-1 immunoassays. Clin Chem 29:415

Stewart JW, Rûziĉka J, Bergamin-Filho H, Zagatto EA (1976) Flow injection analysis Part III. Comparison of continuous flow spectrophotometry and potentiometry for the rapid determination of the total nitrogen content in plant digests. Anal Chim Acta 81:371

Stewart TC (1976) Evaluation of a reagent-strip method for glucose in whole blood, as compared with hexokinase method. Clin Chem 22:74

Stewart TC, Kleyle RM (1983) Statistical comparison of blood glucose as determined by several test-strip procedures and by a hexokinase procedure. Clin Chem 29:132

Stockigt JR, De Garis M, Csicsmann J, Barlow JW, White EL, Hurley DM (1981) Limitations of a new free thyroxine assay(Amerlex free T_4) Clin Endocrinol 15:313

Stockigt JR, De Garis M, Barlos JW (1982) "Unbound-analogic" methods for free T : a note of caution. N Engl J Med 307:126 (L)

Stoner R (1984) Comments on the spectrophotometric procedure for angiotensin-converting enzyme. Clin Chem 30:512

Strässle R, Diergardt P (1980) Vergleich verschiedener Methoden der Gerinnungszeit-Bestimmung. Ärztl Lab 26:150

Strasburger CJ, Fricke H, Gadow A, Klingler W, Wood WG (1983) Lumineszenz Immunoassays - Alternativen zum Radioimmunoassay. Ärztl Lab 29:75

Strecker H (1983) Perspektiven der Radioimmunoassays (RIA) und verwandter Methoden. GIT Lab Med 6:33

Sun L, Spiehler V (1976) Radioimmunoassay and enzyme immunoassay compared for determination of digoxin. Clin Chem 22:2029

Sun L, Szafir I (1977) Comparison of enzyme immunoassay and gas chromatography for determination of carbamazepine and ethosuximide in human serum. Clin Chem 23:1753

Sutherland RM, Ratcliffe JG, Chapman RC (1982) Immunoassay of blood spot TSH: Development of a rapid two-side immunoradiometric assay and comparison with radioimmunoassay as a screening method for neonatal hypothyroidism. Clin Chim Acta 124:1

Szabó A, Morvay J (1979) Measurement of HBDH, CK and yGT activities and comparison of the precision of four instruments used in kinetic analysis. Clin Chim Acta 93:349

Szász G, Börner U, Busch EW, Bablok W (1979) Enzymatische Kreatinin-Bestimmung im Serum: Vergleich mit Jaffé-Methoden. J Clin Chem Clin Biochem 17:683

Takada M (1984) Measuring spectral properties of translucent and opaques samples. International Laboratory 14:48

Takizawa N, Yamauti JI, Marui Y, Hayashi Ch, Yamashita J, Horio T (1983) Spectrophotometric method for selective assay of the five isoenzymes of human lactate dehydrogenase, based on their different stabilities at alkaline pH. Clin Chem 29:1941

Talance N de, Boulange M (1980) L'aldosteronurie acido-labile: Comparaison des méthodes radio-immunologique et colorimetrique. Ann Biol Clin 38:309

Tan SY, Noth R, Murlow PJ (1978) Direct non-chromatographic radioimmunoassay of aldosterone: Validation of a commercially available kit and observations on age-related changes in concentrations in plasma. Clin Chem 24:1531

Tasseron SJA, Fiolet JWT, Willebrands AF (1980) Evaluation of radioenzymic kit for determination of plasma catecholamines. Clin Chem 26:120

Taylor A, Bryant TN (1981) Comparison of procedures for determination of copper and zinc in serum by atomic absorption spectroscopy. Clin Chim Acta 110:83

Taylor EH, et al (1984) Serum prostatic phosphatase (PAP): Monoclonal enzyme-linked immunoassay compared to polyclonal radioimmunoassay. Ann Clin Lab Sci 14:212

Taylor RN, Fulford KM, Huong AY (1978) Comparison of kinetic and end-point diffusion methods for quantitation of immunglobulins. J Clin Micro 8:23

Taylor RP, Pennock CA (1982) A comparison of three methods for the estimation of capillary blood glucose in filter paper spots. Ann Clin Biochem 19:22

Tcholakian RK, Jones GM, Sanborn BM, Rodriguez-Rigau LJ, Reimondo GG (1980) Evaluation and clinical application of a dextran-charcoal method for measuring bound testosterone in human plasma. Clin Chem 26:101

Teape J, Kamel H, Brown DH, Ottaway JM, Smith WE (1979) An evaluation of the use of electrophoresis and carbon furnace automatic absorption spectrometry to determine the copper level in separated serum protein fractions. Clin Chim Acta 94:1

Tel RM, Berends GT (1980) Incomplete hydrolysis of cholesterol esters during enzymatic cholesterol determination as evidenced by aqueous cholesteryl solutions: Comparison of six enzymatic procedures with the Liebermann-Burchard method. J Clin Chem Clin Biochem 18:595

Thaw PA, Albutt EC (1980) A critical evaluation of a serum seromucoid assay and its replacement by a serum alpha-1 acid glycoprotein assay. Ann Clin Biochem 17:140

Thiel D von, Marschner I, Wood WG, Habermann J, Scriba PS (1980) Methodische Untersuchungen und Vergleich von 7 kommerziellen Kits zur radioimmunologischen Thyrotropin-Bestimmung aus dem getrockneten Blutstropfen. J Clin Chem Clin Biochem 18:807

Thijssen JHH, van den Berg JHM, Adlercreutz H, Gijzen AHJ, de Jong FH Meijer JC, Moolenaar AJ (1980) The determination of cortisol in human plasma: Evaluation and comparison of seven assays. Clin Chim Acta 100:39

Thode J, Wandrup J, Aas F, Siggaard-Andersen O (1982) Evaluation of a new semiautomatic electrode system for simultaneous measurement of ionized calcium and pH. Scand J Clin Lab Invest 42:407

Thomas L (1982) Quantitative Hämoglobinbestimmung in Blutproben mit einem trocken-chemischen Verfahren. Lab med 6(A+B):248

Thomas L, Walb D (1980) Mikroskopische Harnuntersuchungen und Teststreifenverfahren zur Diagnostik von Nierenerkrankungen.diagnostik 13:325

Thomas L, Appel W, Storz G, Plischke W (1981) Comparative clinical studies of a quantitative dry reagent substrate and classical reference methods. J Clin Chem Clin Biochem 19:859

Thomas L, Plischke W, Storz G (1982) Evaluation of a quantitative solid phase reagent system for determination of blood analytes. Ann Clin Biochem 19:214

Thomasson CG, Blijenberg BG, Eilers GAM, Leijnse B (1983) A comparative study of five different methods for the determination of 3-methoxy-4-hydroxymandelic acid in urine. J Clin Chem Clin Biochem 21:417

Ting-Kai Li, Piechocki JT (1971) Determination of serum ionic calcium with an ion selective electrode: Evaluation of methodology and normal values. Clin Chem 17:411

Tippet PA, Dennis NR, Machin D, Price ChP, Clayton BE (1982) Creatine kinase activity in the detection of carriers of Duchenne muscular dystrophy: Comparison of two methods. Clin Chim Acta 121:345

Tiselius HG, Fornander A-M (1981) Evaluation of a routine method for determination of calcium oxalate crystal growth inhibition in diluted urine samples. Clin Chem 27:565

Tobiasson P, Källberg M (1980) Evaluation of a commercial enzymatic method for the determination of total serum bile acids. Ann Clin Biochem 17:301

Töpel U, Abraham K, Rösler-Englhardt A (1979) Erfahrungen mit der kinetischen Nephelometrie bei der Bestimmung von Serumproteinen. Lab med 3(A+B):176

Toffaletti J, Tompkins D, Hoff G (1981) The Worthington "Ultrafree" Device evaluated for determination of ultrafiltrable calcium in serum. Clin Chem 27:466

Tomcsányi A, Feteke B, Schweiger O, Kertész L (1980) Unterschiede für Immunoglobulin E im Serum, bestimmt mit kompetitiven bzw. Papier-Radioimmunosorbenttest: Beseitigung durch Vorbehandlung mit Polyethylenglycol. J Clin Chem Clin Biochem 18:145

Toss G (1981) An evaluation of stabilizing agents in competitive protein-binding assay for 25-hydroxyvitamin D. Clin Chim Acta 117:361

Tulley RT, Thomson BB, McCoy GM, Parker ShG (1983) "Tandem" urine pregnancy test evaluated. Clin Chem 29:2119

Uldall A (1984) Analyte and matrix problems in the calibration and quality assessment of the bromcresol green method for albumin in serum. J Clin Chem Clin Biochem 22:305

Valdes Rjr, Stein K (1982) Comparison of RIA and IRMA methods for measurement of carcinoembryonic antigen (CEA). Clin Biochem 15:241

Van Cangh PJ, Opsomer R, De Mayer P (1982) Serum prostatic phosphatase determination in prostatic diseases: Critical comparison of enzymatic and radioimmunologic assay. J Urol 128:1212

Van Gent CM, van der Voort HA, De Bruyn AM, Klein F (1977) Cholesterol determinations. A comparative study of methods with special reference to enzymatic procedures. Clin Chim Acta 75:243

Van Rijn HJM, Hoekstra JBL, Thijssen JHH (1982) Evaluation of three commercially available C-peptide kits. Ann Clin Biochem 20:368

Van de Vyver FL, Blockx PP, Bleys W, Muylle L (1983) Ten commercial kits for the determination of serum ferritin compared by use in chronic hemodialysis patients. Clin Chem 29:994

Vanderhaeghe H, et al (1982) A collaborative study of four methods of benzylpenicillin. Anal Chim Acta 143:191

Vander Heiden GL, Sasse EA, Yorde DE, Madiedo G, Barboriak JJ (1983) Examination of a competitive enzyme-linked immunoassay (CELIA) technique and a laser nephelometric immunoassay technique for the measurement of apolipoprotein B. Clin Chim Acta 135:209

Van der Slooten EPJ, van der Helm HJ (1976) Comparison of the EMIT (Enzyme multiplied immunoassay technique) opiate assay and a gas chromatographic-mass-spectrometric determination of morphine and codeine in urine. Clin Chem 22:1110

Van der Vijgh WJF (1975) Modification of a commercially available digoxin radioimmunoassay kit for higher precision. Clin Chem 21:1172

Van Oost BA, Willekens FLA, van Neerbos BR, van den Beld B (1982) Implications of using different tissue ferritins as antigens for ferritin in serum: Four radioimmunoassay kits compared. Clin Chem 28:2429

Van Steirteghem AC, Zweig MH, Robertson EA, Bernard RM, Putzeys GA, Bieva CJ (1982) Comparison of the effectiveness of four clinical chemical assays in classifying patients with chest pain. Clin Chem 28:1319

Vasiliades J, Owens C, Ragusa F (1979) Disopyramide determination by gas chromatography, liquid chromatography and gas chromatography-mass spectrometry. Clin Chem 25:1900

Vatassery GT, Krezowski AM, Sheridan MA (1980) Comparison of manual methods of determination of albumin in human cerebrospinal fluid by the bromcresol green and immuno-precipitation methods. Clin Biochem 43:78

Vihko P, Sajanti E, Jänne O, et al (1978) Serum prostate-specific acid phosphatase: Development and validation of a specific radioimmunoassay. Clin Chem 24:1915
Vihko P, Jokipalo A, Tenhunen R, Alfthan O, Oravisto KJ (1982) Comparison of radioimmunological and conventional acid phosphatase assays in the serum of prostatic cancer patients. Scand J Urol Nephrol 16:105
Viikari J (1976) Precipitation of plasma lipoproteins by PEG-6000 and its evaluation with electrophoresis and ultracentrifugation. Scand J Clin Lab Invest 34:265
Villaume C, Beck B (1983) C-peptide comparative radioimmunoassays: a study of three commercial kits. Ann Biol Clin 41:269
Virella G, Fudenberg HH (1977) Comparison of immunoglobulin determinations in pathological sera by radial immunodiffusion and laser nephelometrie. Clin Chem 23:1925
Vladutiu AO, Winiarski BM (1976) Complement C3 in serum and plasma, as measured by radial immunodiffusion with four commercial kits. Clin Chem 22:267
Vogelberg KH, Dannehl K, Heggen EM (1984) Quantitative Lipoprotein-elektrophorese und präparative Ultrazentrifugation. Ein Methodenvergleich der Lipoprotein-Cholesterinbestimmung. Ärztl Lab 30:75
Volosin MT, Kubasik NP, Sine HE (1975) Use of the carbon rod atomizer for analysis of lead in blood: Three methods compared. Clin Chem 21:1986
Vries GP de, Sanders GTB (1982) Development and clinical evaluation of two immunoasays for prostatic acid phosphatase in serum. Am J Clin Pathol 78:189
Vries GP de, Stout JPJ, Sanders GTB (1984) Evaluation of an enzyme-linked immunosorbent assay for prostatic acid phosphatase. Clin Chim Acta 140:279

Wager O, Lindström P, Räsänen JA et al (1981) Evaluation of six tests for circulating IgG complexes with special reference to IgM. Clin Exp Immunol 46:149
Wakid NW, Cortas NK (1984) Chemical and atomic absorption methods for thallium in urine compared. Clin Chem 30:587
Waldes Rjr, Stein KE (1982) Comparison of RIA and IRMA methods for measurement of carcinoembryonic antigen (CEA). Clin Biochem 15:241
Walinder O, Ronquist G, Fager PJ (1982) New spectrophotometric method for the determination of hemoglobin A_1 compared with a microcolumn technique. Clin Chem 28:96
Walker RE, Bachorik PS, Kwiterovich POjr (1982)Evaluation of five enzymic kits for determination of triglyceride concentrations in plasma. Clin Chem 28:2299
Walker SM, Hill RE (1983) Substrate-labeled fluorescent immunoassay for ethosuximide evaluated. Clin Chem 29:1567
Wallace JE, Harris SC, Shimek ELjr (1980) Evaluation of an enzyme immunoassay for determining diazepam and nordiazepam in serum and urine. Clin Chem 21:1905
Wallenfels K, Meltzner B, Laule G, Janatsch G (1980) Chromogene und fluorogene Substrate für Nachweis und Bestimmung von alpha-Amylase Fresenius Z Anal Chem 301:169
Wallenfels K, Janatsch G (1983) Neue Substrate zur Bestimmung der Amylase. Ärztl Lab 29:339
Walsh RL (1983) A comparison of dye binding methods for albumin determination: the effects of abnormal sera, reaction times, acute phase reagents and albumin standards. Clin Biochem 16:178
Warner A, George H (1976) Comparison of results by three kit methods for assay of serum gastrin. Clin Chem 22:1705

Warnick GR, Albers JJ (1978) A comprehensive evaluation of the heparin manganese precipitation procedures for estimating high-density lipoprotein cholesterol. J Lipid Res 19:65
Warnick GR, Cheung MC, Albers JJ (1979) Comparison of current methods for high-density lipoprotein cholesterol quantitation. Clin Chem 25:596
Warnick GR, Nguyen Th, Bergelin RO, Wahl PW, Albers JJ (1982) Lipoprotein quantification: an electrophoretic method compared with the lipid research clinics method. Clin Chem 28:2116
Warnick GR, Mayfield C, Benderson J, Chen JSh, Albers JJ (1982) HDL-cholesterol quantitation by phosphotungstate-Mg and by dextran sulfate-Mn - polyethylene glycol precipitation, both with enzymic cholesterol assay compared with the lipid research method. Am J Clin Pathol 78:718
Warwick WJ, Hansen L, Viela I, Matheson J (1977) Comparison of the chloride electrode and gravimetric chloride titration sweat tests. Am J Clin Pathol 72:142
Watkins KS, Elser RC (1977) Evaluation of a commercially available colorimetric method for calcium as performed with the Abbott ABA-100. Clin Chem 23:149 (L)
Watts R, Carter T, Taylor S (1976) Results for serum cholesterol and triglycerides by gas-liquid chromatography, as compared with a continuous flow technique. Clin Chem 22:1692
Weingarten HL, et al (1982) Analysis of phencyclidine in blood by gas chromatography, radioimmunoassay, and enzyme immunoassay. J Anal Toxicol 6:88
Weisweiler P, Schottdorf B, Schwandt P (1979) Cholesterol in high-density lipoproteins: a comparison between dextran sulfate-magnesium chloride precipitation and preparative ultracentrifugation. J Clin Chem Clin Biochem 17:773
Weisweiler P, Sperland B, Schwandt P (1981) Determination of high density lipoproteins: Comparison of HDL-cholesterol, HDL-phospholipids, and HDL-apolipoprotein A-I. Clin Chem 27:348 (L)
Weiß T, Lorentz K (1984) Vergleichende Lipasebestimmung mit turbidimetrischer Technik und Enzymimmunoassay. Lab med 8:63
Wellby ML, Guthrie L, Reilly CP (1981) Evaluation of a new free-thyroxin assay. Clin Chem 27:2022
Welch WD, Layman MA, Southern PM (1984) Evaluation of the MS-2 and Lumac Systems for the rapid screening of urine specimens. Am J Clin Pathol 81:629
Welle HF ter, Bartscheer T, Fiolet JWT (1983) Boehringer immunoinhibition procedure for creatinine kinase-HB evaluated and compared with column ion-exchange chromatography. Clin Chem 29:1115
Werner H, Senk U (1981) Immunfluoreszenz-Test auf Toxoplasmose. Prüfung käuflicher Reagenziensätze. Lab med 6(A+B):22
Wertz RK, Koepke JA (1977) A critical analysis of platelet counting methods. Am J Clin Pathol 68(Suppl)195
Westerink BHC (1982) Correlation between high-performance liquid chromatography and automated fluorimetric methods for the determination of dopamin, 3,4-dihydroxyphenylacetic acid, homovanillic acid and 5-hydroxyindoleacetic acid in nervous tissue and cerebrospinal fluid. J Chromatogr 233:69
Westgard JO, de Vos DJ, Hunt MR (1978) Concepts and practices in the evaluation of clinical chemistry methods: II. Experimental procedures. Am J Med Technol 44:420
Westgard JO, Vos DJ de, Hunt MR, Quam EF, Garber CC, Carey RN (1978) Concepts and practices in the evaluation of clinical chemistry methods. IV: Decisions of acceptability. Am J Med Technol 44:727
Whelpton R, Watkins G, Curry SH (1981) Bratton-Marshall and liquid-chromatographic methods compared for determination of sulfamethazine acetylator status. Clin Chem 287:1911

Whicher JT (1983) Immunofixation on cellulose acetate is more efficient than immunoelectrophoresis for detection of paraproteins. Clin Chem 29:402 (L)
Whicher JT, Price CP, Spencer K (1983) Immunoelectrophoretic and immunoturbidimetric assays for protein. CRC Crit Rev Clin Lab Sci 18:213
Whicher JT, Warren C, Chambers RE (1984) Immunochemical assays for immunoglobulins. Ann Clin Biochem 21:78
Whigham WR, Sudarsanan L (1977) Simultaneous assay for vitamin B_{12} and folate compared with separate assay. Clin Chem 23:1778
White E, Welch VMJ et al (1982) The accurate determination of serum glucose by isotope dilution mass spectrometry - two methods. Biomed Mass Spectrometr 9:395
Whittaker M, Britten JJ, Dawson PJG (1983) Comparison of a commercially available assay system with two reference methods for the determination of plasma cholinesterase variants. Clin Chem 29:1746
Whitlow K, Gochman N (1978) Continuous-flow enzymic method evaluated for measurement of serum triglycerides with use of an improved lipase reagent. Clin Chem 24:2018
Wilding P, Bullock DG, Kricka LJ, Morriss P, Holder RL (1979) Spectral analysis of urinary reactions: a preliminary study based on a novel concept. Clin Chem 25:476
Wildgrube HJ, Schiller W, Winkler M, Weber J, Campano H, Mauritz G (1982) Vergleich kommerziell erhältlicher Radioimmunoassays zur Bestimmung von Gallensäuren im Serum. J Clin Chem Clin Biochem 20:313
Wilke TJ (1982) Five kits for estimating free thyroxin concentration in serum evaluated and correlated with other indices to thyroid status. Clin Chem 28:2051
Wilke TJ (1983) Diagnostic value of three methods for assessing free thyroxine in pregnancy. Ann Clin Biochem 20:60
Wilke TJ, Turnbull PA (1982) Comparison of Amerlex, NML and Ames total thyroxine and triiodothyronine radioimmunoassay kits. Ann Clin Biochem 19:104
Wilke TJ, Sheedy TJ, Hirning DA (1984) Performance characteristics and diagnostic value (vs other tests) of two radioimmunoassay kits for estimating free triiodothyronine in serum. Clin Chem 30:216
Wilkins TA (1984) Comparison of a logistic and a mass-action curve for radioimmunoassay. Clin Chem 30:585
Wilkins TA, Midgley JEM (1981) New methods of free thyroid hormone assay. In: Bizollon CA (ed) Physiological peptides and new trends in radioimmunology. Elsevier/North-Holland Biomedical Press, Amsterdam, pp 215
Williams DC, Huff GF, Seitz WR (1976) Glucose oxidase chemiluminescence measurement of glucose in urine compared with the hexokinase method. Clin Chem 22:372
Wills JH (1982) Blood cholinesterase: Assay methods and considerations. Lab Management 20:53
Wilson JF, et al (1983) Comparison of assay methods used to measure antiepileptic drugs in plasma. Therapeutic drugs monitoring 5:449
Winkel P, Statland BE, Jorgensen K (1974) Urin microscopy, an ill-defined method, examined by a multifactoral technique. Clin Chem 20:436
Winsten S, Gordesky SE, Riggs EM (1983) Further evaluation of a specific gravity test strip. Clin Chem 29:1551 (L)
Winter K, Dorot H, Herberg M, Jahnke K (1984) Vergleichende Untersuchungen von HbA mittels Mikrosäulen- und TBA-Methode bei Typ 1 - Diabetikern unter körperlichem Training. Lab med 8:82
Wippermann B, Bojanovski D, Schmidt E, Peters F, Canzler H (1983) Vergleich der fünf gebräuchlichsten Methoden zur Quantifizierung von Lipoproteinen im menschlichem Serum. Ärztl Lab 29:107

Wischke UW, Jung K (1983) Trennung der Alaninaminopeptidase, alkalischen Phosphatase und y-Glutamyltransferase des Harns in ihre multiplen Formen durch Elektrophorese und Ultrazentrifugation. Z med Lab diagn 24:474

Witherspoon LR, Shuler SE, Garcia MM, Zollinger LA (1980) An assessment of methods for the estimation of free thyroxine. J Nucl Med 21:539

Witherspoon LR, Shuler SE, Garcia MM (1981) The triiodothyronine uptake test: An assessment of methods. Clin Chem 27:1272

Witherspoon LR, Shuler SE, Genre CF, MacKenzie FJ, Garcia MM (1982) Two radioimmunoassays compared with isoenzyme electrophoresis for the detection of serum creatine kinase MB in acute myocardial infarction. J Nucl Med 23:136

Witteveen SAGJ, Hollaar L, van der Laarse A (1978) A comparison of two creatine kinase MB determinations: a chromatographic versus an immunological method. Clin Chim Acta 83:297

Wohl RC, Sinio L, Robbins KC (1982) Methods for studying fibrinolytic pathway components in human plasma. Thrombosis Res 27:523

Woitinas F (1983) Thrombozytenaggregation - Indikation und Wertigkeit von Meßverfahren im klinischen Labor. Lab med 7:237

Wong PY, Doran TA, Ho FFK, Mee AV (1979) Evaluation of four kit immunoassay methods for determination of alpha-fetoprotein in serum during pregnancy. Clin Chem 25:1905

Wong PY, Allen AC, Doran TA, Mee AV, Ho FFK (1982) Comparison of two immunoassay methods for the determination of alpha-fetoprotein in amniotic fluid. Clin Biochem 15:193

Wong RC (1980) A comparison of serum phenytoin determination by the substrate labeled fluorescent immunoassay with gas chromatography, liquid chromatography, radioimmunoassay and "EMIT". Clin Chim Acta 100:65

Wong RC, George R, Yeung R, Burd JF (1980) A comparison of serum ghenytoin determination by the substrate-labeled fluorescent immunoassay with gas chromatography, liquid chromatography, radioimmunoassay and EMIT. Clin Chim Acta 100:65

Woo J, Longley MA, Cannon DC (1982) Homogeneous enzyme immunoassay for tobramycin evaluated and compared with a radioimmunoassay. Clin Chem 28:1370

Wood WG (1981) A comparison of eleven commercial kits for the determination of serum ferritin levels. J CLin Chem Clin Biochem 19:947

Wood WG (1983) A comparison of six commercial kits for the determination of parathyrin (PTH) levels in serum. Ärztl Lab 29:311

Wood WG, Gadow A (1983) Immobilisation of antibodies and antigens on macro solid phases - a comparison between adsorptive and covalent binding. A critical study of macro solid phases for use in immunoassay systems. Part I. J Clin Chem Clin Biochem 21:789

Wood WG, Fricke H, Haritz J, Gadow A, Krausz HS, Tode B, Strasburger CJ, Scriba PC (1984) An evaluation of four different luminescence immunoassay systems:
CELIA (chemiluminescent immunoassay),
SPALT (solid-phase antigen luminescence technique),
ILMA (immunoluminometric assay),
ILSA (immunoluminescence labeled second antibody).
A critical study of macro solid phases for use in immunoassays systems. J Clin Chem Clin Biochem 22:349

Worth GK, Retallack RW, Devlin RD, Jeffries M, Gutteridge DH (1981) Ionized calcium: Aspects of technique and some factors affecting results. Brief technical note. Clin Chim Acta 114:283

Wright GLjr, Schellhammer PF, Brassil DN, Sieg SM, Leffell MS (1981) Comparison of countercurrent immunoelectrophoretic assay with commercial radioimmunoassay kits for measuring prostatic acid phosphatase. Clin Chem 27:1747

Wu AHB, Bowers GNjr (1982) Evaluation and comparison of immunoinhibition and immunoprecipitation methods for differentiating MB from BB and macro forms of creatine kinase isoenzymes in patients and healthy individuals. Clin Chem 28:2017
Wu J, Ash KO, Mao E (1978) Modified micro-scale enzymatic method for plasma ammonia in newborn and pediatric patients, comparison with a modified cation-exchange procedure. Clin Chem 24:2172

Xing S, Cekan SZ, Diczfalusy U, Falk O, Gustafsson SA, Akerlöf E, Björkhem I (1983) Validation of radioimmunoassay for estradiol-17ß by isotope dilution-mass spectrometry and by a test of radiochemical purity. Clin Chim Acta 135:189

Yasmineh WG, Hanson NQ (1975) Electrophoresis on cellulose acetate and chromatography an DEAE-Sephadex A-50 compared in the estimation of creatine kinase isoenzymes. Clin Chem 21:381
Yatscoff RW, Braidwood IL (1982) Comparison of column chromatographic colorimetric and electrophoretic methods for determination of glycosylated hemoglobin (HbA). Clin Biochem 15:302
Yatscoff RW, Braidwood IL (1983) Evaluation of an affinity chromatographic procedure for the determination of glycosylated hemoglobin (HbA). Clin Biochem 16:291
Yoshioka M, Taniguchi H, Kawaguchi A, Kobayashi T, Murakami K, Seki M Tsutou A, Tamagawa M, Minoda H, Baba Sh (1978) Evaluation of a commercial enzyme immunoassay for insulin in human serum, and its clinical application. Clin Chem 25:35

Zadik Z, de Lacerda L, de Carmargo LAH, Hamilton BP, Migeon CJ, Kowarski AA, Palex T (1980) A comparative study of urinary 17-hydroxycorticosteroids, urinary free cortisol, and the integrated concentration of plasma cortisol. J Clin Endocrinol Metab 51:1099
Zack JFjr (1983) Evaluation of a gravity test strip. Clin Chem 29:210
Zander R, Lang W, Wolf HU (1984) Alkaline haematin D-575, a new tool for the determination of haemoglobin as an alternative to the cyanhaemiglobin method. I. Description of the method. Clin Chim Acta 136:83
Zerwekh JE, Drake E, Gregory J, Griffith D, Hofmann AF, Menon M, Pak ChYC (1983) Assay of urinary oxalate: Six methodologies compared. Clin Chem 29:1977
Zerwekh JE, Nicar MJ (1984) New rapid kit for determining calcium in serum and urine evaluated. Clin Chem 30:452
Zinsser W, Kremers HD (1983) Neue Entwicklungen in der Messung und Auswertung von Radioimmunoassays. GIT Lab Med 6:189
Zippel C, Eggerg HJ (1981) Vergleich von verschiedene käuflichen ELISA-Verfahren zur Überprüfung der Rötelnimmunität. Ärztl Lab 27:287
Zwart A, Buursma A, van Kampen EJ, Zijlstra WG (1981) A multiwavelength spectrophotometric method for the simultaneous determination of five haemoglobin derivatives. J Clin Chem Clin Biochem 19:459

EVALUATION VON GERÄTEN/GERÄTE-METHODEN

Abernethy MH, Walmsley TA, Fowler RT (1982) Further evidence for the importance of inter-sample air compression as a source of error in a continuous flow (Technicon SMAC) system. Clin Chem 28:1991 (L)

Abraham K, Miethe R, Rösler-Englhardt A (1983) Studie über den Vergleich von Analysengroßgeräten. GIT Lab Med 6:237,307

Adlercreutz H, Peltonen V, Voipio T (1975) Evaluation of the New "System Olli 3000" kinetic ultraviolet analyzer for measuring aspartate and alanine aminotransferase and lactate dehydrogenase activities in serum. Clin Chem 21:676

Ager BP, Gentle R, Ingarfill EW, Tárnoky AL (1978) The Vickers SP 120 Analyser: An Instrument Evaluation. J Autom Chem 1:36

Akiyama A, Haden B, Taylor A (1979) A review of the clinical evaluation data for Liquid Stat on various spectrophotometers. Clin Chem 25:1128

Alexander RLjr (1971) Evaluation of an automatic calcium titrator. Clin Chem 17:1171

Alpert NL

(1975) An FDA clinical instrument "Recall". Clin Chem 21:782

(1976) Instrument Series Report #50: Model 23A Glucose Analyzer. Lab World 27:8

(1977 Instrument Series Report #51: The evolution of Centrifugal Analyzers 1 Gemini. Lab World 28:18

(1977) Instrument Series Report #52: Evalution of Centrifugal Analyzers II. Centrifichem System 400. Lab World 28:2

(1977) Instrument Series Report #55: Scanning Densitometers Part I Lab World 28:20

(1977) Instrument Series Report #56: Scanning Densitometers Part II. Lab World 28:20

(1977) Instrument Series Report #57: Chemetrics Analyzer. Lab World 28:18

(1977) Instrument Series Report #58: Laser Nephelometer PDQ. Lab World 28:14

(1977) Instrument Series Report #59: PACE - 1 Gamma System. Lab World 28:10

(1977) Instrument Series Report #60: Beckman and IL Chlorid Carbon Dioxide Analyzers. Lab World 28:25

(1977) Instrument Series Report #61: Laboratory Experience with Chloride/Carbon Dioxide Analyzers. Lab World 28:27

(1977) Instrument Series Report #62: Hycel Super - 17. Lab World 28:31

(1978) Instrument Series Report: Beckman System 1 Glucose/BUN Analyzer. Lab World 29:33

Andersen I, Thorsen S (1977) The application of the reaction rate analyser LKB 8600 as an automatic coagulometer. Scand J Clin Lab Invest 35:7

Anderson MG, Kelly AM (1983) Evaluation of two kinetic methods for serum amylase using a Cobas-Bio centrifugal analyzer. J Autom Chem 5:150

Andrusaitis B, LaConte M, Ziegenmeyer J (1981) Evaluation of a DuPont aca column method for CK-MB. Clin Chem 27:1024

Appel W, Plischke W, Storz G (1981) Seralyzer-System-Investigation in Germany. Mitt Dtsch Ges Klin Chem 12:15

Arnfred T, Kristensen SD, Munck V (1981) Coulter counter model S and model S-plus measurements of mean erythrocyte volume (MCV) are influenced by the mean erythrocyte haemoglobin concentration (MCHC). Scand J Clin Lab Invest 41:717

Arntsen KW, Deacon AC, Worth HGJ (1982) The Hycel-M multichannel analyzer - a model for evaluation. Clin Chem 28:1338

Ash KO, Holmer M, Johnson CS (1978) Bilirubin - protein interactions by difference spectroscopy. Clin Chem 24:1491
Assink HA, Blijenberg BG, Boerma GJM, Leijnse B (1984) The introduction of bromocresol purple for the determination of serum albumin on SMAC and ACA, and the standardization procedure. J Clin Chem Clin Biochem 22:685
Ausländer W, Sauer C, Söker M (1981) Hämoglobinbestimmung im Vollblut am ACA II und ACA III. Lab med 5(A+B):127
Australian Association of Clinical Biochemists
- Donohoe GA, Commonwealth Pathology Laboratory, Canberra, Australia and
- Geary TD, Institute of Medical and Veterinary Science, Adelaide, South-Australia, Australia
(1976) Evaluation of the Radiometer ABL 11.
(1976) Evaluation of Yellow Springs Glucose Analyzer.
(1977) Evaluation of Beckman Urea Analyzer 2.
(1977) Evaluation of Beckman Glucose Analyzer 2.
(1977) Evaluation of Chemetrics Analyzer.
(1977) Evaluation of ENI Gemini.
(1977) Evaluation of the Hoechst Laser Nephelometer.
(1977) Evaluation of the Hyland Laser Nephelometer.
(1978) Evaluation of FIAX 199 System.
(1978) Evaluation of the Union Carbide Centre Radioimmunoassay System (with costing study).
(1979) Evaluation of Bausch and Lomb Spectronic 2100.
(1979) Evaluation of Beckman Immunochemistry System.
(1979) Evaluation of IL Multistat III.
(1980) Evaluation of Abbott VP Analyser.
(1980) Evaluation of Ames Dextrometer.
(1980) Evaluation of Beckman Astra 8.
(1980) Evaluation of Calbiochem Behring Calprint System.
(1980) Evaluation of Chemtek System.
(1980) Evaluation of the Roche Cobas-Bio Centrifugal Analyzer.
- Balazs N, Prince Henry's Hospital, Melbourne, 3000
(1979) Evaluation of Coulter Kem-O-Mat
- Collins AE, Lismore, NSW, 2480, Australia
(1979) Evaluation of the NE 1600 Gamma Counter
- Cook S, Toowoomba, QLD, 4350 Australia
(1980) Evaluation of the Corning 720 Fluorometer/Densitometer.
- Dash JM, Lismore, NSW, 2480, Australia
(1980) A field study of a VARIAN HPLC
- Dawson P, Cook S, Toowoomba, QLD, 4350, Australia
(1980) An assessment of the performance of two HPL systems
(1980) Appraisal of GELMAN ACD-18 Computing Densitometer
- Horton CW, Tuttle L, Cairns, GLD, 4870, Australia
(1980) Evaluation of the CORNING 720 Fluorometer/Densitometer
- Murnain J, Lismore, NSW, 2480, Australia
(1980) Field study: GELMAN ACD-18 Computing Densitometer
- Shepard M, Fraser C, Flinders Medical Centre, Adelaide, South-Australia
(1979) Beckman BUN Analyzer 2 (Urea in urine)
- Stanley M, Biochemistry Department Royal Hobart Hospital, Hobart Tasmania, 7250, Australia
(1980) Evaluation of the Precision Systems Calcette Calcium Analyzer
- Targett P, Launceston, Tasmania, 7250, Australia
(1980) Evaluation of the Beckman ASTRA-4
Aznar J, Vaya A, Osuna JJ, Monforte M (1981) Evaluation of the monocyte channel of the Hemalog-D. Med Technol 47:923

Bablouzian B, Fasman GD (1977) A new differential spectrofluorometer. Anal Biochem 77:79
Balamut R, Doran D, Giridhar G, Mitchell D, Soule S (1982) Systematic error between erythrocyte protoporphyrin proficiency test samples and patients' samples as measured with two hematofluorometers. Clin Chem 28:2421
Balkcom RM, O'Donnel CM, Amano OE (1979) Evaluation of the DuPont 'aca' amylase method. Clin Chem 25:1831
Bandi ZL, Fuller JB, Bee DE, James GP (1981) Extended clinical trial and evaluation of urea nitrogen determination with the Ektachem GLU/BUN Analyzer. Clin Chem 27:480
Bannon P, Vinet B (1982) EMIT antiepileptic drug assay adapted to an Abbott-VP analyzer and compared with a gas-chromatographic procedure. Clin Biochem 15:179
Barbaresi G (1983) Sample and data random management in a medical laboratory equipped with automatic analyzers. J Automat Chem 4:169
Barbour HM, Beaumont D, Glenn JH, Rosalki SB, Tarlow D (1977) Effect of pyridoxal 5-phosphate addition on aspartate transaminase assays with the ABA-100. Clin Chem 23:915 (L)
Barclay J (1977) Technicon BG - a new instrument for blood gas analysis. Isr J Med Sci 13:432
Bauer ST (1975) Simultaneous estimations of major performance parameters of automated instruments. Clin Chem 21:1006
Bauer ST (1976) Misuse of calibration in automated laboratory testing instruments. Clin Chem 22:1940
Bauer ST (1977) Comparison of STAC with selected test methods. Clin Chem 23:1174 (Abstr)
Beard J (1980) A simple rapid protocol for the evaluation of instrument applications. Clin Chem 26:979 (Abstr)
Benzel JE, Egan JJ, Hart DJ, Christopher EA (1974) Evaluation of an automated differential leukocyte counting system. Am J Clin Pathol 62:530
Beran AV, Shigezawa GY, Whiteside DA, Yeung HN, Huxtable RF (1978) In vitro evaluations of monopolar intravascular oxygen sensors. J Appl Physiol 44:969
Berens U (1983) Der FACS-Analyzer zur Diagnostik und Therapiekontrolle. GIT Med Lab 6:402
Bergqvist Y, Eckerbom S, Funding L, Stäbi LI (1980) Haemoglobin determination without cyanide on Hemalog-8. Scand J Clin Lab Invest 40:285
Bergström K, Lefvert AK (1980) An automated turbidimetric immunoassay for plasma proteins. Scand J Clin Lab Invest 40:637
Bessman JD (1983) New parameters on automated hematology instruments. Lab med 14:488
Betteridge D, Goad TB (1981) The impact of microprocessors on analytical instrumentation. Analyst 106:257
Bleiber R et al (1983) Zur Messung der Erythrozyten-Volumenverteilung mit dem Hämatologie-Automaten PHA-1. Z med Lab diagn 24:455
Blijenberg BB (1981) More on calibration of the SMAC. Clin Chem 27:1619 (L)
Blumenfeld TA, Griffith B (1980) Measurement of urinary constituents with the Astra-8 multichannel analyzer. Clin Chem 26:1883
Bollinger P, Brailas CD, Benjamin D (1983) Evaluation of whole-blood platelet analyzers. Lab med 14:492
Borgen J, Ingebretsen OCh, Sonstabo K (1982) Interference of 'intralipid' with measurement of total serum proteins in the Du Pont aca is removed by trichlorofluoromethane. Clin Chem 28:1982 (L)
Bostick WD, Mrochek JE (1977) Evaluation with the centrifugal fast analyzer of a chemical activation procedure for creatine kinase MB Isoenzyme. Clin Chem 23:1633

Bowie LJ, Dohnal JC, Kirkpatrick PB (1982) Improved measurement of low concentrations of conjugated bilirubin with the DuPont aca. Clin Chem 28:385

Boyne P et al (1981) Evaluation of the Wescor Vapour Pressure Osmometer. Aust J Med Lab Sci 2:79

Brittin GM, Brecher GB, Johnson CA (1969) Evaluation of the Coulter Counter model S. Am J Clin Pathol 52:679

Brittin GM, Brecher GB (1971) Instrumentation and automation in clinical hematology. In: Brown EB, Moore CV (eds) Progress in hematology. Vol 7 p 299, Grune & Stratton, New York

Brody BB, Warren K, Kubasik N, Sine HE, D'Souza JP (1979) In-depth evaluation of the Kodak Ektachem Glucose Blood Urea Nitrogene Analyzer for cerebral spinal fluid and urine glucose analysis. Clin Chem 25:1125 (Abstr)

Bromberg IL, Pollard A, Cheng J, Romaschin A (1984) An evaluation of the Technicon RA-1000 random-access analyzer. Clin Chem 30:281

Brown LJA (1980) A new instrument for the simultaneous measurement of total haemoglobin, % oxyhaemoglobin, % carboxyhaemoglobin, % methaemoglobin, and oxygen content in whole blood. IEEE Trans Bio-Med Electron 27:132

Brown S, Savory J, Wills MR (1983) Clinical laboratory evaluation of Ames seralyzer reflectance photometer for total bilirubin and cholesterol. Clin Chem 29:944

Bruckner A, Picinic D (1979) Säure-Basen- und Blutgasbestimmungen mit einem neuen mikroprozessorgesteuerten Gerät und die Frage der Qualitätskontrolle. Ärztl Lab 25:274

Bullock DG, Carter TJN, Cosgrove CM, Hughes SV (1980) An assessment of the Corning electrophoretic procedure for high density lipoprotein cholesterol estimation. Ann Clin Biochem 17:148

Burger E, Lapin A, Gabl F (1983) Das Seralyzer-System. Evaluation der Bestimmungen von Glucose, Harnstoff-N, Harnsäure, Bilirubin, Cholesterin und Lactat-Dehydrogenase. Med Lab (Stuttg) 35:153

Burger E, Lapin A, Gabl F (1983) Evaluation der Bestimmungen von Glucose, Harnstoff-N, Harnsäure, Bilirubin, Cholesterin und Lactat-Dehydrogenase mit dem Seralyzer-System. Lab med 7:105

Burnett D, Barbour HM, Woods TF, Vassault A, Sebille L, Bailly M, Haeckel R, Sonntag O, Bugiardini G, Motta R (1982) A multicentre european evaluation of the Kodak EKTACHEM GLU/BUN Analyzer using NCCLS guidelines and other approaches. J Clin Chem Clin Biochem 20:207

Butler SJ, Payne RB (1983) Nova 2 ionized calcium analyzer: Imprecision, bias, and protein interference. Clin Chem 29:585 (L)

Buttery JE, Loh GW, Mok SL (1977) Evaluation of the Harleco CO_2 apparatus. Clin Biochem 10:102

Caragher TE, Grannis GF (1978) Performance evaluation of multichannel analysers by use of linearly related survey specimens. Clin Chem 24:403

Caraway WT (1981) Major developments in clinical chemical instrumentation. J Clin Chem Clin Biochem 19:491

Cate JC, Hedrick R, Taylor M, McGlothlin CD (1980) Evaluation of an engineering model of the 'EKTACHEM' Analyzer for glucose and urea assay. Clin Chem 26:266

Cembrowski GS, Wilson MK, Adelmeyer SG, Chang CK (1983) Evaluation of the accuracy of the Diff3/50 with a cell by cell comparison. Am J Clin Pathol 80:323

Chan DW, Yanick P, Rock RC (1978) Evaluation of Beckman Creatinine Analyzer 2 on serum and amniotic fluid. Clin Chem 24:1062 (Abstr 370)

Chen IW (1980) Commercially available fully automated systems for radioligand assays. Part 1: Overview. Part 2: Performance characteristics. The Ligand Review 2 (No. 2) 46-50; (No. 3) 46-48
Cherian AG, Huggard PK, Hill JG (1980) Performance characteristics of the Coulter Kem-O-Lab. Clin Biochem 13:55
Cherian AG, Soldin SJ, Hill JG (1981) Automated Jendrassik-Grof method for measurement of bilirubin in serum with the Greiner Selective Analyzer (GSA IID), and comparison with the method involving diazotized 2,4-Dichloroaniline. Clin Chem 27:748
Cho Ch, Warren AB (1983) Potential error on Beckman Astra-8 print-out sheet. Clin Chem 29:1573
Christensen NJ (1978) Study of the EMIT method for determination of anti-epileptic drugs in serum using an LKB 2086 reaction rate analyzer. Scand J Clin Lab Invest 38:781
Christensen NJ (1983) Measurements of some blood clotting factors using a centrifugal analyser (Multistat III). Scand J Clin Lab Invest 43:521
Chu SY, Turkington VE (1981) A discrete analyzer (ABA-100) method for prostatic acid phosphatase with thymol-phthalein monophosphate as substrate. Clin Chem 27:389
Chu SY, Turkington VE (1981) Modification of ABA-100 for two reagent test procedure. Clin Chem 27:1045 (Abstr 107)
Chua KS, Tan IK (1978) Plasma glucose measurement with the Yellow Springs Glucose analyzer. Clin Chem 24:150
Clark PMS, Kricka LJ, Whitehead ThP (1980) Evaluation of the Kodak Ektachem glucose and urea methods. Ann Clin Biochem 17:293
Clark PMS, Kricka LJ, Whitehead ThP (1981) Matrix effects in clinical analysis: commutability of control materials between the Ektachem, Beckman and SMA 12/60 glucose and urea methods. Clin Chim Acta 113:293
Clark PMS, Surplice IM, Broughton PMG, Bullock DG (1983) The seralyzer and use of quality-control materials. Clin Chem 29:578
Clark PMS, Broughton PMG (1983) Potential applications and pitfalls of dry reagent tests: an evaluation of the Ames Seralyzer. Ann Clin Biochem 20:208
Cottrell DB, Frings ChS (1979) Evaluation of the Beckman Creatinine Analyzer 2. Clin Biochem 12:159
Craig TM (1981) Automated systems - the user's needs from a manufacturers point of view. J Autom Chem 3:63
Crompton V, Maersch N (1980) An evaluation of the JT Baker 700 and the Royco Cell-Crit IV. Am J Med Technol 46:155
Cruse KL (1979) Evaluation of homogeneous enzyme immunoassay of serum thyroxine with the Gilford 3500 Analyzer. Clin Chem 25:1469

Daigneault R, Lemieux D (1977) Evaluation of the Behring Laser Nephelometer. Clin Biochem 10:5
Daigneault R, Lemieux D (1978) Evaluation of a Behring Laser Nephelometer prototype in the measurement of IgG, IgA and IgM. Clin Biochem 11:28
Dalal FR (1980) Instrument Report: Gilford System 202 Chemistry Analyzer. Lab World 31:42
Dalton WT, Bollinger P, Drewinko B (1980) A side-by-side evaluation of four platelet-counting instruments. Am J Clin Pathol 74:119
Davey DD, Austin T, Moorehead WR, Oei TO (1983) Evaluation of the bromcresol purple method for albumin as used with the aca. Clin Chem 29:1584
Davidson D, Mallernee R, Squires RJ, Garfield H (1982) IL 1303: Viscous specimens can cause problems. Clin Chem 28:2179 (L)
Davis AE, Steinbrinck CF (1977) Evaluation of the Honeywell ACS 1000. Am J Med Technol 43:20

Deaton CD, Maxwell KW, Smith RS, Creveling RL (1976) Use of laser nephelometry in the measurement of serum proteins. Clin Chem 22:1465
Degenaar CP (1983) Carryover and the Hitachi 705. Clin Chem 29:1694
De Graeve JS, Andrieu N, Valdiquié S, Fichant G (1981) Evaluation of the "Cobas-Bio" centrifugal microanalyzer. Clin Chem 27:337 (L)
DeLange JA, Rutten WPF, Schmidt NA, Eernisse JG, Veltkamp JJ (1976) Automation in the hematology laboratory. J Clin Chem Clin Biochem 14:485
Department of Health and Social Security / The Scientific and Technical Branch,
- Jennings RD, London WC1B 5EP (1975) Procedure for determining test costs in pathology laboratories.
- Annan W et al (1980) A laboratory evaluation of the NOVA-I ion selective electrode analyser for sodium and potassium determination.
- Arnsten KW, Deacon AC, Worth HGJ (1980) Evaluation of the Hycel-M multichannel chemical analyser.
- Bagshawe PL, Owen G (1980) A laboratory evaluation of the Space Stat 30 ion selective electrode analyser for sodium and potassium determination.
- Cramb R, et al (1980) Evaluation of the Hypocount and Glucochek Portable Blood Glucose Meters.
- Di Michiel AD, et al (1979) Evaluation of LKB Clinicon Chemcode System.
- Eldridge PH, Stevens JF (1980) A short evaluation of the Eppendorf PC6121 spectral line photometer.
- Foo Y, Rosalki S (1980) Evaluation of Abbott VP Bichromatic Analyser.
- Garvey K (1979) A comparative evaluation of three automated pH / blood gas analysers - Corning 175, Instrumentation Laboratories 613 and Radiometer ABL2.
- Garvey K (1979) Blood gas analysers - Corning 175, Instrumentation laboratories 613 and Radiometer ABL2
- Garvey K, Broughton PMG (1980) An evaluation of the Technicon BG II Blood Gas Analyser.
- Glenn J (1979) Report on an evaluation of the Technicon SMA II Multichannel Analyser (with costing study).
- Griffiths TM et al (1979) A report on the use of the Kemo-O-Mat in a paediatric laboratory.
- Henry P, White WA (1978) An evaluation of the Rotochem IIa/36 Centrifugal Fast Analyser (with costing study).
- James JL (1978) Evaluation of the Wescor 5100 B Vapour Pressure Osmometer.
- Jennings RD (1978) Survey of Gamma Counters available in the UK.
Lloyd PH, Bicknell H, Broughton PMG (1979) An evaluation of the Beckman ASTRA-8.
- Lowe R, Broughton PMG (1980) An evaluation of the Kone CD Parallel Analyser.
- Meadham MR, Wilde CE (1978) Evaluation of the Union Carbide Centria Radioimmunoassay System (with costing study).
- Moore GR et al (1980) An evaluation of the Technicon Quantachem.
- Neill DW (1977) Evaluation of the Technicon SMAC Analyser (with costing study).
- Neill DW, Burgess RJ, Nesbitt GS (1979) An evaluation of the Roche Cobas Bio Microcentrifugal Analyser. Scientific and Technical Branch, London
- Neill DW, Burgess RJ, Nesbitt GS (1980) Evaluation of the Roche Cobas Bio Microcentrifugal Analyser (with costing study).
- Nickless GG (1978) Evaluation of the Corning 460 Automatic Flame Photometer.
- Nisbet JA, Owen JA, West PS (1980) An evaluation of the Gemsaec 3E Fast Centrifugal Analyser (with costing study).

Department of Health and Social Security / The Scientific and Technican Branch, (Fortsetzung)
- Orr H, Polanska I (1981) Evaluation of the Gilson Analymat System.
- Perry DE, Sellwood M, Whicher JT (1979) An evaluation of the Beckman Immunochemistry System for the routine analysis of serum immunoglobulins.
- Perry DE, Whicher JT, Sellwood SM, (1979) An evaluation of the Behring Laser Nephelometer for the routine assay of serum immunoglobulins.
- Piper KF, Cowan PG (1976) Comparative evaluation of three bilirubinometers.
- Price CP, Spencer K, Biggs PA (1979) An evaluation of the Instrumentation Laboratory Microcentrifugal Analyser - Multistat III (with costing study).
- Robinson R (1978) Evaluation of the DuPont Automatic Clinical Analyser (with costing study).
- Skinner AG et al (1980) Evaluation of the Burkard Econoflo Micro Analytical System (BEMAS).
- Smith JM, Fry I, Walker AW (1979) Evaluation of the Vitatron PA 800 Programmable Analyser.
- Smith PA, Fry I, Walker AW (1981) An evaluation of the Technicon STAR Radioimmunoassay.
- Stevens JF (1979) Multistat I Evaluation - Technical and Analytical Performance.
- Stevens JF, Howell M (1976) Evaluation of an Ultrolab (LKB) System
- Stevens JF, Howell M (1980) An evaluation of the Hitachi ABCA Analyser (706 D).
- Syme M, Neill DW (1979) Evaluation of the Corning Model 435 Flamephotometer.
- Tarnoky AL, Ingarfill EW, Gentle R (1977) Evaluation of the Vickers SP 120 Analyzer (with costing study).
- Watson D, Willing CW (1979) Technical evaluation of the ENI Gemeni Centrifugal Analyser.
- Whicher JT, et al (1979) An evaluation of the Kallestad Nephelometer for the measurement of proteins.
- Whitaker K, Moss DW (1976) The Gilford 3500 Biochemical Analyser - A limited evaluation.

Desjarlais F, Schneider PO, Ohashi JT (1977) Evaluation d'un système SMAC de 20 canaux comprenant des électrolytes. Bull Assoc Bioch Hôp Qué 16, 1:20

Desjarlais F, Daigneault R (1981) Basic characteristics and evaluation of a partially automated Behring Laser Nephelometer for the measurement of IgG, IgA, IgM and C3c in Serum. Clin Biochem 14:51

Devgun MS, Fairweather GW (1983) Blood gas analysis: Instrumentation and quality control. Med Lab Sci 40:219

Diamandis EP, Ellis G, Daneman D, Allen LC (1984) Liquid chromatography of glycated hemoglobins with the Daiichi HA-8110 automated analyzer. Clin Chem 30:503 (L)

Diederich G (1983) Möglichkeiten und Grenzen der Thrombozytenzählung am Teilchengrößenanalysator "Laborscale" (MEDICOR).Z med Lab diagn 24:236

Diederich G, Lestin HG, Grothkopf P (1980) Die Thrombozytenzählung mit dem elektronischen Teilchenzählgerät PS-4 von Medicor. 1. Mitteilung: Zwei Varianten eines neuen Verfahrens im Vergleich zur Kammerzählung. Z med Lab diagn. 21:225

Diederich G, Krüger U (1981) Die Thrombozytenzählung mit dem elektronischen Teilchenzählgerät PS-4 (Picoscale) von Medicor. 2. Mitteilung: Mikroverfahren über Sedimentation und Zentrifugation. Z med Lab diagn 22:155

Diederich G, Grothkopf P (1982) Die Thrombozytenzählung mit dem elektronischen Teilchenzählgerät Picoscale (PS-4) von Medicor. 3. Mitteilung: Möglichkeiten und Grenzen des Verfahrens. Z med Lab diagn 23:189

Dinovo EC, McIntosh ME, Lynn JK (1977) Erroneously low creatine kinase activity measurements with use of the Calbiochem CPK-MB Kit with the Beckman TR Enzyme Analyzer. Clin Chem 23:1362 (L)

Dodds JM (1982) Boehringer Mannheim Diagnostics' Multichannel Analyzer - model evaluation. Clin Chem 28:2451 (L)

Dörner K, Gustmann H, Sippell W (1981) A new method for the determination of serum iron: Potentiostatic coulometry with the Ferrochem 3050. Clin Chem Clin Biochem 9:967

Doumas BT, Perry BW, Jendrzejczak B, Katona V (1982) Pitfalls in the American Monitor for determination of total and "direct" bilirubin Clin Chem 28:2305

Douville P, Forest JC (1983) Performance of the Hitachi 705 evaluated Clin Chem 29:692

Drewinko B, Bollinger P, Rountree M, Johnston D, Corrigan G, Dalton WT, Trujillo JM (1982) Eight-parameter automated hematology analyzers: Comparison of two flow cytometric systems. Am J Clin Pathol 78:738

Driscoll JL, Gudzinowicz BJ, Martin HF, Fanger H (1981) Instrument justification, selection and technical evaluation in clinical chemistry. Part 2. Technical aspects of instrument evaluation. Chem Biomed Environ Instrum 11:127

Drop LJ, Tochka LN, Misiano DR (1982) Evaluation of two calcium ion-selective electrode systems. Clin Chem 28:129

DuBois JA, Warren M, Newball R (1980) An extensive field evaluation of the Multistat III Microcentrifugal analyzer. Clin Chem 26:1033

Duffy MJ, Tuttlebee J (1983) Evaluation of assays for thyroxin, triiodothyronine and thyroid-stimulating hormone on the ARIA II automated radioimmunoassay instrument. J Autom Chem 5:43

Dutcher TF (1983) Automated leukocyte differentials: a review and prospectus. Laboratory Medicine 14:483

Dutcher TF, Benzel JE, Egan JJ, Hart DJ, Christopher EA (1974) Evaluation of an automated differential leukocyte counting system. Am J Clin Pathol 62:505

Eckfeldt N, Nelson KM (1983) Salicylate determined with a microcentrifugal analyzer, and compared with DuPont aca. Clin Chem 29:839

Eisenwiener HG, Kindbeiter JM (1980) Turbidimetrie-immunologische Bestimmung mit dem Cobas-Bio. Med Labor (Stuttg) 33:309

Elliott WG (1979) A 38-month experience with the Technicon SMAC System. Laboratory Medicine 10:619 (ASCP Chicago)

Elser RC, Garver CG (1981) Evaluation of the operating characteristics of a bichromatic analyzer, the ABA-200. Clin Chem 27:325

Ertingshausen G, Amsellem-Winzelberg L, Richert JF, Davids R (1978) Optimized method for measuring aspartate aminotransferase activity with the CentrifiChem analyzer, with automatic preincubation of serum. Clin Chem 24:1147

Felkel HLjr, Pardue HL (1978) Evaluation of an echelle spectrometer / image dissector system for simultaneous multielement determinations by atomic absorption spectroscopy. Clin Chem 24:602

Felten U von, Furlan M, Frey R, Bucher U (1978) Prüfung einer neuen Methode zur Hämoglobinbestimmung in mechanisierten Analysengeräten. Med Labor (Stuttg) 31:223

Ferraro JR (1984) An evaluation of several solid sampling techniques in the far infrared region using FTIR 40. Pathology 14:40

Ferraro JR, Caccavo FA, Saifer A (1976) p-Hydroxybenzoic acid hydrazide procedure for serum glucose adapted to the technicon "SMA 12/60", and compared with other glucose methods. Clin Chem 22:263
Ferreira P, Bold AM (1979) Clinical laboratory evaluation of the Orion SS-20 ionized calcium analyser. J Autom Chem 1:94
Feuillu A, Catheline M, Le Treut A (1980) Inter-laboratory precision and relative accuracy of mechanised and non-mechanised systems for blood gas analysis. J Autom Chem 2:90
Fievet P, Truchaud A, Hersant J, Glikmanas G (1980) Response of ion-selective sodium and potassium electrodes in the Beckman Astra-4 and Astra-8 analysers. Clin Chem 26:138
Fingerhut B (1978) Enzymic serum cholesterol measurement with a Basic Autoanalyzer and the DuPont aca method. Clin Chem 24:1624
Fink PC (1981) A fully automated serum electrophoresis system. Clin Chem Clin Biochem 19:379
Finley PR, Williams RJ, Lichti DA, Thies C (1978) Evaluation of a new multichannel analyzer 'Astra 8'. Clin Chem 24:2125
Finley PR, Williams RJ (1979) Evaluation of a new multichannel chemistry instrument - the Beckman "Astra 8". Clin Chem 25:1115
Fleetwood JA, Latner AL, Marriner A, Skillen AW, Smith PA (1977) A long-term evaluation of the Centrifichem centrifugal microanalyser during routine use in the clinical biochemistry laboratory. Ann Clin Biochem 14:279
Flores OR, Sun L, Vaziri ND, Miyada DS (1980) Colorimetric rate method for the determination of creatinine as implemented by the Beckman Creatinine analyzer 2. Evaluation of the performance characteristics of the Beckman Creatinine Analyzer 2. Am J Med Technol 46:792
Fogh-Andersen N (1981) Ionized calcium analyzer with built-in pH correction. Clin Chem 27:1264
Fogh-Andersen N, Nielsen LC (1981) Hemalog 8 hematocrit with a correction for leukocytes. Clin Chem 27:1625
Fogt EJ, Dodd LM, Jenning EM, Clemens AH (1978) Development and evaluation of a glucose analyser for a glucose-controlled insulin infusion system (Biostator). Clin Chem 24:1366
Fogt EJ, Dodd LM, Eddy AR, Jenning E, Clemens AH (1979) Evaluation of the BIOSTATOR Systems glucose analyzer. Horm Metab Res 8(Suppl)18
Forrest GC (1977) Development and application of a fully automated continuous flow radioimmunoassay system. Ann Clin Biochem 14:1
Forrester RL, Collinge W, Hashimoto P, Worrall J (1976) Evaluation of a discrete-sample computer-directed clinical analyzer. Clin Chem 22:211 (L)
Forrester RL, Collinge W, Hashimoto P, Worrall J (1976) Comparison of the Gilford System 3500 with the Beckman Sytem TR for the measurement of enzyme activity in patients' serum. Clin Chem 22:1172
Forsman R, O'Brien J, Jones J, Annesley T (1981) Evaluation of the Du Pont CK-MB method in the prediction of myocardial infarction. Clin Chem 27:1024 (Abstr)
Fosslien E (1977) Automated zone electrophoresis - experiments and new concepts. Clin Chem 23:1436
Fraser CG, Sontrop ME (1979) Assessment of the Beckman Creatinine Analyzer 2. Clin Biochem 12:46
Frauenhaffer C, et al (1978) Instrument report: Rotochem 11A. Lab World 29:41
Fu PC, Wittie D, Brown LF, Neri B, Lubran MM (1979) The performance characteristics of the new Abbott Bichromatic Analyser - VP. Clin Chem 25:1116 (Abstr)
Fuchs Ch (1980) Laboratory evaluation of Nova-2, a new instrument for the routine measurement of ionized calcium. Clin Chem 26:1011 (Abstr)

Führ J (1979) Die vollmechanisierte Serum-Eiweißelektrophorese mit dem Olympus-Hite-System. GIT Lab Med 2:139
Fyffe JA, Jenkins AS, Cohen HN, Dryburgh FJ, Gardner MD (1980) An evaluation of the Nova-2 ionized calcium instrument. J Autom Chem 2:85
Fyffe JA, Jenkins AS, Cohen NH, Dryburg FJ, Gardner MD (1981) Further electrode evaluation of the Nova-2 ionized calcium instrument. J Autom Chem 3:97

Garber CC (1981) Jendrassik-Grof analysis for total and direct bilirubin in serum with a centrifugal analyzer. Clin Chem 27:1410
Garber CC, Feldbruegge D, Miller RC, Carey RN (1978) Evaluation of the co-immobilized hexokinase/glucose-6-phosphate dehydrogenase method for glucose as advanted to the Technicon SMAC. Clin Chem 24:1186
Garber CC, Westgard JO, Milz L, Larson FC (1979) Dupont aca III performance as tested according to NCCLS guidelines. Clin Chem 25:1730
Garber CC, Feldbruegge DH, Hoessel M (1981) Preincubation of serum aspartate aminotransferase with pyridoxal 5'-phosphate in the SMAC - Comparison with revised DuPont aca method and recommended IFCC method. Clin Chem 27:614
Gardner WA, Henderson S, Smith MC (1982) Evaluation of an automated radioimmuno assay system: The ARIA II. Med Technol 48:65
Gardner WA, Henderson S, Smith MC (1982) Evaluation of an automated radioimmunoassay system: The ARIA III. Med Technol 48:65
Garfield HJ, Davidson DC (1983) IL System 1303: Problem resolved. Clin Chem 29:1567
Gerbet D, Richardot P, Auget JL, Maccario J, Cazalet C, Raichvarg D, Ekindjian OG, Yonger J (1983) New statistical approach in biochemical method-comparison studies by using westlake's procedure, and its application to continuous-flow, centrifugal analysis, and multilayer film analysis techniques. Clin Chem 29:1131
Georges RJ, South African Institute for Medical Research, Johannesburg, 2000 South Africa
(1977) Evaluation of IL919 glucose, urea and creatinine analyser
(1978) An evaluation of the American Monitor Corporation KDA analyser
(1979) Gilford System 5 Clinical Analyser
(1979) Nova 1 Sodium/Potassium Analyser
(1979) Osmette
(1979) Ames "Pacer" Analyser
(1979) Technicon C-201 Urea Analyser
Georges RJ (1984) The evaluation of analytical instrumentation for the clinical chemistry laboratory: Review and bibliography. S Afr J Med Lab Technol p 65
Georges RJ, Politzer WM (1971) The evaluation of a discrete automatic analysis system. S Afr Med J 45:576
Gergely Th, Hauch D, Bayer PM, Pall H, Gibitz H, Gabl F (1978) Mechanisierte Analytik im Akut-Laboratorium. Med Labor (Stuttg) 12:291
Gill F, Rutledge J (1983) Faster analysis for total and direct bilirubin in the Cobas-Bio analyzer. Clin Chem 29:1444
Gilmer PRjr, William LJ, Koepke JA, Bull BS (1977) Calibration methods for automated haematology instruments. Am J Clin Pathol 68(Suppl):185
Godwin IR, Agar NS, Roberts J (1983) Measurement of erythrocyte ATP, DPG, glucose and lactate with a Cobas-Bio centrifugal analyzer. Clin Chem 29:1855
Gottmann AW, Nosanchuk JS, Orr K (1973) How to get optimal performance from the Coulter model S. Laboratory medicine 4:22

Graeve JS de, Andrieu N, Valdiquié P (1981) Evaluation of the Cobas-Bio Centrifugal Microanalyzer. Clin Chem 27:337
Gray BA, Elin RJ (1982) Comparison of liquid and lyophilized quality control materials with SMAC. Clin Chem 28:1655 (Abstr)
Grim III WM, Graham JA, Fateley WG (1984) Time-resolved spectroscopy using FTIR. Pathologist 38:67
Grin AS, Lukicheva TI, Tatsievskij VA (1975) Some methods of evaluating the work of automatic analytical systems under conditions of the clinico-biochemical laboratory. Med Technol 5:27
Groner W, Mohandas N, Bessis M (1980) New optical technique for measuring erythrocyte deformability with the Ektacytometer. Clin Chem 26:1435
Grove ThH, Hohnadel DC (1977) Source of error in amylase estimation with the Perkin-Elmer Model 91 Amylase/Lipase analyzer. Clin Chem 23:1512 (L)
Grubb A, Bolin K, Jeppsson B (1982) A simple modification of Greiner electronics selective analyzer G300 permitting use of capillary blood samples. Scand J Clin Lab Invest 42:599
Gulati GL, Hyun BH, Ashton JK (1982) Hematrak model 480 automated differential system: clinical evaluation. J Clin Lab Autom 2:41
Gulati G, Hyun BH, Ashton JK (1984) Hematology instruments for clinical laboratories. Laboratory Medicine 15:1984
Gupta MK, Rajaraman S, Gupta SK, Hewitt CB, Deodhar SD (1981) Immunochemical measurement of serum prostatic acid phosphatase (PAP). Clinical evaluation of radioimmunoassay and Coulter Immunoelectrophoresis. Am J Clin Pathol 76:430

Haan GFH, Hindrichs FR, Groen A (1976) Evaluation of the aspartate aminotransferase (AST) and alanine aminotransferase (ALT) assays on the Technicon SMAC. Clin Chem 23:615 (L)
Haas RG, Mushel S (1982) Modified DuPont aca calcium method for hemolyzed specimens. Am J Clin Pathol 77:216
Haeckel R (1976) The reliability of a mechanized procedure (Perkin Elmer C4) for the enzymatic determination of uric acid according to Kageyama. J Clin Chem Clin Biochem 14:165
Haeckel R, Sonntag O, Petry K (1979) An evaluation of the Kodak Ektachem System for the determination of glucose and urea. J Autom Chem 1:273
Haeckel R, Oellerich M (1980) Evaluation of the 30°C-version of the aca (automatical clinical analyzer). Dtsch Ges Klin Chem Mitt 6:74
Haeckel R, Boroviczény KG von, Keller H, Knedel M, Koss HJ,Liebegall M-A, Sonntag O (1980) Multicentre evaluation of the automated chemical analyser ACP 5040. Dtsch Ges Klin Chem Mitt 11:195
Haeckel R, Collombel Ch, Geary TD, Mitchell FL, Nadeau RG, Okuda K (1980) Provisional guidelines (1979) for listing specifications of spectrometers in clinical chemistry. Clin Chim Acta 103:249 F, J Clin Chem Clin Biochem 18:445, Clin Chem 27:187
Hainsworth IR, McAllister EJ, Simpson E, Duncan A, Roberts LB (1978) An evaluation of the Joel Clinanalyser. J Clin Chem Clin Biochem 16:213
Hall GS, O'Leary ThD, Prior AP (1982) Inadequate sampling on the Beckman ASTRA 8. Clin Chem 28:1248 (L)
Hall PM, Cook JGH (1982) Fluoride and Iodoacetate interfere with glucose determination with the Yellow Springs Glucose Analyzer. Clin Chem 28:387 (L)
Hanson DJ, Bretz NS (1977) Evaluation of a semi-automated blood urea nitrogen analyser. Clin Chem 23:477
Happe TM (1983) Sodium drift in the Beckman ASTRA: a response. Clin Chem 29:1310

Hardin E, Passey RB, Gillum RL, Fuller JB, Lawrence D (1976) Clinical laboratory evaluation of the Perkin-Elmer KA-150 enzyme analyzer. Clin Chem 22:434
Harff GA, Leeuwen C van (1981) An evaluation of the automated OLLI CD Discrete Analyser. Clin Chem Clin Biochem 19:1027
Harmoinen A, Perko M, Jokela H, Koivula T (1981) Immunoassay for transferrin using LKB 8600 Reaction Rate Analyzer. Scand J Clin Lab Invest 41:517
Hartmann AE, Fillbach JR (1980) Evaluation of the ASTRA-4 new microprocessor-controlled electrolyte analyzer. Am J Clin Pathol 74:275
Haven M, Haven G, Fellows P, Hicks R (1976) Evaluation of a Coulter Chemistry Unit. Am J Clin Pathol 66:144
Hay WWjr, Osberg IM (1983) The "Eye-tone" blood glucose reflectance colorimeter evaluated for in vitro and in vivo accuracy and clinical efficacy. Clin Chem 29:558
Hayashi S et al (1980) An evaluation of the Toshiba TBA-880. J Clin Lab Inst Reag 4:347 (in Japanese)
Hayashi S et al (1980) The evaluation of Toshiba TBA-360, Shimadzu CL-1 and Shimadzu DIASPAT. Jpn J Clin Lab Autom 5:2 (in Japanese)
Hayashi S et al (1981) A result from the use of Thoshiba TBA-880. Med Rev (Toshiba) 5:12 (Japanese with English abstract)
Heick HMC, Mohammed A, Murzello L, Bégin-Heick N (1979) Use of Beckman BUN Analysers to determine urine urea. Clin Biochem 12:104
Heick HMC, Bégin-Heick N, Acharya C, Mohammed A (1980) Automated determination of urine and cerebrospinal fluid proteins with Coomassie Brilliant Blue and the Abbott ABA-100. Clin Biochem 13:81
Henry P (1979) The measurement of splashover and carryover in centrifugal analysers. J Autom Chem 1:195
Henry V, Deutsch J, Lum G (1978) Enzyme immunoassay of theophylline with a centrifugal analyzer, and comparison with an ultraviolet method. Clin Chem 24:514 (L)
Hess M (1982) Centrifichem-System 600:Ein EDV-unterstütztes Meßsystem für klinische Chemie, Immunologie und Toxikologie. GIT Lab Med 5:453
Hewitt TE, Pardue HL (1975) Theory of photometric errors applied to the design and evaluation of a high-performance filter photometer. Clin Chem 21:249
Hiatt MK, Kiser EJ (1980) Liquid chromatography. A review of methods and equipment. Lab World 31:39
Hicks JM, Josefsohn M, Lewis SA (1979) Evaluation of the Beckman creatinine analyzer. Clin Chem 25:1005
Hilgenfeld J von, Günther E (1978) Vergleichende Untersuchung der Elektrolyt-Automaten 5050 der Firma Eppendorf und FL6 der Firma Zeiss. Dtsch Ges Klin Chem Mitt 9:62
Hills LP, Tiffany TO (1980) Comparison of turbidimetric and light-scattering measurements of immunoglobulines by use of a centrifugal analyzer with absorbance and fluorescence/light-scattering optics. Clin Chem 26:1459
Hindriks FR, Groen A (1978) Pitfalls of use of lipemic serum with the Technicon SMAC and Du Pont aca. Clin Chem 24:2062 (L)
Hinsch W (1982) Eine neue enzymatische Farbreaktion zur Harnsäurebestimmung auf dem Hitachi 712 Automatic Analyzer. Lab med 6(A+B):39
Hjorth B, Kjaersgaard E (1977) Determination of coagulation factors (II-VII-X) and kaolin partial thromboplastin time by the LKB 8600 reaction rate analyzer. Scand J Clin Lab Invest 35:15
Hodson AW, Alberti KGMM, Borland WW, Allam BF, Neilson JMcE, Sommerville JM (1982) Two laboratory evaluations of the Ames Glucometer. Clin Chem 28:2448 (L)
Höffler U, Oette K (1975) Manuelle und mechanisierte Zähltechniken zur Bestimmung der Thrombozyten. Med Labor (Stuttg) 28:6

Hoffman GG (1984) QAS Notes - Assessing accuracy and precision of new TDM instruments. Pathologist 38:285
Hoffmeister H, Junge B (1975) Ein Qualitätskontrollsystem für Screening-Untersuchungen mit den Vielfachanalysatoren SMA 12/60 und SMA 6/60. Med Labor (Stuttg) 28:93
Hohenwallner W, Wimmer E, Sommer R (1980) Qualitätskontrolle der Thrombozyten mit HAEM-PC. Ber ÖGKC 3:34
Hohenwallner W, Wimmer E, Sommer R (1983) Die Bestimmung der Isoamylasen am ACP-5040. Ber ÖGKC 6:96
Holleman CM, Sedor FA (1980) A comparison of commercial AST kits with pyridoxal phosphate (PDP) to IFCC recommended methodology using a centrifugal analyzer. Clin Chem 26:1030 (Abstr)
Honig W, Dette K (1980) Vergleichende Darstellung der Analysensysteme für klinisch-chemische Untersuchungen. Mitt Dtsch Ges Klin Chem 11:30
Howanitz PJ, Howanitz JH, Iwanski J, Grosso D, Henry JB (1979) Evaluation of the DuPont aca III. Clin Chem 25:1116 (Abstr)
Howe LA et al (1980) Evaluation of a Calbiochem Calprint system. Clin Biochemist Rev 1:80
Hull RM (1978) Instrument Report: Corning 720 Fluorometer/Densitometer. Lab World 29:31
(1978) Instrument Report: Beckman Immunochemistry Analyzer. A new generation nephelometer. Lab World 29:33
(1978) Instrument Report: Clay Adams' Enzac Enzyme Analyzer. Lab World 29:53
(1978) Instrument Report: International Diagnostic Technology FIAX System. Lab World 29:79
(1979) Mallinckrodt Serometer 380. Lab World 30:43
(1979) Helena Clinical Cardio-Isoenzyme Unit (CCU).Lab World 30:57
(1980) Instrument Report: Precision Systems' Osmette Model 5004. Lab World 31:19
(1981) Instrument Report: Nova 1 Analyzer. An Ion Selective Electrode Analyzer. Lab World 32:47
(1981) Instrument Report: Separating Table Top Centrifuges. Lab World 32:57
(1981) Instrument Report: Corning 168 pH/Blood gas analyzer. Lab World 32:63
(1981) Instrument Report: Ames Pacer Cadet. Lab World 32:67
Husdan H, Leung M, Oreopoulos D, Rapaport A (1977) Measurement of serum and plasma ionic calcium with the "Space-Stat 20 Ionized Calcium Analyzer". Clin Chem 23:1175
Hustad K, Howanitz P, Howanitz J (1982) Evaluation of a modified column method for CK-MB using DuPont aca II and III. Clin Chem 28:1618 (Abstr)
Hutton PS, Conn RB (1982) Interference by hyperlipidermia: a comparison of results obtained on the Ektachem 400, the ACA III, and the Astra 8 before and after ultracentrifugation. Clin Chem 28:1632

Imbert AM, Sigaux F, Priolet G, et al (1981) Evaluation des performances du Coulter Type S+. Nouv Rev Fr Hematol 23:67
Imbert AM, Pignon T, Lena N (1983) Enzymatic assay for methotrexate with a centrifugal analyzer (Cobas-Bio). Clin Chem 29:1817
Inoue M, et al (1978) Photometric Characteristics of JCA-N6R. Jpn J Clin Lab Autom 3:21 (Japanese)
IJpma ST, Blijenberg BG, Leijnse B (1978) Evaluation of the DuPont aca ammonia procedure. Clin Chem 24:489
Izquierdo JM, Sotorrio P, Alvarez-Uria J, Estrada IN, Quirós A(1982) Serum ASAT, ALAT, ALP, LD, GT and CK determined in the Cobas-Bio centrifugal analyser by the methods of the Scandinavian Committee on Enzymes. Scand J CLin Lab Invest 42:173

Jaberg C, McConnell K, Potter JL, Platt MS (1975) Evaluation of the ABA-100 procedure for total and direct bilirubin in serum or plasma. Clin Chem 21:1511
Jacklyn CL, Kriz CD, MacAulay HA (1978) A comparison of serum electrolyte results by Technicon's Flame III and Flame IV Autoanalyzer systems. Clin Biochem 11:10
Jacobson E (1977) Some experiences with automatic acid-base measurement in a department of anaesthesia. Scand J Clin Lab Invest 37:41
James GP (1981) Evaluation of clinical laboratory instruments. I. Defining laboratory needs. Med Technol 47:225
James GP, Passey RB, Fuller JB, Giles ML (1977) Evaluation of the DuPont 'aca' amylase method. Clin Chem 23:546
James GP, Bee DE (1981) Evaluation of clinical laboratory instruments Use and abuse of statistical tools. Med Technol 47:303
James GP, Djang MH (1981) Evaluation of clinical laboratory instruments. Part III: Spectral bandwidth and wavelength accuracy. Med Technol 47:477
Jänchen M, Scheller F, Pfeiffer D, Pittelkow R, Wiegand P, Nentwig J (1982) GKM1: Ein neues Glukosemeßgerät mit Enzymelektrode. Z med Lab diagn 23:39
Jelić-Ivanović Z, Majkić-Singh N, Spasić S, Todorovic P, Stakić DZ (1983) Effect of analgesic and antirheumatic drugs on SMA II procedures. Clin Chem 29:1859
Jensen GR (1978) Beckman glucose and BUN Discrete analyzers. Am J Med Technol 44:1078
Johnson L (1978) Instrument Report: DuPont Automatic Clinical Analyzer ACA III. Lab World 29:75
Johnson TJ (1984) New developments in spectrofluorometry. International Laboratory, April p 20
Josefsohn M, Hicks JM, Lewis S (1978) An evaluation of the Beckman Creatinine analyzer 2. Clin Chem 24:1063 (Abstr 371)

Kadinger ChL, O'Kell TR (1983) Clinical evaluation of Eastman Kodak's Ektachem 400 Analyzer. Clin Chem 29:498
Kaplow L, Orlowski L, Vaznelis ME (1983) Evaluation of the Technicon H6000 hematology system. J Clin Lab Autom 3:167
Karlsen RL, Norgaard L, Guldbrondsen EB (1981) A rapid method for the determination of urea stable lactate dehydrogenase on the 'Cobas-Bio' centrifugal analyzer. Scand J Clin Lab Invest 41:513
Karlsen RL, Visdal A, Stensberg A (1982) An automatic method for Thrombotest on the 'Cobas-Bio' centrifugal analyzer. Scand J Clin Lab Invest 42:647
Karlsen RL, Kristiansen G, Solberg JH (1983) Effects of metronidazole (Flagyl) on the determination of serum ASAT on the SMA 12/60 Auto Analyzer. Scand J Clin Lab Invest 43:175
Karmen A, Lent R (1980) Clinical evaluation of strip test for bilirubin in serum measured by Ames Seralyzer reflectance photometer. Clin Chem 26:157
Karmen A, Lent R (1980) Clinical evaluation of strip test for bilirubin in serum measurement by Ames Seralyzer reflectance photometer. Clin Chem 26:989
Karmen A, Lent R (1982) Clinical chemistry testing with the Ames Seralyzer dry reagent system. J Clin Lab Autom 2:284
Kato T (1980) An evaluation of automated glucose analyser 'Glucoroder C'. Biomed J 4:543 (Japanese)
Kattermann R, Poppe WA, van Rijckevorsel R (1983) Refloscheck Erprobung eines neuen Systems zur Schnellbestimmung der Glucose im Blut. GIT Lab Med 6:91
Kayamori Y et al (1980) Evaluation of Shimadzu Cyclic Multi Analyser CL-1. J Clin Lab Inst Reag 13:341 (Japanese)

Keller B, Flury R, Keller H (1979) Evaluation des Thrombozytenzählgeräts 'Thrombocell 1000'. Med Labor (Stuttg) 32:197
Keller HE, Schistel-Eder R, Sand M (1982) Erprobung des Photometers 4010. Med Lab (Stuttg) 35:14
Kelly A, McKenna JP, McLelland A, Percy RA, Spooner RJ (1979) A bichromatic method for total bilirubin with a CentrifiChem 400. Clin Chem 25:1482
Kim H et al (1979) Micromedic Systems Concept 4 Automatic Radioassay. Lab World 30:50
Kineiko RW (1983) Laboratory evaluation of the Boehringer Mannheim "Hitachi 705" Automatic Analyzer. Clin Chem 29:688
Kishore S, Thakur S et al (1972) An evaluation of three serum enzyme determinations by manual and multichannel analyzer methods. Am J Clin Pathol 58:567
Klee GG, Didisheim P, Johnson RJ, Giere GM (1978) An evaluation of four automated coagulation instruments. Am J Clin Pathol 70:646
Klose S, Stoltz M, Munz E, Portenhauser R (1978) Determination of uric acid on continuous-flow (AutoAnalyzer II and SMA) systems with a uricase/phenol/4-aminophenazone color test. Clin Chem 24:250
Klose S, Schlumberger H, Drobeck K (1978) Enzymic determination of cholesterol with SMAC. Clin Chem 24:1425 (L)
Knoll E, Hafner F, Dettmer K, Wisser H (1982) The determination of calcium, glucose, urea and uric acid using the Kodak Ektachem multilayer film technology: an evaluation. J Clin Chem Clin Biochem 20:491
Knüppel W, Neumeier D, Fateh-Moghadam A, Knedel M (1982) Einsatz eines vollmechanisierten Elektrophoresegerätes mit rechner-unterstützter Auswertung und Befunderstellung in einem klinisch-chemischen Institut. Teil I: Systemvoraussetzungen und Methodik. GIT Lab Med 5:121
Kobayashi N, et al (1981) An evaluation of glucose analyser 'Glucose Auto & Stat GA-1110' with whole blood samples. Biomed J 5:151 (in Japanese)
Koch DD, Parish D, Ladenson JH (1983) Evaluation of a direct potentiometric method for sodium and potassium used in the DuPont aca. Clin Chem 29:1090
Koepke JA, Protextor TJ (1980) Quality assurance for multichannel Hematology instruments. Four year's experience with patient mean erythrocyte indices. Am J Clin Pathol 75:28
Kofstad J (1981) A comparison of four different blood gas analysers. Scand J Clin Lab Invest 41:409
Kolendorf K, Clausen S, Svenningsen A (1981) A comparison of a new minophotometer (Compur M 1002) with the routine laboratory method for blood glucose determination. Scand J Clin Lab Invest 41:791
Kossman KT (1983) Copper in serum measured with the Cobas-Bio centrifugal analyzer. Clin Chem 29:578
Krahn J (1982) Evaluation of the DuPont aca bromcresol purple albumin method. Clin Biochem 16:87
Kroll MH, Nealon L, Elin RJ (1984) Phenacemide interference with Jaffé-type determination of creatinine in three automated analysis systems. Clin Chem 30:586 (L)
Krottinger DL, McCracken MS, Malmstadt HV (1978) High-speed, Automatic Dispenser/Diluter or Dual Pipetter Mixer. J Autom Chem 1:15
Kubasik NP, Ricotta M (1978) Evaluation of Sure-Sep II, a device for better separating serum and plasma. Clin Chem 24:1426 (L)
Kwak YS, Akers E, Turner O (1978) A long-term evaluation of Technicon STAT-ION System Flameless Electrolyte Analyzer. Clin Chem 24:1061 (Abstr 365)

Ladenson JH (1979) Evaluation of an instrument Nova-1 for direct potentiometric analysis of sodium and potassium in blood and their indirect potentiometric determination in urine. Clin Chem 25:753
Lam CWK, Tan IK (1978) Evaluation of the Harleco Micro CO System for measurement of total CO in serum or plasma. Clin Chem 24:143
Landesman PW, Lott JA, Zager RA (1982) Mannitol interferes with the Du Pont aca method for inorganic phosphorus. Clin Chem 28:1994 (L)
Landowne RA (1977) Some experience with the precision performance of the Coulter chemistry system. Clin Chem 23:2176
Larsen FC, Evenson MA, Courtney JP (1969) The evaluation of the SMA-4 and SMA-12 as screening instruments. In: Benson ES, Strandjord PE (eds) Multiple laboratory screening. Academic Press New York p 3
Larsen JW, Lawson R (1978) Computer-controlled SMA-12 evaluation and 18 months of experience with a VICKERS SP-120. Clin Chem 24:1061 (Abstr 362)
Larsson L, Øhman S (1978) Evaluation of the 'Space Stat 20 Ionized Calcium Analyser'. Clin Chem 24:731 (L)
Larsson L, Øhman S (1980) Nova 2 ionized calcium analyzer compared with the Orion SS-20. Clin Chem 26:1761 (L)
Larsson L, Finnstrom U, Nilsson B, Øhman S (1983) Evaluation of radiometer ICA 1 as a routine instrument for serum ionized calcium and its application for whole blood capillary samples from newborn infants. Scand J Clin Lab Invest 43(Suppl 165):21
Lasky FD (1979) Rate of achieving thermal equilibrium in two models of centrifugal analyzers. Clin Chem 25:1667
Lasky FD, Ahuja KK, Karmen A (1977) Enzyme immunoassays with the miniature centrifugal fast analyzer. Clin Chem 23:1444
Layer P, Hotz J, Maruhn D, Goebell H (1983) Determination of calcium concentration in pancreatic juice with the Corning 940 calcium titrator. Clin Chem 29:745
Lehnus G, Smith L (1978) Automated procedure for kinetic measurement of total triglycerides (as glycerol) in serum with the Gilford system 3500. Clin Chem 24:27
Lemke RE, Hieftje GM (1982) New, directly computer-controlled pH stat Anal Chim Acta 141:173
Leon LP, Chu DK, Stasiw RO, Snyder LR (1976) New, more specific methods for SMA 12/60 multichannel biochemical analyzer. In: Advances in automated analysis, Technicon Int Congress 1976, Mediad, Tarrytown, NY 1977, pp 152
Letellier G, Daigneault R, Gagné M, Métras C, Beaulieu S (1975) Evaluation d'un système SMAC. Comptes rendus du 3iéme Colloque International de Biologie Prospective, Pont-à-Mousson, France. L'Expansion scientifique francaise, Paris, p 855
Levinson SS (1977) Use of an enzymatic kit method for cholesterol, designed for continuous-flow instrumentation, with discrete bichromatic and centrifugal analyzers. Clin Chem 23:2335
Lewi PJ, Gervais S, De Laet C, Vendesteene R, Marsboom R (1980)A comparison between manual and semiautomatic white cell differentiation. This study compares the accuracy of manual with semiautomatic counting and examines the possibility of replacing a 100-cell count by a 50-cell count on the Honeywell analyzer. Am J med Technol 46:294
Li ThM, Robertson SP, Crouch TH, Pahuski EE, Bush GA, Hydo SJ (1983) Automated flurometer/photometer system for homogeneous immunoassays. Clin Chem 29:1628
Liedtke RJ, Busby B, Batjer JD (1978) Use of the DuPont aca to measure cholesterol in high-density lipoprotein fractions prepared by the heparin/Mn precipitation method. Clin Chem 24:161
Lim HH, Zaini-Rahman M (1979) An evaluation of the Beckman glucose analyser 2. Med J Malays 33:317

Limet JN, Collet-Cassart D, Magnusson CGM, Sauvage P, Lambiaso CL, Masson PL (1982) Particle counting immunoassay (PACIA) of ferritin J Clin Chem Clin Biochem 20:141
Lindh M, Lindgren K, Carlström A, Masson P (1982) Electrochemical interferences with the YSI Glucose Analyzer. Clin Chem 28:726 (L)
Loken HF, Arnaud SB, Rehfeld SJ (1978) Determinations of ionized calcium with the Orion SS-20 and AMT Electrion Auto Compared. Clin Chem 24:2066 (L)
Lommel H (1979) Eiweißbestimmungen mit einem Laser-Doppelstrahlphotometer. Lab med 3:5
Loomis KF, Frye M (1983) Evaluation of the Abbott TDx for the Stat measurement of phenobarbital, phenytoin, carbamazepine, and theophylline. Am J Clin Pathol 80:686
Lorbacher P (1983) Möglichkeiten und Grenzen der automatisierten Blutbild-Differenzierung mit zytochemischen Methoden. mta-journal 5:2
Ludvigsen CW, Thurn JR, Pierpont GL, Eckfeldt JH (1983) Kinetic enzymic assay for D(-)-lactate, with use of a centrifugal analyzer. Clin Chem 29:1823
Lustgarten JA, Wenk RE, Byrd C, Hall B, Pezzuto J, Patterson D (1978) Evaluation of a completely automated totally ion selective electrolyte analyzer. Clin Chem 24:1062 (Abstr 368)
Lutz RA, Flückiger J (1975) Kinetic determination of glucose with the GEMSAEC (ENI) centrifugal analyzer by the glucose dehydrogenase reaction, and comparison with two commonly used procedures. Clin Chem 21:1372

MacAuley MA, Mathers JJ, Jacklyn CL (1978) A comparison of serum electrolyte results by the Flame III Auto-Analyser and a Flame IV-Auto-Analyser which utilises curve regeneration with a data acquisition system. Clin Biochem 11:23
Maclin E, Rohlfing D, Ansour M (1973) Relationship between variables in instrument performance and results of kinetic enzyme assays - A system view. Clin Chem 19:832
Madsen S, Ølgaard K (1977) Evaluation of a new automatic calcium ion analyzer. Clin Chem 23:690
Magnusson CGM, Collet-Cassart D, Merrett TG, Masson PL (1981) An automated particle-counting immunoassay (PACIA) for serum IgE. Clin Allergy 11:453
Maguire GA, Price CP (1984) Kinetic glucose dehydrogenase method for glucose measurement with a discrete kinetic analyzer overcomes interference by ascorbate. Clin Chem 30:157 (L)
Marbach EP, Yen GL, Hsu IC, Marbach RE (1979) Evaluation of the Beckman "Astra-8" interfaced with a remote multi-user computer. Clin Chem 25:1083 (Abstr 102)
March WM, Fingerhut B, Miller H (1965) Automated and manual direct methods for the determination of urea. Clin Chem 11:624
Marchand A, van Lente F, Galen RS (1983) Automated differential leukocyte counters: a comparison of three systems. J Clin Lab Autom 3:19
Marcus JI, Demers LM (1980) Probable deficiencies in the DuPont aca method for CK-MB. Clin Chem 26:789
Marsh WL, Nelson DP, Koenig HM (1983) Hematofluorometer. Am J Clin Pathol 79:655
Martinek RG (1981) The selection of instruments for the clinical laboratory. J Am Med Technol 43:123
Marui Y et al (1980) Application for Ica-SI6. Jpn J Clin Lab Autom 5:53 (in Japanese)
Massaro TA, Behrens-Tepper JC, Updike SF (1980) Non-polarographic blood gas analysis. III. In vitro evaluation of mass spectrometer catheters. Biomater Med Devices Artif Organs 8:169

Maxon HR, Chen IW (1980) Evaluation of an automated thyroxine (T) radioassay system for screening of neonatal hypothyroxinemia. Clin Chem 26:1016
Mayer K, Chin B, Magnes J, Thaler HT, Lotspeich C, Baisley A (1980) Automated platelet counters. A comparative evaluation of latest instrumentation. Am J Clin Pathol 74:135
Mazza L (1977) SMAC - one year of experience. In: SMAC Today, Technicon International Division, Geneva, pp 19
McCoy S, Maclaren NK, Gudat JC (1983) Bilirubin Interferes in the aca determination of Mg in serum. Clin Chem 29:1309
McDaniel A, Spencer WW (1979) Falsely positive results for bilirubin with Ames' 'Cini-Tek'. Clin Chem 25:813 (L)
McDowell TL, Passey RB, Fowler MW (1981) An evaluation of the temperature control system of the Centrifichem 400. Clin Chim Acta 110:35
McLafferty FW, Lory ER (1981) Mass spectrometry as a separation technique. Analysis of involatile samples. J Chromatogr 203:109
McLean SW, Alling D, Chesler R, Siegel S, Utter A (1979) Comparison of four electrolyte instruments using a standard protocol. Clin Chem 25:1115 (Abstr 261)
McLean SW, Elin RJ, Alling D, Chesler R, Siegel Th, Utter AR, Green M (1980) Comparison of four electrolyte instruments using the proposed NCCLS protocol for evaluation of precision and accuracy of automated instruments. Clin Biochem 13:164
McLelland AS, Fleck A, Burns RF (1978) A limited protocol for assessment of within-batch performance of multichannel analysers. Ann Clin Biochem 12:12
McMurray CH, Blanchflower WJ (1978) High-speed automated atomic absorption spectrophotometry. Clin Chem 24:344
Megla GK (1973) The LARC automatic white blood cell analyzer. Acta Cytol 17:3
Megla GK (1975) Ein System zur Automatisierung des Differentialblutbildes. Med Labor (Stuttg) 28:146
Megla GK (1976) Ein neuer Blutgasanalysator - Corning Modell 175. Med Labor (Stuttg) 29:12
Meier PC, Ammann D, Osswald HF (1977) Ion-selective electrodes in clinical chemistry. Med Progr Technol 5:1 (Review)
Mellars B (1977) The Micro-Compu-Pet: a multichannel diluter and dispenser. J Clin Pathol 30:390
Melzi-d'Eril GV (1982) A bichromatic technique for serum iron on the CentrifiChem 400. Clin Chem 28:383 (L)
Mériadec B, Jolu J-P, Henry R (1979) A new and universal free/bound separation technique for the "CENTRIA" automated radioimmunoassay system. Clin Chem 25:1596
Michiel AD di, Wood RJ, Worth HG, Williams DG (1981) Evaluation of the BCL Clinicon Chemcode system. J Autom Chem 3:33
Mielke jr CH, Pritchard JA, Borgman B et al (1982) Comparative evaluation of phase, impedance and laser platelet counting. Laboratory Medicine 13:363
Miller GW, Smith DR (1983) The temperature control system of the Cobas-Bio centrifugal analyzer. Am J Clin Pathol 80:867
Mimouni M, Galater A, Madanes L, Lew E, Doron M, Laron Z (1978) Reliability of the Eyetone instrument and the Reflectance Meter in instant blood glucose determinations. Isr J med Sci 14:319
Mimouni M, Lew E, Madanes L, Laron Z (1978) Comparison between the REFLOMAT reflectance meter and the Autoanalyser for instant blood sugar measurements. Isr J Med Sci 14:990
Miyada D, Tipper P, Jantsch D, Simpkins H, Steele W, Flores O (1982) The effect of hyperlipidemia on Technicon SMAC measurements. Clin Biochem 15:185

Miyagi Y (1977) Statistical analysis for multi-channel serum enzyme activities on JCA-N6R. Jpn J Clin Lab Autom 2:20 (in Japanese)
Mizon J, Deroubaix A, Mizon-Capron C (1979) Mechanized uric acid assay with an ABA 100 analyzer according to Kageyama: an evaluation. Clin Chem 25:1184 (L)
Mizuta W (1979) Evaluation of the Hitachi Model 706D Automatic Analyser. Hitachi Instr News 4:5
Monroe L (1982) Radioligand assay: current trends in automation. Med Technol 48:663 (R)
Moore R, Mahnovski V, Pinkney DS, Lipsey A (1983) Correction of the effects of lipemia on Ortho ELT-8 results. Laboratory Medicine 15:476
Moriarty AT, Moorehead WR, Ryder KW, Oei TO (1983) Sulfasalazine interference in total protein measurements with the Du Pont aca. Clin Chem 29:582
Mosca A, Dossi G, Luzzana M, Bernardi LR, Friauf WS, Berger RT, Hopkins HPjr, Carey V (1981) Improved apparatus for the differential measurement of pH: Applications to the measurement of glucose. Anal Biochem 112:287
Mrochek JE, Burtis CA, Johnson WF, Bauer ML, Lakomy DG, Genung RK, Scott ChD (1977) A new portable centrifugal analyser with expanded versatility. Clin Chem 23:1416

Naccarato WF (1984) Response to a criticism of the DuPont CK-MB test. Clin Chem 30:341 (L)
Naka K (1978) Microbial contamination of automated analyzers. Clin Chem 24:1288 (L)
Nelson MG, Savage GA, Cooke PJ, Lappin TRJ (1981) Determination of the oxygen dissociation curve and P50 of whole blood. An Evaluation of the Hem-O-Scan and instrumentation laboratory systems. Am J Clin Pathol 75:395
Neumann E (1978) Klinische Erprobung eines zytochemischen Verfahrens zur Differenzierung weißer Blutzellen mit dem Hämalog D. Med Labor (Stuttg) 31:269
Neumann E (1980) Probleme der automatischen Blutbilddifferenzierung mit den auf dem Markt befindlichen Systemen. mta-Z Dvta 11:483
Neumann E (1981) Evaluation des Contraves Analyzer 4300 und des Thrombocell-1000 Gerätes. Med Lab (Stuttg) 34:159
Neumann E (1983) Mechanisierung im hämatologischen Laboratorium. Lab med 7 (A+B):123
Nicholls PD (1973) Erroneous model S Coulter counter values on patients undergoing parenteral nutrition with intravenous lipid emulsions. J Med Lab Technol 30:293
Nilsson B (1978) A computerized semi-automatic evaluation system for quantitation of electroimmunoassays. Scand J Clin Lab Invest 38:99
North JW, Chittenden CG (1978) Performance evaluation of selected chemistries on the Beckman Automated Stat Routine Analyzer (Astra). Clin Chem 24:1009 (Abstr 103)
Nosanchuk JS, Dawes P, Kelly A, et al (1980) An automated blood smear analysis system. Am J Clin Pathol 73:165

Öhman S, Larsson L (1978) Higher values for ionized calcium with a new type of electrode for Orion SS-20. Clin Chem 24:2070 (L)
Oellerich M, Haeckel R, Haindl H (1982) Evaluation of EMIT adapted to the Cobas Bio centrifugal analyzer. J Clin Chem Clin Biochem 20:765
Ogriseg M, Pastner D, Braunsteiner H (1979) Kritische Überlegungen bei der Einführung eines elektronischen Thrombozyten-Zählgerätes in den klinischen Routinebetrieb. Med Labor (Stuttg) 32:14
Okuda K (1977) An evaluation of the "Aution Analyser HS-7". Biomed J 1:111 (in Japanese)

Okuda K (1978) Reflectometric appliance in clinical chemistry. Biochemic Analytic 2:55
Okuda K et al (1979) An evaluation of the "Nephelotek". Biomed J 3:681 (in Japanese)
Okuno T (1978) Evaluation of the fibrinogen analyzer. Am J Med Technol 44:1127
O'Leary N, Duggan PF (1980) Some improvements in operating of the Technicon SMAC system. Clin Chem 25:793 (L)
Olesch B, Wartig P (1983) Rechnergestützte Gewinnung von Erythrozyten-Verteilungskurven am hämatologischen Analysenautomaten PHA-1. Z med Lab diagn 24:230
O'Neal WR (1982) Response to letter: 'Effect of heparinized plasma on results for CK-MB with the aca'. Clin Chem 28:391 (L)
Osibeluwo SA (1977) The design, development and evaluation of multimethod cartridge - AAII system. Med Lab Sci 34:7
Ou CN, Frawley VL, Buffone GJ (1981) Optimization of EMIT reagent system using a Cobas-Bio centrifugal analyzer. J Anal Toxicol 5:249

Pardue HL, McDowell AE, Fast DM, Milano MJ (1975) Applications of a Vidicon spectrometer to analytical problems in clinical chemistry. Clin Chem 21:1192
Pardue HL, Mieling G (1976) Evaluation of a computerized stopped-flow spectrophotometer for kinetic analysis. Clin Chem 22:1160(Abstr 1)
Pardue HL, Felkel HL (1977) Design and evaluation of an echelle-vidicon spectrometer for simultaneous multielement determinations in clinical chemistry and chemical toxicology of metals. Brown SL (ed), Elsevier, North Holland
Pardue HL, Gaw HT, Mieling GE, Mathews VL, Fast DM, Rubesch MA (1977) Evaluation of a discrete sampler/stopped-flow mixer system for equilibrium and kinetic analyses. Clin Chem 23:230
Parker NC, Cross RE (1980) The Cobas-Bio Roche Centrifugal Analyzer - An evaluation. Clin Chem 26:1074 (Abstr 610)
Parsons GH jr, Rogers ChH, Polsky-Cynkin R, Wood AM, Miles LEM, Rogers AH (1983) Use of a solid-state multihead gamma counter in a second-generation system for solid-phase immunoassay. Clin Chem 29:1620
Parviainen MT, Koivula T, Jokela H (1984) Serum amylase and isoamylase assay on the Hitachi 705 automatic clinical analyzer. J Clin Chem Clin Biochem 22:41
Passey RB (1975) Evaluation of the Beckman System TR Enyzme Analyzer. Clin Chem 21:8
Passey RB, Gillium RL, Giles ML, Fuller JB (1975) Evaluation of the Beckman System TR Enzyme Analyzer. Clin Chem 21:1107
Passey RB, Gillium RL, Fuller JB (1975) Measurement of spectral bandwith as exemplified with the Beckman Enzyme Analyzer System TR Spectrophotometer. Clin Chem 21:1582
Patal S, O'Gorman P (1978) Evaluation of the Space Stat 30 sodium potassium ion analyzer. Clin Chem 24:1856 (L)
Paulson RE (1964) Test methods in spectrophotometry. Stray-light determination. Appl Optics 3:99
Payne RB (1981) Carryover between internal standards in the Nova 2 ionized calcium analyzer. Clin Chem 27:1956
Pearse KE et al (1982) Comparison of fetal scalp blood pH measurement with an automated blood microprocessor and a clinical blood gas laboratory. Am J Obstet Gynecol 143:40
Pearson JR, Matsuura T (1976) Bichromatic analyses with the ABA-100 - A critical assumption. Clin Chem 22:559 (L)
Pearson KW, Smith RE, Mitchell AR, Bissel ER (1981) Automated enzyme assays by use of a centrifugal analyzer with fluorescence detection. Clin Chem 27:256

Peele JDjr, Gadsden RH, Crews R (1977) Evaluation of Ames 'Clini-Tek'. Clin Chem 23:22
Peheim E, Colombo JP, Flury W, Kretschmer R (1979) Plasma-Kreatinin-Bestimmung mit dem Greiner Selective Analyzer GSA II unter Berücksichtigung des Glomerulusfiltrats. Med Labor (Stuttg) 32:253
Pelleg A, Levy GB (1975) Determination of Na^+ and K^+ in urine with ion-selective electrodes in an automated analyzer. Clin Chem 21:1572
Pennock CA, Murphy D, Sellars J, Longdon KJ (1973) A comparison of Autoanalyzer methods for the estimation of glucose in blood. Clin Chim Acta 48:193
Percy-Robb IW, Simpson D, Taylor RH, Whitby LG (1978) The peak monitor of the Technicon SMAC system. Clin Chem 24:146
Perry JF, Siefring GE, Reider MC, Coleman PL, Wehrly JA (1983) Development and analytical performance of automated tests for antithrombin III and plasminogen on the Du Pont aca analyzer. Clin Chem 29:609
Picciolo GL, Chappelle EW, Thomas RR, McGarry MA (1977) Performance characteristics of a new photometer with a moving filter tape for luminescence assay. Appl Environ Microbiol 34:720
Pierry RV, O'Sullivan NM (1972) Evaluation of the Technicon Hemalog D Automated Differential machine. Mediad Inc.
Pohl H (1955) Vergleichsmessungen mit verschiedenen Kolorimetern und Photometern. Chemiker-Ztg 79:401, 471, 551, 629, (1955); 80:819, 855, (1956); 81:785, (1957); 83:512 (1959); 85:12, (1961); 87:551, (1963); 88:254, (1964); 89:445 (1965)
Pohl H (1966) Vergleichsmessungen mit dem Medico-Kolorimeter (1967). Acta Medicotech 1:18
Popelka SR, Miller DM, Holen JT, Kelso DM (1981) Fluorescence polarization immunoassay II Analyzer for rapid, precise measurement of fluorescence polarization with use of disposable cuvettes. Clin Chem 27:1198
Porter WH, Carroll JR, Roberts RE (1977) Hemoglobin interference with the DuPont Automatic Clinical Analyzer for calcium. Clin Chem 23:2145
Portnoy AL, Harrigan T (1980) Instrument Report: Union Carbide Centria System 2. Lab World 31:48
Potezny N, Quelch J, Fuller B, Geary TD (1977) Assessment of the Beckman System 1. Ann Clin Biochem 14:288
Prellwitz W, Schmitt KF, Machner M, Schuster CJ, Weilemann L (1982) Two automated methods for plasma antithrombin III compared, and the clinical significance of the results. Clin Chem 28:2249
Proia AD (1983) DuPont aca and Dow AST/ALT-UV (PLP activated)-Centrifugal Analyzer serum aspartate aminotransferase assays compare well. Clin Chem 29:170
Purcell GV, Behenna DB, Walsh PhR (1979) Evaluation of the BMC Glucose Oxidase/Peroxidase-4-aminophenazone-phenol procedure for glucose as adapted to Technicon SMAC. Clin Chem 25:1844
Puukka R, Jokela H, Puukka M (1977) Enzymatic determination of triglycerides with a system Olli 3000 analyzer. Scand J Clin Lab Invest 35:189
Puukka R, Puukka M (1980) Evaluation of the 'C' Parallel Analyser. J Autom Chem 2:153

Rabinovitch A (1983) Hematology quality control and the Ortho ELT-8. Med Technol 49:649
Raik E, McPherson J, Barton L et al (1982) An evaluation of the ELT-8 hematology analyzer. Pathology 14:153
Rammeloo T, Beunis MH (1983) An evaluation of immunoglobin assay in the ACA III. J Clin Chem Clin Biochem 21:577

Rau B, Bartels H (1984) The AMICA system in pharmaceutical quality control. International Laboratory 14:62
Rawal N, Leung FY, Henderson AR (1983) Fluorescence polarization immunoassay of serum digoxin: Comparison of the Abbott immunoassay with the Amerlex radioimmunoassay. Clin Chem 29:586
Reese MG, Johnson LR (1978) Automated measurement of serum thyroxin with the ARIA II, as compared with competitive protein binding radioimmunoassay. Clin Chem 24:342
Rehak NN, Elin RJ, Chesler R, Johnson E (1984) Comparison of the DuPont aca and Dow methods for determination of high-density lipoprotein cholesterol. Clin Chem 30:127
Repique EV, Sacks HJ, Farber SJ (1981) Isolation of drugs from blood serum by the DuPont Prep I automated sample processor and a C bonded phase adsorption column. Clin Biochem 14:196
Rippin SJ, Elston DJ, Fuller BC, Geary TD (1978) Source of error in use of the Corning 175 Blood Gas Analyzer. Clin Chem 24:722 (L)
Robertson EA, Silva CA, Young DS (1978) Values for uric acid in patient's sera as measued with SMAC (Phosphotungstate) and AutoAnalyzer (Uricase). Clin Chem 24:173
Robertson EA, Elin RJ, Johnson E (1981) Low results for inorganic phosphorus with the SMAC continuous-flow analyzer.Clin Chem 27:490
Robertson EA, Chesler RA, Young DS (1982) Upward drift, rather than compression of sample-line air segments, as an important source of error in routine operation of the Technical SMAC System. Clin Chem 28:251 (L)
Robinson CA, Proelss H, Stabler TV (1982) Evaluation of the Boehringer Mannheim 'Diagnostic M'. Clin Chem 28:105
Rodger M (1984) Enzymic assay of plasma urate involving automated colorimetry. Clin Chem 30:335 (L)
Rodriguez-Castellon JA, Robinson CA, Smith MS, Frye JH (1975) Evaluation of an automated glucose-oxidase procedure. Clin Chem 21:1513
Rosvoll RV, Mengason AP, Smith L, Patel HJ, Maynard J, Connor F(1979) Visual and automated differential leukocyte counts. Am J Clin Pathol 71:695
Rowan RM, Fraser C, Gray JH, McDonald GA (1979) The Coulter Counter model S-Plus. The shape of things to come. Clin Lab Haemat 1:29
Rush RL, Napp DP (1976) An evaluation of the SMAC system after 1 1/2 years of operation. Clin Chem 22:1171 (Abstr 062)

Sage GW, LeFever D, Henry JB (1975) Evaluation of the revised serum calcium procedure used with the DuPont automatic clinical analyzer Clin Chem 21:850
Saris NE, Kansanen M, Hekali R, Huurrekorpi L, Kivistö H, Lahikainen T (1983) A multi-centre evaluation of the FP-900 Analyzing system. J Clin Chem Clin Biochem 21:683
Saunders RA, Burns RF (1977) A survey of enzyme reaction rate analysers readily available in the United Kingdom. Ann Clin Biochem 14:18
Savage RA, Hoffman GC (1983) Clinical significance of osmotic matrix error in automated hematology: The frequency of hyperglycemic osmotic matrix errors producing spurious macrocytosis. Am J Clin Pathol 80:861
Savory MG, Cross RE (1978) An approach for the evaluation of the analytical performance of automated instrumentation: Application to a new 36-cuvette centrifugal analyzer. Clin Chem 24:1060 (Abstr 358)
Schaper B, Beuerle K (1982) Amidolytische Gerinnungsuntersuchungen auf dem Zentrifugalanalysator Cobas-Bio. Ärztl Lab 28:141
Schell MR, Gessner AM (1982) Evaluation eines laserturbidimetrischen Prinzips zur quantitativen Einzelbestimmung im Serum im Vergleich zur Lasernephelometrie. GIT Lab Med 5:89

Scherz M, Armbruster F, Schmidt-Gayk H, Seidel D (1980) Erfahrungen mit dem Beckman Creatinine Analyzer 2 in einem klinisch-chemischen Routinelaboratorium. Lab med 4:181
Scholer A (1977) Experience with the Technicon BG Blood Gas Analyzer during six months of routine work. Isr J Med Sci 13:432 (Abstr)
Schott FJ, Manthey G (1980) Praktische Erfahrungen aus der Routineanwendung elektrochemischer Analysatoren. Mitt Dtsch Ges Klin Chem 4:153
Schreiner RL, Hannemann RE, DeWitt DP, Norris SA, Glick M (1981) Evaluation of the Minolta Bilirubin Meter Screening Device in white and black infants. Pediatr Res 15:680 (Abstr 1422)
Schwartz MK, Fleisher M, Loftin L (1978) STAC: Sequential test analyses with computer, an initial evaluation. Clin Chem 24:1060 (Abstr 359)
Schwartz MK, Statland BE, Couglin J, Eisen C, Fleisher M, Ito R, Levine JB, Ng R, Pennachia GM, Rose HN, Woolsey K (1984) Chemical and clinical evaluation of the random access analyzer "RA-1000". Clin Chem 30:364
Scoggin C, Nett L, Petty TL (1977) Clinical evaluation of a new ear oximeter. Heart Lung 6:121
Secombe JW, Balazs ND (1980) An evaluation of the Noval Na/K Analyser The Clin Biochemist, Rev 1:81
Seddon RM, Parker PH, Winton MR, Lansdell AW (1982) Sodium drift in the Beckman Astra-8. Clin Chem 28:212
Sehgal LR, Sehgal HL, Rosen AL, Gould SA, Dalton LM, Rice CL, Moss GS (1981) Performance of the IL 282 CO-Oximeter in the presence of fluorocarbon emulsions. Clin Chem 27:1139 (L)
Seymour GC (1979) An evaluation of the Kem-O-Mat programmable discrete analyser. J Autom Chem 1:140
Shahangian S, Ash KO (1984) DuPont aca urinary protein method: no blank problems. Clin Chem 30:502
Shaikh AH (1979) A systematic procedure for selection of automated instruments in the clinical laboratory. Am J Med Technol 45:710
Shull B, Bush J, DeGroot Irons R, Overbey NC (1982) Kinetic and equilibrium assays for glucose on the Cobas-Bio centrifugal analyzer, with use of the glucose dehydrogenase reaction. Clin Chem 28:1397
Shulman G (1979) Comparison of the specific protein assays in biological fluids by radial immunodiffusion and laser nephelometer. Clin Biochem 12:123
Sibbald A, Covington AK, Carter RF (1984) Simultaneous on-line measurement of blood K , Ca , Na and pH with a four-function Chem FET integrated-circuit sensor. Clin Chem 30:135
Siefring GE, Riabov DK, Wehrly JA (1983) Development and analytical performance of a functional assay for fibrinogen on the DuPont aca analyzer. Clin Chem 29:614
Siggaard-Andersen O (1977) Experiences with a new direct reading oxygen saturation photometer using ultrasound for hemolyzing the blood. Scand J Clin Lab Invest 37:45
Siggaard-Andersen O (1979) pH versus hydrogen ion concentration or hydrogen ion activity. In: Maas AHJ (ed) Blood pH and gases. Utrecht, University Press, p 10
Simmons A, Schwabbauer M, Earhart C (1971) A full automated platelet counting apparatus. In: Advances in automated analysis. Technicon international Congress 1970. Thruman Associates, Miami, Fla, p 413
Simmons A, Elbert G (1975) Hemalog-D and manual differential leukocyte counts. Am J Clin Pathol 64:512
Simmons A, Wiseman JD, Fay AF et al (1978) The stability of hematological parameters when tested by the coulter model S FPS 371-056. Presented at the Intern Society of Haematology Meeting, Paris.

Simpson CH, Feld RD, Jaynes PK (1982) Centrifugal analysis for serum iron and iron-binding capacity using the IL Multistat III analyzer Clin Biochem 15:313
Skeggs LJjr, Hockstrasser H (1964) Multiple automatic sequential analysis. Clin Chem 10:918
Smit JLJ, DeWith C, Bezemer PB, Smits G (1976) Evaluation of the Vitatron 'AKES' modification for optimal use in routine enyzme analysis. Clin Chim Acta 71:371
Smith A, Ash KO (1983) Method correlation - a modified creatinine module for the IL 50 Analyzer. Clin Chem 29:577
Smith CH, Landt M, Steelman M, Ladenson JH (1983) The Kodak Ektachem 400 analyzer evaluated for automated enzymic determination of plasma creatinine. Clin Chem 29:1422
Smith L, Lucas D, Lehnus G (1979) Automated measurement of total cholesterol and triglycerides, in 'Tandem', on the discrete sample analyzer, Gilford system 3500. Clin Chem 25:439
Smith M, Little AJ, Payne RB (1981) An evaluation of the first production model of the Rank Hilger Chemispek Multichannel Electrolyte Analyser. Ann Clin Biochem 18:15
Smith MC (1983) Evaluation of an automated immunochemistry analyzer, the AUTO ICS. Med Technol 49:885
Smith MC, Gardner WA, Henderson S (1982) Evaluation of an automated radioimmunoassay system: The ARIA II. Med Technol 48:65
Sommer R, Hohenwallner W (1976) Zuverlässigkeit der Glukosebestimmung im Blut mit dem Eyetone-Reflektometer. Ärztl Lab 22:84
Sonntag O (1980) Trockenreagenzträger. Einführung in eine neue Technologie am Beispiel des Kodak Ektachems. mta-journal 2:480
Sonntag O, Haeckel R (1980) Evaluation des Beckman Creatinin Analysators 2. GIT Lab Med 3:380
Sonntag O, Haeckel R (1981) II Multi-Center Evaluation des Eppendorf ACP 5040. Lab med 5 (A+B):169
Sonntag O, Haeckel R, Kos HJ, Bartenwerffer B (1984) Evaluation des Compur M 2000. GIT Lab Med 7:116
Sonowane M, Savory J, Cross RE, Heintges MG, Chester B (1976) Kinetic measurement of glucose with a centrifugal analyzer, hexokinase and glucose oxidase procedures compared. Clin Chem 22:1100
Sostman HE (1982) Interference with the YSI Glucose Analyzer: a comment from the manufacturer. Clin Chem 28:1981 (L)
Soutter WP, Attchison TC, Thorburn J, Sharp F (1976) An evaluation of the AVL 937C glood gas and pH microanalyzer. Br J Anaesth 48:1211
Spencer WW, Nelson GH, Konicki KA (1976) Evaluation of a new system ("Corvac") for separating serum from blood for routine laboratory procedures. Clin Chem 22:1012
Spencer WW, Nelson GH, Konicki KA (1977) Use of 'Corvac' system in serum iron determination. Clin Chem 23:305 (L)
Steelman M, Smith CH, Menon A, Thach BT, Hillman RE (1984) Interferences with potentiometry of CO in the Ektachem 400 Analyzer. Clin Chem 30:562
Stein W, Bohner J (1984) Determination of creatine kinase MB activity with the DuPont aca: Interferences from the sample matrix. Clin Chem 30:238
Steindel SJ (1979) Comparison of the Technicon SMA II with the SMA 18/60 in a hospital laboratory. Clin Chem 25:1122 (Abstr 299)
Stepanauskas M, Söllner P, Fischer D, Egger E, Heine H (1981) Die klinische Erprobung des Koagulationszeitmeßgerätes KZM-1 des VEB MLW Labortechnik Ilmenau (DDR) (1981) Durchführung der Methoden sowie deren serielle und zeitliche Präzision. Z med Lab diagn 22:43
Sternberg JC (1977) A rate nephelometer for measuring specific proteins by immunoprecipitin reactions. Clin Chem 23:1456

Stevens JF (1980) Accuracy and linearity of spectrophotometers in clinical chemistry laboratories. Ann Clin Biochem 17:87

Stevens JF, Allan DJ, Rickwood DA, Ager BP (1981) A technical evaluation of the instrumentation laboratory Multistat I analyzer. J Autom Chem 3:18

Stuart AL et al (1981) Ionized calcium in serum: Assessment of the Nova-2-Ionized Calcium Analyser. Newsletter, Laboratory Centre for Disease Control, Ottawa, Canada

Stux RL, Emmel RH, Kahn HL (1977) Improved spectrometer evaluated. Clin Chem 23:1359 (L)

Sullivan M, Fleet RF, Legg EF (1982) Modification of the Vickers SP 120 continuous flow analyser to accommodate the scandinavian recommended conditions of enzyme analysis for aspartate aminotransferase, lactate dehydrogenase and alkaline phosphatase. Scand J Clin Lab Invest 42:595

Sunheimer RL, Gordon LP, Howanitz PJ, Howanitz JH (1983) Interference by metrizamide with the Du Pont aca method for cerebrospinal fluid protein. Clin Chem 29:395

Szabó A, Morvay J (1979) Measurement of HBDH, CK and GT activities and comparison of the precision of four instruments used in kinetic analysis. Clin Chim Acta 93:349

Tagesson Ch, Rebel K (1980) Drift in SMAC-determined serum creatinine can be reduced by adding EDTA to the creatinine recipient solution Clin Chem 26:520 (L)

Takeuchi M et al (1978) An evaluation of routine use of Toshiba TBA-360 and its characteristics. J Clin Lab Inst Reag 1:249 (in Japanese)

Taylor R, Pennock Ch (1981) Glucose estimated with a Beckman glucose analyzer 2 in spots of capillary blood on filter paper. Clin Chem 27:1624

Terouanne B, Marchand J, Calzolari Ch, Monnier J, Nicolas J-C, Pau B, Descomps B (1983) Centrifugal analyzer used for enzyme immunoassay of progesterone and choriomammotropin. Clin Chem 29:302

Thakur KS, Skoton SB, Ewing NS, Goldberg MH, Barnett RN (1972) An evaluation of three serum enzyme determinations by manual and multichannel analyzer methods. Am J Clin Pathol 58:567

Thefeld W (1977) Enzymatische Bestimmung der Serumharnsäure mit vollmechanisierten Analysensystemen. Med Labor (Stuttg) 30:46

Thefeld W, Berkholz M-B (1978) Die Bestimmung der Serumglucose mit der Hexokinase- und der Glucose-Dehydrogenase-Methode auf dem Auto-Analyzer. Med Labor (Stuttg) 31:157

Thode J, Wandrup J, Aas F, Siggaard-Andersen O (1982) Evaluation of a new semiautomatic electrode system for simultaneous measurement of ionized calcium and pH. Scand J Clin Lab Invest 42:407

Tietz NW (1979) A model for a comprehensive measurement system in clinical chemistry. Clin Chem 25:833

Tiffany TO, Chilcote DD, Burtis CA (1973) Evaluation of kinetic enzyme parameters by use of a small computer interfaced fast analyzer, an addition to automated clinical enzymology. Clin Chem 19:908

Tilton RC (1979) Becton Dickinson ARIA II. Lab World 30:41

Toffaletti J, Blosser N, Kalb T, Smith S, Tompkins D (1983) An automated dry-slide enzymatic method evaluated for measurement of creatinine in serum. Clin Chem 29:684

Torelli JA, Middleton B, Stein RM (1977) Elimination of glucose interference and improved precision in a continuous-flow analysis for insulin. Clin Chem 23:1324

Tracy RP, Young DS (1984) A densitometer based on a microcomputer and TV camera, for use in the clinical laboratory. Clin Chem 30:462

Trobaugh FE, Bacus JW (1978) Design and performance of the LARC automated leukocyte classifier. In: Koepke JA (ed) Differential leukocyte counting. College of American Pathologists Conference, Aspen, Chicago, p 119
Truchaud A, Hersant J, Glikmanas G, Fievet P, Dubois O (1980) Parallel evaluation of Astra-8 and Astra-4 multichannel analyzers in two hospital laboratories. Clin Chem 26:139
Truett WL, Dybwad JP, Propster GD, Prozzo CD, Szappanos J (1984) A portable FTIR spectrometer using a rotating refractor. International Laboratory 14:26
Tuttlebee JW (1984) A comparison of automated and manual radioimmunoassays for the estimation of serum digoxin. J Clin Chem Clin Biochem 22:119

Valdes RJE, Savory G, Bruns D, Renoe B, Savory J, Wills MR (1979) Performance assessment of the Gammaflo automated Radioimmunoassay system by assaying for digoxin. Clin Chem 25:1254
Van der Wal SJ, Snyder LR (1981) Precision of 'high-performance' liquid chromatographic assays with sample pretreatment. Error analysis for the Technicon 'FAST-LC' system. Clin Chem 27:1233
Van Lente F, Warkentin D, Ohno T (1977) Phenytoin and Phenobarbital assay by use of EMIT and the ABA-100. Clin Chem 23:761 (L)
Van Peenen HJ, Bickerstaff LK (1982) Sufficiency of one control: A survey of three small chemistry analyzers. Clin Chem 28:1829 (L)
Van Wijk EM, Kahle LH, Wiebosch M, ten Cate JW (1981) Optimization of a mechanized amidolytic factor X assay; influence of reaction conditions and reagents. Clin Chem 27:918
Vinet B, Letellier G (1977) The in vitro effect of drugs on biochemical parameters determined by a SMAC system. Clin Biochem 10:47
Vogt W, Tausch A, Jacob K, Knedel M (1977) Automation der EMIT-Technik mit einem Zentrifugenautomaten. Lab med 1:138

Walenga J, Kelly J, Fareed J, Messmore HL, Bermes EWjr (1982) Performance characteristics of automated antithrombin-III, plasminogen and fibrinogen on the DuPont aca system. Clin Chem 28:1585
Walford S, Home PD, Alberti KGMM (1984) A laboratory trial of two new blood-glucose reflectance meters featuring automatic external calibration. Ann Clin Biochem 21:110
Walmsley TA, Abernethy MH, Fowler RT (1980) Compression of sample-line air segments - a source of error in the Technicon SMAC system. Clin Chem 26:530 (L)
Walsh RL, Coles ME, Geary TD (1979) Evaluation of two commercially available laser nephelometers and their recommended methods for measurement of serum immunoglobulin G. Clin Chem 25:151
Warner BD, Boehme G, Urdea MS, Pool KH, Legg JI (1980) Construction and evaluation of a sensitive, inexpensive pH Stat/Titrator system Anal Biochem 106:175
Warren K, Kubasik NP, Brody BB, Sine HE, D'Souza JP (1980) The multilayered film analyzer: Glucose in serum, plasma, cerebrospinal fluid, and urine, and urea nitrogen in serum and plasma. Clin Chem 26:133
Webb DJ, Loxsay JM, Ellis A, Knight AH (1980) Blood glucose monitors: A laboratory and patient assessment. Brit Med J 280:362
Weber JA (1984) The enzymatic determination of urea using the Greiner G 300. J Clin Chem Clin Biochem 22:195
Weber K (1983) Photometrische Multikomponenten-Analytik (MCA):Perfekte Lösung für quantitative Mehrkomponenten-Bestimmungen, Teil 1. GIT Fachz Lab 27:837
Weeks R (1981) Clinical evaluation of an automated column method for CK-MB determination. Clin Chem 28:1024 (Abstr)

Weisbrot JM, Ewing NS (1974) Evaluation of the Haema-Count MK-3 blood counting system. Am J Clin Pathol 61:959
Weisbrot JM, Waldner U (1976) An evaluation of the Haema-Count MK-40 blood counting system. Am J Clin Pathol 66:883
Weisbrot JM, Waldner (1977) Evaluation of a single-channel photo-optical clotting instrument. Am J Clin Pathol 68:360
Weiser WE, Pardue HL (1983) Evaluation of multi-wavelength derivative spectra for quantitative applications in clinical chemistry. Clin Chem 29:1673
Weissmann E, Pragay D, Bishop C (1975) Evaluation of the Corning 940 calcium-titrator for use with serum and urine. Clin Chem 21:264
Weiß T (1982) Reagenzien zur Bestimmung von Kreatinin, Chlorid und Bicarbonat mit Beckman-Analysengeräten. Med Lab (Stuttg) 35:163
Welt Sage G, Lefever D, Henry JB (1975) Evaluation of the revised serum calcium procedure used with the DuPont Automatic Clinical Analyzer. Clin Chem 21:850
Wenger R, Dudler Ch, Keller H, Staehler F (1976) Die vollenzymatische Bestimmung der Triglyceride und des Cholesterins auf dem Vielkanal Autoanalyzer 12/60 (Technicon). Med Labor (Stuttg) 29:149
Wentz PE, Savory J, Cross RE (1976) Improved method of measurement of inorganic phosphate in serum with a centrifugal analyzer. Clin Chem 22:257
West PS, Nisbet JA, Owen JA (1981) An evaluation of the Gemsaec 3E Centrifugal Analyzer. J Autom Chem 3:88
Westgard JO, Lahmeyer BL, Birnbaum ML (1972) Use of the DuPont automatic clinical analyzer in direct determination of lactic acid in plasma stabilized with sodium fluoride. Clin Chem 18:1334
Westgard JO, Carey RN, Feldbruegge DH, Jenkins LN (1976) Performance studies on the Technicon 'SMAC' Analyzer: Precision and comparison of values with methods in routine laboratory service. Clin Chem 22:489
Wheeler LA, Sheiner LB (1977) Delta check tables for the Technicon SMA 6 continuous-flow analyzer. Clin Chem 23:216
Whicher JT, Perry DE, Hobbs JR (1978) An evaluation of the Hyland laser nephelometer PDQ system for the measurement of immunoglobulins Ann Clin Biochem 15:77
Whitby LG, Proffitt J, Taylor RH (1982) Seven years experience of the SMAC I system. Technicon AutoAnalyzer Singapore Pte Ltd, Singapore
White R et al (1978) Evaluation of the Chemetrics Analyzer. Pathology 10:396
White R et al (1980) The Abbott VP-Updated. Clin Biochemist Rev 1:90
Whitlow KJ, Gochman N, Zettner A (1980) Potential bilirubin interference with the Technicon SMAC alkaline phosphatase activity measurement. Clin Chem 26:359 (L)
Wider G, Kulnigg E, Molinari E, Hotschek H, Bayer PM (1982) Evaluation of a monitor guided nephelometric system. J Clin Chem Clin Biochem 201:1
Williams DG, Wood RJ, Worth HGJ (1979) An evaluation of the Olympus 'Quickrate' Analyser. Clin Biochem 12:3
Winckers EKA, Teunissen AJ, van den Camp RAM, Maas AHJ, Veefkind AH (1978) A comparative study of the electrode systems of three pH and blood gas apparatus. J Clin Chem Clin Biochem 16:175
Winter SD, Skodon SB, Morris BS, Goldberg H, Barnett RN (1971) An evaluation of the performance of the Hycel Mark X discretionary multiphasic analyzer. Am J Clin Pathol 56:526
Witte S (1980) Praktische Erfahrung mit dem Blutbilddifferenzierungsautomaten Hematrak in der Routine-Diagnostik. GIT Fachz Lab 24:56
Wolf WR, Stewart KK (1979) Automated multiple flow injection analysis for flame atomic absorption spectrometry. Anal Chem 51:1201

Wu TW, Dappen GM, Powers DM, Lo DH, Rand RN, Spayd RW (1982) The Kodak Ektachem clinical chemistry slide for measurement of bilirubin in newborns: principles and performance. Clin Chem 28:2366
Wujastyk J, Triplett DA (1983) Selecting instrumentation and reagents for the coagulation laboratory. Pathologist 37:398
Wyper DJ et al (1983) Six years' experience of in-house maintenance of clinical chemistry autoanalyzers. J Autom Chem 5:201

Yasaki H et al (1981) Evaluation of the Shimadzu Multi-Channel Selective Stat Analyser CL-12. Jpn J Clin Lab Autom 6:13 (in Japanese)
Yasuhara M et al (1980) Evaluation of Plastic Bag Type Clinical Analyser CL-700. Jpn J Clin Lab Autom 5:36 (in Japanese)

Zaidman JL, Segal S (1977) Evaluation of Ames blood analyser system. Isr J Med Sci 13:450
Zucchelli GC, Pilo A, Piro MA, Chiesa MR (1982) Analytical performances of the automatic system Aria II for thyroid hormone radioimmunoassay. J Nucl Med Allied Sci 26:313
Zwart A, Buursma A, Oeseburg B, Zijlstra WG (1981) Determination of hemoglobin derivatives with the IL282 CO-Oximeter as compared with a manual spectrophotometric five-wavelength method. Clin Chem 27:1903
Zwart A, Buursma A, Zijlstra WG (1982) Determination of haemoglobin derivatives with the HP8450 A UV-Vis spectrophotometer. In: Oeseburg B, Zijlstra WG (eds) Methodology and physiology of blood gases and pH. Private Press, Groningen, Netherlands, pp 127
Zwart A, Buursma A, van Kampen EJ, Zijlstra WG (1984) Multicomponent analysis of hemoglobin derivatives with a reversed-optics spectrophotometer. Clin Chem 30:373
Zymann H, Abel B, Bauer K, Endler ThA, Gabl F (1980) Evaluation eines neuen Zentrifugenanalysators. Ein Jahr Erfahrung mit dem Cobas-Bio Med Labor (Stuttg) 33:283

EVALUATION IN QUALITÄTSKONTROLL- UND STANDARDISIERUNGSMAßNAHMEN

Adams PA, Berman MC (1981) A kinetic standard for precise calibration of spectrophotometer cell temperature. Clin Chem 27:753

Allison FS (1983) An historical review of quality control in hematology. Med Technol 49:625

Anderson Y, Troxler RG, Wease DF, Fuchs RJ, Petit M (1981) Three-pool analysis for quality control: a method for daily differentiation of analytic error from random variability. Med Technol 47:321

Astle L, Potter R, Burkart JA (1980) An investigation of rheumatoid factor detection kits for their accuracy and reproducibility. FDA Final Report TR 1601-005, October 31

Bangham DR (1976) Standardization in peptide hormone immunoassays: Principle and practice. Clin Chem 22:957

Banker CAG (1980) Laboratory quality control: Use of Shewhart Charts and ANOVA. Am J Med Technol 46:274

Batsakis JG, Lawson NS, Gilbert RK (1982) Report on the quality assurance programs of the College of American Pathologists. J Clin Pathol 77(Suppl):512

Bauer ST (1974) An expanded concept of precision and accuracy. Clin Chem 20:877 (Abstr)

Bauer S, Kennedy JW (1981) Applied statistics for the clinical laboratory. J Clin Lab Autom 1:128; (1982) 2:35, 129, 209, 354; (1983) 3:46

Berger J, Hirsch H (1976) Vorschläge für eine fortlaufende graphische Darstellung von Ringversuchsergebnissen. J Clin Chem Clin Biochem 14:461

Bergmeyer HU (1973) Standardisierung der Reaktionstemperatur bei der Aktivitätsbestimmung von Enzymen. Boehringer Mannheim 1973

Bergmeyer HU (1979) Standardisierung der Methoden zur Messung von Enzymaktivitäten. Lab med 3 (A+B):177

Björkhem I, Blomstrand R, Eriksson S, Falk O, Kallner A, Svensson L, Ohman G (1980) Use of isotope dilution-mass spectrometry for accuracy control of different routine methods used in clinical chemistry. Scand J Clin Lab Invest 40:529

Björkhem I, Bergman A, Falk O, Kallner A, Lantto O, Svensson L, Akerlöf E, Blomstrand R (1981) Accuracy of some routine methods used in clinical chemistry as judged by isotope dilution-mass spectrometry. Clin Chem 27:733

Björkhem I, Elg P, Olesen H, Rasmussen JM, Stokke KT, Theodorsen L, de Verdier C-H, Wahlroos Ö (1982) On accuracy in clinical chemistry. Scand J Clin Lab Invest 42:97

Black JC, Furman WB (1975) Procedure for calibrating the Technicon Colorimeter I. Clin Chem 21:774

Bollinger P (1981) Accuracy of low platelet counts on the Coulter Counter Model S-plus. Lab World 32:64

Bollinger P, Drewinko B (1983) A quality control program for a computerized, high-volume, automated hematology laboratory. Med Technol 49:633

Boroviczény KG v. (1980) Qualitätssicherung des Blutbildes. Gruppenpraxis 7:20

Bowyer RC et al (1981) An Australian quality control scheme for clinical chemistry. The Clin Biochemist, Newsletter No. 60

Bretaudiere JP, Cherruau B, Boulu R, Bailly M (1974) Are quality-control sera reliable for assessment of laboratory accuracy in collaborative surveys ? Consequences for laboratory accreditation. Clin Chem 20:877

Brooks RJ (1979) Clinical chemistry method documentation. Lab World 27:30

Brown GD, Palkuti HS (1979) A precision study of a photooptical factor VIII assay technic. Am J Clin Pathol 72:204
Bruckner A, Picinic D (1979) Säure-Basen- und Blutgasbestimmungen mit einem neuen mikroprozessorgesteuerten Gerät und die Frage der Qualitätskontrolle. Ärztl Lab 25:274
Bull BS (1974) Orchestrating a hematology quality control program. Am J Clin Pathol 62:22
Bull BS (1975) A statistical approach to quality control. In: Lewis SM, Coster JF (eds) Quality control in haematology. Academic Press London, p 111
Bürgi W (1974) Aktuelle Probleme der Qualitätskontrolle in der klinischen Chemie. Med Lab 27:105
Burnett RW (1975) Accurate estimation of standard deviation for quantitative methods used in clinical chemistry. Clin Chem 21:1935
Burnett RW (1980) Quantitative evaluation of linearity. Clin Chem 26:644
Burnett RW (1981) Quality control in blood pH. Gas analysis by use of a tonometered bicarbonate solution and duplicate blood analysis. Clin Chem 27:1761
Büttner H (1972) Statistische Qualitätskontrolle und Ringversuche in der klinischen Chemie. PTB-Mitt 82:12
Buttner J, Borth R, Broughton PMG, Bowyer RC (1980) Quality control in clinical chemistry. J Clin Chem Clin Biochem 18:535

Cavill I (ed) (1982) Quality control. Churchill Livingstone, Edinburgh
Cavill I, Ricketts C (1974) Automated quality control for the haematology laboratory. J Clin Pathol 27:757
Cavill I, Ricketts C, Fisher J, Walpole B (1979) An evaluation of two methods of laboratory quality control. Am J Clin Pathol 72:625
Cembrowski GS, Westgard JO, Kurtycz DFI (1983) Use of anion gap for the quality control of electrolyte analyzers. Am J Clin Pathol 79:688
Cernosek SFjr, Gutierrez-Cernosek RM (1978) Use of a programmable desk-top calculator for the statistical quality control of radioimmunoassays. Clin Chem 24:1121
Conelly DP, Lasky LC, Keller RM, Morrison DS (1982) A system for graphical display of clinical laboratory data.Am J Clin Pathol 78:729
Coster JF (1975) Quality control in haematology. Academic Press, London

de Bruijn AM, Klein F, van Gent CM, van der Voort HA (1984) Increasing precision of high-density-lipoprotein cholesterol determination in serum. Clin Chem 30:490 (L)
Delaney CJ, Leary ET, Raisys VA, Kenny MA (1976) Proficiency testing for blood-gas quality control. Clin Chem 22:1675
de Verdier CH, Groth T, Westgard JO (1981) What is the quality of quality control procedures ? Scand J Clin Lab Invest 41:1
Devgun MS, Farrell LP, Mann GB (1982) Quality control of measurements of total iron-binding capacity. Clin Chem 28:544 (L)
Dharan M (1977) Semantics of "accuracy" vs. "inaccuracy". Clin Chem 23:304 (L)
Diamond I (1983) A quality systems approach to laboratory assessment. Pathologist 37:254
Dixon K, Northam BE (1970) Quality control using the daily mean. Clin Chim Acta 30:43
Dorsey DB (1984) How does the national reference system for the clinical laboratory standardize results ? Pathologist 38:307

Eastman JW (1976) Effective quality control. Clin Chem 22:398 (L)

Edwards GC (1984) Accuracy from a manufacturer's perspective. Pathologist 38:310
Eilers RJ (1975) Quality assurance in health care: missions, goals, activities. Clin Chem 21:1357
Eisenhart C (1963) Realistic evaluation of precision and accuracy. J Res Nat B Stand 67:161
Elion-Gerritzen WE (1980) Analytic precision in clinical chemistry and medical decisions. Am J Clin Pathol 73:183
Elion-Gerritzen WE (1977) Quality control in clinical chemistry: the two-sample plot and improvement of laboratory performance. Am J Clin Pathol 67:91
Evans JR (1978) A comparison of two methods of quality control of pH, P_{CO2} and P_{O2} measurements. Ann Clin Biochem 15:168

Feuillu A, Catheline M, Le Treut A (1980) Inter-laboratory precision and relative accuracy of mechanised and non-mechanised systems for blood gas analysis. J Autom Chem 2:90
Finkle BS (1983) Quality assurance in analytical toxicology. J Anal Toxicol 7:158

Gerson B (1980) Quality control in therapeutic drug monitoring: Intralaboratory precision and medical requirements. Ther Drug Monit 2:225
Gilbert RK (1975) The accuracy of calcium analysis in the United States. Am J Clin Pathol 63(Suppl):974
Gilbert RK (1978) Accuracy of clinical laboratories studied by comparison with definitive methods. Am J Clin Pathol 70(Suppl):450
Godolphin W, Jacobson B (1980) Quality control of estrogen receptor assays. J Immunoassay 1:363
Goldberg JM (1978) Test precision and high-density-lipoprotein cholesterol. Clin Chem 24:2061 (L)
Goldberg ML (1984) So you think your results are accurate ? Pathologist 38:298
Gries G, Horn K (1981) Qualitätssicherung in Bindungsanalysen. In: Merten UP (ed) Qualitätssicherung in der Laboratoriumsmedizin. Tagungsvorlage INSTAND, p 179
Gries G, Lorenz H (1984) Qualitätskontrolle bei TSH-Bestimmungen zum Ausschluß von Hypothyreosen bei Neugeborenen. Lab med 6:209

Haeckel R, Schneider B (1983) Detection of drift effects before calculating the standard deviation as a measure of analytic inprecicion. J Clin Chem Clin Biochem 21:491
Hall PE, Ekins RP, Rodbard D, Jeffcoate SL (1978) Standardization and quality control of radioimmunoassays. In: "Radioimmunoassays and related procedures in medicine". IAEA, Vienna II, 3
Hanson JE, Stone ME, Ong ST, Van Kessel AL (1982) Evaluation of blood gas quality control and proficiency testing material by tonometry. Am Rev Respir Dis 125:480
Healy MJR (1979) Outliers in clinical chemistry quality control schemes. Clin Chem 25:675
Healy MJR (1980) Outliers in clinical chemistry quality control. Ann Clin Biochem 17:64
Healy MJR, Whitehead TP (1980) Outlying values in the national quality control scheme. Ann Clin Biochem 17:78
Hearne CR, Peake MJ, Duncan BM, Fraser CG (1982) Comparison of standardization techniques for colorimetric analyses on a centrifugal analyzer. Clin Biochem 15:173
Henry JB, Geigel JE (1977) Quality control in laboratory medicine. New York, Masson

Hjelm M (1983) Evaluation in clinical laboratory services.In: Holland WW (ed) Evaluation of health care. Oxford University Press, Oxford New York, Toronto, p 189

Hoeltge GA, Ersts A (1980) A quality control system for the general urinanalysis laboratory. Am J Clin Pathol 73:403

Hoffman RG (1984) Assessing accuracy and precision of new TDM instruments. Pathologist 38:285

Hohenwallner W (1984) Qualitätskontrolle in der Hämatologie. Lab med 8:59

Hohenwallner W, Sommer R, Wimmer E, Tschurtschenthaler GV (1980) Quality control in assay of high-density lipoprotein cholesterol. Clin Chem 26:177 (L)

Homburger HA (1984) Overcoming obstacles in laboratory quality control. Pathologist 38:304

Horder M (ed) (1980) Assessing quality requirements in clinical chemistry. Scand J Clin Lab Invest 40(Suppl)155

Hunter WM, McKenzie I (1979) Quality control of radioimmunoassay for proteins: the two and a half years of a national scheme for serum growth hormone measurements. Ann Clin Biochem 16:131

Ingram GIC, Poller L (1975) Standardization and quality control of anticoagulants control. In: Quality control in haematology. London Academic Press, p 153

Jacob E, Lim SH, Tan IK (1980) Experience with some quality control techniques in a clinical biochemistry laboratory. ASEAN J Clin Sci 1:287

James GP, Bee DE, Fuller JB (1978) Proteinuria: Accuracy and precision of laboratory diagnosis by dip-stick analysis. Clin Chem 24:1934

James GP, Bee DE (1979) Glucosuria: Accuracy and precision of laboratory diagnosis by dip-stick analysis. Clin Chem 25:996 (L)

Jansen RTP, Jansen AP (1983) Standards versus standardised methods in enzyme assay. Ann Clin Biochem 20:52

Jeffcoate SL (1982) Use of Youden plot for internal quality control in the immunoassay laboratory. Ann Clin Biochem 19:435

Kelly DT, Kelly ME (1981) Proposals and current practices in quality control. Med Technol 47:957

Koepke JA (1977) The calibration of automated instruments for accuracy in hemoglobinometry. Am J Clin Pathol 68(Suppl):180

Koepke JA, Protextor TJ (1980) Quality assurance for multichannel Hematology instruments. Four year's experience with patient mean erythrocyte indices. Am J Clin Pathol 75:28

Krouwer JS, Rabinowitz R (1984) How to improve estimates of imprecision. Clin Chem 30:290

Kuwa K (1982) Quality control of automated analysis. Jpn Qap News 15:21

Kuwa K, Momose I (1983) A study of determination of control limit and tolerance limit for quality control of automated simultaneous multichannel analyzer. Bull Coll Med Technol Nurs Univ Tsukuba 4:17

Laessig RH, Schwartz TH, Paskey TA, Indriksons AA (1975) A proposed blind routine quality control system for multi-channel analysis. Am J Clin Pathol 64:225

Lappin TRJ, Farrington CL, Nelson MG, Merrett JD (1979) Intralaboratory quality control of hematology: Comparison of two systems. Am J Clin Pathol 72:426

Lauwerys R, Buchet J-P, Roels H, Berlin A, Smeets J (1975) Intercomparison program of lead, mercury, and cadmium analysis in blood, urine, and aqueous solutions. Clin Chem 21:551

Lawson AM, Mitchell FL, Brever H (1977) Plans for control of accuracy in hormone analysis. Clin Chem 23:916 (L)
Lehnert G, Rutenfranz J, Szadkowski D, Valentin H (1981) Richtlinie zur Durchführung der statistischen Qualitätssicherung bei arbeitsmedizinisch-toxikologischen Analysen. Arbeitsmed Sozialmed Präventivmed 16:56
Letellier G, Gagné M (1980) Study of drug differences with biochemical tests in an interlaboratory quality control program. In: Siest G, Young PS (eds) Drug measurement and drug effects in laboratory health science. Karger, Basel, p 175
Lewis PW, Dixon K (1971) Action limits for internal quality control. Clin Chim Acta 35:21
Lewis SM, Coster JF (ed) (1975) Quality control in haematology. London, Academic Press
Lombarts AJPF, Leijnse B (1984) Laboratory preparation and evaluation of a multiparameter hemocytometry control. Clin Chim Acta 139:145
Lutze G, Stepanauskas M (1977) Qualitätskontrolle bei haemostaseologischen Untersuchungen. 1. Präzisionskontrolle bei der Ermittlung des Thromboplastinzeitwertes (Quick), der partiellen Thromboplastinzeit (PTT) und der Thrombinzeit. Dtsch Gesundheitswesen 32:1447 32:1663, 1702; 34:727

Maas AHJ, Veefkind AH, van den Camp RAM, Teunissen AJ, Winckers EKA, Jansen AP (1977) Evaluation of ampouled tonometered buffer solutions as a quality control system for pH, pCO_2 and pO_2 measurement Clin Chem 23:1718
Malloy M (1975) The other side of quality control. Lab Management 13:22
Mandel J, Linnig FJ (1957) Study of accuracy in chemical analysis using linear calibration curves. Analyt Chem 29:743
Massart DL, Dijkstra A, Kaufman L, Michotte Y (1978) Evaluation of precision and accuracy-analysis of variance. In: Massart DL, Dijkstra A, Kaufman L (eds) Evaluation and optimization of laboratory methods and analytical procedures. A survey of statistical and mathematical techniques (Techniques and instrumentation in analytical chemistry, Vol. 1). Elsevier, Amsterdam 1978, pp 87
Merten R (1979) Der Wert standardisierter Meßmethoden für die Qualität von Meßdaten. Workshop auf dem Kongreß der Deutschen Gesellschaft für Laboratoriumsmedizin, 1979
Merten R (1981) Probleme interner und externer Qualitätssicherung in der klinischen Chemie. In: Merten UP (ed) Qualitätssicherung in der Laboratoriumsmedizin. Tagungsvorlage der gemeinsamen Tagung von INSTAND und der Deutschen Gesellschaft für Laboratoriumsmedizin, 1981
Michotte Y (1978) Evaluation of precision and accuracy, comparison of two procedures. In: Massart DL, Dijkstra A, Kaufmann L (eds) Evaluation and optimization of laboratory methods and analytical procedures. Elsevier, Amsterdam, Oxford, New York
Miller WG, Rhodes DJ, Moore CJ (1982) A calibration protocol for serum-based secondary standards. Clin Chem 28:2195
Minty BD (1980) Problems of blood-gas quality control. In: Stevens JF (ed) Quality control in clinical laboratories. Ann Clin Biochem 17:61
Mohan MS, Bates RG (1975) Calibration of ion-selective electrodes for use in biological fluids. Clin Chem 21:864
Moran RF (1979) External factors influencing blood gas analysis: Quality control revisited. Am J Med Technol 45:1009
Müller-Plathe O (1981) Maßnahmen zur Qualitätsverbesserung von Blutgasanalysen. Med Lab (Stuttg) 34:177

Munson PJ, Rodbard D (1978) An elementary components of variance analysis for multi-center quality control. In: Symposium on radioimmunoassay and related procedures in medicine 1977, 2. International Atomic Energy Agency, Vienna 1978, p 105
Myrhe B (1979) Quality control in blood banking. Wiley, New York

Nisbet JA, Owen JA (1979) Calibration drift in the automated determination of calcium and magnesium by atomic absorption. Clin Chim Acta 3:373

Paar D (1981) Qualitätssicherung im Gerinnungslabor unter besonderer Berücksichtigung der konventionellen Methoden zur Kontrolle der oralen Anticoagulantientherapie. Med Lab (Stuttg) 34:83
Palkuti HA, Longberry JF (1973) A precision study of coagulation factor assay techniques. Am J Clin Pathol 59:
Panzig E, Rosenbaum KD, Jahrling J (1981) Zur Präzision immunologischer Methoden (on the precision of immunological determinations). Z med Lab diagn 22:29
Passing H, Bablock W (1983) A new biometric procedure for testing the quality of measurements from two different analytical methods. Application of linear regression procedures for method comparison studies in clinical chemistry. Part I. J Clin Chem Clin Biochem 21:709
Peake MJ, Duncan BM, Fraser CG (1980) Comparison of standardization techniques for manual colorimetric analyses. Clin Biochem 13:12
Platt R, Batsakis JG (1981) Intralaboratory analytic precision as estimated from two distinct program from the College of American Pathologists. Am J Clin Pathol 76:578
Plaut D, Silberman J (1983) Quality control in the automated clinical laboratory. Am J Med Technol 49:213
Poller L, Thomson JM, Yee KF (1979) Quality control trials of prothrombin time: an assessment of the performance in series studies. J Clin Pathol 32:251
Price D (1983) Quality control charting in a large automated laboratory. Med Technol 49:229

Raiamäki J (1980) Results of the Finnish proficiency testing programme in haematology. Scand J Clin Lab Invest 40:563
Rebentisch G, Berg W (1983) Brauchbarkeitskriterien der standardisierten röntgendiffraktometrischen Harnsteinanalyse. Qualitätsverbesserung durch Schaffung einheitlicher methodischer Voraussetzungen in den Harnsteinanalyselaboratorien. Teil 1. J Clin Chem Clin Biochem 21:665
Reimer CB, Maddison SE (1976) Standardization of human immunoglobulin quantitation: a review of current status and problems. Clin Chem 22:577
Reinhard S (1980) Qualitätskontrollen im Rahmen der Eichpflichtausnahmeverordnung. Erfahrungen der Eichaufsichtsbehörden. PTB Mitt 90:278
Ricos C, Casals A, Schwartz S (1983) Acceptable limits for precision and accuracy in a long-term quality control procedure. Clin Chem 29:572 (L)
Rizzotti PM, Plebani M, Graziani MS, Burlina A (1981) On the value of the so-called 'conversation factor' for the temperature in enzymatic determinations: a new statistical approach for their evaluation. Ber ÖGKC 3:151
Rodbard D (1974) Statistical quality control and routine date processing for radioimmunoassay and immunoradiometric assays. Clin Chem 20:1255

Rodgers RPCh (1981) Quality control and data analysis in binder-ligand assay. Vol I & II. Scientific Newsletters Inc., Anaheim, CA
Ross JW (1982) Evaluation of precision. In: CRC Handbook of Clinical Chemistry 1, CRC Press, Boca Raton, FL, p 391
Ross JW, Fraser MD (1977) Analytic clinical chemistry precision. Am J Clin Pathol 68:130
Ross JW, Fraser MD (1979) Analytical clinical laboratory precision: State of the art for twenty-nine analytes. Am J Clin Pathol 72(Suppl):265
Ross JW, Fraser MD, Moore ThD (1980) Analytical clinical laboratory precision: State of the art for thirty-one analytes. Am Soc Clin Pathol 74(Suppl):521

Savory DJ, Pryce JD (1978) Quality-control of measurements of pH, carbon dioxide tension and total carbon dioxide in plasma. Clin Chem 24:1618
Schifreen RS, Hickingbotham JM, Bowers GN (1980) Accuracy, precision and stability in measurement of hemoglobin $A1_c$ by 'high performance' cation-exchange chromatography. Clin Chem 26:466
Schreiner RL, Glick MR (1981) State of the art accuracy determined for total and conjugated bilirubin analyses, using stabilized liquid sera. Clin Chem 27:1067
Schulten HR, Lehmann WD (1980) Quality control of radiolabelled biochemicals by field desorption mass spectrometry. Biomed Mass Spectrometry 7:468
Schwarz S (1978) Standardized protocol for radioimmunoassay evaluation and quality control. Wien Klin Wschr 90:781
Schwarz S (1980) Radioimmunoassay evaluation and quality control by use of a simple computer program for a low-cost desk-top calculator. J Clin Chem Clin Biochem 18:215
Schwertner HA, McLaren RC, Arnold EL (1979) Methods of quality control and clinical evaluation of a commercial thyroxine and thyrotropin assay for use in neonates. Clin Chem 25:735
Sheehan M, Salmon J, Haythorn P (1979) Quality control of measurements of total iron-binding capacity. Clin Chem 25:1335
Shepard MDS, Penberthy LA, Fraser CG (1982) A quality assurance programme for quantitative urine analyses. Pathology 14:327
Sher PP (1977) Computer-assisted quality control in clinical chemistry. Clin Chem 23:871
Shrout JB (1982) Controlling the quality of blood gas results. Med Technol 48:347
Spanuth E, Breyer J, Bablock W (1984) Chargen- und gerätespezifische Kalibrierung der Thromboplastinzeit-Bestimmung: Ein Beitrag zur Qualitätssicherung im Gerinnungslabor. Lab med 8:147 (Mainz)
Sparapani A, Berry RE (1965) An evaluation of standard deviations in clinical chemistry. Am J Clin Pathol 43:591
Stier AR, Miller LK, Smith RJ (1972) Reagents water specifications and methods of quality control. College of American Pathologists: p 3
Symons RG, Wilke TJ, Wellby ML (1983) Studies on the accuracy of a quantitative kit radioimmunoassay for free thyroxine. Ann Clin Biochem 20:280

Taswell HF, Smith AM, Sweatt MA, Kenneth JP (1974) Quality control in the blood bank - a new approach. Am J Clin Pathol 62:491
Taswell HF, Sweatt MA (1980) Principles and practice of quality control in the blood bank. American Association of Blood Banks, Arlington, VA

Taylor RN, Fulford KM, Przybyszewski MS (1979) Proficiency testing summary analysis, diagnostic immunology. US Dept of Health, Education and Welfare, Public Health Service. Center for Disease Control, Atlanta, GA
Taylor RN, Huong AY, Przybyszewski VA, Hearn ThL (1979) Quality control for immunologic tests. US Dept of Health Service. Center for Disease Control, Atlanta, GA
Thom R (1981) Calibration in haematology, p 3 In: Rosalki SB (ed) New approaches to laboratory medicine. GIT Verlag Giebeler, Darmstadt
Thompson M (1982) Regression methods in the comparison of accuracy. Analyst 107:1169
Travis JC, Dungy DI, Huxtable RF, Valenta LJ (1979) Methods of quality control and clinical evaluation of a commercial thyroxine and thyrotropin assay for use in neonates. Clin Chem 25:735
Triplett DA (1982) Standardization of coagulation assays, an overview College of American Pathologists, Skokie, Ill
Tydeman J, Morrison JI, Hardwick DF, Cassidy PA (1982) The cost of quality control procedures in the clinical laboratory. Am J Clin Pathol 77:528

Uldall A (1981) Analysis of urinary calculi, a quality control programme. Scand J Clin Lab Invest 41:339
Undrill PE (1980) Computer assisted methods of organisation quality control and performance control in the clinical chemistry laboratory. Med Lab Sci 37:243

Van Kampen EJ (1979 Interparametric quality control in acid-base balance. In: Maas AHJ (ed) Blood pH and gases. Utrecht, University Press, p 75
Veefkind AH, Maas AHJ, van den Camp RAM, Jansen AP (1979) Comparison of three liquid-filled ampoules for quality control of pH, pCO_2 and pO_2 measurements. Clin Chem 25:1864
Vernet-Nyssen (1983) Is commercial serum suitable for quality control of serum total iron-binding capacity ? Clin Chem 29:573
Versieck J (1984) Trace element analysis - a plea for accuracy. Trace Elements in Medicine 1:2

Walters MI (1983) Quality control and therapeutic drug monitoring. Pathologist 37:247
Ward PG, Wardle J, Lewis SM (1982) Standardisation for routine blood counting - the role of interlaboratory trials. In: Cavill I (ed) Quality control. Churchill Livingstone, Edinburgh p 102
Warnick GR, Mayfield C, Albers JJ (1981) Evaluation of quality control materials for high-density-lipoprotein cholesterol quantitation. Clin Chem 27:116
Weisbrot JM, Kambli VB, Gordon L (1974) An evaluation of clinical laboratory. Performance of pH-blood gas analyses using whole-blood tonometer specimens. Am J Clin Pathol 61(Suppl):923
Westgard JO (1977) The development of performance standards and criteria for testing the precision and accuracy of laboratory methods In: Proceedings of the 1976 Aspen Conference on analytical goals in clinical chemistry. American College of Pathologists, Chicago, Ill
Westgard JO, Hunt MR (1973) Use and interpretation of common statistical tests in method-comparison studies. Clin Chem 19:49
Westgard JO, Carey RN, Wald S (1974) Criteria for judging precision and accuracy in method development and evaluation.Clin Chem 20:825

Westgard JO, Groth T, Aronsson T, Falk H, de Verdier C-H (1977) Performance characteristics of rules for internal quality control: Probabilities for false rejection and error detection. Clin Chem 23:1857

Westgard JO, Groth T (1981) Design and evaluation of statistical control procedures: Applications of a computer 'quality control simulator' program. Clin Chem 27:1536

Westgard JO, Groth T (1983) A predictive value model for quality control: Effects of the prevalence of errors on the performance of control procedures. Am J Clin Pathol 80:49

Whitehead TP (1977) Advances in quality control. Adv Clin Chem 19:175

Whitehurst P, DiSilvio TV, Boyadjian G (1975) Evaluation of discrepancies in patient's results - an aspect of computer-assisted quality control. Clin Chem 21:87

Wood WG (1983) Zur Qualitätskontrolle radioimmunologischer Methoden. Habilitationsschrift Lübeck

Woodhead JS, Kemp HA, Nix ABJ, et al 81981) The control of performance in immunoassays. In: Voller A, Bartlett A, Bidwell D (eds) Immunoassays for the 80s. MTP, Lancaster, UK, p 169

EVALUATIONEN IN RINGVERSUCHEN BZW. UNTERSUCHUNGEN ZWISCHEN MEHREREN LABORATORIEN

Adams DB, Brown SS, Sunderman FWjr, Zachariasen H (1978) Interlaboratory comparisons of nickel analyses in urine by atomic absorption spectrometry. Clin Chem 24:862

Ahmed S, Lippel K, Bachorik PS, Muesing R, Weidman ST, Winn C (1979) External quality control survey of triglyceride (triacylglycerol) analyses performed by 12 lipid research clinics. Clin Chem 25:880

Albers JJ, Warnick GR, Wiebe D, King P, Steiner P, Smith L, Breckenridge C, Chow A, Kuba K, Weidman S, Arnett H, Wood P, Shlagenhaft A (1978) Multi-laboratory comparison of three heparin-Mn precipitation procedures for estimating cholesterol in high-density lipoprotein. Clin Chem 24:853

Albertini A, Bolleli G (1982) Italian external quality-control for protein and steroid hormones. In: Radioimmunoassay and related procedures in medicine 1982. IAEA, Vienna, p 629

Aronsson T, Björnstad P, Johansson SG, Leskinen E, Raabo E, deVerdier CH (1977) Inter-laboratory quality control with investigation of different methodological characteristics. Scand J Clin Lab Invest 35:53

ASMT Education & Research Division (1981) The American Society for Medical Technology 1979 National Compensation Survey. Am J Med Technol 46:191

Assa S (1977) Evaluation of urinalysis methods used in 35 Israeli laboratories. Clin Chem 23:126

Attwood EC, Atkin GE (1982) A regional external quality assessment scheme for serum thyroxine-binding globulin. Ann Clin Biochem 19:167

Bachorik PS, Most B, Lippel K, Albers JJ, Wood PDS (1981) Plasma lipoprotein analysis: Relative precision of total cholesterol and lipoprotein-cholesterol measurements in 12 lipid-research clinics laboratories. Clin Chem 27:1217

Barnes BA, Teears RJ, Bloch DM, Batsakis JG (1977) Serum lithium. A CAP survey prspective. Am J Clin Pathol 68:162

Batsakis JG, Aronsson RS, Walker WA, Barnes B (1976) Serum albumin. A CAP survey. Am J Clin Pathol 66(Suppl):238

Beeler MF (1973) Laboratory performance of spectrophotometers. Result of a national survey. Am J Clin Pathol 61:789

Beeler MF, Lancaster RG (1978) CAP survey to assess the extent of stray problems in precision spectrophotometry. Am J Clin Pathol 69:953

Beeler MF, Boudreau DA (1977) CAP interlaboratory survey of analytic balances. Am J Clin Pathol 68:207

Behrensmann RD, Ludewigs M, Rotzler A (19) Qualitätsverbesserung durch Ringversuche. Diagnostik 8:581

Bienvenu J, Bienvenu F, Michaud-Caudie C, Quincy C, Nicolas JP, Pho Phou Phang, Mandrand B, Trabuc-Jaubert M (1982) Enzyme-linked immunoadsorbent assay for serum IgE: Evaluation in four centres. Ann Clin Biochem 19:60

Biesecker JL, Rippey JH (1981) Performances of urine pregnancy tests on CAP survey specimens. Am J Clin Pathol 78(Suppl):544

Bjaeldager PAL, Jensen AH, Larsen E, Lauritsen OS, Paulew PE, Tjur T, Uldall A (1981) Interlaboratory comparison of acid-base variables in human blood and in quality control materials. Clin Chim Acta 116:289

Blijenberg BG, Brouwer HJ, Roetering HA, Leijnse B (1984) Surveys of neonatal bilirubin. An evaluation. J Clin Chem Clin Biochem 22:609

Bojanovski D, Wippermann B, Molinari E, Schuster J, Canzler H (1981) Accuracy and reproducibility of a quantitative electrophoresis of plasma lipoproteins: Interlaboratory comparison and verification by ultracentrifugation. Clin Chim Acta 116:381
Boone J, Hearn T, Lewis S (1979) Comparison of interlaboratory results for blood lead with results from a definitive method. Clin Chem 25:389
Boone J, Sampson EJ, Lewis S, Whitner V, McKneally S, Houston B(1980) An interlaboratory study of creatine kinase and creatine kinase isoenzymes. Clin Chem 26:513
Boone J, Duncan PH, MacNeil ML, Smith BF, Houston B, Hearn TL (1984) Results of a nationwide survey of analyses for creatine kinase and creatine kinase isoenzymes. Clin Chem 30:33
Boroviczény KG v., Merten R (1974) Impact of hematology and chemistry surveys of the medical laboratories in West Germany. Read before the joint seminar of the College of American Pathologists and the World Association of Societies of Pathology, Washington DC
Brandstaedter M, Brandstaedter W (1977) Ergebnisse externer Qualitätskontrollen transfusionsserologischer Untersuchungen. Z Ges Hygiene 23:386
Breuer H, Jungbluth D, Marschner I, Röhle G, Scriba PC, Wood WG(1978) The current state of external quality control surveys in the German F Republic in the field of peptide hormone radioimmunoassays, "Radioimmunoassay and related procedures in medicine", IAEA Vienna II, 81
Brosious EM, Schmidt RM, Koepke JA (1978) Hemoglobinopathy testing. A report of the 1976 and 1977 CAP surveys. Am J Clin Pathol 70(Suppl)563
Brosious EM, Schmidt RM (1979) Quantitation of hemoglobin F. An interlaboratory study. Am J Clin Pathol 72:421
Brown DJ (1976) Clinical chemistry kits in the CAP survey program. Am J Clin Pathol 66:223
Brown SS, Healy MJR, Kearns M (1981) Report on the inter-laboratory trial of the reference method for the determination of total calcium in serum. J Clin Chem Clin Biochem 19:413
Bürgi W (1972) Aufgabe und Bedeutung von Ringversuchen. Chem Rundschau 25:893
Buhl SN, Kowalski P, Vanderlinde RE (1978) Quantitative toxicology: Interlaboratory and intermethod evaluation in New York State. Clin Chem 24:442
Burkhardt RT, Batsakis JG (1978) An interlaboratory comparison of serum total protein analyses. Am J Clin Pathol 70:508

Carman H, van Dalen A, van Kampen EJ, Keoga H, Lüdin E, Orjasaeter H, van der Plocy P, Staab HJ (1981) Interlaboratory investigation on the CEA assay (Roche) with column filtration dialysis and ultrafiltration techniques. J Clin Chem Clin Biochem 19:961
Chinn EK, Batsakis JG, Pilon H, Delbeeg K (1978) Serum creatinine: A CAP survey. Am J Clin Pathol 70:503
Christensen RL, Triplett DA (1983) Factor assay (VIII and IX) results in the CAP survey program (1980-1982). Am J Clin Pathol 80(Suppl):633
Cohen R, Bizollon CA (1979) An interlaboratory quality control in France: A two year survey. p 295 In: Bizollon CA (ed) Radioimmunology (1979), Elsevier, North-Holland, Amsterdam
College of American Pathologists: Survey reports, summaries and information. 1976 - 1982
Copeland BE, Skendzel LP, Barnett RN (1972) Interlaboratory comparison of university hospital refree laboratories and community hospital laboratories, using results of the 1968 CAP clinical chemistry survey. Am J Clin Pathol 58:281

Cummings GH, Howell PT (1983) External quality assessment in clinical chemistry. Med Lab Sci 40:269

DeLeenheer AP, Steyaert HLC, Thienpont LMR, Ionckheere JZC (1983) External quality control of clinical chemistry laboratories in Belgium. Clin Chim Acta 133:1

Dinovo EC, Gottschalk LA (1976) Results on a nine-laboratory survey of forensic toxicology proficiency. Clin Chem 22:843

Doumas BT, Boyse DD, Biggs HG, et al (1975) Standards for total serum protein assays - a collaborative study. Clin Chem 21:1159

Dreskin RB, Sommers HM, Edson D (1982) A review of the CAP proficiency surveys for mycobacteriology 1975 - 1981. Am J Clin Pathol 78(Suppl):673

Duncan PH, Gochman N, Bayse D, Burnett R, Carey N, Carter R, Fellows WD, Garber C, Kessler G, McComb R, Miller W, Nast P, Ryan W, Schaffer R, Tejeda B, Vanderlinde R, Widdowson G (1982) A candidate reference method for uric acid in serum. II. Interlaboratory testing. Clin Chem 28:291

EPSG (European PTH study group) (1980) Interlaboratory comparison of radioimmunological parathyreoid hormone determination. Eur J Clin Invest 8:149

Evans RT, Wardell J, Rapier C (1983) Interlaboratory study of the proficiency of cholinesterase phenotyping. Clin Chem 29:786

Fast DM, Hannon WH, Burtis CA, Bayse DD (1980) An interlaboratory study of the determination of digoxin by immunoassay. Clin Chem 26:480

Ferguson KM, Hayes M, Jeffcoate SL (1983) A standardised multicentre procedure for plasma gonadotrophin radioimmunoassay. Ann Clin Biochem 20:358

Fischer J, Beeser H (1977) Calibrated plasmas, surveys and standardization of prothrombin time: a model practised in the Federal Republic of Germany. Thromb Haemost 38:290

Gärtner R, Horn K, König A, Schatz H (1983) The first external quality control survey (EQCS) for antithyroglobin- and antimicrosomal antibody determination. J Clin Chem Clin Biochem 21:373

Gaffney PJ, Tyderman MS, Kirkwood TBL, Aronson D, Murano G (1981) International collaborative study on the assay of commercially available high and low molecular weight urokinases. Thromb Haemat (Stuttgart) 45:34

Geary TD, Fraser CG (1980) Initial performance data for interlaboratory quality control. Clin Biochemist, Newsletter No. 57

Geisinger KR, Geisinger KF, Wakely PE, Batsakis JG (1980) Serum chloride - a CAP survey. Am J Clin Pathol 74:546

Gilbert RK (1970) Analysis of the 1969 chemistry survey of the College of American Pathologists. Am J Clin Pathol 54:463

Gilbert RK (1972) The 1971 chemistry survey program. CAP Chikago, Ill

Gilbert RK (1973) Survey data 72-chemistry. CAP Chikago, Ill

Gilbert RK (1974) Survey data 73-chemistry. CAP Chikago, Ill

Gilbert RK (1975) Survey data 1974. Chemistry Skokie, College of American Pathologists, Skokie, Ill

Gilbert RK (1976) A comparison of participant mean values of duplicate specimens in the CAP chemistry survey program. Am J Clin Pathol 66:184

Gilbert RK (1979) A comparison of participant mean values of duplicate specimens in the CAP chemistry survey program. Am J Clin Pathol 72:365

Glenn GC (1978) The CAP urine chemistry survey program for 1977. Am J Clin Pathol 70(Suppl):513

Glenn GC (1979) Evolution of the urine chemistry survey program of the CAP. Am J Clin Pathol 72:299
Glenn GC (1980) The results of analyte enhancement and use of supplied urine protein standard on the CAP urine chemistry survey program. Am J Clin Pathol 74(Suppl):531
Glenn GC (1983) The advanced urine chemistry survey. Am J Clin Pathol 80(Suppl):570
Glenn GC, Hathaway TK (1977) Urinary chemistry. A new CAP program. Am J Clin Pathol 68(Suppl):153
Gochman N, Ryan WT, Sterling RE, Widdowson GM (1975) Interlaboratory comparison of enzymatic methods for serum glucose determination. Clin Chem 21:356
Goguel A, Beuzard A, Speth J, Guerit D (1972) Exchanges interlaboratoires: Un moyen de contrôle de qualité en hématimétrie. p 207 In: Actualités Hématologiques, sixième série Paris, Masson
Goguel A, Guerit D, Beuzard A, Speth J (1972) Trois ans d'échanges de prélèvements pour le contrôle de qualité interlaboratoire en hématimétrie. Biologie prospective 11e Colloque de Pont-à-Mousson. L'expension scientifique francaise (ed)
Gordon A, Gross G (1976) An interlaboratory comparison of total serum triiodothyronine determination. Acta Endocrinol (Copenhagen) 83:539
Govenlock AH (1969) Results of interlaboratory trial in Britain 1969. In: Broughton PMG, Raine DN (eds) Quality control in clinical biochemistry. Ann Clin Biochem 6:126
Grannis GF (1976) Interlaboratory survey of enzyme analyses. I. Preliminary studies. Am J Clin Pathol 66(Suppl):206
Grannis GF (1976) Studies of the reliability of constituent target values in a large interlaboratory survey. Clin Chem 22:1027
Grannis GF (1977) Interlaboratory survey of enzymatic analyses. II. Intermediate studies. Am J Clin Pathol 68(Suppl):142
Grannis GF (1978) Use of survey-validated reference materials (survey serum) to establish target values of quality control pools. Am J Clin Pathol 70(Suppl):580
Grannis GF, Massion CG (1978) The 1977 CAP enzymology survey. Principal findings. Am J Clin Pathol 70(Suppl):487
Grannis GF, Lott JA (1978) An interlaboratory comparison of analyses of clinical specimens. Am J Clin Pathol 70(Suppl):567
Grannis GF, Massion CG, Batsakis JG (1979) The 1978 CAP survey of analyses of five serum enzymes by 450 laboratories. Am J Clin Pathol 72:285
Gries G, Kley R, Lorenz H (1979) Erfahrungen mit Ringversuchen bei Bindungsanalysen (Radio- und Enzymimmunoassays etc.) Therapiewoche 29:5327

Haeckel R, Horder M, Zender R (1982) Report on the survey of opinions concerning preferred incubation temperatures for measurement of enzymes (and possibly other components) in clinical chemistry. J Clin Chem Clin Biochem 20:947
Hainline Ajr, Cooper GR, Olansky AS, et al (1980) CDC survey of high-density lipoprotein cholesterol measurement: a report. Center for Disease Control Publication, Atlanta, GA
Handschuh GJ, Donovan KL (1979) Creatine kinase measurement in the 1977 CAP enzymology survey: Anomalies explained. Clin Chem 25:2003
Hansell JR (1976) Three-years' experience in interlaboratory testing of commercial digoxin kits. Am J Clin Pathol 66(Suppl):234
Hanson JE, Clausen JL, Mohler JG, VanKessel AL, Severinghaus J (1982) Blood gas proficiency: A multilaboratory comparison of an aqueous solution in a fluorocarbon containing emulsion. Clin Chem 28:1818

Haven GT, Tholen DW, Oxley DK (1983) Source of analytic variation in ligand assay: A study based on data from the 1976 and 1981 basic ligand assay surveys of the College of American Pathologists. Am J Clin Pathol 80(Suppl):615

Hearn TL, Boone DJ, Hannon WH (1980) Neonatal screening for hypothyroidism: Results of an interlaboratory survey. Clin Chem 26:1016

Hearn TL, Hannon WH, Lewis DS (1981) Neonatal screening for PKU: 1980 interlaboratory survey results. Clin Chem 27:1069

Hearn TL, Hannon WH (1982) Interlaboratory surveys of the quantitation of thyroxin and thyrotropin (thyroid-stimulating hormone) in dried blood spot specimens. Clin Chem 28:2022

Hohenwallner W (1983) Interlaboratorielle Vergleichbarkeit verschiedener alpha-Amylase-Methoden an Hand eines Rundversuches. Ein zusammenfassender Bericht der Arbeitsgruppe alpha-Amylase der ÖGKC. Ber ÖGKC 6:82

Horn K, Marscher I, Scriba PC (1976) Erster Ringversuch zur Bestimmung der Konzentrationen von L-Trijodthyronin (T3) und L-Thyroxin (T4) im Serum: Bedeutung für die Erkennung methodischer Fehlerquellen. J Clin Chem Clin Biochem 14:353

Hutzler J, Dancis J (1983) The determination of pipocolic acid: Method and results of hospital survey. Clin Chim Acta 128:75

Itano M (1976) CAP Comprehensive survey bonus option. Iron-binding capacity.Am J Clin Pathol 66(Suppl):244

Itano M (1978) CAP Comprehensive chemistry. Serum iron survey. Am J Clin Pathol 70(Suppl):516

Itano M (1980) CAP Blood gas survey - First year's experience. Am J Clin Pathol 74(Suppl):535

Itano M (1983) CAP Blood gas survey - 1981 and 1982. Am J Clin Pathol 80(Suppl):554

Jansen AP, van Kampen EJ, Leijnse B, Meijers CAM, Munster PJJ van (1977) Experience in the Netherlands with an external quality control and scoring system for clinical chemistry laboratories. Clin Chim Acta 74:191

Jansen RTP, Jansen AP (1980) A coupled external/internal quality control program for clinical laboratories in the Netherlands. Clin Chim Acta 107:185

Japan Medical Association: Annual Report of JMA Quality Control Survey in Clinical Laboratories.

Jeffcoate SL, Das REG (1977) Interlaboratory comparison of radioimmunoassay results. Ann Clin Biochem 14:258

Jesdinsky H (1984) Symposium "Externe Qualitätssicherung und ihre Dokumentation". Lab med 7:(A+B)Instand111

Jongen MJM, Van der Vijgh WJF, Van Beresteyn ECH, Van den Berg H, Bosch R, Visser TJ, Netelenbos JC (1982) Interlaboratory variation of vitamin D metabolite measurements. J Clin Chem Clin Biochem 20:753

Jongen MJM, Van Ginkel FC, Van der Vijgh WJF, Kuiper S, Netelenbos JC Lips P (1984) An international comparison of vitamin D metabolite measurements. Clin Chem 30:399

Juel R (1977) Serum osmolality. A CAP survey analysis. Am J Clin Pathol 68(Suppl):165

Juel R (1979) The 1978 CAP therapeutic drug monitoring interlaboratory survey program. Am J Clin Pathol 72(Suppl):306

Kahan J (1975) Inter- and intralaboratory variation of haemoglobin measurement. Scand J Clin Lab Invest 33:339

Kaiser E (1978) Nationale Enzymrundversuche. Ber ÖGKC 1/3:202

Karjalainent EJ, Karjalainent U (1983) Analysis of external quality assessment results in three dimensions. Ann Clin Biochem 20:182

Kattermann R, Jaworek D, Müller G, Assmann G, Björkhem I, Svensson L, Borner K, Boerma G, Leijnse B, Desager JP, Harwengt C, Kupke I, Trinder P (1984) Multicentre study of a new enzymatic method of cholesterol determination. J Clin Chem Clin Biochem 22:245

Kawai T (1976) Survey results on "Clinical Level" obtained with QAP in Japan, quality control in clinical laboratory. Transactions of the 2nd International Symposium of Quality Control - Tokyo, p 226

Kind PRN, Wilde CE (1979) Planning and organisation of the Nuffield survey into factors affecting analytical performance in clinical chemistry laboratories. Ann Clin Biochem 17:65

Kocoshis TA, Triplett DA (1979) CAP survey results for factor VIII assays (1977-1978). Am J Clin Pathol 72:346

Koepke JA (1970) The 1969 survey of prothrombin time. Am J Clin Pathol 54(Suppl):502

Koepke JA (1970) Immunohaematology proficiency testing 1966 - 1969. Am J Clin Pathol 54(Suppl):508

Koepke JA (1971) Clerical errors in surveys. Bull Soc Am Pathol p 193

Koepke JA (1975) Interlaboratory trials: the quality control survey program of the College of American Pathologists. p 53 In: Lewis SM, Coster JF (eds) Quality control in haematology. Academic Press London

Koepke JA (1975) The partial thromboplastin time in the CAP survey program. Am J Clin Pathol 63(Suppl):990

Koepke JA, Eilers RJ (1967) Survey of red cell parameters in 1.600 United States hospitals. Bibl haematol 27:137

Koepke JA, Gilmer PRjr, Filip DJ, Eckstein JD, Sibley CA (1975) Studies of fibrinogen measurement in the College of American Pathologists survey program. Am J Clin Pathol 63(Suppl):984

Landaas S, Skrede S, Eldjarn L (1977) Proficiency survey of serum protein analyses in Scandinavia. Scand J Clin Lab Invest 35:295

Lantto O, Björkhem I, Blomstrand R, Kallner A (1980) Interlaboratory evaluation of four RIA kits for determination of plasma cortisol, with special reference to accuracy: Influence of matrix in calibration standards. Clin Chem 26:1899

Lantto O, Lindbäck B, Aakvaag A, Damkjaer-Nielsen M, Pomoell UM, Björkhem I (1983) Assay of cortisol with a radioimmunoassay method calibrated by isotope dilution-mass spectrometry. A Nordic collaborative study. Scand J Clin Lab Invest 43:433

Lauwerys R, Buchet JP, Roels H, Berlin A, Smeets J (1975) Intercomparison program of Lead, Mercury and Cadmium analysis in blood, urine and aqueous solutions. Clin Chem 21:551

Leck I, Gowland E, Poller L (1974) The variability of measurements of prothrombin time ratio in the British national quality controls: a follow-up study. Brit J haemat 28:601

Letellier G, Gagné M (1980) Study of drug differences with biochemical tests in an interlaboratory quality control program. p 175 In: Siest G, Young PS (eds) Drug measurement and drug effects in laboratory health science. Karger, Basel

Lever M, Munster DJ (1977) A design for interlaboratory quality control programs. Clin Biochem 14:65

Lever M, Munster DJ (1979) Performance evaluation by interlaboratory surveys. Clin Chem 25:195 (L)

Lewis SM, Burgess BJ (1969) Quality control in hematology: report of interlaboratory trials in Britain. Br med J 4:253

Lippel K, Ahmed S, Albers J, Bachorik P, Muesing R, Winn E (1978) External quality control survey of cholesterol analyses performed by 12 lipid research clinics. Clin Chem 24:1477

Loewen J, Johnson DS (1983) Comprehensive hematology survey 1982. H-B Summing Up 12:10

Lott JA, O'Donnell NJ, Grannis GF (1981) Interlaboratory survey of enzyme analyses III. Does CAP survey serum mimic clinical specimens ? Am J Clin Pathol 76(Suppl):554
Lott JA, Wenger WC, Massion CG, Homburger HA (1982) Interlaboratory survey of enzyme analyses. IV human versus porcine tissue as source of creatine kinase for survey serum. Am J Clin Pathol 78(Suppl):626
Lott JA, Massion CG (1982) The CAP enzyme survey: a summary. Proceedings, Aspen conference on clinical enzymology. College of American Pathologists, Skokie, Ill
Lott JA, Massion CG (1983) Enzyme survey: a summary. Proceedings, Aspen Conference on clinical enzymology. College of American Pathologists, p 233
Lott JA, Gilmore BF, Massion CG (1983) Interlaboratory survey of enzyme analyses: a simplified method of reporting participant's data Am J Clin Pathol 80(Suppl):577
Ludewigs M, Rotzler A, Völkert E (1978) Bewertung von Ringversuchsergebnissen. diagnostik 11:163

Malan PG (1979) Results from some external quality control schemes. p 257 In: Bizollon CA (ed) Radioimmunology, Elsevier Press Amsterdam
Mandel J (1959) The interlaboratory evaluation of testing methods. ASTM Bull. Am Soc Testing Materials, Philadelphia, PA 19103
Marschner I, Erhardt FW, Scriba PC (1976) Ringversuch zur radioimmunologischen Thyreotropinbestimmung (hTSH) im Serum. J Clin Chem Clin Biochem 14:345
Marschner I, Wood WG, van Thiel D, Habermann J, König A, Scriba PC (1983) Vergleich dreier Ringversuche zur radioimmunologischen Thyreotropinbestimmung nach dem "Münchener Modell". J Clin Chem Clin Biochem 21:301
McSweeney FM, Bullock DG, Gregory A, Whitehead TP (1980) An interlaboratory survey of hydrogen ion and blood gas determination. Ann Clin Biochem 17:249
Merten R (1971) Qualitätskontrolle und Ringversuch. Ärztl Lab 17:30
Merten R (1974) Ringversuche zur externen Qualitätssicherung von Laboratoriumswerten. Kassenarzt 10:628
Merten R (1981) Bewertungsmaßstäbe und ihre Auswirkungen:
a) Die Effektivität von Ringversuchen als externe Qualitätssicherung im medizinischen Laboratorium. Lab med 5 (A+B):6
b) Beurteilung von Qualitätskontrollmaßnahmen mit Hilfe der relativen Standardabweichung in INSTAND-Ringversuchen. Lab med 5 (A+B):68
c) Sollwert und Sollbereich. Lab med 5 (A+B):197
d) Schlußfolgerungen. Lab med 5 (A+B):257
Merten UP, Seelig M (1978) Interne und externe Qualitätskontrolle bei immunfloureszenzserologischen Untersuchungen. Ringversuch zur Bestimmung von Antikörpern gegen Zellkernantigene (ANA, ANF). Lab med 2:215
Miale JB, LaFond DJ (1967) 1963 Prothrombin time test survey. Am J Clin Pathol 47:40
Minty BD, Nunn JF (1977) Regional quality control survey of blood-gas analysis. Ann Clin Biochem 14:245
Mollen DL, Huffbrand AV, Ward PG, Levis SM (1980) Interlaboratory comparison of serum vitamin B12 assay. J Clin Pathol 33:243
Müller MM (1977) Externe Qualitätskontrolle der klinisch-chemischen Laboratorien in Österreich. Mitt Ärztekammer Niederösterreich 1977 4:8
Müller MM (1978) Nationale Rundversuche. Ber ÖGKC 1/3:143
Munster DJ (1978) Regression analysis in interlaboratory surveys, case with cholesterol and triglycerides. Clin Biochem 11:195

Myhre BA, Koepke JA (1975) The CAP comprehensive blood bank survey program 1973. Am J Clin Pathol 63(Suppl):995
Myhre BA, Koepke JA, Polesky HF (1976) The comprehensive blood bank survey program of the College of American Pathologists 1974. Am J Clin Pathol 66:248
Myhre BA, Koepke JA, Polesky HF, Walker R, Schoonhoven P van (1977) The CAP blood bank comprehensive program 1975. Am J Clin Pathol 68(Suppl):175
Myhre BA, Koepke JA, Polesky HF, Schoonhoven P van, Walker R (1978) The comprehensive blood bank survey program of the College of American Pathologists 1976. Am J Clin Pathol 70(Suppl):548
Myhre BA, Mullen S, Polesky HG, Schoonhoven P van, Walker R (1979) The comprehensive blood bank survey program of the College of American Pathologists 1977. Am J Clin Pathol 72:352

Nakai T, Yamada R (1979) Studies on quality control survey of in vitro radioimmunoassay. Excerpta Medica, Intern Congr Ser 483:131 Amsterdam
National survey of hospital clinical laboratories (1976) Lab Management 14:17
Nocke-Finck L, Röhle G, Siekmann L, Breuer H (1981) Collaborative surveys for steroid hormones in the Federal Republic of Germany. In: Wilson DW, Gaskell SJ, Kemp K (eds) Quality control in clinical endocrinology. Alpha Omega Publ, Cardiff, UK, p 175
Noonan DC, Komjathy ZL (1976) Long-term reproducibility of a new pH / blood-gas quality control system compared to two other procedures. Clin Chem 22:1817

Obregon MJ (1982) Thyroxine radioimmunoassay for population surveys using dried blood: modification of a sensitive method. Ann Clin Biochem 19:29
O'Donnell NJ, Lott JA (1981) Intralaboratory survey of alkaline phosphatase methods. Am J Clin Pathol 76(Suppl):567

Paquet RJ, Levine JB (1979) An interlaboratory comparison study of the Technicon STAC™ Single-test analyzer with computer. Clin Chem 25:1116 (Abstr)
Paulev RC, Mandel J (1978) Statistical evaluation of CAP survey for calcium, potassium and blood urea nitrogen. Am J Clin Pathol 70(Suppl):471
Paulev PE, Solgaard P, Tjell JC (1978) Interlaboratory comparison of lead and cadmium in blood, urine and aqueous solutions. Clin Chem 24:1797
Pearson RW, Triplett DA (1982) Factor XI assay results in the CAP survey 1981. Am J Clin Pathol 78(Suppl):615
Pickup JF, Jackson MJ, Price EM, Healy MJR, Brown SSt (1975) Use of reference method for determination of serum calcium in a quality-assurance survey. Clin Chem 21:1416
Pippenger CE, Penry IK, White BG, et al (1976) Interlaboratory variability in determination of plasma antiepileptic drug concentrations. Arch Neurol 33:351
Poller L, Thomson JM, Yee KF (1980) Heparin and partial thromboplastin time. An international survey. Br J Haematol 44:161

Rajamäki A (1978) Interlaboratory variation of leukocyte differential counts: Results from the Finnish proficiency testing programme in haematological morphology, 1974 - 1977. Scand J Clin Lab Invest 38:613
Rajamäki A (1980) External quality control in haematological morphology: a method to assess the performance of an individual laboratory and changes in it. Scand J Clin Lab Invest 40:79

Rajamäki A, Pirkkola A (1980) External quality control in blood transfusion serology: results from the finnish proficiency testing programs in immunhaematology, 1976-1978. Scand J Clin Lab Invest 40:249
Raue F (1982) Interlaboratory comparison of radioimmunological calcitonin determination. J Clin Chem Clin Biochem 20:157
Rebentisch G, Berg W (1983) Nachweis der Qualitätssteigerung von Harnsteinanalysen anhand von Ergebnissen aus 7 Ringversuchen zur externen Qualitätskontrolle. Qualitätsverbesserung von Harnsteinanalysen durch Schaffung einheitlicher methodischer Voraussetzungen in den Harnsteinanalyselaboratorien. 2. Teil. J Clin Chem Clin Biochem 21:673
Reinauer H (1981) Probleme der externen Qualitätskontrolle und Perspektiven. p 81 u 165 In: Merten UP (ed) Qualitätssicherung in der Laboratoriumsmedizin. Tagungsvorlage der gemeinsamen Tagung von INSTAND und der Deutschen Gesellschaft für Laboratoriumsmedizin, Düsseldorf 1981
Reinauer H (1984) Ringversuche auf dem Gebiet der glykolysierten Hämoglobine. Laboratoriumsmedizin 8:218
Reinhold JG (1975) Trace elements - a selective survey. Clin Chem 21:476
Rej F, Vanderlinde RE (1973) Proficiency testing in acid base analysis. An interlaboratory survey. Clin Chem 19:16
Rippey JH (1980) Rheumatoid factor test performance on CAP survey specimens. Am J Clin Pathol 74(Suppl):589
Rippey JH, Biesecker JL (1983) Results of tests for rheumatoid factor on CAP survey specimens. Am J Clin Pathol 80(Suppl):599
Ritchie RF, Rippey JH (1982) Performance on immunoglobine IgG, IgA, and IgM tests in CAP survey specimens. Am J Clin Pathol 78:644
Röhle G, Oberhoffer G, Breuer H (1976) Ergebnisse aus Ringversuchen. Mitt Dtsch Ges Klin Chem 7:32
Röhle G, Breuer H (1978) External quality control for hormone determination in the Federal Republic of Germany. Horm Res 9:450
Röhle G, Voigt U, Hesse A, Breuer H (1982) Ergebnisse aus Ringversuchen für Harnsteinanalysen. J Clin Chem Clin Biochem 20:851
Röhle G, Voigt U, Siekmann L, Breuer H (1983) Ringversuche für Steroidbestimmungen: Richtigkeit und Präzision der Analysenergebnisse. J Clin Chem Clin Biochem 21:157
Röhle G, Voigt U, Kruse R, Torresani (1983) Results of quality control surveys of radioimmunological determinations of thyrotropin in newborns. J Clin Chem Clin Biochem 21:813
Royal College of Pathologists of Australasia. Reports of Surveys, 1968 to 1984
Ryan W (1982) Titrimetric and gravimetric calibration of pipettors: a survey. Med Technol 48:763

Sampson EJ, Whitner VS, Burtis CA, McKneally SS, Fast DM, Bayse DD (1980) An interlaboratory evaluation of the IFCC method for aspartate aminotransferase with use of purified enzyme materials. Clin Chem 26:1156
Savage RA (1983) Evidence for hyperglycemic osmotic matrix effects on the comprehensive hematology survey 1981-1982. Am J Clin Pathol 80(Suppl):626
Schaffer R, Velapoldi RA, Bowers GNjr, Copeland BE, Rodgerson DO, White JC, Paule RC, Mandel I (1981) A multilaboratory-evaluated reference method for the determination of serum sodium. Clin Chem 27:1824
Schreiner RL, Glick MR (1982) Interlaboratory bilirubin variability. Pediatrics 69:277
Selig WG (1984) Potentiometric titration of orthophosphate: A survey of various sensors. Pathologist 38:50

Sheiko MC, Burkhardt CT, Batsakis JG (1979) Glucose measurements. A 1977 CAP survey analysis. Am J Clin Pathol 72(Suppl):337
Shepard MDS et al (1982) An interlaboratory survey of qualitative urinanalysis. Pathology 14:327
Shishiba Y, Irie M, Yamada H, Kinoshita F (1983) An inter- and intra-laboratory quality control survey of radioimmunoassay of Insulin, Thyroxin, Thyrotropin, Cortisol, Digoxin, Gastrin, β_2-Macroglobulin and IgE in Japan with commercially available kits. Clin Chem 29:1501
Skendzel LP, Copeland BE (1965) Hemoglobin measurements in hospital laboratories - a report of the 1962, 1963 and 1964 surveys conducted by Standards Committee, College of American Pathologists. Am J Clin Pathol 44:245
Skendzel LP, Muelling RJ (1967) Report on small hospital laboratories 1966. Survey of the College of American Pathologists. N Engl J Med 277:180
Skendzel LP, Youden WJ (1969) Graphic display of interlaboratory test results. Am J Clin Pathol 51:161
Skendzel LP (1972) World surveys: a report on the 1971 world survey and recommendations for the format of survey programs. Proceedings of the VIII World Congr of Anatomic and Clinical Pathology, Munich September. Excerpta Medica, Amsterdam
Skendzel LP, Copeland BE (1975) An international laboratory survey. Am J Clin Pathol 63(Suppl):1007
Sodeman ThM (1983) Survey of microcomputer software. Pathologist 37:862
Sommer R (1979) Externe Qualitätskontrolle - Effektivität von Ringversuchen. Lab med 3(A+B):172
Sommer R, Hohenwallner W, Wimmer E (1978) Auswertung von nationalen Rundversuchen auf regionaler Ebene. Ber ÖGKC 176
Spierto FW, Hannon WH, Fast DM, Bowman K, Bayse DD (1982) Interlaboratory comparison of serum thyroxine analyses. Clin Biochem 15:154
Spierto FW, Hubert IL, Witter RF (1972) Interlaboratory and intralaboratory comparison of T3 uptake methodology. Clin Chem 18:1355
Stamm D, Büttner H (1969) Ringversuch zur Qualitätskontrolle 1968. Z Klin Chem Klin Biochem 7:393
Stamm D (1971) Ringversuche in der klinischen Chemie. Schweiz Med Wschr 101:429
Steinbeck K, Kidson W, Kison L, Phelan E, Steinbeck AW (1981) Home blood glucose analyzers. A consumers survey. Med J Austr 2:128
Stevens IF (1980) Spectrophotometer quality control: a report of a national survey. Ann Clin Biochem 17:66
Strömme JH, Sommerfelt SC, Eldjarn L (1969) Improved performance of clinical laboratories as demonstrated by inter-hospital surveys in Norway from 1963 to 1969. Am Clin Biochem 6:134
Strömme JH, Eldjarn L (1970) Surveys of the routine work of clinical chemical laboratories in 116 scandinavian hospitals. Scand J Clin Lab Invest 25:213

Taylor RN (1974) Derivation of evaluation survey data from proficiency testing for infectious mononucleosis. Ph D Thesis. Univ Utah
Taylor RN, Fulford KM (1975) Rheumatoid factor survey IV proficiency testing October 1974. Public Health Service. Center for Disease Control. Atlanta, Georgia
Tears RJ, Barnes BA, Batsakis JG, Bloch DM (1977) Serum magnesium: a CAP survey - 1975. Am J Clin Pathol 68(Suppl):159
Triplett DA, Kocoshis TA, Harms CS (1981) Factor assay (VIII and IX) results in the CAP survey program (1976-1979). Scand J Haematol 25(Suppl):116
Triplett DA, Rock WA (1983) Surveys news - coagulation resource committee. Targets areas for activity. Pathologist 37:165

Van Kampen EJ, Keogh H, Lüdin E, Orjasaeter H, van der Ploeg P, Staab HJ (1981) Interlaboratory investigation on the CEA assay (Roche) with column filtration, dialysis and ultrafiltration techniques. J Clin Chem Clin Biochem 19:961

Walker RH, Mullen SA, Myhre BA, Polesky HF, van der Hoeven LH, Schoonhoven PV van (1980) The comprehensive blood bank survey of the College of American Pathologists - 1978. Am J Clin Pathol 74(Suppl):560

Walker RH, Kuban DJ, Polesky HF, van der Hoeven LH (1981) The result of the 1979 comprehensive blood bank survey of the College of American Pathologists. Am J Clin Pathol 76:514

Walker RH, Kuban DJ, Polesky HF, van der Hoeven LH (1982) The 1980 comprehensive blood bank survey of the College of American Pathologists. Am J Clin Pathol 78:610

Walker RH, Kuban DJ, Polesky HF, van der Hoeven LH (1983) The comprehensive blood bank survey of the College of American Pathologists 1981. Am J Clin Pathol 80(Suppl):585

Ward PG, Wardle J, Lewis SM (1982) Standardization for routine blood counting - the role of interlaboratory trials. In: Cavill I (ed) Quality control. Churchill Livingstone Edinburgh p 102

Warnick GR, Albers JJ, Leary ET (1980) HDL cholesterol: Results of interlaboratory proficiency tests. Clin Chem 26:169

Warnick GR, Benderson JM, Albers JJ (1983) Interlaboratory proficiency survey of high-density lipoprotein cholesterol measurement. Clin Chem 29:516

Whitehead TP, Browning DM, Gregory A (1973) A comparative survey of the results of analyses of blood serum in clinical chemistry laboratories in the United Kingdom. J Clin Pathol 26:435

Whitehead TP, Woodford FP (1981) External quality assessment of clinical laboratories in the United Kingdom. J Clin Pathol 34:947

WHO Euro Report and Studies (1981) External quality assessment of health laboratories.

WHO Regional Office for Europe (1982) External quality assessment of health laboratories

WHO (1983) External quality assessment of health laboratories. Med Lab Sci 40:211

Williams GW, Burns TL, Schork (1980) The distribution of selected hematology measurements in the CAP survey. Am J Clin Pathol 74:595

Wood WG, Bauer M, Marscher I, Scriba PC (1980) An external quality control survey (EQCS) for serum cortisol. J Clin Chem Clin Biochem 18:183

Wood WG, Bauer M, Horn K, Marschner I, Thiel D van, Wachter C, Scriba PC (1980) A second external quality control survey (EQCS) for serum trijodthyronine (T3) and thyroxine (T4) assays using the "Munich model". J Clin Chem Clin Biochem 18:511

Sachverzeichnis

GPSR Compliance

The European Union's (EU) General Product Safety Regulation (GPSR) is a set of rules that requires consumer products to be safe and our obligations to ensure this.

If you have any concerns about our products, you can contact us on ProductSafety@springernature.com

In case Publisher is established outside the EU, the EU authorized representative is:

Springer Nature Customer Service Center GmbH
Europaplatz 3
69115 Heidelberg, Germany

Batch number: 10704763

Printed by Printforce, the Netherlands